高等学校经典畅销教材

新编 MCS-51单片机应用设计

(第3版)

张毅刚　彭喜元　姜守达　乔立岩　编著

哈爾濱工業大學出版社

内 容 简 介

本书是在第2版《MCS-51单片机应用设计》一书的基础上，从应用的角度，详细地介绍了MCS-51单片机的硬件结构、指令系统、各种硬件接口设计、各种常用的数据运算和处理程序、接口驱动程序以及MCS-51单片机应用系统的设计，并对MCS-51单片机应用系统设计中的抗干扰技术以及各种新器件也作了详细的介绍。本书突出了选取内容的实用性、典型性。书中的应用实例，大多来自科研工作及教学实践，且经过检验。内容丰富、详实。

本书可作为工科院校的本科生、研究生、专科生单片机课程的教材以及毕业设计的参考资料，也可供从事自动控制、智能、仪器、仪表、电力、电子、机电一体化以及各类MCS-51单片机应用的工程技术人员参考。

图书在版编目(CIP)数据

新编MCS-51单片机应用设计/张毅刚编著.—哈尔滨：哈尔滨工业大学出版社，2008.3(2020.12重印)
ISBN 978-7-5603-1906-3

Ⅰ.新… Ⅱ.张… Ⅲ.单片微型计算机，MCS-51-程序设计 Ⅳ.TP368.1

中国版本图书馆CIP数据核字(2003)第055688号

责任编辑 王超龙
封面设计 卞秉利
出版发行 哈尔滨工业大学出版社
社　　址 哈尔滨市南岗区复华四道街10号 邮编150006
传　　真 0451-86414749
网　　址 http://hitpress.hit.edu.cn
印　　刷 哈尔滨市工大节能印刷厂
开　　本 787mm×1092mm 1/16 印张27.25 字数710千字
版　　次 2003年7月第1版 2008年4月第3版
　　　　 2020年12月第11次印刷
书　　号 ISBN 978-7-5603-1906-3
定　　价 49.00元

前　言

单片机自 20 世纪 70 年代问世以来，作为微计算机一个很重要的分支，应用广泛，发展迅速，已对人类社会产生了巨大的影响。尤其是美国 Intel 公司生产的 MCS－51 系列单片机，由于其具有集成度高、处理功能强、可靠性好、系统结构简单、价格低廉、易于使用等优点，在我国已经得到广泛的应用，在智能仪器仪表、工业检测控制、电力电子、机电一体化等方面取得了令人瞩目的成果。尽管目前已有世界各大公司研制的各种高性能的不同型号的单片机不断问世，但由于 MCS－51 单片机易于学习、掌握，性能价格比高，另外，以 MCS－51 单片机基本内核为核心的各种扩展型、增强型的单片机不断推出，所以在今后若干年内，MCS－51 系列单片机仍是我国在单片机应用领域首选的机型。

新编《MCS－51 单片机应用设计》一书，自出版以来，多次重印，已被全国数十所大专院校作为非计算机专业单片机公共课程的教材，说明广大读者对该书的内容给予了充分的肯定，也使作者倍受鼓舞。本书是在第 2 版的基础上，结合近年来单片机应用的教学工作及科研工作需要，补充了大量反映新器件、新技术的内容，从而被确定为高等学校经典教材，以满足各大专院校学生及广大工程技术人员学习和使用、掌握 MCS－51 单片机应用技术的需要。

本书首先详细的介绍了 MCS－51 单片机的硬件结构和指令系统，在此基础上重点介绍了 MCS－51 单片机的应用系统设计，应用系统设计主要包括：软件设计和硬件设计两大方面。软件设计又分为数据处理软件和硬件接口驱动软件的设计，硬件设计分为各种硬件接口和硬件系统设计。

本书具有如下特点：

1.强调了应用系统的设计。不仅详细介绍了各种硬件接口的设计，而且对如何组成硬件系统也给以详细的介绍并给出实例，使得读者能很快地掌握典型的 MCS－51 单片机应用系统的设计。

2.突出了选取内容的实用性、典型性。书中的应用实例，大多来自科研工作及教学实践，且均经过检验。所介绍的各种设计方案，均为常用、典型的方案。对于解决同一问题的几种方案的优、缺点及适用场合作了详细的比较和说明。本书提供了大量的接口设计实例及程序实例，非常有利于读者提高设计能力和工作效率。

3.对系统设计用到的新器件也做了详细的介绍。例如各种新型的存储器芯片、时钟日历芯片、新型功率器件、信号调理器件及其它新型接口芯片等。

4.与原书相比，本书的前 10 章增加了思考题及习题。另外，对定时器/计数器、串行口以及中断系统的讲授顺序进行了调整，改为中断系统、定时器/计数器以及串行口，这样，显得更为合理。

5.本书是多年教学、科研工作的结晶，内容丰富、文字精练、通俗易懂、深入浅出，便于读者自学。

6.本书适应面广，既可作为大、中、专高校作教材，也可作为专科生及研究生的参考书，即适用于电类的学生，也适用于非电类的学生，同时还可供广大工程技术人员在进行 MCS－51

单片机应用系统设计时参考。

全书共分为16章:第1章至第6章,着重从应用设计角度介绍MCS-51单片机的硬件结构、功能部件及指令系统;第7章至第13章,介绍各种类型的硬件接口设计,如存储器,I/O接口,键盘、显示器、微型打印机,A/D、D/A,大功率(高压、大电流)芯片以及各种在单片机应用设计中用到的其它接口和电路等,并对各种接口的驱动程序也作以介绍;第14章,介绍了常用的数据运算和处理程序设计,并给出了较多的实用子程序,以便读者在程序设计时参考和使用;第15章,介绍了如何根据应用需求,来进行系统的设计、开发和调试,介绍了抗干扰技术和可靠性在单片机应用系统设计中的应用措施;第16章,详细地介绍了目前常用的各种抗干扰技术和抗干扰设计方法等。

有一点要说明的是,由于本书篇幅有限,不能把软件设计中遇到的各种汇编语言子程序一一介绍,读者可参考《MCS-51单片机实用子程序设计》(第二版)(张毅刚编著,哈尔滨工业大学出版社出版)一书。

本书是哈尔滨工业大学资助的“十五”重点教材。教务处和自动化测试与控制系给予了大力支持。

本书由哈尔滨工业大学自动化测试与控制研究所张毅刚教授担任主编,参加本书编写工作的有彭喜元、姜守达、乔立岩、彭宇、刘旺、孙宁。哈尔滨工业大学自动化测试与控制研究所的孟升卫、刘兆庆、马云彤为本书的程序调试做了大量的工作,梁军、刘晓东以及硕士生贺建林为本书插图工作的完成,付出了辛勤的劳动。哈尔滨工业大学孙圣和教授十分关心本书的编写工作,为提高书稿的质量提出了许多宝贵的建议和修改意见。在此,对他们一并表示衷心地感谢。

由于作者的水平有限,书中的错误及疏漏之处在所难免,敬请读者批评指正。

作　者

2008年4月于哈尔滨工业大学

目　　录

第 1 章

单片机概述

单片机自20世纪70年代问世以来,以极其高的性能价格比受到人们的重视和关注,所以应用很广,发展很快。单片机的优点是体积小,重量轻,抗干扰能力强,对环境要求不高,价格低廉,可靠性高,灵活性好,开发较为容易。广大工程技术人员通过学习有关单片机的知识后,也能依靠自己的力量来开发所希望的单片机系统,并可获得较高的经济效益。正因为如此,在我国,单片机已被广泛地应用在工业自动化控制、自动检测、智能仪器仪表、家用电器等各个方面。

1.1 什么是单片机

什么是单片机？单片机就是在一块硅片上集成了微处理器(CPU),存储器(RAM,ROM,E-PROM)和各种输入、输出接口(定时器/计数器,并行I/O口,串行口,A/D转换器以及脉冲调制器PWM等),这样一块芯片具有一台计算机的属性,因而被称为单片微型计算机,简称单片机。

单片机主要应用于测控领域,用以实现各种测试和控制功能,为了强调其控制属性,在国际上,一般把单片机称为微控制器MCU(MicroController Unit)。而在我国则比较习惯于使用“单片机”这一名称。

由于单片机应用时通常是处于被控系统的核心地位并嵌入其中,为了强调其“嵌入”的特点,也常常把单片机称为嵌入式控制器EMCU(Embedded MicroController Unit)。

单片机按照其用途可分为通用型和专用型两大类。

通用型单片机具有比较丰富的内部资源,性能全面且适应性强,能覆盖多种应用需求。用户可以根据需要设计成各种不同应用的控制系统,即通用单片机有一个再设计的过程。通过用户的进一步设计,才能组建成一个以通用单片机芯片为核心再配以其它外围电路的应用控制系统。通常所说的和本书所介绍的单片机是指通用型单片机。

然而在单片机的测控应用中,有许多时候是专门针对某个特定产品的,例如,打印机控制器和各种通讯设备和家用电器中的单片机等。这种“专用”单片机针对性强且用量大,为此,厂家常与芯片制造商合作,设计和生产专用的单片机芯片。由于专用的单片机芯片是针对一种产品或一种控制应用而专门设计的,设计时已经对系统结构的最简化、软硬件资源利用的最优化、可靠性和成本的最佳化等方面都作了通盘的考虑和设计,所以专用的单片机具有十分明显的综合优势。

今后，随着单片机应用的广泛和深入，各种专用单片机芯片将会越来越多，并且必将成为今后单片机发展的一个重要方向。但是，无论专用单片机在应用上有多么"专"，然而，其原理和结构都是以通用单片机为基础的。

1.2　单片机的历史及发展概况

单片机根据其基本操作处理的位数可分为：1 位单片机、4 位单片机、8 位单片机、16 位单片机和 32 位单片机。

继 1971 年微处理器的研制成功不久，就出现了单片微型计算机即单片机，但最早的单片机是 1 位的。

单片机的发展历史可分为四个阶段：

第一阶段（1974 年～1976 年）：单片机初级阶段。因工艺限制，单片机采用双片的形式而且功能比较简单。例如仙童公司生产的 F8 单片机，实际上只包括了 8 位 CPU、64 个字节 RAM 和 2 个并行口。因此，还需加一块 3851（由 1K ROM、定时器/计数器和 2 个并行 I/O 构成）才能组成一台完整的计算机。

第二阶段（1976 年～1978 年）：低性能单片机阶段。以 Intel 公司制造的 MCS－48 单片机为代表，这种单片机片内集成有 8 位 CPU、并行 I/O 口、8 位定时器/计数器 RAM 和 ROM 等，但是不足之处是无串行口，中断处理比较简单，片内 RAM 和 ROM 容量较小且寻址范围不大于 4K。

第三阶段（1978 年～现在）：高性能单片机阶段。这个阶段推出的单片机普遍带有串行口，多级中断系统，16 位定时器/计数器，片内 ROM、RAM 容量加大，且寻址范围可达 64K 字节，有的片内还带有 A/D 转换器。这类单片机的典型代表是：Intel 公司的 MCS－51 系列、Motorola 公司的 6801 和 Zilog 公司的 Z8 等。由于这类单片机的性能价格比高，所以仍被广泛应用，是目前应用数量较多的单片机。

第四阶段（1982 年～现在）：8 位单片机巩固发展及 16 位单片机、32 位单片机推出阶段。此阶段的主要特征是一方面发展 16 位单片机、32 位单片机及专用型单片机；另一方面不断完善高档 8 位单片机，改善其结构，以满足不同的用户需要。16 位单片机的典型产品如 Intel 公司生产的 MCS－96 系列单片机，其集成度已达 120000 管子/片，主振为 12MHz，片内 RAM 为 232 字节，ROM 为 8K 字节，中断处理为 8 级，而且片内带有多通道 10 位 A/D 转换器和高速输入/输出部件（HSI/HSO），实时处理的能力很强。而 32 位单片机除了具有更高的集成度外，其主振已达 20MHz，这使 32 位单片机的数据处理速度比 16 位单片机增快许多，性能比 8 位、16 位单片机更加优越。

1.3　8 位单片机的主要生产厂家和机型

20 世纪 80 年代以来，单片机的发展非常迅速。就通用单片机而言，世界上一些著名的计算机厂家已投放市场的产品就有 50 多个系列，数百个品种。其中有 Motorola 公司的 6801、6802。Zilog 公司的 Z8 系列，Rockwell 公司的 6501、6502 等。此外，荷兰的 PHILIPS 公司、日本的 NEC 公司、日立公司等也不甘落后，相继推出了各自的单片机品种。

目前世界上较为著名的 8 位单片机的生产厂家和主要机型如下：

美国 Intel 公司：MCS－51 系列及其增强型系列

美国 Motorola 公司:6801 系列和 6805 系列

美国 Atmel 公司:89C51 等单片机

美国 Zilog 公司:Z8 系列及 SUPER8

美国 Fairchild 公司:F8 系列和 3870 系列

美国 Rockwell 公司:6500/1 系列

美国 TI(德克萨司仪器仪表)公司:TMS7000 系列

NS(美国国家半导体)公司:NS8070 系列

美国 RCA(无线电)公司:CDP1800 系列

日本松下 (National)公司:MN6800 系列

日本 NEC(电气)公司:(COM87((PD7800)系列

日本 HITACHI(日立)公司:HD6301,HD63L05,HD6305

荷兰 PHILIPS(菲力浦)公司:8×C552 系列

尽管单片机的品种很多,但是在我国使用最多的是 Intel 公司的 MCS-51 系列单片机。MCS-51 系列是在 MCS-48 系列的基础上于 20 世纪 80 年代初发展起来的,虽然它仍然是 8 位的单片机,但它有品种全、兼容性强、性能价格比高等特点,且软硬件应用设计资料丰富。因此,已为广大工程技术人员所熟悉,在我国得到了广泛的应用。直至现在,MCS-51 系列的单片机仍不失为单片机的主流系列,在最近的若干年内仍是工业检测、控制应用的主角。

1.4　单片机的发展趋势

单片机的发展趋势将是向大容量、高性能化,外围电路内装化等方面发展。为满足不同的用户要求,各公司竟相推出能满足不同需要的产品。

1.CPU 的改进

(1)采用双 CPU 结构,以提高处理能力。

(2)增加数据总线宽度,单片机内部采用 16 位数据总线,其数据处理能力明显优于一般 8 位单片机。

(3)采用流水线结构。指令以队列形式出现在 CPU 中,且具有很快的运算速度。尤其适合于作数字信号处理用,例如 TMS320 系列数字信号处理机。

(4)串行总线结构。菲利浦公司开发了一种新型总线——IIC 总线(Inter-Icbus,也称 I^2C 总线)。该总线是用三条数据线代替现行的 8 位数据总线,从而大大地减少了单片机引线,降低了单片机的成本。目前许多公司都在积极地开发此类产品。

2.存储器的发展

(1)加大存储容量。新型单片机片内 ROM 一般可达 4K 字节至 8K 字节,RAM 为 256 个字节。有的单片机片内 ROM 容量可达 128K 字节。

(2)片内 EPROM 采用 E^2PROM 或闪烁(Flash)存储器。片内 EPROM 由于需要高压编程写入,紫外线擦抹给用户带来不便。采用 E^2PROM 或闪烁存储器后,能在 +5V 下读写,不需紫外线擦抹,既有静态 RAM 读写操作简便,又有在掉电时数据不会丢失的优点。片内 E^2PROM 或闪烁存储器的使用不仅会对单片机结构产生影响,而且会大大简化应用系统结构。

由于闪烁存储器中数据写入后能永久保持,因此,有的单片机将它们作为片内 RAM 使用,甚至有的单片机将闪烁存储器用作片内通用寄存器。

(3)程序保密化。一般 EPROM 中的程序很容易被复制。为防止复制,某些公司开始采用 KEPROM(Keyedacess EPROM)编程写入,有的则对片内 EPROM 或 EEPROM 采用加锁方式。加锁后,无法读取其中的程序。若要去读,必须抹去 EEPROM 中的信息,这就达到了程序保密的目的。

3.片内 I/O 的改进

一般单片机都有较多的并行口。以满足外围设备、芯片扩展的需要,并配有串行口,以满足多机通讯功能的要求。

(1)增加并行口的驱动能力。这样可减少外部驱动芯片。有的单片机能直接输出大电流和高电压,以便能直接驱动 LED 和 VFD(荧光显示器)。

(2)增加 I/O 口的逻辑控制功能。大部分单片机的 I/O 都能进行逻辑操作。中、高档单片机的位处理系统能够对 I/O 口进行位寻址及位操作,大大地加强了 I/O 口线控制的灵活性。

(3)有些单片机设置了一些特殊的串行接口功能,为构成网络化系统提供了方便条件。

4.外围电路内装化

随着集成度的不断提高,有可能把众多的外围功能器件集成在片内。这也是单片机发展的重要趋势。除了一般必须具有的 ROM、RAM、定时器/计数器、中断系统外,随着单片机档次的提高,以适应检测、控制功能更高的要求,片内集成的部件还有模/数转换器、数/模转换器、DMA 控制器、中断控制器、锁相环、频率合成器、字符发生器、声音发生器、CRT 控制器、译码驱动器等。

随着集成电路技术及工艺的不断发展,能装入片内的外围电路也可以是大规模的,把所需的外围电路全部装入单片机内,即系统的单片化是目前单片机发展趋势之一。

5.低耗化

8 位单片机中有 1/2 的产品已 CMOS 化,CMOS 芯片的单片机具有功耗小的优点,而且为了充分发挥低功耗的特点,这类单片机普遍配置有 Wait 和 Stop 两种工作方式。例如采用 CHMOS 工艺的 MCS－51 系列单片机 80C31/80C51/87C51 在正常运行(5V,12MHz)时,工作电流为 16mA,同样条件下 Wait 方式工作时,工作电流则为 3.7mA,而在 stop(2V)时,工作电流仅为 50nA。

综观单片机几十年的发展历程,单片机的今后发展方向将向多功能、高性能、高速度、低电压、低功耗、低价格、外围电路内装化以及片内存储器容量增加和 Flash 存储器化方向发展。但其位数不一定会继续增加,尽管现在已经有了 32 位单片机,但使用的并不多。可以预言,今后的单片机将是功能更强、集成度和可靠性更高而功耗更低,以及使用更方便。

此外,专用化也是单片机的一个发展方向,针对单一用途的专用单片机将会越来越多。

1.5　单片机的应用

单片机以其卓越的性能,得到了广泛的应用,已深入到各个领域。单片机应用在检测、控制领域中,具有如下特点:

(1)小巧灵活、成本低、易于产品化。它能方便地组装成各种智能测、控设备及各种智能仪器仪表。

(2)可靠性好,适应温度范围宽。单片机芯片本身是按工业测控环境要求设计的,能适应各种恶劣的环境。

MCS－51系列单片机的温度使用范围也较微处理器芯片宽，其温度范围为：

民品　0 ℃～70 ℃

工业品　－40 ℃～85 ℃

军品　－65 ℃～125 ℃

(3)易扩展，很容易构成各种规模的应用系统，控制功能强。单片机的逻辑控制功能很强，指令系统有各种控制功能的指令。

(4)可以很方便地实现多机和分布式控制系统。

单片机的应用范围很广，在下述的各个领域中得到了广泛的应用。

1.工业自动化

在自动化技术中，无论是过程控制技术、数据采集还是测控技术，都离不开单片机。在工业自动化的领域中，机电一体化技术将发挥愈来愈重要的作用，在这种集机械、微电子和计算机技术为一体的综合技术(例如机器人技术)中，单片机将发挥非常重要的作用。

2.智能仪器仪表

目前对仪器仪表的自动化和智能化要求越来越高。在自动化测量仪器仪表中，单片机应用十分普及。单片机的使用有助于提高仪器仪表的精度和准确度，简化结构，减小体积而易于携带和使用，加速仪器仪表向数字化、智能化、多功能化方向发展。

3.消费类电子产品

该应用主要反映在家电领域。目前家电产品的一个重要发展趋势是不断提高其智能化程度。例如，洗衣机、电冰箱、空调机、电视机、微波炉、手机、IC卡、汽车电子设备等。在这些设备中使用了单片机后，其功能和性能大大提高，并实现了智能化、最优化控制。

4.通讯方面

在调制解调器、程控交换技术方面，单片机得到了广泛的应用。

5.武器装备

在现代化的武器装备中，如飞机、军舰、坦克、导弹、鱼雷制导、智能武器装备、航天飞机导航系统，都有单片机深入其中。

6.终端及外部设备控制

计算机网络终端设备如银行终端以及计算机外部设备，如打印机、硬盘驱动器、绘图机、传真机、复印机等，在这些设备中都使用了单片机。

7.多机分布式系统

可用多片单片机构成分布式测控系统，它使单片机的应用进入了一个新的水平。

综上所述，从工业自动化、智能仪器仪表、家用电器方面等，直到国防尖端技术领域，单片机都发挥着十分重要的作用。

1.6　MCS－51系列单片机

MCS是Intel公司生产的单片机符号，例如Intel公司的MCS－48、MCS－51、MCS－96系列单片机。MCS－51系列单片机既包括三个基本型8031、8051、8751，也包括对应的低功耗型80C31、80C51、87C51。

20世纪80年代中期以后，Intel公司以专利转让的形式把8051内核技术转让给许多半导体芯片生产厂家，如 ATMEL、PHILIPS、ANALOG DEVICES、DALLAS 等。这些厂家生产的芯片是 MCS－51 系列的兼容产品，准确地说是与 MCS－51 指令系统兼容的单片机。这些兼容机与 8051 的系统结构（主要是指令系统）相同，采用 CMOS 工艺，因而，常用 80C51 系列来称呼所有具有 8051 指令系统的单片机，它们对 8051 单片机一般都做了一些扩充，更有特点。其功能和市场竞争力更强，不该把它们直接称为 MCS－51 系列单片机，因为 MCS 只是 Intel 公司专用的单片机系列型号。

MCS－51 系列及 80C51 单片机有多种品种。它们的引脚及指令系统相互兼容，主要在内部结构上有些区别。目前使用的 MCS－51 系列单片机及其兼容产品通常分成以下几类：

1．基本型（典型产品：8031/8051/8751）

8031 内部包括一个 8 位 CPU、128 个字节 RAM，21 个特殊功能寄存器（SFR）、4 个 8 位并行 I/O 口、1 个全双工串行口，2 个 16 位定时器/计数器，但片内无程序存储器，需外扩 EPROM 芯片。

8051 是在 8031 的基础上，片内又集成有 4K ROM，作为程序存储器，是一个程序不超过 4K 字节的小系统。ROM 内的程序是公司制作芯片时，代为用户烧制的，出厂的 8051 都是含有特殊用途的单片机。所以 8051 适合于应用在程序已定，且批量大的单片机产品中。

8751 是在 8031 基础上，增加了 4K 字节的 EPROM，它构成了一个程序小于 4KB 的小系统。用户可以将程序固化在 EPROM 中，可以反复修改程序。但其价格相对于 8031 较贵。8031 外扩一片 4KB EPROM 的就相当于 8751，它的最大优点是价格低。随着大规模集成电路技术的不断发展，能装入片内的外围接口电路也可以是大规模的。

2．增强型

Intel 公司在 MCS－51 系列三种基本型产品基础上，又推出增强型系列产品，即 52 子系列，典型产品：8032/8052/8752。它们的内部 RAM 增到 256 字节，8052、8752 的内部程序存储器扩展到 8KB，16 位定时器/计数器增至 3 个，6 个中断源，串行口通信速率提高 5 倍。

3．低功耗型

代表性产品为：80C31BH/87C51/80C51。均采用 CHMOS 工艺，功耗很低。例如，8051 的功耗为 630mW，而 80C51 的功耗只有 120mW，它们用于低功耗的便携式产品或航天技术中。

此类单片机有二种掉电工作方式：

一种掉电工作方式是 CPU 停止工作，其它部分仍继续工作；另一种掉电工作方式是，除片内 RAM 继续保持数据外，其它部分都停止工作。此类单片机的功耗低，非常适于电池供电或其它要求低功耗的场合。

4．专用型

如 Intel 公司的 8044/8744，它们在 8051 的基础上，又增加一个串行接口部件，主要用于利用串行口进行通讯的总线分布式控制系统。

再如美国 Cypress 公司最近推出的 EZU SR－2100 单片机，它是在 8051 单片机内核的基础上，又增加了 USB 接口电路，可专门用于 USB 串行接口通讯。

5．超 8 位型

在 8052 的基础上，采用 CHMOS 工艺，并将 MCS－96 系列（16 位单片机）中的一些 I/O 部件如：高速输入/输出（HSI/HSO）、A/D 转换器、脉冲宽度调制（PWM）、看门狗定时器（WATCH DOG）等移植进来构成新一代 MCS－51 产品。介于 MCS－51 和 MCS－96 之间。PHILIPS（菲力蒲)公司生产的80C552/87C552/83C552系列即为此类产品。目前此类单片机在我国已得到了较为广泛的使用。

6. 片内闪烁存储器型

随着半导体存储器制造技术和大规模集成电路制造技术的发展,片内带有闪烁(Flash)存储器的单片机在我国已得到广泛的应用。

上述各种型号的单片机中,其中最具代表性的产品是美国ATMEL公司推出的AT89C51,是一个低功耗、高性能的含有4K字节闪烁存储器的8位CMOS单片机,时钟频率高达20MHz,与8031的指令系统和引脚完全兼容。闪烁存储器允许在线(+5V)电擦除、电写入或使用通用编程器对其重复编程。此外,89C51还支持由软件选择的二种掉电工作方式,非常适于电池供电或其它要求低功耗的场合。由于片内带EPROM的87C51价格偏高,而89C51芯片内的4KB闪烁存储器可在线编程或使用编程器重复编程,且价格较低,因此89C51受到了应用设计者的欢迎。

尽管MCS-51系列单片机以及80C51系列单片机有多种类型,但是掌握好基本型(8031、8051、8751或80C31、80C51、87C51)是十分重要的,因为MCS-51系列是所有兼容、扩展型单片机的基础。

本书常用MCS-51或8031这两个名称,前者的定义包括了8031,8051和8751三个基本产品。后者,仅指特定的8031。

思考题及习题

1.除了单片机这一名称之外,单片机还可以称为(　　　　)和(　　　　)。

2.微处理器、CPU、微处理机、微机、单片机它们之间有何区别?

3.单片机与普通计算机的不同之处在于其将(　　　　)、(　　　　)、和(　　　　)3部分集成于一块芯片上。

4.单片机的发展大致分为哪几个阶段?

5. 单片机根据其基本操作处理的位数可分为哪几种类型?

6. MCS-51系列单片机的典型芯片分别为(　　　　)、(　　　　)和(　　　　)。

7.8051与8751的区别在于

(A)内部数据存储单元数目的不同　　(B)内部数据存储器的类型不同

(C)内部程序存储器的类型不同　　(D)内部的寄存器的数目不同

8.在家用电器中使用单片机应属于微型计算机的

(A) 数据处理应用　(B)控制应用　(C)数值计算应用　(D)辅助设计应用

第 2 章

MCS－51 单片机的硬件结构

本章介绍 MCS－51 单片机的硬件结构。熟悉并掌握硬件结构对于应用设计者是十分重要的，它是单片机应用系统设计的基础。单片机是微计算机的一个分支，在原理和结构上，单片机与微型机之间不但没有根本性的差别，而且微计算机的许多技术与特点都被单片机继承下来。所以，可以用学习微计算机的思路来学习单片机。

通过本章的学习，可以使读者对 MCS－51 单片机的硬件结构有较为全面的了解，从程序员和应用系统设计的角度，牢记它向我们提供了哪些硬件资源，如何去应用它们。

2.1 MCS－51 单片机的硬件结构

MCS－51 单片机的片内结构如图 2.1 所示。MCS－51 单片机是把那些作为控制应用所必需的基本内容都集成在一个尺寸有限的集成电路芯片上。如果按功能划分，它由如下功能部件组成，即微处理器（CPU）、数据存储器（RAM）、程序存储器（ROM/EPROM）、并行 I/O 口（P0 口、P1 口、P2 口、P3 口）、串行口、定时器/计数器、中断系统及特殊功能寄存器（SFR）。它们都是通过片内单一总线连接而成（见图 2.1），其基本结构依旧是 CPU 加上外围芯片的传统结构模式。但对各种功能部件的控制是采用特殊功能寄存器（SFR—Special Function Register）的集中控制方式。

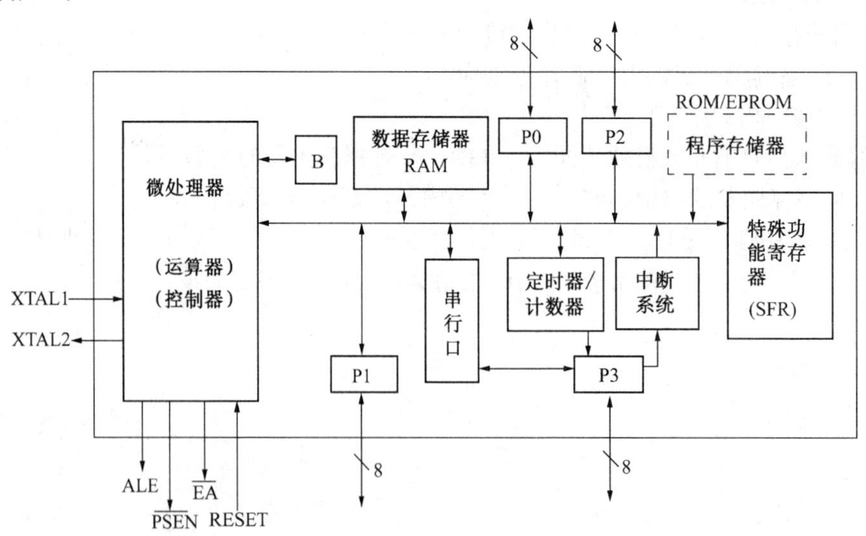

图 2.1 MCS－51 单片机片内结构

下面对各功能部件作进一步的说明：

1. 微处理器(CPU)

MCS－51单片机中有1个8位的微处理器,与通用的微处理器基本相同,同样包括了运算器和控制器两大部分,只是增加了面向控制的处理功能,不仅可处理字节数据,还可以进行位变量的处理。例如:位处理、查表、状态检测、中断处理等。

2. 数据存储器(RAM)

片内为128个字节(52子系列的为256个字节),片外最多可外扩至64K字节,用来存储程序在运行期间的工作变量、运算的中间结果、数据暂存和缓冲、标志位等,所以称为数据存储器。128个字节的数据存储器以高速RAM的形式集成在单片机内,以加快单片机运行的速度,而且这种结构的RAM还可以降低功耗。

3. 程序存储器(ROM/EPROM)

8031无此部件;8051为4K字节ROM;8751则为4K字节EPROM。由于受集成度限制,片内只读存储器一般容量较小(4K～8K字节,89C55为20K字节),如果片内只读存储器的容量不够,则需用扩展片外只读存储器,片外最多可外扩至64K字节。

4. 中断系统

具有5个中断源,2级中断优先权。

5. 定时器/计数器

片内有2个16位的定时器/计数器,具有四种工作方式。在单片机的应用中,往往需要精确的定时,或对外部事件进行计数。为提高单片机的实时控制能力,因而需在单片机内部设置定时器/计数器部件。

6. 串行口

1个全双工的串行口,具有四种工作方式。可用来进行串行通讯,扩展并行I/O口,甚至与多个单片机相连构成多机系统,从而使单片机的功能更强且应用更广。

7. P1口、P2口、P3口、P0口

为4个并行8位I/O口。

8. 特殊功能寄存器(SFR)

共有21个,用于对片内各功能部件进行管理、控制、监视。实际上是一些控制寄存器和状态寄存器,是一个具有特殊功能的RAM区。

由上可见,MCS－51单片机的硬件结构具有功能部件种类全,功能强等特点。特别值得一提的是MCS－51单片机CPU中的位处理器,它实际上是一个完整的1位微计算机,这个1位微计算机有自己的CPU、位寄存器、I/O口和指令集。1位机在开关决策、逻辑电路仿真、过程控制方面非常有效;而8位机在数据采集,运算处理方面有明显的长处。MCS－51单片机中8位机和1位机的硬件资源复合在一起,二者相辅相承,它是单片机技术上的一个突破,这也是MCS－51单片机在设计上的精美之处。

引脚	序号	8751/8051/8031	序号	引脚
P1.0	1		40	V_{CC}
P1.1	2		39	P0.0
P1.2	3		38	P0.1
P1.3	4		37	P0.2
P1.4	5		36	P0.3
P1.5	6		35	P0.4
P1.6	7		34	P0.5
P1.7	8		33	P0.6
RST/V_{PD}	9		32	P0.7
RXD P3.0	10		31	$\overline{EA}$/V_{PP}
TXD P3.1	11		30	ALE/$\overline{PROG}$
$\overline{INT0}$ P3.2	12		29	$\overline{PSEN}$
$\overline{INT1}$ P3.3	13		28	P2.7
T0 P3.4	14		27	P2.6
T1 P3.5	15		26	P2.5
$\overline{WR}$ P3.6	16		25	P2.4
$\overline{RD}$ P3.7	17		24	P2.3
XTAL2	18		23	P2.2
XTAL1	19		22	P2.1
V_{SS}	20		21	P2.0

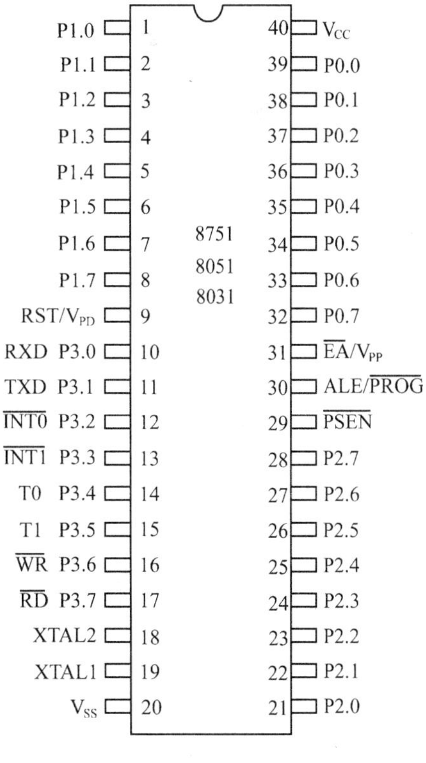

图2.2 MCS－51双列直插封装方式的引脚

2.2 MCS－51的引脚

掌握MCS－51单片机,应首先了解MCS－51的引脚，熟悉并牢记各引脚的功能。MCS－51 系列中各种型号芯片的引脚是互相兼容的。制造工艺为 HMOS 的 MCS－51 的单片机都采用 40 只引脚的双列直插封装（DIP）方式，如图 2.2 所示。目前大多数为此类封装方式。制造工艺为 CHMOS 的 80C51/80C52 除采用 DIP 封装方式外，还采用方形封装方式，为 44 只引脚，如图 2.3 所示。

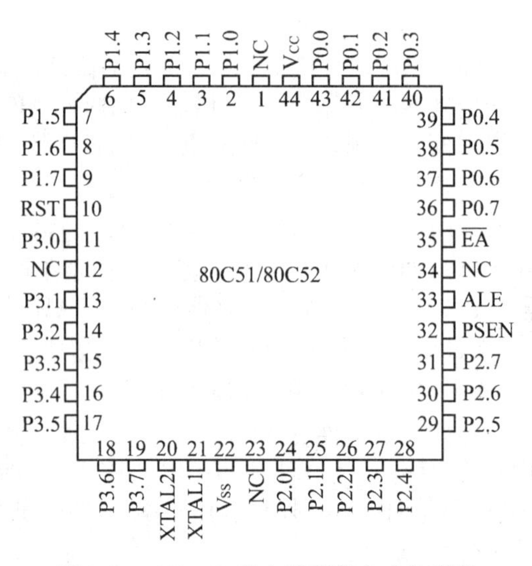

图 2.3　MCS－51 的方形封装方式的引脚

40 只引脚按其功能来分，可分为 3 类：

（1）电源及时钟引脚：Vcc、Vss；XTAL1、XTAL2。

（2）控制引脚：$\overline{\text{PSEN}}$、ALE、$\overline{\text{EA}}$、RESET（即 RST）。

（3）I/O 口引脚：P0、P1、P2、P3，为 4 个 8 位 I/O 口的外部引脚。

下面结合图 2.2 来介绍各引脚的功能

2.2.1　电源及时钟引脚

1. 电源引脚

电源引脚接入单片机的工作电源。

（1）Vcc（40 脚）：接＋5V 电源；

（2）Vss（20 脚）：接地。

2. 时钟引脚

两个时钟引脚 XTAL1、XTAL2 外接晶体与片内的反相放大器构成了一个振荡器，它为单片机提供了时钟控制信号。2 个时钟引脚也可外接晶体振荡器。

（1）XTAL1（19 脚）：接外部晶体的一个引脚。该引脚是内部反相放大器的输入端。这个反相放大器构成了片内振荡器。如果采用外接晶体振荡器时，此引脚应接地。

（2）XTAL2（18 脚）：接外部晶体的另一端，在该引脚内部接至内部反相放大器的输出端。若采用外部时钟振荡器时，该引脚接收时钟振荡器的信号，即把此信号直接接到内部时钟发生器的输入端。

2.2.2　控制引脚

此类引脚提供控制信号，有的引脚还具有复用功能。

1. RST/V_{PD}（9 脚）

RST（RESET）是复位信号输入端，高电平有效。当单片机运行时，在此引脚加上持续时间大于两个机器周期（24 个时钟振荡周期）的高电平时，就可以完成复位操作。在单片机正常工作时，此脚应为 0.5V 低电平。

V_{PD}为本引脚的第二功能，即备用电源的输入端。当主电源 Vcc 发生故障，降低到某一规定值的低电平时，将＋5V 电源自动接入 RST 端，为内部 RAM 提供备用电源，以保证片内 RAM 中的信息不丢失，从而使单片机在复位后能继续正常运行。

2. ALE/$\overline{\text{PROG}}$（Address Latch Enable/PROGramming，30 脚）

ALE 为地址锁存允许信号，当单片机上电正常工作后，ALE 引脚不断输出正脉冲信号。当访问单片机外部存储器时，ALE 输出信号的负跳沿用作低 8 位地址的锁存信号。即使不访问外部锁存器，ALE 端仍有正脉冲信号输出，此频率为时钟振荡器频率 fosc 的 1/6。但是，每当访问外部数据存储器时(即执行的是MOVX类指令),在两个机器周期中ALE只出现一次,即丢失一个ALE脉冲。因此,严格来说,用户不宜用ALE作精确的时钟源或定时信号。ALE端可以驱动8个LS型TTL负载。如果想判断单片机芯片的好坏,可用示波器查看ALE端是否有正脉冲信号输出。如果有脉冲信号输出,则单片机基本上是好的。

$\overline{PROG}$为本引脚的第二功能。在对片内EPROM型单片机(例如8751)编程写入时,此引脚作为编程脉冲输入端。

3. $\overline{PSEN}$(Program Strobe ENable,29脚)

程序存储器允许输出控制端。在单片机访问外部程序存储器时,此引脚输出的负脉冲作为读外部程序存储器的选通信号。此脚接外部程序存储器的$\overline{OE}$(输出允许)端。$\overline{PSEN}$端可以驱动8个LS型TTL负载。

如要检查一个MCS-51单片机应用系统上电后,CPU能否正常到外部程序存储器读取指令码,也可用示波器查$\overline{PSEN}$端有无脉冲输出,如有则说明单片机应用系统基本工作正常。

4. $\overline{EA}/V_{PP}$(Enable Address/Voltage Pulse of Programing,31脚)

$\overline{EA}$功能为内外程序存储器选择控制端。当$\overline{EA}$端为高电平时,单片机访问内部程序存储器,但在PC(程序计数器)值超过0FFFH时(对于8051、8751为4KB),将自动转向执行外部程序存储器内的程序。当保持低电平时,则只访问外部程序存储器,不论是否有内部程序存储器。对于8031来说,因其无内部程序存储器,所以该脚必须接地,这样只能选择外部程序存储器。

V_{PP}为本引脚的第二功能。在对EPROM型单片机8751片内EPROM固化编程时,用于施加较高编程电压(例如+21V或+12V)的输入端,对于89C51则V_{PP}编程电压为+12V或+5V。

2.2.3 I/O口引脚

(1) P0口:双向8位三态I/O口,此口为地址总线(低8位)及数据总线分时复用口,可驱动8个LS型TTL负载。

(2) P1口:8位准双向I/O口,可驱动4个LS型TTL负载。

(3) P2口:8位准双向I/O口,与地址总线(高8位)复用,可驱动4个LS型TTL负载。

(4) P3口:8位准双向I/O口,双功能复用口,可驱动4个LS型TTL负载。

P1口、P2口、P3口各I/O口线片内均有固定的上拉电阻,当这3个准双向I/O口作输入口使用时,要向该口先写"1",另外准双向I/O口无高阻的"浮空"状态。P0口线内无固定上拉电阻,由两个MOS管串接,即可开漏输出,又可处于高阻的"浮空"状态,故称为双向三态I/O口。以上的解释,读者在阅读2.5节后,将会有深刻的理解。

至此,MCS-51单片机的40只引脚已介绍完毕,读者应熟记每一个引脚的功能,这对于今后的MCS-51单片机的应用设计工作是十分重要的。

2.3 MCS-51的微处理器

MCS-51的微处理器是由运算器和控制器所构成的。

2.3.1 运算器

运算器主要用来对操作数进行算术、逻辑运算和位操作的。主要包括算术逻辑运算单元ALU、累加器A、寄存器B(见图2.1)、位处理器、程序状态字寄存器PSW以及BCD码修正电路等。

1. 算术逻辑运算单元ALU

ALU的功能十分强,它不仅可对8位变量进行逻辑"与"、"或"、"异或"、循环、求补和清零等基本操作，还可以进行加、减、乘、除等基本算术运算。ALU 还具有一般的微计算机 ALU 所不具备的功能，即位处理操作，它可对位(bit)变量进行位处理，如置位、清零、求补、测试转移及逻辑“与”、“或”等操作。由此可见，ALU 在算术运算及控制处理方面能力是很强的。

2.累加器 A

累加器 A 是一个 8 位的累加器，是 CPU 中使用最频繁的一个寄存器，也可写为 Acc。

累加器的作用是：

(1)累加器 A 是 ALU 单元的输入之一，因而是数据处理源之一。但它又是 ALU 运算结果的存放单元。

(2)CPU 中的数据传送大多都通过累加器 A，故累加器 A 又相当于数据的中转站。由于数据传送大多都通过累加器 A，故累加器容易产生“堵塞”现象，也即累加器结构具有的“瓶颈”现象。MCS－51 单片机增加了一部分可以不经过累加器的传送指令，这样，即可加快数据的传送速度，又减少了累加器的“瓶颈堵塞”现象。

累加器 A 的进位标志 Cy 是特殊的，因为它同时又是位处理机的位累加器。

3.寄存器 B

寄存器 B 是为执行乘法和除法操作设置的

乘法中，ALU 的两个输入分别为 A、B，运算结果存放在 BA 寄存器对中。B 中放乘积的高 8 位，A 中放乘积的低 8 位。

除法中，被除数取自 A，除数取自 B，商存放在 A 中，余数存放于 B。

在不执行乘、除法操作的情况下，可把它当作一个普通寄存器使用。

4.程序状态字寄存器 PSW

MCS－51 单片机的程序状态字寄存器 PSW(Program Status Word)，是一个 8 位可读写的寄存器，位于单片机片内的特殊功能寄存区，字节地址 D0H。PSW 的不同位包含了程序运行状态的不同信息，掌握并牢记 PSW 各位的含义是十分重要的，因为在程序设计中，经常会与 PSW 的各个位打交道。PSW 的格式如图 2.4 所示。

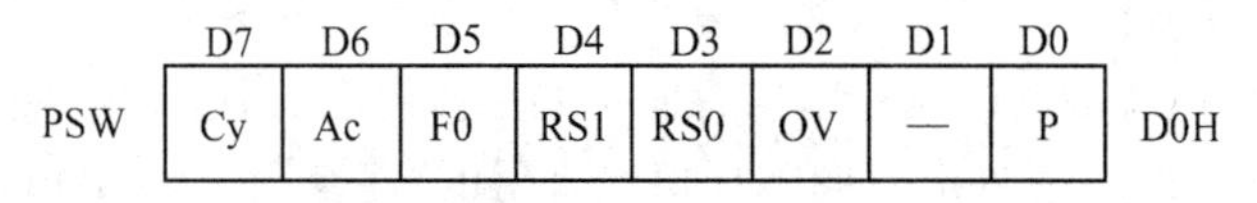

	D7	D6	D5	D4	D3	D2	D1	D0	
PSW	Cy	Ac	F0	RS1	RS0	OV	—	P	D0H

图 2.4 PSW 的格式

PSW 中的各个位的功能如下：

(1)Cy(PSW.7)进位标志位

在执行算术和逻辑指令时，Cy 可以被硬件或软件置位或清除，在位处理器中，它是位累加器。Cy 也可写为 C。

(2)Ac(PSW.6)辅助进位标志位

当进行 BCD 码的加法或减法操作而产生的由低 4 位数(代表一个 BCD 码)向高 4 位进位或借位时，Ac 将被硬件置 1，否则被清 0。Ac 被用于十进位调整，同 DA 指令结合起来用。

(3)F0(PSW.5)标志位

它是由用户使用的一个状态标志位，可用软件来使它置 1 或清 0，也可由软件来测试标志 F0 以控制程序的流向。编程时，该标志位特别有用。

(4)RS1、RS0(PSW.4、PSW.3)－4 组工作寄存器区选择控制位 1 和位 0

这两位用来选择4组工作寄存器区中的哪一组为当前工作寄存区(4组寄存器在单片机内的RAM区中,将在本章稍后介绍),它们与4组工作寄存器区的对应关系如下:

RS1	RS0	所选的4组工作寄存器
0	0	0组(内部RAM地址00H~07H)
0	1	1组(内部RAM地址08H~0FH
1	0	2组(内部RAM地址10H~17H)
1	1	3组(内部RAM地址18H~1FH)

(5)OV(PSW.2)溢出标志位

当执行算术指令时,由硬件置1或清0,以指示运算是否产生溢出。各种算术运算对该位的影响情况较为复杂,将在第3章介绍。

(6)PSW.1位

该位是保留位,未用

(7)P(PSW.0)奇偶标志位

该标志位用来表示累加器A中为1的位数的奇偶数。

P=1,则A中"1"的位数为奇数

P=0,则A中"1"的位数为偶数

此标志位对串行口通讯中的数据传输有重要的意义,常用奇偶检验的方法来检验数据传输的可靠性。

2.3.2　控制器

控制器是单片机的指挥控制部件,控制器的主要任务是识别指令,并根据指令的性质控制单片机各功能部件,从而保证单片机各部分能自动而协调地工作。

单片机执行指令是在控制器的的控制下进行的。首先从程序存储器中读出指令,送指令寄存器保存,然后送指令译码器进行译码,译码结果送定时控制逻辑电路,由定时控制逻辑产生各种定时信号和控制信号,再送到单片机的各个部件去进行相应的操作。这就是执行一条指令执行的全过程,执行程序就是不断重复这一过程。

控制器主要包括程序计数器、程序地址寄存器、指令寄存器IR、指令译码器、条件转移逻辑电路及时序控制逻辑电路。

1.程序计数器PC(Program Counter)

程序计数器PC是控制部件中最基本的寄存器,是一个独立的计数器,存放着下一条将要从程序存储器中取出的指令的地址。其基本的工作过程是:读指令时,程序计数器将其中的数作为所取指令的地址输出给程序存储器,然后程序存储器按此地址输出指令字节,同时程序计数器本身自动加1,读完本条指令,PC指向下一条指令在程序存储器中的地址。

程序计数器PC中内容的变化决定程序的流程。程序计数器的宽度决定了单片机对程序存储器可以直接寻址的范围。在MCS－51单片机中,程序计数器PC是一个16位的计数器,故可对64KB($2^{16}=65536=64K$)的程序存储器进行寻址。

程序计数器的基本工作方式有以下几种:

(1)程序计数器自动加1,这是最基本的工作方式,这也是为何该寄存器被称为计数器的原因。

(2)执行有条件或无条件转移指令时,程序计数器将被置入新的数值,从而使程序的流向发生变化。

(3)在执行调用子程序指令或响应中断时,单片机自动完成如下的操作:

① PC 的现行值,即下一条将要执行的指令的地址,即断点值,自动送入堆栈。

② 将子程序的入口地址或中断向量的地址送入 PC,程序流向发生变化,执行子程序或中断子程序。子程序或中断子程序执行完毕,遇到返回指令 RET 或 RETI 时,将栈顶的断点值弹到程序计数器 PC 中,程序的流程又返回到原来的地方,继续执行。

2.指令寄存器 IR、指令译码器及控制逻辑电路

指令寄存器 IR 是用来存放指令操作码的专用寄存器。执行程序时,首先进行程序存储器的读指令操作,也就是根据 PC 给出的地址从程序存储器中取出指令,并送指令寄存器 IR,IR 的输出送指令译码器;然后由指令译码器对该指令进行译码,译码结果送定时控制逻辑电路。定时控制逻辑电路根据指令的性质发出一系列的定时控制信号,控制单片机的各组成部件进行相应的工作,执行指令。

条件转移逻辑电路主要用来控制程序的分支转移。

综上所述,单片机整个程序的执行过程就是在控制部件的控制下,将指令从程序存储器中逐条取出,进行译码,然后由定时控制逻辑电路发出各种定时控制信号,控制指令的执行。对于运算指令,还要将运算的结果特征送入程序状态字寄存器 PSW。

以主振频率为基准(每个主振周期称为振荡周期),控制器控制 CPU 的时序,对指令进行译码,然后发出各种控制信号,它将各个硬件环节的动作组织在一起。

有关 CPU 的时序,在 2.6 一节中结合时钟进行介绍。

2.4　MCS－51 存储器的结构

MCS－51 单片机存储器采用的是哈佛(Har－vard)结构,即程序存储器空间和数据存储器空间截然分开,程序存储器和数据存储器各有自己的寻址方式、寻址空间和控制系统。

这种结构对于单片机“面向控制”的实际应用极为方便、有利。在 8051/8751 单片机中,不仅在片内集成了一定容量的程序存储器和数据存储器及众多的特殊功能寄存器,而且还具有极强的外部存储器的扩展能力,寻址能力分别可达 64KB,寻址和操作简单方便。MCS－51 的存储器空间可划分为如下 5 类:

1. 程序存储器

单片机系统之所以能够按照一定的次序进行工作,主要是程序存储器中存放了经调试正确的应用程序和表格之类的固定常数。程序实际上是一串二进制码,程序存储器可以分为片内和片外两部分。8031 由于无内部程序存储器,所以只能外扩程序存储器来存放程序。

2. 内部数据存储器

MCS－51 单片机内部有 128 个字节的随机存取存储器 RAM,作为用户的数据寄存器,它能满足大多数控制型应用场合的需要,用作处理问题的数据缓冲器。

3. 特殊功能寄存器(SFR－Special Function Register)

特殊功能寄存器反映了 MCS－51 单片机的状态,实际上是 MCS－51 单片机各功能部件的状态及控制寄存器。例如,前面提到的 PSW 程序状态字寄存器,就是一个特殊功能寄存器。掌握理解好 SFR,对于掌握 MCS－51 单片机是十分重要的。SFR 综合的、实际的反映了整个单片机基本系统内部的工作状态及工作方式。在单片机中设置 SFR,为程序设计提供了不少方

便,这一点在读者研究了 MCS－51 单片机指令系统后体会将会更深刻。

4. 位地址空间

MCS－51 单片机的一个很大优点在于它具有一个功能很强的位处理机。在 MCS－51 单片机的指令系统中,有一个位处理指令的子集,使用这些指令,所处理的数据仅为一位二进制数(0 或 1)。在 MCS－51 单片机内共有 211 个可寻址位,它们存在于内部 RAM(共有 128 个)和特殊功能寄存器区(共有 83 个)中。

5. 外部数据寄存器

当 MCS－51 单片机的片内 RAM 不够用时,可在片外扩充数据存储器。MCS－51 单片机给用户提供了可寻址 64K 字节的外扩 RAM 的能力,至于扩多少 RAM,则根据用户实际需要来定。

2.4.1　程序存储器

MCS－51 单片机的程序存储器用于存放应用程序和表格之类的固定常数。可扩充的程序存储器空间最大为 64K 字节。有关程序存储器的使用应注意以下两点:

(1)整个程序存储器空间可以分为片内和片外两部分,CPU 访问片内和片外程序存储器,可由$\overline{EA}$引脚所接的电平来确定。

$\overline{EA}$引脚接高电平时,程序将从片内程序存储器开始执行,即访问片内程序存储器;当 PC 值超出片内 ROM 的容量时,会自动转向片外程序存储器空间执行程序。

$\overline{EA}$引脚接低电平时,迫使单片机只能执行片外程序存储器中的程序。

对于片内有 ROM/EPROM 的 8051、8751 单片机,应将$\overline{EA}$引脚固定接高电平。若把$\overline{EA}$引脚接低电平,可用于程序调试,即将欲调试的程序设置在与片内 ROM 空间重叠的片外程序存储器内,CPU 执行片外存储器的程序来进行程序的调试。

8031 无内部程序存储器,应将$\overline{EA}$引脚固定接低电平。

无论从片内或片外程序存储器读取指令,其操作速度都是相同的。

(2)程序存储器的某些单元被固定用于中断源的中断服务程序的入口地址。

MCS－51 单片机复位后,程序存储器 PC 的内容为 0000H,故系统必须从 0000H 单元开始取指令,执行程序。程序存储器中的 0000H 地址是系统程序的启动地址,这一点初学者要牢牢记住。一般在该单元存放一条绝对跳转指令,跳向用户设计的主程序的起始地址。

64K 程序存储器中有 5 个单元具有特殊用途。5 个特殊单元分别对应于 5 种中断源的中断服务程序的入口地址,见表 2.1。

表 2.1　各种中断源的中断入口地址

中断源	入口地址
外部中断 0($\overline{INT0}$)	0003H
定时器 0(T0)	000BH
外部中断 1($\overline{INT1}$)	0013H
定时器 1(T1)	001BH
串行口	0023H

通常在这些中断入口地址处都放一条绝对跳转指令。加跳转指令的目的是,由于两个中断入口间隔仅有 8 个单元,存放中断服务程序往往是不够用的。

在 MCS－51 单片机的指令系统中,同外部程序存储器打交道的指令仅有两条:

(1) MOVC　A,@A＋DPTR

(2) MOVC　A,@A＋PC

两条指令的功能将在第 3 章中详细介绍。

2.4.2 内部数据存储器

MCS－51 单片机的片内数据存储器(RAM)单元共有 128 个,字节地址为 00H～7FH。MCS－51 单片机对其内部 RAM 的存储器有很丰富的操作指令,从而使得用户在设计程序时非常方便。图 2.5 为 MCS－51 单片机片内数据存储器的结构。

地址为 00H～1FH 的 32 个单元是 4 组通用工作寄存器区,每个区含 8 个 8 位寄存器,编号为 R7～R0。用户可以通过指令改变 PSW 中的 RS1、RS0 这二位来切换当前的工作寄存器区,这种功能给软件设计带来极大的方便,特别是在中断嵌套时,为实现工作寄存器现场内容保护提供了极大的方便。

地址为 20H～2FH 的 16 个单元可进行共 128 位的位寻址,这些单元构成了 1 位处理机的存储器空间。单元中的每一位都有自己的位地址,这 16 个单元也可以进行字节寻址。

地址为 30H～7FH 的单元为用户 RAM 区,只能进行字节寻址。

地址范围	区域
7FH～30H	用户RAM区 (堆栈、数据缓冲区)
2FH～20H	可位寻址区
1FH～18H	第 3 组工作寄存器区
17H～10H	第 2 组工作寄存器区
0FH～08H	第 1 组工作寄存器区
07H～00H	第 0 组工作寄存器区

图 2.5 MCS－51 片内 RAM 的结构

2.4.3 特殊功能寄存器(SFR)

MCS－51 单片机中的 CPU 对各种功能部件的控制是采用特殊功能寄存器(SFR—Special Function Register)的集中控制方式。SFR 实质上是一些具有特殊功能的片内 RAM 单元,字节地址范围为 80H～FFH。特殊功能寄存器的总数为 21 个,离散的分布在该区域中,其中有些 SFR 还可以进行位寻址。图 2.6 是 SFR 的名称及其分布。

特殊功能寄存器符号	名　称	字节地址	位地址
B	B 寄存器	F0H	F7H～F0H
A(或 Acc)	累加器	E0H	E7H～E0H
PSW	程序状态字	D0H	D7H～D0H
IP	中断优先级控制	B8H	BFH～B8H
P3	P3 口	B0H	B7H～B0H
IE	中断允许控制	A8H	AFH～A8H
P2	P2 口	A0H	A7H～A0H
SBUF	串行数据缓冲器	99H	
SCON	串行控制	98H	9FH～98H
P1	P1 口	90H	97H～90H
TH1	定时器/计数器 1(高字节)	8DH	
TH0	定时器/计数器 0(高字节)	8CH	
TL1	定时器/计数器 1(低字节)	8BH	
TL0	定时器/计数器 0(低字节)	8AH	
TMOD	定时器/计数器方式控制	89H	
TCON	定时器/计数器控制	88H	8FH～88H
PCON	电源控制	87H	
DPH	数据指针高字节	83H	
DPL	数据指针低字节	82H	
SP	堆栈指针	81H	
P0	P0 口	80H	87H～80H

图 2.6 SFR 的名称及其分布

从图2.6中可发现一个规律,凡是可进行位寻址,即具有位地址的SFR的字节,其16进制地址的末位,只能是0H或8H。另外,要注意的是,128个字节的SFR块中仅有21个字节是有定义的。对于尚未定义的字节地址单元,用户不能作寄存器使用,若访问没有定义的单元,则将得到一个不确定的随机数。

下面简单介绍SFR块中的某些寄存器,其它没有介绍的特殊功能寄存器将在后续的有关章节中叙述。

累加器Acc、B寄存器以及程序状态字寄存器PSW已在前面作了详细介绍。

1.堆栈指针SP

MCS-51单片机同一般微处理器一样,设有堆栈。堆栈是在片内RAM中开辟出来的一个区域,其主要是为子程序调用和中断操作而设立的。其具体功能有两个:保护断点和保护现场。因为无论是子程序调用操作还是执行中断操作,最终都要返回主程序。因此在MCS-51单片机去执行子程序或中断服务程序之前,必须考虑其返回问题。为此,应预先把主程序的断点保护起来,为程序的正确返回作准备。

在单片机去执行子程序或中断服务程序之后,很可能要用到单片机中的一些寄存器单元,这样就会破坏这些寄存器单元中的原有内容。为了既能在子程序或中断服务程序中使用这些寄存器单元,又能保证在返回子程序之后恢复这些寄存器单元的原有内容。所以在转去执行中断服务程序之前要把单片机中有关寄存器单元的内容保存起来,这就是所谓的现场保护。

断点和现场内容保存在堆栈中,可见堆栈主要是为子程序调用和中断服务操作而设立的。此外,堆栈也可用于数据的临时存放,在程序的设计中时常用到。

堆栈指针SP是一个8位的特殊功能寄存器,SP的内容指示出堆栈顶部在内部RAM块中的位置。它可指向内部RAM 00H~7FH的任何单元。单片机复位后,SP中的内容为07H,即指向07H的RAM单元,使得堆栈事实上由08H单元开始,考虑到08H~1FH单元分别属于1~3组的工作寄存器区,若在程序设计中要用到这些区,则最好把SP值改置为1FH或更大的值。

堆栈的操作有两种:一种是数据压入(PUSH)堆栈,另一种是数据弹出(POP)堆栈。堆栈的栈顶由SP自动管理。每次进行压入或弹出操作以后,堆栈指针SP便自动调整以保持指示栈顶的位置。当一个字节数据压入堆栈后,SP自动加1;一个字节数据弹出堆栈后,SP自动减1。MCS-51单片机的这种堆栈结构是属于向上生长型的堆栈(另一种是属于向下生长型的堆栈)。例如SP=60H,CPU执行一条子程序调用指令或响应中断后,PC内容(断点)进栈,PC的低8位PCL压入到61H单元,PC的高8位PCH压入到62H,此时,SP=62H。

2.数据指针DPTR

数据指针DPTR是一个16位的SFR,其高位字节寄存器用DPH表示,低位字节寄存器用DPL表示。DPTR即可以作为一个16位寄存器DPTR来用,也可以作为两个独立的8位寄存器DPH和DPL来用。

3.端口P0~P3

特殊功能寄存器P0~P3分别为I/O端口P0~P3的锁存器。即每一个8位I/O口都为RAM的一个单元(8位)。

在MCS-51单片机中,I/O口和RAM统一编址,使用起来较为方便,所有访问RAM单元的指令,都可用来访问I/O口。

4.串行数据缓冲器SBUF

串行数据缓冲器SBUF用于存放欲发送或已接收的数据,它在SFR块中只有一个字节地址,但物理上是由两个独立的寄存器组成,一个是发送缓冲器,另一个是接收缓冲器,当要发送的数据传送到 SBUF 时,进的是发送缓冲器;接收时,外部来的数据存入接收缓冲器。

5.定时器/计数器

MCS-51 单片机有两个 16 位定时器/计数器 T1 和 T0,它们各由两个独立的 8 位寄存器组成,共有 4 个独立的寄存器:TH1、TL1、TH0、TL0,可以分别对这 4 个寄存器进行字节寻址,但不能把 T1 或 T0 当作一个 16 位寄存器来寻址访问。

2.4.4　位地址空间

MCS-51 单片机有一个功能很强的位处理器,它实际上是一个完整的一位微计算机。一位机在开关决策、逻辑电路仿真和实时控制方面非常有效。MCS-51 单片机指令系统中有着丰富的位操作指令(将在第 3 章中详细介绍),这些指令构成了位处理机的指令集。在 RAM 和 SFR 中共有 211 个寻址位的位地址,位地址范围在 00H~FFH 内,其中 00H~7FH 这 128 个位处于内部 RAM 字节地址 20H~2FH 单元中,如图 2.7 所示。其余的 83 个可寻址位分布

字节地址	位地址							
	D7	D6	D5	D4	D3	D2	D1	D0
2FH	7FH	7EH	7DH	7CH	7BH	7AH	79H	78H
2EH	77H	76H	75H	74H	73H	72H	71H	70H
2DH	6FH	6EH	6DH	6CH	6BH	6AH	69H	68H
2CH	67H	66H	65H	64H	63H	62H	61H	60H
2BH	5FH	5EH	5DH	5CH	5BH	5AH	59H	58H
2AH	57H	56H	55H	54H	53H	52H	51H	50H
29H	4FH	4EH	4DH	4CH	4BH	4AH	49H	48H
28H	47H	46H	45H	44H	43H	42H	41H	40H
27H	3FH	3EH	3DH	3CH	3BH	3AH	39H	38H
26H	37H	36H	35H	34H	33H	32H	31H	30H
25H	2FH	2EH	2DH	2CH	2BH	2AH	29H	28H
24H	27H	26H	25H	24H	23H	22H	21H	20H
23H	1FH	1EH	1DH	1CH	1BH	1AH	19H	18H
22H	17H	16H	15H	14H	13H	12H	11H	10H
21H	0FH	0EH	0DH	0CH	0BH	0AH	09H	08H
20H	07H	06H	05H	04H	03H	02H	01H	00H

图 2.7　MCS-51 内部 RAM 的可寻址位

在特殊功能寄存器 SFR 中,如图 2.8 所示可位寻址的寄存器有 11 个,共有位地址 88 个,其中 5 个未用,其余 83 个位的位地址离散地分布于片内字节地址为 80H~FFH 的范围内,其最低的位地址等于其字节地址,并且其字节地址的末位都为 0H 或 8H。

特殊功能寄存器符号	位地址								字节地址
	D7	D6	D5	D4	D3	D2	D1	D0	
B	F7H	F6H	F5H	F4H	F3H	F2H	F1H	F0H	F0H
ACC	E7H	E6H	E5H	E4H	E3H	E2H	E1H	E0H	E0H
PSW	D7H	D6H	D5H	D4H	D3H	D2H	D1H	D0H	D0H
IP	——	——	——	BCH	BBH	BAH	B9H	B8H	B8H
P3	F7H	F6H	F5H	F4H	F3H	F2H	F1H	F0H	B0H
IE	AFH	——	——	ACH	ABH	AAH	A9H	A8H	A8H
P2	A7H	A6H	A5H	A4H	A3H	A2H	A1H	A0H	A0H
SCON	9FH	9EH	9DH	9CH	9BH	9AH	99H	98H	98H
P1	97H	96H	95H	94H	93H	92H	91H	90H	90H
TCON	8FH	8EH	8DH	8CH	8BH	8AH	89H	88H	88H
P0	87H	86H	85H	84H	83H	82H	81H	80H	80H

图 2.8　SFR 中的位地址分布

2.4.5 外部数据存储器

MCS-51单片机内部有128个字节的RAM作为数据存储器，当需要外扩时，最多可外扩64K字节的RAM或I/O，这对很多应用领域已足够用。

至此，我们已详细地介绍了MCS-51单片机的存储器结构。使用各类存储器，一定要注意以下几点：

(1) 地址的重叠性。数据存储器与程序存储器全部64K字节地址重叠；程序存储器中片内外低4K字节地址重叠；数据存储器中片内外最低的128个字节地址重叠。虽然有这些重叠，但不会产生操作混乱。这是因为采用了不同的操作指令及$\overline{EA}$的控制选择。

(2) 程序存储器(ROM)与数据存储器(RAM)，在使用上是严格区分的，不同的操作指令不得混用。程序存储器只能放置程序指令及常数表格。除了程序的运行控制外，其操作指令不分片内外。而数据存储器则存放数据，片内外的操作指令不同。

(3) 位地址空间共有两个区域，即片内RAM中的20H~2FH的128位，以及SFR中的位地址(其中有些位无定义)。这些位寻址单元与位指令集构成了位处理器系统。

(4) 堆栈指针SP的内容可任设，复位时SP=07H。要使用1、2、3组工作寄存器区时，应将堆栈底SP移至片内RAM的高位地址(例如60H)处。

(5) 片外数据存储器中，数据区与用户外部扩展的I/O口统一编址。因此，应用系统中所有外围接口的地址均占用RAM地址单元。与外围接口进行数据传送时，使用与访问外部数据存储器相同的传送指令。

作为对本节所介绍的MCS-51单片机存储器结构的总结，图2.9为MCS-51单片机中各类存储器的结构图。从图2.9中可以清楚地看出各类存储器在存储器空间的位置。

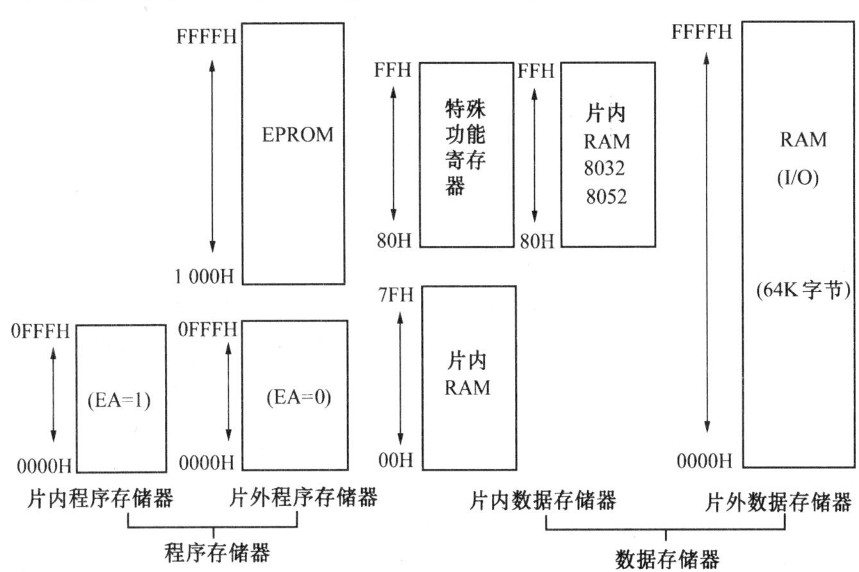

图2.9 MCS-51单片机的存储器结构

2.5 并行I/O端口

MCS-51单片机共有4个双向的8位并行I/O端口(Port)，分别记作P0~P3，共有32根口线，各口的每一位均由锁存器、输出驱动器和输入缓冲器所组成。实际上P0~P3已被归入特殊功能寄存器之列。这 4 个口除了按字节寻址以外,还可以按位寻址。由于它们在结构上有一些差异,故各口的性质和功能有一些差异。

2.5.1　P0 口

P0 口的字节地址为 80H,位地址为 80H～87H。口的各位口线具有完全相同但又相互独立的逻辑电路,P0 口某一位的位结构的电路原理图如图 2.10 所示。

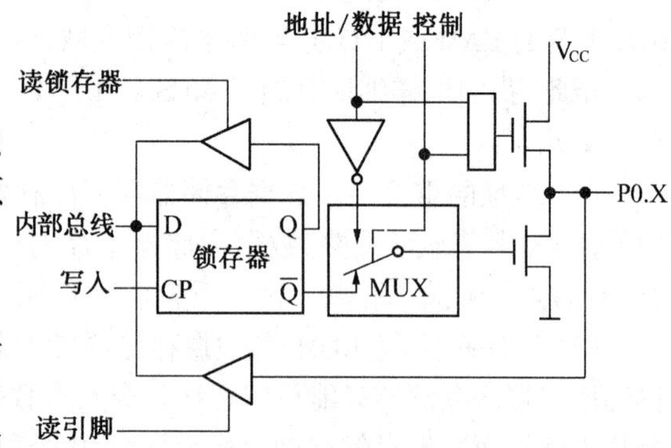

图 2.10　P0 口的位结构的电路原理图

P0 口某一位的电路包括:

(1) 一个数据输出锁存器,用于进行数据位的锁存

(2) 两个三态的数据输入缓冲器,分别用于锁存器数据和引脚数据的输入缓冲。

(3) 一个多路的转接开关 MUX,开关的一个输入来自锁存器,另一个输入为“地址/数据”。输入转接由“控制”信号控制。之所以设置多路转接开关,是因为 P0 口既可以作为通用的 I/O 口,又可以作为单片机系统的地址/数据线使用。即在控制信号的作用下,由 MUX 实现锁存器输出和地址/数据线之间的接通转接。

(4) 数据输出的驱动和控制电路,由两只场效应管(FET)组成,上面的那只场效应管构成上拉电路。

在实际应用中,P0 口绝大部分多数情况下都是作为单片机系统的地址/数据线使用,当传送地址或数据时,CPU 发出控制信号,打开上面的与门,使多路转接开关 MUX 打向上边,使内部地址/数据线与下面的场效应管反相接通状态。这时的输出驱动电路由于上下两个 FET 处于反相,形成推拉式电路结构,大大的提高了负载能力。而当输入数据时,数据信号则直接从引脚通过输入缓冲器进入内部总线。

P0 口也可作为通用的 I/O 口使用。这时,CPU 发来的控制信号为低电平,封锁了与门,并将输出驱动电路的上拉场效应管截止,而多路的转接开关 MUX 打向下边,与 D 锁存器的 $\overline{Q}$ 端接通。

当 P0 口作为输出口使用时,由锁存器和驱动电路构成数据输出通路。由于通路已有输出锁存器,因此数据输出可以与外设直接相接,无需再加数据锁存器电路。进行数据输出时,来自 CPU 的写脉冲加在 D 锁存器的 CP 端,数据写入 D 锁存器,并向端口引脚输出。但要注意,由于输出电路是漏极开路电路,必须外接上拉电阻才能有高电平输出。

当 P0 口作为输入口使用时,应区分读引脚和读端口(或称读锁存器)两种情况。为此,在口电路中有两个用于读入的三态缓冲器。所谓读引脚就是读芯片的引脚上的数据,这时,使用下方的缓冲器,由“读引脚”信号把缓冲器打开,引脚上的数据经缓冲器通过内部总线读进来;而读端口则是通过上面的缓冲器把锁存器 Q 端的状态读进来。

2.5.2　P1 口

P1 口的字节地址为 90H,位地址为 90H～97H。P1 口某一位的位结构的电路原理图如图 2.11 所示。

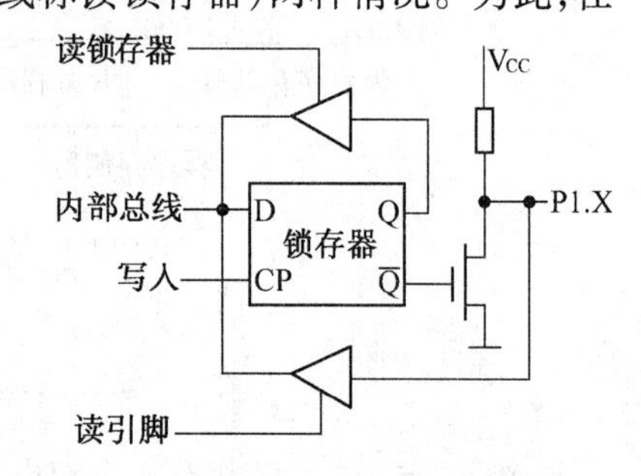

图 2.11　P1 口的位结构的电路原理图

P1 口只能作为通用的 I/O 口使用,所以在电路结构上与 P0 口有一些不同,主要有两点区别:

(1)因为 P1 口只传数据,所以不再需要多路转接开关 MUX。

(2)由于 P1 口用来传送数据,因此输出电路中有上拉电阻,上拉电阻与场效应管共同组成输出驱动电路。这样电路的输出不是三态的,所以 P1 口是准双向口。

因此:

(1)P1 口作为输出口使用时,已能对外提供推拉电流负载,外电路无需再接上拉电阻。

(2)P1 口作为输入口使用时,应先向其锁存器先写入“1”,使输出驱动电路的 FET 截止。

2.5.3　P2 口

P2 口的字节地址为 A0H,位地址为 A0H ~ A7H。P2 口某一位的位结构的电路原理图如图 2.12 所示。

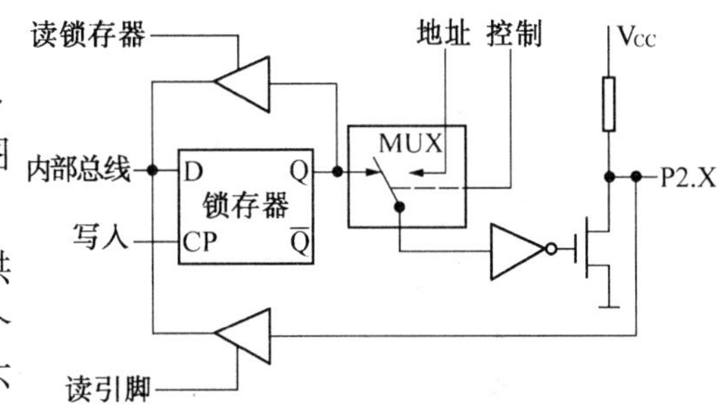

图 2.12　P2 口的位结构的电路原理图

在实际应用中,因为 P2 口用于为系统提供高位地址,因此同 P0 口一样,在口电路中有一个多路转接开关 MUX。但 MUX 的一个输入端不再是“地址/数据”,而是单一的“地址”,这是因为 P2 口只作为地址线使用,而不是作为数据线使用。当 P2 口用作为高位地址线使用时,多路转接开关应倒向“地址”端。正因为只作为地址线使用,口的输出用不着是三态的,所以,P2 口也是一个准双向口。

此外,P2 口也可以作为通用 I/O 口使用,这时,多路转接开关倒向锁存器 Q 端。

2.5.4　P3 口

P3 口的字节地址为 B0H,位地址为 B0H ~ B7H。P3 口某一位的位结构的电路原理图如图 2.13 所示。

虽然,P3 口可以作为通用 I/O 口使用,但在实际应用中,常使用它的第二功能。表 2.2 列出了 P3 口的第二功能定义。

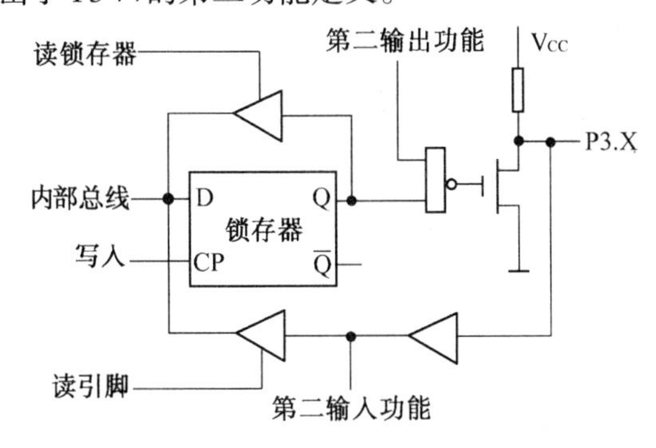

图 2.13　P3 口的位结构的电路原理图

表 2.2　P3 口的第二功能定义

口引脚	第二功能
P3.0	RXD(串行输入口)
P3.1	TXD(串行输出口)
P3.2	$\overline{\text{INT0}}$(外部中断 0)
P3.3	$\overline{\text{INT1}}$(外部中断 1)
P3.4	T0(定时器 0 外部计数输入)
P3.5	T1(定时器 1 外部计数输入)
P3.6	$\overline{\text{WR}}$(外部数据存储器写选通)
P3.7	$\overline{\text{RD}}$(外部数据存储器读选通)

为适应 P3 口的需要,在口电路中增加了第二功能控制逻辑。由于第二功能信号有输入和输出两类,因此,分两种情况进行说明。

(1)对于输出的第二功能信号引脚,当作为通用的 I/O 口使用时,电路中的“第二输出功能”线应保持高电平,与非门开通,以维持从锁存器到输出端数据输出通路的畅通。当输出第二功能信号,该锁存器应预先置“1”,使与非门对第二功能信号的输出是畅通的,从而实现第二功能信号的输出。

(2)对于第二功能作为输入信号的引脚,在口线的输入通路上增加了一个缓冲器,输入的信号就从这个缓冲器的输出端取得。而作为通用的 I/O 口线使用的数据输入,仍取自三态缓冲器的输出端。总的来说,P3 口无论是作为输入口使用还是第二功能信号的输入,输出电路中的锁存器输出和“第二功能输出信号”线都应保持高电平。

2.5.5　P0～P3 口电路小结

前面介绍了 MCS－51 单片机的 P0～P3 口的电路和功能,下面把这些口在使用中一些应注意的问题归纳如下。

P0～P3 口都是并行 I/O 口,都可用于数据的输入和输出,但 P0 口和 P2 口除了可进行数据的输入/输出外,通常用来构建系统的数据总线和地址总线,所以在电路中有一个多路转接开关 MUX,以便进行两种用途的转换。而 P1 口和 P3 口没有构建系统的数据总线和地址总线的功能,因此,在电路中没有多路转接开关 MUX。由于 P0 口可作为地址/数据复用线使用,需传送系统的低 8 位地址和 8 位数据,因此 MUX 的一个输入端为“地址/数据”信号。而 P2 口仅作为高位地址线使用,不涉及数据,所以 MUX 的一个输入信号为“地址”。

在 4 个口中只有 P0 口是一个真正的双向口,P1～P3 这 3 个口都是准双向口。原因是在应用系统中,P0 口作为系统的数据总线使用时,为保证数据的正确传送,需要解决芯片内外的隔离问题,即只有在数据传送时芯片内外才接通;不进行数据传送时,芯片内外应处于隔离状态。为此,要求 P0 口的输出缓冲器是一个三态门。

在 P0 口中输出三态门是由两只场效应管(FET)组成,所以说它是一个真正的双向口。而其它的三个口中,上拉电阻代替 P0 口中的场效应管,输出缓冲器不是三态的,因此不是真正的双向口,只能称其为准双向口。

P3 口的口线具有第二功能。为系统提供一些控制信号。因此在 P3 口电路增加了第二功能控制逻辑。这是 P3 口与其它各口的不同之处。

此外,在使用指令对 P0～P3 口进行操作时还有一些特殊的问题,将在第 3 章中介绍。

2.6　时钟电路与时序

时钟电路用于产生 MCS－51 单片机工作时所必需的时钟信号。MCS－51 单片机本身就是一个复杂的同步时序电路,为保证同步工作方式的实现,MCS－51 单片机应在唯一的时钟信号控制下,严格地按时序执行指令进行工作,而时序所研究的是指令执行中各个信号的关系。

在执行指令时,CPU 首先要到程序存储器中取出需要执行的指令操作码,然后译码,并由时序电路产生一系列控制信号去完成指令所规定的操作。CPU 发出的时序信号有两类,一类用于片内对各个功能部件的控制,这类信号很多,但用户无需了解,故通常也不作介绍。另一类用于对片外存储器或 I/O 端口的控制,这部分时序对于分析、设计硬件接口电路至关重要。这也是单片机应用系统设计者普遍关心的问题。

2.6.1　时钟电路

时钟是单片机的心脏,单片机各功能部件的运行都是以时钟频率为基准,有条不紊地一拍一拍地工作。因此,时钟频率直接影响单片机的速度,时钟电路的质量也直接影响单片机系统的稳定性。常用的时钟电路有两种方式,一种是内部时钟方式,另一种为外部时钟方式。

1. 内部时钟方式

MCS-51单片机内部有一个用于构成振荡器的高增益反相放大器,该高增益反相放大器的输入端为芯片引脚XTAL1,输出端为引脚XTAL2。这两个引脚跨接石英晶体振荡器和微调电容,就构成一个稳定的自激振荡器,图2.14是MCS-51单片机内部时钟方式的振荡器电路。

除使用晶体振荡器外,如对时钟频率要求不高,还可以用陶瓷谐振器来代替。电路中的电容C1和C2典型值通常选择为30pF左右。对外接电容的值虽然没有严格的要求,但电容的大小会影响振荡器频率的高低、振荡器的稳定性和起振的快速性。晶体的振荡频率的范围通常是在1.2MHz~12MHz之间。晶体的频率越高,则系统的时钟频率也就越高,单片机的运行速度也就越快。但反过来运行速度快对存储器的速度要求就高,对印刷电路板的工艺要求也高,即要求线间的寄生电容要小;晶体和电容应尽可能安装得与单片机芯片靠近,以减少寄生电容,更好地保证振荡器稳定、可靠地工作。为了提高温度稳定性,应采用温度稳定性能好的NPO高频电容。

MCS-51单片机常选择振荡频率6MHz或12MHz的石英晶体。随着集成电路制造工艺技术的发展,单片机的时钟频率也在逐步提高,现在的高速单片机芯片的时钟频率已达40MHz。

2. 外部时钟方式

外部时钟方式是使用外部振荡脉冲信号,常用于多片MCS-51单片机同时工作,以便于同步。对外部脉冲信号的要求一般为低于12MHz的方波。

外部的时钟源直接接到XTAL2端,直接输入到片内的时钟发生器上。电路见图2.15。由于XTAL2的逻辑电平不是TTL的,故建议外接一个4.7K~10K的上拉电阻。

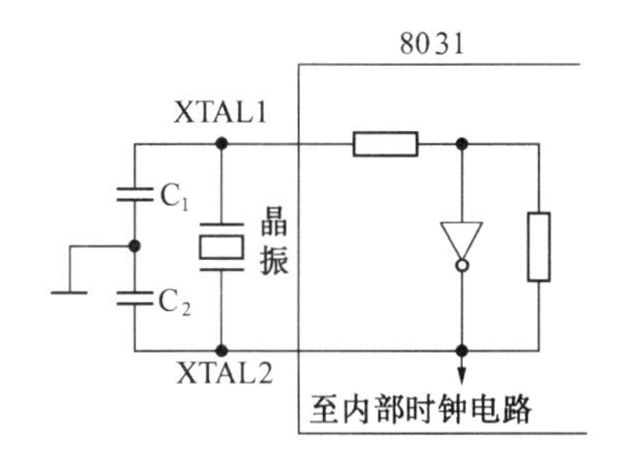

图2.14 MCS-51内部时钟方式的电路

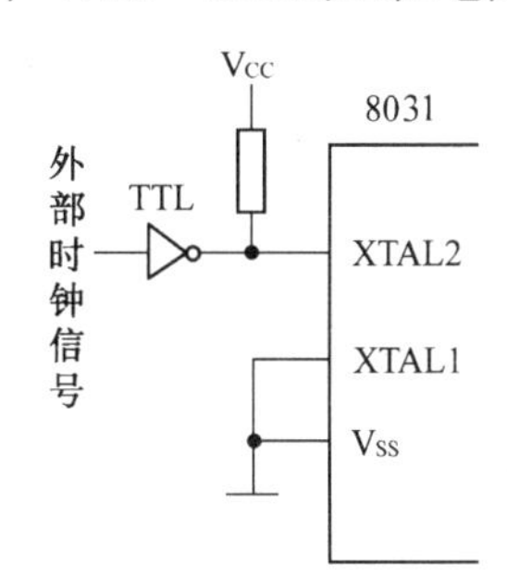

图2.15 MCS-51的外部时钟方式电路

3. 时钟信号的输出

当使用片内振荡器时,XTAL1、XTAL2引脚还能为应用系统中的其它芯片提供时钟,但需增加驱动能力。其引出的方式有两种,如图2.16所示。

2.6.2 机器周期和指令周期

单片机执行的指令均是在CPU控制器的时序控制电路的控制下进行的,各种时序均与时钟周期有关。

1. 时钟周期

时钟周期是单片机的基本时间单位。若时钟的晶体的振荡频率为fosc,则时钟周期Tosc=1/fosc。如fosc=6MHz,Tosc=166.7ns。

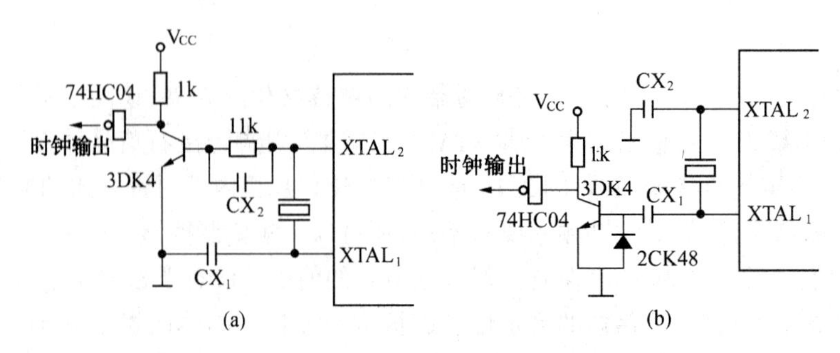

图 2.16　时钟信号的输出

2. 机器周期

CPU 完成一个基本操作所需要的时间称为机器周期。单片机中常把执行一条指令的过程分为若干阶段。每个阶段为一个基本操作，如取指令、读或写数据等等。MCS-51 单片机每 12 个时钟周期为一个机器周期，即 Tcy = 12/fosc。若 fosc = 6 MHz，Tcy = 2 μs；fosc = 12 MHz，Tcy = 1 μs。

MCS-51 单片机的一个机器周期包括 12 个时钟周期，分为 6 个状态：S1 ~ S6。每个状态又分为两拍，称为 P1 和 P2。因此，一个机器周期中的 12 个时钟周期表示为：S1P1、S1P2、S2P1、S2P2、…、S6P2，如图 2.17 所示。

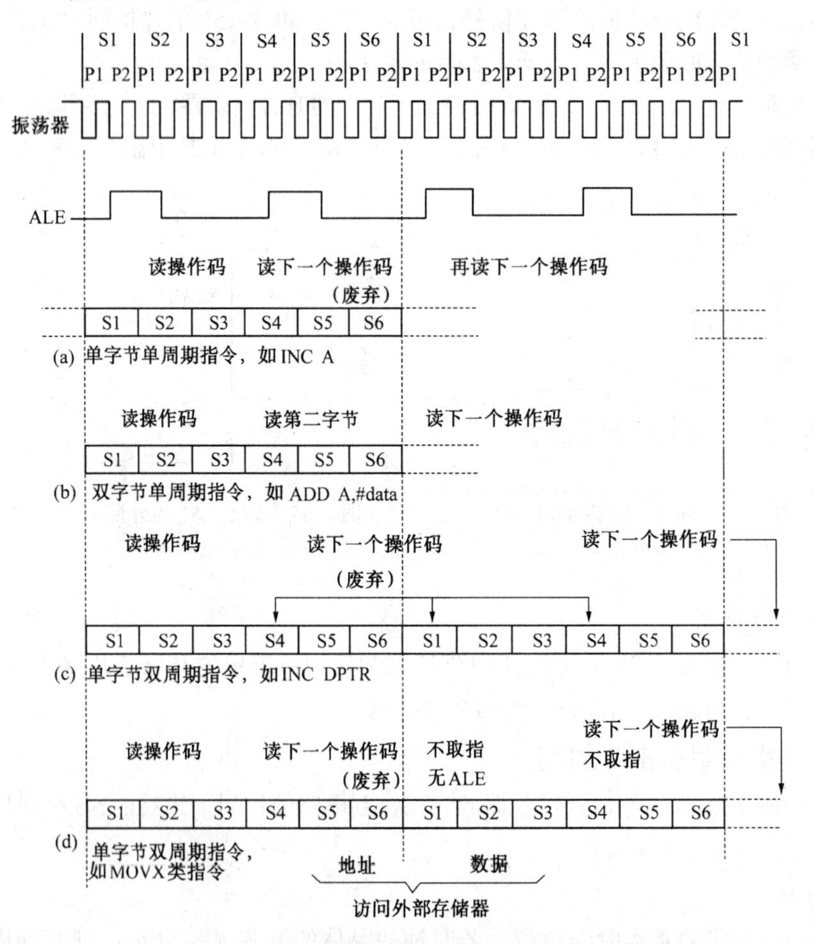

图 2.17　MCS-51 单片机的取指和执行指令的时序

3. 指令周期

指令周期是执行一条指令所需的时间。MCS－51单片机中按字节可分为单字节、双字节、三字节指令。因此执行一条指令的时间也不同。对于简单的单字节指令，取出指令立即执行，只需一个机器周期的时间。而有些复杂的指令，如转移、乘、除指令则需两个或多个机器周期。

从指令的执行速度看，单字节和双字节指令一般为单机器周期和和双机器周期，三字节指令都是双机器周期，只有乘、除指令占用4个机器周期。在编程时要注意选用具有同样功能而机器周期数少的指令。

2.6.3　MCS－51的指令时序

MCS－51单片机执行任何一条指令时，都可以分为取指令阶段和执行指令阶段。取指令阶段简称取指阶段，单片机在这个阶段里可以把程序计数器PC中地址送到程序存储器，并从中取出需要执行指令的操作码和操作数。指令执行阶段可以对指令操作码进行译码，以产生一系列控制信号完成指令的执行。

MCS－51单片机的各种指令执行所需要的的机器周期数目是不同的，图2.17列举了几种典型指令的取指令和执行指令的时序。图中的ALE信号是为地址锁存而定义的，该信号每有效一次，则对应MCS－51单片机的一次读指令的操作。ALE信号以时钟脉冲1/6的频率出现，因此在一个机器周期中，ALE信号两次有效，第1次在S1P2和S2P1期间，第2次在S4P2和S5P1期间，有效宽度为一个状态周期。现对几个典型指令的时序作以说明：

(1)单字节单机器周期指令(如INC A)

由于是单字节指令，因此只需要进行一次读指令操作。当第2个ALE信号有效时，由于PC没有加1，所以读出的还是原指令，属于一次无效的操作。

(2)双字节单机器周期指令(如ADD A，# data)

这种情况下对应于ALE的两次读操作都是有效的，第1次是读指令码，第2次是读指令的第2字节(本例中是立即数)。

(3)单字节双机器周期指令(如INC DPTR)

两个机器周期内共进行4次读指令的操作，但后3次的读操作是无效的。

(4)单字节双机器周期指令(如MOVX类指令)

如前所述，每个机器周期内有两次读指令操作，但MOVX类指令情况有所不同。因为执行这类指令时。先从ROM取指令，然后对外部RAM进行读/写操作。第1个机器周期时与其它指令一样，第1次是读指令(操作码)有效，第2次是读指令无效。第2个机器周期时，进行外部RAM访问，此时，与ALE信号无关，因此，不产生读指令的操作。

2.7　MCS－51的复位和复位电路

2.7.1　复位操作

复位是单片机的初始化操作，只要给RESET引脚加上2个机器周期以上的高电平信号，就可使MCS－51单片机复位。复位的主要功能是把PC初始化为0000H，使MCS－51单片机从0000H单元开始执行程序。除了进入系统的正常初始化之外，当由于程序运行出错或操作错误使系统处于死锁状态，为摆脱死锁状态，也需按复位键重新启动。

除PC之外，复位操作还对其它一些寄存器有影响，它们的复位状态如表2.3所示。由表中可以看出,复位时,SP＝07H；4 个 I/O 端口 P0～P3 的引脚均为高电平,这在某些控制应用中,要考虑到引脚的高电平对外部控制电路的影响。

表 2.3 复位时片内各寄存器的状态

寄存器	复位状态	寄存器	复位状态
PC	0000H	TMOD	00H
Acc	00H	TCON	00H
PSW	00H	TH0	00H
B	00H	TL0	00H
SP	07H	TH1	00H
DPTR	0000H	TL1	00H
P0～P3	FFH	SCON	00H
IP	×××00000B	SBUF	××××××××B
IE	0××00000B	PCON	0×××0000B

由于单片机内部的各个功能部件均受特殊功能寄存器控制,程序运行直接受程序计数器(PC)指挥。表 2.3 中各寄存器复位时的状态决定了单片机内有关功能部件的初始状态。

另外,在复位有效期间(即高电平),MCS－51 单片机的 ALE 引脚和 $\overline{PSEN}$ 引脚均为高电平,且内部 RAM 不受复位的影响。

2.7.2 复位电路

MCS－51 的复位是由外部的复位电路来实现的。MCS－51 单片机片内复位结构见图 2.18。

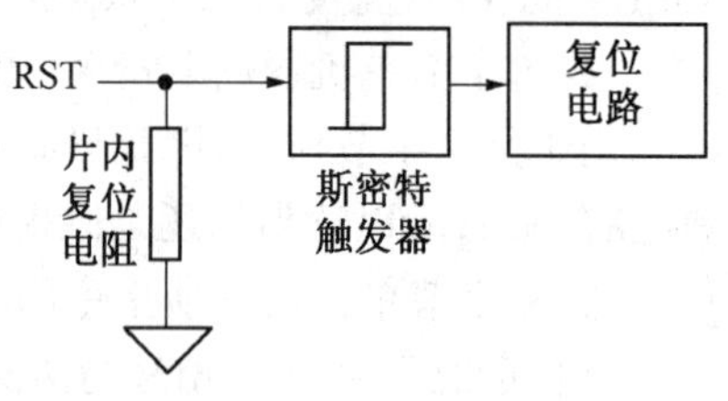

图 2.18 MCS－51 的片内复位结构

复位引脚 RST 通过一个斯密特触发器与复位电路相连,斯密特触发器用来抑制噪声,在每个机器周期的 S5P2,斯密特触发器的输出电平由复位电路采样一次,然后才能得到内部复位操作所需要的信号。

复位电路通常采用上电自动复位和按钮复位两种方式。

最简单的上电自动复位电路如图 2.19 所示。上电自动复位是通过外部复位电路的电容充电来实现的。只要 Vcc 的上升时间不超过 1ms,就可以实现自动上电复位。当时钟频率选用 6MHz 时,C 取 22μF,R 取 1KΩ。

除了上电复位外,有时还需要按键手动复位。按键手动复位有电平方式和脉冲方式两种。其中电平复位是通过 RST 端经电阻与电源 Vcc 接通而实现的,按键手动电平复位电路见图 2.20。当时钟频率选用 6MHz 时,C 取 22μF,R_S 取 200Ω,R_K 取 1KΩ。按键脉冲复位则是利用 RC 微分电路产生的正脉冲来实现的,脉冲复位电路见图 2.21。图中的阻容参数适于 6MHz 时钟。

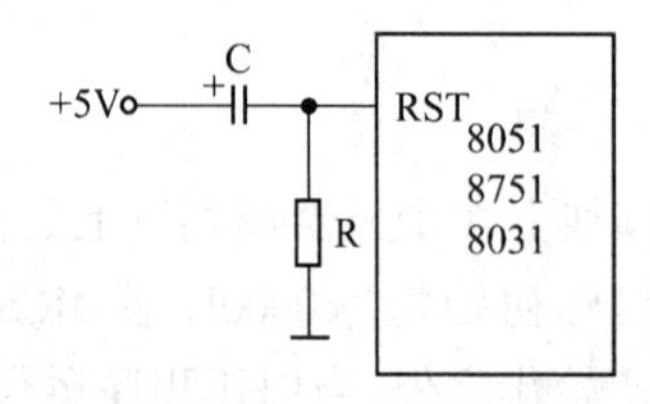

图 2.19 上电复位电路

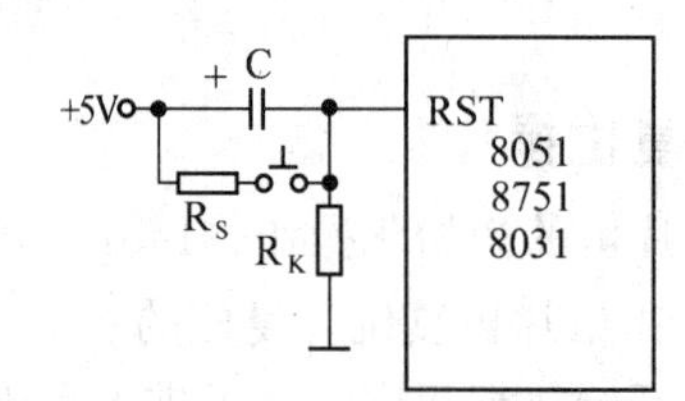

图 2.20 按键电平复位电路

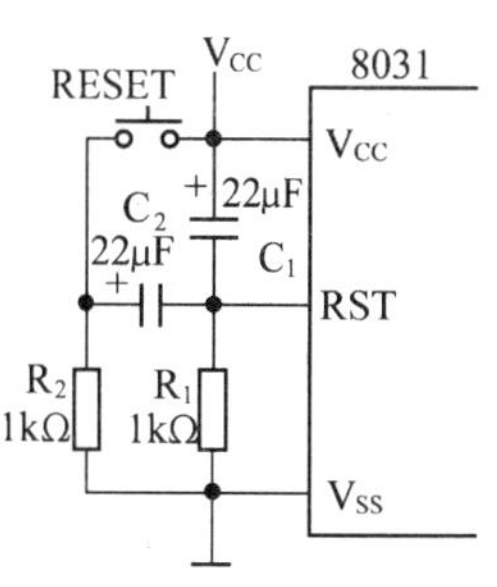

图 2.21　脉冲复位电路

图 2.22 为两种实用的兼有上电复位与按钮复位的电路。

图 2.22 中(b)的电路能输出两种电平的复位控制信号，以适应外围 I/O 接口芯片所要求的不同复位电平信号。图(b)中 74LS122 为单稳电路，实验表明，电容 C 的选择约为 0.1μF 较好。

在实际的应用系统设计中，若有外部扩展的 I/O 接口电路也需初始复位，如果它们的复位端和 MCS－51 单片机的复位端相连，复位电路中的 R、C 参数要受到影响，这时复位电路中的 R、C 参数要统一考虑以保证可靠的复位。如果单片机 MCS－51 单片机与外围 I/O 接口电路的复位电路和复位时间不完全一致，使单片机初始化程序不能正常运行，外围 I/O 接口电路的复位也可以不和 MCS－51 单片机复位端相连，仅采用独立的上电复位电路。若 RC 上电复位电路接斯密特电路输入端，斯密特电路输出接 MCS－51 单片机和外围电路复位端，则能使系统可靠地同步复位。一般来说，单片机的复位速度比外围 I/O 快些。为保证系统可靠复位，在初始化程序中应安排一定的复位延迟时间。

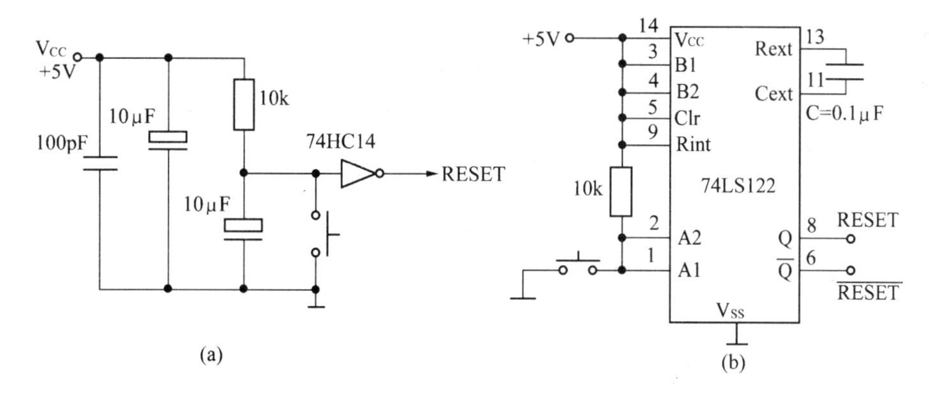

图 2.22　两种实用的兼有上电复位与按钮复位的电路

思考题及习题

1.MCS－51 单片机的片内都集成了哪些功能部件？各个功能部件的最主要的功能是什么？

2.说明 MCS－51 单片机的引脚 $\overline{EA}$ 的作用，该引脚接高电平和接低电平时各有何种功能？

3.在 MCS－51 单片机中，如果采用 6MHz 晶振，一个机器周期为(　　)

4.程序存储器的空间里，有 5 个单元是特殊的，这 5 个单元对应 5 个中断源的中断入口地址。写出这些单元的地址。

5. 内部 RAM 中，位地址为 30H 的位，该位所在字节的字节地址为(　　)。

6.若 A 中的内容为 63H，那么，P 标志位的值为(　　)。

7.判断下列说法是否正确：

(A)8031 的 CPU 是由 RAM 和 EPROM 所组成。

(B)区分片外程序存储器和片外数据存储器的最可靠的方法是看其位于地址范围的地端还是高端。

(C)在 MCS－51 单片机中，为使准双向的 I/O 口工作在输入方式，必须保证它被事先预置为 1。

(D)PC 可以看成是程序存储器的地址指针。

8．8031 单片机复位后，R4 所对应的存储单元的地址为(　　)，因上电时 PSW＝(　　)。这时当前的工作寄存器区是(　　)组工作寄存器区。

9．什么是机器周期？如果采用 12MHz 晶振，一个机器周期为多长时间？

10．以下有关 PC 和 DPTR 的结论中错误的是：

(A) DPTR 是可以访问的，而 PC 不能访问。

(B) 它们都是 16 位的寄存器。

(C) 它们都具有加"1"的功能。

(D) DPTR 可以分为 2 个 8 位的寄存器使用，但 PC 不能。

11．内部 RAM 中，哪些单元可作为工作寄存器区，哪些单元可以进行位寻址？写出它们的字节地址。

12．使用 8031 单片机时，需将 $\overline{EA}$ 引脚接(　　)电平，因为其片内无(　　)存储器。

13．片内 RAM 低 128 个单元划分为哪三个主要部分？各部分的主要功能是什么？

14．判断下列说法是否正确

(A)程序计数器 PC 不能为用户编程时直接使用，因为它没有地址。

(B)内部 RAM 的位寻址区，只能供位寻址使用，而不能供字节寻址使用。

(C)8031 共有 21 个特殊功能寄存器，它们的位都是可用软件设置的，因此，是可以进行位寻址的。

15．PC 的值是：

(A) 当前指令前一条指令的地址

(B) 当前正在执行指令的地址

(C) 下一条指令的地址

(D) 控制器中指令寄存器的地址

16．通过堆栈操作实现子程序调用，首先就要把(　　)的内容入栈，以进行断点保护。调用返回时，再进行出栈保护，把保护的断点送回到(　　)。

17．单片机程序存储器的寻址范围是由程序计数器 PC 的位数决定的，MCS－51 的 PC 为 16 位，因此其寻址的范围是(　　)。

18．写出 P3 口各引脚的第二功能。

19．当 MCS－51 单片机运行出错或程序陷入死循环时，如何来摆脱困境？

20．判断下列说法是否正确

(A) PC 是一个不可寻址的特殊功能寄存器。

(B) 单片机的主频越高，其运算速度越快。

(C) 在 MCS－51 单片机中，一个机器周期等于 1 μs。

(D) 特殊功能寄存器 SP 内装的是栈顶首地址单元的内容。

第3章

MCS－51单片机指令系统

MCS－51单片机所能执行的指令的集合就是它的指令系统。指令常以其英文名称或缩写形式来作为助记符，以助记符形式表示的指令是汇编语言。本章所介绍的是MCS－51汇编语言的指令系统。最后还对在MCS－51单片机汇编程序设计中用到的伪指令也作以介绍，为以后的MCS－51单片机汇编语言程序设计打下基础。

3.1 指令系统概述

MCS－51单片机指令系统是一种简明易掌握、效率较高的指令系统。

MCS－51单片机的基本指令共111条，按指令在程序存储器所占的字节来分：

(1) 单字节指令49条；

(2) 双字节指令45条；

(3) 三字节指令17条。

由指令的执行时间来分，其中：

(1) 1个机器周期(12个时钟振荡周期)的指令64条；

(2) 2个机器周期(24个时钟振荡周期)的指令45条；

(3) 只有乘、除两条指令的执行时间为4个机器周期(48个时钟振荡周期)。

在12MHz晶振的条件下，每个机器周期为1μs。由此可见，MCS－51单片机指令系统对存储空间和时间的利用率较高。

MCS－51单片机的一大特点是在硬件结构中有一个位处理机，对应这个位处理机，指令系统中相应地设计了一个处理位变量的指令子集，这个子集在设计需大量处理位变量的程序时十分有效、方便。

3.2 指令格式

指令的表示方法称为指令格式，一条指令通常由两部分组成，即操作码和操作数。操作码用来规定指令进行什么操作，而操作数则是指令操作的对象。操作数可能是一个具体的数据，也可能是指出到哪里取得数据的地址或符号。在MCS－51单片机指令系统中，有单字节指令、双字节指令、三字节这些不同长度的指令，指令长度不同，指令的格式也就不同。

(1)单字节指令：指令只有一个字节，操作码和操作数同在一个字节中。

(2)双字节指令：双字节指令包括两个字节。其中一个字节为操作码，另一个字节是操作数。

(3)三字节指令:在三字节指令中,操作码占一个字节,操作数占二个字节。其中操作数既可能是数据,也可能是地址。

3.3 指令系统的寻址方式

大多数指令执行时,都需要使用操作数。寻址方式就是在指令中说明操作数所在地址的方法。一般说来,寻址方式越多,单片机的功能就越强,灵活性越大,指令系统也就越复杂。MCS－51 单片机有以下 7 种寻址方式。下面分别予以介绍。

1.寄存器寻址方式

寄存器寻址方式就是操作数在寄存器中,因此,指定了寄存器就能得到操作数。在寄存器寻址方式的的指令中以符号名称来表示寄存器。例如指令:

```
MOV  A,Rn; n=0~7
```

表示把寄存器 Rn 的内容传送给累加器 A,由于操作数在 Rn 中,因此在指令中指定了 Rn,就能从寄存器 Rn 中取得源操作数,所以就称为寄存器寻址方式。

寄存器寻址方式的寻址范围包括:

(1)4 组通用工作寄存器区共 32 个工作寄存器。但只能寻址当前的工作寄存器区的 8 个工作寄存器,因此指令中的寄存器的名称只能是 R0～R7。

(2)部分特殊功能寄存器,例如累加器 A、寄存器 B 以及数据指针 DPTR 等。

2.直接寻址方式

在这种寻址方式中,指令中操作数直接以单元地址蹬形式给出。例如指令:

```
MOV  A, 40H
```

表示把内部 RAM 40H 单元的内容传送给 A。源操作数采用的是直接寻址方式。

直接寻址的操作数在指令中以存储单元的形式出现,因为直接寻址方式只能使用 8 位二进制数表示的地址,因此,本寻址方式的寻址范围只限于:

(1) 内部 RAM 的 128 个单元

(2) 特殊功能寄存器,特殊功能寄存器除了以单元地址的形式外,还可以以寄存器符号的形式给出。例如:MOV A,80H 表示把 P0 口(地址为 80H)的内容传送给 A。也可写为:MOV A,P0 这也表示把 P0 口(地址为 80H)的内容传送给 A,两条指令是等价的。

3.寄存器间接寻址方式

寄存器寻址方式,寄存器中存放的是操作数,而寄存器间接寻址方式,寄存器中存放的是操作数的地址,即操作数是通过寄存器间接得到的,因此称之为寄存器间接寻址。

寄存器间接寻址也需要以寄存器符号的形式表示,为了区别寄存器寻址和寄存器间接寻址,在寄存器间接寻址方式中,应在寄存器的名称前面加前缀标志“@”。

访问内部 RAM 或外部数据存储器的低 256 个字节时,只能采用 R0 或 R1 作为间址寄存器。例如指令:

```
MOV  A,@Ri;  i=0或1
```

其中 Ri 中的内容为为 40H,即从 Ri 中找到源操作数所在单元的地址 40H,把该地址中的内容传送给 A,即把内部 RAM 中 40H 单元的内容送到 A。这类指令为单字节指令,其指令代码中最低位是表示采用 R0 还是 R1 作为间址寄存器。

寄存器间接寻址方式的寻址范围:

(1)访问内部 RAM 低 128 个单元,其通用形式为@Ri

(2)对片外数据存储器的 64K 字节的间接寻址,只能使用 DPTR 作间接寻址寄存器,其形式为@DPTR。例如:MOVX　A,@DPTR,其功能是把 DPTR 指定的外部 RAM 单元的内容送累加器 A。

(3)片外数据存储器的低 256 字节,除可使用 DPTR 作为间址寄存器外,也可使用 R0 或 R1 作间址寄存器。例如:MOVX　A,@Ri(i=0,1),其功能是把 Ri 指定的外部 RAM 单元的内容送累加器 A。

(4)堆栈区:堆栈操作指令 PUSH(压栈)和 POP(出栈),使用堆栈指针 SP 作间址寄存器来进行对堆栈区的间接寻址。

4.立即寻址方式

立即寻址方式就是操作数在指令中直接给出。出现在指令中的操作数即为立即数。为了与直接寻址指令中的直接地址相区别,需在操作数前面加前缀标志"#"。例如指令:

```
MOV   A,#40H
```

表示把立即数 40H 送给 A。40H 这个常数是指令代码的一部分,就是放在程序存储器内的常数。

5.基址寄存器加变址寄存器间址寻址方式

这种寻址方式用于访问程序存储器中的数据表格,本寻址方式,是以 DPTR 或 PC 作基址寄存器,以累加器 A 作为变址寄存器,并以两者内容相加形成的 16 位地址作为操作数的地址,以达到访问数据表格的目的。例如:指令 MOVC A,@A+DPTR 其中 A 的原有内容为 05H,DPTR 的内容为 0400H,该指令执行的结果是把程序存储器 0405H 单元的内容传送给 A。

下面对本寻址方式作如下说明:

(1) 本寻址方式只能对程序存储器进行寻址,或者说它是专门针对程序存储器的寻址方式,寻址范围可达到 64KB。

(2) 本寻址方式的指令只有 3 条:

```
MOVC   A,@A+DPTR
MOVC   A,@A+PC
JMP    @A+DPTR
```

其中前两条指令是读程序存储器指令,最后一条指令是无条件转移指令。

本寻址方式的 3 条指令都是单字节指令。

6.位寻址方式

MCS－51 单片机有位处理功能,可以对数据位进行操作,因此就有相应的位寻址方式。位寻址指令中可以直接使用位地址,例如:

```
MOV   C,40H
```

指令的功能是把 40H 位的值送进位位 C。

位寻址的寻址范围包括:

(1) 内部 RAM 中的位寻址区

单元地址为 20H～2FH,共 16 个单元,128 个位,位地址是 00H～7FH。对这 128 个位的寻址使用直接地址表示。位寻址区中的位有两种表示方法,一种是直接给出位地址;另一种是单元地址加上位数,例如(20H).6。

(2) 特殊功能寄存器中的可寻址位

可供位寻址的特殊功能寄存器共有 11 个,实际有寻址位 83 个。这些寻址位在指令中有如下 4 种的表示方法：

(1) 直接使用位地址。例如 PSW 寄存器位 5 的地址为 0D5H。

(2) 位名称的表示方法。例如 PSW 寄存器位 5 是 F0 标志位，则可使用 F0 表示该位。

(3) 单元地址加位数的表示方法。例如 0D0H 单元(即 PSW 寄存器)位 5，表示为(0D0H).5。

(4) 特殊功能寄存器符号加位数的表示方法。例如 PSW 寄存器的位 5 表示为 PSW.5。

例如：

```
    MOV   C, 40H
与  MOV   C, (28H).0
```

它们是等价的，就是上述的第(1)种和第(3)种表示方法，表示的都是把 28H 单元的最低位的内容送到位累加器 C 中。

7.相对寻址方式

相对寻址方式是为解决程序转移而专门设置的，为转移指令所采用。在 MCS－51 的指令系统中，有多条相对转移指令，这些指令多为二字节指令，但也有个别为三字节的。

在相对寻址的转移指令中，给出了地址偏移量，以"rel"表示，即把 PC 的当前值加上偏移量就构成了程序转移的目的地址。但这里的 PC 的当前值是指执行完该指令后的 PC 值，即转移指令的 PC 值加上它的字节数。因此，转移的目的地址可用如下公式表示：

目的地址＝转移指令地址＋转移指令的字节数＋rel

偏移量 rel 是一个带符号的 8 位二进制数补码数，所能表示的数的范围是：－128～＋127。因此，相对转移是以转移指令所在地址为基点，向地址增加方向最大可转移(127＋转移指令字节)个单元地址，向地址减少方向，最大可转移(128－转移指令字节)个单元地址。

以上介绍了 MCS－51 单片机指令系统的 7 种寻址方式，概括起来如表 3.1 所示。

表 3.1　寻址方式及寻址空间

序号	寻址方式	使用的变量	寻址空间
1	寄存器寻址	R0～R7、A、B、Cy(位)、DPTR、AB	数据存储器
2	直接寻址		内部 RAM 128 字节特殊功能寄存器
3	寄存器间接寻址	@R1，@R0，SP	片内 RAM
		@R0，@R1，@DPTR	片外数据存储器
4	立即寻址		程序存储器
5	基址寄存器加变址寄存器间接寻址	@DPTR＋A，@PC＋A	程序存储器
6	位寻址		内部 RAM 20H～2FH 单元的 128 个可寻址位、SFR 中的可寻址位
7	相对寻址	PC＋偏移量	程序存储器

3.4　MCS－51 单片机指令系统分类介绍

MCS－51 单片机指令系统共有 111 条指令，按功能分类，可分为下面 5 大类：

(1)数据传送类(28条)
(2)算术操作类(24条)
(3)逻辑运算类(25条)
(4)控制转移类(17条)
(5)位操作类(17条)
位操作类指令由位处理机执行。

在分类介绍指令之前,先把描述指令的一些符号的意义,作以简单的介绍。

Rn	当前选中的寄存器区的8个工作寄存器R0～R7(n＝0～7)。
Ri	当前选中的寄存器区中可作地址寄存器的2个寄存器R0、R1(i＝0,1)。
direct	直接地址,即8位的内部数据存储器单元或特殊功能寄存器的地址。
# data	包含在指令中的8位立即数。
# data16	包含在指令中的16位立即数。
rel	相对转移指令中的偏移量,为8位的带符号补码数
DPTR	数据指针,可用作16位的地址寄存器。
bit	内部RAM或特殊功能寄存器中的直接寻址位。
C或Cy	位处理机中的累加器或进位标志位。
addr11	11位目的地址
addr16	16位目的地址
@	间址寄存器或基址寄存器的前缀。如@Ri,@A＋DPTR
(X)	X中的内容。
((X))	由X寻址的单元中的内容。
→	箭头右边的内容被箭头左边的内容所取代。

3.4.1　数据传送类指令

数据传送类指令是编程时使用最频繁的一类指令。

一般数据传送类指令的助记符为“MOV”,通用的格式为:

```
MOV   <目的操作数>,<源操作数>
```

数据传送类指令是把源操作数传送到目的操作数。指令执行后,源操作数不改变,目的操作数修改为源操作数。所以数据传送操作属“复制”性质,而不是“搬家”。若要求在进行数据传送时,不丢失目的操作数,则可以用交换型的传送类指令。

数据传送类指令不影响标志,这里所说的标志是指Cy、Ac和OV,但不包括累加器奇偶标志位P。

1.以累加器为目的操作数的指令

```
MOV  A,Rn          ;(Rn)→A,n=0~7
MOV  A,@Ri         ;((Ri))→A,i=0,1
MOV  A,direct      ;(direct)→A
MOV  A,# data      ;# data→A
```

这组指令的功能是把源操作数的内容送入累加器A,源操作数有寄存器寻址,直接寻址,间接寻址和立即寻址等方式,例如:

```
MOV  A,R6          ;(R6)→A,寄存器寻址
MOV  A,70H         ;(70H)→A,直接寻址
```

```
MOV   A,@R0          ; ((R0))→A,间接寻址
MOV   A,#78H         ; 78H→A,立即寻址
```

2.以 Rn 为目的操作数的指令

```
MOV   Rn,A           ; A→(Rn),n=0~7
MOV   Rn,direct      ; (direct)→(Rn),n=0~7
MOV   Rn,#data       ; #data→Rn,n=0~7
```

这组指令的功能是把源操作数的内容送入当前一组工作寄存器区的 R0~R7 中的某一个寄存器。

3.以直接地址 direct 为目的操作数的指令

```
MOV   direct,A          ; A→direct,
MOV   direct,Rn         ; (Rn)→direct, ,n=0~7
MOV   direct1,direct2   ; (direct2)→direct1,
MOV   direct,@Ri        ; ((Ri))→direct, i=0,1
MOV   direct,#data      ; #data→direct
```

这组指令的功能是把源操作数送入直接地址指出的存储单元。direct 指的是内部 RAM 或 SFR 的地址。

4.以寄存器间接地址为目的操作数的指令

```
MOV   @Ri,A          ; A→((Ri)),i=0,1
MOV   @Ri,direct     ; (direct)→((Ri)),i=0,1
MOV   @Ri,#data      ; #data→((Ri)),i=0,1
```

这组指令的功能是把源操作数内容送入 R0 或 R1 指出的存储单元中。

5. 16 位数传送指令

```
MOV   DPTR,#data16   ; #data16→DPTR
```

这条指令的功能是把 16 位常数送入 DPTR,这是整个指令系统中唯一的一条 16 位数据的传送指令,用来设置地址指针。地址指针 DPTR 由 DPH 和 DPL 组成。这条指令执行的结果把立即数的高 8 位送入 DPH,立即数的低 8 位送入 DPL。

对于所有 MOV 类指令,累加器 A 是一个特别重要的 8 位寄存器,CPU 对它有许多操作指令。后面将要介绍的加、减、乘、除指令都是以 A 作为操作数的。Rn 为 CPU 当前选择的寄存器组中的 R0~R7,直接地址指出的存储单元为内部 RAM 的 00H~7FH 和特殊功能寄存器(地址范围为 80H~FFH)。在间接寻址中,用 R0 或 R1 作地址指针,访问内部 RAM 的 00H~7FH 128 个单元。

6.堆栈操作指令

在 MCS-51 单片机内部 RAM 中可以设定一个后进先出(LIFO-Last In First Out)的区域称作堆栈。在特殊功能寄存器中有一个堆栈指针 SP,它指出堆栈的栈顶位置。堆栈操作有进栈和出栈两种,因此在指令系统中相应有两条堆栈操作指令。

(1)进栈指令

```
PUSH   direct
```

这条指令的功能是首先将栈指针 SP 加 1,然后把直接地址指出的内容送到栈指针 SP 指示的内部 RAM 单元中。

例如:当(SP)=60H,(A)=30H,(B)=70H 时,执行下列指令

```
    PUSH   A              ; (SP) + 1 = 61H→SP,(A)→61H
    PUSH   B              ; (SP) + 1 = 62H→SP,(B)→62H
```

结果:(61H) = 30H,(62H) = 70H,(SP) = 62H

(2)出栈指令

```
    POP   direct
```

这条指令的功能是栈指针 SP 指示的内部 RAM 单元内容送入直接地址指出的字节单元中,栈指针 SP 减 1.

例如:当 (SP) = 62H, (62H) = 70H, (61H) = 30H,执行下列指令

```
    POP   DPH             ; ((SP))→DPH,(SP) - 1→SP
    POP   DPL             ; ((SP))→DPL,(SP) - 1→SP
```

结果:(DPTR) = 7030H,(SP) = 60H

7.累加器 A 与外部数据存储器传送指令

```
    MOVX   A,@DPTR        ; ((DPTR))→A,读外部 RAM/IO
    MOVX   A,@Ri          ; ((Ri))→A,读外部 RAM/IO
    MOVX   @DPTR,A        ; (A)→((DPTR)),写外部 RAM/IO
    MOVX   @Ri,A          ; (A)→((Ri)),写外部 RAM/IO
```

这组指令的功能是累加器 A 与外部 RAM 存储器或 I/O 之间传送一个字节的数据。

采用 16 位的 DPTR 作间接寻址,则可寻址整个 64KB 片外数据存储器空间,高 8 位地址(DPH)由 P2 口输出,低 8 位地址(DPL)由 P0 口输出。

采用 Ri(i = 0,1)作间接寻址,可寻址片外 256 个单元的数据存储器。8 位地址和数据均由 P0 口输出,可选用其它任何输出口线来输出高于 8 位的地址(一般选用 P2 口输出高 8 位的地址。

8.查表指令

这类指令共两条,均为单字节指令,这是 MCS－51 单片机指令系统中仅有的两条用于读程序存储器中的数据表格的指令。这里所说的程序存储器既包括内部程序存储器,也包括外部程序存储器。由于对程序存储器只能读不能写,因此其数据的传送都是单向的,即从程序存储器中读出数据到累加器中。两条查表指令均采用基址寄存器加变址寄存器间接寻址方式。

(1) MOVC　A,@A + PC

这条指令以 PC 作基址寄存器,A 的内容作为无符号整数和 PC 中的内容(下一条指令的起始地址)相加后得到一个 16 位的地址,把该地址指出的程序存储单元的内容送到累加器 A。

例如: (A) = 30H,执行地址 1000H 处的指令

```
    1000H: MOVC   A,@A + PC
```

本指令占用一个单元,下一条指令的地址为 1001H,(PC) = 1001H 再加上 A 中的 30H,得 1031H,结果将程序存储器中 1031H 的内容送入 A。

这条指令的优点是不改变特殊功能寄存器及 PC 的状态,根据 A 的内容就可以取出表格中的常数。缺点是表格只能存放在该条查表指令后面的 256 个单元之内,表格的大小受到限制,而且表格只能被一段程序所利用。

(2) MOVC　A,@A + DPTR

这条指令以 DPTR 作为基址寄存器,A 的内容作为无符号数和 DPTR 的内容相加得到一个 16 位的地址,把由该地址指出的程序存储器单元的内容送到累加器 A.

例如：(DPTR)＝8100H (A)＝40H 执行指令

```
MOVC  A,@A+DPTR
```

结果将程序存储器中 8140H 单元内容送入累加器 A.

这条查表指令的执行结果只和指针 DPTR 及累加器 A 的内容有关，与该指令存放的地址及常数表格存放的地址无关，因此表格的大小和位置可以在 64K 程序存储器中任意安排，一个表格可以为各个程序块公用。

上述两条指令的助记符都是在 MOV 的后面加 C，"C"是 CODE 的第一个字母，即代码的意思。

9. 字节交换指令

```
XCH   A,Rn        ; (A)⇆(Rn),n=0~7
XCH   A,direct    ; (A)⇆(direct)
XCH   A,@Ri       ; (A)⇆((Ri)),i=0,1
```

这组指令的功能是将累加器 A 的内容和源操作数的内容相互交换。源操作数有寄存器寻址、直接寻址和寄存器间接寻址等方式。例如：

(A)＝80H，(R7)＝08H，(40H)＝F0H

(R0)＝30H，(30H)＝0FH

执行指令：

```
XCH   A,R7        ;(A)⇆(R7)
XCH   A,40H       ;(A)⇆(40H)
XCH   A,@R0       ;(A)⇆((R0))
```

结果(A)＝0FH，(R7)＝80H，(40H)＝08H，(30H)＝F0H

10. 半字节交换指令

```
XCHD  A,@Ri
```

累加器的低 4 位与内部 RAM 低 4 位交换。例如：

(R0)＝60H，(60H)＝3EH，(A)＝59H

执行完 XCHD A,@R0 指令，则(A)＝5EH，(60H)＝39H。

3.4.2 算术操作类指令

在 MCS－51 单片机指令系统中，有单字节的加、减、乘、除法指令，算术运算功能比较强。算术运算指令都是针对 8 位二进制无符号数的，如要进行带符号或多字节二进制数运算，需编写程序，通过执行程序实现。

算术执行的结果将使 PSW 中的进位(Cy)，辅助进位(Ac)，溢出(OV)3 种标志位置"1"或清"0"，但是增 1 和减 1 指令不影响这些标志。

1. 加法指令

共有 4 条加法运算指令：

```
ADD   A,Rn        ;(A)+(Rn)→A,n=0~7
ADD   A,direct    ;(A)+(direct)→A
ADD   A,@Ri       ;A+((Ri))→A,i=0,1
ADD   A,#data     ;(A)+#data→A
```

这 4 条 8 位二进制数加法指令的一个加数总是来自累加器 A，而另一个加数可由寄存器寻址、直接寻址、寄存器间接寻址和立即寻址等不同的寻址方式得到。其相加的结果总是放在累加器A中。

使用加法指令时，要注意运算结果对标志位的影响：

(1) 如果位7有进位，则置"1"进位标志Cy，否则清"0"Cy

(2) 如果位3有进位，置"1"辅助进位标志Ac，否则清"0"Ac(Ac为PSW寄存器中的一位)

(3) 如果位6有进位，而位7没有进位，或者位7有进位，而位6没有，则溢出标志位OV置"1"，否则清"0"OV。

溢出标志位OV的状态，只有在带符号数加法运算时才有意义。当两个带符号数相加时，OV=1，表示加法运算超出了累加器A所能表示的带符号数的有效范围(-128～+127)，即产生了溢出，因此运算结果是错误的，否则运算是正确的，即无溢出产生。

例　(A)=53H，(R0)=FCH，执行指令

```
ADD   A,R0
```

运算式为：

```
          0101  0011
  +)      1111  1100
  ------------------
        1←0100  1111
```

结果为：

(A)=4FH，Cy=1，Ac=0，OV=0，P=1(A中"1"的位数为奇数)

注意：上面的运算中，由于位6和位7同时有进位，所以标志位OV=0。

例　(A)=85H，(R0)=20H，(20H)=AFH，执行指令：

```
ADD   A,@R0
```

运算式为：

```
          1000  0101
  +)      1010  1111
  ------------------
        1←0011  0100
```

结果为：

(A)=34H，Cy=1，Ac=1，OV=1，P=1

注意：由于位7有进位，而位6无进位，所以标志位OV=1

2.带进位加法指令

带进位的加法运算的特点是进位标志位Cy参加运算，因此带进位的加法运算是三个数相加。带进位的加法指令共4条：

```
ADDC  A,Rn        ；(A)+(Rn)+Cy→A,n=0~7
ADDC  A,direct    ；(A)+(direct)+Cy→A,
ADDC  A,@Ri       ；(A)+(Ri)+Cy→A,i=0,1
ADDC  A,#data     ；#data+(A)+Cy→A,
```

这组带进位加法指令的功能是指令中不同寻址方式所指出的加数、进位标志与累加器A内容相加，结果存在累加器A中。如果位7有进位，则置"1"进位标志Cy，否则清"0"Cy；如果位3有进位输出，则置"1"辅助进位标志Ac，否则清"0"Ac；如果位6有进位而位7没有进位，或者位7有进位而位6没有，则置"1"溢出标志OV，否则清"0" 标志OV。

例　(A)=85H，(20H)=FFH，Cy=1，执行指令

```
ADDC  A,20H
```

运算式为：

```
         1000  0101
         1111  1111
+)              1
-----------------------
       1←1000  0101
```

结果为:

(A)=85H, Cy=1,Ac=1, OV=0, P=1 (A 中 1 的位数为奇数)

3.增 1 指令

共有 5 条增 1 指令:

```
INC   A          ;
INC   Rn         ;n=0~7
INC   direct     ;
INC   @Ri        ;i=0,1
INC   DPTR       ;
```

这组增 1 指令的功能是把指令中所指出的变量增 1,且不影响程序状态字 PSW 中的任何标志(P 标志除外)。若变量原来为 FFH,加 1 后将溢出为 00H(指前 4 条指令),标志也不会受到影响。第 5 条指令 INC DPTR,是 16 位数增 1 指令。指令首先对低 8 位指针 DPL 的内容执行加 1 的操作,当产生溢出时,就对 DPH 的内容进行加 1 操作,并不影响标志 Cy 的状态。

4.十进制调整指令

十进制调整指令用于对 BCD 码十进制数加法运算的结果的内容修正。其指令格式为:

```
DA   A
```

这条指令的功能是对压缩的 BCD 码的加法结果进行十进制调整。若两个 BCD 码按二进制相加之后,必须经本指令的调整才能得到正确的压缩 BCD 码的和数。

(1) 十进制调整问题

前面介绍的 ADD 和 ADDC 加法指令,对二进制数的加法运算,都能得到正确的结果。但对于十进制数(BCD 码)的加法运算,只能借助于二进制加法指令。然而,二进制数的加法运算原则并不能适用于十进制数的加法运算,有时会产生错误结果。例如:

```
(a)3+6=9          (b)7+8=15          (c)9+8=17
     0011              0111                1001
+)   0110         +)   1000           +)   1000
     1001              1111              1 0001
```

(a) 运算结果正确。

(b) 运算结果不正确,因为十进制数的 BCD 码中没有 1111 这个编码。

(c) 运行结果也是不正确的,正确结果应为 17,而运算结果却是 11。

这种情况表明,二进制数加法指令不能完全适用于 BCD 码十进制数的加法运算,因此要对结果作有条件的修正。这就是所谓的十进制调整问题。

(2) 出错原因和调整方法

出错的原因在于 BCD 码是 4 位二进制编码,共有 16 个编码,但 BCD 码只用了了其中的 10 个,剩下 6 个没用到。这 6 个没用到的编码(1010,1011,1100,1101,1110,1111)为无效码。

无论哪一种出错情况,都是因为 6 个无效编码造成的。因此,只要运算出现无效编码,就必须进行调整。调整的方法是把结果加 6 调整,即所谓十进制调整修正。

十进制调整的修正方法应是:

(a) 累加器低 4 位大于 9 或辅助进位位 Ac=1,则进行低 4 位加 6 修正。

(b) 累加器高4位大于9或进位位 Cy＝1,则进行高4位加6修正。

(c) 累加器高4位为9,低4位大于9,则高4位和低4位分别加6修正。

上述的十进制调整的修正方法,具体是通过执行指令:DA A 来自动实现的。

例　(A)＝56H,(R5)＝67H,把它们看作为两个压缩的BCD数,进行BCD数的加法。执行指令:

```
ADD   A,R5
DA    A
```

由于结果的高、低4位分别大于9,所以要分别加6进行十进制调整对结果进行修正。

```
            0101  0110
   +)       0110  0111
   -------------------
            1011  1101
   +)       0110  0110     ←十进制调整,高低4位分别加6
   -------------------
         1←0010  0011
```

结果为:

(A)＝23H, Cy＝1

由上可见,56＋67＝123,结果是正确的。

5.带借位的减法指令

共有4条指令:

```
SUBB   A, Rn          ; (A)－(Rn)－Cy→A, n＝0～7
SUBB   A, direct      ; (A)－(direct)－Cy→A
SUBB   A, @Ri         ; (A)－((Ri))－Cy→A, i＝0,1
SUBB   A, # data      ; (A)－ # data－Cy→A
```

这组带借位减法指令是从累加器A中的内容减去指定的变量和进位标志Cy的值,结果存在累加器A中。如果位7需借位则置“1” Cy,否则清“0”Cy;如果位3需借位则置“1”Ac,否则清“0”Ac;如果位6需借位而位7不需要借位,或者位7需借位,位6不需借位,则置“1”溢出标志位OV,否则清“0”OV。源操作数允许有寄存器寻址、直接寻址、寄存器间接寻址和立即寻址方式。

例　(A)＝C9H, (R2)＝54H, Cy＝1,执行指令

```
SUBB   A, R2
```

运算式为:

```
          1100  1001
          0101  0100
   －)             1
   -----------------
          0111  0100
```

结果为:

(A)＝74H, Cy＝0, Ac＝0, OV＝1(位6向位7借位,但位7没有借位)

6.减1指令

共有4条指令:

```
DEC   A          ; (A)－1→A
DEC   Rn         ; (Rn)－1→Rn, n＝0～7
DEC   direct     ; (direct)－1→direct
DEC   @Ri        ; ((Ri))－1→(Ri), i＝0,1
```

这组指令的功能是指定的变量减 1。若原来为 00H。减 1 后下溢为 FFH,不影响标志位(除 A 减 1 影响 P 标志外)。例如:

(A)＝0FH,(R7)＝19H,(30H)＝00H,(R1)＝40H,(40H)＝0FFH 执行指令:

```
DEC  A          ; (A)－1→A
DEC  R7         ; (R7)－1→R7
DEC  30H        ; (30H)－1→30H
DEC  @R1        ; ((R1))－1→(R1)
```

结果:(A)＝0EH,(R7)＝18H,(30H)＝0FFH,(40H)＝0FEH,P＝1,不影响其它标志。

7.乘法指令

```
MUL  AB         ; A×B→BA
```

这条指令的功能是把累加器 A 和寄存器 B 中的无符号 8 位整数相乘,其 16 位积的低位字节在累加器 A 中,高位字节在 B 中。如果积大于 255,则置“1”溢出标志位 OV,否则清“0”OV。进位标志位 Cy 总是清“0”。

8.除法指令

```
DIV  AB         ; A/B→ A(商),B(余数)
```

该指令的功能是把累加器 A 中 8 位无符号整数(被除数)除以 B 中的 8 位无符号整数(除数),所得的商(为整数)存放在累加器 A 中,余数在寄存器 B 中,清“0”Cy 和溢出标志位 OV。如果 B 的内容为“0”(即除数为“0”),则存放结果的 A、B 中的内容不定,并置“1”溢出标志位 OV。

例 (A)＝FBH,(B)＝12H,执行指令

```
DIV  AB
```

结果为:

(A)＝0DH,(B)＝11H,Cy＝0,OV＝0

3.4.3 逻辑运算指令

1.简单逻辑操作指令

(1)CLR A

该条指令的功能是累加器 A 清“0”。不影响 Cy、Ac、OV 等标志。

(2)CPL A

该条指令的功能是将累加器 A 的内容按位逻辑取反,不影响标志。

2.左环移指令

```
RL  A
```

这条指令的功能是累加器 A 的 8 位向左循环移位,位 7 循环移入位 0,不影响标志。

3.带进位左环移指令

```
RLC  A
```

这条指令的功能是将累加器 A 的内容和进位标志位 Cy 一起向左环移一位,Acc.7 移入进位位 Cy,Cy 移入 Acc.0,不影响其它标志。

4.右环移指令

```
RR  A
```

这条指令的功能是累加器 A 的内容向右环移一位,Acc.0 移入 Acc.7,不影响其它标志。

5.带进位环移指令

```
RRC  A
```

这条指令的功能是累加器A的内容和进位标志Cy一起向右环移一位,Acc.0进入Cy,Cy移入Acc.7。

6.累加器半字节交换指令

```
SWAP  A
```

这条指令的功能是将累加器A的高半字节(Acc.7~Acc.4)和低半字节(Acc.3~Acc.0)互换。

例　(A)=C5H,执行指令

```
SWAP  A
```

结果:(A)=5CH

7.逻辑与指令

```
ANL  A, Rn            ; (A)∧(Rn)→A, n=0~7
ANL  A, direct        ; (A)∧(direct)→A
ANL  A, # data        ; (A)∧ # data→A
ANL  A, @Ri           ; (A)∧((Ri))→A, i=0~1
ANL  direct, A        ; (direct)∧(A)→direct
ANL  direct, # data   ; (direct)∧ # data→direct
```

这组指令的功能是在指出的变量之间以位为基础进行逻辑与操作,结果存放到目的变量所在的寄存器或存储器中去。操作数有寄存器寻址、直接寻址、寄存器间接寻址和立即寻址方式。

例　(A)=07H,(R0)=0FDH,执行指令:

```
ANL  A, R0
```

运算式为:

```
          00000111
  ∧)      11111101
  ----------------
          00000101
```

结果:(A)=05H

8.逻辑或指令

```
ORL  A, Rn            ; (A)∨(Rn)→A, n=0~7
ORL  A, direct        ; (A)∨(direct)→A
ORL  A, # data        ; (A)∨ # data→A
ORL  A, @Ri           ; (A)∨((Ri))→A, i=0,1
ORL  direct, A        ; (direct)∨(A)→direct
ORL  direct, # data   ; (direct)∨ # data→direct
```

这组指令的功能是在所指出的变量之间执行以位为基础的逻辑“或”操作,结果存到目的变量寄存器或存储器中去。操作数有寄存器寻址、直接寻址、寄存器间接寻址和立即寻址方式。

例　(P1)=05H,(A)=33H,执行指令

```
ORL  P1, A
```

运算式为:

```
          00000101
  ∨)      00110011
  ----------------
          00110111
```

结果:(P1)=37H

9.逻辑异或指令

```
XRL   A, Rn              ; (A)⊕(Rn)→A
XRL   A, direct          ; (A)⊕(direct)→A
XRL   A, @Ri             ; (A)⊕((Ri))→A, i=0,1
XRL   A, # data          ; (A)⊕ # data→A
XRL   direct, A          ; (direct)⊕(A)→direct
XRL   direct, # data     ; (direct)⊕ # data →direct
```

这组指令的功能是在所指出的变量之间执行以位为基础的逻辑异或操作,结果存到目的变量寄存器或存储器中去。

操作数有寄存器寻址、直接寻址、寄存器间接寻址和立即寻址等方式。

例　(A)=90H,(R3)=73H 执行指令:

```
XRL   A, R3
```

运算式为:

$$\begin{array}{r} 10010000 \\ \oplus)\quad 01110011 \\ \hline 11100011 \end{array}$$

结果:(A)=E3H

3.4.4　控制转移类指令

1.无条件转移指令

```
AJMP   addrll
```

这是 2K 字节范围内的无条件转移指令。AJMP 把 MCS－51 单片机的 64K 程序存储器空间划分为 32 个区,每个区为 2K 字节,转移的目标地址必须与 AJMP 下一条指令的第一个字节在同一 2K 个字节区范围内(即目标地址必须与 AJMP 下一条指令的地址的高 5 位地址码 A15～A11 相同),否则,将引起混乱,如果 AJMP 指令正好落在 2K 字节区底的两个单元内,程序就转移到下一个区中去了,这时不会出现问题。执行该指令时,先将 PC 加 2,然后把 addrll 送入 PC.10～PC.0,PC.15～PC.11 保持不变,程序转移到目标地址指定的地方。

本指令是为了能与 MCS－48 的 JMP 指令兼容而设的。

2.相对转移指令

```
SJMP   rel
```

这是无条件转移指令,其中 rel 为相对偏移量。前面已介绍过,rel 是一个单字节的带符号的 8 位二进制的补码数,因此所能实现的程序转移是双向的。rel 如为正,则向后(即地址增大的方向)转移,rel 如为负,则向前(即地址减小的方向)转移。执行本指令时,在 PC 加 2(本指令为 2 个字节)之后,把指令的有符号的偏移量 rel 加到 PC 上,并计算出目标地址,因此跳转的目标地址可以在这条指令前 127 字节到后 128 字节之间。

用户在编写程序时,只需在相对转移指令中,直接写上要转向的目标地址标号就可以了。例如:

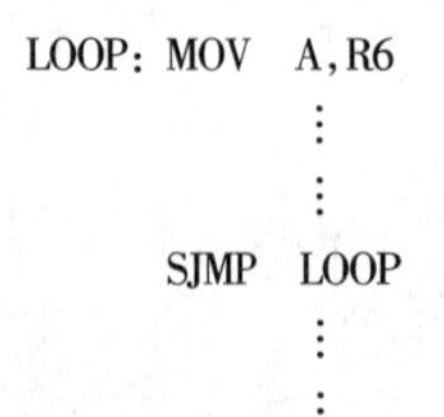

程序在汇编时,由汇编程序自动计算和填入偏移量。

但在手工汇编时,偏移量 rel 的值则需程序设计人员自己计算。这可从如下两个方面来讨论:

(1)根据偏移量 rel 计算转移的目标地址

例如,在 1230H 地址上有 SJMP 指令:

```
1230H:SJMP   46H
```

假设 SJMP 指令所在地址为 1230H,rel = 46H 是正数,因此程序是向后转移。目标地址 = 1230H + 02H + 46H = 1278H,则执行完本条指令后,程序转移到 1278H 地址去执行程序。

又例如在 1230H 地址上的 SJMP 指令是:

```
1230H:SJMP   0E7H
```

rel = 0E7H 是正数,是负数 19H 的补码,因此程序向前转移,目标地址 = 1230H + 02H - 19H = 1219H,则执行完本条指令后,程序转移到 1219H 地址去执行程序。

(2)根据目标地址计算偏移量

这种情况下,rel 的计算公式是:

向前转移:rel = FFH - 源地址 + 目标地址 - 1

向后转移:rel = 目标地址 - 源地址 - 2

3.长跳转指令

```
LJMP   addr16
```

这条指令执行时把指令的第二和第三字节分别装入 PC 的高位和低位字节中,无条件地转向 addr16 指出的目标地址。转移的目标地址可以在 64K 程序存储器地址空间的任何位置。

4.间接跳转指令

```
JMP   @A + DPTR
```

这是一条单字节的转移指令,转移的目标地址由 A 中 8 位无符号数与 DPTR 的 16 位数内容之和来确定。本指令以 DPTR 内容作为基址,A 的内容作变址。因此,只要把 DPTR 的值固定,而给 A 赋予不同的值,即可实现程序的多分支转移。

本指令不改变累加器 A 和数据指针 DPTR 内容,也不影响标志。

5.条件转移指令

条件转移指令就是程序的转移是有条件的。执行条件转移指令时,如指令中规定的条件满足,则进行转移,条件不满足则顺序执行下一条指令。转移的目标地址是以本条指令地址为中心的 256 个字节范围内(-127 ~ +128)。当条件满足时,在 PC 中装入下一条指令的第一个字节地址,再把带符号的相对偏移量 rel 加到 PC 上,计算出要转向的目标地址。

```
JZ    rel            ;如果累加器为"0",则执行转移
JNZ   rel            ;如果累加器非"0",则执行转移
```

6.比较不相等转移指令

```
CJNE   A,direct,rel
CJNE   A,#data,rel
CJNE   Rn,#data,rel
CJNE   @Ri,#data,rel
```

这组指令的功能是比较前面两个操作数的大小,如果它们的值不相等则转移,在 PC 加到下一条指令的起始地址后,通过把指令最后一个字节的有符号的相对偏移量加到 PC 上,并计算出转向的目标地址。如果第一操作数(无符号整数)小于第二操作数(无符号整数),则置进

位标志位 Cy，否则清“0”Cy。该指令的执行不影响任何一个操作数的内容。

操作数有寄存器寻址、直接寻址、寄存器间接寻址和立即寻址等方式。

7.减 1 不为 0 转移指令

这是一组把减 1 与条件转移两种功能结合在一起的指令。共两条指令：

```
DJNZ  Rn,rel          ;n=0~7
DJNZ  direct,rel
```

这组指令将源操作数（Rn 或 direct）减 1，结果回送到 Rn 寄存器或 direct 中去。如果结果不为 0 则转移。本指令允许程序员把寄存器 Rn 或内部 RAM 的 direct 单元用作程序循环计数器。

这两条指令主要用于控制程序循环。如预先把寄存器 Rn 或内部 RAM 的 direct 单元装入循环次数，则利用本指令，以减 1 后是否为“0”作为转移条件，即可实现按次数控制循环。

8.调用子程序指令

（1）短调用指令

```
ACALL  addrll
```

这是 2K 字节范围内的调用子程序的指令。执行时先把 PC 加 2（本指令为 2 个字节），获得下一条指令地址，把该地址压入堆栈中保护，即栈指针 SP 加 1，PCL 进栈，SP 再加 1，PCH 进栈。最后把 PC 的高 5 位和指令代码中的 addrll 连接获得 16 位的子程序入口地址，并送入 PC，转向执行子程序。所调用的子程序地址必须与 ACALL 指令下一条指令的第一个字节在同一个 2K 区内（既 16 位地址中的高 5 位地址相同），否则将引起程序转移混乱。如果 ACALL 指令正好落在区底的两个单元内，程序就转移到下一个区中去了。因为在执行调用操作之前 PC 先加了 2。

这条指令与 AJMP 指令相类似，是为了与 MCS－48 中的 CALL 指令兼容而设的。指令的执行不影响标志。

（2）长调用指令

```
LCALL  addr16
```

LCALL 指令可以调用 64K 字节范围内程序存储器中的任何一个子程序。指令执行时，先把程序计数器加 3 获得下条指令的地址（断点地址）并把它压入堆栈（先低位字节后高位字节），同时把堆栈指针加 2。接着把指令的第二和第三字节（A15～A8，A7～A0）分别装入 PC 的高位和低位字节中，然后从 PC 中指出的地址开始执行程序。

本指令执行后不影响任何标志。

9.子程序的返回指令

```
RET
```

执行本指令时：

(SP)→PCH，然后(SP)－1→SP

(SP)→PCL，然后(SP)－1→SP

功能是从堆栈中退出 PC 的高 8 位和低 8 位字节，把栈指针减 2，从 PC 值开始继续执行程序。不影响任何标志。

10.中断返回指令

```
RETI
```

这条指令的功能和 RET 指令相似，两条指令的不同之处，是本指令清除了中断响应时，被置“1”的 MCS－51 单片机内部中断优先级状态。

11.空操作指令

```
NOP
```

CPU不进行任何实际操作，只消耗一个机器周期的时间。只执行(PC)＋1→PC操作。NOP指令常用于程序中的等待或时间的延迟。

3.4.5　位操作类指令

MCS－51单片机内部有一个位处理机，对位地址空间具有丰富的位操作指令.

1.数据位传送指令

```
MOV   C,bit
MOV   bit,C
```

这组指令的功能是把由源操作数指出的位变量送到目的操作数指定的单元中去。其中一个操作数必须为进位标志，另一个可以是任何直接寻址位。不影响其它寄存器或标志。

例
```
MOV   C,06H          ;(20H).6→Cy
```

注意，这里的06H是位地址，20H是内部RAM的字节地址。06H是内部RAM 20H字节位6的位地址。

```
MOV   P1.0,C         ;Cy→P1.0
```

2.位变量修改指令

```
CLR    C             ;清"0"Cy
CLR    bit           ;清"0"bit位
CPL    C             ;Cy求反
CPL    bit           ;bit位求反
SETB   C             ;置"1"Cy
SETB   bit           ;置"1"bit位
```

这组指令将操作数指出的位清"0"、求反、置"1"，不影响其它标志。

例
```
CLR    C             ;0→Cy
CLR    27H           ;0→(24H).7位
CPL    08H           ;(21H).0取反→(21H).0位
SETB   P1.7          ;1→P1.7位
```

3.位变量逻辑与指令

ANL　C,bit　　　;bit ∧ Cy→Cy

ANL　C,$\overline{\text{bit}}$　　　;$\overline{\text{bit}}$ ∧ Cy→Cy

第1条指令的功能是：直接寻址位与进位标志位(位累加器)进行逻辑与，结果送回到进位标志位中。如果直接寻址位的布尔值是逻辑"0"，则进位标志位Cy清"0"，否则进位标志保持不变。

第2条指令的功能是：先对直接寻址位求反，然后与位累加器(进位标志位Cy)进行逻辑与，结果送回到位累加器中。本指令不影响直接寻址位求反前原来的状态，也不影响别的标志。直接寻址位的源操作数只有直接位寻址方式。

4.位变量逻辑或指令

ORL　C,bit

ORL　C,$\overline{\text{bit}}$

第1条指令的功能是：直接寻址位与进位标志位Cy(位累加器)进行逻辑或，结果送回到进位标志位中。如果直接寻址位的位值为1，则置"1" 进位标志位，否则进位标志位仍保持原来状态。

第2条指令的功能是：先对直接寻址位求反，然后与进位标志位Cy(位累加器)进行逻辑或，结果送回到进位标志位中。本指令不影响直接寻址位求反前原来的状态。

5.条件转移类指令

```
JC    rel         ；如果进位位 Cy=1,则转移
JNC   rel         ；如果进位位 Cy=0,则转移
JB    bit,rel     ；如果直接寻址位=1,则转移
JNB   bit,rel     ；如果直接寻址位=0,则转移
JBC   bit,rel     ；如果直接寻址位=1 则转移,并清 0 直接寻址位
```

表 3.3 列出了按指令功能排列的全部指令及功能的简要说明、指令长度、执行的时间以及指令代码(机器码)。读者可根据指令助记符,迅速查到对应的指令代码(手工汇编)。也可根据指令代码迅速查到对应的指令助记符(手工反汇编)。读者应熟练地掌握表 3.3 的使用,因为这是使用 MCS－51 单片机汇编语言进行程序设计的基础。

表 3.3 按功能排列的指令表

一、数据传送类

助记符	说明	字节数	执行时间(机器周期)	指令代码
MOV A,Rn	寄存器内容传送到累加器 A	1	1	E8H～EFH
MOV A,direct	直接寻址字节传送到累加器	2	1	E5H,direct
MOV A,@Ri	间接寻址 RAM 传送到累加器	1	1	E6H～E7H
MOV A,# data	立即数传送到累加器	2	1	74H,data
MOV Rn,A	累加器内容传送到寄存器	1	1	F8H～FFH
MOV Rn,direct	直接寻址字节传送到寄存器	2	2	A8H～AFH,direct
MOV Rn,# data	立即数传送到寄存器	2	1	78H～7FH,data
MOV direct,A	累加器内容传送到直接寻址字节	2	1	F5H,direct
MOV direct,Rn	寄存器内容传送到直接寻址字节	2	2	88H～8FH,direct
MOV direct1,direct2	直接寻址字节 2 传送到直接寻址字节 1	3	2	85H,direct2,direct1
MOV direct,@Ri	间接寻址 RAM 传送到直接寻址字节	2	2	86H～87H
MOV direct,# data	立即数传送到直接寻址字节	3	2	75H,direct,data
MOV @Ri,A	累加器传送到间接寻址 RAM	1	1	F6H～F7H
MOV @Ri,direct	直接寻址字节传送到间接寻址 RAM	2	2	A6H～A7H,direct
MOV @Ri,# data	立即数传送到间接寻址 RAM	2	1	76H～77H,data
MOV DPTR,# data16	16 位常数装入到数据指针	3	2	90H,dataH,dataL
MOVC A,@A+DPTR	代码字节传送到累加器	1	2	93H
MOVC A,@A+PC	代码字节传送到累加器	1	2	83H
MOVX A,@Ri	外部 RAM(8 位地址)传送到 A	1	2	E2H～E3H
MOVX A,@DPTR	外部 RAM(16 位地址)传送到 A	1	2	E0H
MOVX @Ri,A	累加器传送到外部 RAM(8 位地址)	1	2	F2H～F3H
MOVX @DPTR,A	累加器传送到外部 RAM(16 位地址)	1	2	F0H
PUSH direct	直接寻址字节压入栈顶	2	2	C0H,direct
POP direct	栈顶字节弹到直接寻址字节	2	2	D0H,direct
XCH A,Rn	寄存器和累加器交换	1	1	C8H～CFH
XCH A,direct	直接寻址字节和累加器交换	2	1	C5H,direct
XCH A,@Ri	间接寻址 RAM 和累加器交换	1	1	C6H～C7H
XCHD A,@Ri	间接寻址 RAM 和累加器交换低半字节	1	1	D6H～D7H
SWAP A	累加器内高低半字节交换	1	1	C4H

二、算术操作类

助记符	说明	字节数	执行时间(机器周期)	指令代码
ADD　A,Rn	寄存器内容加到累加器	1	1	28H～2FH
ADD　A,direct	直接寻址字节内容加到累加器	2	1	25H,direct
ADD　A,@Ri	间接寻址 RAM 内容加到累加器	1	1	26H～27H
ADD　A,# data	立即数加到累加器	2	1	24H,data
ADDC　A,Rn	寄存器加到累加器(带进位)	1	1	38H～3FH
ADDC　A,direct	直接寻址字节加到累加器(带进位)	2	1	35H,direct
ADDC　A,@Ri	间接寻址 RAM 加到累加器(带进位)	1	1	36H～37H
ADDC　A,# data	立即数加到累加器(带进位)	2	1	34H,data
SUBB　A,Rn	累加器内容减去寄存器内容(带借位)	1	1	98H～9FH
SUBB　A,direct	累加器内容减去直接寻址字节(带借位)	2	1	95H direct
SUBB　A,@Ri	累加器内容减去间接寻址 RAM(带借位)	1	1	96H～97H
SUBB　A,# data	累加器减去立即数(带借位)	2	1	94H,data
INC　A	累加器增1	1	1	04H
INC　Rn	寄存器增1	1	1	08H～0FH
INC　direct	直接寻址字节增1	2	1	05H direct
INC　@Ri	间接寻址 RAM 增1	1	1	06H～07H
DEC　A	累加器减1	1	1	14H
DEC　Rn	寄存器减1	1	1	18H～1FH
DEC　direct	直接寻址字节减1	2	1	15H,direct
DEC　@Ri	间接寻址 RAM 减1	1	1	16H～17H
INC　DPTR	数据指针增1	1	2	A3H
MUL　AB	累加器和寄存器B相乘	1	4	A4H
DIV　AB	累加器除以寄存器B	1	4	84H
DA　A	累加器十进制调整	1	1	D4H

三、逻辑操作类

助记符	说明	字节数	执行时间(机器周期)	指令代码
ANL　A,Rn	寄存器"与"到累加器	1	1	58H～5FH
ANL　A,direct	直接寻址字节"与"到累加器	2	1	55H,direct
ANL　A,@Ri	间接寻址 RAM"与"到累加器	1	1	56H～57H
ANL　A,# data	立即数"与"到累加器	2	1	54H,data
ANL　direct,A	累加器"与"到直接寻址字节	2	1	52H,direct
ANL　direct,# data	立即数"与"到直接寻址字节	3	2	53H,direct,data
ORL　A,Rn	寄存器"或"到累加器	1	1	48H～4FH
ORL　A,direct	直接寻址字节"或"到累加器	2	1	45H,direct
ORL　A,@Ri	间接寻址 RAM"或"到累加器	1	1	46H～47H
ORL　A,# data	立即数"或"到累加器	2	1	44H,data
ORL　direct,A	累加器"或"到直接寻址字节	2	2	42H,direct
ORL　direct,# data	立即数"或"到直接寻址字节	3	1	43H,direct,data
XRL　A,Rn	寄存器"异或"到累加器	1	1	68H～6FH
XRL　A,direct	直接寻址字节"异或"到累加器	2	1	65H,direct
XRL　A,@Ri	间接寻址 RAM 字节"异或"到累加器	1	1	66H～67H
XRL　A,# data	立即数"异或"到累加器	2	1	64H,dataH
XRL　direct,A	累加器"异或"到直接寻址字节	2	1	62H,direct
XRL　direct,# data	立即数"异或"到直接寻址字节	3	2	63H,direct,data
CLR　A	累加器清零	1	1	E4H
CPL　A	累加器求反	1	1	F4H
RL　A	累加器循环左移	1	1	23H
RLC　A	经过进位位的累加器循环左移	1	1	33H
RR　A	累加器循环右移	1	1	03H
RRC　A	经过进位位的累加器循环右移	1	1	13H

四、控制转移类

助记符	说明	字节数	执行时间（机器周期）	指令代码
ACALL　addrll	绝对调用子程序	2	2	a10a9a8 10001,addr(7～0)
LCALL　addr16	长调用子程序	3	2	12H,addr(15～8),addr(7～0)
RET	从子程序返回	1	2	22H
RETI	从中断返回	1	2	32H
AJMP　addrll	绝对转移	2	2	a10a9a8 00001,addr(7～0)
LJMP　addr16	长转移	3	2	02H,addr(15～8),addr(7～0)
SJMP　rel	短转移（相对偏移）	2	2	80H,rel
JMP　@A+DPTR	相对 DPTR 的间接转移	1	2	73H
JZ　rel	累加器为零则转移	2	2	60H,rel
JNZ　rel	累加器为非零则转移	2	2	70H,rel
CJNE　A,direct,rel	比较直接寻址字节和 A,不相等则转移	3	2	B5H,direct,rel
CJNE　A,# data,rel	比较立即数和 A,不相等则转移	3	2	B4H,data,rel
CJNE　Rn,# data,rel	比较立即数和寄存器,不相等则转移	3	2	B8H～BFH,data,rel
CJNE　@Ri,# data,rel	比较立即数和间接寻址 RAM,不相等则转移	3	2	B6H～B7H,data,rel
DJNZ　Rn,rel	寄存器减 1,不为零则转移	3	2	D8H～DFH,rel
DJNZ　direct,rel	地址字节减 1,不为零则转移	3	2	D5H,direct,rel
NOP	空操作	1	2	00H

五、位操作类

助记符	说明	字节数	执行时间（机器周期）	指令代码
CLR　C	清进位位	1	1	C3H
CLR　bit	清直接寻址位	2	1	C2H
SETB　C	进位位置“1”	1	1	D3H
SETB　bit	直接寻址位置“1”	2	1	D2H
CPL　C	进位位取反	1	1	B3H
CPL　bit	直接寻址位取反	2	1	B2H
ANL　C,bit	直接寻址位“与”到进位位	2	2	82H,bit
ANL　C,$\overline{bit}$	直接寻址位的反码“与”到进位位	2	2	B0H,bit
ORL　C,bit	直接寻址位“或”到进位位	2	2	72H,bit
ORL　C,$\overline{bit}$	直接寻址位的反码“或”到进位位	2	2	A0H,bit
MOV　C,bit	直接寻址位传送到进位位	2	2	A2H,bit
MOV　bit,C	进位位传送到直接寻址位	2	2	92H,bit
JC　rel	如果进位位为 1 则转移	2	2	40H,rel
JNC　rel	如果进位位为零则转移	2	2	50H,rel
JB　bit,rel	如果直接寻址位为 1 则转移	3	2	20H,bit,rel
JNB　bit,rel	如果直接寻址位为零则转移	3	2	30H,bit,rel
JBC　bit,rel	如果直接寻址位为 1 则转移,并清除该位	3	2	10H,bit,rel

3.5　MCS－51汇编语言的伪指令

程序设计者使用MCS－51汇编语言编写程序，称为汇编语言源程序。汇编语言源程序必须“翻译”成机器代码才能运行。“翻译”是由计算机通过“翻译”程序，也就是“汇编程序”来完成的。“翻译”的过程称为“汇编”。在MCS－51汇编语言源程序中应有向汇编程序发出的指示信息，告诉它如何完成汇编工作，这一任务是通过使用伪指令来实现的。

伪指令不属于MCS－51指令系统中的指令，它是程序员发给汇编程序的命令，也称为汇编程序控制命令。只有在汇编前的源程序中才有伪指令。汇编得到目标程序（机器码）后，伪指令已无存在的必要，所以伪指令没有相应的机器代码。

伪指令具有控制汇编程序的输入输出、定义数据和符号、条件汇编、分配存储空间等功能。不同汇编语言的伪指令也有所不同，但一些基本的内容却是相同的。

下面介绍在MCS－51汇编语言程序中常用的伪指令。

1.ORG(ORiGin)汇编起始地址命令

在汇编语言源程序的开始，通常都用一条ORG伪指令来规定程序的起始地址。如果不用ORG规定，则汇编得到的目标程序将从0000H开始。例如：

```
      ORG   2000H
START:MOV   A,#00H
        ⋮
```

即规定标号START代表地址为2000H开始。

在一个源程序中，可以多次使用ORG指令，以规定不同的程序段地址。但是，地址必须由小到大排列，地址不能交叉、重叠。例如：

```
      ORG   2000H
        ⋮
      ORG   2500H
        ⋮
      ORG   3000H
        ⋮
```

这种顺序是正确的。若按下面顺序的排列则是错误的，因为地址出现了交叉。

```
      ORG   2500H
        ⋮
      ORG   2000H
        ⋮
      ORG   3000H
        ⋮
```

2.END(END of assembly)汇编结束命令

本命令是汇编语言源程序的结束标志，用于终止源程序的汇编工作，它的作用是告诉汇编程序，将某一段源程序翻译成指令代码的工作到此为止。因此，在整个源程序中只能有一条END命令，且位于程序的最后。如果END命令出现在程序中间，则其后面的源程序，汇编程序将不予处理。

3.DB(Define Byte)定义字节命令

本命令用于从指定的地址开始，在程序存储器的连续单元中定义字节数据。例如：

```
        ORG    2000H
        DB     30H,40H,24,"C","B"
```

汇编后：

```
        (2000H) = 30H
        (2001H) = 40H
        (2002H) = 18H(10 进制数 24)
        (2003H) = 43H(C 的 ASCII 码)
        (2004H) = 42H(B 的 ASCII 码)
```

显然，DB 功能是从指定单元开始定义(存储)若干个字节，10 进制数自然转换成 16 进制数，字母按 ASCII 码存储。

4.DW(Define Word)定义数据字命令

本命令用于从指定的地址开始，在程序存储器的连续单元中定义 16 位的数据字。例如：

```
        ORG    2000H
        DW     1246H,7BH,10
```

汇编后：

```
        (2000H) = 12H            ;第 1 个字
        (2001H) = 46H
        (2002H) = 00H            ;第 2 个字
        (2003H) = 7BH
        (2004H) = 00H            ;第 3 个字
        (2005H) = 0AH
```

5.EQU(EQUate)赋值命令

本命令用于给标号赋值。赋值以后，其标号值在整个程序有效。例如：

```
        TEST    EQU    2000H
```

表示标号 TEST = 2000H，在汇编时，凡是遇到标号 TEST 时，均以 2000H 来代替。

思考题及习题

1.判断以下指令的正误：

(1) MOV　28H,@R2　(2) DEC　DPTR　(3) INC　DPTR　(4) CLR　R0　(5) CPL　R5
(6) MOV　R0,R1　(7) PUSH　DPTR　(8) MOV　F0,C　(9) MOV　F0,Acc.3
(10) MOVX　A,@R1　(11) MOV　C,30H　(12) RLC　R0

2.判断下列说法是否正确。

(A)立即寻址方式是被操作的数据本身在指令中，而不是它的地址在指令中。

(B)指令周期是执行一条指令的时间。

(C)指令中直接给出的操作数称为直接寻址。

3.在基址加变址寻址方式中，以(　　)作变址寄存器，以(　　)或(　　)作基址寄存器。

4.MCS－51 单片机共有哪几种寻址方式？各有什么特点？

5.MCS－51 单片机指令按功能可以分为哪几类？每类指令的作用是什么？

6.访问 SFR，可使用哪些寻址方式？

7.指令 MOVC 与 MOVX 有什么不同之处？

8. 假定累加器A中的内容为30H,执行指令：

```
1000H:MOVC  A,@A+PC
```

后,把程序存储器(　　)单元的内容送入累加器A中。

9.在寄存器间接寻址方式中,其“间接”体现在指令中寄存器的内容不是操作数,而是操作数的(　　)。

10.下列程序段的功能是什么?

```
PUSH    Acc
PUSH    B
POP     Acc
POP     B
```

11. 已知程序执行前有A=02H,SP=52H,(51H)=FFH,(52H)=FFH。下述程序执行后：

```
POP     DPH
POP     DPL
MOV     DPTR,#4000H
RL      A
MOV     B,A
MOVC    A,@A+DPTR
PUSH    Acc
MOV     A,B
INC     A
MOVC    A,@A+DPTR
PUSH    Acc
RET
ORG     4000H
DB      10H,80H,30H,50H,30H,50H
```

请问:A=(　　)H;SP=(　　)H;(51H)=(　　)H;(52H)=(　　)H;PC=(　　)H。

12.写出完成如下要求的指令,但是不能改变未涉及位的内容。

(1)把Acc.3, Acc.4,Acc.5和Acc.6清“0”。

(2)把累加器A的中间4位清“0”。

(3)使Acc.2和Ac.3置“1”。

13.试编写一个程序,将内部RAM中38H单元的高4位置1,低4位清0。

14.借助本书中的指令表(表3.3),对下列指令代码进行手工反汇编。

```
74 FF C0 E0 E5 F0 F0
```

15.查指令表(表3.3),写出下列两条指令的指令代码,并比较一下指令代码中的操作数的排列次序的特点。

```
(1)  MOV   66H,#79H
(2)  MOV   66H,79H
```

16.假定A=83H,(R0)=17H,(17H)=34H,执行以下指令：

```
ANL  A,#17H
ORL  17H,A
XPL  A,@R0
CPL  A
```

后，A 的内容为(　　)。

17.假设 R1＝23H，(40H)＝05H，执行下列两条指令后，A＝(　　)，R1＝( )以及内部 RAM 的单元中(40H)＝(　　)。

18.假设 A＝55H，R3＝0AAH，在执行指令 ANL　A，R5 后，A＝(　　)，R3＝(　　)。

19.如果 DPTR＝507BH，SP＝32H，(30H)＝50H，(31H)＝5FH，(32H)＝3CH，则执行下列指令后：

```
POP   DPH
POP   DPL
POP   SP
```

则：DPH＝(　　)，DPL＝(　　)，SP＝(　　)

20.指令格式是由(　　)和(　　)所组成，也可能仅由(　　)组成。

21.MCS－51 单片机对片外数据存储器采用的是(　　)寻址方式。

22.试编写程序，查找在内部 RAM 的 20H～40H 单元中是否有 0AAH 这一数据。若有，则将 41H 单元置为“01H”；若未找到，则将 41H 单元置为“00H”。

23.试编写程序，查找在内部 RAM 的 20H～40H 单元中出现“00H”这一数据的次数。并将查找到的结果存入 41H 单元。

24.若 SP＝60H，标号 LABEL 所在的地址为 3456H。执行下面指令后，

```
LCALL  LABEL
```

堆栈指针 SP 和堆栈内容发生了什么变化？PC 的值等于什么？如果将指令 LCALL 直接换成 ACALL 是否可以？如果换成 ACALL 指令，可调用的地址范围是什么？

25.假设外部数据存储器 2000H 单元的内容为 80H，执行下列指令后，累加器 A 中的内容为(　　)。

```
MOV     P2, #20H
MOV     R0, #00H
MOVX    A, @R0
```

26.下列程序段经汇编后，从 1000H 开始的各有关存储单元的内容将是什么？

```
ORG     1000H
TAB1   EQU    1234H
TAB2   EQU    3000H
DB      "START"
DW      TAB1,TAB2,70H
```

第 4 章

MCS－51 的中断系统

中断系统是为使 CPU 具有对单片机外部或内部随机发生的事件的实时处理而设置的。MCS－51 片内的中断系统能大大提高 MCS－51 单片机处理外部或内部事件的能力。下面首先介绍有关中断的一些基本概念。

4.1 中断的概念

如果单片机没有中断功能，单片机对外部或内部事件的处理只能采用程序查询方式，即 CPU 不断查询是否有事件产生。显然，采用程序查询方式，CPU 不能再做别的事，而是在大部分时间处于等待状态。单片机都具有实时处理功能，能对外部或内部发生的事件做出及时的处理，这是靠中断技术来实现的。

当 CPU 正在处理某件事情(例如，正在执行主程序)的时候，外部或内部发生的某一事件(如某个引脚上电平的变化，一个脉冲沿的发生或计数器的计数溢出等)请求 CPU 迅速去处理，于是，CPU 暂时中止当前的工作，转去处理所发生的事件。中断服务处理程序处理完该事件后，再回到原来被中止的地方，继续原来的工作，这样的过程称为中断，如图 4.1 所示。处理事件的过程，称为 CPU 的中断响应过程。对事件的整个处理过程，称为中断服务(或中断处理)。

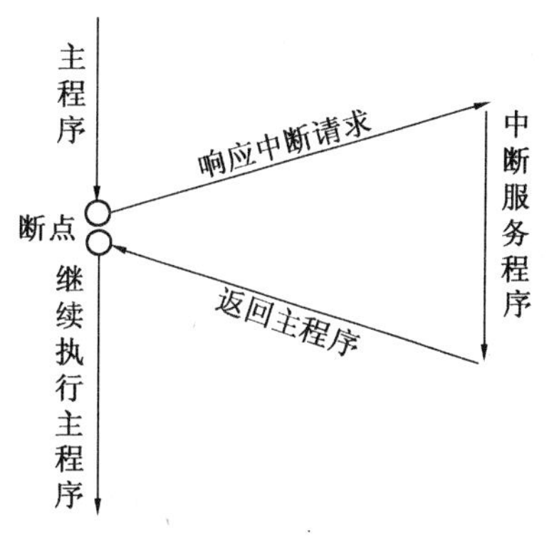

图 4.1 中断流程

实现这种功能的部件称为中断系统，产生中断的请求源称为中断源。中断源向 CPU 提出的处理请求，称为中断请求或中断申请。CPU 暂时中止执行的程序，转去执行中断服务程序，除了硬件会自动把断点地址(16 位程序计数器 PC 的值)压入堆栈之外，用户还得注意保护有关的工作寄存器、累加器、标志位等信息，这称为保护现场。在完成中断服务程序后，恢复有关的工作寄存器、累加器、标志位内容，这称为恢复现场。最后执行中断返回指令，从堆栈中自动弹出断点地址到 PC，继续执行被中断的程序，这称为中断返回。

如果没有中断技术，CPU 的大量时间可能会浪费在原地踏步的操作上。中断方式完全消除了 CPU 在查询方式中的的等待现象，大大地提高了 CPU 的工作效率。由于中断工作方式的优点极为明显，因此在单片机的硬件结构中都带有中断系统。本章介绍 MCS－51 单片机的中断系统及其应用。

4.2　MCS－51 中断系统的结构

MCS－51 单片机的中断系统有 5 个中断请求源，具有两个中断优先级，可实现两级中断服务程序嵌套。用户可以用软件来屏蔽所有的中断请求，也可以用软件使 CPU 接收中断请求；每一个中断源可以用软件独立地控制为开中断或关中断状态；每一个中断源的中断级别均可用软件设置。MCS－51 的中断系统结构示意图如图 4.2 所示。下面将从应用的角度来说明 MCS－51 的中断系统工作原理和编程方法。

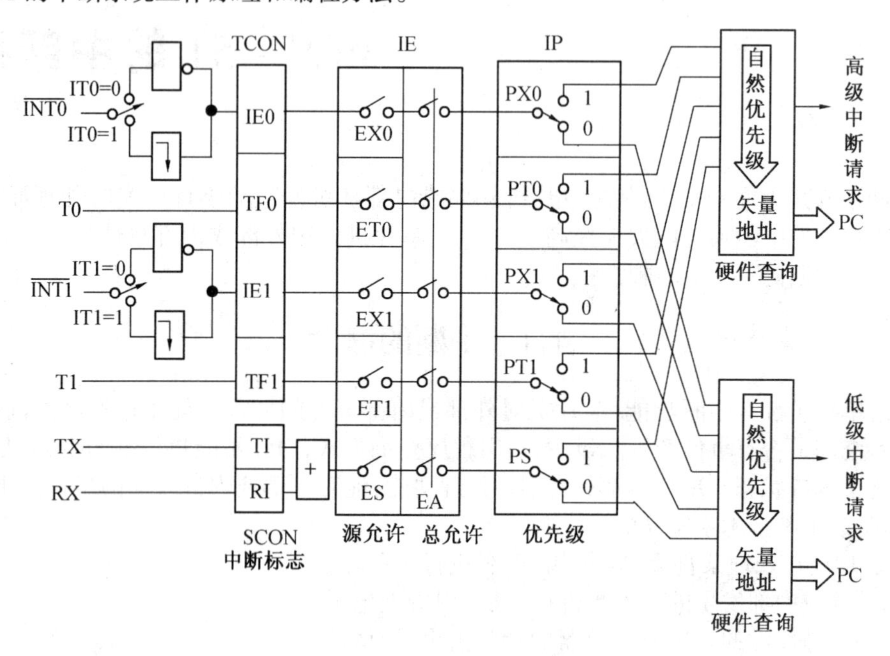

图 4.2　MCS－51 的中断系统结构

4.3　中断请求源

MCS－51 中断系统共有五个中断请求源(见图 4.2)，它们是：

(1)$\overline{\text{INT0}}$——外部中断 0 请求，由$\overline{\text{INT0}}$引脚输入，中断请求标志为 IE0。

(2)$\overline{\text{INT1}}$——外部中断 1 请求，由$\overline{\text{INT1}}$引脚输入，中断请求标志为 IE1。

(3)定时器/计数器 T0 溢出中断请求，中断请求标志为 TF0。

(4)定时器/计数器 T1 溢出中断请求，中断请求标志为 TF1。

(5)串行口中断请求，中断请求标志为 TI 或 RI。

这些中断请求源的中断请求标志位分别由特殊功能寄存器 TCON 和 SCON 的相应位锁存。

TCON 为定时器/计数器的控制寄存器，字节地址为 88H，可位寻址。TCON 也锁存外部中断请求标志。其格式如图 4.3 所示：

	D7	D6	D5	D4	D3	D2	D1	D0	
TCON	TF1	TR1	TF0	TR0	IE1	IT1	IE0	IT0	88H
位地址	8FH		8DH		8BH	8AH	89H	88H	

图 4.3　TCON 中的中断请求标志位

与中断系统有关的各标志位的功能如下：

(1)IT0—选择外部中断请求$\overline{INT0}$为跳沿触发方式或电平触发方式的控制位。

IT0＝0,为电平触发方式,引脚$\overline{INT0}$上低电平有效

IT0＝1,为跳沿触发方式,引脚$\overline{INT0}$上的电平从高到低的负跳变有效。

IT0位可由软件置“1”或清“0”。

(2)IE0—外部中断0的中断请求标志位。

当IT0＝0,为电平触发方式,每个机器周期的S5P2采样$\overline{INT0}$引脚,若$\overline{INT0}$脚为低电平,则置“1”IE0,否则清“0”IE0

当IT0＝1,即$\overline{INT0}$程控为跳沿触发方式时,当第一个机器周期采样到为低电平时,则置“1”IE0。IE0＝1,表示外部中断0正在向CPU申请中断。当CPU响应中断,转向中断服务程序时,由硬件清“0”IE0。

(3)IT1—选择外部中断请求$\overline{INT1}$为跳沿触发方式或电平触发方式的控制位,其意义和IT0类似。

(4)IE1—外部中断1的中断请求标志位,其意义和IE0类似。

(5)TF0—MCS－51片内定时器/计数器T0溢出中断请求标志位

当启动T0计数后,定时器/计数器T0从初值开始加1计数,当最高位产生溢出时,由硬件置“1”TF0,向CPU申请中断,CPU响应TF0中断时,清“0”TF0,TF0也可由软件清0(查询方式)。

(6)TF1—MCS－51片内的定时器/计数器T1的溢出中断请求标志位,功能和TF0类似。

TR1(D6位)、TR0(D4位)这2个位与中断无关,仅与定时器/计数器T1和T0有关,它们的功能将在第5章中介绍。

当MCS－51复位后,TCON被清0,则CPU关中断,所有中断请求被禁止。

SCON为串行口控制寄存器,字节地址为98H,可位寻址。SCON的低二位锁存串行口的接收中断和发送中断标志,其格式如图4.4所示:

	D7	D6	D5	D4	D3	D2	D1	D0	
SCON							TI	RI	98H
位地址							99H	98H	

图4.4　SCON中的中断请求标志位

SCON中各标志位的功能如下:

(1)TI—串行口的发送中断请求标志位。CPU将一个字节的数据写入发送缓冲器SBUF时,就启动一帧串行数据的发送,每发送完一帧串行数据后,硬件自动置“1”TI。但CPU响应中断时,CPU并不清除TI,必须在中断服务程序中用软件对TI清“0”。

(2)RI—串行口接收中断请求标志位。在串行口允许接收时,每接收完一个串行帧,硬件自动置“1”RI。CPU在响应本中断时,并不清除RI,必须在中断服务程序中用软件对RI清“0”。

4.4　中断控制

4.4.1　中断允许寄存器IE

MCS－51的CPU对中断源的开放或屏蔽,是由片内的中断允许寄存器IE控制的。IE的字节地址为A8H,可进行位寻址。其格式如图4.5所示:

中断允许寄存器IE对中断的开放和关闭实现两级控制。所谓两级控制,就是有一个总的开关中断控制位EA(IE.7位),当EA＝0时,所有的中断请求被屏蔽,CPU对任何中断请求都不接受;当EA＝1时,CPU开放中断,但五个中断源的中断请求是否允许,还要由IE中的低5位所对应的5个中断请求允许控制位的状态来决定(见图4.5)。

	D7	D6	D5	D4	D3	D2	D1	D0	
IE	EA			ES	ET1	EX1	ET0	EX0	A8H
位地址	AFH			ACH	ABH	AAH	A9H	A8H	

图 4.5　IE 的中断允许控制位

IE 中各位的功能如下:

(1)EA:中断允许总控制位

EA＝0,CPU 屏蔽所有的中断请求(也称 CPU 关中断)。

EA＝1,CPU 开放所有中断(也称 CPU 开中断)。

(2)ES:串行口中断允许位

ES＝0,禁止串行口中断;

ES＝1,允许串行口中断。

(3)ET1:定时器/计数器 T1 的溢出中断允许位

ET1＝0,禁止外部中断 1 中断;

ET1＝1,允许 T1 中断。

(4)EX1:外部中断 1 中断允许位

EX1＝0,禁止外部中断 1 中断;

EX1＝1,允许外部中断 1 中断。

(5)ET0:定时器/计数器 T0 的溢出中断允许位

ET0＝0,禁止 T0 中断;

ET0＝1,允许 T0 中断。

(6)EX0:外部中断 0 中断允许位

EX0＝0,禁止外部中断 0 中断;

EX0＝1,允许外部中断 0 中断。

MCS－51 复位以后,IE 被清 0,由用户程序置"1"或清"0" IE 相应的位,实现允许或禁止各中断源的中断申请。若使某一个中断源允许中断,必须同时使 CPU 开放中断。如更新 IE 的内容,可由位操作指令来实现(即 SETB BIT;CLR BIT),也可用字节操作指令实现(即 MOV IE, # DATA;ANL IE, # DATA;ORL IE, # DATA;MOV IE,A 等)。

例 4.1　假设允许片内定时器/计数器中断,禁止其它中断源的中断申请。试根据假设条件设置 IE 的相应值。

解　(1)用位操作指令来编写如下程序段:

```
CLR     ES      ;禁止串行口中断
CLR     EX1     ;禁止外部中断 1 中断
CLR     EX0     ;禁止外部中断 0 中断
SETB    ET1     ;允许定时器/计数器 T1 中断
SETB    ET0     ;允许定时器/计数器 T0 中断
SETB    EA      ;CPU 开中断
```

(2)用字节操作指令来编写:

```
MOV IE, # 8AH
```

4.4.2　中断优先级寄存器 IP

MCS－51 的中断请求源有两个中断优先级,对于每一个中断请求源可由软件定为高优先级中断或低优先级中断,可实现两级中断嵌套,两级中断嵌套的过程如图4.6所示。

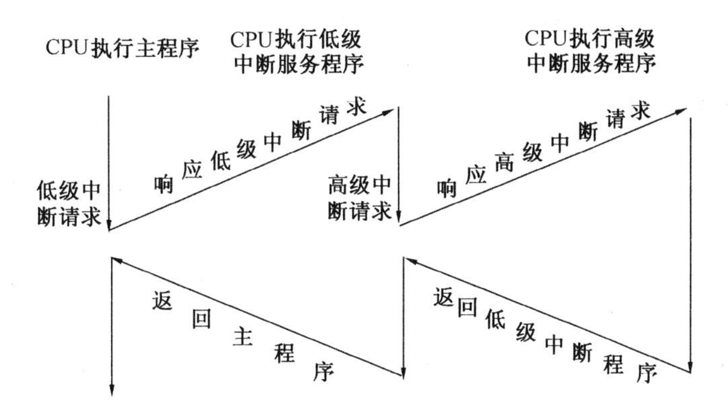

图4.6 两级中断嵌套

由图4.6可见,一个正在执行的低优先级中断程序能被高优先级的中断源所中断,但不能被另一个低优先级的中断源所中断。若CPU正在执行高优先级的中断,则不能被任何中断源所中断,一直执行到结束,遇到中断返回指令RETI,返回主程序后再执行一条指令后才能响应新的中断请求。以上所述可以归纳为下面两条基本规则:

(1)低优先级可被高优先级中断,反之则不能。

(2)任何一种中断(不管是高级还是低级),一旦得到响应,不会再被它的同级中断源所中断。如果某一中断源被设置为高优先级中断,在执行该中断源的中断服务程序时,则不能被任何其它的中断源所中断。

MCS-51的片内有一个中断优先级寄存器IP,其字节地址为B8H,可位寻址。只要用程序改变其内容,即可进行各中断源中断级别的设置,IP寄存器格式如图4.7所示:

				D4	D3	D2	D1	D0	
IP				PS	PT1	PX1	PT0	PX0	B8H
位地址				BCH	BBH	BAH	B9H	B8H	

图4.7 中断优先级寄存器IP的格式

中断优先级寄存器IP各个位的含义如下:

(1)PS——串行口中断优先级控制位

PS=1,串行口定义为高优先级中断;

PS=0,串行口定义为低优先级中断。

(2)PT1——定时器T1中断优先级控制位

PT1=1,定时器T1定义为高优先级中断;

PT1=0,定时器T1定义为低优先级中断。

(3)PX1——外部中断1中断优先级控制位

PX1=1,外部中断1定义为高优先级中断;

PX1=0,外部中断1定义为低优先级中断。

(4)PT0——定时器T0中断优先级控制位

PT0=1,定时器T0定义为高优先级中断;

PT0=0,定时器T0定义为低优先级中断。

(5)PX0——外部中断0中断优先级控制位

PX0＝1,外部中断 0 定义为高优先级中断;

PX0＝0,外部中断 0 定义为低优先级中断。

中断优先级控制寄存器 IP 的各位都由用户程序置“1”和清“0”,可用位操作指令或字节操作指令更新 IP 的内容,以改变各中断源的中断优先级。

MCS－51 复位以后 IP 为 0,各个中断源均为低优先级中断。

为进一步了解 MCS－51 中断系统的优先级,简单介绍一下 MCS－51 的中断优先级结构。MCS－51 的中断系统有两个不可寻址的“优先级激活触发器”。其中一个指示某高优先级的中断正在执行,所有后来的中断均被阻止。另一个触发器指示某低优先级的中断正在执行,所有同级的中断都被阻止,但不阻断高优先级的中断请求。

在同时收到几个同一优先级的中断请求时,哪一个中断请求能优先得到响应,取决于内部的查询顺序。这相当于在同一个优先级内,还同时存在另一个辅助优先级结构,其查询顺序如下:

中断源	中断级别
外部中断 0	最高
T0 溢出中断	↓
外部中断 1	↓
T1 溢出中断	↓
串行口中断	最低

由上可见,各中断源在同一个优先级的条件下,外部中断 0 的优先权最高,串行口的优先权最低。

例 4.2 设置 IP 寄存器的初始值,使得 8031 的 2 个外中断为高优先级,其它中断为低优先级。

解 (1)用位操作指令

```
SETB  PX0       ;2 个外中断为高优先级
SETB  PX1
CLR   PS        ;串行口、2 个定时器为低优先级中断
CLR   PT0
CLR   PT1
```

(2)用字节操作指令

```
MOV  IP, # 05H
```

4.5 中断响应

一个中断源的中断请求被响应,需满足以下条件:

(1) 该中断源发出中断请求。

(2) CPU 开中断,即中断总允许位 EA＝1。

(3) 申请中断的中断源的中断允许位＝1,即该中断没有被屏蔽。

(4) 无同级或更高级中断正在被服务。

中断响应就是对中断源提出的中断请求的接受,是在中断查询之后进行的。当 CPU 查询到有效的中断请求时,在满足上述条件时,紧接着就进行中断响应。

中断响应的主要内容是由硬件自动生成一条长调用指令 LCALL addr16。这里的 addr16 就是程序存储区中的相应的中断源的中断入口地址。例如,对于外部中断 1 的响应,产生的长调用指令为:

LCALL　0013H

生成 LCALL 指令后,紧接着就由 CPU 执行该指令。首先是将程序计数器 PC 的内容压入堆栈以保护断点,再将中断入口地址装入 PC,使程序转向相应的中断入口地址。各中断源服务程序的入口地址是固定的,如下所示:

中断源	入口地址
外部中断 0	0003H
定时器/计数器 T0	000BH
外部中断 1	0013H
定时器/计数器 T1	001BH
串行口中断	0023H

两个中断入口间只相隔 8 个字节,一般情况下难以安排下一个完整的中断服务程序。因此,通常总是在中断入口地址处放置一条无条件转移指令,使程序执行转向在其它地址存放的中断服务程序。

中断响应是有条件的,并不是查询到的所有中断请求都能被立即响应,当遇到下列三种情况之一时,中断响应被封锁:

(1)CPU 正在处理相同的或更高优先级的中断。因为当一个中断被响应时,要把对应的中断优先级状态触发器置"1"(该触发器指出 CPU 所处理的中断优先级别),从而封锁了低级中断和同级中断。

(2)所查询的机器周期不是所执行指令的最后一个机器周期。作这个限制的目的是使当前指令执行完毕后,才能进行中断响应,以确保当前指令完整地执行。

(3)正在执行的指令是 RETI 或是访问 IE 或 IP 的指令。因为按 MCS－51 中断系统特性的规定,在执行完这些指令后,需要再执行一条指令才能响应新的中断请求。

如果存在上述三种情况之一,CPU 将丢弃中断查询结果,不能进行中断响应。

4.6　外部中断的响应时间

在应用设计者使用外部中断时,有时需考虑从外部中断请求有效(外中断请求标志置"1")到转向中断入口地址所需要的响应时间。下面来讨论这个问题。

外部中断的最短的响应时间为 3 个机器周期。其中中断请求标志位查询占 1 个机器周期,而这个机器周期恰好是处于正在执行的指令的最后一个机器周期,在这个机器周期结束后,中断即被响应,CPU 接着执行一条硬件子程序调用指令 LCALL 以转到相应的中断服务程序入口,而该硬件调用指令本身需 2 个机器周期。

外部中断响应最长时间为 8 个机器周期。该情况发生在中断标志查询时,刚好是开始执行 RETI 或是访问 IE 或 IP 的指令,则需把当前指令执行完再继续执行一条指令后,才能响应中断。执行上述的 RETI 或是访问 IE 或 IP 的指令,最长需要 2 个机器周期。而接着再执行的一条指令,我们按最长的指令(乘法指令 MUL 和除法指令 DIV)来算,也只有 4 个机器周期。在加上硬件子程序调用指令 LCALL 的执行,需要 2 个机器周期。所以,外部中断响应最长时间为 8 个机器周期。

如果已经在处理同级或更高级中断，外部中断请求的响应时间取决于正在执行的中断服务程序的处理时间，这种情况下，响应时间就无法计算了。

这样，在一个单一中断的系统里，外部中断请求的响应时间总是在 3～8 个机器周期之间。

4.7　外部中断的触发方式选择

外部中断的触发有两种触发方式：电平触发方式和跳沿触发方式。

4.7.1　电平触发方式

若外部中断定义为电平触发方式，外部中断申请触发器的状态随着 CPU 在每个机器周期采样到的外部中断输入线的电平变化而变化，这能提高 CPU 对外部中断请求的响应速度。当外部中断源被设定为电平触发方式时，在中断服务程序返回之前，外部中断请求输入必须无效(即变为高电平)，否则 CPU 返回主程序后会再次响应中断。所以电平触发方式适合于外部中断以低电平输入而且中断服务程序能清除外部中断请求源(即外部中断输入电平又变为高电平)的情况。

4.7.2　跳沿触发方式

外部中断若定义为跳沿触发方式，外部中断申请触发器能锁存外部中断输入线上的负跳变。即便是 CPU 暂时不能响应，中断申请标志也不会丢失。在这种方式里，如果相继连续两次采样，一个机器周期采样到外部中断输入为高，下一个机器周期采样为低，则置“1”中断申请触发器，直到 CPU 响应此中断时才清 0。这样不会丢失中断，但输入的负脉冲宽度至少保持 12 个时钟周期(若晶振频率为 6MHz，则为 2μS)，才能被 CPU 采样到。外部中断的跳沿触发方式适合于以负脉冲形式输入的外部中断请求。

4.8　中断请求的撤消

某个中断请求被响应后，就存在着一个中断请求的撤消问题。下面按中断类型分别说明中断请求的撤消方法。

1.定时器/计数器中断请求的撤消

定时器/计数器中断的中断请求被响应后。硬件会自动把中断请求标志位(TF0 或 TF1)清“0”，因此定时器/计数器中断请求是自动撤消的。

2.外部中断请求的撤消

(1) 跳沿方式外部中断请求的撤消

本类型中断请求的撤消，包括两项内容：中断标志位的清“0”和外中断信号的撤消。其中，中断标志位(IE0 或 IE1)的清“0”是在中断响应后由硬件自动完成的。而外中断请求信号的撤消，由于跳沿信号过后也就消失了，所以跳沿方式外部中断请求也是自动撤消的

(2) 电平方式外部中断请求的撤消

对于电平方式外部中断请求的撤消，中断请求标志的撤消是自动的，但中断请求信号的低电平可能继续存在，在以后的机器周期采样时，又会把已清“0”的 IE0 或 IE1 标志位重新置“1”。为此，要彻底解决电平方式外部中断请求的撤消，除了标志位清“0”之外，必要时还需在中断响应后把中断请求信号引脚从低电平强制改变为高电平。为此，可在系统中增加如图 4.8 所示的电路。

由图可见，用 D 触发器锁存外来的中断请求低电平，并通过 D 触发器的输出端 Q 接到$\overline{INT0}$(或$\overline{INT1}$)。所以，增加的 D 触发器不影响中断请求。中断响应后，为了撤消中断请求，可利用 D 触发器的直接置位端 SD 实现，把 SD 端接 MCS－51 的一条口线：P1.0。因此，只要 P1.0 端输出一个负脉冲就可以使 D 触发器置"1"，从而撤消了低电平的中断请求信号。所需的负脉冲可通过在中断服务程序中增加如下两条指令得到：

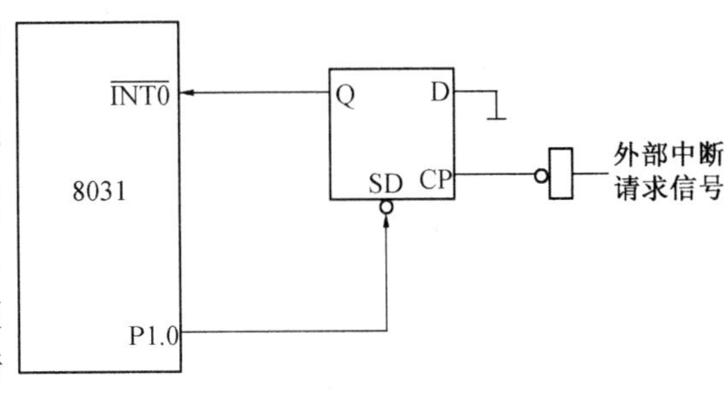

图 4.8　电平方式外部中断请求的撤消电路

```
SETB    P1.0        ;P1.0 为"1"
CLR     P1.0        ;P1.0 为"0"
```

可见，电平方式的外部中断请求信号的完全撤消，是通过软硬件相结合的方法来实现的。

3. 串行口中断请求的撤消

串行口中断请求的撤消只有标志位清"0"的问题。串行口中断的标志位是 TI 和 RI，但对这两个中断标志不进行自动清"0"。因为在中断响应后，CPU 无法知道是接收中断还是发送中断，还需测试这两个中断标志位的状态，以判定是接收操作还是发送操作，然后才能清除。所以串行口中断请求的撤消只能使用软件的方法，在中断服务程序中进行，即用如下的指令来进行标志位的清除：

```
CLR     TI          ;清 TI 标志位
CLR     RI          ;清 RI 标志位
```

4.9　中断服务程序的设计

中断系统虽然是硬件系统，但必须由相应的软件配合才能正确使用。设计中断程序需要弄清楚以下几个问题。

1. 中断服务程序设计的任务

中断程序设计需要考虑许多问题，但中断程序设计的基本任务有下列几条：

(1)设置中断允许寄存器 IE，允许相应的中断请求源中断。

(2)设置中断优先级寄存器 IP，确定并分配所使用的中断源的优先级。

(3)若是外部中断源，还要设置中断请求的触发方式 IT1 或 IT0，以决定采用电平触发方式还是跳沿触发方式。

(4)编写中断服务程序，处理中断请求。

前 3 条一般放在主程序的初始化程序段中。

例 4.3　假设允许外部中断 **0** 中断，并设定它为高级中断，其它中断源为低级中断，采用跳沿触发方式。在主程序中可编写如下程序段：

```
SETB    EA      ;EA 位置"1"，CPU 开中断
SETB    EX0     ;EX0 位置"1"，允许外部中断 0 产生中断
SETB    PX0     ;PX0 位置"1"，外部中断 0 为高级中断
SETB    IT0     ;IT0 位置"1"，外部中断 0 为跳沿触发方式
```

2. 采用中断时的主程序结构

由于各中断入口地址是固定的，而程序又必须先从主程序起始地址 0000H 执行。所以，在 0000H 起始地址的几个字节中，要用无条件转移指令，跳转到主程序。另外，各中断入口地址之间依次相差 8 个字节。中断服务程序稍长就超过 8 个字节，这样中断服务程序就占用了其它的中断入口地址，影响其它中断源的中断。为此，一般在中断进入后，利用一条无条件转移指令，把中断服务程序跳转到远离其它中断入口的适当地址。

常用的主程序结构如下：

```
        ORG 0000H
        LJMP MAIN
        ORG 中断入口地址
        LJMP INT
MAIN:   主程序
INT:    中断服务程序
```

注意：在以上的主程序结构中，如果有多个中断源，就对应有多个"ORG 中断入口地址"，多个"ORG 中断入口地址"必须依次由小到大排列。

3. 中断服务程序的流程

MCS－51 响应中断后，就进入中断服务程序。中断服务程序的基本流程如图 4.9 所示。

下面对有关中断服务程序执行过程中的一些问题进行说明。

关中断 → 现场保护 → 开中断 → 中断处理 → 关中断 → 现场恢复 → 开中断 → 中断返回

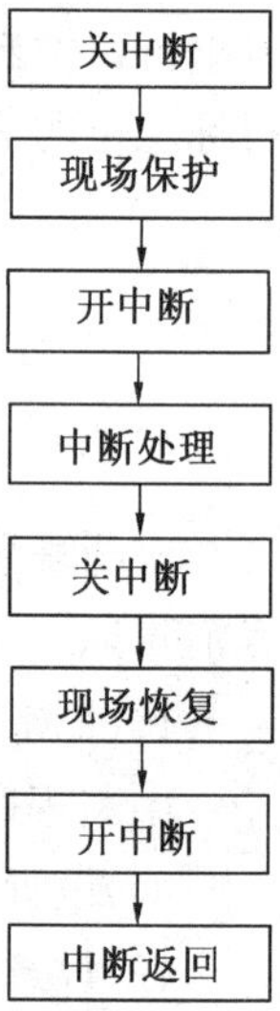

图 4.9 中断服务程序的流程图

(1) 现场保护和现场恢复

所谓现场是指中断时刻单片机中某些寄存器和存储器单元中的数据或状态。为了使中断服务程序的执行不破坏这些数据或状态，以免在中断返回后影响主程序的运行，因此要把它们送入堆栈中保存起来，这就是现场保护。现场保护一定要位于现场中断处理程序的前面。中断处理结束后，在返回主程序前，则需要把保存的现场内容从堆栈中弹出，以恢复那些寄存器和存储器单元中的原有内容，这就是现场恢复。现场恢复一定要位于中断处理程序的后面。MCS－51 的堆栈操作指令 PUSH direct 和 POP direct，主要是供现场保护和现场恢复使用的。至于要保护哪些内容，应该由用户根据中断处理程序的具体情况来决定。

(2) 关中断和开中断

图 4.9 中保护现场和恢复现场前关中断，是为了防止此时有高一级的中断进入，避免现场被破坏；在保护现场和恢复现场之后的开中断是为了下一次的中断作准备，也为了允许有更高级的中断进入。这样做的结果是，中断处理可以被打断，但原来的现场保护和恢复不允许更改，除了现场保护和现场恢复的片刻外，仍然保持着中断嵌套的功能。

但有时，对于一个重要的中断，必须执行完毕，不允许被其它的中断所嵌套。对此可在现场保护之前先关闭中断系统，彻底屏蔽其它中断请求，待中断处理完成后再开中断。这样，就需要在图 4.9 中的"中断处理"步骤前后的"开中断"和"关中断"两个过程去掉。

至于具体中断请求源的关与开，可通过 CLR 或 SETB 指令清"0"或置"1"中断允许寄存器 IE 中的有关位来实现。

(3)中断处理

中断处理是中断源请求中断的具体目的。应用设计者应根据任务的具体要求,来编写中断处理部分的程序。

(4)中断返回

中断服务程序的最后一条指令必须是返回指令RETI,RETI指令是中断服务程序结束的标志。CPU执行完这条指令后,把响应中断时所置"1"的优先级状态触发器清"0",然后从堆栈中弹出栈顶上的两个字节的断点地址送到程序计数器PC,弹出的第一个字节送入PCH,弹出的第二个字节送入PCL,CPU从断点处重新执行被中断的主程序。

例4.4　根据图4.9的中断服务程序流程,编写出中断服务程序。假设,现场保护只需要将PSW寄存器和累加器A的内容压入堆栈中保护起来。

解　一个典型的中断服务程序如下:

```
INT: CLR   EA        ;CPU关中断
     PUSH  PSW       ;现场保护
     PUSH  A         ;
     SETB  EA        ;CPU开中断
     [中断处理程序段]
     CLR   EA        ;CPU关中断
     POP   A         ;现场恢复
     POP   PSW       ;
     SETB  EA        ;CPU开中断
     RETI            ;中断返回,恢复断点
```

上述程序有几点需要说明的是:

(1)本例的现场保护假设仅仅涉及到PSW和A的内容,如果还有其它的需要保护的内容,只需要在相应的位置再加几条PUSH和POP指令即可。注意,对堆栈的操作是先进后出,次序不可颠倒。

(2)中断服务程序中的"中断处理程序段",应用设计者应根据中断任务的具体要求,来编写这部分中断处理程序。

(3)如果本中断服务程序不允许被其它的中断所中断。可将"中断处理程序段"前后的"SETB EA"和"CLR EA"两条指令去掉。

(4)中断服务程序的最后一条指令必须是返回指令RETI,千万不可缺少。它是中断服务程序结束的标志。CPU执行完这条指令后,返回断点处,从断点处重新执行被中断的主程序。

4.10　多外部中断源系统设计

MCS-51为用户提供两个外部中断申请输入端$\overline{INT0}$和$\overline{INT1}$,实际的应用系统中,两个外部中断请求源往往不够用,需对外中断源进行扩充。本节介绍如何来扩充外中断源的方法。

4.10.1　定时器/计数器作为外部中断源的使用方法

MCS-51有两个定时器/计数器(有关定时器/计数器的工作原理将在下一章介绍),当它们选择为计数器工作模式,T0或T1引脚上发生负跳变时,T0或T1计数器加1,利用这个特性,可以把T0、T1引脚作为外部中断请求输入引脚,而定时器/计数器的溢出中断TF1或TF0作为外部中断请求标志。例如:T0设置为方式2(自动恢复常数方式)外部计数工作模式,计数

器 TH0、TL0 初值均为 0FFH，并允许 T0 中断，CPU 开放中断，初始化程序如下：

```
            ORG    0000H
            AJMP   IINI              ;跳到初始化程序
            ………………
IINI:       MOV    TMOD, #06H        ;设置 T0 的工作方式寄存器
            MOV    TL0, #0FFH        ;给计数器设置初值
            MOV    TH0, #0FFH
            SETB   TR0               ;启动 T0，开始计数
            SETB   ET0               ;允许 T0 中断
            SETB   EA                ;CPU 开中断
```

当连接在 P3.4 的外部中断请求输入线上的电平发生负跳变时，TL0 加 1，产生溢出，置“1” TF0，向 CPU 发出中断请求，同时 TH0 的内容 0FFH 送 TL0，即 TL0 恢复初值 0FFH，这样，P3.4 相当于跳沿触发的外部中断请求源输入端。对 P3.5 也可做类似的处理。

4.10.2　中断和查询结合的方法

若系统中有多个外部中断请求源，可以按它们的轻重缓急进行排队，把其中最高级别的中断源直接接到 MCS－51 的一个外部中断源 IR0 输入端 $\overline{\text{INT0}}$，其余的中断源 IR1～IR4 用“线或”的办法连到另一个中断源输入端 $\overline{\text{INT1}}$，同时还连到 P1 口，中断源的中断请求由外设的硬件电路产生，这种方法原则上可处理任意多个外部中断。例如，5 个外部中断源的排队顺序依此为：IR0、IR1、……IR4，对于这样的中断源系统，可以采用如图 4.10 所示的中断电路。

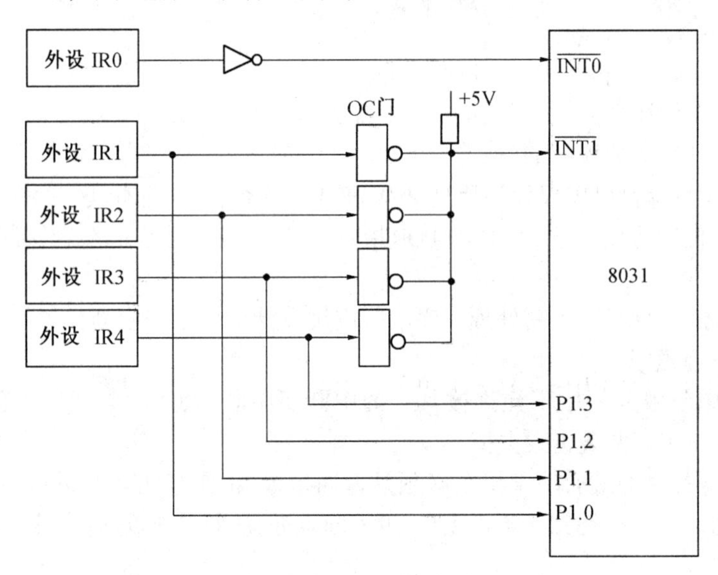

图 4.10　中断和查询相结合的多外部中断源系统

图 4.10 中的 4 个外设 IR1～IR4 的中断请求通过集电极开路的 OC 门输入到 $\overline{\text{INT1}}$ 传给单片机。无论哪一个外设提出的高电平有效的中断请求信号，都会使 $\overline{\text{INT1}}$ 引脚的电平变低。究竟是哪个外设提出的中断请求，可通过程序查询 P1.0～P1.3 的逻辑电平即可知道。设 IR1～IR4 这四个中断请求源的高电平可由相应的中断服务程序所清“0”。

$\overline{\text{INT1}}$ 的中断服务程序如下：

```
    ORG    0013H
    LJMP   INT1      ;
    ⋮
```

```
INT1:  PUSH  PSW       ;保护现场
       PUSH  A
       JB    P1.0,IR1  ;如 P1.0 脚为高,则 IR1 有中断请求,跳标号 IR1 处理
       JB    P1.1,IR2  ;如 P1.1 脚为高,则 IR2 有中断请求,跳标号 IR2 处理
       JB    P1.2,IR3  ;如 P1.2 脚为高,则 IR3 有中断请求,跳标号 IR3 处理
       JB    P1.3,IR4  ;如 P1.3 脚为高,则 IR4 有中断请求,跳标号 IR4 处理
INTIR: POP   A         ;恢复现场
       POP   PSW
       RETI            ;中断返回
IR1:   [IR1 的中断处理程序]
       AJMP INTIR      ; IR1 中断处理完毕,跳标号 INTIR 处执行
IR2:   [IR2 的中断处理程序]
       AJMP INTIR      ; IR2 中断处理完毕,跳标号 INTIR 处执行
IR3:   [IR3 的中断处理程序]
       AJMP INTIR      ;IR3 中断处理完毕,跳标号 INTIR 处执行
IR4:   [IR4 的中断处理程序]
       AJMP INTIR      ;IR4 中断处理完毕,跳标号 INTIR 处执行
```

查询法扩展外部中断源比较简单,但是扩展的外部中断源个数较多时,查询时间稍长。

4.10.3　用优先权编码器扩展外部中断源

当所要处理的外部中断源的数目较多而其响应速度又要求很快时,采用软件查询的方法进行中断优先级排队常常满足不了时间上的要求。由于这种方法是按照从优先级最高到优先级最低的顺序,由软件逐个进行查询,在外部中断源很多的情况下,响应优先级最高的中断和响应优先级最低的中断所需的时间可能相差很大。如果采用硬件对外部中断源进行排队就可以避免这个问题。这里将讨论有关采用优先权编码器扩展 MCS－51 单片机外部中断源的问题。

74LS148 是一种优先权编码器,它具有 8 个输入端"0～7"用作 8 个外部中断源输入端,3 个编码输出端 A2～A0,一个编码器输出端$\overline{GS}$,一个使能端(低电平有效)。在使能端输入为低电平的情况下,只要其 8 个输入端中任意一个输入为低电平,就有一组相应的编码从 A2～A0 端输出,且编码器输出端$\overline{GS}$为低电平。如果 8 个输入端同时有多个输入,则 A2～A0 端将输出输入编码最大所对应的编码。表 4.1 给出了 74LS148 的真值表。

表 4.1　74LS148 真值表

输入									输出			
$\overline{EI}$	0	1	2	3	4	5	6	7	A2	A1	A0	$\overline{GS}$
H	×	×	×	×	×	×	×	×	H	H	H	H
L	H	H	H	H	H	H	H	H	H	H	H	H
L	×	×	×	×	×	×	×	L	L	L	L	
L	×	×	×	×	×	×	L	H	L	L	H	L
L	×	×	×	×	×	L	H	H	L	H	L	L
L	×	×	×	×	L	H	H	H	L	H	H	L
L	×	×	×	L	H	H	H	H	H	L	L	L
L	×	×	L	H	H	H	H	H	H	L	H	L
L	×	L	H	H	H	H	H	H	H	H	L	L
L	L	H	H	H	H	H	H	H	H	H	H	L

用 74LS148 扩展 8031 外部中断源的基本硬件电路如图 4.11 所示。

图中编码器输出端 A2 ~ A0 连至 8031 P1 口的 P1.1 ~ P1.3，编码器输出端 $\overline{GS}$ 和 8031 的外中断源 $\overline{INT1}$ 相连。当 8 个中断源 $\overline{IR0}$ ~ $\overline{IR7}$ 中有中断申请时(低电平有效)，与其对应的一组编码就出现在 8031 P1 口的 P1.1 ~ P1.3 线上，这时编码器输出端 $\overline{GS}$ 为低电平，则 8031 外中断输入引脚 $\overline{INT1}$ 也就为低电平。这时，若 8031 的中断开放，就可以响应外部中断源所提出的中断请求。

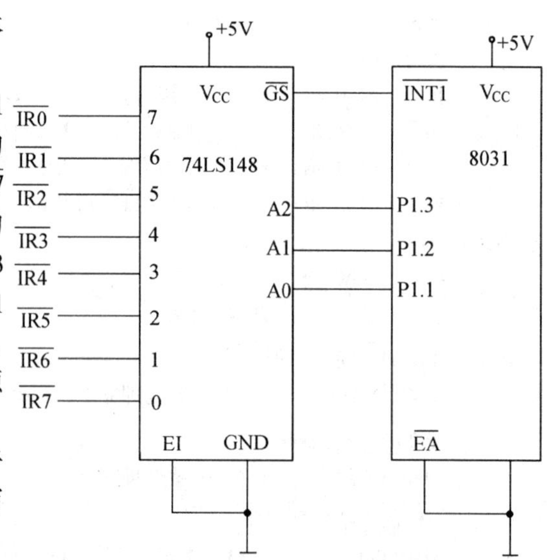

图 4.11　扩展 8 个外部中断源的硬件电路

为了使程序转向各中断源的中断服务子程序，必须在 8031 的的中断服务程序中编写如下引导程序：

```
          ORG    0013H              ;中断服务程序入口
          AJMP   LAB
          ORG    0040H
LAB:      ORL    P1, #00001110B     ;设置 P1.1、P1.2、P1.3 为输入
          MOV    A,P1               ;P1 口内容送累加器
          ANL    A, #00001110B      ;屏蔽除 P1.1、P1.2、P1.3 以外的位
          MOV    DPL, #00H          ;中断服务程序转移表首地址低 8 位地址送 DPL
          MOV    DPH, #10H          ;中断服务程序转移表首地址高 8 位地址送 DPH
          JMP    @A + DPTR          ;跳转到中断服务程序转移表
          ORG    1000H              ;转移表首地址
JMPTBI:   AJMP   IR0                ;8 个中断服务子程序分支转移表
          AJMP   IR1
          .........
          AJMP   IR7
```

中断源中断申请信号的低电平应一直保持到 8031 将 74LS148 提供的编码取走为止，否则会出现错误。

74LS148 的输入端“7”(即 $\overline{IR0}$ 端)具有最高优先权，输入端“0”(即 $\overline{IR7}$ 端)的优先权最低，这相当于给图中的 8 个中断源安排了一个中断优先级顺序。因此，当同时有多个中断源提出中断申请时，8031 只响应优先权最高的那个中断源的中断请求。

以上给出的电路的最大特点是结构简单，价格低廉，但该电路无法实现中断服务子程序的嵌套。即当一个中断请求正在被响应时，单片机不能响应别的中断源的中断申请(仅指 $\overline{IR0}$ ~ $\overline{IR7}$)。

由于所扩展的外中断源都是经 $\overline{INT1}$ 向 8031 提出中断申请，因此，这些外中断源在使用时应注意以下 3 个问题。

1. 中断响应时间

MCS-51 单片机的外中断响应时间在 3 ~ 8 个机器周期内，由于 8031 在真正为所扩展的外中断源($\overline{IR0}$ ~ $\overline{IR7}$)服务之前需执行一段引导程序，因此对所扩展的外中断源而言，真正的中断响应时间还要把执行引导程序所需的时间算在内。

2.中断申请信号的宽度

扩展的内部中断源，其中断申请信号宜采用负脉冲形式，且负脉冲要有足够的宽度，以保证8031能读取到由锁存器提供的中断向量低8位地址，8031读取这个地址要执行四条指令，需7个机器周期，若系统时钟频率为12MHz，则中断申请信号负脉冲的宽度至少要大于15 μs。

3.堆栈深度的问题

由于单片机堆栈设在片内，字节有限，每次响应中断时都要将中断返回地址、现场保护内容压入堆栈内，如果发生中断服务子程序中又调用子程序，则极容易发生堆栈溢出或侵占了片内RAM其它内容，从而造成程序混乱，在使用中要特别注意。

思考题及习题

1. 什么是中断系统？中断系统的功能是什么？

2. 什么是中断嵌套？

3. 什么叫中断源？MCS－51有哪些中断源？各有什么特点？

4. 外部中断1所对应的中断入口地址为(　　)H。

5.下列说法错误的是：

(1) 各中断源发出的中断请求信号，都会标记在MCS－51系统中的IE寄存器中。

(2) 各中断源发出的中断请求信号，都会标记在MCS－51系统中的TMOD寄存器中。

(3) 各中断源发出的中断请求信号，都会标记在MCS－51系统中的IP寄存器中。

(4) 各中断源发出的中断请求信号，都会标记在MCS－51系统中的TCON与SCON寄存器中。

6. MCS－51单片机响应中断的典型时间是多少？在哪些情况下，CPU将推迟对中断请求的响应？

7.中断查询确认后，在下列各种8031单片机运行情况中，能立即进行响应的是：

(1) 当前正在进行高优先级中断处理

(2) 当前正在执行RETI指令

(3) 当前指令是DIV指令，且正处于取指令的机器周期

(4) 当前指令是MOV A,R3

8.8031单片机响应中断后，产生长调用指令LCALL，执行该指令的过程包括：首先把(　　)的内容压入堆栈，以进行断点保护，然后把长调用指令的16位地址送(　　)，使程序执行转向(　　)中的中断地址区。

9.编写出外部中断1为跳沿触发的中断初始化程序。

10.在MCS－51中，需要外加电路实现中断撤除的是：

(1) 定时中断

(2) 脉冲方式的外部中断

(3) 外部串行中断

(4) 电平方式的外部中断

11.MCS－51有哪几种扩展外部中断源的方法？各有什么特点？

12.下列说法正确的是：

(1) 同一级别的中断请求按时间的先后顺序响应。

(2) 同一时间同一级别的多中断请求，将形成阻塞，系统无法响应。

(3) 低优先级不能中断高优先级，但是高优先级能中断低优先级。

(4) 同级中断不能嵌套。

13.中断服务子程序和普通子程序有什么区别？

第5章

MCS－51 的定时器/计数器

在工业检测、控制中，许多场合都要用到计数或定时功能。例如，对外部脉冲进行计数、产生精确的定时时间等。MCS－51 单片机内有两个可编程的定时器/计数器 T1、T0，以满足这方面的需要。两个定时器/计数器都具有定时器和计数器两种工作模式：

1.计数工作模式

计数功能是对外来脉冲进行计数。MCS－51 芯片有 T0(P3.4)和 T1(P3.5)两个输入引脚，分别是这两个计数器的计数脉冲输入端。每当外部输入的脉冲发生负跳变时，计数器加 1。

2.定时工作模式

定时功能也是通过计数器的计数来实现的，不过此时的计数脉冲来自单片机的内部，即每个机器周期产生一个计数脉冲，也就是每经过 1 个机器周期的时间，计数器加 1。如果 MCS－51 采用 12MHz 晶体，则计数频率为 1MHz，即每过 1μs 的时间计数器加 1。这样可以根据计数值计算出定时时间，也可根据定时时间的要求计算出计数器的初值。

MCS－51 单片机的定时器/计数器具有 4 种工作方式(方式 0、方式 1、方式 2 和方式 3)，其控制字均在相应的特殊功能寄存器中，通过对特殊功能寄存器的编程，用户可方便地选择定时器/计数器两种工作模式和 4 种工作方式。

在了解了 MCS－51 片内的定时器/计数器的基本功能后，下面介绍 MCS－51 单片机片内定时器/计数器的结构、功能，有关的特殊功能寄存器中的状态字、控制字的含义、工作模式和工作方式的选择以及定时器/计数器的应用举例。

5.1 定时器/计数器的结构

MCS－51 单片机的定时器/计数器结构如图 5.1 所示，定时器/计数器 T0 由特殊功能寄存器 TH0、TL0 构成，定时器/计数器 T1 由特殊功能寄存器 TH1、TL1 构成。

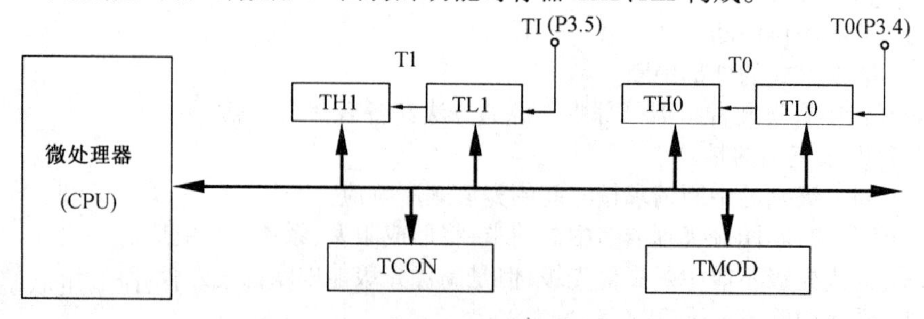

图 5.1　MCS－51 定时器/计数器结构框图

特殊功能寄存器 TMOD 用于选择定时器/计数器 T0、T1 的工作模式和工作方式。特殊功能寄存器 TCON 用于控制 T0、T1 的启动和停止计数，同时包含了 T0、T1 的状态。TMOD、TCON 这两个寄存器的内容由软件设置。单片机复位时，两个寄存器的所有位都被清 0。

5.1.1　工作方式寄存器 TMOD

工作方式寄存器 TMOD 用于选择定时器/计数器的工作模式和工作方式，它的字节地址为 89H，不能进行位寻址。其格式如下所示：

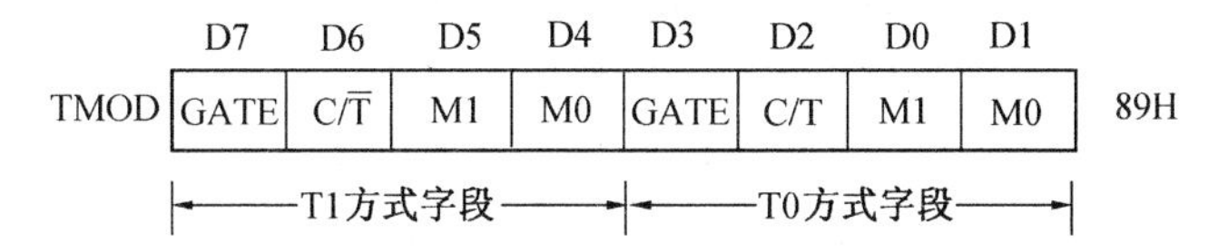

8 位分为两组，高 4 位控制 T1，低 4 位控制 T0。

下面对 TMOD 的各个位作以说明。

(1) GATE——门控位

GATE = 0 时，仅由运行控制位 TRX(X = 0,1) = 1 来启动定时器/计数器运行。

GATE = 1 时，由 TRX(X = 0,1) = 1 和外中断引脚($\overline{INT0}$或$\overline{INT1}$)上的高电平共同来启动定时器/计数器运行。

(2) M1、M0——工作方式选择位

M1、M0 共有 4 种编码，对应于 4 种工作方式。对应关系如表 5.1 所示。

表 5.1　工作方式选择

M1	M0	工　作　方　式
0	0	方式 0，为 13 位定时器/计数器
0	1	方式 1，为 16 位定时器/计数器
1	0	方式 2，8 位初值自动重新装入的 8 位定时器/计数器
1	1	方式 3，仅适用于 T0，分成两个 8 位计数器，T1 停止计数

(3) $C/\overline{T}$——计数器模式和定时器模式选择位

$C/\overline{T}$ = 0，为定时器模式。

$C/\overline{T}$ = 1，为计数器模式，计数器对外部输入引脚 T0(P3.4 脚)或 T1(P3.5 脚)的外部脉冲(负跳变)计数。

5.1.2　定时器/计数器控制寄存器 TCON

TCON 的字节地址为 88H，可进行位寻址，位地址为 88H～8FH。TCON 的格式如下：

	D7	D6	D5	D4	D3	D2	D1	D0	
TCON	TF1	TR1	TF0	TR0	IE1	IT1	IE0	IT0	88H

低 4 位与外部中断有关，已在第 4 章中介绍。高 4 位的功能如下：

(1) TF1、TF0——T1、T0 计数溢出标志位

当计数器计数溢出时，该位置“1”。使用查询方式时，此位作为状态位供 CPU 查询，但应注意在查询该位有效后应以软件方法及时将该位清“0”。使用中断方式时，此位作为中断申请标志位，进入中断服务程序后由硬件自动清 0。

(2) TR1、TR0——计数运行控制位

TR1 位(或 TR0 位) = 1，启动定时器/计数器工作的必要条件，还与 GATE 位的状态有关。

TR1 位(或 TR0 位) = 0，停止定时器/计数器工作

该位可由软件置 1 或清 0。

5.2　定时器/计数器的 4 种工作方式

5.2.1　方式 0

当 M1、M0 为 00 时，定时器/计数器被设置为工作方式 0，这时定时器/计数器的等效框图如图 5.2 所示（以定时器/计数器 T1 为例，TMOD.5、TMOD.4 = 00）。

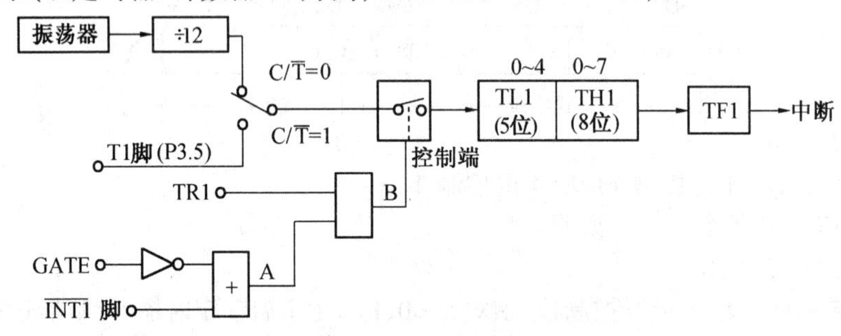

图 5.2　定时器/计数器方式 0 逻辑结构框图

定时器/计数器工作在方式 0 时，为 13 位的计数器，由 TLX(X = 0,1)的低 5 位和 THX 的高 8 位所构成。TLX 低 5 位溢出则向 THX 进位，THX 计数溢出则置位 TCON 中的溢出标志位 TFX。

图 5.2 中，C/$\overline{T}$ 位控制的电子开关决定了定时器/计数器的工作模式：

(1) C/$\overline{T}$ = 0，电子开关打在上面位置，T1 为定时器工作模式，以振荡器的 12 分频后的信号作为计数信号。

(2) C/$\overline{T}$ = 1，电子开关打在下面位置，T1 为计数器工作模式，计数脉冲为 P3.4、P3.5 引脚上的外部输入脉冲，当引脚上发生负跳变时，计数器加 1。

GATE 位的状态决定定时器/计数器运行控制取决于 TRX 一个条件还是 TRX 和 $\overline{INTX}$ 引脚这两个条件。

(1) GATE = 0 时，A 点(见图 5.2)电位恒为 1，B 点的电位取决于 TRX 状态。TRX = 1，B 点为高电平，控制端控制电子开关闭合。计数脉冲加到 T1(或 T0)引脚，允许 T1(或 T0)计数。TRX = 0，B 点为低电平，电子开关断开，禁止 T1(或 T0)计数。

(2) GATE = 1 时，B 点电位由 $\overline{INTX}$ 的输入电平和 TRX 的状态确定，当 TRX = 1，且 $\overline{INTX}$ = 1 时(X = 0 或 1)，B 点才为 1，控制端控制电子开关闭合，允许定时器/计数器计数，故这种情况下计数控制是由 TRX 和 $\overline{INTX}$ 二个条件控制。

5.2.2　方式 1

当 M1、M0 为 01 时，定时器/计数器工作于方式 1，这时定时器/计数器的等效电路如图 5.3 所示（以定时器/计数器 T1 为例）。

方式 1 和方式 0 的差别仅仅在于计数器的位数不同，方式 1 为 16 位的计数器，由 THX 作为高位和 TLX 作为低位构成(X = 0,1)，方式 0 则为 13 位计数器，有关控制状态位的含义(GATE、C/$\overline{T}$、TFX、TRX)与方式 0 相同。

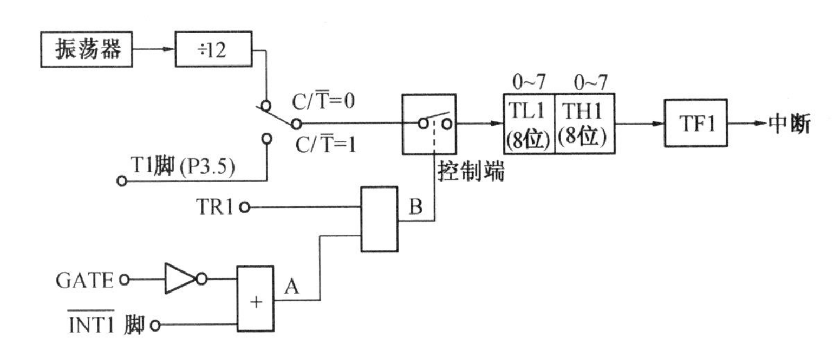

图5.3　定时器/计数器方式1逻辑结构框图

5.2.3　方式2

方式0和方式1的最大特点是计数溢出后，计数器为全0。因此在循环定时或循环计数应用时就存在反复用软件设置计数初值的问题。这不仅影响定时精度，而且也给程序设计带来麻烦。方式2就是针对此问题而设置的。

当M1、M0为10时，定时器/计数器处于工作方式2，这时定时器/计数器的等效框图如图5.4所示（以定时器T1为例，X＝1）。

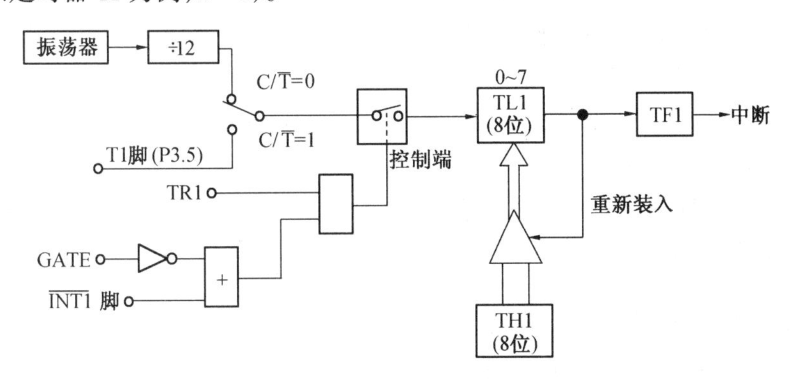

图5.4　定时器/计数器方式2逻辑结构框图

定时器/计数器的方式2为自动恢复初值的（常数自动装入）8位定时器/计数器，THX作为常数缓冲器，当TLX计数溢出时，在置1溢出标志TFX的同时，还自动地将THX中的常数送至TLX，使TLX从初值开始重新计数。定时器/计数器的方式2工作过程如图5.5所示。

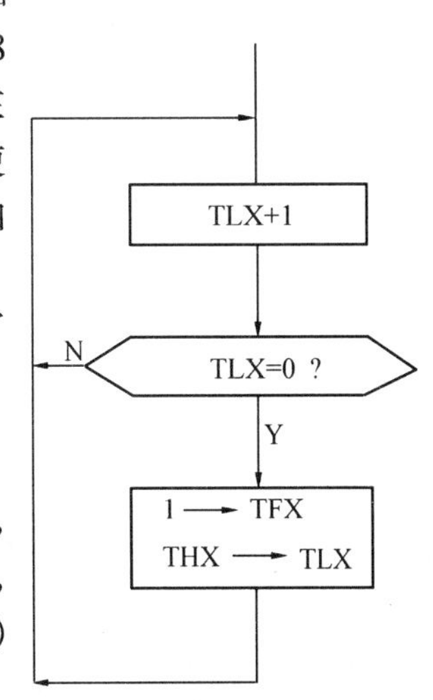

图5.5　方式2工作过程

这种工作方式可以省去用户软件中重装初值的程序，简化了初值的计算（确定计数初值），可以相当精确的确定定时时间。

5.2.4　方式3

方式3是为了增加一个附加的8位定时器/计数器而提供的，从而使MCS－51具有三个定时器/计数器。方式3只适用于T0，T1不能工作在方式3。（此时T1可用来作串行口波特率产生器）T1处于方式3时，相当于TR1＝0，T1停止计数。

1. 工作方式3下的T0

当TMOD的低2位为11时，T0的工作方式被选为方式3，各引脚与 T0 的逻辑关系框图如图 5.6 所示。

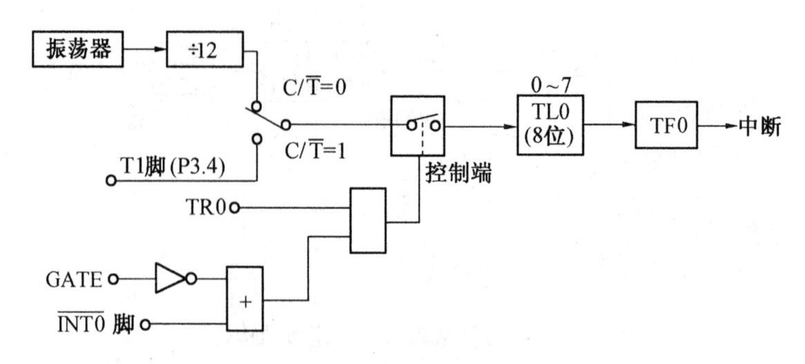

图 5.6(a)　TL0 做 8 位定时器/计数器

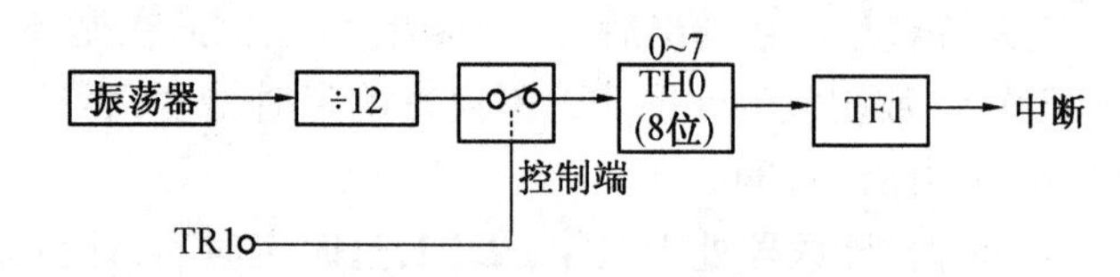

图 5.6(b)　TH0 做 8 位定时器

定时器/计数器 T0 分为两个独立的 8 位计数器:TL0 和 TH0,TL0 使用 T0 的状态控制位 C/$\overline{T}$、GATE、TR0、$\overline{INT0}$,而 TH0 被固定为一个 8 位定时器(不能作外部计数模式),并使用定时器 T1 的状态控制位 TR1 和 TF1,同时占用定时器 T1 的中断请求标志 TF1。

2. T0 工作在方式 3 下的 T1 的各种工作方式

一般情况下,当 T1 用作串行口的波特率发生器时,T0 才工作在方式 3。T0 处于工作方式 3 时,T1 不能工作在方式 3,T1 可定为方式 0、方式 1 和方式 2,用来作为串行口的波特率发生器,或不需要中断的场合。

(1) T1 工作在方式 0

T1 的控制字中 M1、M0 = 00 时,T1 工作在方式 0,工作示意图如图 5.7 所示。

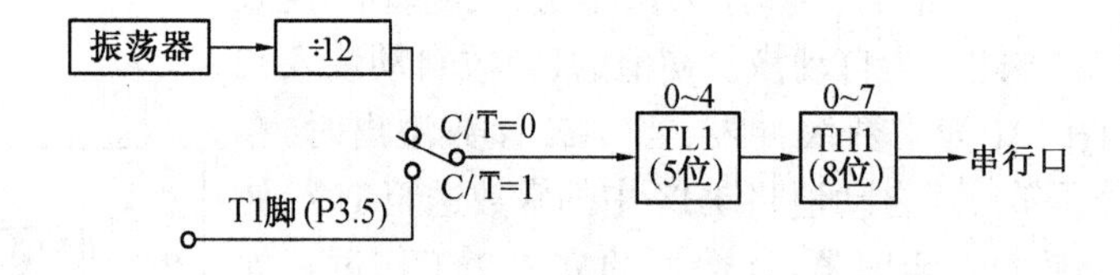

图 5.7　T0 工作在方式 3 时 T1 为方式 0 的工作示意图

(2) T1 工作在方式 1

当 T1 的控制字中 M1、M0 = 01 时,T1 的工作方式为方式 1,工作示意图如图 5.8 所示。

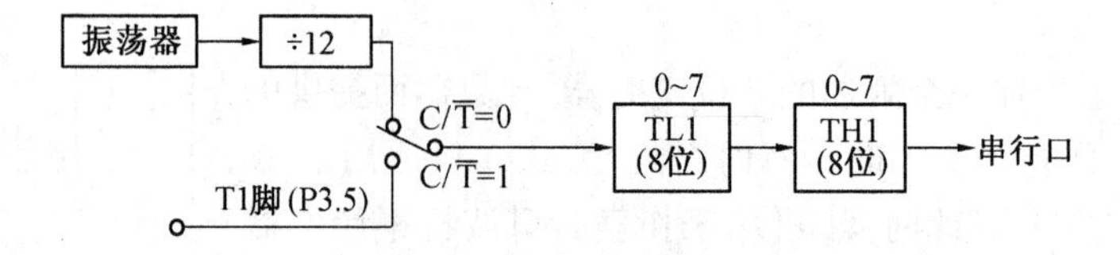

图 5.8　T0 工作在方式 3 时 T1 为方式 1 的工作示意图

(3) T1 工作在方式 2

当 T1 的控制字中 M1、M0 = 10 时,T1 的工作方式为方式 2,工作示意图如图 5.9 所示。

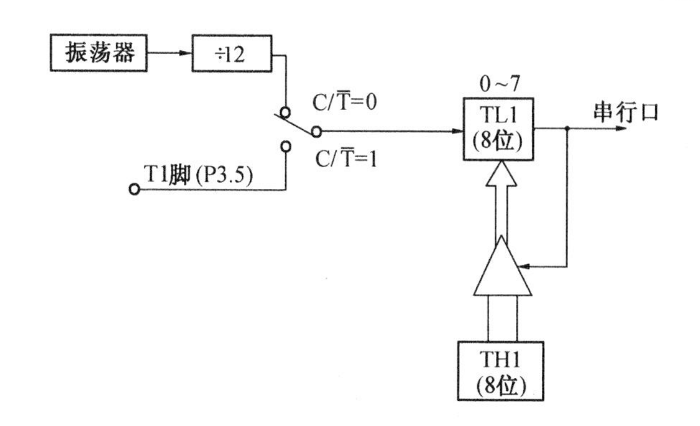

图 5.9　T0 工作在方式 3 时 T1 为方式 2 的工作示意图

(4) T1 工作在方式 3

T1 的控制字中 M1、M0＝11 时，T1 停止计数。

在 T0 为方式 3 时，T1 的控制条件只有两个，即 $C/\overline{T}$ 和 M1、M0。$C/\overline{T}$ 选择的是定时器模式还是计数器模式，M1、M0 选择 T1 的工作方式。

5.3　定时器/计数器对外部计数输入信号的要求

当 MCS－51 内部的定时器/计数器被选定为定时器工作模式时，计数输入信号是内部时钟脉冲，每个机器周期产生一个脉冲使计数器增 1，因此，定时器/计数器的输入脉冲的周期与机器周期一样，输入脉冲的频率为时钟振荡频率的 1/12。当采用 12MHz 频率的晶体时，计数速率为 1MHz，输入脉冲的周期间隔为 1μs。由于定时的精度决定于输入脉冲的周期，因此当需要高分辨率的定时时，应尽量选用频率较高的晶体。

当定时器/计数器用作计数器时，计数脉冲来自相应的外部输入引脚 T0 或 T1。当输入信号产生由 1 至 0 的负跳变时，计数器的值增 1。每个机器周期的 S5P2 期间，对外部输入引脚进行采样。如在第一个机器周期中采得的值为 1，而在下一个周期中采得的值为 0，则在紧跟着的再下一个机器周期 S3P1 的期间，计数器加 1。由于确认一次负跳变要花两个机器周期，即 24 个振荡周期，因此外部输入的计数脉冲的最高频率为振荡器频率的 1/24，例如选用 6MHz 频率的晶体，允许输入的脉冲频率最高为 250KHz，如果选用 12MHz 频率的晶体，则最高可输入 500KHz 的外部脉冲。对于外部输入信号的占空比并没有什么限制，但为了确保某一给定的电平在变化之前能被采样一次，则这一电平至少要保持一个机器周期。故对外部计数输入信号的基本要求如图 5.10 所示，图中 Tcy 为机器周期。

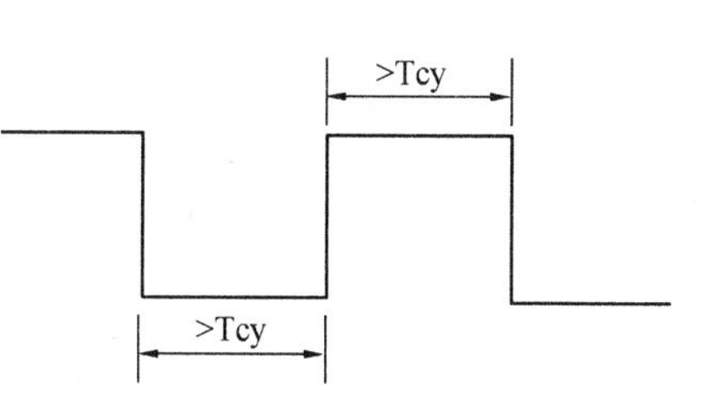

图 5.10　对外部输入信号的基本要求

5.4　定时器/计数器编程和应用

5.4.1　方式 0 应用

例 5.1　假设系统时钟频率采用 **6**MHz，要在 P1.0 上输出一个周期为 2ms 的方波，如图 5.11所示。

方波的周期用定时器 T0 来确定，采用中断的方法来实现，即在 T0 中设置一个时间常数（计数初值），使其每隔 1ms 产生一次中断，CPU 相应中断后，在中断服务程序中对 P1.0 取反。T0 中断入口地址为 000BH。为此要做如下几步工作：

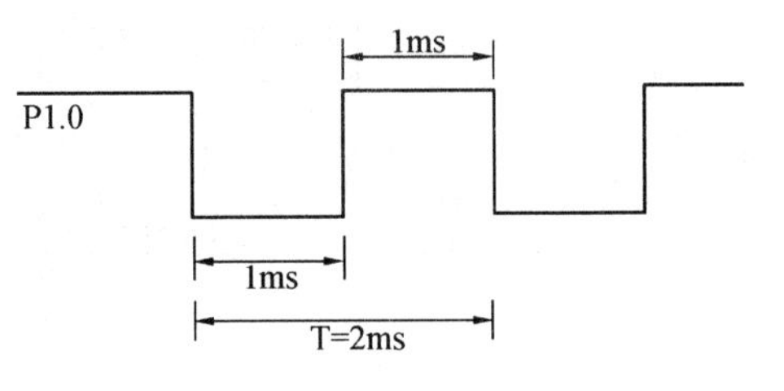

图 5.11　在 P1.0 引脚上输出波形

1. 计算初值

机器周期 = 12/晶振频率 = 12/(6×10^6) = 2μs

设：需要装入 T0 的初值为 X，则 $(2^{13}-X)\times2\times10^{-6}=1\times10^{-3}$

$$2^{13}-X=500 \qquad X=7692$$

化为 16 进制 X = 1E0CH = 1111000001100B。

将这 13 位初值填入 TH0 和 TL0 中。注意，TL0 只用了低 5 位，高 3 位没有用到，填 0。这时，装入 TH0 和 TL0 的内容如下：

11110000 $\underline{\times\times\times}$01100B→11110000 $\underline{000}$01100B

所以，T0 的初值为：

TH0 = 0F0H TL0 = 0CH

2. 设计初始化程序

初始化程序包括定时器初始化和中断系统初始化，主要是对 IP、IE、TCON、TMOD 的相应位进行正确的设置，并将计数初值送入定时器中。在本例中，假设程序是从系统复位开始运行的，TMOD、TCON 均为 00H，T0 已自动地被设置为方式 0，因此不必对 TMOD 进行设置。

3. 程序设计

中断服务程序除了完成要求的产生方波这一工作之外，还要注意将计数初值重新装入定时器中，为下一次产生中断作准备。主程序可以完成任何其它工作，一般情况下常常是键盘程序和显示程序。在本例中，由于没有这方面的要求，用一条转至自身的短跳转指令来代替主程序。

按上述要求所设计的程序如下：

```
        ORG     0000H
RESET:  AJMP    MAIN            ;转主程序
        ORG     000BH           ;T0 的中断入口
        AJMP    IT0P            ;转 T0 中断处理程序 IT0P
        ORG     0100H
MAIN:   MOV     SP, #60H        ;设堆栈指针
        ACALL   PT0M0           ;调用子程序 PT0M0
HERE:   AJMP    HERE            ;自身跳转,模拟主程序
PT0M0:  MOV     TL0, #0CH       ;T0 初始化程序,T0 置初值
        MOV     TH0, #0F0H
        SETB    TR0             ;启动 T0
        SETB    ET0             ;允许 T0 中断
        SETB    EA              ;CPU 开放中断
        RET
IT0P:   MOV     TL0, #0CH       ;T0 中断服务子程序,T0 置初值
        MOV     TH0, #0F0H
```

```
        CPL     P1.0            ;P1.0取反
        RETI
```

5.4.2 方式1应用

方式1与方式0基本相同,只是方式1改用了16位计数器。要求定时时间较长时,13位的计数长度不够用,可改用16位计数器,方式0应用中的例5-1,完全可以在此重新设计一次,只须改变装入的初值即可。现在另选一个实例。

例5.2 假设利用定时器T0的方式1产生一个50Hz的方波,由P1.0输出,采用12MHz时钟,并假定CPU不作其它工作。P1.0引脚上输出的方波波形,如图5.12所示。

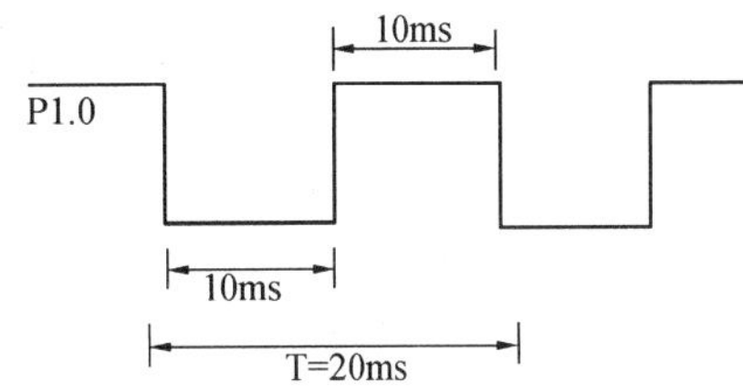

P1.0 10ms 10ms T=20ms

图5.12 在P1.0引脚上输出波形

由于CPU不作其它工作,因而可以采用查询的方式进行控制。装入计数器的初值可由下式算得:

$$(2^{16}-X)\times 10^{-6}=10^{-2}$$

因而: X = 45536 = 0B1E0H。

程序如下:

```
        MOV     TMOD,#01H       ;设置T0为方式1
        SETB    TR0             ;接通T0,T0开始工作
LOOP:   MOV     TH0,#0B1H       ;T0置初值
        MOV     TL0,#0E0H
LOOP1:  JNB     TF0,LOOP1       ;查询TF0标志是否为1,如为1,说明T0溢出,则往下执行
        CLR     TF0             ;T0溢出,请TF0
        CPL     P1.0            ;P1.0求反
        SJMP    LOOP
```

例5.3 假设系统时钟采用6MHz,编写利用定时器T0产生1s定时的程序。

1. 定时器T0工作方式的确定

因定时时间较长,采用哪一种工作方式合适呢?由前面介绍的定时器的各种工作方式的特性,可以计算出:

方式0最长可定时16.384ms;

方式1最长可定时131.072ms;

方式2最长可定时512μs。

由上可见,可选方式1,每隔100ms中断一次,中断10次为1s。

2. 计算计数初值

因为:$(2^{16}-X)\times 2\times 10^{-6}=10^{-1}$

所以:X = 15536 = 3CB0H

因此:TH0 = 3CH,TL0 = B0H

3. 10次计数的实现

对于中断10次计数,可使T0工作在计数方式,也可用循环程序的方法实现。本例采用循环程序法。

4. 编写程序

编写完毕的源程序如下:

```
        ORG     0000H
RESET:  LJMP    MAIN        ;上电,转主程序
        ORG     000BH       ;T0 的中断入口
        AJMP    ITOP        ;转 T0 中断处理程序 ITOP
        ORG     1000H
MAIN:   MOV     SP, #60H    ;设堆栈指针
        MOV     B, #0AH     ;设循环次数
        MOV     TMOD, #01H  ;设 T0 工作在方式 1
        MOV     TL0, #0B0H  ;给 T0 设初值
        MOV     TH0, #3CH
        SETB    TR0         ;启动 T0
        SETB    ET0         ;允许 T0 中断
        SETB    EA          ;CPU 开放中断
HERE:   SJMP    HERE        ;等待中断,模拟主程序
ITOP:   MOV     TL0, #0B0H  ;T0 中断服务子程序,重新给 T0 装入初值
        MOV     TH0, #3CH   ;
        DJNZ    B,LOOP
        CLR     TR0         ;1s 定时时间到,停止 T0 工作
LOOP:   RETI
        END
```

5.4.3 方式 2 的应用

方式 2 是一个可以自动重新装载初值的 8 位计数器/定时器。这种工作方式可以省去用户程序中重新装入初值的指令,并可产生相当精确的定时时间。

例 5.4 当 T0(P3.4)引脚上发生负跳变时,从 P1.0 输出一个周期为 1ms 的方波。如图 5.13 所示。(假设系统时钟为 6MHz)

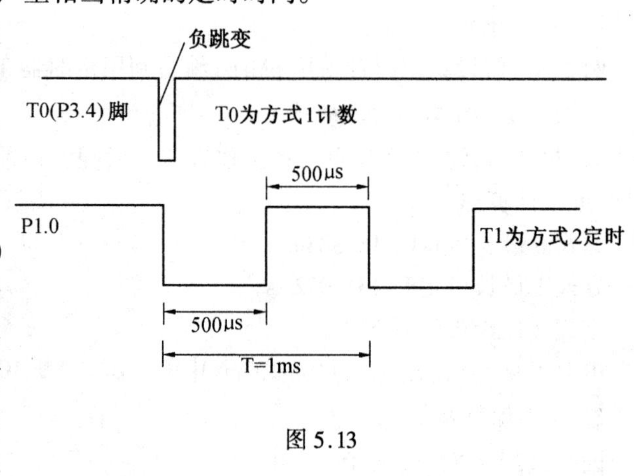

图 5.13

1. 工作方式选择

T0 定义为方式 1 计数器模式,T0 初值为 0FFFFH,即外部计数输入端 T0(P3.4)发生一次负跳变时,计数器 T0 加 1 且溢出标志 TF0 置 1,向 CPU 发出中断请求。T1 定义为方式 2 定时器模式。在 T0 引脚产生一次负跳变后,启动 T1 每 500μs 产生一次中断,在中断服务程序中对 P1.0 求反,使 P1.0 产生周期 1ms 的方波。

2. 计算 T1 的初值

设 T1 的初值为 X:

则 $$(2^8 - X) \times 2 \times 10^{-6} = 5 \times 10^{-4}$$

$$X = 2^8 - 250 = 6 = 06H$$

3.程序设计

```
        ORG     0000H
RESET:  AJMP    MAIN        ;复位入口转主程序
        ORG     000BH
        AJMP    IT0P        ;转T0中断服务程序
        ORG     001BH
        AJMP    IT1P        ;转T1中断服务程序
        ORG     0100H
MAIN:   MOV     SP,#60H     ;主程序入口,设堆栈指针
        ACALL   PT0M2       ;调用对T0,T1初始化子程序
LOOP:   MOV     C,P1.1      ;T0产生过中断了吗,产生过中断,则P1.1=1
        JNC     LOOP        ;T0没有产生过中断,则跳到LOOP,等待T0中断
        SETB    TR1         ;启动T1
        SETB    ET1         ;允许T1中断
HERE:   AJMP    HERE        ;原地循环
PT0M2:  MOV     TMOD,#25H   ;对T1,T0初始化,T1为方式2定时器,T0为方式1计数器
        MOV     TL0,#0FFH   ;T0置初值
        MOV     TH0,#0FFH
        SETB    TR0         ;启动T0
        SETB    ET0         ;允许T0中断
        MOV     TL1,#06H    ;T1置初值
        MOV     TH1,#06H
        CLR     P1.1        ;把T0已发生中断标志P1.1清0
        SETB    EA          ;CPU开放中断
        RET
IT0P:   CLR     TR0         ;T0中断服务程序,停止T0计数
        SETB    P1.1        ;建立T0产生中断标志,即P1.1=1
        RETI
IT1P:   CPL     P1.0        ;T1中断服务程序,P1.0位取反
        RETI
```

在T1定时中断服务程序IT1P中,由于方式2是初值可以自动重新装载的,省去了T1中断服务程序中重新装入初值06H的指令。

例5.5 利用定时器T1的方式2对外部信号计数,要求每计满100个数,将P1.0取反。

本例是方式2计数模式应用的实例。

1.选择工作方式

外部信号由T1(P3.5)引脚输入,每发生一次负跳变计数器加1,每输入100个脉冲后,计数器产生溢出中断,在中断服务程序中将P1.0取反一次。

T1工作在方式2的方式控制字为TMOD=60H。不使用T0时,TMOD的低4位可任取,但不能使T0进入方式3,这里取全0。

2.计算T1的初值

$$X = 2^8 - 100 = 156 = 9CH$$

因此,TL1的初值为9CH,重装初值寄存器TH1=9CH

3. 程序设计

```
        ORG     0000H
        LJMP    MAIN
        ORG     001BH           ;T1 的中断入口
        CPL     P1.0            ;P1.0 位取反
        RETI
        ORG     0100H
MAIN:   MOV     TMOD, #60H      ;设置 T1 为方式 2 计数
        MOV     TL1, #9CH       ;T0 置初值
        MOV     TH1, #9CH
        SETB    TR1             ;启动 T1 计数
HERE:   AJMP    HERE            ;原地跳转
```

5.4.4　方式 3 的应用

方式 3 对 T0 和 T1 大不相同。T0 工作在方式 3 时，T1 只能工作在方式 0、1、2。T0 工作在方式 3 时，TL0 和 TH0 被分成两个独立的 8 位定时器/计数器。其中，TL0 可作为 8 位的定时器/计数器；而 TH0 只能作为 8 位的定时器。

一般情况下，当定时器 T1 用作串行口波特率发生器时，T0 才设置为方式 3。此时，常把定时器 T1 设置为方式 2，用作波特率发生器。

例 5.6　假设某 MCS－51 应用系统的两个外部中断源已被占用，设置定时器 T1 工作在方式 2，作波特率发生器用。现要求增加一个外部中断源，并控制 P1.0 引脚输出一个 5kHz 的方波。假设系统时钟为 12MHz。

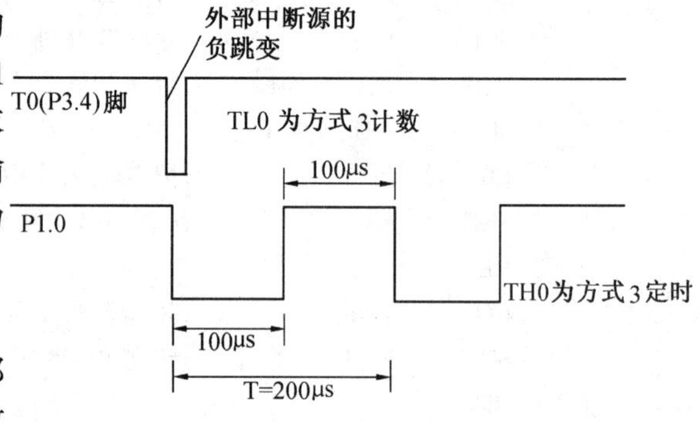

图 5.14

1. 方式选择

由上一章介绍的利用定时器作为外部中断源的思想，设置 TL0 工作在方式 3 计数模式，把 T0 引脚（P3.4）作增加的外部中断输入端，TL0 的初值设为 0FFH，当检测到 T0 引脚电平出现负跳变时，TL0 增 1 并溢出，申请中断，这相当于跳沿触发的外部中断源。TH0 为 8 位方式 3 定时模式，定时控制 P1.0 输出 5kHz 的方波信号，如图 5.14 所示。

2. 初值计算

TL0 的初值设为 0FFH。

5kHz 的方波的周期为 200μs，因此 TH0 的定时时间为 100μs。TH0 初值 X 计算如下：

$$(2^8 - X) \times 1 \times 10^{-6} = 1 \times 10^{-4}$$

$$X = 2^8 - 100 = 156 = 9CH$$

3. 程序设计

源程序如下：

```
        ORG     0000H
        LJMP    MAIN            ;跳主程序
        ORG     000BH           ;T0 中断入口
```

```
        LJMP    TL0INT          ;跳 TL0 中断服务程序 TL0INT
        ORG     001BH           ;T1 中断入口
        LJMP    TH0INT          ;跳 TH0 中断服务程序 TH0INT
        ORG     0100H           ;主程序入口
MAIN:   MOV     TMOD, # 27H     ;T0 为方式 3 计数,T1 为方式 2 定时
        MOV     TL0, # 0FFH     ;置 TL0 初值
        MOV     TH0, # 9CH      ;置 TH0 初值
        MOV     TL1, # datal    ;data 是根据波特率常数要求来定,见串行口一章
        MOV     TH1, # datah    ;datah 为 data 的高 8 位,datal 为 data 的低 8 位
        MOV     TCON, # 55H     ;允许 T0 中断
        MOV     IE, # 9FH       ;启动 T1
                ⋮
TL0INT: MOV     TL0, # 0FFH     ;TL0 中断服务程序,TL0 重新装入初值
        [中断处理]
        RETI
TH0INT: MOV     TH0, # 9CH      ;TH0 中断服务程序,TH0 重新装入初值
        CPL     P1.0            ;P1.0 位取反输出
        RETI                    ;
```

5.4.5 门控制位 GATE 的应用－测量脉冲宽度

下面以 T1 为例,来介绍门控制位 GATE1 的应用。门控制位 GATE1 可使定时器/计数器 T1 的启动计数受$\overline{INT1}$的控制,当 GATE1 = 1,TR1 为 1 时,只有$\overline{INT1}$引脚输入高电平时,T1 才被允许计数,利用 GATE1 的这个功能,(对于 GATE0 也是一样,可使 T0 的启动计数受$\overline{INT0}$的控制),可测量$\overline{INT1}$引脚(P3.3)上正脉冲的宽度(机器周期数),其方法如图 5.15 所示。

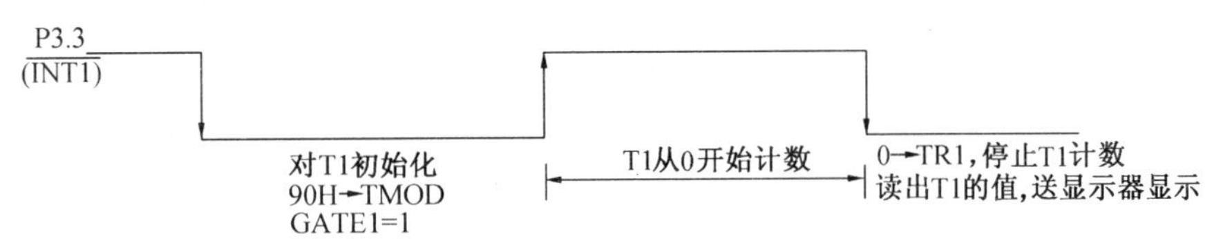

图 5.15　利用 GATE 位测量正脉冲的宽

程序如下:

```
        ORG     0000H
RESET:  AJMP    MAIN            ;复位入口转主程序
        ORG     0400H
MAIN:   MOV     SP, # 60H       ;主程序入口,设堆栈指针
        MOV     TMOD, # 90H     ;设 T1 为方式 1 定时,GATE = 1
        MOV     TL1, # 00H      ;
        MOV     TH1, # 00H
LOOP:   JB      P3.3,LOOP       ;等待 P3.3 为低
        SETB    TR1             ;如果为低,启动 T1
LOOP1:  JNB     P3.3,LOOP1      ;等待 P3.3 升高,如为高,则 T1 对时钟 12 分频计数
LOOP2:  JB      P3.3,LOOP2      ;等待 P3.3 降低,如为低,往下
        CLR     TR1             ;停止 T1 计数
        [将 T1 计数值
         送显示缓冲区并转
         换成可显示的代码]
```

```
LOOP3:  LCALL   DIR         ;调用显示子程序 DIR(略)显示 T1 计数值
        AJMP    LOOP3       ;
```

执行以上的程序，使$\overline{INT1}$引脚上出现的正脉冲宽度以机器周期数的形式显示在显示器上。

5.4.6　实时时钟的设计

实时时钟就是以秒、分、时为单位进行计时。

1.实时时钟实现的基本方法

时钟的最小计时单位是秒，但使用定时器的方式 1，最大的定时时间也只能达到 131ms。我们可把定时器的定时时间定为 100ms，这样，计数溢出 10 次即得到时钟的最小计时单位：秒，而计数 10 次可用软件的方法实现。

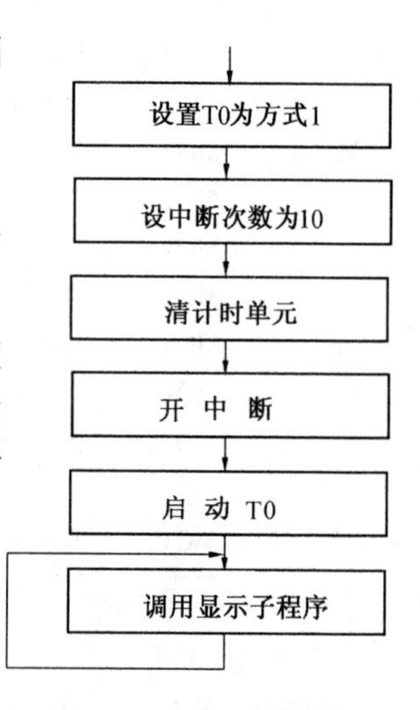

图 5.16　时钟主程序流程

(1) 计数初值的计算

假设使用定时器的方式 1，进行 100ms 的定时。如果单片机的晶振频率为 6MHz，为得到 100ms 的定时，设计数初值为 X，则：

$$(2^{16}-X)\times2\times10^{-6}=10^{-1}$$

因而：X = 15536 = 0011110010110000B = 3CB0H

(2)秒、分、时计时的实现

秒计时是采用中断方式进行溢出次数的累计，计满 10 次，即得到秒计时。从秒到分，从分到时是通过软件累加并进行比较的方法来实现的。要求每满 1 秒，则“秒”单元 32H 中的内容加 1；“秒”单元满 60，则“分”单元 31H 中的内容加 1；“分”单元满 60，则“时” 单元 30H 中的内容加 1；“时” 单元满 24，则将 32H、31H、30H 的内容全部清“0”。

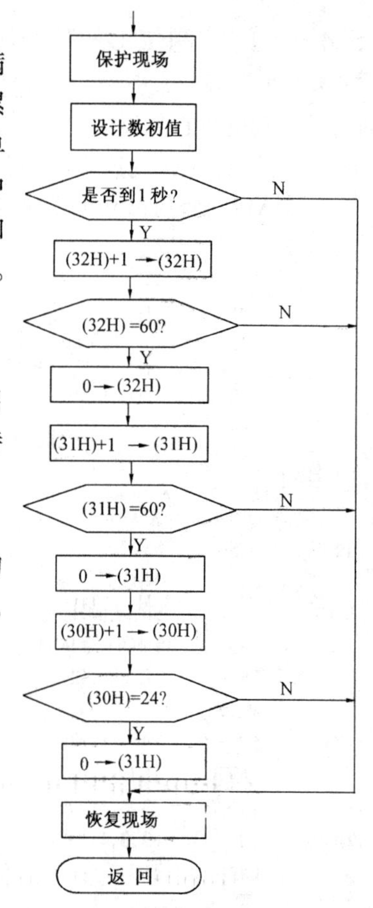

图 5.17　中断服务程序的流程

2.程序设计

(1) 主程序的设计

主程序的主要功能是进行定时器 T1 的初始化，并启动 T1，然后通过循环等待(或反复调用显示子程序)，等待 100ms 定时中断的到来。主程序的流程如图 5.16 所示。

(2) 中断服务程序的设计

中断服务程序(IT1P)的主要功能是实现秒、分、时的计时处理。实现计时操作的基本思想，已在前面介绍过。中断服务程序的流程如图 5.17 所示。

程序如下：

```
        ORG     0000H
        AJMP    MAIN          ;上电，跳向主程序
        ORG     000BH         ;T0 的中断入口
        AJMP    IT0P          ;跳 T0 的中断服务入口
        ORG     1000H
MAIN:   MOV     TMOD, #01H    ;设 T0 为方式 1 定时
        MOV     20H, #0AH     ;中断次数为 20H 单元
```

```
         CLR     A                ;A清0
         MOV     30H, A           ;"时"单元清0
         MOV     31H, A           ;"分"单元清0
         MOV     32H, A           ;"秒"单元清0
         SETB    ET0              ;允许T0申请中断
         SETB    EA               ;CPU开中断
         MOV     TH0, #3CH        ;给T0装入计数初值
         MOV     TL0, #0B0H       ;
         SETB    TR0              ;启动T0
HERE:    SJMP    HERE             ;等待中断(也可调用显示子程序)
IT0P:    PUSH    PSW              ;T0中断服务程序入口,保护现场
         PUSH    Acc              ;
         MOV     TH0, #3CH        ;重新给T0装入初值
         MOV     TL0, #0B0H       ;
         DJNZ    20H,RETUNT       ;1秒未到,返回
         MOV     20H, #0AH        ;1秒时间到,重置中断次数
         MOV     A, #01H          ;"秒"单元增1
         ADD     A,32H            ;
         DA      A                ;"秒"单元十进制调整
         MOV     32H,A            ;"秒"的BCD码存回"秒"单元
         CJNE    A,#60H,RETUNT    ;是否到60秒,未到则返回
         MOV     32H, #00H        ;计满60秒,"秒"单元清0
         MOV     A, #01H          ;"分"单元增1
         ADD     A,31H            ;
         DA      A                ;"分"单元十进制调整
         MOV     31H,A            ;"分"的BCD码存回"分"单元
         CJNE    A,#60H,RETUNT    ;是否到60分,未到则返回
         MOV     31H, #00H        ;计满60分,"分"单元清0
         MOV     A, #01H          ;"时"单元增1
         ADD     A,30H            ;
         DA      A                ;"时"单元十进制调整
         MOV     30H,A ;
         CJNE    A,#24,RETUNT     ;是否到24小时,未到则返回
         MOV     30H, #00H        ;"时"单元清0
RETUNT:  POP     ACC              ;恢复现场
         POP     PSW
         RETI                     ;中断返回
         END
```

5.4.7　运行中读定时器/计数器

在读取运行中的定时器/计数器时,需要特别加以注意,否则读取的计数值有可能出错。原因是CPU不可能在同一时刻同时读取THX和TLX的内容。比如,先读(TLX),后读(THX),由于定时器在不断运行,读(THX)前,若恰好产生TLX溢出向THX进位的情形,则读得的(TLX)值就完全不对了。同样,先读(THX)再读(TLX)也可能出错。

一种可能解决读错问题的方法是:先读(THX),后读(TLX),再读(THX)。若两次读得

(THX)相同,则可确定读得的内容是正确的。若前后两次读得的(THX)有变化,则再重复上述过程,这次重复读得的内容就应该是正确的。下面是有关的程序,读得的(TH0)和(TL0)放置在 R1 和 R0 内。

```
RDTIME: MOV   A,TH0           ;读(TH0)送到 A 中
        MOV   R0,TL0          ;读(TL0)送到 R0 中
        CJNE  A,TH0,RDTIME    ;比较 2 次读得的(TH0), 不相等则重复读,
        MOV   R1,A            ;两次读者的(THO)相等,(TH0)送入 R1 中,(TL0)在 R0 中
        RET
```

思考题及习题

1. 如果采用的晶振的频率为 3MHz,定时器/计数器 T0 工作在方式 0、1、2 下,其最大的定时时间各为多少?

2. 定时器/计数器 T0 作为计数器使用时,其计数频率不能超过晶振频率的(　　)?

3. 定时器/计数器用作定时器时,其计数脉冲由谁提供? 定时时间与哪些因素有关?

4. 采用定时器/计数器 T0 对外部脉冲进行计数,每计数 100 个脉冲后,T0 转为定时工作方式。定时 1ms 后,又转为计数方式,如此循环不止。假定 MCS－51 单片机的晶体振荡器的频率为 6MHz,请使用方式 1 实现,要求编写出程序。

5. 定时器/计数器的工作方式 2 有什么特点? 适用于什么应用场合?

6. 编写程序,要求使用 T0,采用方式 2 定时,在 P1.0 输出周期为 400μs,占空比为 10:1 的矩形脉冲。

7. 一个定时器的定时时间有限,如何实现两个定时器的串行定时,来实现较长时间的定时?

8. 当定时器 T0 用于方式 3 时,应该如何控制定时器 T1 的启动和关闭?

9. 定时器/计数器测量某正单脉冲的宽度,采用何种方式可得到最大量程? 若时钟频率为 6MHz,求允许测量的最大脉冲宽度是多少?

10. 编写一段程序,功能要求为:当 P1.0 引脚的电平上跳变时,对 P1.1 的输入脉冲进行计数;当 P1.2 引脚的电平负跳变时,停止计数,并将计数值写入 R0、R1(高位存 R1,低位存 R0)。

11. THX 与 TLX(X＝0,1)是普通寄存器还是计数器? 其内容可以随时用指令更改吗? 更改后的新值是立即刷新还是等当前计数器计满之后才能刷新?

12. 判断下列说法是否正确?

(1) 特殊功能寄存器 SCON,与定时器/计数器的控制无关。

(2) 特殊功能寄存器 TCON,与定时器/计数器的控制无关。

(3) 特殊功能寄存器 IE,与定时器/计数器的控制无关。

(4) 特殊功能寄存器 TMOD,与定时器/计数器的控制无关。

第 6 章

MCS－51 的串行口

MCS－51 单片机内部有一个功能强的全双工的异步串行口。所谓全双工就是双机之间串行接收、发送数据可同时进行；所谓异步通讯，就是收、发双方没用同一时钟来控制收、发双方的同步传送。要传送的串行数据是以数据帧形式一帧一帧地发送，通过传输线由接收数据设备一帧一帧地接收。

MCS－51 单片机的串行口有 4 种工作方式，波特率可用软件设置，由片内的定时器/计数器产生。串行口接收、发送数据均可触发中断系统，使用十分方便。MCS－51 单片机的串行口除了可以用于串行数据通讯之外，还可以非常方便地用来扩展并行 I/O 口。

6.1 串行口的结构

MCS－51 单片机串行口的内部结构如图 6.1 所示。它有两个物理上独立地接收、发送缓冲器 SBUF，可同时发送、接收数据，发送缓冲器只能写入不能读出，接收缓冲器只能读出不能写入，两个缓冲器共用一个字节地址(99H)。

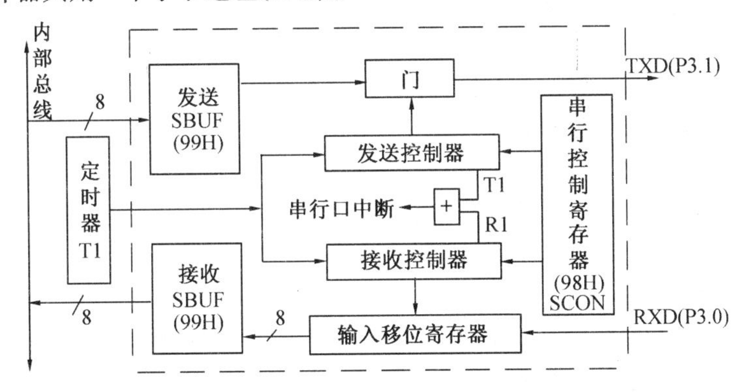

图 6.1 串行口的内部结构

控制 MCS－51 单片机串行口的控制寄存器共有两个：特殊功能寄存器 SCON 和 PCON。下面对这两个特殊功能寄存器各个位的功能予以详细介绍。

6.1.1 串行口控制寄存器 SCON

串行口控制寄存器 SCON，字节地址 98H，可位寻址，位地址为 98H～9FH。SCON 的格式如图 6.2 所示。

	D7	D6	D5	D4	D3	D2	D1	D0	
SCON	SM0	SM1	SM2	REN	TB8	RB8	TI	RI	98H

图 6.2　串行口控制寄存器 SCON 的格式

下面介绍 SCON 中各个位的功能：

1.SM0、SM1——串行口 4 种工作方式的选择位

SM0、SM1 两位的编码所对应的工作方式如表 6.1 所示。

表 6.1　串行口的 4 种工作方式

SM0	SM1	方式	功能说明
0	0	0	同步移位寄存器方式(用于扩展 I/O 口)
0	1	1	8 位异步收发,波特率可变(由定时器控制)
1	0	2	9 位异步收发,波特率为 fosc/64 或 fosc/32
1	1	3	9 位异步收发,波特率可变(由定时器控制)

2.SM2——多机通讯控制位

因为多机通讯是在方式 2 和方式 3 下进行的,因此,SM2 位主要用于方式 2 或方式 3 中。当串行口以方式 2 或方式 3 接收时,如果 SM2 = 1,则只有当接收到的第 9 位数据(RB8)为“1”时,才将接收到的前 8 位数据送入 SBUF,并置“1” RI,产生中断请求;当接收到的第 9 位数据(RB8)为“0”时,串行口则将接收到的前 8 位数据丢弃。而当 SM2 = 0 时,则不论第 9 位数据是“1”还是“0”,都将前 8 位数据送入 SBUF 中,并置“1” RI,产生中断请求。在方式 1 时,如果 SM2 = 1,则只有收到有效的停止位时才会激活 RI,在方式 0 时,SM2 必须为 0。

3.REN——允许串行接收位

由软件置“1”或清“0”。

REN = 1　允许串行接收

REN = 0　禁止串行接收

4.TB8——发送的第 9 位数据

在方式 2 和 3 时,TB8 是要发送的第 9 位数据。其值由软件置“1”或清“0”。在双机通讯时,TB8 一般作为奇偶校验位使用;在多机通讯中用来表示主机发送的是地址帧还是数据帧,TB8 = 1 为地址帧,TB8 = 0 为数据帧。

5.RB8——接收到的第 9 位数据

工作在方式 2 和 3 时,RB8 存放接收到的第 9 位数据。在方式 1,如果 SM2 = 0,RB8 是接收到的停止位。在方式 0,不使用 RB8。

6.TI——发送中断标志位

串行口工作在方式 0 时,串行发送第 8 位数据结束时由硬件置“1”,在其它工作方式,串行口发送停止位的开始时置“1”。TI = 1,表示一帧数据发送结束,TI 的状态可供软件查询,也可申请中断。CPU 响应中断后,向 SBUF 中写入要发送的下一帧数据。TI 必须由软件清 0。

7.RI——接收中断标志位

串行口工作在方式 0 时,接收完第 8 位数据时,RI 由硬件置“1”。在其它工作方式中,串行接收到停止位时,该位置“1”。RI = 1,表示一帧数据接收完毕,并申请中断,要求 CPU 从接收 SBUF 取走数据。该位的状态也可供软件查询。RI 必须由软件清“0”。

SCON 的所有位都可进行位操作清“0”或置“1”。

6.1.2　特殊功能寄存器 PCON

特殊功能寄存器 PCON 字节地址为 87H,没有位寻址功能。PCON 的格式如图 6.3 所示:

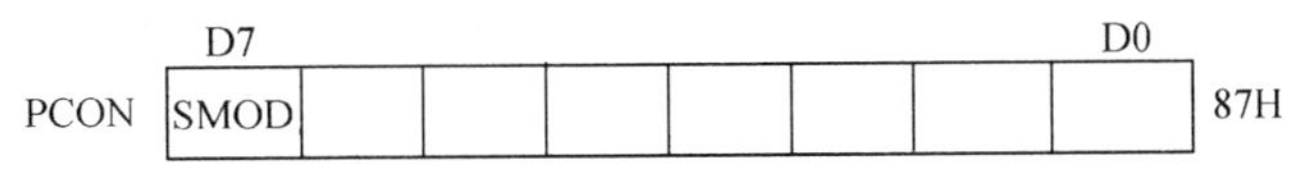

图 6.3　PCON 寄存器的格式

SMOD:波特率选择位

例如:方式 1 的波特率的计算公式为:

$$方式1波特率=\frac{2^{SMOD}}{32}\times 定时器T1的溢出率$$

由上式可见,当 SMOD = 1 时,要比 SMOD = 0 时的波特率加倍,所以也称 SMOD 位为波特率倍增位。

6.2　串行口的 4 种工作方式

串行口的 4 种工作方式由特殊功能寄存器 SCON 中 SM0、SM1 位定义,编码见表 6.1。

6.2.1　方式 0

串行口的工作方式 0 为同步移位寄存器输入输出方式,常用于外接移位寄存器,用以扩展并行 I/O 口。这种方式不适用于两个 MCS－51 之间的串行通讯。

方式 0 以 8 位数据为一帧,不设起始位和停止位,先发送或接收最低位。波特率是固定的,为 fosc/12。方式 0 的帧格式如图 6.4 所示:

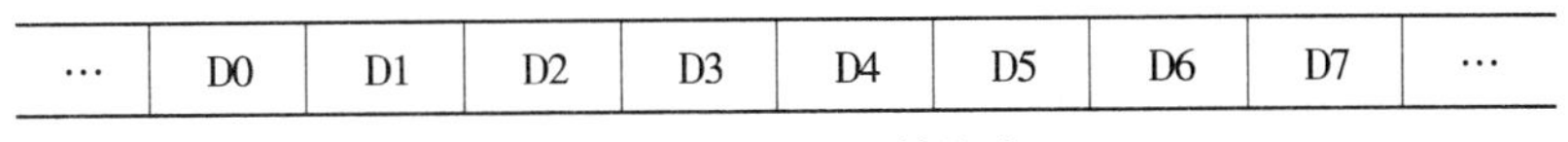

图 6.4　方式 0 的帧格式

1.方式 0 发送

发送过程中,当 CPU 执行一条将数据写入发送缓冲器 SBUF 的指令时,产生一个正脉冲,串行口开始即把 SBUF 中的 8 位数据以 fosc/12 的固定波特率从 RXD 引脚串行输出,低位在先,TXD 引脚输出同步移位脉冲,发送完 8 位数据置“1”中断标志位 TI。时序如图 6.5 所示。

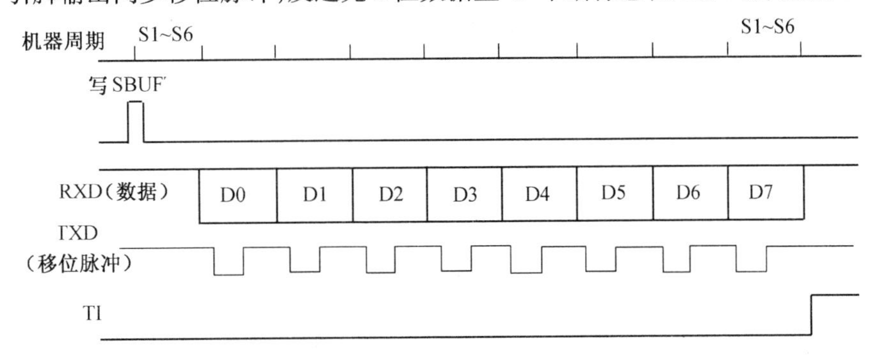

图 6.5　方式 0 发送时序

2.方式 0 接收

方式 0 接收时,REN 为串行口允许接收控制位,REN = 0,禁止接收;REN = 1,允许接收。当向 CPU 串行口的 SCON 寄存器写入控制字(置为方式 0,并置“1”REN 位,同时 RI = 0)时,产生一个正脉冲,串行口即开始接收数据。引脚 RXD 为数据输入端,TXD 为移位脉冲信号输出端,接收器也以 fosc/12 的固定波特率采样 RXD 引脚的数据信息,当接收器接收到 8 位数据时置“1”中断标志 RI。表示一帧数据接收完毕,可进行下一帧数据的接收。时序如图 6.6 所示。

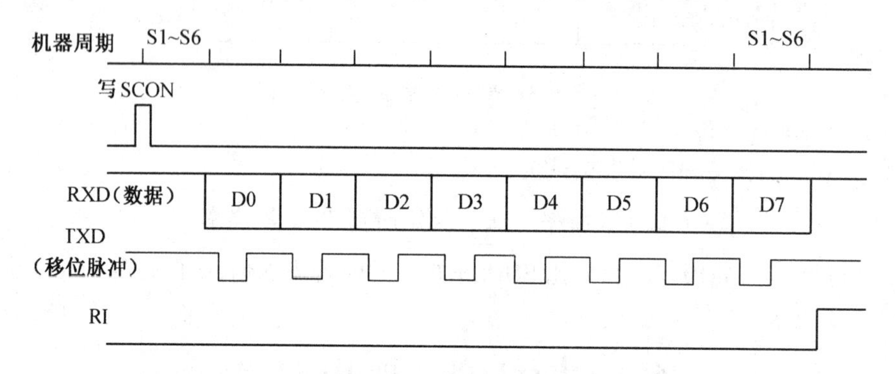

图 6.6　方式 0 接收时序

上面介绍了方式 0 的发送和接收。在方式 0 下,SCON 中的 TB8、RB8 位没用,发送或接收完 8 位数据由硬件置“1”TI 或 RI 中断标志位,CPU 响应 TI 或 RI 中断。TI 或 RI 标志位必须由用户软件清 0,可采用如下指令:

```
CLR    TI        ;TI 位清“0”
CLR    RI        ;RI 位清“0”
```

清“0”TI 或 RI。方式 0 时,SM2 位(多机通讯控制位)必须为 0。

6.2.2　方式 1

SM0、SM1 两位为 01 时,串行口以方式 1 工作。方式 1 真正用于数据的串行发送和接收。TXD 脚和 RXD 脚分别用于发送和接收数据。方式 1 收发一帧的数据为 10 位,1 个起始位(0),8 个数据位,1 个停止位(1),先发送或接收最低位。方式 1 的帧格式如图 6.7 所示。

超始位	D0	D1	D2	D3	D4	D5	D6	D7	停止位

图 6.7　方式 1 的帧格式

方式 1 时,串行口为波特率可变的 8 位异步通讯接口。方式 1 的波特率由下式确定:

$$方式 1 波特率 = \frac{2^{SMOD}}{32} \times 定时器 T1 的溢出率$$

式中 SMOD 为 PCON 寄存器的最高位的值(0 或 1)。

1. *方式 1 发送*

串行口以方式 1 输出时,数据位由 TXD 端输出,发送一帧信息为 10 位,1 位起始位 0,8 位数据位(先低位)和 1 位停止位 1,当 CPU 执行一条数据写发送缓冲器 SBUF 的指令,就启动发送。图中 TX 的频率就是发送的波特率。发送开始时,内部发送控制信号变为有效。将起始位向 TXD 输出,此后,每经过一个 TX 时钟周期,便产生一个移位脉冲,并由 TXD 输出一个数据位。8 位数据位全部发送完毕后,置“1”中断标志位 TI。方式 1 发送数据的时序,如图 6.8 所示。

2. *方式 1 接收*

串行口以方式 1 接收时(REN = 1,SM0、SM1 = 01),数据从 RXD(P3.0)引脚输入。当检测到

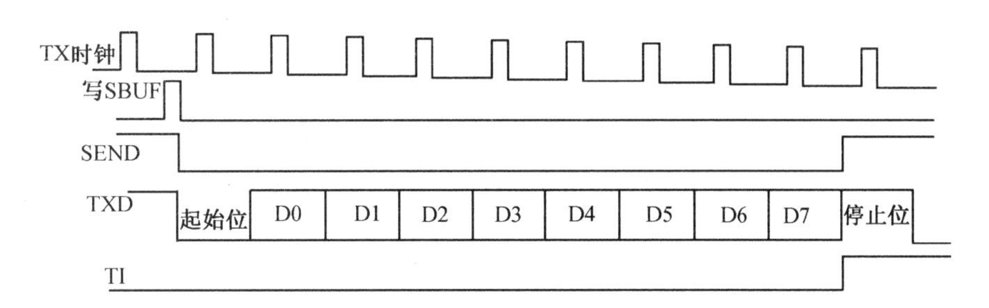

图6.8　方式1发送数据时序

起始位的负跳变时,则开始接收。接收时,定时控制信号有两种(如图6.9所示),一种是接收移位时钟(RX时钟),它的频率和传送的波特率相同。另一种是位检测器采样脉冲,它的频率是RX时钟的16倍。也就是在1位数据期间,有16个采样脉冲,以波特率的16倍的速率采样RXD引脚状态,当采样到RXD端从1到0的跳变时就启动检测器,接收的值是3次连续采样(第7、8、9个脉冲时采样)取其中两次相同的值,以确认是否是真正的起始位(负跳变)的开始,这样能较好地消除干扰的影响,以保证可靠无误的开始接收数据。当确认起始位有效时,开始接收一帧信息。接收每一位数据时,也都进行3次连续采样(第7、8、9个脉冲时采样),接收的值是3次采样中至少两次相同的值,以保证接收到的数据位的准确性。

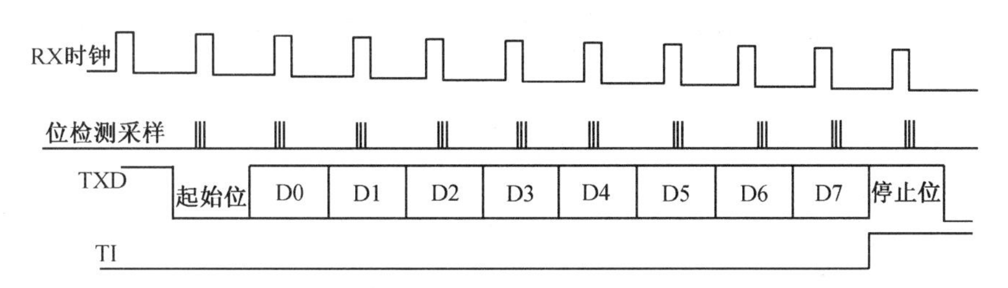

图6.9　方式1接收数据时的时序

当一帧数据接收完毕以后,必须同时满足以下两个条件,这次接收才真正有效。

(1) RI＝0,即上一帧数据接收完成时,RI＝1发出的中断请求已被响应,SBUF中的数据已被取走,说明“接收SBUF”已空。

(2) SM2＝0或收到的停止位＝1(方式1时,停止位已进入RB8),则将接收到的数据装入SBUF和RB8(RB8装入停止位),且置“1”中断标志RI。

若这两个条件不同时满足,接收到的数据不能装入SBUF,这意味着该帧数据将丢失。

6.2.3　方式2

串行口工作于方式2和方式3时,被定义为9位异步通讯接口。每帧数据均为11位,1位起始位0,8位数据位(先低位),1位可程控为1或0的第9位数据和1位停止位。方式2的帧格式见图6.10。

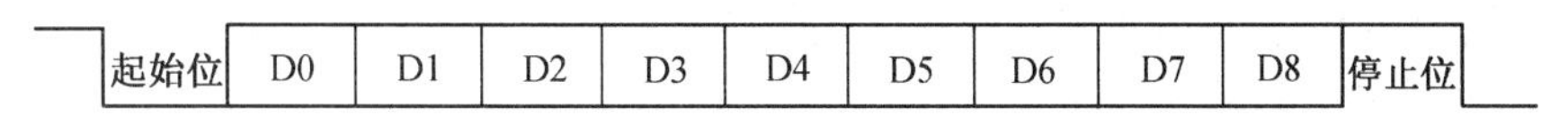

图6.10　方式2、方式3的帧格式

方式2的波特率由下式确定:

$$方式2波特率=\frac{2^{SMOD}}{64}\times fosc$$

1.方式 2 发送

发送前,先根据通讯协议由软件设置 TB8(例如,双机通讯时的奇偶校验位或多机通讯时的地址/数据的标志位)。然后将要发送的数据写入 SBUF,即可启动发送过程。串行口能自动把 TB8 取出,并装入到第 9 位数据位的位置,再逐一发送出去。发送完毕,则把 TI 位置“1”。

串行口方式 2 发送数据的时序波形如图 6.11 所示。

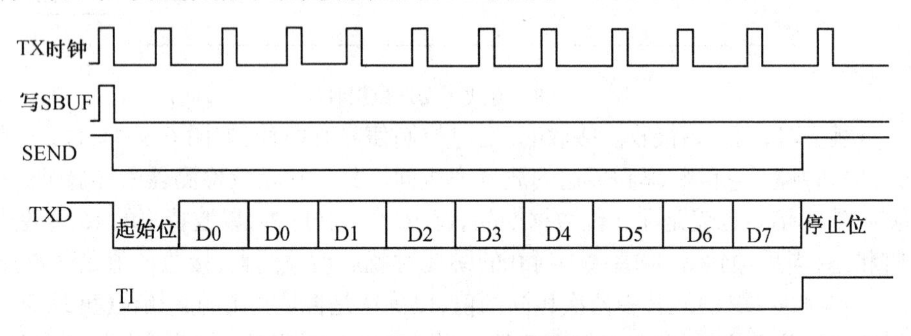

图 6.11 方式 2 和方式 3 发送数据的时序波形

例 6.1 方式 2 发送在双机通讯中的应用(奇偶校验发送)。

下面的发送中断服务程序,是在双机通讯中,以 TB8 作为奇偶校验位,处理方法为数据写入 SBUF 之前,先将数据的奇偶校验位写入 TB8(设第 2 组的工作寄存器区的 R0 作为发送数据区地址指针)。本程序采用偶校验发送。

```
PIPTI:    PUSH    PSW         ;现场保护
          PUSH    A
          SETB    RS1         ;选择第 2 组寄存器区
          CLR     RS0
          CLR     TI          ;发送中断标志清“0”
          MOV     A,@R0       ;取数据
          MOV     C,P         ;校验位送 TB8,采用偶校验
          MOV     TB8 ,C
          MOV     SBUF ,A     ;数据写入发送缓冲器,启动发送
          INC     R0          ;数据指针加 1
          POP     A           ;恢复现场
          POP     PSW
          RETI                ;中断返回
```

2.方式 2 接收

当串行口的 SCON 寄存器的 SM0、SM1 两位为 10,且 REN = 1 时,允许串行口以方式 2 接收数据。接收时,数据由 RXD 端输入,接收 11 位信息。当位检测逻辑采样到 RXD 引脚从 1 到 0 的负跳变,并判断起始位有效后,便开始接收一帧信息。在接收完第 9 位数据后,需满足以下两个条件,才能将接收到的数据送入 SBUF(接收缓冲器)

(1)RI = 0,意味着接收缓冲器为空。

(2)SM2 = 0 或接收到的第 9 位数据位 RB8 = 1 时。

当上述两个条件满足时,接收到的数据送入 SBUF(接收缓冲器),第 9 位数据送入 RB8,并置“1”RI。若不满足这两个条件,接收的信息将被丢弃。

串行口方式 2 接收数据的时序波形如图 6.12 所示。

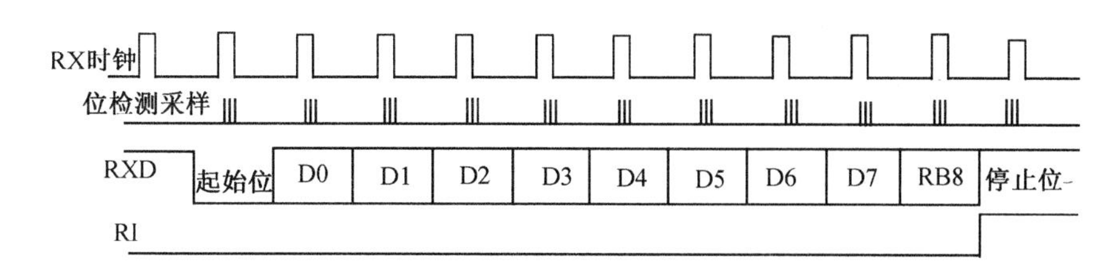

图6.12　方式2和方式3接收数据的时序波形

例6.2　方式2接收在双机通讯中的应用(偶校验接收)。

本例与例6.1是对应的。若附加的第9位数据为奇偶校验位,在接收程序中应做偶校验处理,可采用如下程序(设1组寄存器区的R0为数据缓冲器指针)。

```
PIRI:   PUSH    PSW
        PUSH    A
        SETB    RS0         ;选择1组寄存器区
        CLR     RS1
        CLR     RI
        MOV     A,SBUF      ;将接收到数据送到累加器A
        MOV     C,P
        JNC     L1          ;
        JNB     RB8,ERP     ;ERP为出错处理程序标号
        AJMP    L2
L1:     JB      RB8,ERP
L2:     MOV     @R0,A
        INC     R0
        POP     A
        POP     PSW
ERP:    ………                ;出错处理程序段入口
        ………
        RETI
```

6.2.4　方式3

当SM0、SM1两位为11时,串行口被定义工作在方式3。方式3为波特率可变的9位异步通讯方式,除了波特率外,方式3和方式2相同。方式3发送和接收数据的时序波形见图6.11和图6.12。

方式3的波特率由下式确定:

$$方式3波特率=\frac{2^{SMOD}}{32}\times 定时器T1的溢出率$$

6.3　多机通讯

串行口控制寄存器SCON中的SM2为方式2或方式3的多机通讯控制位,当串行口以方式2或方式3工作时,若SM2程控为1,此时只有当串行口接收到的第9位数据RB8=1时,才置1中断标志RI,若接收到的RB8=0,则不产生中断标志,信息被丢失。应用MCS-51串行口的这个特性,便可实现多机通讯。

设在一个多机系统中有一个主机(MCS-51或其它具有串行接口的微机)和三个由8031

组成的从机系统，如图 6.13 所示。

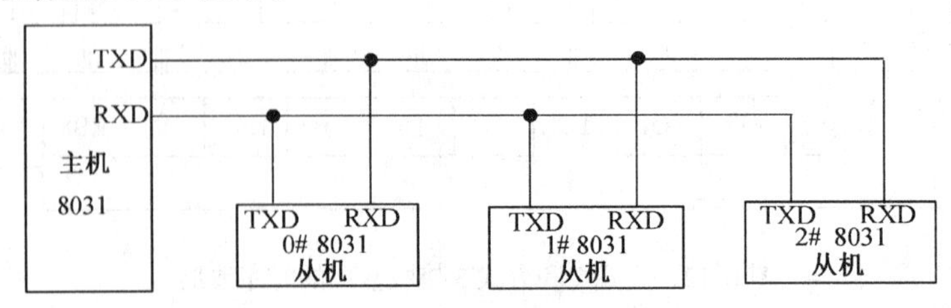

图 6.13　多机通讯系统示意图

从机的地址分别为 00H、01H 和 02H，从机系统由初始化程序(或相关处理程序)将串行口编程为方式 2 或方式 3 接收，即 9 位异步通讯方式，且置“1”SM2 和 REN，允许串行口中断。在主机和某一个从机通讯之前，先将从机地址发送给各个从机系统。接着才传送数据或命令，主机发出的地址信息的第 9 位为 1，数据(包括命令)信息的第 9 位为 0，当主机向各从机发送地址时，各从机的串行口接收到的第 9 位的信息 RB8 为 1，置“1”RI 中断标志位，各从机 8031 响应中断，执行中断服务程序。在中断服务程序中，判断主机送来的地址是否和本机地址相符合，若为本机的地址，则清“0”SM2 位，准备接收主机的数据或命令；若地址不相符，则保持 SM2＝1 状态。接着主机发送数据，此时各从机串行口接收到的 RB8＝0，只有与前面地址相符合的从机系统(即已清“0”SM2 位的从机)才能激活中断标志位 RI，从而进入中断服务程序，在中断服务程序中接收主机的数据或执行主机的命令，实现和主机的信息传送；其它的从机因 SM2 保持为 1，又 RB8＝0 不激活中断标志 RI，所接收的数据丢失不作处理，从而保证了主机和从机间通讯的正确性。

图 6.13 所示的多机系统是主从式，由主机控制多机之间的通讯，从机和从机之间的通讯只能经主机才能实现。

6.4　波特率的设定

在串行通讯中，收发双方对发送或接收的波特率必须一致。通过软件对 MCS－51 串行口可设定 4 种工作方式。其中方式 0 和方式 2 的波特率是固定的；方式 1 和方式 3 的波特率是可变的，由定时器 T1 的溢出率来确定(定时器 T1 的溢出率就是 T1 每秒溢出的次数)。

6.4.1　波特率的定义

波特率的定义：串行口每秒钟发送(或接收)的位数称为波特率。设发送一位所需要的时间为 T，则波特率为 1/T。

MCS－51 的串行口以方式 1 或方式 3 工作时，波特率和定时器 T1 的溢出率有关。

对于定时器的不同工作方式，得到的波特率的范围是不一样的，这是因为定时器/计数器 T1 在不同工作方式下，计数位数的不同所决定的。

6.4.2　定时器 T1 产生波特率的计算

波特率和串行口的工作方式有关。

(1)串行口工作在方式 0 时，波特率固定为时钟频率 fosc 的 1/12，且不受 SMOD 位的值的影响。若 fosc＝12MHz，波特率为 fosc/12 即 1Mb/s。

(2)串行口工作在方式 2 时，波特率与 SMOD 值有关。

$$方式2波特率 = \frac{2^{SMOD}}{64} \times fosc$$

若 fosc = 12MHz：SMOD = 0　波特率 = 187.5kb/s

SMOD = 1　波特率 = 375kb/s

(3)串行口工作在方式 1 或方式 3 时,常用定时器 T1 作为波特率发生器。T1 的溢出率和 SMOD 的值共同决定波特率,其关系式为:

$$波特率 = \frac{2^{SMOD}}{32} \times 定时器T1的溢出率 \tag{6.1}$$

在实际设定波特率时,T1 常设置为方式 2 定时(自动装初值),即 TL1 作 8 位计数器,TH1 存放备用初值。这种方式不仅可使操作方便,也可避免因软件重装初值而带来的定时误差。

设定时器 T1(方式 2)初值为 X,则有:

$$定时器T1的溢出率 = \frac{计数速率}{256 - X} = \frac{fosc/12}{256 - X} \tag{6.2}$$

将式(6.2)代入式(6.1),则有:

$$波特率 = \frac{2^{SMOD}}{32} \times \frac{fosc}{12(256 - X)} \tag{6.3}$$

由式(6.3)可见,这种方式波特率随 fosc、SMOD 以及初值 X 而变化。

在实际使用时,经常根据已知波特率和时钟频率来计算定时器 T1 的初值 X。为避免烦杂的初值计算,常用的波特率和初值 X 间的关系常可列成表 6.2,以供查用。

表 6.2　用定时器 T1 产生的常用波特率

波特率	fosc	SMOD 位	定时器 T1		
			$C/\overline{T}$	工作方式	初值 X
串行口方式 0:1M	12MHz	×	×	×	×
串行口方式 0:0.5M	6MHz	×	×	×	×
串行口方式 2:375k	12MHz	1	×	×	×
串行口方式 2:187.5k	6MHz	1	×	×	×
串行口方式 1 或 3:62.5k	12MHz	1	0	2	FFH
19.2k	11.0592 MHz	1	0	2	FDH
9.6k	11.0592MHz	0	0	2	FDH
4.8k	11.0592 MHz	0	0	2	FAH
2.4k	11.0592 MHz	0	0	2	F4H
1.2k	11.0592 MHz	0	0	2	E8H
137.5	11.0592 MHz	0	0	2	1DH
110	12 MHz	0	0	1	FEEBH
19.2k	6 MHz	1	0	2	FEH
9.6k	6 MHz	1	0	2	FDH
4.8k	6 MHz	0	0	2	FDH
2.4k	6 MHz	0	0	2	FAH
1.2k	6 MHz	0	0	2	F4H
0.6k	6 MHz	0	0	2	E8H
110	6 MHz	0	0	2	72H
55	6 MHz	0	0	1	FEEBH

表 6.2 有两点需要注意：

(1) 在使用的时钟振荡频率为 12MHz 或 6MHz 时，表中初值 X 和相应的波特率之间有一定误差。例如，FDH 的对应的理论值是 10416 波特(时钟振荡频率为 6MHz 时)，与 9600 波特相差 816 波特，消除误差可以调整时钟振荡频率 fosc 实现。例如采用的时钟振荡频率为 11.0592MHz。

(2) 如果串行通讯选用很低的波特率，例如，波特率选为 55，可将定时器 T1 设置为方式 1 定时。但在这种情况下，T1 溢出时，需用在中断服务程序中重新装入初值。中断响应时间和执行指令时间会使波特率产生一定的误差，可用改变初值的方法加以调整。

例 6.3 若 8031 单片机的时钟振荡频率为 11.0592MHz，选用 T1 为方式 2 定时作为波特率发生器，波特率为 2400b/s，求初值。

设 T1 为方式 2 定时，选 SMOD＝0。

将已知条件条件带入式(6.3)中：

$$波特率 = \frac{2^{SMOD}}{32} \times \frac{fosc}{12 \times (256 - X)} = 2400$$

从中解得：X＝244＝F4H，只要把 F4H 装入 TH1 和 TL1，则 T1 发出的波特率为 2400b/s。

上述结果也可直接从表 6.2 中查到。

这里时钟振荡频率选为 11.0592 MHz，就可使初值为整数，从而产生精确的波特率。

6.5 串行口的编程和应用

6.5.1 串行口方式 1 应用编程(双机通讯)

例 6.4 本例采用方式 1 进行双机串行通讯，收发双方均采用 6MHz 晶振，波特率为 2400，每一帧信息为 10 位，第 0 位为起始位，1～8 位为数据位，最后 1 位为停止位。发送方把 78H、77H 单元的内容为首地址，以 76H、75H 单元内容减 1 为末地址的数据块内容通过串行口发送给接收方。

发送方要发送的数据块的地址为 2000H～201FH。发送时先发送地址帧，再发送数据帧；接收方在接收时使用一个标志位来区分接收的数据是地址还是数据，然后将其分别存放到指定的单元中。发送方可采用查询方式或中断方式发送数据，接收方可采用中断或查询方式接收。下面仅介绍采用中断方式的发送、接收的程序。

1. 甲机发送程序

中断方式的发送程序如下：

```
        ORG     0000H
        LJMP    MAIN
        ORG     0023H
        LJMP    COM_INT
        ORG     1000H
MAIN:   MOV     SP, #53H        ;设置堆栈指针
        MOV     78H, #20H       ;设置要发送的数据块的首、末地址
        MOV     77H, #00H
        MOV     76H, #20H
        MOV     75H, #40H
        ACALL   TRANS           ;调用发送子程序
```

```
        SJMP    $
TRANS:  MOV     TMOD,#20H       ;设置定时器/计数器工作方式
        MOV     TH1,#0F3H       ;设置计数器初值
        MOV     TL1,#0F3H
        MOV     PCON,#80H       ;波特率加倍
        SETB    TR1             ;打开计数器
        MOV     SCON,#40H       ;设置串行口工作方式
        MOV     IE,#00H         ;先关闭中断,利用查询方式发送地址帧
        CLR     F0
        MOV     SBUF,78H        ;发送首地址高8位
WAIT1:  JNB     TI,WAIT1
        CLR     TI
        MOV     SBUF,77H        ;发送首地址低8位
WAIT2:  JNB     TI,WAIT2
        CLR     TI
        MOV     SBUF,76H        ;发送末地址高8位
WAIT3:  JNB     TI,WAIT3
        CLR     TI
        MOV     SBUF,75H        ;发送末地址低8位
WAIT4:  JNB     TI,WAIT4
        CLR     TI
        MOV     IE,#90H         ;打开中断允许寄存器,采用中断方式发送数据
        MOV     DPH,78H
        MOV     DPL,77H
        MOVX    A,@DPTR
        MOV     SBUF,A          ;发送首个数据
WAIT:   JNB     F0,WAIT         ;发送等待
        RET
COM_INT: CLR    TI              ;关发送中断标志位TI
        INC     DPTR            ;数据指针加1,准备发送下个数据
        MOV     A,DPH           ;判断当前被发送的数据的地址是不是末地址
        CJNE    A,76H,END1      ;不是末地址则跳转
        MOV     A,DPL           ;同上
        CJNE    A,75H,END1
        SETB    F0              ;数据发送完毕,置1标志位
        CLR     ES              ;关串行口中断
        CLR     EA              ;关中断
        RET                     ;中断返回
END1:   MOVX    A,@DPTR         ;将要发送的数据送累加器,准备发送
        MOV     SBUF,A          ;发送数据
        RETI                    ;中断返回
        END
```

2.乙机接收程序

中断方式的接收程序如下:

```
         ORG     0000H
         LJMP    MAIN
         ORG     0023H
         LJMP    COM_INT
         ORG     1000H
MAIN:    MOV     SP,#53H          ;设置堆栈指针
         ACALL   RECEI            ;调用接收子程序
         SJMP    $
RECEI:   MOV     R0,#78H          ;设置地址接收区
         MOV     TMOD,#20H        ;设置定时器/计数器工作方式
         MOV     TH1,#0F3H        ;设置波特率
         MOV     TL1,#0F3H
         MOV     PCON,#80H        ;波特率加倍
         SETB    TR1              ;开计数器
         MOV     SCON,#50H        ;设置串行口工作方式
         MOV     IE,#90H          ;开中断
         CLR     F0               ;清标志位
         CLR     7FH
WAIT:    JNB     7F,WAIT          ;查询标志位等待接收
         RET
COM_INT: PUSH    DPL              ;压栈,保护现场
         PUSH    DPH
         PUSH    ACC
         CLR     RI               ;清接收中断标志位
         JB      F0,R_DATA        ;判断接收的是数据还是地址 F0=0 为地址
         MOV     A,SBUF           ;接收数据
         MOV     @R0,A            ;将地址帧送指定的寄存器
         DEC     R0
         CJNE    R0,#74H,RETN
         SETB    F0               ;置位标志位,地址接收完毕
RETN:    POP     ACC              ;出栈,恢复现场
         POP     DPH
         POP     DPL
         RETI                     ;中断返回
R_DATA:  MOV     DPH,78H          ;数据接收程序区
         MOV     DPL, 77H
         MOV     A,SBUF           ;接收数据
         MOVX    @DPTR,A          ;送指定的数据存储单元中
         INC     77H              ;地址加 1
         MOV     A,77H            ;判断当前接收的数据的地址是否应向高 8 为进位
         JNZ     END2             ;
         INC     78H
END2:    MOV     A,76H
         CJNE    A,78H,RETN       ;判断是否为最后一帧数据,不是则继续
```

```
        MOV     A,75H
        CJNE    A,77H,RETN          ;是最后一帧数据则清各种标志位
        CLR     ES
        CLR     EA
        SETB    7FH
        SJMP    RETN                ;跳入返回子程序区
        END
```

6.5.2 串行口方式 2 应用编程

方式 2 和方式 1 有两点不同之处，方式 2 接收/发送 11 位信息，第 0 位为起始位，第 1～8 位为数据位，第 9 位是程控位，该位可由用户置 TB8 决定，第 10 位是停止位 1，这是方式 1 和方式 2 的一个不同点，另一个不同点是方式 2 的波特率变化范围比方式 1 小，方式 2 的波特率 = 振荡器频率/n：

当 SMOD = 0 时　n = 64

当 SMOD = 1 时　n = 32

鉴于方式 2 的使用和方式 3 基本一样(只是波特率不同，方式 3 的波特率要由用户决定)，所以方式 2 的具体的编程使用，可参照下面介绍的方式 3 应用编程。

6.5.3　串行口方式 3 应用编程(双机通讯)

例 6.5　本例为 MCS－51 单片机串行通讯方式 3 进行发送和接收的应用实例。发送方采用查询方式发送地址帧，采用中断或查询方式发送数据，接收方采用中断或查询方式接收数据。发送和接收双方均采用 6MHz 的晶振，波特率为 4800。

发送方首先将存放在 78H 和 77H 单元中的地址发送给收方，然后发送数据 00H～FFH，共 256 个数据。

1. 甲机发送程序

中断方式的发送程序如下：

```
        ORG     0000H
        LJMP    MAIN
        ORG     0023H
        LJMP    COM_INT
        ORG     1000H
MAIN:   MOV     SP, #53H            ;设置堆栈指针
        MOV     78H, #20H           ;设置要存放数据的单元的首地址
        MOV     77H, #00H
        ACALL   TRAN                ;调用发送子程序
        SJMP    $
TRANS:  MOV     TMOD, #20H          ;设置定时器/计数器工作方式
        MOV     TH1, #0FDH          ;设置波特率为 4800
        MOV     TL1, #0FDH
        SETB    TR1                 ;开定时器
        MOV     SCON, #0E0H         ;设置串行口工作方式为方式 3
        SETB    TB8                 ;设置第 9 位数据位
        MOV     IE, #00H            ;关中断
```

```
        MOV    SBUF,78H         ;查询方式发送首地址高8位
WAIT:   JNB    TI,WAIT
        CLR    TI
        MOV    SBUF,77H         ;发送首地址低8位
WAIT2:  JNB    TI,WAIT2
        CLR    TI
        MOV    IE,#90H          ;开中断
        CLR    TB8
        MOV    A,#00H
        MOV    SBUF,A           ;开始发送数据
WAIT1:  CJNE   A,#0FFH,WAIT1    ;判断数据是否发送完毕
        CLR    ES               ;发送完毕则关中断
        RET
COM_INT: CLR   TI               ;中断服务子程序段
        INC    A                ;要发送数据值加1
        MOV    SBUF,A           ;发送数据
        RETI                    ;中断返回
        END
```

2.乙机接收程序

接收方把先接收到的数据送给数据指针,将其作为数据存放的首地址,然后将接下来接收到的数据存放到以先前接收的数据为首地址的单元中去。

采用中断方式的接收程序如下:

```
        ORG    0000H
        LJMP   MAIN
        ORG    0023H
        LJMP   COM_INT
        ORG    1000H
MAIN:   MOV    SP,#53H          ;设置堆栈指针
        MOV    R0,#0FEH         ;设置地址帧接收计数寄存器初值
        ACALL  RECEI            ;调用接收子程序
        SJMP   $
RECEI:  MOV    TMOD,#20H        ;设置定时器/计数器工作方式
        MOV    TH1,#0FDH        ;设置波特率为4800
        MOV    TL1,#0FDH
        SETB   TR1              ;开定时器
        MOV    IE,#90H          ;开中断
        MOV    SCON,#0F0H       ;设置串行口工作方式,允许接收
        SETB   F0               ;设置标志位
WAIT:   JB     F0,WAIT          ;等待接收
        RET
COM_INT: CLR   RI               ;清接收中断标志位
        MOV    C,RB8            ;对第9位数据进行判断,是数据还是地址
        JNC    PD2              ;是地址则送给数据指针指示器DPTR
```

```
        INC     R0
        MOV     A,R0
        JZ      PD
        MOV     DPH,SBUF
        SJMP    PD1
PD:     MOV     DPL,SBUF
        CLR     SM2             ;清地址标志位
PD1:    RETI
PD2:    MOV     A,SBUF          ;接收数据
        MOVX    @DPTR,A
        INC     DPTR
        CJNE    A,#0FFH,PD1     ;判断是否位最后一帧数据
        SETB    SM2             ;是则清相关的标志位
        CLR     F0
        CLR     ES
        RETI                    ;中断返回
        END
```

一般来说,定时器方式 2 用来确定波特率是比较理想的,它不需要中断服务程序设置初值,且算出的波特率比较准确。在用户使用的波特率不是很低的情况下,建议使用定时器 T1 的方式 2 来确定波特率。

思考题及习题

1.串行数据传送与并行数据传送相比的主要优点和用途是什么?

2.简述串行口 4 种工作方式的接收和发送数据的过程。

3.帧格式为 1 个起始位,8 个数据位和 1 个停止位的异步串行通讯方式是方式(　　)。

4.串行口有几种工作方式?有几种帧格式?各种工作方式的波特率如何确定?

5.假定串行口串行发送的字符格式为 1 个起始位,8 个数据位,1 个奇校验位,1 个停止位,请画出传送字符“A”的帧格式。

6.判断下列说法是否正确:

(1)串行口通讯的第 9 数据位的功能可由用户定义。

(2)发送数据的第 9 数据位的内容在 SCON 寄存器的 TB8 位中预先准备好的。

(3)串行通讯发送时,指令把 TB8 位的状态送入发送 SBUF 中。

(4)串行通讯接收到的第 9 位数据送 SCON 寄存器的 RB8 中保存。

(5)串行口方式 1 的波特率是可变的,通过定时器/计数器 T1 的溢出率设定。

7.通过串行口发送或接受数据时,在程序中应使用:

(1)MOVC 指令(2)MOVX 指令(3)MOV 指令(4)XCHD 指令

8.为什么定时器/计数器 T1 用做串行口波特率发生器时,常采用方式 2?若已知时钟频率、通讯波特率,如何计算其初值?

9.串行口工作方式 1 的波特率是:

(1)固定的,为时钟频率的 1/32。

(2)固定的,为时钟频率的 1/16。

(3)可变的,通过定时器/计数器 T1 的溢出率设定。

(4)固定的,为时钟频率的 1/64。

10.在串行通讯中,收发双方对波特率的设定应该是(　　)的。

11.若晶体振荡器为 11.0592MHz,串行口工作于方式 1,波特率为 4800b/s,写出用 T1 作为波特率发生器的方式控制字和计数初值。

12.简述利用串行口进行多机通讯的原理。

13.使用 8031 的串行口按工作方式 1 进行串行数据通讯,假定波特率为 2400b/s,以中断方式传送数据,请编写全双工通讯程序。

14.使用 8031 的串行口按工作方式 3 进行串行数据通讯,假定波特率为 1200b/s,第 9 数据位作奇偶校验位,以中断方式传送数据,请编写通讯程序。

15.某 8031 串行口,传送数据的帧格式为 1 个起始位(0),8 个数据位,1 个偶校验和 1 个停止位(1)组成。当该串行口每分钟传送 1800 个字符时,试计算出波特率。

第7章

MCS－51 扩展存储器的设计

7.1 概 述

MCS－51 单片机片内集成了各种存储器和 I/O 功能部件，但有时根据应用系统的功能需求，片内的资源还不能满足需要，还需要外扩存储器和 I/O 功能部件（也称 I/O 接口部件），这就是通常所说的 MCS－51 单片机的系统扩展问题。

MCS－51 系统扩展的内容主要有外部存储器的扩展（外部存储器又分为外部程序存储器和外部数据存储器）和 I/O 功能部件的扩展。本章介绍 MCS－51 单片机如何扩展外部存储器，有关 I/O 功能部件的扩展将在下一章介绍。

MCS－51 的系统扩展结构如图 7.1 所示。图中展示出 MCS－51 系统扩展的内容和方法。

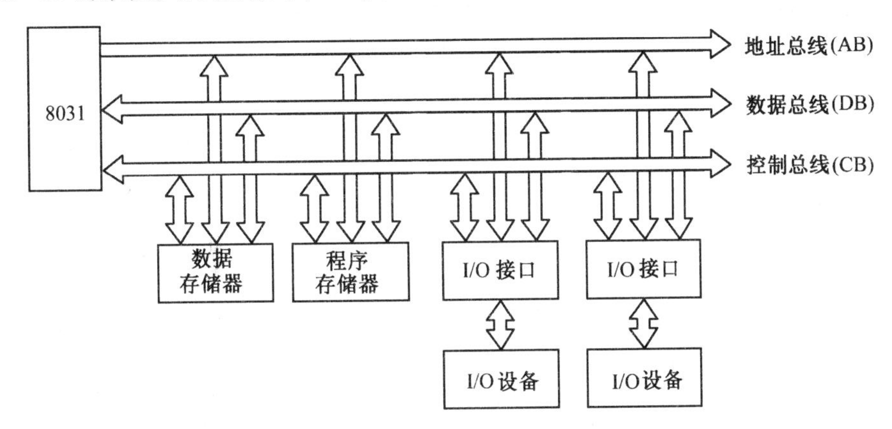

图 7.1 MCS－51 的系统扩展结构

由图 7.1 可以看出：系统扩展是以 MCS－51 单片机为核心进行的。

MCS－51 单片机外部存储器结构，采用的是哈佛结构，即程序存储器的空间和数据存储器的空间是截然分开，分别寻址的结构。还有一种外部存储器的结构，它是程序存储器空间和数据存储器合用一个空间的结构——普林斯顿结构，例如，MCS－96 单片机的存储器结构就是采用普林斯顿结构。MCS－51 单片机数据存储器和程序存储器的最大扩展空间各为 64KB，扩展后，系统形成了两个并行的 64KB 外部存储器空间。

由图 7.1 可以看出，扩展是通过系统总线进行的，通过总线把 MCS－51 单片机与各扩展部件连接起来，并进行数据、地址和控制信号的传送，因此，要实现扩展首先要构造系统总线。

7.2　系统总线及总线构造

7.2.1　系统总线

所谓总线，就是连接计算机各部件的一组公共信号线。MCS－51 使用的是并行总线结构，按其功能通常把系统总线分为三组，即：

1. 地址总线(Address Bus，简写 AB)

地址总线用于传送单片机发出的地址信号，以便进行存储单元和 I/O 口端口的选择。地址总线是单向的，地址信号只能由单片机向外送出。地址总线的数目决定着可直接访问的存储单元的数目。例如，n 位地址，可以产生地址的数目为 2^n 个连续地址编码，因此可以访问 2^n 个存储单元，即通常所说寻址范围为 2^n 个地址单元。MCS－51 单片机最多可扩展 64KB，即 65536 个地址单元，因此，地址总线为 16 条地址线。

2. 数据总线(Data Bus，简写 DB)

数据总线用于在单片机与存储器之间或单片机与 I/O 口之间传送数据。单片机系统数据总线的位数与单片机处理数据的字长一致。例如，MCS－51 单片机是 8 位字长，所以，数据总线的位数也是 8 位的。数据总线是双向的，可以进行两个方向的数据传送。

3. 控制总线(Control Bus，简写 CB)

控制总线实际上就是一组控制信号线，包括单片机发出的，以及从其它部件传送给单片机的。对于一条具体的控制信号线来说，其传送方向是单向的，但是由不同方向的控制信号线组合的控制总线则表示为双向。

由于采用总线结构形式，可以大大减少单片机系统中传输线的数目，提高了系统的可靠性，增加了系统的灵活性。此外，总线结构也使扩展易于实现，各功能部件只要符合总线规范，就可以很方便地接入系统，实现单片机的系统扩展。

7.2.2　构造系统总线

既然单片机的扩展系统是并行总线结构，因此单片机系统扩展的首要问题就是构造系统总线，然后再往系统总线上“挂”存储器芯片或 I/O 接口芯片，“挂”存储器芯片就是存储器扩展，“挂” I/O 接口芯片就是 I/O 扩展。

MCS－51 单片机受引脚数目的限制，数据线和低 8 位地址线是复用的，由 P0 口线兼用。为了将它们分离出来，以便同单片机片外的扩展芯片正确地连接，需要在单片机外部增加地址锁存器，从而构成与一般 CPU 相类似的片外三总线，如图 7.2 所示。

地址锁存器一般采用 74LS373，采用 74LS373 的地址总线的扩展电路如图 7.3 所示。

由 MCS－51 的 P0 口送出的低 8 位有效地址信号是在 ALE(地址锁存允许)信号变高的同时出现的，并在 ALE 由高变低时，将出现在 P0 口的地址信号锁存到外部地址锁存器 74LS373 中，直到下一次 ALE 变高时，地址才发生变化，随后，P0 口又作为数据总线口。

下面说明总线的具体构造方法。

1. 以 P0 口作低 8 位地址/数据总线锁存器

因为 P0 口即作低 8 位地址线，又作数据线(分时复用)，因此，需要增加一个 8 位锁存器。在实际应用时，先把低 8 位地址送锁存器暂存，然后再由地址锁存器给系统提供低 8 位地址，而把 P0 口线作为数据线使用。

实际上，MCS－51 单片机的 P0 口的电路设计已考虑了这种应用要求，P0 口线内部电路中的多路转接电路 MUX 以及地址/数据控制就是为此目的而设计的。

2. 以 P2 口的口线作高位地址线

如果使用 P2 口的全部 8 位口线，再加上 P0 口提供的低 8 位地址，便可形成完整的 16 位地址总线，使单片机系统的寻址范围达到 64KB。

但在实际应用系统中，高位地址线并不固定为 8 位，需要用几位就从 P2 口中引出几条口线。

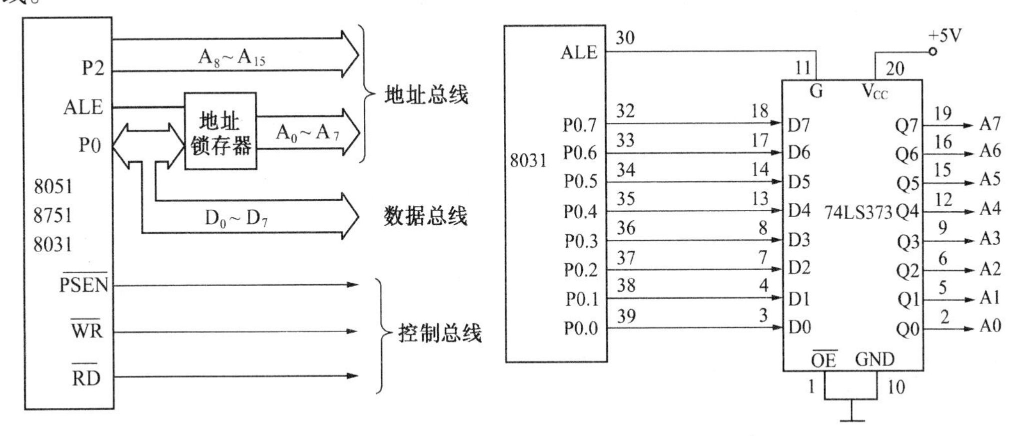

图 7.2　MCS－51 扩展的三总线　　　图 7.3　MCS－51 地址总线扩展电路

3. 控制信号线

除了地址线和数据线之外，在扩展系统中还需要一些控制信号线，以构成扩展系统的控制总线。这些信号有的是单片机引脚的第一功能信号，有的则是第二功能信号。其中包括：

(1)使用 ALE 信号作为低 8 位地址的锁存控制信号。

(2)以$\overline{PSEN}$信号作为扩展程序存储器的读选通信号。

(3)以$\overline{EA}$信号作为内外程序存储器的选择控制信号。

(4)以$\overline{RD}$和$\overline{WR}$信号作为扩展数据存储器和 I/O 口的读选通、写选通信号。

可以看出，尽管 MCS－51 单片机有 4 个并行的 I/O 口，共 32 条口线，但由于系统扩展的需要，真正作为数据 I/O 使用的，就剩下 P1 口和 P3 口的部分口线了。

7.2.3　单片机系统的串行扩展技术

随着单片机技术的发展，并行总线扩展(利用 3 组总线 AB、DB、CB 进行的系统扩展)已不再是单片机唯一的系统扩展结构了，随着集成电路芯片的集成度和结构的发展，近年来除并行总线扩展技术之外，又出现了串行总线扩展技术。

串行扩展技术具有显著的优点，一般地说，串行接口器件体积小，因而，所占用电路板的空间，仅为并行接口器件的 10%，明显地减少了电路板空间和成本。串行接口器件与单片机接口时需要的 I/O 口线很少(仅需 3－4 根)，极大地简化了器件之间的连接，进而提高了可靠性。

串行扩展是是通过串行接口实现的，这样可以减少芯片的封装引脚，降低成本，简化了系统结构，增加系统扩展的灵活性。为了实现串行扩展，一些公司(例如 PHILIPS 和 ATMEL 公司等)已经推出了非总线型单片机芯片，并且具有 SPI(Serial Periperal Interface)三线总线和 I^2C 公用双总线的两种串行总线形式。与此相配套，也推出了相应的串行外围接口芯片。

但是，一般串行接口器件速度较慢，在大多数应用的场合，还是并行扩展法占主导地位。在进行系统扩展时，应对单片机的系统扩展能力、扩展总线及扩展应用特点有所了解，这样才顺利的完成系统扩展任务。本书仅介绍并行扩展法，有关串行扩展法，读者也要引起重视，并请读者查阅有关资料和参考文献。

7.3　读写控制、地址空间分配和外部地址锁存器

7.3.1　存储器扩展的读写控制

外扩的 RAM 芯片既能读出又能写入，所以通常都有读写控制引脚，记为$\overline{OE}$和$\overline{WE}$。外扩 RAM 的读写控制引脚分别与 MCS－51 的$\overline{RD}$和$\overline{WR}$引脚相连。

外扩的 EPROM 在正常使用中只能读出，不能写入，故 EPROM 芯片没有写入控制引脚，只有读出引脚，记为$\overline{OE}$，该引脚与 MCS－51 单片机的$\overline{PSEN}$引脚相连。

7.3.2　存储器地址空间分配

在实际的单片机应用系统设计中，即需要扩展程序存储器，往往又需要扩展数据存储器。在 MCS－51 扩展多片的程序存储器、数据存储器芯片的情况下，如何把外部各自的 64KB 的空间分配给各个芯片，并且使程序存储器的各个芯片之间、数据存储器（I/O 接口芯片也作为数据存储器一部分）各芯片之间，地址不能发生重叠，以使单片机读、写外部存储器时，避免发生数据冲突。这就是存储器的地址空间的分配问题。存储器的地址空间分配，实际上就是使用系统提供的地址线，通过适当连接，最终达到一个存储器单元只对应一个地址的要求。

MCS－51 通过地址总线发出的地址是用来选择某一个存储器单元，在外扩的多片存储器芯片中，MCS－51 要完成这种功能，必须进行两种选择：一是必须选中该存储器芯片（或 I/O 接口芯片），这称为片选。只有被“选中”的存储器芯片才能被 MCS－51 读出或写入数据。二是必须选择出该芯片的某一单元，称为单元选择。为了芯片选择（片选）的需要，每个存储器芯片都有片选信号引脚，因此芯片的选择的实质就是如何通过 MCS－51 的地址线来产生芯片的片选信号。

通常把单片机系统的地址笼统地分为低位和高位地址，存储器芯片的某一存储单元选择使用低位地址，剩下的高位地址才作为芯片选择使用，因此芯片的选择都是使用高位地址线。实际上，在 16 位地址线中，高、低位地址线的数目并不是固定的，我们只是把用于存储单元选择所使用的地址线，都称为低位地址线，剩下多少就有多少高位地址线。

存储器地址空间分配除了考虑地址线的连接外，还讨论各存储器芯片在整个存储空间中所占据的地址范围，以便在程序设计时正确地使用它们。

常用的存储器地址分配的方法有两种：线性选择法（简称线选法）和地址译码法（简称译码法），下面分别予以介绍。

1. 线选法

线选法就是直接利用系统的高位地址线作为存储器芯片（或 I/O 接口芯片）的片选信号。为此，只需把用到的高位地址线与存储器芯片的片选端直接连接即可。线选法的优点是电路简单，不需要地址译码器硬件，体积小，成本低。缺点是可寻址的器件数目受到限制，故只用于不太复杂的系统中。另外，地址空间不连续，每一个存储单元的地址不唯一，这会给程序设计带来一些不方便。

下面通过一个具体例子，来说明线选法的具体应用。

假设某一单片机系统，需要外扩 8KB 的 EPROM（2 片 2732），4KB 的 RAM（2 片 6116），这些芯片与 MCS－51 单片机的接口电路如图 7.4 所示，这里只画出与地址分配有关的地址线连线。

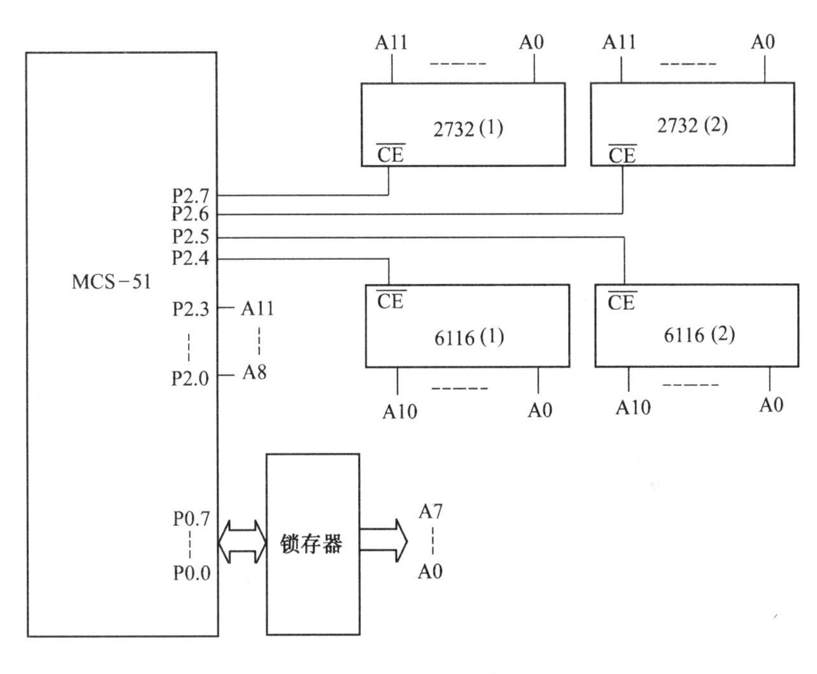

图7.4 线选法举例

先看程序存储器2732与MCS-51的连接。由于2732是4KB的程序存储器,有12根地址线A11~A0,它们分别与单片机的P0口及P2.0~P2.3相连,从而实现4K字节单元的选择。由于系统中有2片程序存储器,存在2片程序存储器芯片之间相区别的问题,2732(1)片选端$\overline{CE}$接A15(P2.7),2732(2)片选端$\overline{CE}$接A14(P2.6),当要选中某个芯片时,单片机P2口对应的片选信号引脚应为低电平,其它引脚一定要为高电平。这样才能保证一次只选中一片,而不会再选中其它同类存储器芯片,这就是所谓的线性选址法,简称线选法。

再来看数据存储器与单片机的接口。数据存储器也有2片芯片需要区别。这里用P2.5和P2.4分别作为这2片芯片的片选信号。当要选中某个芯片时,单片机P2口对应的片选信号引脚应为低电平,其它引脚一定要为高电平。由于6116是2KB的,需要11根地址线作为存储单元的选择,而剩下的P2口线(P2.4~P2.7)正好作为片选线。

从图7.4中可以看出,程序存储器2732的低2KB和数据存储器6116的地址是重叠的。那么会不会MCS-51发出访问2732某个单元的地址时,同时也会选中6116的的某个单元,这样MCS-51就会同时选中两个单元,从而发生数据冲突,产生错误呢?这种情况,完全不用担心,虽然两个单元的地址是一样的,但是MCS-51发给两类存储器的控制信号是不一样的。如果访问的是程序存储器,则是$\overline{PSEN}$信号有效;如果访问的是数据存储器,则是$\overline{RD}$或$\overline{WR}$信号有效。以上控制信号是由MCS-51执行访问外部程序存储器或访问外部数据存储器的指令产生,任何时刻只能执行一种指令,产生一种控制信号,所以不会产生数据冲突的问题。通过上面的讨论,可以得出一个重要的结论:MCS-51单片机外扩程序存储器和数据存储器的地址空间可以重叠,只是注意程序存储器和程序存储器之间,数据存储器和数据存储器之间,千万不要发生地址重叠。

现在再来看两个程序存储器的地址范围。

2732(1)的地址范围:

选中2732(1)时,P2口(高8位的地址)各引脚的状态为:

P2.7	P2.6	P2.5	P2.4	P2.3	P2.2	P2.1	P2.0
0	1	1	1	0 或 1	0 或 1	0 或 1	0 或 1

由上面介绍可见高 8 位的地址变化范围:70H ~ 7FH

P0.7	P0.6	P0.5	P0.4	P0.3	P0.2	P0.1	P0.0
0 或 1	0 或 1	0 或 1	0 或 1	0 或 1	0 或 1	0 或 1	0 或 1

由上可见低 8 位的地址变化范围:00H ~ FFH。

所以 2732(1)的地址变化范围为:7000H ~ 7FFFH

2732(2)的地址范围:

选中 2732(2)时,P2 口(高 8 位的地址)各引脚的状态为:

P2.7	P2.6	P2.5	P2.4	P2.3	P2.2	P2.1	P2.0
1	0	1	1	0 或 1	0 或 1	0 或 1	0 或 1

由上可见高 8 位的地址变化范围:B0H ~ BFH

P0.7	P0.6	P0.5	P0.4	P0.3	P0.2	P0.1	P0.0
0 或 1	0 或 1	0 或 1	0 或 1	0 或 1	0 或 1	0 或 1	0 或 1

由上可见低 8 位的地址变化范围:00H ~ FFH。

所以 2732(2)的地址的变化范围为: B000H ~ BFFFH

现在再来看两个数据存储器的地址范围。

6116(1)的地址范围:

选中 6116(1)时,P2 口(高 8 位的地址)各引脚的状态为:

P2.7	P2.6	P2.5	P2.4	P2.3	P2.2	P2.1	P2.0
1	1	1	0	1	1 或 1	0 或 1	0 或 1

由上可见高 8 位的地址变化范围:E8H ~ EFH

P0.7	P0.6	P0.5	P0.4	P0.3	P0.2	P0.1	P0.0
0 或 1	0 或 1	0 或 1	0 或 1	0 或 1	0 或 1	0 或 1	0 或 1

由上可见低 8 位的地址变化范围:00H ~ FFH。

所以 6116(1)的地址范围变化范围为: E800H ~ EFFFH

6116(2)的地址范围:

选中 6116(2)时,P2 口(高 8 位的地址)各引脚的状态为:

P2.7	P2.6	P2.5	P2.4	P2.3	P2.2	P2.1	P2.0
1	1	0	1	1	0 或 1	0 或 1	0 或 1

由上可见高 8 位的地址变化范围:D8H ~ DFH。

P0.7	P0.6	P0.5	P0.4	P0.3	P0.2	P0.1	P0.0
0 或 1	班 0 或 1	0 或 1	0 或 1	0 或 1	0 或 1	0 或 1	0 或 1

由上可见低 8 位的地址变化范围: 00H ~ FFH。

所以 6116(2)的地址范围变化范围为: D800H ~ DFFFH

由上面介绍可见,线选法的特点是简单明了,不需要另外增加硬件电路。但是,这种方法对存储器空间的利用是断续的,不能充分有效地利用存储空间,扩展的存储器容量有限,只适用于外扩的芯片数目不多,规模不大的单片机系统的存储器扩展。

2.译码法

译码法就是使用译码器对 MCS - 51 的高位地址进行译码,译码器的译码输出作为存储器芯片的片选信号。这是一种最常用的存储器地址分配的方法，它能有效的利用存储器空间，适用于大容量多芯片的存储器扩展。译码电路可以使用现成的译码器芯片。最常用的译码器芯片有：74LS138(3－8译码器)74LS139(双2－4译码器)74LS154(4－16译码器)，它们的CMOS芯片分别为：74HC138、74HC139、74HC154。它们使用灵活，完全可根据设计者的要求来组合译码，产生片选信号。若全部地址都参加译码，称为全译码；若部分地址参加译码，称为部分译码，部分译码存在着部分存储器地址空间相重叠的情况。

下面介绍几种常用的译码器芯片。

1.74LS138

74LS138是一种3~8译码器，有3个数据输入端，经译码产生8种状态。其引脚如图7.5所示，译码功能如表7.1所示。由表7.1可见，当译码器的输入为某一个编码时其输出就有一个固定的引脚输出为低电平，其余的为高电平。

表7.1　74LS138真值表

输入						输出							
G1	$\overline{G2A}$	$\overline{G2B}$	C	B	A	$\overline{Y7}$	$\overline{Y6}$	$\overline{Y5}$	$\overline{Y4}$	$\overline{Y3}$	$\overline{Y2}$	$\overline{Y1}$	$\overline{Y0}$
1	0	0	0	0	0	1	1	1	1	1	1	1	0
1	0	0	0	0	1	1	1	1	1	1	1	0	1
1	0	0	0	1	0	1	1	1	1	1	0	1	1
1	0	0	0	1	1	1	1	1	1	0	1	1	1
1	0	0	1	0	0	1	1	1	0	1	1	1	1
1	0	0	1	0	1	1	1	0	1	1	1	1	1
1	0	0	1	1	0	1	0	1	1	1	1	1	1
1	0	0	1	1	1	0	1	1	1	1	1	1	1
其它状态			×	×	×	1	1	1	1	1	1	1	1

注：1表示高电平，0表示低电平，×表示任意

2. 74LS139

74LS139是一种双2－4译码器。这两个译码器完全独立，分别有各自的数据输入端、译码状态输出端以及数据输入允许端。其引脚如图7.6所示，真值表如表7.2所示(只给出其中的一组)。

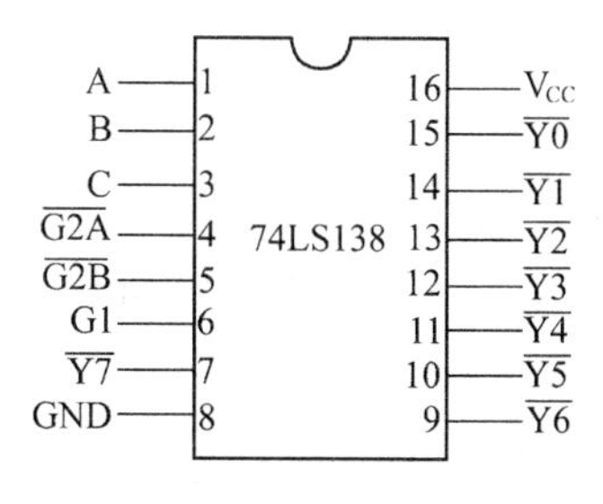

图7.5　74LS138的引脚

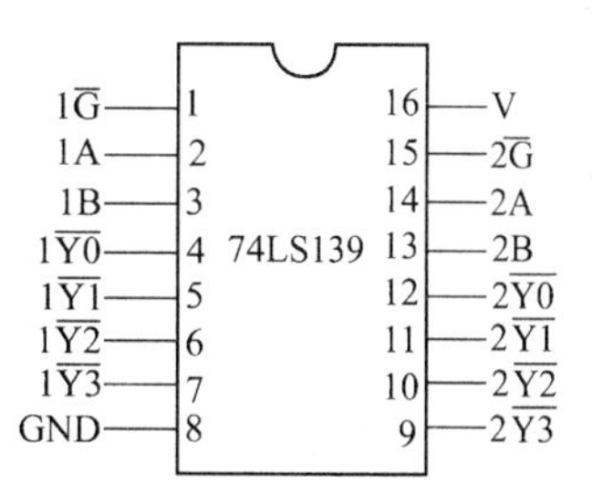

图7.6　74LS139引脚图

表 7.2 74LS139 真值表

输入端			输出端			
允许	选择					
$\overline{G}$	B	A	$\overline{Y0}$	$\overline{Y1}$	$\overline{Y2}$	$\overline{Y3}$
1	×	×	1	1	1	1
0	0	0	0	1	1	1
0	0	1	1	0	1	1
0	1	0	1	1	0	1
0	1	1	1	1	1	0

下面我们以 74LS138 为例。来介绍如何进行地址分配。例如要扩 8 片 8KB 的 RAM 6264，如何通过 74LS138 把 64K 空间分配给各个芯片？由 74LS138 真值表可知，把 G1 接到 +5V，$\overline{G2A}$、$\overline{G2B}$接地，P2.7、P2.6、P2.5 分别接到 74LS138 的 C、B、A 端，P2.4～P2.0，P0.7～P0.0 这 13 根地址线接到 8 片 6264 的 A12～A0 脚。

由于对高 3 位地址译码，这样译码器有 8 个输出$\overline{Y0}$～$\overline{Y7}$，分别接到 8 片 6264 的片选端，而低 13 位地址(P2.4～P2.0，P0.7～P0.0)完成对 6264 存储单元的选择。这样就把 64K 存储器空间分成 8 个 8K 空间了。64K 地址空间的分配如图 7.7 所示。

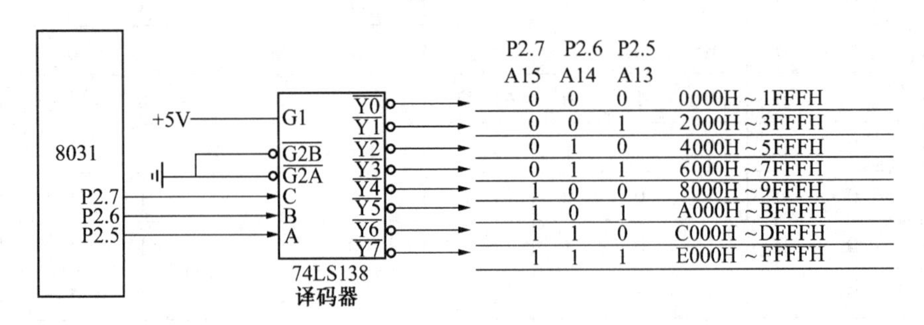

图 7.7 64K 地址空间的分配

这种除了单元选择的地址线外，剩余的高位地址线全部参加译码的方式称为全地址译码方式。由于采用的是全地址译码方式，MCS－51 单片机发地址码时，每次只能唯一地选中一个存储单元。这样，同类存储器之间根本不会产生地址重叠的问题。

如果用 74LS138 把 64K 空间全部划分为每块 4KB，如何划分呢？由于 4KB 空间需要 12 根地址线进行单元选择，而译码器的输入有 3 根地址线(P2.6～P2.4)，P2.7 没有参加译码，P2.7 发出的 0 或 1 决定了选择 64KB 存储器空间的前 32K 还是后 32K，由于 P2.7 没有参加译码(高位地址没有全部参加译码，就不是全译码方式)，这样，前后两个 32K 空间就重叠了。但是在实际的应用设计时，32KB 存储器空间在大部分情况下是够用的。那么，这 32KB 空间利用 74LS138 译码器可划分为 8 个 4KB 空间。如果把 P2.7 通过一个非门与 74LS138 译码器的 G1 端连接起来，如图 7.8 所示，这样就不会发生两个 32K 空间重叠的问题了。这时，选中的是 64K 空间的前 32K 空间，地址范围为 0000H～7FFFH。如果去掉图 7.8 中的非门，地址范围为 8000H～FFFFH。把译码器的输出连到各个 4K 存储器的片选端，这样就把 32K 的空间划分为 8 个 4K 空间。P2.3～P2.0，P0.7～P0.0 实现对单元的选择，P2.6～P2.4 通过 74LS138 译码器的译码实现对存储器的片选。

如果利用 74LS138 译码器实现每块为 2KB 的划分，这样会产生 4 个 16K 存储器空间的划分。如果把 P2.7 同 74LS138 译码器的 G1 端相连，P2.6 同$\overline{G2A}$端相连，这样一来就把 64K 空间

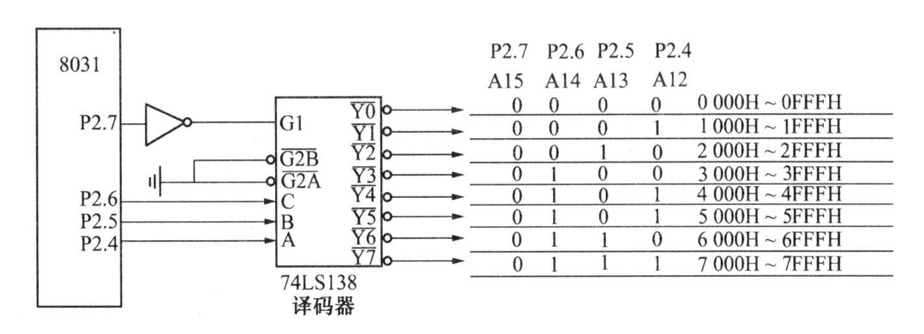

图7.8　32KB存储器空间被划分为每块4KB

固定为4个16K空间中的一个。改变P2.7、P2.6同译码器G1端、$\overline{G2A}$端连接的逻辑，即可改变选中4个16K空间中的某一个。译码器的8个输出，即把16KB空间划分为2KB一个的存储空间了。读者可自己画出这部分电路以及译码器输出的对应地址范围。

译码器的译码方案是多种多样的，设计者可根据系统的设计要求来选择不同的方案。

7.3.3　外部地址锁存器

MCS-51单片机受引脚数的限制，数据线和地址线是复用的，由P0口线兼用。为了将它们分离出来，以便同单片机片外的扩展芯片正确的连接，需要在单片机外部增加地址锁存器。目前，常用的地址锁存器芯片有：74LS373、8282、74LS573等。下面对这几种地址锁存器进行介绍，供读者在设计时参考。

1. 锁存器74LS373

74LS373是一种带有三态门的8D锁存器，其引脚如图7.9所示。

其内部结构如图7.10所示。

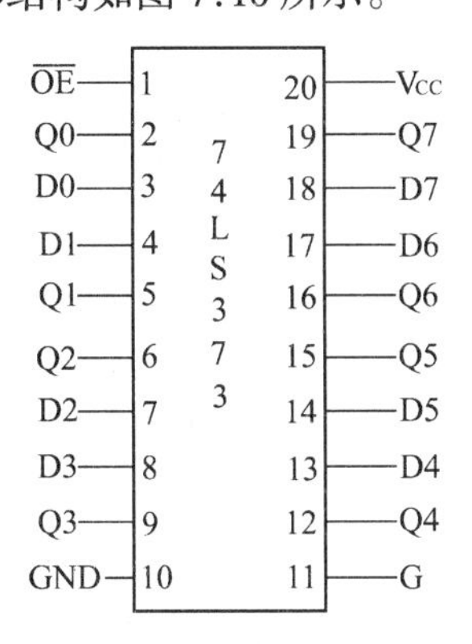

图7.9　锁存器74LS373的引脚

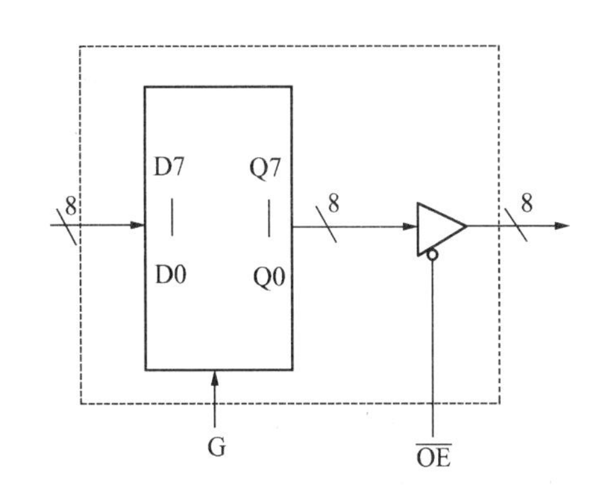

图7.10　74LS373的内部结构

其引脚的功能如下：

D7～D0:8位数据输入线

Q7～Q0:8位数据输出线

G:数据输入锁存选通信号，高电平有效。当该信号为高电平时，外部数据选通到内部锁存器，负跳变时，数据锁存到锁存器中。

$\overline{OE}$:数据输出允许信号，低电平有效。当该信号为低电平时，三态门打开，锁存器中数据输出到数据输出线。当该信号为高电平时，输出线为高阻态。

74LS373 功能表见表 7.3 所示。

2．锁存器 8282

Intel 8282 也是一种带有三态输出缓冲的 8D 锁存器，功能及内部结构与 74LS373 完全一样，只是其引脚的排列与 74LS373 不同。图 7.11 为 8282 的引脚。

由图 7.11 可以看出，与 74LS373 相比，8282 的输入的 D 端和输出的 Q 端各依次排在两侧，这为绘制印刷电路板时的布线提供了方便。

表 7.3　74LS373 功能表

$\overline{OE}$	G	D	Q
0	1	1	1
0	1	0	0
0	0	×	不变
1	×	×	高阻态

8282 各引脚的功能如下：

D7～D0：8 位数据输入线

Q7～Q0：8 位数据输出线

STB：数据输入锁存选通信号，高电平有效。当该信号为高电平时，外部数据选通到内部锁存器，负跳变时，数据锁存。该引脚相当于 74LS373 的 G 端。

$\overline{OE}$：数据输出允许信号，低电平有效。当该信号为低电平时，锁存器中数据输出到数据输出线。当该信号为高电平时，输出线为高阻态。

图 7.12 分别给出了 74LS373、8282 芯片作为地址锁存器与 MCS－51 单片机 P0 口的连接方法。

3．锁存器 74LS573

锁存器 74LS573 引脚的排列与 8282 类似，输入的 D 端和输出的 Q 端依次排在芯片的两侧，为绘制印刷电路板时的布线提供了方便。74LS573 的功能与 74LS373 相同，参见表 7.3，可用来替代 74LS373。74LS573 的引脚见图 7.13。

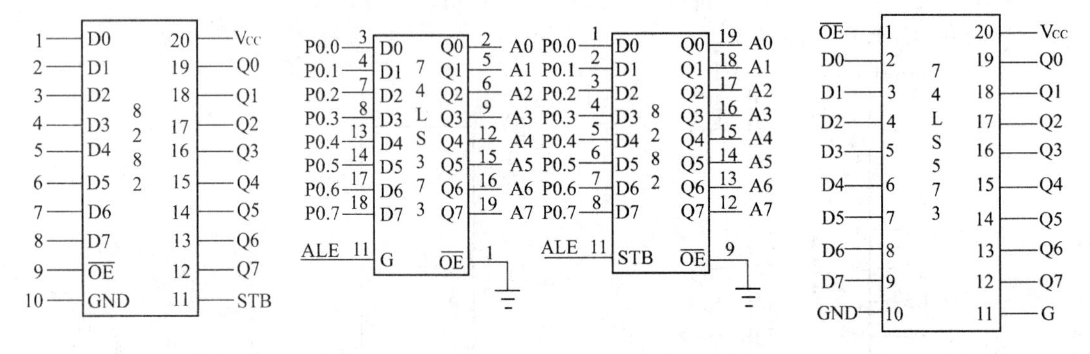

图 7.11　8282 的引脚　　图 7.12　MCS－51 P0 口与地址锁存器的连接　　图 7.13　74LS573 的引脚

74LS573 各引脚的功能如下：

D7～D0：8 位数据输入线

Q7～Q0：8 位数据输出线

G：数据输入锁存选通信号，该引脚与 74LS373 的 G 端的功能相同。

$\overline{OE}$：数据输出允许信号，低电平有效。当该信号为低电平时，锁存器中数据输出到数据输出线。当该信号为高电平时，输出线为高阻态。

7.4　程序存储器 EPROM 的扩展

程序存储器一般采用只读存储器，因为这种存储器在电源关断后，仍能保存程序（我们称此特性为非易失性的)，在系统上电后，CPU可取出这些指令予以重新执行。

只读存储器简称为ROM(Read Only Memory)。ROM中的信息一旦写入之后，就不能随意更改，特别是不能在程序运行的过程中写入新的内容，故称之为只读存储器。

向ROM中写入信息叫做ROM编程。根据编程的方式不同，ROM分为以下几种：

(1)掩膜ROM

掩膜ROM是在制造过程中编程。因编程是以掩膜工艺实现的，因此称为掩膜ROM。这种芯片存储结构简单，集成度高，但由于掩膜工艺由于成本较高，因此只适合于大批量生产。在批量大的生产中，一次性掩膜生产成本才是很低的。

(2)可编程ROM(PROM)

PROM(可编程只读存储器)芯片出厂是并没有任何程序信息，是由用户用独立的编程器写入的。但PROM只能写入一次，写入内容后，就不能再进行修改。

(3)EPROM

EPROM是用电信号编程，用紫外线擦除的只读存储器芯片。在芯片外壳上的中间位置有一个圆形窗口，通过这个窗口照射紫外线射就可擦除原有的信息。

(4)E^2PROM(EEPROM)

这是一种用电信号编程，也用电信号擦除的ROM芯片，对E^2PROM的读写操作与RAM存储器几乎没有什么差别，只是写入的速度慢一些。但断电后能够保存信息。

(5)Flash ROM

Flash ROM又称闪烁存储器，或称快擦写ROM。Flash ROM是在EPROM、E^2PROM的基础上发展起来的一种只读存储器。是一种非易失性、电擦除型存储器。其特点是可快速在线修改其存储单元中的数据，标准改写次数可达1万次，而成本却比普通E^2PROM低得多，因而可大量替代E^2PROM。与E^2PROM相比，E^2PROM的写入的速度较慢。但是，Flash ROM的读写速度都很快，存取时间可达70ns。由于其性能比E^2PROM要好，所以目前大有取代E^2PROM的趋势。

目前，许多公司生产的以MCS-51为内核的单片机，在芯片内部集成了数量不等的Flash ROM。例如，美国ATMEL公司生产的89C51，片内有4KB的Flash ROM；生产的89C55，内部有20KB的Flash ROM。对于这类单片机，扩展外部程序存储器的工作即可省去。

7.4.1 EPROM芯片介绍

程序存储器的扩展可根据需要来使用上述的各种只读存储器的芯片，但使用比较多的是EPROM、E^2PROM，下面首先对常用的EPROM芯片进行介绍。

EPROM的典型芯片是27系列产品，例如，2716(2KB×8)、2732(4KB×8)、2764(8KB×8)、27128(16KB×8)、27256(32KB×8)、27512(64KB×8)。型号名称“27”后面的数字表示其位存储容量。如果换算成字节容量，只需将该数字除以8即可。

随着大规模集成电路技术的发展，大容量存储器芯片的产量剧增，售价不断下降。大容量存储器芯片的性价比明显增高，而且由于有些厂家已停止生产小容量的芯片，使市场上某些小容量芯片的价格反而比大容量芯片还贵(例如，目前2716、2732已经停止生产，在市场上已经很难买到)。所以，在扩展程序存储器设计时，应尽量采用大容量的芯片。这样，不仅可以使电路板的体积缩小，成本降低，还可以降低整机功耗和减少控制逻辑电路，从而提高系统的稳定性和可靠性。

1.常用的 EPROM 芯片

27 系列 EPROM 的芯片的引脚如图 7.14 所示，参数见表 7.4。

表 7.4　常用 EPROM 芯片参数表

型号＼参数	V_{CC}(V)	V_{PP}(V)	Im (mA)	Is(mA)	TRM (ns)	容　　量
TMS2732A	5	21	132	32	200～450	4K×8 位
TMS2764	5	21	100	35	200～450	8K×8 位
INTEL2764A	5	12.5	60	20	200	8K×8 位
INTEL27C64	5	12.5	10	0.1	200	8K×8 位
INTEL27128A	5	12.5	100	40	150～200	16K×8 位
SCM27C128	5	12.5	30	0.1	200	16K×8 位
INTEL27256	5	12.5	100	40	220	32K×8 位
MBM27C256	5	12.5	8	0.1	250～300	32K×8 位
INTEL27512	5	12.5	125	40	250	64K×8 位

在表 7.4 中，V_{CC}是芯片供电电压，V_{PP}是编程电压，Im 为最大静态电流，Is 为维持电流，TRM 为最大读出时间。

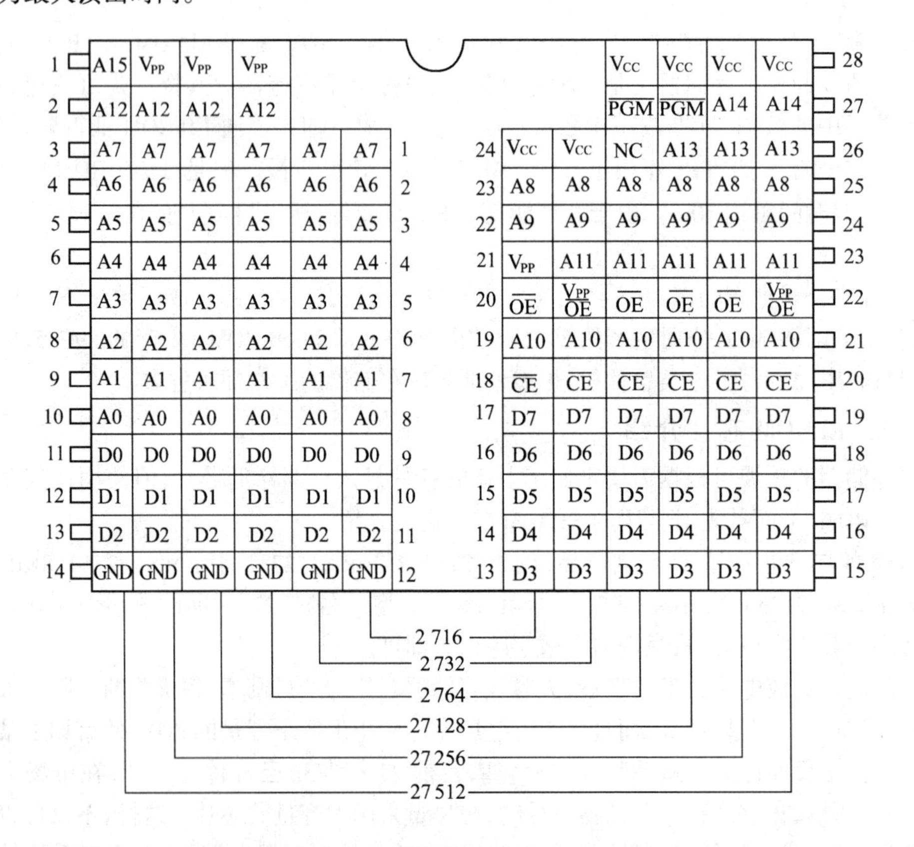

图 7.14　常用的 EPROM 芯片引脚图

在图 7.14 中的芯片的引脚功能如下：

A15～A0：地址线引脚。地址线引脚的数目由芯片的存储容量来定，用来进行单元选择。

D7～D0：数据引脚

$\overline{CE}$：片选输入端

$\overline{OE}$：输出允许控制端

$\overline{PGM}$：编程时，加编程脉冲的输入端

V_{PP}：编程时，编程电压（＋12V 或＋25V）输入端

Vcc：＋5V，芯片的工作电压。

GND：数字地。

NC：无用端

2. EPROM 芯片的工作方式

EPROM 一般都有 5 种工作方式，由$\overline{CE}$、$\overline{OE}$、$\overline{PGM}$各信号的状态组合来确定。5 种工作方式如表 7.5 所示。

表 7.5　EPROM 的 5 种工作方式

方式 \ 引脚	$\overline{CE}$/PGM	$\overline{OE}$	V_{PP}	D7～D0
读出	低	低	＋5V	程序读出
未选中	高	×	＋5V	高　阻
编程	正脉冲	高	＋25V（或＋12V）	程序写入
程序校验	低	低	＋25V（或＋12V）	程序读出
编程禁止	低	高	＋25V（或＋12V）	高　阻

（1）读出方式

一般情况下，EPROM 工作在这种方式。工作在此种方式的条件是使片选控制线$\overline{CE}$为低，同时让输出允许控制线$\overline{OE}$为低，V_{PP}为＋5V，就可将 EPROM 中的指定地址单元的内容从数据引脚 D7～D0 上读出。

（2）未选中方式

当片选控制线$\overline{CE}$为高电平时，芯片进入未选中方式，这时数据输出为高阻抗悬浮状态，不占用数据总线。EPROM 处于低功耗的维持状态。

（3）编程方式

在 V_{PP}端加上规定好的高压，$\overline{CE}$和$\overline{OE}$端加上合适的电平（不同的芯片要求不同），就能将数据线上的数据写入到指定的地址单元。此时，编程地址和编程数据分别由系统的 A15－A0 和 D7－D0 提供。

（4）编程校验方式

在 V_{PP}端保持相应的编程电压（高压），再按读出方式操作，读出编程固化好的内容，以校验写入的内容是否正确。

(5) 编程禁止方式

本工作方式输出呈高阻状态，不写入程序。

7.4.2　程序存储器的操作时序

1. 访问程序存储器的控制信号

MCS－51 单片机访问片外程序存储器时，所用的控制信号有：

① ALE——用于低 8 位地址锁存控制。

② $\overline{\text{PSEN}}$——片外程序存储器"读选通"控制信号。$\overline{\text{PSEN}}$接外扩 EPROM 的$\overline{\text{OE}}$引脚。

③ $\overline{\text{EA}}$——片内、片外程序存储器访问的控制信号。$\overline{\text{EA}}=1$ 时，访问片内程序存储器；当 $\overline{\text{EA}}=0$ 时，访问片外程序存储器。

如果指令是从片外 EPROM 中读取的，除了 ALE 用于低 8 位地址锁存信号之外，控制信号还有$\overline{\text{PSEN}}$，$\overline{\text{PSEN}}$接外扩 EPROM 的$\overline{\text{OE}}$脚。此外，还要用到 P0 口和 P2 口，P0 口分时用作低 8 位地址总线和数据总线，P2 口用作高 8 位地址线。相应的时序图如图 7.15 所示。

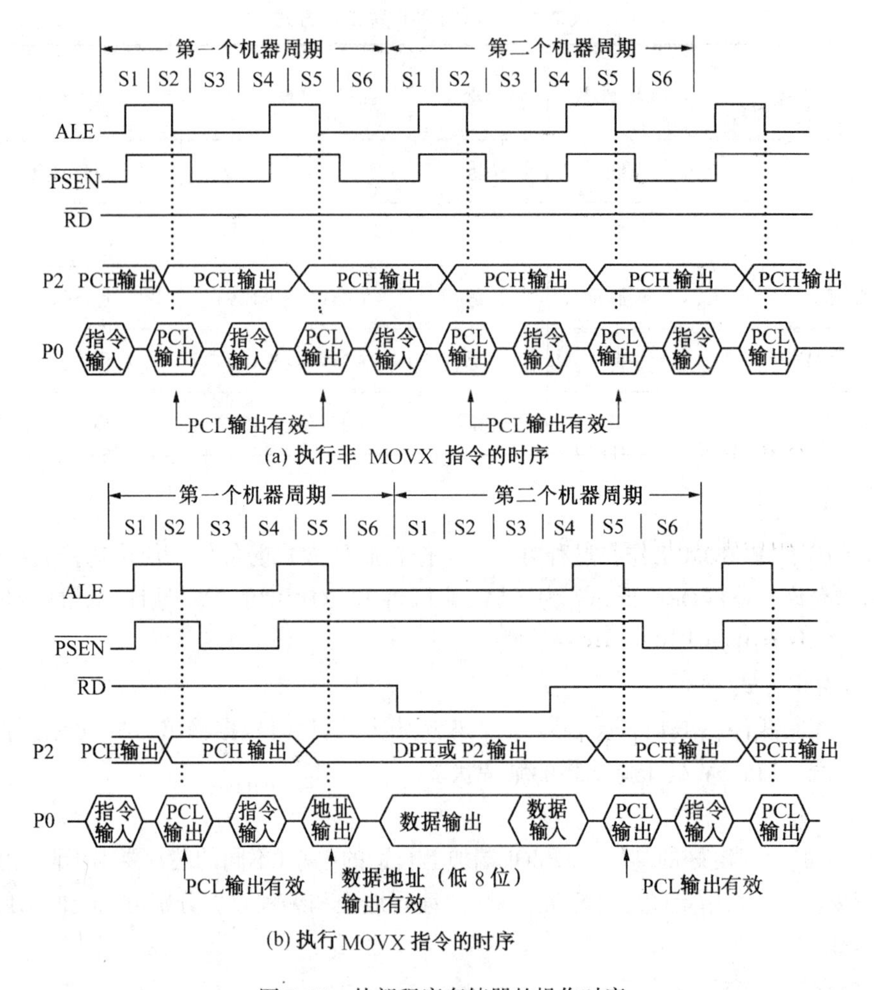

(a) 执行非 MOVX 指令的时序

(b) 执行 MOVX 指令的时序

图 7.15　外部程序存储器的操作时序

2.操作时序

由于MCS－51单片机中ROM和RAM是严格分开的，因此，对片外ROM的操作时序分为两种情况：执行非MOVX指令的时序，如图7.15(a)所示；执行MOVX指令的时序，如图7.15(b)所示。

(1)应用系统中无片外RAM

无片外RAM，则不用执行MOVX指令。在执行非MOVX指令时，P0口作为地址/数据复用的双向总线，用于输入指令或输出程序存储器的低8位地址PCL。P2口专门用于输出程序存储器的高8位地址PCH。P2口具有输出锁存功能；而P0口输出地址外，还要输入指令，故要用ALE来锁存P0口输出的地址PCL。在每个机器周期中，允许地址锁存信号ALE两次有效，在ALE下降沿时，锁存出现在P0口上的低8位地址PCL。同时，$\overline{PSEN}$也是每个机器周期中两次有效，用于选通片外程序存储器，将指令读入片内。

系统无片外RAM时，此ALE有效信号以振荡器频率的1/6出现在引脚上，它可以用作外部时钟或定时脉冲信号。

(2)应用系统中接有片外RAM

在执行访问片外RAM的MOVX指令时，程序存储器的操作时序有所变化。其主要原因在于，执行MOVX指令时，16位地址应转而指向数据存储器，操作时序如图7.15(b)所示。在指令输入以前，P2口、P0口输出的地址PCH、PCL指向程序存储器；在指令输入并判定是MOVX指令后，ALE在该机器周期S5状态锁存的P0口的地址不是程序存储器的低8位，而是数据存储器的地址。若执行的是“MOVX A,@DPTR”或“MOVX @DPTR,A”指令，则此地址就是DPL(数据指针的低8位)；同时，在P2口上出现的是DPH(数据指针的高8位)。若执行的是“MOVX A,@Ri”或“MOVX @Ri,A”指令，则Ri的内容为低8位地址，而P2口线上将是P2口锁存器的内容。在同一机器周期中将不再出现$\overline{PSEN}$有效取指信号，下一个机器周期中ALE的有效锁存信号也不复出现；而当$\overline{RD}$/$\overline{WR}$有效时，P0口将读/写数据存储器中的数据。

由图7.15(b)可以看出：

① 将ALE用作定时脉冲输出时，执行一次MOVX指令会丢失一个脉冲。

② 只有在执行MOVX指令时的第二个机器周期期间，地址总线才由数据存储器使用。

7.4.3 典型的EPROM接口电路

1.使用单片EPROM的扩展电路

2716,2732 EPROM价格贵，容量小，且难以买到。在电路设计中一般不选用这两种芯片。因此，这里仅介绍2764、27128、27256、27512芯片与8031单片机的接口电路。

由于2764与27128引脚的差别仅在26脚上，2764的26脚是空脚，27128的26脚是地址线A13，因此在设计外扩存储器电路时，应选用27128芯片设计电路。在实际应用时，可将27128换成2764，系统仍能正常运行，反之，则不然。图7.16给出了MCS－51外扩16K字节EPROM的27128的电路图。图7.17给出了MCS－51外扩32K字节的EPROM 27256的线路图。

注意在图7.16、图7.17中的两种地址锁存器的用法。对于图7.16和图7.17中程序存储器所占的地址空间，读者可以自己分析。

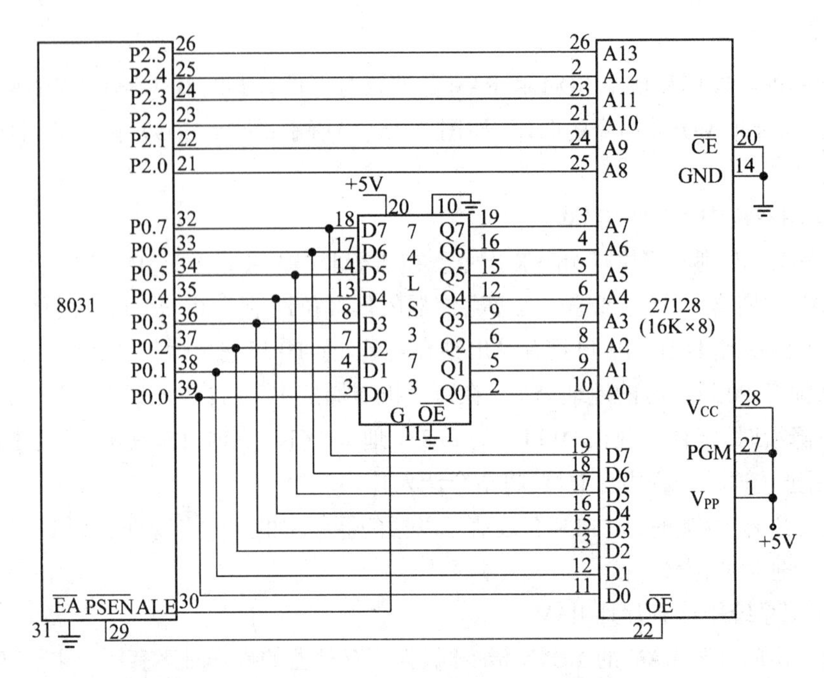

图 7.16　8031 与 27128 的接口电路

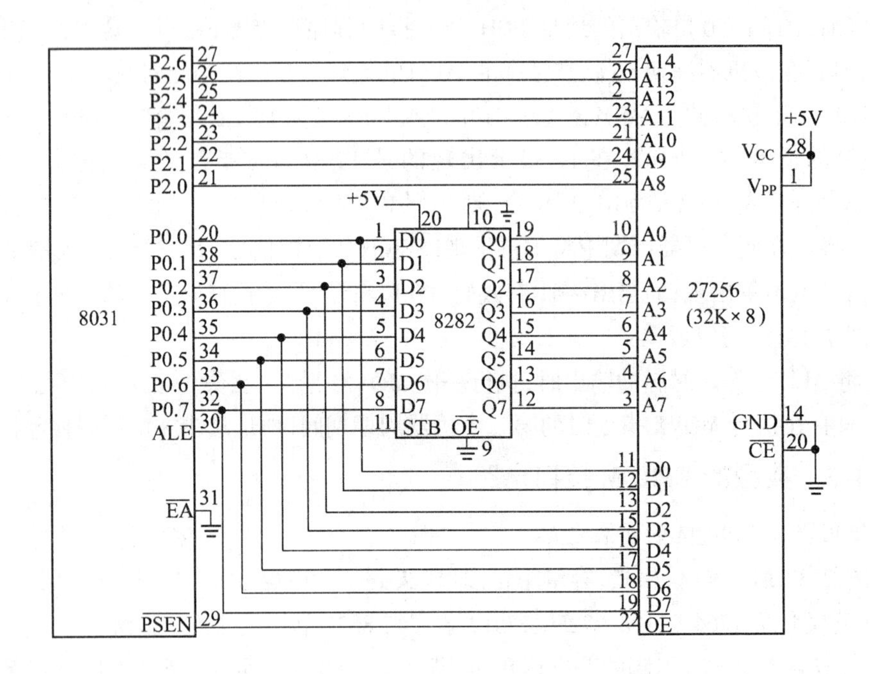

图 7.17　8031 与 27256 的接口电路

2．使用多片 EPROM 的扩展电路

与单片 EPROM 扩展电路相比，多片 EPROM 的扩展除片选线 $\overline{CE}$ 外，其他均与单片扩展电路相同。图 7.18 给出了利用 4 片 27128EPROM 扩展成 64K 字节程序存储器的方法。片选信号由译码选通法产生。4 片 27128 各自所占的地址空间，请读者自己分析。

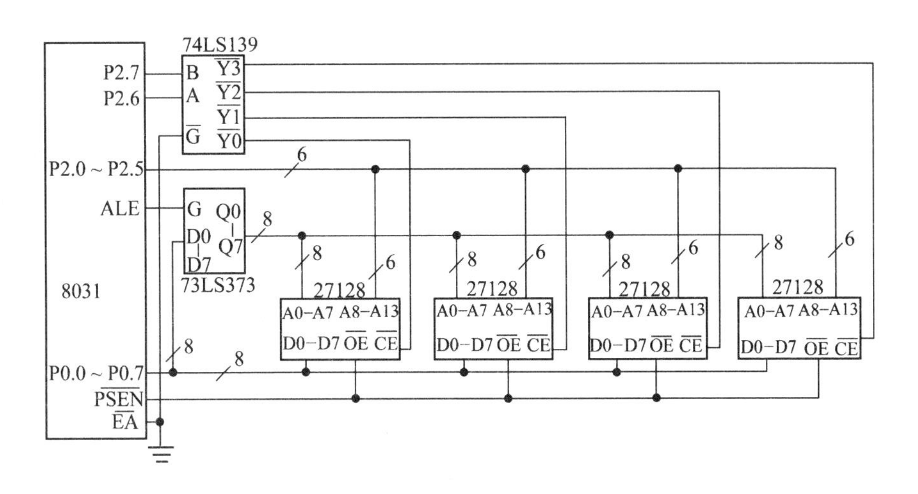

图 7.18 4 片 27128 与 8031 的接口电路

7.5 静态数据存储器的扩展

MCS－51 单片机内部有 128 个字节 RAM。在实际应用中，仅靠片内 RAM 往往不够用，必须扩展外部数据存储器。常用的数据存储器有静态存储器(SRAM)和动态存储器(DRAM)，在单片机应用系统中，外扩的数据存储器都采用静态数据存储器，所以这里仅讨论静态数据存储器 SRAM 与 MCS－51 的接口。

所扩展的数据存储器空间地址，由 P2 口提供高 8 位地址，P0 口分时提供低 8 位地址和用作 8 位的双向数据总线。片外数据存储器 RAM 的读和写由 8031 的 $\overline{RD}$(P3.7)和 $\overline{WR}$(P3.6)信号控制，而片外程序存储器 EPROM 的输出允许端($\overline{OE}$)由读选通 $\overline{PSEN}$ 信号控制。尽管与 EPROM 共处同一地址空间，但由于控制信号不同，故不会发生总线冲突。

7.5.1 常用的静态 RAM(SRAM)芯片

单片机系统中常用的 SRAM 芯片的典型型号有：6116(2K×8)，6264(8K×8)，62128(16K×8)，62256(32K×8)。它们都用单一＋5V 电源供电，双列直插封装，6116 为 24 引脚封装，6264、62128、62256 为 28 引脚封装。这些 SRAM 的引脚图如图 7.19 所示。

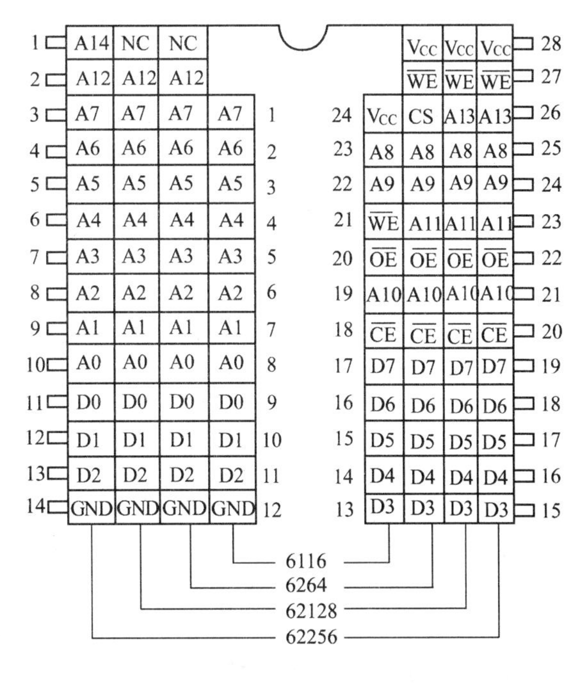

图 7.19 常用 SRAM 的引脚图

SRAM 的各引脚功能如下：

A0～A14：地址输入线。

D0～D7：双向三态数据线。

$\overline{CE}$：片选信号输入线，低电平有效。对于 6264 芯片，当 26 脚(CS)为高电平时，且 $\overline{CE}$ 为低电平时才选中该片。

$\overline{OE}$：读选通信号输入线，低电平有效。

$\overline{WE}$:写允许信号输入线,低电平有效。

Vcc:工作电源+5V。

GND:地线。

静态 RAM 存储器有读出、写入、维持三种工作方式,这些工作方式的操作控制如表 7.6 所示。

表 7.6　6116,6264,62256 的操作控制

信号 方式	$\overline{CE}$	$\overline{OE}$	$\overline{WE}$	O0～O7
读	V_{IL}	V_{IL}	V_{IH}	数据输出
写	V_{IL}	V_{IH}	V_{IL}	数据输入
维持*	V_{IH}	任意	任意	高阻态

*对于 CMOS 的静态 RAM 电路,$\overline{CE}$为高电平时,电路处于降耗状态。此时,V_{CC}电压可降至 3V 左右,内部所存储的数据也不会丢失。

几种 RAM 芯片的主要技术特性见表 7.7。

表 7.7　常用静态 RAM 主要技术特性

型　　号	6116	6264	62256
容量(字节)	2K	8K	32K
引脚数	24	28	28
工作电压(V)	5	5	5
典型工作电流(m)A	35	40	8
典型维持电流(μA)	5	2	0.5
存取时间	由产品型号而定,例如,6264－10 为 100 ns,6264－12 为 120ns,6264－15 为 150 ns		

7.5.2　外扩数据存储器的读写操作时序

MCS－51 对外扩 RAM 读和写两种操作时序的基本过程是相同的。所用的控制信号有 ALE、$\overline{RD}$(读)和$\overline{WR}$(写)。

1.读片外 RAM 操作时序

8031 单片机若外扩一片 RAM,应将其$\overline{WR}$引脚与 RAM 芯片的$\overline{WE}$引脚连接,$\overline{RD}$引脚与芯片$\overline{OE}$引脚连接。ALE 信号的作用与 8031 外扩 EPROM 作用相同,即锁存低 8 位地址。读片外 RAM 周期时序如图 7.20(a)所示。

在第一个机器周期的 S1 状态,ALE 信号由低变高①,读 RAM 周期开始。在 S2 状态,CPU 把低 8 位地址送到 P0 口总线上,把高 8 位地址送上 P2 口(在执行“MOVX A,@DPTR”指令阶段时才送高 8 位;若是“MOVX A,@Ri”则不送高 8 位)。

ALE 的下降沿②用来把低 8 位地址信息锁存到外部锁存器 74LS373 内③。而高 8 位地址信息一直锁存在 P2 口锁存器中。

在 S3 状态,P0 总线变成高阻悬浮状态④。在 S4 状态,$\overline{RD}$信号变为有效⑤(是在执行“MOVX A @DPTR”后使$\overline{RD}$信号有效),$\overline{RD}$信号使得被寻址的片外 RAM 略过片刻后把数据送上 P0 口总线⑥,当$\overline{RD}$回到高电平后⑦,P0 总线变为悬浮状态。至此,读片外 RAM 周期结束。

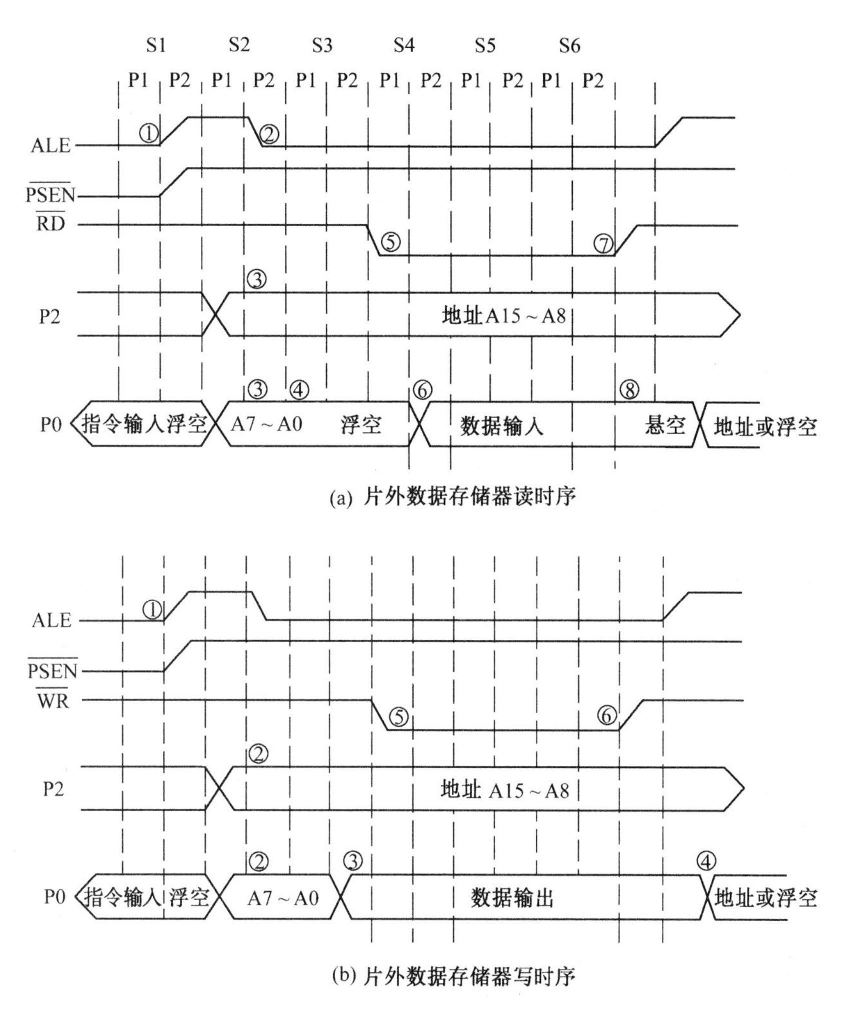

(a) 片外数据存储器读时序

(b) 片外数据存储器写时序

图7.20 8031访问片外RAM操作时序图

2.写片外RAM操作时序

向片外RAM写(存)数据,是8031执行"MOVX @DPTR,A"指令后产生的动作。这条指令执行后,在8031的$\overline{WR}$引脚上产生$\overline{WR}$信号有效电平,此信号使RAM的$\overline{WE}$端被选通。

写片外RAM的时序如图7.20(b)所示。开始的过程与读过程类似,但写的过程是CPU主动把数据送上P0口总线,故在时序上,CPU先向P0总线上送完低8位地址后,在S3状态就将数据送到P0总线③。此间,P0总线上不会出现高阻悬浮现象。

在S4状态,写控制信号$\overline{WR}$有效,选通片外RAM,稍过片刻,P0上的数据就写到RAM内了。

7.5.3 典型的外扩数据存储器的接口电路

扩展数据存储器空间地址同外扩程序存储器一样,由P2口提供高8位地址,P0口分时提供低8位地址和8位双向数据总线。片外SRAM的读和写由8031的$\overline{RD}$(P3.7)和$\overline{WR}$(P3.6)信号控制,片选端($\overline{CE}$)由地址译码器的译码输出控制。因此,SRAM在与单片机连接时,主要解决地址分配、数据线和控制信号线的连接。在与高速单片机连接时,还要根据时序解决速度匹配问题。

图 7.21 给出了用线选法扩展 8031 外部数据存储器的电路。图中数据存储器选用 6264，该片地址为 A0～A12，故 8031 剩余地址为三根。用线选法可扩展 3 片 6264。3 片 6264 对应的存储器空间见表 7.8 所示。

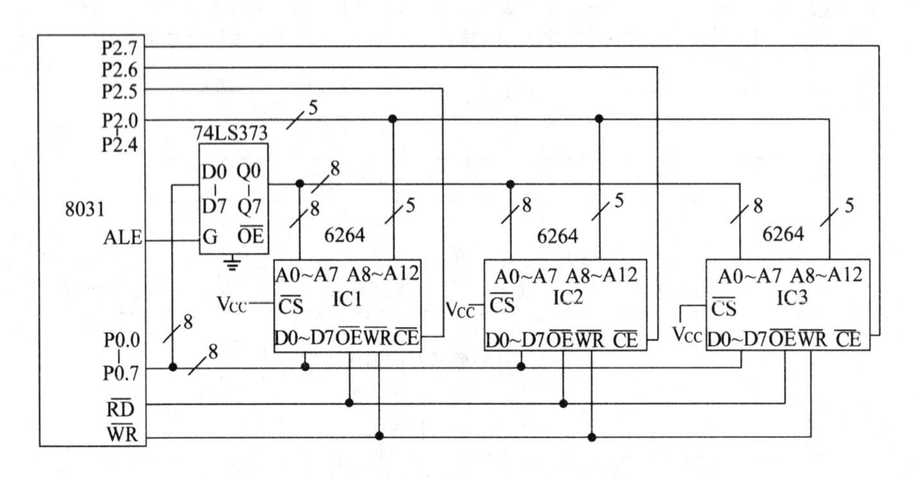

图 7.21　线选法扩展 3 片 6264 电路图

表 7.8　图 7.21 中 3 片 6264 对应的地址空间表

P2.7	P2.6	P2.5	选中芯片	地址范围	存储容量
1	1	0	IC1	C000H～DFFFH	8K
1	0	1	IC2	A000H～BFFFH	8K
0	1	1	IC3	6000H～7FFFH	8K

用译码选通法扩展 8031 的外部数据存储器电路如图 7.22 所示。图中数据存储器选用 62128，该芯片地址线为 A0～A13，这样，8031 剩余地址线为两根，若采用 2～4 译码器可扩展 4 片 62128。各个 62128 地址分配见表 7.9。

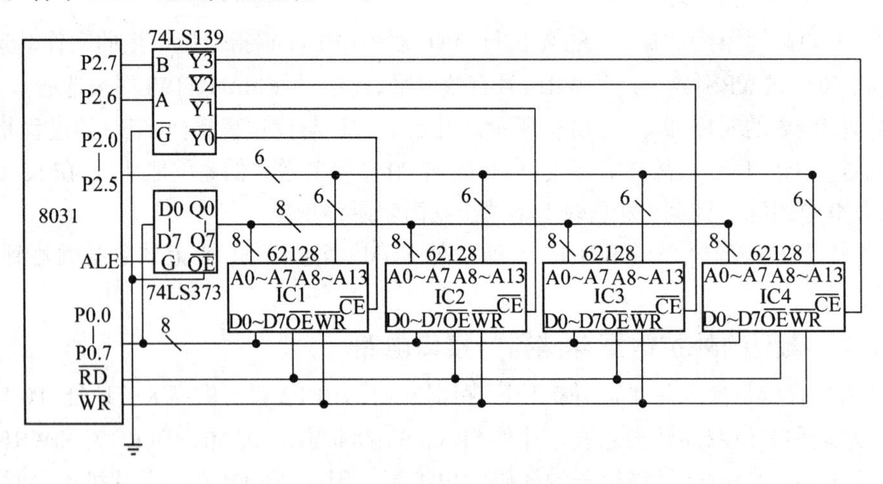

图 7.22　译码选通法扩展 8031 外部数据存储器电路图

表 7.9　各 62128 地址空间分配

2～4 译码器输入 P2.7　P2.6	2～4 译码器 有效输出	选中芯片	地址范围	存储容量
0　0	$\overline{Y0}$	IC1	0000H～3FFFH	16K
0　1	$\overline{Y1}$	IC2	4000H～7FFFH	16K
1　0	$\overline{Y2}$	IC3	8000H～BFFFH	16K
1　1	$\overline{Y3}$	IC4	C000H～FFFFH	16K

单片 62256 与 8031 接口的电路图如图 7.23 所示。地址范围为 0000H～7FFFH。

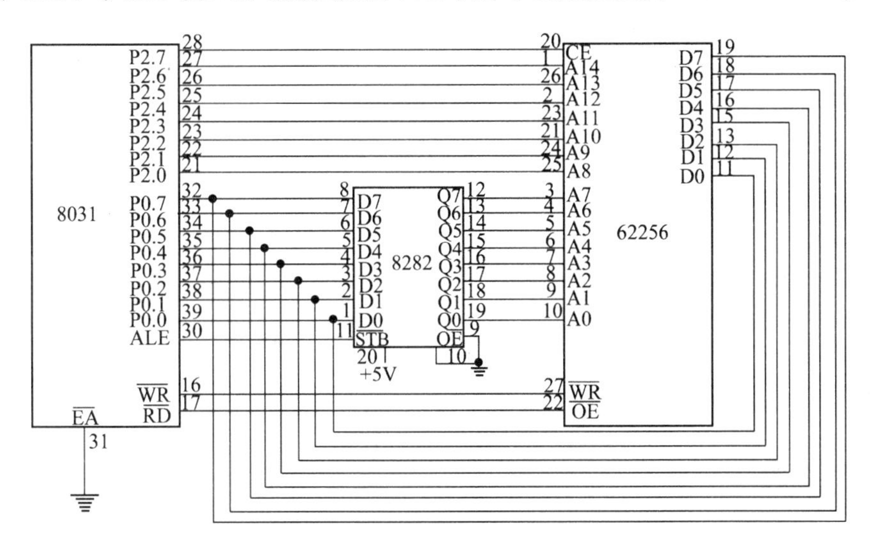

图 7.23　8031 与单片 62256 的接口电路

例 7.1　编写程序将片外数据存储器中 7000H～70FFH 单元全部清零。

解　方法 1

用 DPTR 作为数据区地址指针，同时使用字节计数器。

```
          MOV     DPTR, #7000H     ;设置数据块指针的初值
          MOV     R7, #00H         ;设置块长度计数器初值(00H 是循环 256 次)
          CLR     A
LOOP:     MOVX    @DPTR,A          ;给一单元送“00H”
          INC     DPTR             ;地址指针加 1
          DJNZ    R7,LOOP          ;数据块长度减 1,若不为 0 则继续清零
HERE:     SJMP    HERE             ;执行完毕,原地踏步
```

解　方法 2

用 DPTR 作为数据区地址指针，但不使用字节计数器，而是比较特征地址。

```
          MOV     DPTR, #7000H
          CLR     A
LOOP:     MOVX    @DPTR,A
          INC     DPTR
          MOV     R7,DPL
          CJNE    R7, #0,LOOP      ;与末地址 +1 比较
HERE:     SJMP    HERE
```

7.6　EPROM 和 RAM 的综合扩展

在单片机应用系统设计中，经常是即要扩展程序存储器(EPROM)也要扩展数据存储器(RAM)，即存储器的综合扩展。下面介绍如何进行综合扩展。

7.6.1　综合扩展的硬件接口电路设计

例 7.2　采用线选法扩展 2 片 8KB 的 RAM 和 2 片 8KB 的 EPROM。RAM 芯片选用 2 片 6264，EPROM 芯片选用 2 片 2764，共扩展 4 片存储器芯片。扩展接口电路见图 7.24。

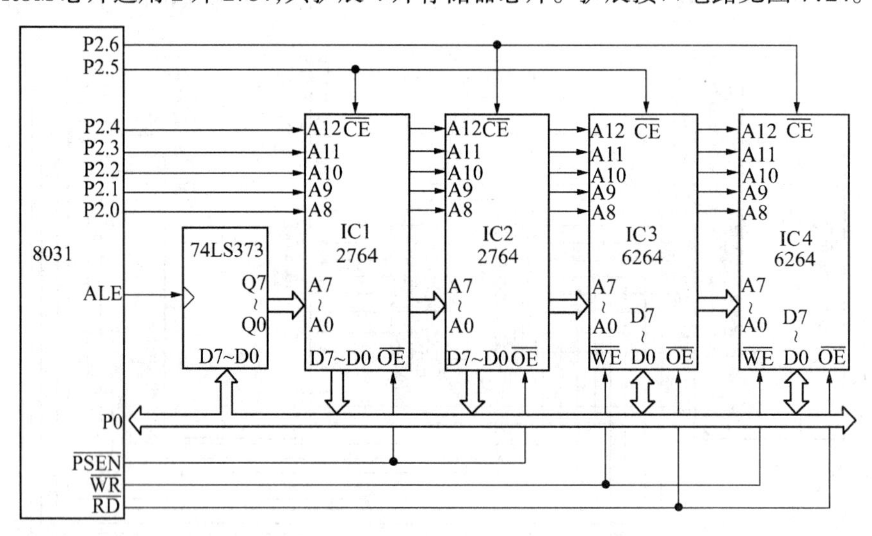

图 7.24　采用线选法的综合扩展电路

1. 控制信号及片选信号

地址线 P2.5 直接接到 IC1(2764)和 IC3(6264)的片选$\overline{CE}$端，P2.6 直接接到 IC2(2764)和 IC4(6264)的片选$\overline{CE}$端。当 P2.6 = 0，P2.5 = 1，IC2 和 IC4 的片选端$\overline{CE}$为低电平，IC1 和 IC3 的$\overline{CE}$端全为高电平。当 P2.6 = 1，P2.5 = 0 时 IC1 和 IC3 的$\overline{CE}$端都是低电平，每次同时选中两个芯片，具体哪个芯片工作还要通过$\overline{PSEN}$、$\overline{WR}$、$\overline{RD}$控制线控制。当片外程序存储区读选通信号$\overline{PSEN}$为低电平，肯定到 EPROM 中读程序；当读、写通信号$\overline{RD}$或$\overline{WR}$为低电平则到 RAM 中读数据或向 RAM 写入数据。$\overline{PSEN}$、$\overline{WR}$、$\overline{RD}$三个信号是在执行指令时产生的，但任一时刻，只能执行一条指令，所以只能一个信号有效，其它信号不可能同时有效。

2. 各芯片地址空间分配

硬件电路一旦确定，各芯片的地址范围实际就已确定，编程时只要给出要选择芯片的地址，就能准确地选中该芯片。结合图 7.24，介绍 IC1、IC2、IC3、IC4 地址范围的确定方法。

程序和数据存储器地址均用 16 位，P0 口确定低 8 位，P2 口确定高 8 位地址。

如 P2.6 = 0、P2.5 = 1 选中 IC2、IC4。地址线 A0 ~ A15 与 P0、P2 对应关系如下：

P2.7	P2.6	P2.5	P2.4	P2.3	P2.2	P2.1	P2.0
空	0	1	×	×	×	×	×
A15	A14	A13	A12	A11	A10	A9	A8

P0.7	P0.6	P0.5	P0.4	P0.3	P0.2	P0.1	P0.0
×	×	×	×	×	×	×	×
A7	A6	A5	A4	A3	A2	A1	A1

显然除P2.6、P2.5固定外，其他“×”位均可变。设无用位P2.7＝0，“×”各位全为“0”则为最小地址2000H；若“×”位均变为“1”则为最大地址3FFFH，所以IC2和IC4占用地址空间为：2000H～3FFFH共8KB。同理IC1、IC3地址范围4000H～5FFFH（P2.6＝1、P2.5＝0、P2.7＝0），IC2与IC4占用相同的地址空间，由于二者一个为程序存储器，一个为数据存储器，在控制线$\overline{PSEN}$、$\overline{WR}$或$\overline{RD}$控制下，不同时工作。因此，地址空间重叠也无关系。IC1与IC3也同样。

从此例看出，线选法地址不连续，地址空间利用也不充分，而且地址有重叠。

例7.3　采用译码器法扩展2片8KB EPROM，2片8K BRAM。EPROM选用2764，RAM选用6264。共扩展4片芯中。扩展的接口电路见图7.25。图中74LS139的4个输出端，Y0～Y3分别连接4个芯片IC1、IC2、IC3、IC4的片选端。Y0～Y3每次只能有一位是“0”，其他三位全为“1”，输出为“0”的一端所连接的芯片被选中。

译码法地址分配，首先要根据译码芯片真值表确定译码芯片的输入状态，由此再判断其输出端选中芯片的地址。

如图7.25所示，74LS139的输入端A、B、$\overline{G}$分别接P2接口的P2.5、P2.6、P2.7三端，$\overline{G}$为使能端，低电平有效。根据表7.2中74LS139的真值表可见当$\overline{G}$＝0、A＝0、B＝0时，输出端只有Y0为“0”，Y1～Y3全为“1”，选中IC1。这样，P2.7、P2.6、P2.5全为“0”其他地址线任意状态都能选中IC1。当其他全为“0”最小地址0000H，其他位全为“1”最大地址为1FFFH。所以IC1地址范围0000H～1FFFH。同理可确定其他芯片地址范围如下：

IC2：2000H～3FFFH；

IC3：4000H～5FFFH；

IC4：6000H～7FFFH。

显然地址空间是连续的。

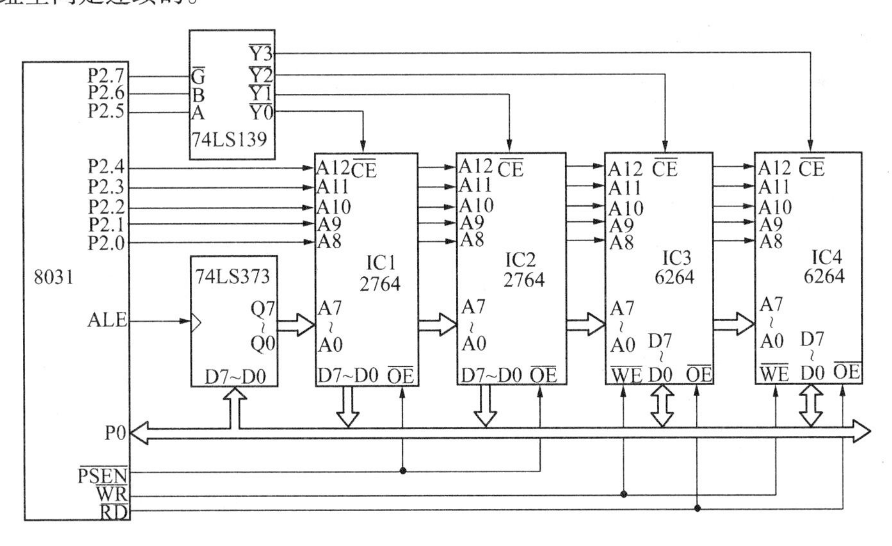

图7.25　采用译码器法的综合扩展电路

7.6.2　外扩存储器电路的工作原理及软件设计

为了使读者弄清单片机与扩展的存储器软、硬件芯片之间的关系，结合图7.25所示译码电路，说明片外读指令和从片外读、写数据的过程。

1.单片机从片外程序区读指令过程

当一接通电源，单片机为上电复位。复位后程序计数器 PC＝0000H，PC 是程序指针，它总是指向将要执行的程序地址。CPU 就从 0000H 地址开始取指令，执行程序。在取指令期间，PC 地址低 8 位送往 P0 口，经锁存器锁存到 A0～A7 地址线上。PC 高 8 位地址送往 P2 口，直接由 P2.0～P2.4 锁存到 A8～A12 地址线上，P2.5～P2.7 输入给 74LS139 选片。这样，根据 P2、P0 接口状态则选中了第一个程序存储器芯片 IC1(2764)的第一个地址 0000H。然后当 $\overline{PSEN}$变为低电平，把 0000H 中的指令代码经 P0 接口读入内部 RAM 中，进行译码从而决定进行何种操作。取出一个指令字节后 PC 自动加 1，然后取第 2 个字节，依次类推。当 PC＝1FFFH 时，从 IC1 最后一个单元取指令，然后 PC＝2000H，CPU 向 P0、P2 送出 2000H 地址时则选中第 2 个程序存储器 IC2，IC2 的地址范围 2000H～3FFFH，读指令过程同 IC1，不再赘述。

2.单片机片外数据区读写数据过程

当执行程序中，遇到“MOV”类指令时，表示与片内 RAM 交换数据；当遇到“MOVX”类指令时，表示从片外数据区寻址。片外数据区只能间接寻址。

例如，把片外 4000H 单元的数据送到片内 RAM 40H 单元中，程序如下：

```
MOV     DPTR,#4000H
MOVX    A,@DPTR
MOV     40H,A
```

先把寻址地址 4000H 送到数据指针寄存器 DPTR 中，当执行 MOVX A,@DPTR 时，DPTR 的低 8 位(00H)经 P0 接口输出并锁存，高 8 位(40H)经 P2 直接输出，根据 P0、P2 状态选中 IC3(6264)的 4000H 单元。当读选通信号$\overline{RD}$为低电平时，片外 4000H 单元的数据经 P0 接口送往 A 累加器。当执行指令 MOV 40H,A 时则把该数据存入片内 40H 单元。

向片外数据区写数据的过程与读数据的过程类似。

例如，把片内 50H 单元的数据送到片外 5000H 单元中，程序如下：

```
MOV     A,50H
MOV     DPTR,#5000H
MOVX    @DPTR,A
```

先把片内 RAM 50H 单元的数据送到 A 中，再把寻址地址 5000H 送到数据指针寄存器 DPTR 中，当执行 MOVX@DPTR,A 时，DPTR 的低 8 位(00H)由 P0 口输出并锁存，高 8 位(50H)由 P2 口直接输出，根据 P0、P2 状态选中 IC3(6264)的 5000H 单元。当写选通信号$\overline{WR}$为低电平时，A 中的内容送往片外 5000H 单元中。

MCS－51 单片机读写片外数据存储器中的内容，除了使用 MOVX A,@DPTR 和 MOVX@DPTR,A 外，还可以使用 MOVX A,@Ri 和 MOVX @Ri,A。这时通过 P0 口收 Ri 中的内容(低 8 位地址)，而把 P2 口原有的内容作为高 8 位地址输出。下面介绍的例 7.3，即是采用 MOVX @Ri,A 指令的例子。

例 7.4　编写程序，将程序存储器中以 TAB 为首址的 32 个单元的内容依次传送到外部 RAM 以 7000H 为首址的区域去。

解　数据指针 DPTR 指向标号 TAB 的首地址。R0 既指示外部 RAM 的地址，又表示数据标号 TAB 的位移量。此程序为一循环程序，循环次数为 32，R0 的值从 0～31，R0 的值达到 32 就结束循环。程序如下：

```
        MOV     DPTR, #TAB
        MOV     R0, #0
LOOP:   MOV     A,R0
        MOVC    A,@A+DPTR
        MOVX    @R0,A
        INC     R0
        CJNE    R0, #32,LOOP
HERE:   SJMP    HERE
TAB:    DB      …
```

7.7　E²PROM 的扩展

E²PROM 是电擦除可编程只读存储器，其突出优点是能够在线擦除和改写，无须像 EPROM 那样必须用紫外线照射才能擦除。较新的 E²PROM 产品在写入时能自动完成擦除，且不再需要专用的编程电源，可以直接使用单片机系统的 +5V 电源。

E²PROM 用于单片机系统中，既可以扩展为片外 EPROM，也可以扩展为片外 RAM。它使单片机系统的设计，特别是调试实验更为方便、灵活。在调试程序时，用 E²PROM 代替仿真 EPROM，既可方便地修改程序，又能保存调试好的程序。当然，与 RAM 芯片相比，E²PROM 的写操作速度是很慢的。另外，它的擦除/写入是有寿命限制的，虽然有 1 万次之多，但也不宜用在数据频繁更新的场合。因此，应注意平均地使用各单元，不然有些单元可能会提前结束寿命。

E²PROM 既具有 ROM 的非易失性的优点，又能像 RAM 一样随机地进行读/写，每个单元保留信息的时间长达 20 年，不存在 EPROM 在日光下信息缓慢丢失的问题。

引脚	2864A	2817/2817A	2816/2816A	引脚	引脚	2816/2816A	2817/2817A	2864A	引脚
1	NC	RDY/$\overline{\text{BUSY}}$					V_{CC}	V_{CC}	28
2	A12	NC					$\overline{\text{WE}}$	$\overline{\text{WE}}$	27
3	A7	A7	A7	1	24	V_{CC}	NC	NC	26
4	A6	A6	A6	2	23	A8	A8	A8	25
5	A5	A5	A5	3	22	A9	A9	A9	24
6	A4	A4	A4	4	21	V_{PP}	NC	A11	23
7	A3	A3	A3	5	20	$\overline{\text{OE}}$	$\overline{\text{OE}}$	$\overline{\text{OE}}$	22
8	A2	A2	A2	6	19	A10	A10	A10	21
9	A1	A1	A1	7	18	$\overline{\text{CE}}$	$\overline{\text{CE}}$	$\overline{\text{CE}}$	20
10	A0	A0	A0	8	17	D7	D7	D7	19
11	D0	D0	D0	9	16	D6	D6	D6	18
12	D1	D1	D1	10	15	D5	D5	D5	17
13	D2	D2	D2	11	14	D4	D4	D4	16
14	GND	GND	GND	12	13	D3	D3	D3	15

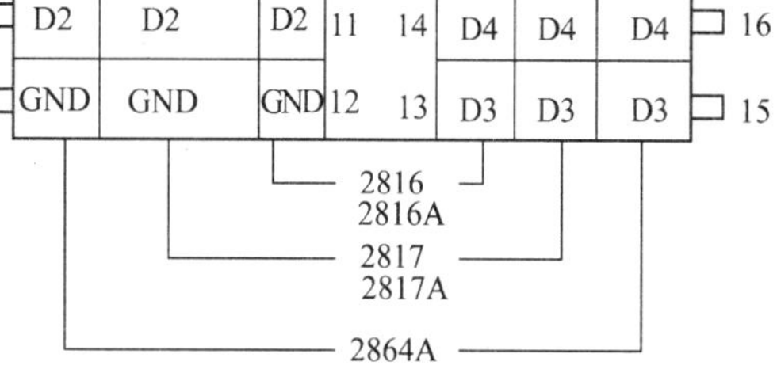

图 7.26　常用 E²PROM 引脚图

7.7.1　常用的 E²PROM 芯片

常用的 E²PROM 芯片有 2816/2816A，2817/2817A，2864A 等。这些芯片中的引脚图如图 7.26所示，其主要性能如表 7.10 所示(表中芯片均为 Intel 公司产品)。

在芯片的引脚设计上，2KB 的 E²PROM 2816 与相同容量的 EPROM 2716 和静态 RAM 6116 是兼容的，8KB 的 E²PROM 2864A 与同容量的 EPROM 2764 和静态 RAM 6264 也是兼容的。2816，2817 和 2864A 的读出数据时间均为 250 ns。写入时间 10 ms。

表 7.10　E²PROM 的主要性能

参数 \ 器件型号 参数值	2816	2816A	2817	2817A	2864A
取数时间(ns)	250	200/250	250	200/250	250
读操作电压(V)	5	5	5	5	5
写/擦操作电压(V)	21	5	21	5	5
字节擦除时间(m)s	10	9～15	10	10	10
写入时间(ms)	10	9～15	10	10	10
容量(字节)	2K×8	2K×8	2K×8	2K×8	8K×8
封　　装	DIP24	DIP24	DIP28	DIP28	DIP28
兼　　容	2716	2716			6264A

7.7.2　E²PROM 的工作方式

表 7.11 中给出了 Intel 公司生产的常见 E²PROM 的工作方式。E²PROM 芯片中 RDY/$\overline{BUSY}$ 为开漏输出，应接上拉电阻至＋5V。

表 7.11　E²PROM 的工作方式

型号	方式 \ 选择 \ 引脚	$\overline{CE}$	$\overline{OE}$	$\overline{WE}$	RDY/$\overline{BUSY}$	输入/输出
2816A	引脚号	(18)	(20)	(21)		(9～11,13～17)
	读	V_{IL}	V_{IL}	V_{IH}		D_{OUT}
	维持	V_{IH}	任意	任意		高阻
	字节擦除	V_{IL}	V_{IH}	V_{IL}		$D_{IN}=V_{IH}$
	字节写入	V_{IL}	V_{IH}	V_{IL}		D_{IN}
	全片擦除	V_{IL}	10V～15V	V_{IL}		$D_{IN}=V_{IH}$
	不操作	V_{IL}	V_{IH}	V_{IH}		高阻
	E/W 禁止	V_{IH}	V_{IH}	V_{IL}		高阻
2817A	引脚号	(20)	(22)	(27)	(1)	(11～13,15～19)
	读	V_{IL}	V_{IL}	V_{IH}	高阻	D_{OUT}
	维持	V_{IH}	任意	任意	高阻	高阻
	字节写入	V_{IL}	V_{IH}	V_{IL}	V_{IL}	D_{IN}
	字节擦除	字节写入之前自动擦除				
2864A	引脚号	(20)	(22)	(27)		(11～13,15～19)
	待机	V_{IH}	V_{IL}	V_{IH}		高阻
	读	V_{IL}	V_{IL}	V_{IH}		D_{OUT}
	写	V_{IL}	V_{IH}	负脉冲	D_{IN}	
	$\overline{DATA}$查询	V_{IL}	V_{IL}	V_{IH}		$\overline{D}_{OUT}$

下面仅对 Intel 公司产品 2817A 和 2864A 的工作方式作详细说明：

2817A 在写入一个字节信息之前，自动地对所要写入的单元进行擦除，因而无需进行专门的字节/芯片擦除操作。当向 2817A 发出字节写入命令后，2817A 将锁存地址、数据及控制信号，从而启动一次操作。在写入期间，2817A 的 RDY/$\overline{BUSY}$脚呈低电平，此时，它的数据总线呈高阻状态，因而允许处理器在此期间执行其他的任务。一次写操作一旦结束，2817A 便将 RDY/$\overline{BUSY}$线置高，此时，处理器可以对 2817A 进行新的字节读/写操作。

由表 7.11 可知,2864A 有四种工作方式:

(1)维持方式

当$\overline{CE}$为高电平时,2864A 进入低耗维持方式。此时,输出线呈高阻态,芯片的电流从 140 mA降至维持电流 60 mA。

(2)读方式

当$\overline{CE}$和$\overline{OE}$均为低电平而$\overline{WE}$为高电平时,内部的数据缓冲器被打开,数据送上总线,此时,可进行读操作。

(3)写方式

2864A 提供了两种数据写入方式:字节写入和页写入。

a. 页写入:为了提高写入速度,2864A 片内设置了 16 字节的"页缓冲器",并将整个存储器阵列划分成 512 页,每页 16 个字节。页的区分可由地址的高 9 位(A4～A12)来确定,地址线的低 4 位(A0～A3)用以选择页缓冲器中的 16 个地址单元之一。对 2864A 的写操作可分成两步来实现;第一步,在软件控制下把数据写入页缓冲器,这步称为页装载,与一般的静态 RAM 写操作是一样的。第二步,在最后一个字节(即第 16 个字节)写入到页缓冲器后 20 ns 自动开始,把页缓冲器的内容写到 E^{2}PROM 阵列中对应地址的单元中,这一步称为页存储。

写方式时,$\overline{CE}$为低电平,在$\overline{WE}$下降沿,地址码 A0～A12 被片内锁存器锁存,在上升沿时数据被锁存。片内还有一个字节装载限时定时器,只要时间未到,数据可以随机地写入页缓冲器。在连续向页缓冲器写入数据的过程中,不用担心限时定时器会溢出,因为每当$\overline{WE}$下降沿时,限时定时器自动被复位并重新启动计时。限时定时器要求写入一个字节数据的操作时间T_{BLW}须满足;$3\mu S < T_{BLW} < 20\mu S$,这样是正确完成对 2864A 页面写入操作的关键。当一页装载完毕,不再有$\overline{WE}$信号时,限时定时器将溢出,于是页存储操作随即自动开始。首先把选中页的内容擦除,然后写入的数据由页缓冲器传递到 E^{2}PROM 阵列中。

b. 字节写入:字节写入的过程与页写入的过程类似,不同之处是仅写入一个字节,限时定时器就溢出。

(4)数据查询方式

数据查询是指用软件来检测写操作中的页存储周期是否完成。

在页存储期间,如对 2864A 执行读操作,那么读出的是最后写入的字节,若芯片的转储工作未完成,则读出数据的最高位是原来写入字节最高位的反码。据此,CPU 可判断芯片的编程是否结束。如果读出的数据与写入的数据相同,表示芯片已完成编程,CPU 可继续向 2864A 装载下一页数据。

上面介绍的 E^{2}PROM 都是针对 Intel 公司的产品,其他公司的产品不一定相同,如市场上常见的 SEEQ 公司的 2864A 只有字节写入方式,没有页写入方式,也没有数据查询功能。这时,可采取延时的方法解决可靠写入 E^{2}PROM 数据的问题。

7.7.3 MCS－51 扩展 E^{2}PROM 的方法

1.MCS－51 外扩 2817A

2817A 与 8031 单片机的硬件连接图如图 7.27 所示。在图 7.27 中,2817A 既可作为外部的数据存储器,又可作为程序存储器。8031 通过 P1.0 查询 2817A 的 RDY/$\overline{BUSY}$状态,来完成对 2817A 的写操作。2817A 的片选信号由 P2.7 提供,在系统中有其他 ROM 和 RAM 存储器时,要统一考虑编址问题。

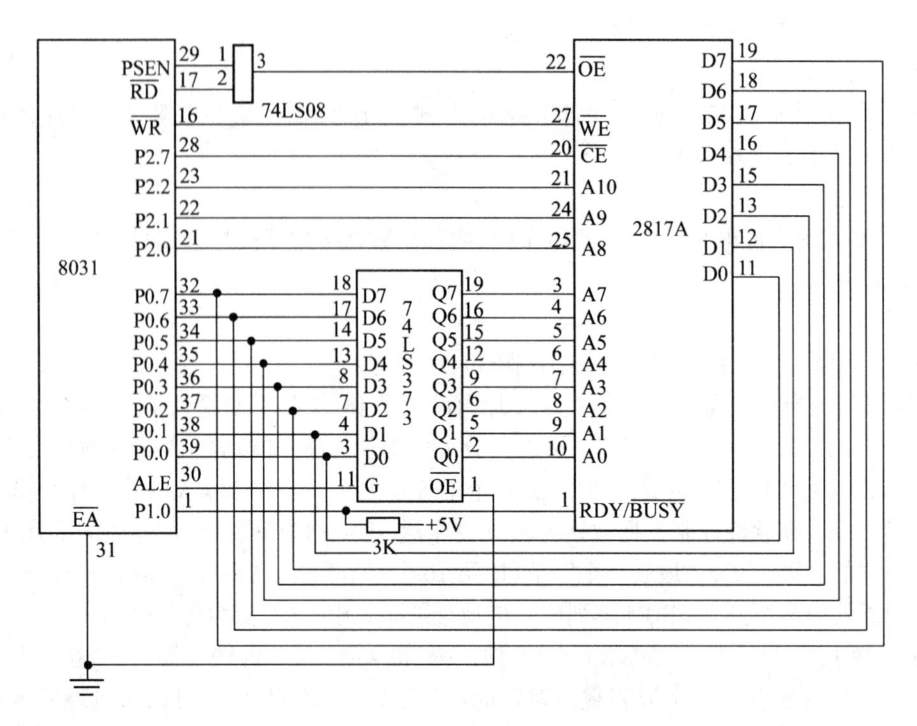

图 7.27 2817A 与 8031 接口电路

下面给出 8031 对 2187A 进行写操作的子程序 WR1。被写入的数据取自源数据区。子程序的入口参数为：

R0＝写入的字节数

R1＝2817A 的低 8 位地址

R2＝2817A 的高 8 位地址

R3＝源数据区低 8 位首地址

R4＝源数据区高 8 位首地址

```
WR1:   MOV    DPL,R3
       MOV    DPH,R4        ;将源数据区 16 位地址传输到 DPTR 中
       MOVX   A,@DPTR       ;取数据
       INC    DPTR          ;源数据地址指针加 1
       MOV    R3,DPL
       MOV    R4,DPH        ;将新的源数据区地址保存在 R3,R4 中
       MOV    DPL,R1
       MOV    DPH,R2        ;将 2817A 地址传输到 DPTR 中
       MOVX   @DPTR,A       ;将 A 的内容写入 2817A 中
WAIT:  JNB    P1.0,WAIT     ;一个字节未写完等待
       INC    DPTR          ;2817A 地址增 1
       MOV    R1,DPL
       MOV    R2,DPH        ;将 2817A 的地址保存在 R1,R2 中
       DJNZ   R0,WR1        ;未写完,继续
       RET
```

2. MCS－51 外扩 2864A

2864A 与 8031 单片机的接口电路如图 7.28 所示。2864A 的片选端$\overline{CE}$与高地址线 P2.7 连

接，P2.7＝0 才能选中 2864A，这种线选法决定了 2864A 对应多组地址空间，即：0000H～1FFFH，2000H～3FFFH，4000H～5FFFH，6000H～7FFFH。这 8K 字节存储器可作为数据存储器使用，但掉电后数据不丢失。

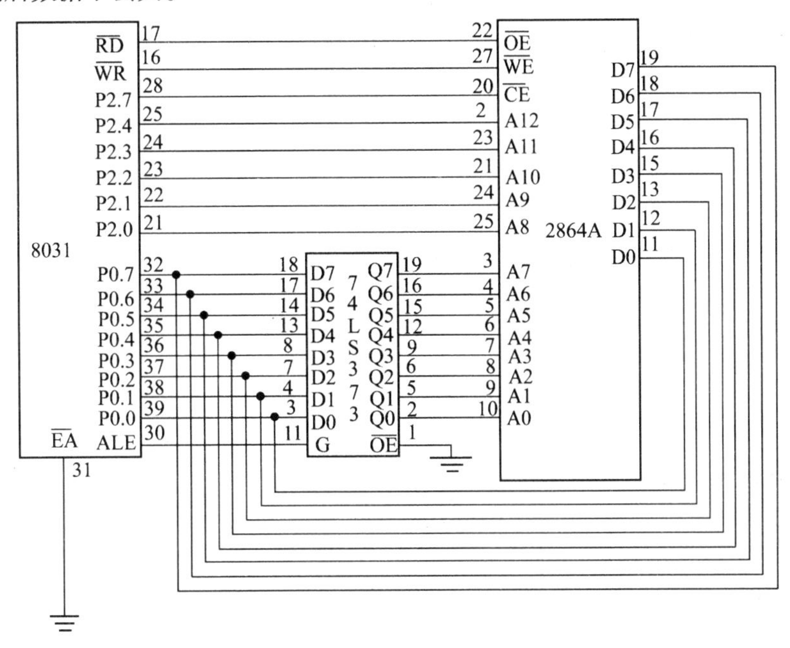

图 7.28　2864A 与 8031 接口电路

对 2864A 装载一个页面数据（16 个字节）的子程序 WR2 如下：

被写入的数据取自源数据区，子程序入口参数为

R1＝写入 2864A 的字节数（16 个字节）

R0＝2864A 的低位地址

R2＝2864A 的高位地址

DPTR＝源数据区首地址

```
WR2:   MOVX   A,@DPTR          ;取数据
       MOV    R2,A             ;数据暂存 R2,备查询
       MOVX   @R0,A            ;写入 2864A
       INC    DPTR             ;源地址指针加 1
       INC    R0               ;目的地址指针加 1
       CJNE   R0,#00H,NEXT     ;低位地址指针未满转移
       INC    P2               ;否则高位指针加 1
NEXT:  DJNZ   R1,WR2           ;页面未装载完转移
       DEC    R0               ;页面装载完后,恢复最后写入数据的地址
LOOP:  MOVX   A,@R0            ;读 2864A
       XRL    A,R2             ;与写入的最后一个数据相异或
       JB     ACC.7,LOOP       ;最高位不等,再查
       RET                     ;最高位相同,一页写完
```

上述写入程序中，完成页面装载的循环部分共 8 条指令，当采用 12MHz 晶振时，进行时间约 13 μs，完全符合 2864A 的 t_{BLW}宽度要求。

7.8 ATMEL89C51/89C55 单片机的片内闪烁存储器

AT89C51/89C55 是一种低功耗、高性能的片内含有 4KB/20KB 的闪烁可编程/擦除只读存储器(FPEROM－Flash Programmable and Erasable Read Only Memory)的 8 位 CMOS 单片机,并且与 MCS－51 引脚和指令系统完全兼容。芯片上的 FPEROM 允许在线编程或采用通用的编程器对其重复编程。

由于片内带 EPROM 的 87C51 价格偏高,而片内带 FPEROM 的 89C51 价格低且与87C51兼容,所以,89C51 的性能价格比远高于 87C51。

7.8.1 89C51 的性能及片内闪烁存储器

1.89C51 的主要性能

①与 MCS－51 微控制器系列产品兼容。

②片内有 4KB 可在线重复编程的闪烁存储器(Flash Memory)。

③存储器可循环写入/擦除 10000 次。

④存储数据保存时间为 10 年。

⑤宽工作电压范围:V_{CC}可为 2.7V～6V。

⑥全静态工作:可从 0Hz～16MHz。

⑦程序存储器具有 3 级加密保护。

⑧空闲状态维持低功耗和掉电状态保存存储内容。

2.片内闪烁存储器(Flash Memory)

由于 E^2PROM 具有在线改写,并在掉电后仍能保存数据的特点,可为用户的特殊应用提供便利。但是,擦除和写入对于要求数据高速吞吐的应用还显得时间过长,这是 E^2PROM 芯片的主要缺陷。表 7.12 列出了几种典型 E^2PROM 芯片的主要性能数据。

表 7.12 几种典型 E^2PROM 芯片主要性能

型　号	2816	2816A	2817	2817A	2864A
取数时间/ms	250	200/250	250	200/250	250
擦/写电压/V	21	5	21	5	5
字节擦除时间/ms	10	9～15	10	10	10
写入时间/ms	10	9～15	10	10	10

由表 7.12 可见,所列各种芯片的字节擦除时间和写入时间基本上均为 10 ms,这样长的时间对于许多实际应用是不能接受的。因此,为了将存储器集成到单片机芯片内,设法缩短此类存储器的擦除和写入时间是一个首要的问题。片内闪烁存储器(Flash Memory)的概念就是在这种背景下提出来的。下面介绍 89C51 片内闪烁存储器的主要性能及其编程使用。

7.8.2 片内闪烁存储器的编程

89C51 的片内程序存储器由 FPEROM 取代了 87C51 的 EPROM 外,其余部分完全相同。89C51 的引脚与 87C51 的引脚也是完全兼容的。

89C51 的 I/O 口 P0,P1,P2 和 P3 除具有与 MCS－51 相同的一些性能和用途外,在 FPEROM 编程时,P0 口还可接收代码字节,并在程序校验时输出代码字节,但在程序校验时需要外接上拉负载电阻。在 FPEROM 编程和程序校验期间,P1 口接收低地址字节,P2 口接收高位地址位和一些控制信号，P3口也接收一些FPEROM编程和校验用的控制信号。此时，ALE/$\overline{\text{PROG}}$引脚是编程脉冲输入($\overline{\text{PROG}}$)端。在FPEROM编程期间，如果选择12V编程电压，则将12V编程电压(V_{PP})加在$\overline{\text{EA}}/V_{PP}$引脚上。

该芯片内有三个加密位，其状态可以为编程(P)或不编程(U)，各状态提供的功能见表7.15。如果加密位LB1被编程，则$\overline{\text{EA}}$脚的电平在复位时被采样并锁存。若器件在加电时不进行复位，那么该锁存器初始化为一随机值，并在复位有效前始终保持该值。为使器件工作正常，$\overline{\text{EA}}$的锁存值必须与引脚的当前逻辑电平一致。

89C51的三个加密位可以不被编程(U)或被编程(P)，以获得表7.13所示的特性。

表7.13　加密位保护模式

类　型	程序加密位			保　护　功　能
	LB1	LB2	LB3	
1	U	U	U	无程序加密特性。
2	P	U	U	可对外部程序存储器执行MOVC指令，不允许从内部存储器取代码字节。在复位脉冲期间，$\overline{\text{EA}}$被采样并锁存。禁止FPEROM的进一步编程。
3	P	P	U	与类型2相同，同时禁止校验。
4	P	P	P	与类型3相同，同时外部执行被禁止。

对89C51片内的闪烁存储器编程，只需从市场上购买通用的编程器，按照编程器的说明操作即可。如果想对写入的内容加密，只需按照编程器的菜单，选择加密功能选项即可，读者不必关心编程工作的具体细节。

7.9　其他的特殊存储器简介

在单片机应用系统设计中，有时还要根据实际需要用到其他的一些特殊存储器。下面我们对这些特殊存储器作以简单介绍。

1.加密型ROM(KEPROM)

在KEPROM中固化的程序，无法读出和复制，加密的关键字有2^{64}种可能组合，因而很难破密。典型芯片为27916，存储容量16K×8，读取时间为250 ns，单一+5V供电。

2.双端口RAM

在多CPU系统中往往要求不同的CPU对同一存储空间进行操作，这就要求存储器具有不同端口供不同CPU使用。MOTOROLA公司的MCM68H34就是一种256×8位的双端口RAM，日本富士通公司也生产了64K位双端口RAM MB8411，美国IDT公司生产的双端口RAM IDT7132/IDT7142为2K×8位，该器件的左右端口分别具有独立的地址、控制端和输入/输出端，可由两端口对存储器内任一地址作非同步读写，存取时间最快可达20 ns，并备有协调端口电路，在左、右端口选用同一地址时，可避免存取冲突。

3.先进先出RAM

先进先出RAM是按照FIFO方式进行数据的写入和读出的双端口存储器。它利用环形指针有序地读写数据，读写时不需要提供地址信息。数据的写入和读出是利用写使能端($\overline{\text{W}}$)和读使能端($\overline{R}$)来实现的。它可实现同步和异步读写。典型产品有：IDT7200(256×9)，IDT7201(512×9)，IDT7202(1K×9)，这些芯片的读写时间为 15 ns。FIFO RAM 与双端口 RAM 的主要区别是：前者不需要地址信息，后者两端口均有独立地址；两 CPU 对前者操作时，一个 CPU 仅能提供数据，另一个 CPU 仅能获得数据，数据流是单向传输，而对后者操作时，数据流可以是双向传输；前者可以同时读写同一单元，后者则不允许。

4. NOVRAM

NOVRAM 的全称是不挥发随机访问存储器。典型产品形式为背装锂电池保护的 SRAM。它实际上是厚膜集成块，将微型电池、电源检测、切换开关和 SRAM 做成一体。引脚尺寸和定义与 JEDEC 兼容，厚度较普遍存储器大一些。由于采用了 CMOS 工艺，数据保存期可达十年。NOVRAM 的读、写时序与 SRAM 兼容，所不同的是，NOVRAM 上电、掉电时，数据保护要求有特殊的时序。

NOVRAM 主要用来存放数据，与 E^2PROM 相比，它存入数据速度快，适合于存放重要的高速采集数据。如在现场调试阶段代替 EPROM 或 E^2PROM 尤为方便。然而，由于 NOVRAM 可在线实时地被改写，在运行期间被保存数据的可靠性远不及 EPROM，故不宜用来存放长期运行的程序代码。

实际应用中，也常常将 SRAM 加上后备电池保护，也同样具有 NOVRAM 的功能。CMOS 的 SRAM 用电池供电处于保护数据状态，只消耗几 μA 的电流。

思考题及习题

1. 单片机存储器的主要功能是存储(　　)和(　　)。

2. 试编写一个程序(例如将 05H 和 06H 拼为 56H)，设原始数据放在片外数据区 7001H 单元和 7002H 单元中，按顺序拼装后的单字节数放入 7002H。

3. 编写程序，将外部数据存储器中的 5000H～50FFH 单元全部清零。

4. 在 MCS－51 单片机系统中，外接程序存储器和数据存储器共用 16 位地址线和 8 位数据线，为何不会发生冲突？

5. 区分 MCS－51 单片机片外程序存储器和片外数据存储器的最可靠的方法是：

(1)看其位于地址范围的低端还是高端

(2)看其离 MCS－51 芯片的远近

(3)看其芯片的型号是 ROM 还是 RAM

(4)看其是与$\overline{RD}$信号连接还是与$\overline{PSEN}$信号连接

6. MCS－51 单片机

(1) 具有独立的专用地址线。

(2) 由 P0 口和 P1 口的口线作地址线。

(3) 由 P0 口和 P2 口的口线作地址线。

(4) 由 P1 口和 P2 口的口线作地址线。

7. 在存储器扩展中，无论是线选法还是译码法，最终都是为扩展芯片的(　　)端提供信号。

8. 在 MCS－51 中，为实现 P0 口线的数据和低位地址复用，应使用：

(1) 地址寄存器

（2）地址锁存器

（3）地址缓冲器

（4）地址译码器

9.起止范围为0000H～3FFFH的存储器的容量为(　　)KB。

10.在MCS－51中,PC和DPTR都用于提供地址,但PC是为访问(　　)存储器提供地址,而DPTR是为访问(　　)存储器提供地址。

11. 11根地址线可选(　　)个存储单元,16KB存储单元需要(　　)根地址线。

12.32K RAM存储器的首地址若为2000H,则末地址为(　　)H。

13.现有8031单片机、74LS373锁存器、1片2764 EPROM和两片6116 RAM,请使用它们组成1个单片机应用系统,要求:

(1)画出硬件电路连线图,并标注主要引脚。

(2)指出该应用系统程序存储器空间和数据存储器空间各自的地址范围。

14.使用89C51芯片外扩1片E^2PROM 2864,要求2864兼作程序存储器和数据存储器,且首地址为8000H。要求:

(1)确定2864芯片的末地址

(2)画出2864片选端的地址译码电路

(3)画出该应用系统的硬件连线图。

第 8 章

MCS－51 的 I/O 接口扩展

8.1　I/O 扩展概述

MCS－51 的输入/输出(I/O)接口是 MCS－51 单片机与外部设备(简称外设)交换信息的桥梁。I/O 扩展也属于系统扩展的一部分。虽然 MCS－51 本身具有 I/O 口,但是已经被系统总线(P0 口和 P2 口用作 16 位地址总线和 8 位数据总线)占用了一部分,真正用作 I/O 口线已不多,只有 P1 口的 8 位 I/O 线和 P3 口的某些位线可作为输入输出线使用。鉴于 MCS－51 的 I/O 资源有限,因此,在多数应用系统中,MCS－51 单片机都需要外扩 I/O 接口电路。

8.1.1　I/O 接口的功能

MCS－51 片内的 I/O 口的功能有限,有时难以满足复杂的 I/O 操作要求。MCS－51 扩展的 I/O 接口电路主要应满足以下几项功能要求:

1. 实现和不同外设的速度匹配

不同外设的工作速度差别很大,但大多数的外设的速度很慢,无法和微秒量级的单片机速度相比。单片机只能在确认外部设备已为数据传送做好准备的前提下才能进行 I/O 操作。而要知道设备是否准备好,就需要所设计的接口电路与外部设备之间传送状态信息,以实现单片机与外部设备之间的速度匹配。通常,I/O 接口采用中断方式传送数据,以提高单片机的工作效率。

2. 输出数据锁存

在单片机应用系统中,数据输出都是通过系统的数据总线来进行,但是由于单片机的工作速度快,数据在数据总线上保留的时间十分短暂,无法满足慢速输出设备的接收。所以,在扩展的 I/O 接口电路中应具有数据锁存器,以保存输出数据直至能为接收设备所接收。可见数据输出锁存应成为扩展 I/O 接口电路的一项重要功能。

3. 输入数据三态缓冲

数据输入时,输入设备向单片机传送的数据也要经过数据总线,但数据总线上面可能“挂”有多个数据源,为了传送数据时,不发生冲突,只允许当前时刻正在进行数据传送的数据源使用数据总线,其余的数据源应处于隔离状态,为此要求接口电路能为数据输入提供三态缓冲功能。

8.1.2　I/O 端口的编址

在介绍 I/O 端口编址之前,首先要弄清 I/O 接口(INTERFACE)和 I/O 端口(PORT)的概念。

I/O接口和I/O端口(PORT)是有区别的,不能混为一谈。I/O端口简称I/O口,常指I/O接口电路中带有端口地址的寄存器或缓冲器,单片机通过端口地址就可以对端口中信息进行读写。I/O接口是指单片机与外设间的I/O接口芯片。一个外设通常需要一个I/O接口,但一个I/O接口可以有多个I/O端口,传送数据的称为数据口,传送命令的称为命令口,传送状态的端口称为状态口。当然,并不是所有的外设都需要三种端口齐全的I/O接口。

因此,I/O端口的编址实际上是给所有I/O接口中的端口编址,以便CPU通过端口地址和外设交换信息。常用的I/O端口编址有两种方式,一种是独立编址方式,另一种是统一编址方式。

1.独立编址方式

独立编址就是把I/O地址空间和存储器地址空间分开进行编址。独立编址方式要求有专门针对这两种地址空间的各自的读写操作指令。此外,在硬件方面还要定义一些专用的控制信号引脚。独立编址的优点是I/O地址空间和存储器地址空间相互独立,界限分明。但是需要设置一套专门的读写I/O的指令和控制信号。

2.统一编址方式

这种编址方式是把I/O端口的寄存器与数据存储器单元同等对待,统一进行编址。统一编址方式的优点是不需要专门的I/O指令,直接使用访问数据存储器的指令进行I/O操作,简单、方便且功能强。

MCS－51单片机使用的是统一编址方式,即I/O和外部数据存储器RAM是统一编址的,用户可以把外部64K字节的数据存储器RAM空间的一部分作为扩展的I/O接口的地址空间,每一个接口芯片中的一个功能寄存器(端口)的地址就相当于一个RAM存储单元,CPU可以象访问外部存储器RAM那样访问I/O接口芯片,对其功能寄存器进行读、写操作。

8.1.3　I/O数据的几种传送方式

为了实现和不同的外设的速度匹配,I/O接口必须根据不同外设选择恰当的I/O数据传送方式。在介绍I/O接口电路前,有必要先分析I/O数据传送的几种传送方式,它们是:同步传送、异步传送和中断传送。

1.同步传送方式

同步传送又称无条件传送,类似于单片机和外部数据存储器之间的数据传送,比较简单。当外设速度能和单片机的速度相比拟时,常常采用同步传送方式。另外,当外设的工作速度非常慢,以致人们任何时候都认为它已处于“准备好”的状态时,也可以采用同步传送方式。

2.异步传送方式

异步传送又称有条件传送,也叫查询式传送。在异步传送方式下,单片机需要I/O接口为外设提供状态和数据两个端口,单片机通过状态口查询外设“准备好”后就进行数据传送。异步传送的优点是通用性好,硬件连线和查询程序十分简单,但是效率不是很高。为了提高单片机对外设的工作效率,通常采用中断传送I/O数据的方式。

3.中断传送方式

中断传送方式是利用单片机本身的中断功能和I/O接口的中断功能来实现I/O数据的传送。采用中断方式可使单片机和外设并行工作。单片机只有在外设准备好后才中断主程序,而进入外设的中断服务程序,中断服务完成后又返回主程序继续执行。因此,采用中断方式可以大大提高单片机的工作效率。

8.1.4　常用的 I/O 接口电路芯片

下面来讨论如何实现 I/O 口的扩展。MCS－51 单片机是 Intel 公司的产品，而 Intel 公司的配套的可编程接口芯片的种类齐全，并且与 MCS－51 单片机的 I/O 接口电路逻辑简单，这就为 MCS－51 单片机扩展接口芯片提供了很大方便。

Intel 公司常用的 I/O 接口芯片有：

(1)8255A：可编程的通用并行接口电路(3 个 8 位 I/O 口)。

(2)8155H：可编程的 IO/RAM 扩展接口电路(2 个 8 位 I/O 口，1 个 6 位 I/O 口，256 个 RAM 字节单元，1 个 14 位的减法定时器/计数器)。

它们都可以和 MCS－51 单片机直接相连，接口逻辑十分简单。另外 74LS 系列的 TTL 电路也可以作为 MCS－51 的扩展 I/O 口，如 74LS244、74LS273、74LS373 和 74LS377 等。本章除了介绍上述 I/O 接口电路与 MCS－51 单片机的接口设计外，还介绍如何利用 MCS－51 的串行口来扩展并行 I/O 口。

8.2　MCS－51 扩展可编程并行 I/O 芯片 8255A

8.2.1　8255A 芯片介绍

8255A 是 Intel 公司生产的可编程的并行 I/O 接口芯片，它具有 3 个 8 位的并行 I/O 口，三种工作方式，可通过编程改变其功能，因而使用灵活方便，通用性强，可作为单片机与多种外围设备连接时的中间接口电路。8255A 的引脚及内部的结构如图 8.1 和图 8.2 所示。

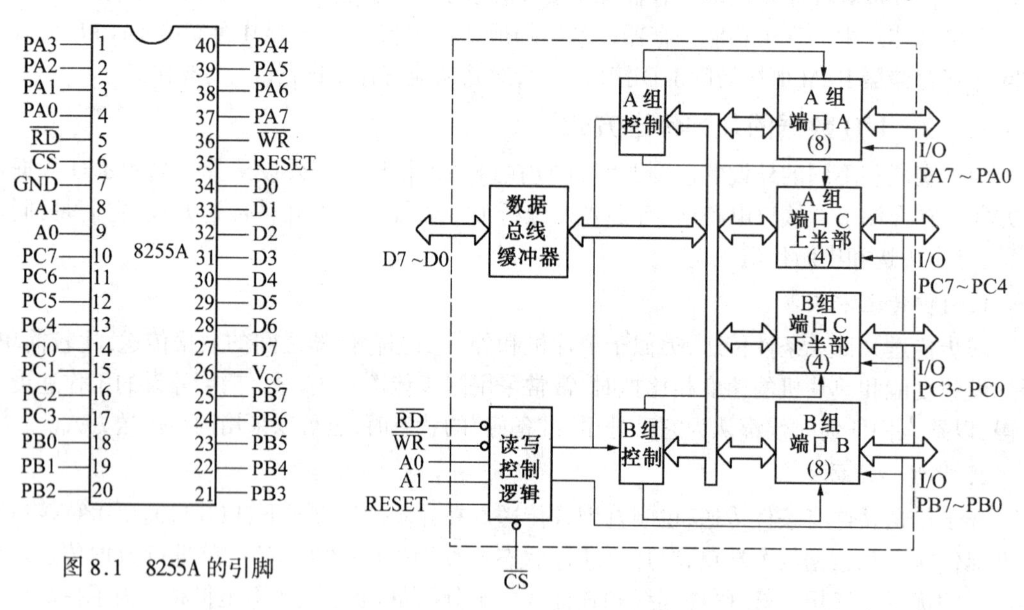

图 8.1　8255A 的引脚

图 8.2　8255A 的内部结构

1.引脚说明

由图 8.1，8255A 共有 40 个引脚，采用双列直插式封装，各引脚功能如下：

D7～D0：三态双向数据线，与单片机数据总线连接，用来传送数据信息。

$\overline{CS}$：片选信号线，低电平有效，表示芯片被选中。

$\overline{RD}$：读出信号线，低电平有效，控制数据的读出。

$\overline{WR}$:写入信号线,低电平有效,控制数据的写入。

V_{CC}: +5V电源。

PA7~PA0:A口输入/输出线。

PB7~PB0:B口输入/输出线。

PC7~PC0:C口输入/输出线。

RESET:复位信号线。

A1~A0:地址线,用来选择8255A内部端口。

2.内部结构

8255A内部结构见图8.2,其中包括三个并行数据输入/输出端口,二个工作方式控制电路,一个读/写控制逻辑电路和8位数据总线缓冲器。各部分功能如下:

(1)端口A、B、C

8255A有三个8位并行口,PA、PB和PC。都可以选择作为输入输出工作模式,但在功能和结构上有些差异。

① PA口:一个8位数据输出锁存器和缓冲器;一个8位数据输入锁存器。

② PB口:一个8位数据输出锁存器和缓冲器;一个8位数据输入缓冲器(输入不锁存)。

③ PC口:一个8位数据输出锁存器;一个8位数据输入缓冲器(输入不锁存)。

通常PA口、PB口作为输入输出口,PC口作为输入输出口,也可在软件的控制下,分为两个4位的端口,作为端口A、B选通方式操作时的状态控制信号。

(2)A组和B组控制电路

这是两组根据CPU写入的“控制字”来控制8255A工作方式的控制电路。A组控制PA口和PC口的上半部(PC7~PC4);B制控制PB口和PC口的下半部(PC3~PC0),并可根据“控制字”对端口的每一位实现按位“置位”或“复位”。

(3)数据总线缓冲器

数据总线缓冲器是一个三态双向8位缓冲器,作为8255A与系统总线之间的接口,用来传送数据、指令、控制命令以及外部状态信息。

(4)读/写控制逻辑电路

读/写控制逻辑电路接收CPU发来的控制信号$\overline{RD}$、$\overline{WR}$、RESET、地址信号A1~A0等,然后根据控制信号的要求,将端口数据读出,送往CPU,或者将CPU送来的数据写入端口。

各端口的工作状态与控制信号的关系如表8.1表所示。

表8.1 8255A端口工作状态选择表

A_1	A_0	$\overline{RD}$	$\overline{WR}$	$\overline{CS}$	工作状态
0	0	0	1	0	A口数据→数据总线(读端口A)
0	1	0	1	0	B口数据→数据总线(读端口B)
1	0	0	1	0	C口数据→数据总线(读端口C)
0	0	1	0	0	总线数据→A口(写端口A)
0	1	1	0	0	总线数据→B口(写端口B)
1	0	1	0	0	总线数据→C口(写端口C)
1	1	1	0	0	总线数据→控制字寄存器(写控制字)
×	×	×	×	1	数据总线为三态
1	1	0	1	0	非法状态
×	×	1	1	0	数据总线为三态

3. 工作方式选择控制字及 C 口置位/复位控制字

8255 有三种基本工作方式：

① 方式 0：基本输入输出；

② 方式 1：选通输入输出；

③ 方式 2：双向传送。

(1)工作方式选择控制字

三种工作方式由写入控制字寄存器的方式控制字来决定。方式控制字的格式如图 8.3 所示。三个端口中 C 口被分为两个部分，上半部分随 A 口称为 A 组，下半部分随 B 口称为 B 组。其中 A 口可工作于方式 0、1 和 2，而 B 口只能工作在方式 0 和 1。

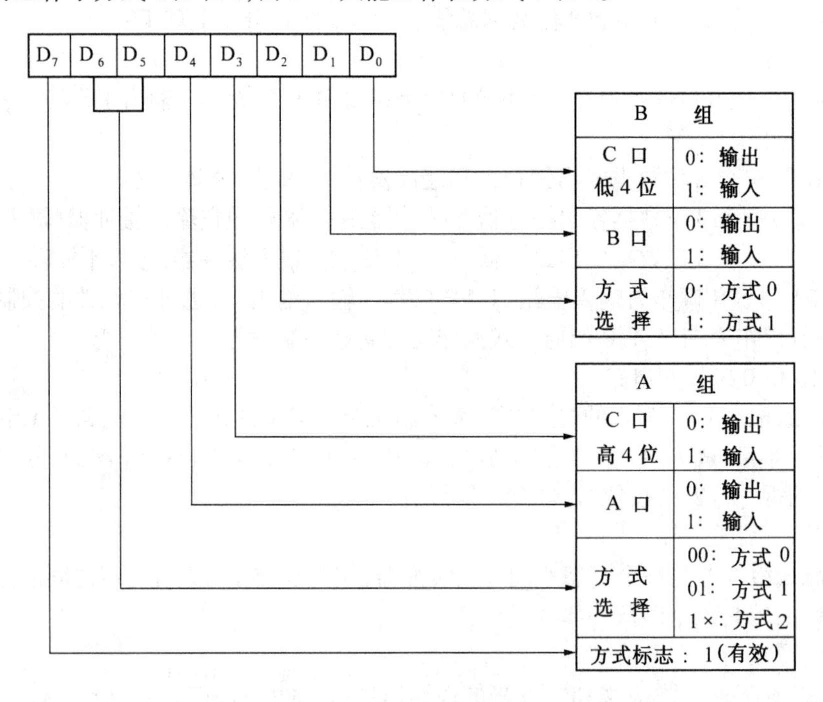

图 8.3　8255A 的方式控制字

例如：写入工作方式控制字 95H，可将 8255A 编程为：A 口方式 0 输入，B 口方式 1 输出，C 口的上半部分(PC7～PC4)输出，C 口的下半部分(PC3～PC0)输入。

(2)C 口按位置位/复位控制字

C 口 8 位中的任一位，可用一个写入控制口的置位/复位控制字来对 C 口按位置“1”或清“0”。这个功能主要用于位控。C 口按位置位/复位控制字的格式如图 8.4 所示。

例如，07H 写入控制口，置“1”PC3；08H 写入控制口，PC4 清“0”。

4. 8255A 的三种工作方式

(1)方式 0

方式 0 是一种基本的输入/输出工作方式。在这种方式下，三个端口都可以由程序设置为输入或者输出，没有固定的用于应答的联络信号。方式 0 基本功能如下：

① 具有两个 8 位端口(A、B)和两个 4 位端口(C 口的上半部分和下半部分)。

② 任何一个端口都可以设定为输入或者输出。各端口的输入、输出可构成 16 种组合。

③ 数据输出时锁存，输入时不锁存。

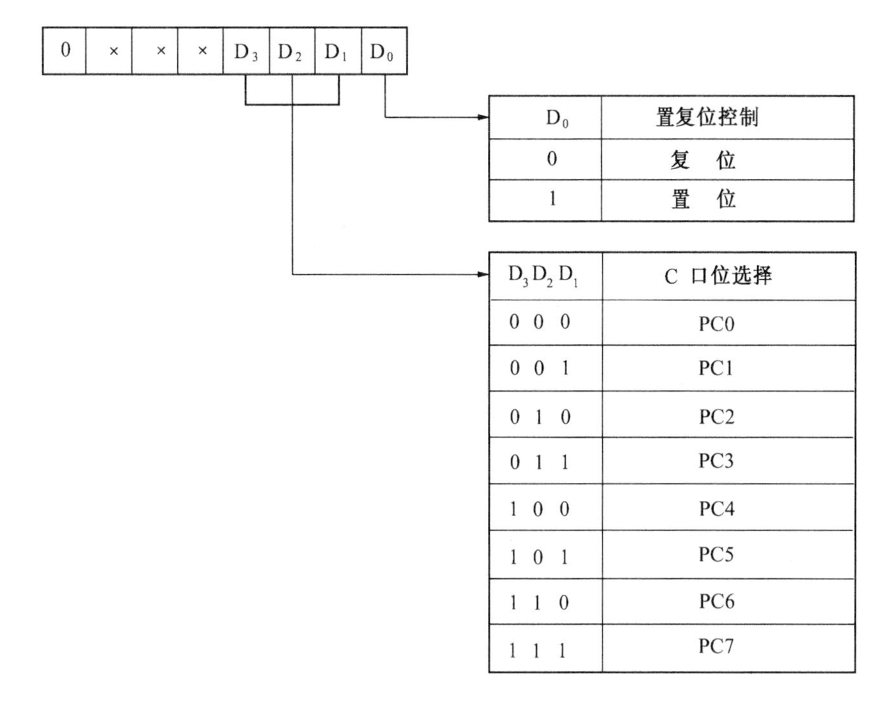

图 8.4　C口按位置位/复位控制字格式

8255A的A口、B口和C口均可设定为方式0,并可根据需要规定各端口为输入方式或输出方式。例如:设8255A的控制字寄存器地址为0FF7FH(见图8.9),则令A口和C口高4位工作在方式0输出以及B口和C口低4位工作于方式0输入,初始化的程序为:

```
MOV    DPTR, # 0FF7FH     ;控制字寄存器地址送R0
MOV    A, # 83H           ;方式控制字83H送A
MOVX   @DPTR,A            ;83H送控制字寄存器。
```

在方式0下,MCS-51可对8255A进行I/O数据的无条件传送,例如,读一组开关的状态,控制一组指示灯的亮、灭。实现这些操作,并不需要应答联络信号。外设的I/O数据可在8255A的各端口得到锁存和缓冲,也可以把其中的某几位指定为外设的状态输入位,CPU对状态位查询便可实现I/O数据的异步传送。因此,8255A的方式0属于基本输入/输出方式。

(2)方式1

方式1是一种选通式输入/输出工作方式。A口和B口皆可独立地设置成这种工作方式。在方式1下,8255A的A口和B口通常用于传送和它们相连外设的I/O数据,C口用作A口和B口的应答联络线,以实现中断方式传送I/O数据。C口的PC7~PC0应答联络线是在设计8255A时规定的,其各位分配见图8.5和图8.7,图中,标有I/O各位仍可用作基本输入/输出,不作应答联络线用。

下面简单介绍方式1输入/输出时的应答联络信号和工作原理。

① 方式1输入

当任何一个端口按照工作方式1输入时,应答联络信号如图8.5所示,各应答联络信号的功能如下:

$\overline{STB}$:选通输入,低电平有效。是由输入设备送来的输入信号。

IBF:输入缓冲器满,高电平有效。表示数据已送入输入锁存器,它由$\overline{STB}$信号的下降沿置

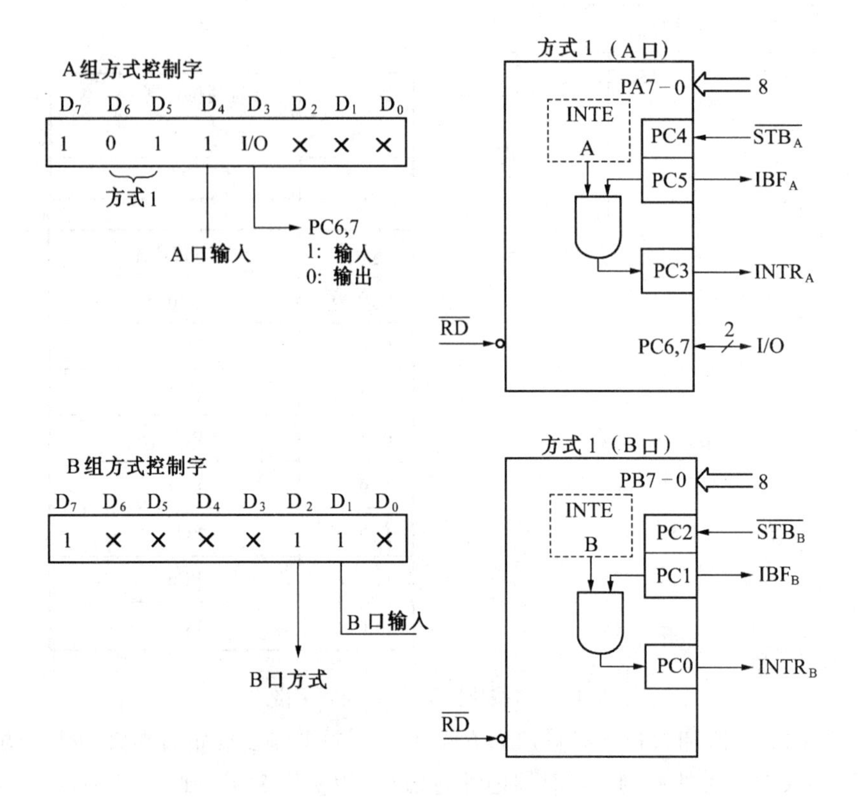

图 8.5 方式 1 输入联络信号

位，由$\overline{RD}$信号的上升沿复位。

INTR：中断请求信号，高电平有效，由 8255A 输出，向 CPU 发中断请求。

INTE A：A 口中断允许信号，由 PC4 的置位/复位来控制，INTE B 由 PC2 的置位/复位来控制。

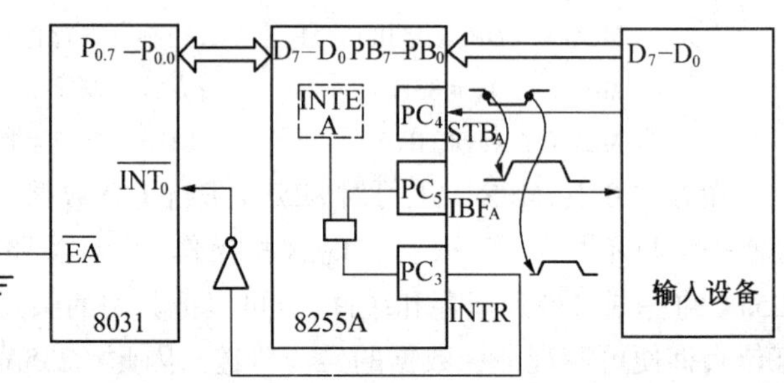

图 8.6 A 口方式 1 输入的工作示意图

下面以 A 口的方式 1 输入为例（A 口方式 1 输入工作示意图见图 8.6），介绍方式 1 输入的工作过程以及各控制联络信号的功能。

a. 当输入设备输入一个数据并送到 PA7 ~ PA0 上时，输入设备自动在选通输入线$\overline{STB_A}$上发送一个低电平选通信号。

b. 8255A 收到$\overline{STB_A}$上负脉冲后自动做两件事：一是把 PA7 ~ PA0 上输入数据存入 A 口的输入数据缓冲/锁存器；二是使输入缓冲器输出线 IBF_A 变为高电平，以通知输入设备 8255A 的 A 口已收到它送来的输入数据。

c. 8255A 同时检测到$\overline{STB_A}$变为高电平、IBF_A 为高电平时使 $INTR_A$ 变为高电平，向 CPU 发出中断请求。

d. CPU 响应中断后，可以通过中断服务程序从 A 口的“输入数据缓冲/锁存器”读取输入设备送来的输入数据。当输入数据被 CPU 读走后，8255A 撤消 $INTR_A$ 上中断请求，并使 IBF_A

变为低电平,以通知输入设备可以送下一个输入数据。

② 方式 1 输出

当任何一个端口按照工作方式 1 输出时,应答联络信号如图 8.7 所示,各联络信号的功能如下:

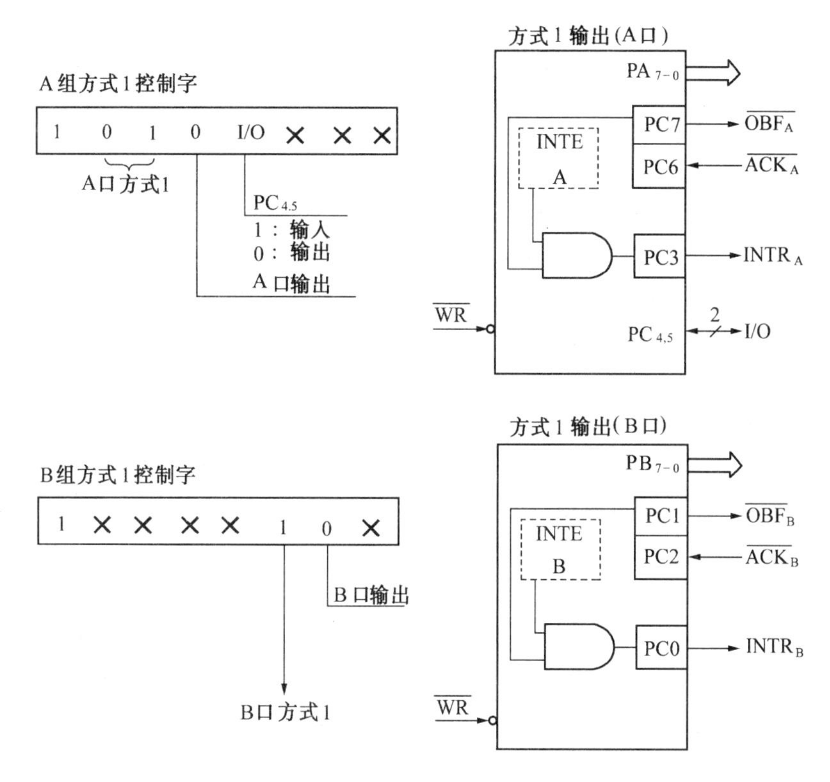

图 8.7　方式 1 输出联络信号

$\overline{OBF}$:输出缓冲器满信号,低电平有效,是 8255 输出给输出设备的联络信号。表示 CPU 已把输出数据送到指定端口,外设可以将数据取走。它由$\overline{WR}$信号的上升沿置"0"(有效),由$\overline{ACK}$信号的下降沿置"1"(无效)。

$\overline{ACK}$:外设响应信号,低电平有效。表示 CPU 输出给 8255 的数据已由输出设备取走。

INTR:中断请求信号,高电平有效。表示数据已被外设取走,请求 CPU 继续输出数据。中断请求的条件是$\overline{ACK}$、$\overline{OBF}$和 INTE(中断允许)为高电平,中断请求信号由$\overline{WR}$的下降沿复位。

INTE A:由 PC6 的置位/复位来控制。

INTE B:由 PC2 的置位/复位来控制。

图 8.8 为 B 口工作于方式 1 输出下的工作示意图。

B 口在方式 1 输出的工作过程如下:

a.8031 可以通过 MOVX　@Ri,A 指令把输出数据送到 B 口的输出数据锁存器,8255A 收到后便令输出缓冲器满引脚线$\overline{OBF_B}$(PC1)变为低电平,以通知输出设备输出数据已到达 B 口的 PB7 ~ PB0 上。

b.输出设备收到$\overline{OBF_B}$上低电平后做两件事:一是从 PB7 ~ PB0 上取走输出数据;二是使$\overline{ACK_B}$线变为低电平,以通知 8255A 输出设备已收到输出数据。

c.8255A 从回答输入线$\overline{ACK_B}$收到低电平后就对$\overline{OBF_B}$、$\overline{ACK_B}$和中断允许触发器 Q_{INIE_B} 状态

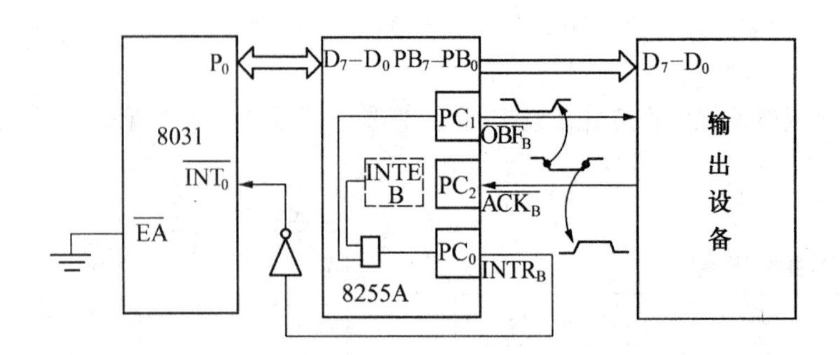

图 8.8　B 口工作于方式 1 选通输出的示意图

进行检测,若它们皆在高电平,则 $INTR_B$ 变为高电平而向 CPU 请求中断。

d.CPU 响应$\overline{INT0}$上中断请求后便可通过中断服务程序把下一个输出数据送到 B 口的输出数据锁存器,并重复上述过程,完成下一个数据的输出。

(3)方式 2

方式 2 只有 A 口才能设定。图 8.9 为方式 2 方式下的工作过程示意图。在方式 2 下,PA7 ~ PA0 为双向 I/O 总线。当作为输入总线使用时,PA7 ~ PA0 受$\overline{STB_A}$和 IBF_A 控制,其工作过程和方式 1 输入时相同;当作为输出总线使用时,PA7 ~ PA0 受$\overline{OBF_A}$和$\overline{ACK_A}$控制,其工作过程和方式 1 输出时相同。

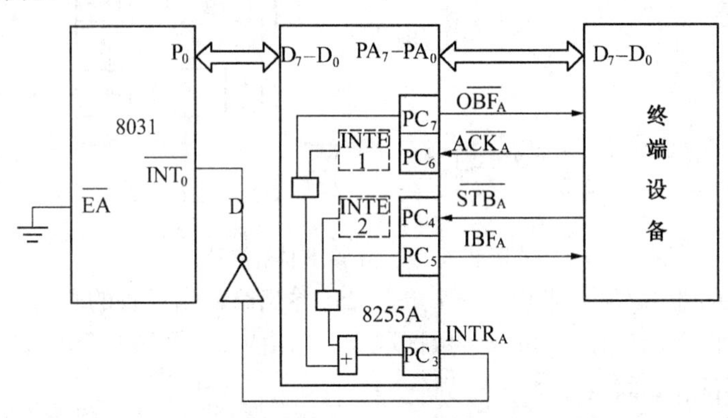

图 8.9　A 口在方式 2 下的工作示意图

方式 2 特别适用于像键盘、显示终端一类外部设备,因为有时需要把键盘上输入的编码信号通过 A 口送给 CPU,有时又需要把数据通过 A 口送给终端显示。

8.2.2.8031 单片机和 8255A 的接口设计

(1)硬件电路

如图 8.10 所示是 8031 单片机扩展一片 8255A 的电路图。图中,74LS373 是地址锁存器,8255A 的地址线 A1、A0 经 74LS373 接于 P0.1、P0.0;片选端$\overline{CS}$经 74LS373 与 P0.7 接通,其他地址线悬空;8255A 的控制线$\overline{RD}$、$\overline{WR}$直接接于 8031 的$\overline{RD}$和$\overline{WR}$端;数据线 D0 ~ D7 接于 P0.0 ~ P0.7。

(2)8255A 地址口确定

图 8.10 中 8255A 只有 3 根线接于地址线。片选$\overline{CS}$、地址选择端 A1、A0。分别接于 P0.7、P0.1、P0.0 其他地址线全悬空。显然只要保证 P0.7 为低电平时,选中该 8255,若 P0.1、P0.0 再

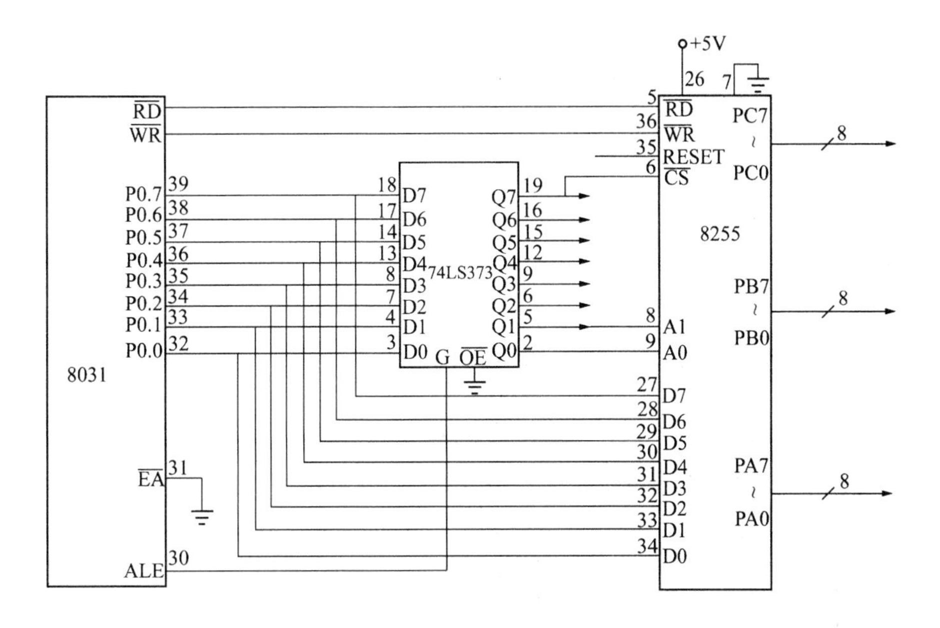

图 8.10　8031 与 8255A 接口电路

为“00”选中 8255A 的 A 口，同理 P0.1、P0.0 为“01”、“10”、“11”分别选中 B 口、C 口及控制口。若地址用 16 位表示，其他无用端全设为“1”，则 8255A 的 A、B、C 及控制口地址分别可为

FF7CH、FF7DH、FF7EH、FF7FH

如果无用位取为“0”，则 4 个地址为 0000H、0001H、0002H、0003H，只要保证 $\overline{CS}$、A1、A0 的状态，无用位设为“0”或“1”无关。掌握了确定地址的方法，使用者可灵活选择地址。

(3)软件编程

在实际的应用系统中，必须根据外围设备的类型选择 8255A 的操作方式，并在初始化程序中把相应控制字写入控制口。下面根据图 8.10，举例说明 8255A 的编程方法。

例 8.1　要求 8255A 工作在方式 0，且 A 口作为输入，B 口、C 口作为输出，则程序如下：

```
MOV     A, #90H          ;A 口方式 0 输入，B 口、C 口输出的方式控制字→A
MOV     DPTR, #0FF7FH    ;控制寄存器地址→DPTR
MOVX    @DPTR, A         ;方式控制字→控制寄存器
MOV     DPTR, #0FF7CH    ;A 口地址→DPTR
MOVX    A, @DPTR         ;从 A 口读数据
MOV     DPTR, #0FF7DH    ;B 口地址→DPTR
MOV     A, #DATA1        ;要输出的数据 DATA1→A
MOVX    @DPTR, A         ;将 DATA1 送 B 口输出
MOV     DPTR, #0FF7EH    ;C 口地址→DPTR
MOV     A, #DATA2        ;DATA2→A
MOVX    @DPTR, A         ;将 DATA2 送 C 口输出
```

例 8.2　对端口 C 的置位/复位

8255A 的 C 口 8 位中的任一位，均可用指令来置位或复位。例如，如果想把 C 口的 PC5 置 1，相应的控制字为：00001011B = 0BH（关于 8255A 的 C 口置位/复位的控制字说明参见图 8.4），程序如下：

```
MOV     DPTR, #0FF7FH    ;控制口地址→DPTR
```

```
MOV     A, # 0BH            ;控制字→A
MOVX    @DPTR,A             ;控制字→控制口,PC5 = 1
```

如果想把 C 口的第 6 位 PC5 复位,相应的控制字为:00001010B = 0AH,程序如下:

```
MOV     DPTR, # 0FF7FH      ;控制口地址→DPTR
MOV     A, # 0AH            ;控制字→A
MOVX    @DPTR,A             ;控制字送到控制口,PC5 = 0
```

8255A 接口芯片在 MCS－51 单片机应用系统中广泛用于连接外部设备,如打印机、键盘、显示器以及数字信息的输入、输出口。关于 8255A 在这些方面的具体应用请参看本书有关章节。

8.3　MCS－51 与可编程 RAM/IO 芯片 8155H 的接口

Intel 8155H 芯片内包含有 256 个字节的 RAM 存储器(静态),RAM 的存取时间为 400ns。两个可编程的 8 位并行口 PA 和 PB,一个可编程的 6 位并行口 PC,以及一个 14 位减法定时器/计数器。PA 口和 PB 口可工作于基本输入输出方式(同 8255A 的方式 0)或选通输入输出方式(同 8255A 的方式 1)。8155H 可直接和 MCS－51 单片机相连,不需要增加任何硬件逻辑。由于 8155H 既有 I/O 口又具有 RAM 和定时器/计数器,因而是 MCS－51 单片机系统中最常用的外围接口芯片之一。

8.3.1　8155H 芯片介绍

1.8155H 的结构与引脚

(1)8155H 的逻辑结构

8155H 的逻辑结构如图 8.11 所示。

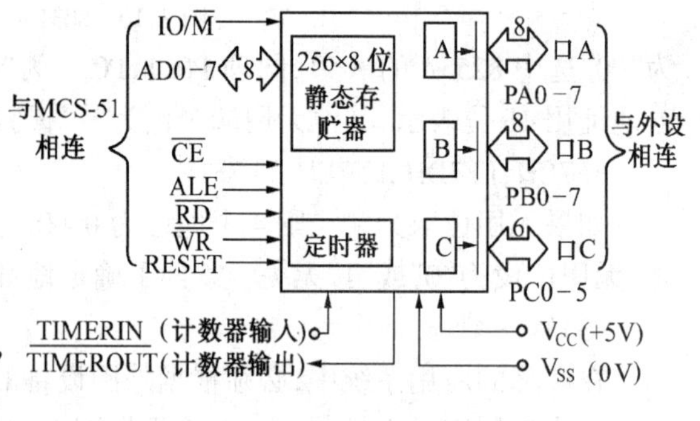

图 8.11　8155H 的逻辑结构图

(2)8155H 的引脚功能说明

如图 8.12 所示,8155H 共有 40 条引脚线,采和双列直插式封装。

① AD7～AD0(8 条):AD7～AD0 为地址/数据总线,常可和 MCS－51 的 P0 口相接,用于分时传送地址/数据信息。

② I/O 总线(22 条):PA7～PA0 为通用 I/O 线,用于传送 A 口上的外设数据,数据传送方向由 8155H 命令字决定(见图 8.13a)。PB7～PB0 为通用 I/O 线,用于传送 B 口上的外设数据,数据传送方向也由 8155H 命令字决定。PC5～PC0 为 I/O 数据/控制线,共有 6 条,在通用 I/O 方式下,用作传送 I/O 数据;在选通 I/O 方式下,用作传送命令/状态信息。

③ 控制总线(8 条):RESET:复位输入线,在 RESET 线上输入一个大于 600 ns 宽的正脉冲时,8155H 立即处于总清状态,A、B、C 三口也定义为输入方式。

$\overline{CE}$和 IO/$\overline{M}$为 8155H 片选输入线,若$\overline{CE}$ = 0,则 CPU 选中本 8155H 工作;否则,本 8155H 不工作。IO/$\overline{M}$为 I/O 端口或 RAM 存储器的选通输入线;若 IO/$\overline{M}$ = 0,则 CPU 选中 8155H 的 RAM 存储器;若 IO/$\overline{M}$ = 1,则 CPU 选中 8155H 片内某一寄

8155H

引脚	序号	序号	引脚
PC3	1	40	V_{CC}
PC4	2	39	PC2
TIMERIN	3	38	PC1
RESET	4	37	PC0
PC5	5	36	PB7
TIMEROUT	6	35	PB6
IO/$\overline{M}$	7	34	PB5
$\overline{CE}$	8	33	PB4
$\overline{RD}$	9	32	PB3
$\overline{WR}$	10	31	PB2
ALE	11	30	PB1
AD0	12	29	PB0
AD1	13	28	PA7
AD2	14	27	PA6
AD3	15	26	PA5
AD4	16	25	PA4
AD5	17	24	PA3
AD6	18	23	PA2
AD7	19	22	PA1
V_{SS}	20	21	PA0

图 8.12　8155H 的引脚

存器。

$\overline{RD}$和$\overline{WR}$:$\overline{RD}$是 8155H 的读/写命令输入线,$\overline{WR}$为写命令线,当$\overline{RD}$=0 和$\overline{WR}$=1 时,8155H 处于读出数据状态;当$\overline{RD}$=1 和$\overline{WR}$=0 时,8155H 处于写入数据状态。

ALE:为允许地址输入线,高电平有效。若 ALE=1,则 8155H 允许 AD7~AD0 上地址锁存到"地址锁存器";否则,8155H 的地址锁存器处于封锁状态。8155H 的 ALE 常和 MCS-51 的同名端相连。

TIMERIN 和$\overline{TIMEROUT}$:TIMERIN 是计数器输入线,其脉冲上跳沿用于对 8155 片内 14 位计数器减 1。$\overline{TIMEROUT}$为计数器输出线,当 14 位计数器从计满回零时就可以在该引线上输出脉冲或方波输出信号的形状和计数器工作方式有关。

④电源线(2 条):V_{CC}为 +5V 电源输入线,V_{SS}为接地线。

2. CPU 对 8155 I/O 口的控制

8155H A、B、C 三个端口的数据传送是由命令字和状态字控制的。

(1) 8155H 端口地址

8155H 内部有 7 个寄存器,需要三位地址来加以区分。表 8.2 列出了端口地址分配。

表 8.2　8155H 端口地址分配

$\overline{CE}$	IO/$\overline{M}$	A7	A6	A5	A4	A3	A2	A1	A0	所选端口
0	1	×	×	×	×	×	0	0	0	命令/状态寄存器
0	1	×	×	×	×	×	0	0	1	A 口
0	1	×	×	×	×	×	0	1	0	B 口
0	1	×	×	×	×	×	0	1	1	C 口
0	1	×	×	×	×	×	1	0	0	计数器低 8 位
0	1	×	×	×	×	×	1	0	1	计数器高 6 位
0	0	×	×	×	×	×	×	×	×	RAM 单元

注:× 表示 0 或 1。

(2) 8155H 的命令字

在 8155H 的控制逻辑部件中,设置有一个控制命令寄存器和一个状态标志寄存器。8155H 的工作方式由 CPU 写入命令寄存器中的命令字来确定。命令寄存器只能写入不能读出,命令寄存器的 4 位用来设置 A 口、B 口和 C 口的工作方式。D4、D5 位用来确定 A 口、B 口以选通输入输出方式工作时是否允许中断请求。D6、D7 位用来设置定时器/计数器的操作。命令字的格式如图 8.13a 所示。

(3) 8155H 的状态字

另外,在 8155H 中还设置有一个状态标志寄存器,用来存入 A 口和 B 口的状态标志。状态标志寄存器的地址与命令寄存器的地址相同,CPU 只能对其读出,不能写入。状态寄存器的格式如图 8.13b 所示,CPU 可以直接查询。

下面仅对状态字中的 D6 位作以说明:

D6 为定时器中断状态标志位。若定时器正在计数或开始计数前,则 D6=0;若定时器的计数长度已计满,则 D6=1。在硬件复位或对它读出后又恢复为 0。

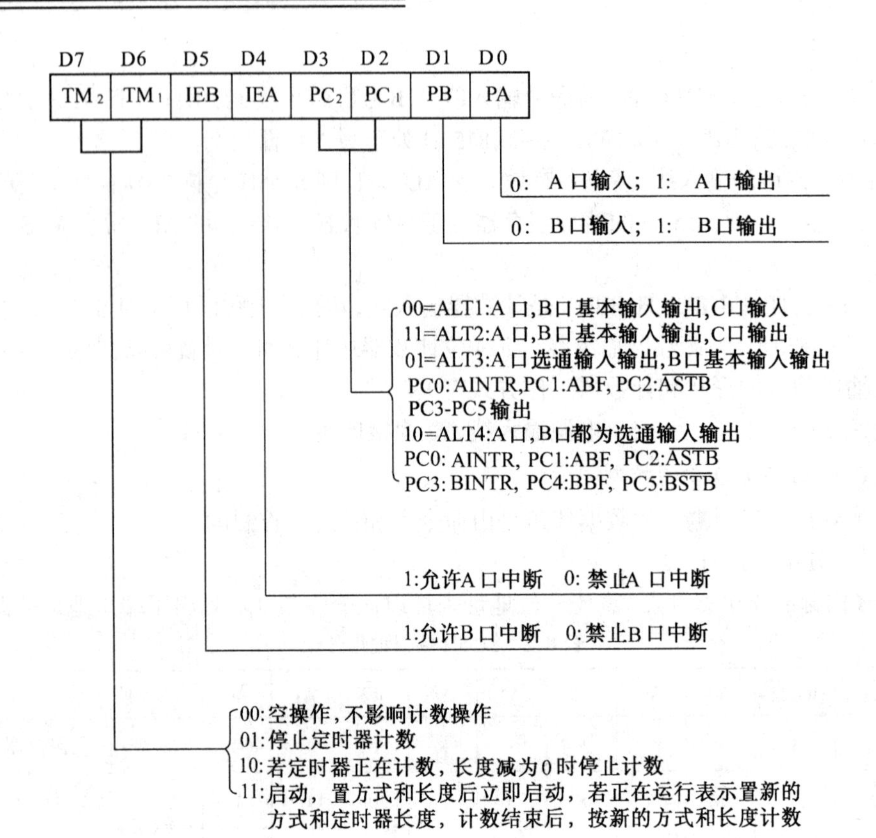

图 8.13a　8155H 的命令字

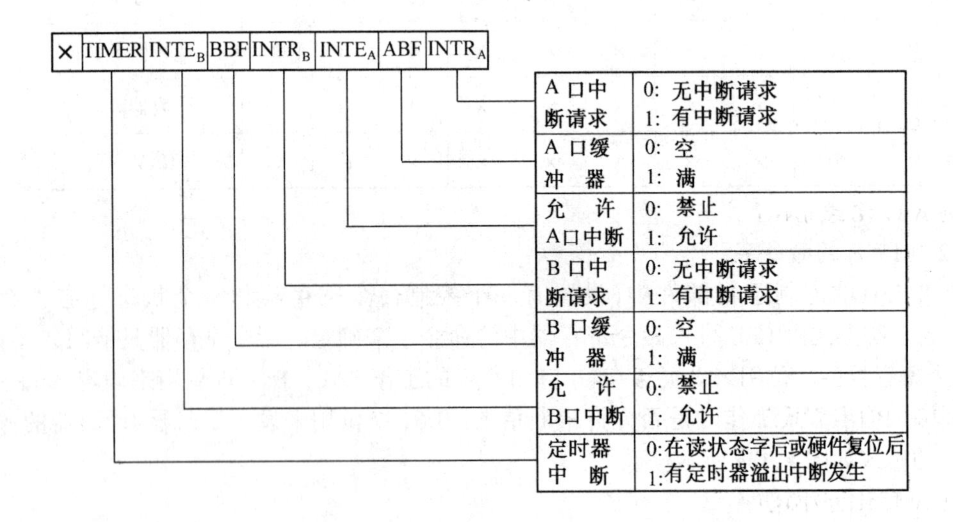

图 8.13b　8155H 的状态字

3．8155H 的工作方式

(1)存储器方式

8155H 的存储器方式用于对片内 256 字节 RAM 单元进行读写，若 $IO/\overline{M}=0$ 和 $\overline{CE}=0$，则 8155H 立即处于本工作方式。此时，CPU 可以通过 AD7～AD0 上的地址选择 RAM 存储器中任一单元读写。

(2)I/O 方式

8155H 的 I/O 方式又可分为基本 I/O 和选通 I/O 两种工作方式,如表 8.3 所示。在 I/O 方式下,8155H 可选择对片内任一寄存器读写,端口地址由 A2、A1、A0 三位决定(见表 8.2)。

表 8.3　C 口在两种 I/O 工作方式下各位定义

C 口	通用 I/O 方式		选通 I/O 方式	
	ALT_1	ALT_2	ALT_3	ALT_4
PC_0	输入	输出	A INTR (A 口中断)	A INTR(A 口中断)
PC_1	输入	输出	A BF (A 口缓冲器满)	A BF(A 口缓冲器满)
PC_2	输入	输出	$\overline{\text{A STB}}$(A 口选通)	$\overline{\text{A STB}}$(A 口选通)
PC_3	输入	输出	输出	B INTR (B 口中断)
PC_4	输入	输出	输出	B BF (B 口缓冲器满)
PC_5	输入	输出	输出	B STB(B 口选通)

①基本 I/O 方式

在本方式下,A、B、C 三口用作输入/输出,由图 8.13a 所示的命令字决定。其中,A、B 两口的输入/输出由 D1、D0 决定,C 口各位由 D3、D2 状态决定。例如:若把 02H 的命令字送到 8155H 命令寄存器,则 8155H A 口和 C 口各位设定为输入方式,B 口设定为输出方式。

②选通 I/O 方式

由命令字中 D3、D2 状态设定,A 口和 B 口都可独立工作于这种方式。此时,A 口和 B 口用作数据口,C 口用作 A 口和 B 口的联络控制。C 口各位联络线的定义是在设计 8155H 时规定的,其分配和命名如表 8.3 所列。

选通 I/O 方式又可分为选通输入和选通输出两种方式:

a.选通输入

A 口和 B 口都可设定为本工作方式:若命令字中 D0 = 0 和 D3、D2 = 10B(或 11B),则 A 口设定为本工作方式;若命令字中 D1 = 0 和 D2、D2 = 11B,则 B 口设定为本工作方式。选通输入的工作过程和 8255 A 的选通输入的情况类似,如图 8.14 所示。

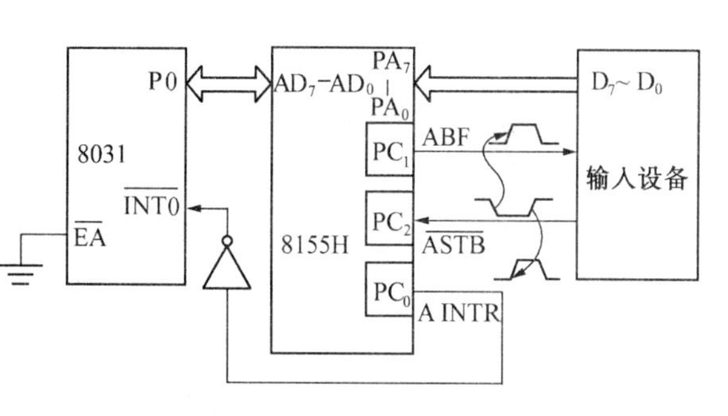

图 8.14　选通 I/O 数据输入示意图

b.选通输出

A 口和 B 口都可设定为本工作方式:若命令字中 D0 = 1 和 D3、D2 = 10B(或 11B),则 A 口设定为本工作方式;若命令字中 D1 = 1 和 D3、D2 = 11B,则 B 口设定为本工作方式。选通输出过程也和 8255A 选通输出时情况类似,如图 8.15 所示。

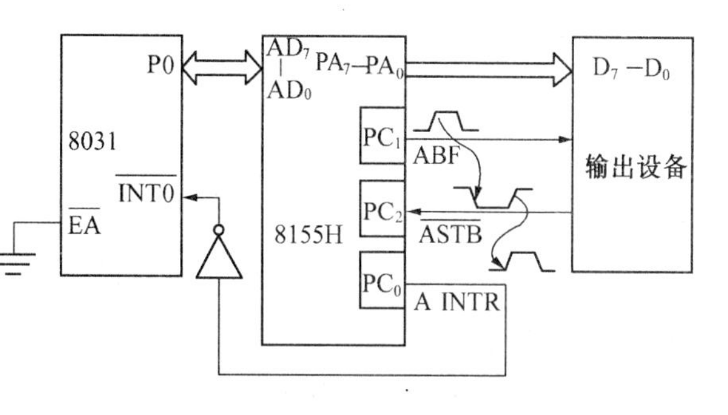

图 8.15　选通 I/O 数据输出示意图

4. 8155H 内部定时器/计数器及使用

在 8155H 中还设置有一个 14 位的减 1

计数器,可用来定时或对外部事件计数,CPU 可通过程序选择计数长度和计数方式。计数长度和计数方式由输入给计数寄存器的计数控制字来确定,计数寄存器的格式如图 8.16 所示。

	D_7							D_0
T_L(04H)	T_7	T_6	T_5	T_4	T_3	T_2	T_1	T_0

	D_7							D_0
T_H(05H)	M2	M1	T_{13}	T_{12}	T_{11}	T_{10}	T_9	T_8

图 8.16 8155H 计数寄存器的格式

其中 T13 ~ T0 为计数长度。M2、M1 用来设置定时器的输出方式。8155H 定时器 4 种工作方式及相应的 $\overline{\text{TIMEROUT}}$脚输出波形如图 8.17所示。

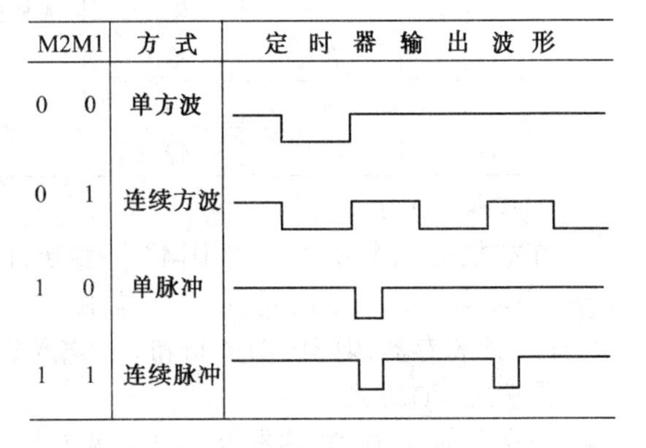

图 8.17 8155H 定时器方式及$\overline{\text{TIMEROUT}}$脚输出波形

任何时候都可以置定时器的长度和工作方式,但是必须将启动命令字写入命令寄存器。如果定时器正在计数,那么,只有在写入启动命令之后,定时器才接收新的计数长度并按新的工作方式方式计数。

若写入定时器的初值为奇数,方波输出是不对称的,例如初值为 9 时,定时器输出的 5 个脉冲周期内为高电平,4 个脉冲周期内为低电平,如图 8.18 所示。

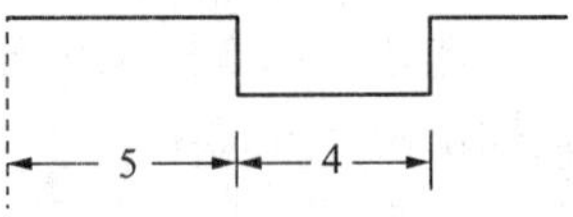

值得注意的是,8155H 的定时器初值不是从 0 开始,而要从 2 开始。这是因为如果选择定时器的输出为方波形式(无论是单方波还是连续方波),则规定是从启动计数开始,前一半计数输出为高电平,后一半计数输出为低电平。显然,如果计数初值是 0 或 1,就无法产生这种方波。因此写入 8155H 计数器的计数初值是 2H ~ 3FFFH。

图 8.18 不对称方波输出(长度为 9)

如果硬要将 0 或 1 作为初值写入,其效果将与送入初值 2 的情况一样。

8155H 复位后并不预置定时器的方式和长度,但是停止计数器计数。

8.3.2 MCS-51 与 8155H 的接口及软件编程

1. MCS-51 与 8155H 的硬件接口电路

MCS-51 单片机可以和 8155H 直接连接而不需要任何外加逻辑器件。8031 和 8155H 的接口电路如图 8.19 所示。

在图 8.19 中,8031 单片机 P0 口输出的低 8 位地址不需要另加锁存器而直接与 8155H 的 AD0 ~ AD7 相连,既作低 8 位地址总线又作数据总线,地址锁存直接用 ALE 在 8155H 锁存。8155H 的$\overline{\text{CE}}$端接 P2.7,IO/$\overline{\text{M}}$端与 P2.0 相连。当 P2.7 为低电平时,若 P2.0 = 1,访问 8155H 的 I/O 口;若 P2.0 = 0,访问 8155H 的 RAM 单元。由此我们得到图 8.19 中 8155H 的地址编码如下:

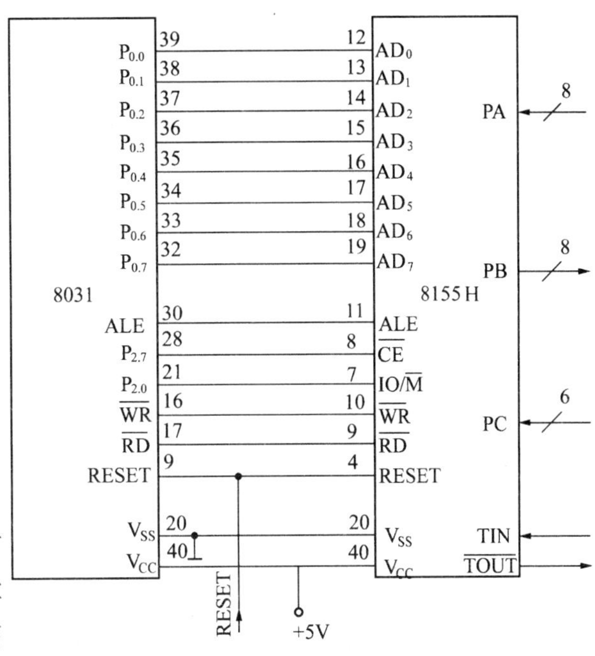

图8.19　8155H和8031的接口电路

RAM单元地址:　　7E00H～7EFFH

I/O口地址:

命令/状态口:　　7F00H

PA口:　　7F01H

PB口:　　7F02H

PC口:　　7F03H

定时器低8位:　　7F04H

定时器高6位:　　7F05H

2. 8155H编程举例

根据图8.19所示的接口电路,说明对8155H的操作方法。

3.初始化程序设计

例8.3　若A口定义为基本输入方式,B口定义为基本输出方式,对输入脉冲进行24分频(8155H的计数器的最高计数频率为4MHz),则8155H的I/O初始化程序如下:

```
START: MOV   DPTR, #7F04H    ;指向定时器低8位
       MOV   A, #18H         ;计数常数18H
       MOVX  @DPTR,A         ;计数常数低8位装入
       INC   DPTR            ;指向定时器高8位
       MOV   A, #40H         ;设定时器连续方波输出
       MOVX  @DPTR,A         ;定时器高6位装入
       MOV   DPTR, #7F00H    ;指向命令/状态口
       MOV   A, #0C2H        ;命令字设定
       MOVX  @DPTR,A         ;A口为基本输入方式,B口为基本输出方式,开启定时器
```

例8.4　读8155H RAM的F1H单元内容。

程序如下:

```
MOV   DPTR, #7EF1H    ;指向8155H的F1H单元
MOVX  A,@DPTR         ;F1H单元内容→A
```

例8.5　将立即数41H写入8155H RAM的20H单元。

程序如下:

```
MOV   A, #41H         ;立即数→A
MOV   DPTR, #7E20H    ;指向8155H的20H单元
MOVX  @DPTR,A         ;立即数41H送到8155H RAM的20H单元
```

在同时需要扩展RAM和I/O的MCS－51应用系统中,选用8155H特别经济。8155H的RAM可以作为数据缓冲器,8155H的I/O口可以外接打印机、BCD码拨盘开关,以及作为控制信号输入输出口。8155H的定时器还可以作为分频器或定时器。所以8155H芯片是单片机应用系统中最常用的外围接口芯片之一。

本节介绍了8155H芯片及其工作方式、接口电路和软件编程。还有与之类似芯片如8156H,该芯片选片端$\overline{CE}$高电平有效外,其他功能及引脚与8155H完全相同。

8.4 用 74LSTTL 电路扩展并行 I/O 口

在 MCS－51 单片机应用系统中，采用 TTL 电路、CMOS 电路锁存器或三态门电路也可构成各种类型的简单输入/输出口，在有些场合要降低成本、缩小体积。通常这种 I/O 都是通过 P0 口扩展。由于 P0 口只能分时使用，故构成输出口时，接口芯片应具有锁存功能；构成输入口时，根据输入数据是常态还是暂态，要求接口芯片应能三态缓冲或锁存选通。数据的输入、输出由单片机的读/写信号控制。

8.4.1 用 74LS377 扩展 8 位并行输出口

通过 P0 口扩展输出口时，锁存器被视为一个外部 RAM 单元，输出控制信号为 $\overline{WR}$。

74LS377 为带有允许输出端的 8D 锁存器，有 8 个 D 输入端，8 个 Q 输出端，一个时钟输入端 CP，一个锁存允许信号 $\overline{E}$。当 $\overline{E}=0$ 时，CP 端的上跳变将把 8 位 D 输入端的数据打入 8 位锁存器，这时在 Q 输出端将保持 D 端输入的 8 位数据。利用 74LS377 的这些特性，可以将其作为 8031 系统中的一个 8 位输出口，接口电路如图 8.20 所示。

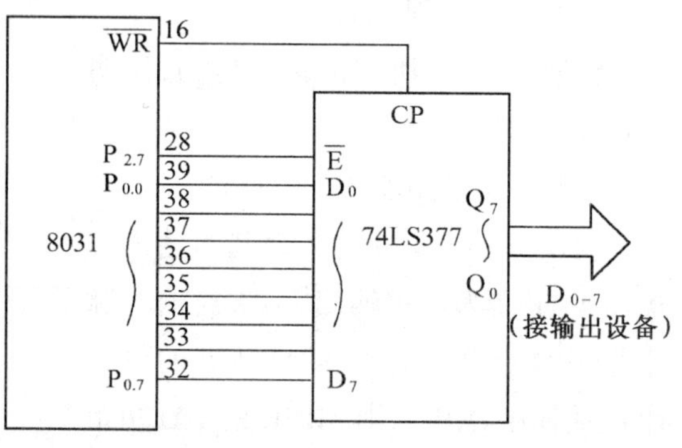

图 8.20 8031 和 74LS377 的接口

图 8.20 中，8031 的 P0 口与 74LS377 的 D 端相连，$\overline{WR}$与 CP 相连，P2.7 作为 74LS377 的片选信号。当 P2.7 低电平有效时，在$\overline{WR}$的上升沿，P0 口输出的数据将被 74LS377 锁存起来，并在 Q 端输出。

图 8.20 中 74LS377 的口地址为 7FFFH，若将一个数据字节由 74LS377 输出，则执行下面程序：

```
MOV     DPTR, #7FFFH     ;地址指针指向 74LS377
MOV     A, #DATA         ;待输出数据→A
MOVX    @DPTR,A          ;输出数据
```

8.4.2 用 74LS373 扩展 8 位并行输入口

74LS373 是一个三态门的 8D 锁存器(已在第 7 章中介绍)，它可以作为 8031 外部的一个扩展输入口，接口电路如图 8.21 所示。

接口电路的工作原理：当外设把数据准备好后，发出一个控制信号 XT 加到 373 的 G 端，即锁存控制端，使输入数据在 373 中锁存。同时，XT 信号加到 8031 单片机的中断请求$\overline{INT0}$端，单片机响应中断，在中断服务程序中执行下面程序：

```
MOV     DPTR, #0BFFFH
MOVX    A, @DPTR
```

在执行上面的第二条指令时，P2.6＝0，$\overline{RD}$有效，通过或门后加到 373 的$\overline{OE}$端，即 373 的三态门控制端，使三态门畅通，锁存的数据读入到累加器 A 中。

8.4.3 用三态门扩展 8 位并行输入口

对于常态数据的输入，只需采用 8 位三态门控制电路芯片即可。图 8.22 是用 74LS244 通过 P0 口扩展的 8 位并行输入口。图中，三态门由 P2.6 和$\overline{RD}$逻辑或控制，其数据输入使用以下几条指令：

```
MOV     DPTR,#0BFFFH     ;指向74LS244口地址
MOVX    A,@DPTR          ;读入数据
```

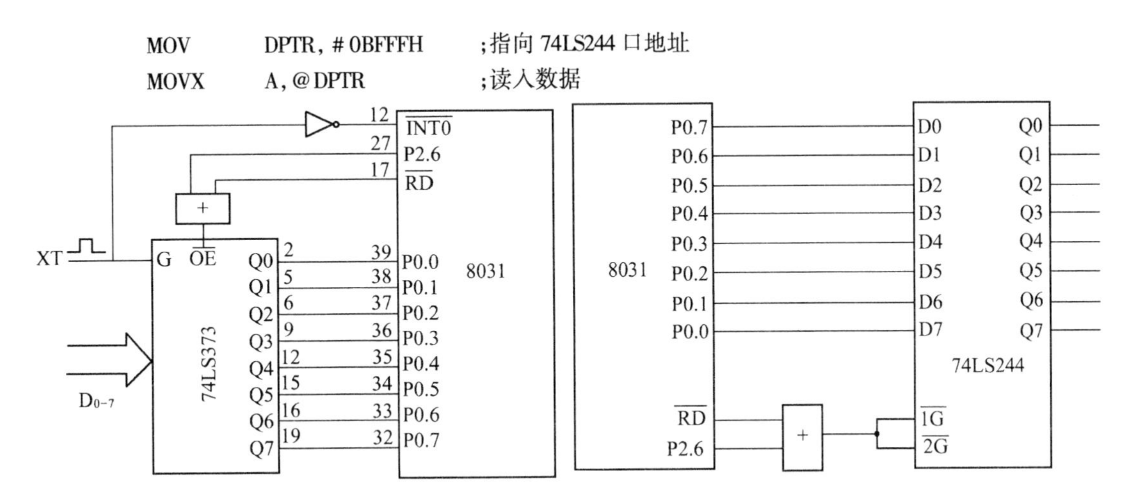

图8.21 用74LS373扩展并行输入口　　　　图8.22 用74LS244扩展并行输入口

8.4.4 采用74LSTTL的I/O接口扩展应用举例

如图8.23所示是一个利用74LS273和74LS244,将8位P0接口扩展成简单的输入、输出口的电路。74LS273是8D锁存器扩展输出口,输出端接8个LED发光二极管,以显示8个按钮开关状态,某位低电平时二极管发光。74LS244是缓冲驱动器,扩展输入口,它的8个输入端分别接8个按钮开关。74LS273与74LS244的工作受P2.0、$\overline{RD}$、$\overline{WR}$三条控制线控制。

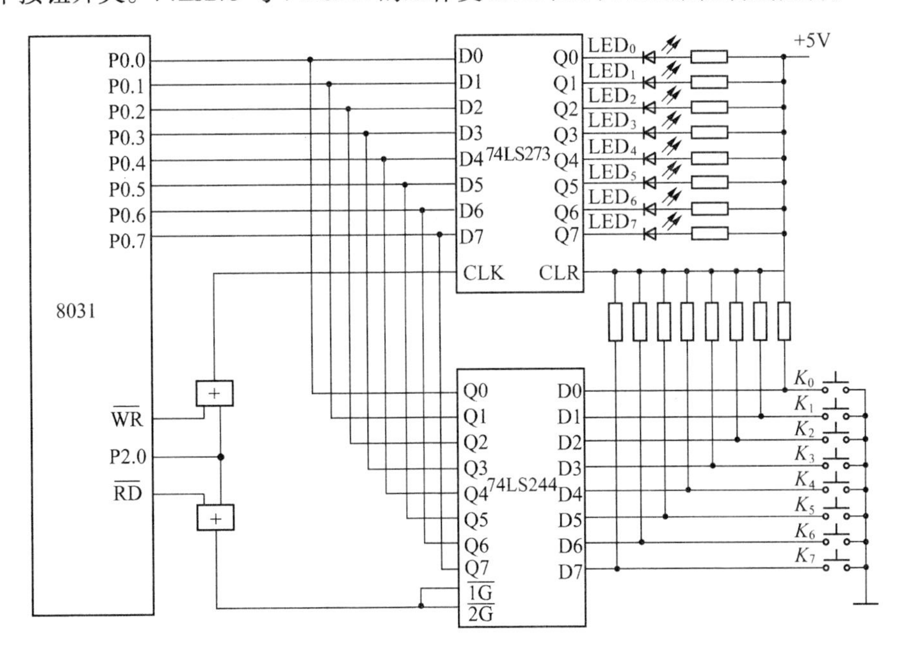

图8.23 74LSTTL I/O扩展举例

电路工作原理如下。

当P2.0 = 0,$\overline{WR}$ = 0($\overline{RD}$ = 1)选中74LS273芯片,CPU通过P0接口输出数据锁存到74LS273,74LS273的输出端低电平位对应的LED发光二极管点亮;当P2.0 = 0,$\overline{RD}$ = 0($\overline{WR}$ = 1)时选中74LS244,此时若无按钮开关按下,输入全为高电平,当某按钮开关按下时则对应位输入为"0",74LS244的输入端不全为"1",其输入状态通过P0接口数据线被读入8031片内。

总之,在图 8.23 中只要保证 P2.0 端低电平就有可能使扩展输入口/输出口工作,至于哪一个口工作受$\overline{WR}$和$\overline{RD}$控制线控制,二者不会同时为“0”,故在图 8.23 中,两个扩展芯片可共用一个地址。

扩展口地址确定原则,只要保证 P2.0 为“0”,其他地址位或“0”或“1”即可。如地址用 FEFFH(无效位全为“1”),或用 0000H(无效位全为“0”)。

输出程序段:

```
MOV     A, # data          ;数据→A
MOV     DPTR, # 0FEFFH     ;I/O 地址→DPTR
MOVX    @DPTR,A            ;WR为低电平,数据经 74LS273 口输出
```

输入程序段:

```
MOV     DPTR, # 0FEFFH     ;I/O 地址→DPTR
MOVX    A,@DPTR            ;RD为低电平,74LS244 接口数据读入内部 RAM
```

例 8.6　编写程序把按钮开关状态通过图 8.23 中的发光二极管显示出来。

程序:

```
LP:   MOV     DPTR, # 0FEFFH    ;输入口地址→DPTR
      MOVX    A,@DPTR           ;按钮开关状态读入 A 中
      MOVX    @DPTR,A           ;A 数据送显示输出口
      SJMP    LP                ;(输入、输出共用一地址)反复连续执行
```

从这个程序可看出,对于接口的输入/输出就像从外部 RAM 读/写数据一样方便。图 8.23 仅仅扩展了两片,如果仍不够用,还可扩展多片 244,273 之类的芯片。但作为输入口时,一定要求有三态功能,否则将影响总线的正常工作。

8.5　用 MCS－51 的串行口扩展并行口

MCS－51 串行口的方式 0 可用于 I/O 扩展。如果在应用系统中,串行口未被使用,那么将它用来扩展并行 I/O 口既不占用片外的 RAM 地址,又节省硬件开销,是一种经济、实用的方法。

在方式 0 时,串行口作同步移位寄存器,其波特率是固定的,为 fosc/12(fosc 为系统振荡器频率)。数据由 RXD 端(P3.0)出入,同步移位时钟由 TXD 端(P3.1)输出。发送、接收的是 8 位数据,低位在先。

8.5.1　用 74LS165 扩展并行输入口

图 8.24 是利用两片 74LS165 扩展二个 8 位并行输入口的接口电路。

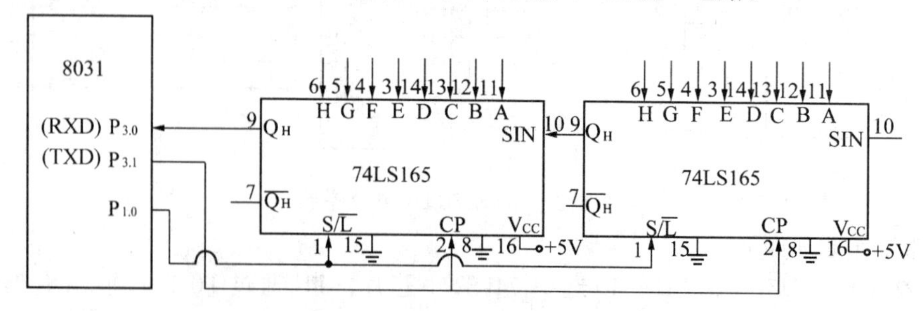

图 8.24　利用 74LS165 扩展并行输入口

74LS165 是 8 位并行置入串行输出移位寄存器。当移位/置入(S/$\overline{L}$)由高到低跳变时,并行

输入端的数据被置入寄存器；当 $S/\overline{L}=1$，且时钟禁止端（第15脚）为低电平时，允许时钟输入，这时在时钟脉冲的作用下，数据将由 SIN 到 Q_H 方向移位。

图8.24中，TXD(P3.1)作为移位脉冲输出端与所有74LS165的移位脉冲输入端CP相连；RXD(P3.0)作为串行输入端作74LS165的串行输出端 Q_H 相连；P1.0用来控制74LS165的移位与置入而同 $S/\overline{L}$ 相连；74LS165的时钟禁止端（15脚）接地，表示允许时钟输入。当扩展多个8位输入口时，两芯片的首尾（Q_H 与 S_{IN}）相连。

例8.7 下面的程序是从16位扩展口读入5组数据（每组二个字节），并把它们转存到内部RAM 20H开始的单元中。

```
        MOV   R7, #05H          ;设置读入组数
        MOV   R0, #20H          ;设置内部 RAM 数据区首址
START:  CLR   P1.0              ;并行置入数据,S/L=0
        SETB  P1.0              ;允许串行移位,S/L=1
        MOV   R1, #02H          ;设置每组字节数,即外扩 74LS165 的个数
RXDATA: MOV   SCON, #00010000B  ;设串行口方式 0,允许接收,启动接收过程
WAIT:   JNB   RI,WAIT           ;未接收完一帧,循环等待
        CLR   RI                ;清 RI 标志,准备下次接收
        MOV   A,SBUF            ;读入数据
        MOV   @R0,A             ;送至 RAM 缓冲区
        INC   R0                ;指向下一个地址
        DJNZ  R1,RXDATA         ;未读完一组数据,继续
        DJNZ  R7,START          ;5 组数据未读完重新并行置入
        ……                      ;对数据进行处理
```

上面的程序对串行接收过程采用的是查询等待的控制方式，如有必要，也可改用中断方式。从理论上讲，按图8.24方法扩展的输入口几乎是无限的，但扩展的越多，口的操作速度也就越慢。

8.5.2 用74LS164扩展并行输出口

74LS164是8位串入并出移位寄存器。图8.25是利用74LS164扩展两个8位并行输出口的接口电路。

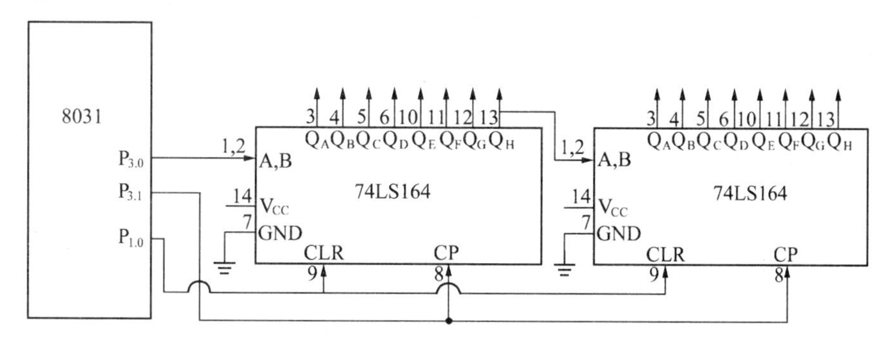

图8.25 利用74LS164扩展并行输出口

当MCS-51单片机串行口工作在方式0的发送状态时，串行数据由P3.0(RXD)送出，移位时钟由P3.1(TXD)送出。在移位时钟的作用下，串行口发送缓冲器的数据一位一位地移入74LS164中。需要指出的是，由于74LS164无并行输出控制端，因而在串行输入过程中，其输出端的状态会不断变化，故在某些应用场合，在74LS164的输出端应加接输出三态门控制，以便

保证串行输入结束后再输出数据。

例 8.8 下面是将 RAM 缓冲区 30H、31H 的内容经串行口由 74LS164 并行输出子程序。

```
START:  MOV   R7, #02H      ;设置要发送的字节个数
        MOV   R0, #30H      ;设置地址指针
        MOV   SCON, #00H    ;设置串行口为方式 0
SEND:   MOV   A, @R0
        MOV   SBUF,A        ;启动串行口发送过程
WAIT:   JNB   TI,WAIT       ;一帧数据未发送完,循环等待
        CLR   TI
        INC   R0            ;取下一个数
        DJNZ  R7,SEND       ;
        RET
```

思考题及习题

1.I/O 接口和 I/O 端口有什么区别？I/O 接口的作用是什么？

2.I/O 数据传送有哪几种传送方式？分别在哪些场合下使用？

3.编写程序，采用 8255A 的 C 口按位置复位控制字，将 PC7 置“0”，PC4 置“1”，(已知 8255A 各端口的地址为 7FFCH～7FFFH)。

4. 8255A 的方式控制字和 C 口按位置复位控制字都可以写入 8255A 的控制寄存器，8255A 是如何来区分这两个控制字的？

5.假设 8255A 的控制寄存器的的地址为 7FFFH，要求 8255A 的三个端口都工作在方式 0，且 A 口为输入，B 口、C 口为输出，请画出 8031 与 8255A 的接口电路图，并编写初始化程序。

6.由图 8－6 来说明 8255A 的 A 口在方式 1 选通输入方式下的工作过程。

7.8155H 的端口都有哪些？8155H 的哪些引脚决定端口的地址？引脚 TIMERIN 和 $\overline{\text{TIMEROUT}}$的作用是什么？

8.判断下列说法是否正确，为什么？

(1) 由于 8155H 不具有地址锁存功能，因此在与 8031 的接口电路中必须加地址锁存器。

(2) 在 8155H 芯片中，决定端口和 RAM 单元编址的信号是 AD0—AD7 和$\overline{\text{WR}}$。

(3) 8255A 具有三态缓冲器，因此可以直接挂在系统的数据总线上。

(4) 8255A 的 B 口可以设置成方式 2。

9.现有一片 8031，扩展了一片 8255A，若把 8255A 的 B 口用作输入，B 口每一位接一个开关，A 口用作输出，A 口每一位接一个发光二极管。请画出电路原理图，并编写出 B 口开关接 1 时，A 口相应位发光二极管点亮的程序。

10.假设 8155H 的 TIMERIN 引脚输入脉冲的频率为 4MHz？请问 8155H 的最大定时时间是多少？

11.MCS－51 的并行接口的扩展有多种方法，在什么情况下采用扩展 8155H 芯片较为适合？

12.假设 8155H 的 TIMERIN 引脚输入脉冲的频率为 1MHz，请编写出在 8155H 的$\overline{\text{TIMEROUT}}$引脚上输出周期为 10ms 方波的程序。

第 9 章

MCS－51 与键盘、显示器、拨盘、打印机的接口设计

大多数的 MCS－51 应用系统，都要配置输入外设和输出外设。常用的输入外设有：键盘、BCD 码拨盘，常用的输出外设有：LED、LCD、打印机。本章介绍 MCS－51 与输入外设、输出外设的接口设计以及软件编程。

9.1 LED 显示器接口原理

LED(Light Emiting Diode)是发光二极管的缩写。LED 显示器是由发光二极管构成的，所以在显示器前面冠以“LED”。LED 显示器在单片机系统中的应用非常普遍。

9.1.1 LED 显示器结构

常用的 LED 显示器有 7 段(或 8 段，8 段比 7 段多了一个小数点“dp”段)和“米”字段之分。这种显示器有共阳极和共阴极两种。如图 9.1、图 9.2 所示。共阴极 LED 显示器的发光二极管的阴极连接在一起，通常此公共阴极接地。当某个发光二极管的阳极为高电平时，发光二极管点亮，相应的段被显示。同样，共阳极 LED 显示器的发光二极管的阳极连接在一起，通常此公共阳极接正电压，当某个发光二极管的阴极接低电平时，发光二极管被点亮，相应的段被显示。

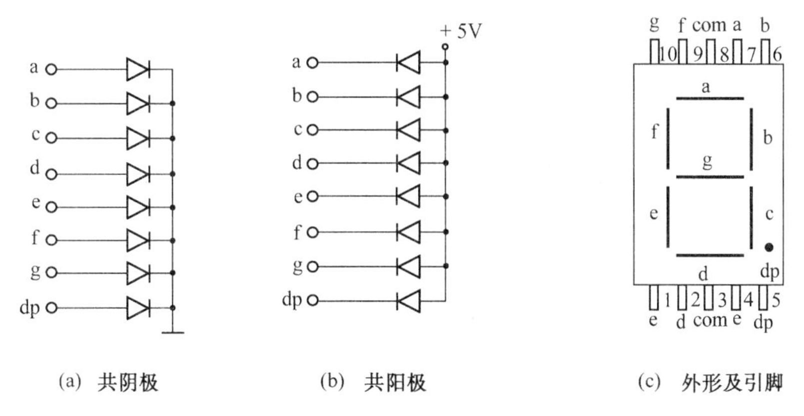

图 9.1 7 段(8 段)LED 结构及外形

使用 LED 显示器时，为了显示数字或符号，要为 LED 显示器提供代码，因为这些代码是通过各段的亮与灭来为显示不同字型的，因此称之为段码。

7 段发光二极管，再加上一个小数点位，共计 8 段。因此提供给 LED 显示器的段码正好一个字节。各段与字节中各位的对应关系如下：

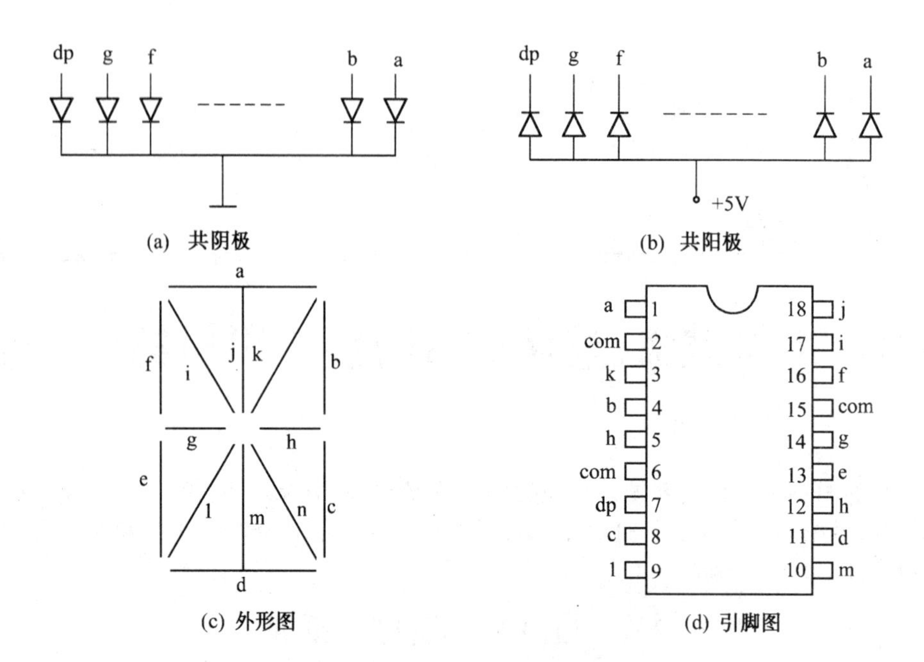

图 9.2 "米"字段 LED 结构及外形

代码位	D7	D6	D5	D4	D3	D2	D1	D0
显示段	dp	g	f	e	d	c	b	a

7 段 LED 的段码如表 9.1 所示,"米"字段的 LED 的段码如表 9.2 所示,由于有 15 个段,其段码为两个字节。

表 9.1　7 段 LED 段码

显示字符	共阴极段码	共阳极段码	显示字符	共阴极段码	共阳极段码
0	3FH	C0H	c	39H	C6H
1	06H	F9H	d	5EH	A1H
2	5BH	A4H	E	79H	86H
3	4FH	B0H	F	71H	8EH
4	66H	99H	P	73H	8CH
5	6DH	92H	U	3EH	C1H
6	7DH	82H	T	31H	CEH
7	07H	F8H	y	6EH	91H
8	7FH	80H	H	76H	89H
9	6FH	90H	L	38H	C7H
A	77FH	88H	"灭"	00H	FFH
b	7CH	83H	…	…	…

表 9.2　"米"字段 LED 段码

字符	共阴	共阳	字符	共阴	共阳	字符	共阴	共阳
0	003FH	FFC0H	B	128FH	ED70H	P	00F3H	FF0CH
1	006FH	FFF9H	C	0039H	FFC6H	Q	203FH	DFC0H
2	00DBH	FF24H	D	120FH	EDF0H	R	20F3H	DF0CH
3	00CFH	FF30H	E	0079H	FF86H	S	2109H	DEF6H
4	00E6H	FF19H	F	0071H	FF8EH	T	1201H	EDFEH
5	00EDH	FF12H	G	00BDH	FF42H	U	003EH	FFC1H
6	00FDH	FF02H	H	00F6H	ED09H	V	0C30H	F3CFH
7	0007H	FFF8H	I	1209H	FDF6H	W	2836H	D7C9H
8	00FFH	FF00H	J	0C01H	F3FEH	X	2D00H	D2FFH
9	00EFH	FF10H	K	3600H	C9FFH	Y	1500H	EAFFH

表 9.1 和表 9.2 中，只列出了部分段码，尤其是“米”字段 LED，由于字段多，组成的字型非常丰富，读者可根据实际情况灵活选用。另外，段码是相对的，它由各字段在字节中所处位决定。例如 7 段 LED 段码是按格式：

	g	f	e	d	c	b	a

而形成的，对于“0”的段码为 3FH(共阴)。反之，如果将格式改为：

	a	b	c	d	e	f	g

，则字符 0 的段码变为：7EH（共阴）。总之，字型及段码可由设计者自行设定，不必拘于表 9.1 和表 9.2 的形式。

9.1.2　LED 显示器工作原理

由 N 个 LED 显示块可拼接成 N 位 LED 显示器。图 9.3 是 4 位 LED 显示器的结构原理图。

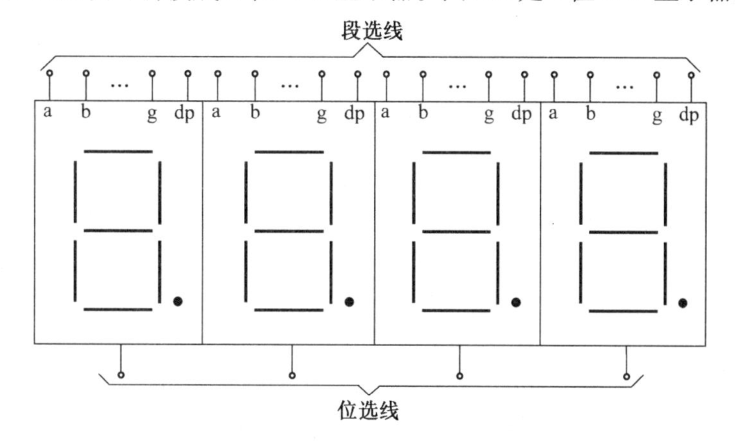

图 9.3　4 位显示器的构成

N 个 LED 显示块有 N 根位选线和 8×N 根段选线。根据显示方式的不同，位选线和段选线的连接方法也各不相同。段选线控制显示字符的字型，而位选线为各个 LED 显示块的公共端，它控制该 LED 显示位的亮、暗。

LED 显示器有静态显示和动态显示两种显示方式。

1. LED 静态显示方式

LED 显示器工作于静态显示方式时，各位的共阴极(或共阳极)连接在一起并接地(或 +5V)；每位的段选线(a ~ dp)分别与一个 8 位的锁存器输出相连。所以称为静态显示。各个 LED 的显示字符一经确定，相应锁存器的输出将维持不变，直到显示另一个字符为止。也正因为如此，静态显示器的亮度都较高。

图 9.4 所示为一个 4 位静态 LED 显示器电路。该电路各位可独立显示，只要在该位的段选线上保持段码电平，该位就能保持相应的显示字符。由于各位分别由一个 8 位输出口控制

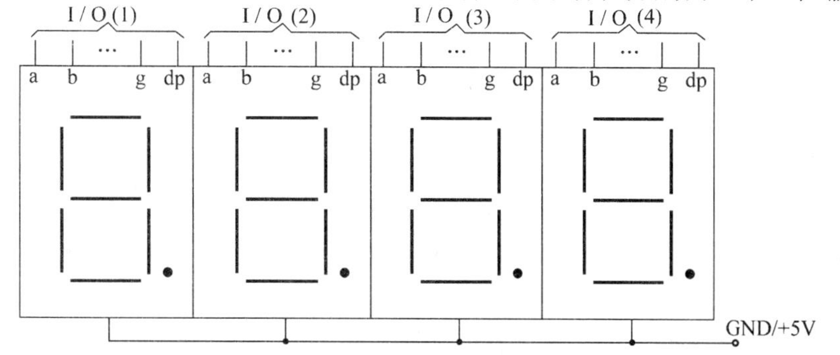

图 9.4　4 位静态 LED 显示器电路

段码电平,故在同一时间里,每一位显示的字符可以各不相同。这种显示方式接口编程容易,付出的代价是占用口线较多。如图 9.4 电路所示,若用 I/O 口接口,则要占用 4 个 8 位 I/O 口,若用锁存器(如 74LS373)接口,则要用 4 片 74LS373 芯片。如果显示器位数增多,则静态显示方式更是无法适应。因此在显示位数较多的情况下,一般都采用动态显示方式。

2. LED 动态显示方式

在多位 LED 显示时,为了简化硬件电路,通常将所有位的段选线相应地并联在一起,由一个 8 位 I/O 口控制,形成段选线的多路复用。而各位的共阳极或共阴极分别由相应的 I/O 线控制,实现各位的分时选通。图 9.5 所示为一个 4 位 7 段 LED 动态显示器电路原理图。其中段选线占用一个 8 位 I/O 口,而位选线占用一个 4 位 I/O 口。由于各位的段选线并联,段码的输出对各位来说都是相同的。因此,同一时刻,如果各位位选线都处于选通状态的话,4 位 LED 将显示相同的字符。若要各位 LED 能够显示出与本位相应的显示字符,就必须采用扫描显示方式,即在某一时刻,只让某一位的位选线处于选通状态,而其他各位的位选线处于关闭状态,同时,段选线上输出相应位要显示字符的段码。这样同一时刻,4 位 LED 中只有选通的那一位显示出字符,而其他三位则是熄灭的。同样,在下一时刻,只让下一位的位选线处于选通状态,而其他各位的位选线处于关闭状态,同时,在段选线上输出相应位将要显示字符的段码,则同一时刻,只有选通位显示出相应的字符,而其他各位则是熄灭的。如此循环下去,就可以使各位显示出将要显示的字符,虽然这些字符是在不同时刻出现的,而且同一时刻,只有一位显示,其他各位熄灭,但由于 LED 显示器的余辉和人眼的视觉暂留作用,只要每位显示间隔足够短,则可造成多位同时亮的假象,达到同时显示的目的。

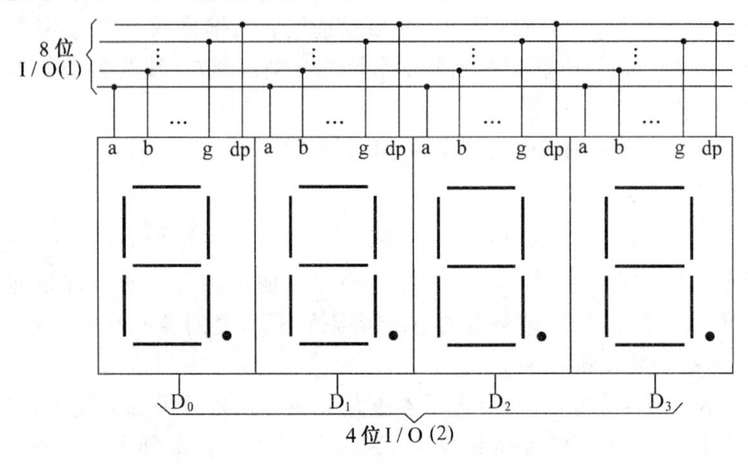

图 9.5　4 位 7 段 LED 动态显示器电路

如何确定 LED 不同位显示的时间间隔,例如对 8 位 LED 显示器,假若显示一位保持 1 ms 时间,则显示完所有 8 位之后,只需 8 ms。上述保持 1 ms 的时间应根据实际情况而定。不能太短,因为发光二极管从导通到发光有一定的延时,导通时间太短,发光太弱人眼无法看清。但也不能太长,因为毕竟要受限于临界闪烁频率,而且此时间越长,占用 CPU 时间也越多。另外,显示位增多,也将占用大量的 CPU 时间,因此动态显示实质是以牺牲 CPU 时间来换取元件的减少。

图 9.6 给出了 8 位 LED 动态显示 2003.10.10 的过程。图(a)是显示过程,某一时刻,只有一位被选通显示,其余位则是熄灭的;图(b)是显示结果,人眼看到的是 8 位稳定的同时显示的

字符。

显示字符	段　码	位显码	显示器显示状态(微观)	位选通时序
0	3FH	FEH	0	T_1
1	06H	FDH	1	T_2
0	BFH	FBH	0.	T_3
1	06H	F7H	1	T_4
3	CFH	EFH	3.	T_5
0	3FH	DFH	0	T_6
0	3FH	BFH	0	T_7
2	5BH	7FH	2	T_8

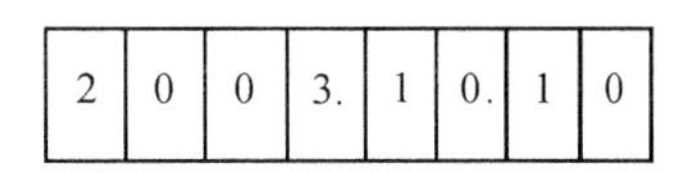

(a)　8位LED动态显示过程　　(b) 人眼看到的显示结果

图9.6　8位LED动态显示过程和结果

9.2　键盘接口原理

键盘在单片机应用系统中能实现向单片机输入数据、传送命令等功能，是人工干预单片机的主要手段。下面介绍键盘的工作原理，键盘按键的识别过程及识别方法及键盘与单片机的接口和编程。

9.2.1　键盘输入应解决的问题

1.键盘输入的特点

键盘实质上是一组按键开关的集合。通常，键盘所用开关为机械弹性开关，均利用了机械触点的合、断作用。一个电压信号通过机械触点的断开、闭合过程，其行线电压输出波形如图9.7所示。

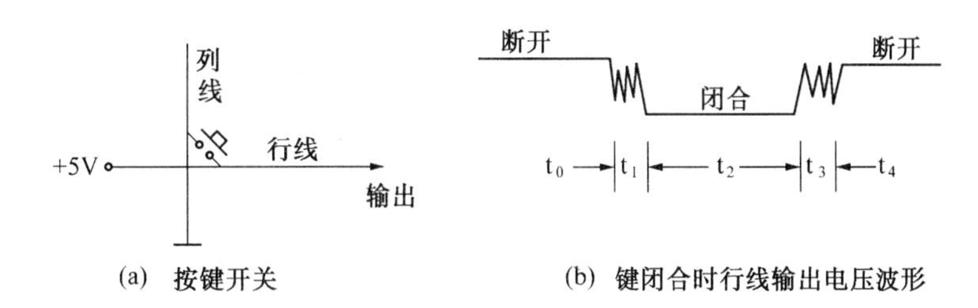

(a)　按键开关　　(b)　键闭合时行线输出电压波形

图9.7　键盘开关及其波形

图中 t_1 和 t_3 分别为键的闭合和断开过程中的抖动期(呈现一串负脉冲)，抖动时间长短和开关的机械特性有关，一般为5～10 ms，t_2 为稳定的闭合期，其时间由按键动作所确定，一般为十分之几秒到几秒，t_0、t_4 为断开期。

2.按键的确认

键的闭合与否，反映在行线输出电压上就是呈现出高电平或低电平，如果高电平表示断开的话，那么低电平则表示键闭合，所以通过对行线电平的高低状态的检测，便可确认按键按下与否。为了确保CPU对一次按键动作只确认一次按键，必须消除抖动的影响。下面将介绍如何来消除抖动。

3.如何消除按键抖动

消除按键抖动通常采用硬件、软件两种方法。

(1)硬件消除按键抖动

硬件消除抖动一般采用双稳态消抖电路。双稳态消抖电路原理如图 9.8 所示。图中用两个与非门构成一个 RS 触发器。当按键未按下时(开关位于 a 点),输出为 1,当键按下(开关打向 b 点)时,输出为 0。此时即使因按键的机械性能,使按键因弹性抖动而产生瞬时不闭合(抖动跳开 b),只要按键不返回原始状态 a,双稳态电路的状态不改变,输出保持为 0,不会产生抖动的波形输出。就是说即使 b 点的电压波形是抖动的,但经双稳态电路之后,其输出为正规的矩形波,这一点很容易通过分析 RS 触发器的工作过程得到验证。

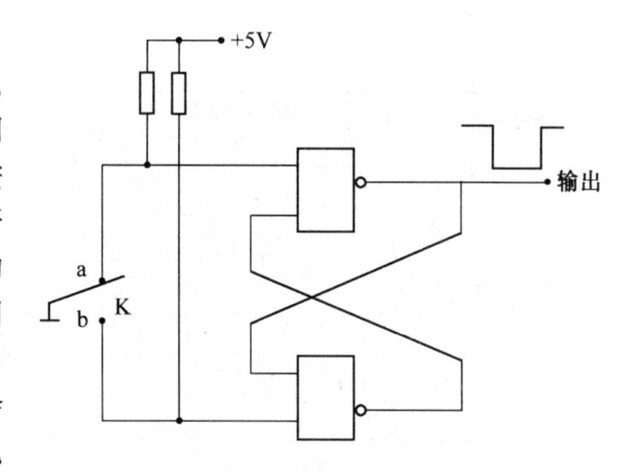

图 9.8　双稳态消抖电路

(2)软件消除按键抖动

如果按键较多,硬件消抖将无法胜任,因此常采用软件的方法进行消抖。在第一次检测到有键按下时,执行一段延时 10 ms 的子程序后再确认该键电平是否仍保持闭合状态电平,如果保持闭合状态电平则确认为真正有键按下,从而消除了抖动的影响。

9.2.2　键盘接口的工作原理

常用的键盘接口分为独立式按键接口和矩阵式键盘接口。

1.独立式按键接口

独立式按键就是各按键相互独立,每个按键各接一根输入线,一根输入线上的按键工作状态不会影响其他输入线上的工作状态。因此,通过检测输入线的电平状态可以很容易判断哪个按键被按下了。

独立式按键电路配置灵活,软件简单。但每个按键需占用一根输入口线,在按键数量较多时,需要较多的输入口线且电路结构繁杂,故此种键盘适用于按键较少或操作速度较高的场合。下面介绍几种独立式按键的接口。

图 9.9 中(a)为中断方式的独立式按键工作电路,图(b)为查询方式的独立式按键工作电

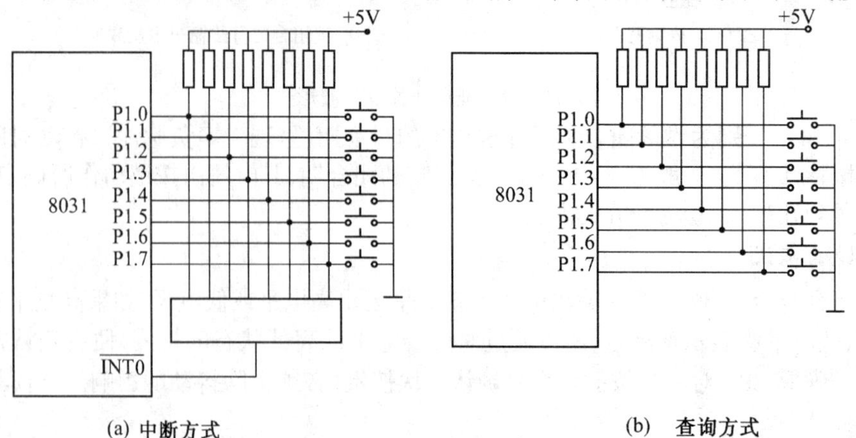

(a) 中断方式　　(b) 查询方式

图 9.9　独立式按键接口电路

路，按键直接与 8031 的 I/O 口线相接，通过读 I/O 口，判定各 I/O 口线的电平状态，即可识别出按下的按键。

此外，也可以用扩展 I/O 口的独立式按键接口电路，图 9.10 为采用 8255A 扩展 I/O 口，图 9.11 为用三态缓冲器扩展 I/O 口。这两种连接方式，都是把按键当作外部 RAM 某一工作单元的位来对待，通过读片外 RAM 的方法，识别按键的工作状态。

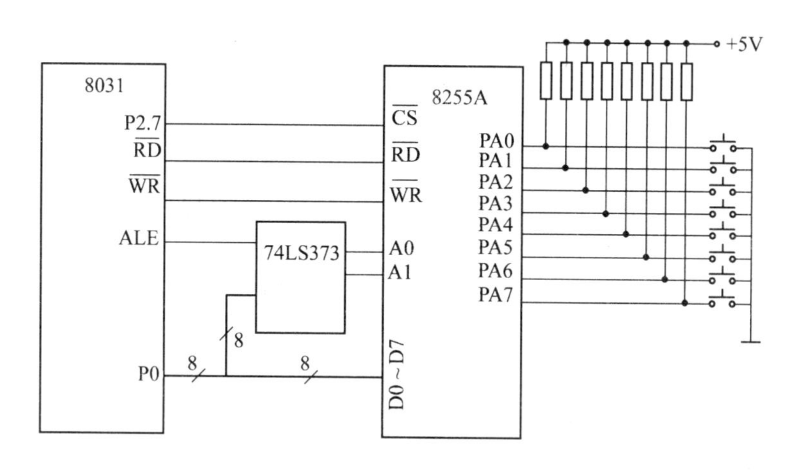

图 9.10　通过 8255A 扩展的独立式按键接口

两种独立式按键电路中，各按键开关均采用了上拉电阻，这是为了保证在按键断开时，各 I/O 口线有确定的高电平，当然如果输入口线内部已有上拉电阻，则外电路的上拉电阻可省去。

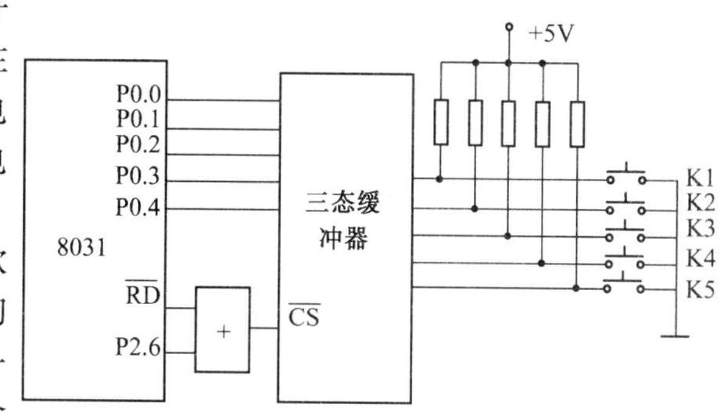

图 9.11　采用三态缓冲器的独立式按键接口

现在来对图 9.11 所示键盘进行软件编程，采用软件消抖的方法，以查询方式检测各键的状态。当有且仅有一键按下时才予以识别，如有两个或多个键同时按下将不予以处理。程序清单如下：

```
KEYIN:  MOV     DPTR, # BFFFH       ;键盘地址 BFFFH
        MOVX    A, @DPTR            ;读键盘状态
        ANL     A, # 1FH            ;屏蔽高三位
        MOV     R2, A               ;保存键盘状态值
        LCALL   D10ms               ;调用延时 10 ms 子程序,消抖
        MOVX    A, @DPTR            ;再读键盘状态
        ANL     A, # 1FH            ;屏蔽高三位
        CJNE    A, R2, PASS         ;两次结果不一样,说明是抖动引起,转 PASS
        CJNE    A, # 1EH, KEY2      ;K1 键未按下,转 KEY2
        LJMP    PKEY1               ;是第 1 键按下,转键 1 处理子程序
KEY2:   CJNE    A, # 1DH, KEY3      ;K2 键未按下,转 KEY3
        LJMP    PKEY2               ;K2 按下,转 PKEY2 处理
KEY3:   CJNE    A, # 1BH, KEY4      ;K3 未按下,转 KEY4
```

```
        LJMP   PKEY3              ;K3 按下,转 PKEY3 处理
KEY4:   CJNE   A, # 17H, KEY5     ;K4 未按下,转 KEY5
        LJMP   PKEY4              ;K4 按下,转 PKEY4 处理
KEY5:   CJNE   A, # 0FH, RETURN   ;K5 未按下,转 RETURN
        LJMP   PKEY5              ;K5 按下,转 PKEY5 处理
RETURN: RET                       ;重键或无键按下,不作处理从本子程序返回
```

延时 10 ms 子程序 D10ms 此处从略。PKEY1～PEKY5 五个键处理程序,根据键的功能编写。由此可见,独立式按键的识别和编程非常简单,故在按键数目较少的场合常被采用。

2.矩阵式键盘接口

矩阵式键盘(也称行列式键盘)适用于按键数量较多的场合,它由行线和列线组成,按键位于行、列的交叉点上。如图 9.12 所示,一个 3×3 的行、列结构可以构成一个有 9 个按键的键盘。同理一个 4×4 的行、列结构可以构成一个 16 个按键的键盘等等。很明显,在按键数量较多的场合,矩阵键盘与独立式按键键盘相比,要节省很多的 I/O 口线。

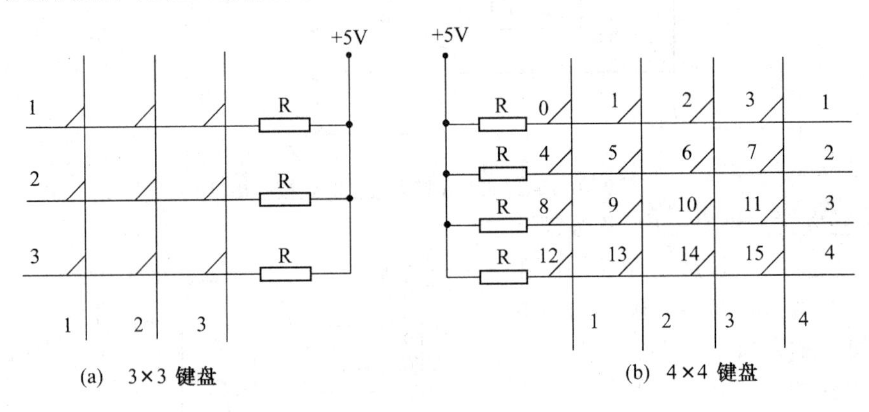

图 9.12　矩阵式键盘结构

(1)矩阵键盘工作原理

按键设置在行、列线交点上,行、列线分别连接到按键开关的两端。行线通过上拉电阻接到＋5V 上。平时无按键按下时,行线处于高电平状态,而当有按键按下时,行线电平状态将由与此行线相连的列线电平决定。列线电平如果为低,则行线电平为低;列线电平如果为高,则行线电平也为高。这是识别矩阵键盘按键是否被按下的关键所在。由于矩阵键盘中行、列线为多键共用,各按键均影响该键所在行和列的电平。因此各按键彼此将相互发生影响,所以必须将行、列线信号配合起来并作适当的处理,才能确定闭合键的位置。

(2)按键的识别方法

① 扫描法

下面以图 9.12(b)中 3 号键被按下为例,来说明此键是如何被识别出来的。当 3 号键被按下时,与此键相连的行线电平将由与此键相连的列线电平决定,而行线电平在无键按下时处于高电平状态。如果让所有列线处于高电平,那么键按下与否,不会引起行线电平的状态变化,行线始终是高电平。所以,让所有列线处于高电平是没法识别出按键的。现在反过来,让所有列线处于低电平,很明显,按键所在行电平将被接成低电平,根据此行电平的变化,便能判定此行一定有键被按下。但我们还不能确定是键 3 被按下,因为,如果键 3 不被按下,而键 2、1 或 0 之一被按下,均会产生同样的效果。所以,让所有列线处于低电平只能得出某行有键被按下的

结论。为进一步判定到底是哪一列的键被按下,可在某一时刻只让一条列线处于低电平,而其余所有列线处于高电平。当第1列为低电平,其余各列为高电平时,因为是键3被按下,所以第1行仍处于高电平状态;当第2列为低电平,而其余各列为高电平时,同样我们会发现第1行仍处于高电平状态。直到让第4列为低电平,其余各列为高电平时,因为是3号键被按下,所以第1行的电平将由高电平转换到第4列所处的低电平,据此,我们确信第1行第4列交叉点处的按键即3号键被按下。

根据上面的分析,很容易得出矩阵键盘按键的识别方法,此方法分两步进行:第一步,识别键盘有无键被按下;第二步,如果有键被按下,识别出具体的按键。分别介绍如下:

识别键盘有无键被按下的方法是:让所有列线均置为0电平,检查各行线电平是否有变化,如果有变化,则说明有键被按下,如果没有变化,则说明无键被按下。(实际编程时应考虑按键抖动的影响,通常总是采用软件延时的方法进行消抖处理。)

识别具体按键的方法(也称为扫描法)是:逐列置低电平,其余各列置为高电平,检查各行线电平的变化,如果某行线电平为低电平,则可确定此行此列交叉点处的按键被按下。

② 线反转法

扫描法要逐列扫描查询,当被按下的键处于最后一列时,则要经过多次扫描才能最后获得此按键所处的行列值。而线反转法则显得很简练,无论被按键是处于第1列或最后一列,均只须经过两步便能获得此按键所在的行列值,线反转法的原理如图9.13所示。

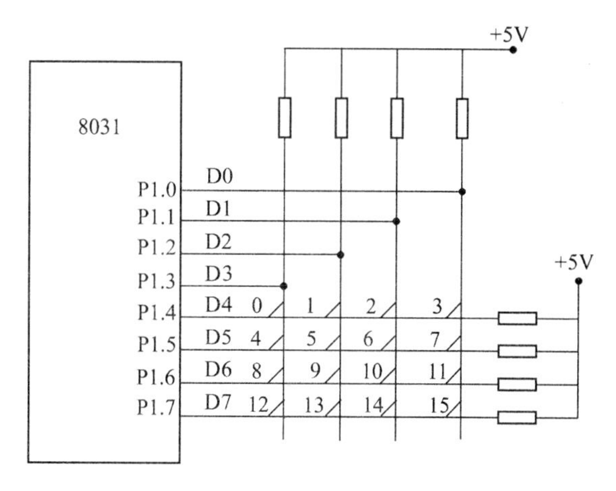

图9.13 线反转法原理图

图中用一个8位I/O口构成一个4×4的矩阵键盘,采用查询方式进行工作,下面介绍线反转法的两个具体操作步骤:

第一步:将行线编程为输入线,列线编程为输出线,并使输出线输出为全零电平,则行线中电平由高到低的所在行为按键所在行。

第二步:同第一步完全相反,将行线编程为输出线,列线编程为输入线,并使输出线输出为全低电平,则列线中电平由高到低的所在列为按键所在列。

结合两步的结果,可确定按键所在行和列,从而识别出所按的键。

假设3号键被按下,那么第一步即在D0~D3输出全0,然后,读入D4~D7位,结果D4=0,而D5,D6和D7均为1,因此,第一行出现电平的变化,说明第一行有键按下;第二步让D4~D7输出全0,然后,读入D0~D3位,结果D0=0,而D1、D2和D3均为1,因此第4列出现电平的变化,说明第4列有键按下。综合一、二两步,即第1行第4列按键被按下,此按键即是3号键。因此线反转法非常简单适用。当然实际编程中要考虑采用软件延时进行消抖处理。

(3)键盘的编码

对于独立式按键键盘,由于按键的数目较少,可根据实际需要灵活编码。对于矩阵式键盘,按键的位置由行号和列号唯一确定,所以分别对行号和列号进行二进制编码,然后将两值合成一个字节,高4位是行号,低4位是列号。如12H表示第1行第2列的按键,而A3H则表示第10行第3列的按键等等。但是这种编码对于不同行的键,离散性大。例如一个4×4的键盘,14H 键与 21H 键之间间隔 13,因此不利于使用散转指令。所以常常采用依次排列键号的方式对按键进行编码。以 4×4 键盘为例,键号可以编码为:01H,02H,03H……0EH,0FH,10H 共 16 个。无论以何种方式编码,均应以处理问题方便为原则,而最基本的是键所处的物理位置即行号和列号,它是各种编码之间相互转换的基础,编码相互转换可通过查表的方法实现。

9.2.3 键盘工作方式

单片机应用系统中,键盘扫描只是 CPU 的工作内容之一。CPU 在忙于各项工作任务时,如何兼顾键盘的输入,取决于键盘的工作方式。键盘的工作方式的选取应根据实际应用系统中 CPU 工作的忙、闲情况而定。其原则是既要保证能及时响应按键操作,又要不过多占用 CPU 的工作时间。通常,键盘工作方式有三种,即编程扫描、定时扫描和中断扫描。

1. 编程扫描方式

这种方式就是只有当单片机空闲时,才调用键盘扫描子程序,反复地扫描键盘,等待用户从键盘上输入命令或数据,来响应键盘的输入请求。图 9.14 为一个 4×8 矩阵键盘通过 8255A 扩展 I/O 口与 8031 的接口电路原理图,键盘采用编程扫描方式工作,8255A 的 PC 口低 4 位输出逐行扫描信号,PA 口输入 8 位列信号,均为低电平有效。8255A 的 A0,A1 端分别接于地址线 A0、A1 上,$\overline{CS}$与 P2.7 相接,$\overline{WR}$、$\overline{RD}$分别与 8031 的$\overline{WR}$和$\overline{RD}$相连。

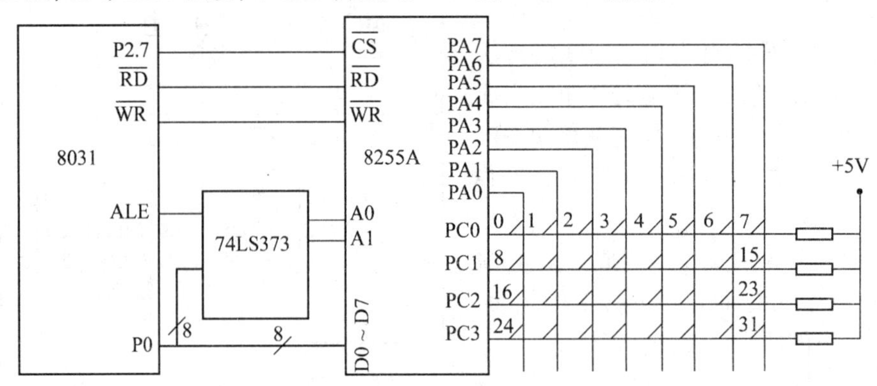

图 9.14 8255A 扩展 I/O 组成的 4×8 矩阵式键盘

根据图 9.14 可确定 8255A 的口地址为:

PA 口:0700H

PC 口:0702H

控制寄存器:0703H

当 PA 口工作于方式 0 输入,PC 口低 4 位工作于方式 0 输出时,方式命令控制字可设为 90H,下面介绍编程扫描工作方式的工作过程及键盘扫描子程序。

本方案中用延时 10 ms 子程序进行软件消抖;通过设置处理标志来区分闭合键是否已处理过。

键盘扫描子程序中完成如下几个功能:

(1) 判断键盘上有无键按下。其方法为 PC 口低 4 位输出全 0,读 PA 口状态,若 PA0～PA7 为全 1,则说明键盘无键按下;若不全为 1,则说明键盘有键按下。

(2) 消除按键抖动的影响。其方法为,在判断有键按下后,用软件延时的方法延时 10ms,再判断键盘状态,如果仍为有键按下状态,则认为有一个确定的键按下,否则当作按键抖动处理。

(3) 求按键位置。根据前面介绍的扫描法,进行逐行置 0 扫描,最后确定按键位置。

(4) 键闭合一次仅进行一次按键的处理。方法是等待按键释放之后，再进行按键功能的处理操作。

编程扫描程序框图如图9.15所示。

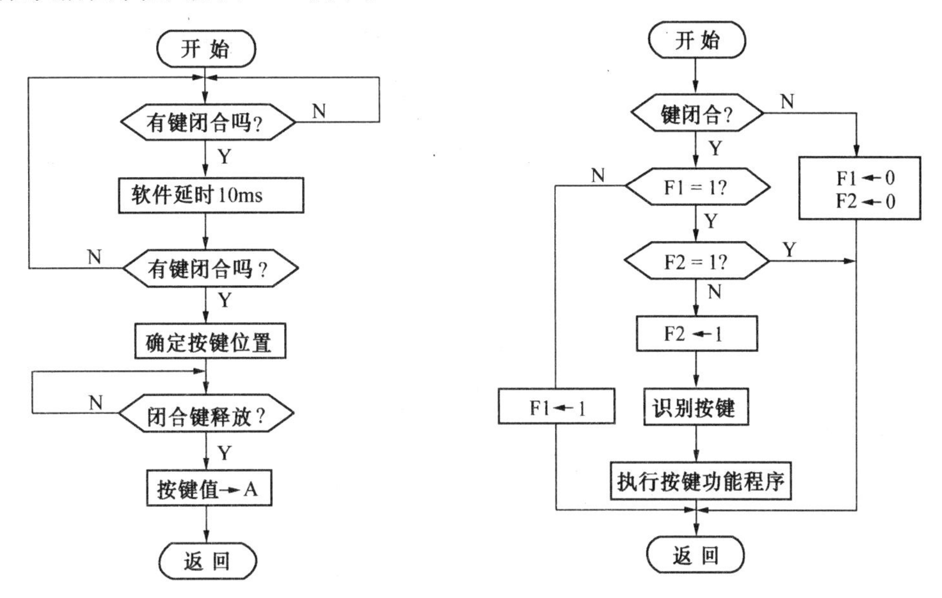

图9.15　编程扫描程序框图　　　　图9.16　定时扫描方式程序框图

2.定时扫描工作方式

单片机对键盘的扫描也可采用定时扫描方式，即每隔一定的时间对键盘扫描一次。

在这种扫描方式中，通常利用单片机内的定时器，产生10 ms的定时中断，CPU响应定时器溢出中断请求，对键盘进行扫描，在有键按下时识别出该键，并执行相应键处理功能程序。定时扫描工作方式的键盘硬件电路与编程扫描工作方式相同，软件框图如图9.16所示。

在单片机内RAM中设置两个标志位，第1个为去除抖动标志位F1，第2个为已识别完按键的标志位F2。初始时将其均置为0，中断服务的时候，首先判断有无键闭合，如无键闭合，则F1、F2置0返回，如有键闭合，则检查F1标志。当F1=0时，表示还没有进行去除抖动的处理，此时置F1=1，并中断返回。因为中断返回后需经10ms才可能再次中断，相当于实现了10ms的延时效果，因而程序中不再需要延时处理。当F1=1时，说明已经完成了去除抖动的处理，这时查F2是否为1，如不为1，则置1 F2并进行按键识别处理和执行相应按键的功能子程序，最后中断返回。如果为1，则说明此次按键已作过识别处理，只是还没释放按键而已，中断返回。当按键释放后，F1和F2将置为初始的0状态，为下次按键识别作好准备。

3.中断工作方式

键盘工作于编程扫描状态时，CPU要不间断地对键盘进行扫描工作，以监视键盘的输入情况，直到有键按下为止。其间CPU不能干任何其他工作，如果CPU工作量较大，这种方式将不能适应。定时扫描进了一大步，除了定时监视一下键盘输入情况外，其余时间可进行其他任务的处理，因此CPU效率提高了，为了进一步提高CPU工作效率，可采用中断扫描方式，即只有在键盘有键按下时，才执行键盘扫描并执行该按键功能程序，如果无键按下，CPU将不理睬键盘。图9.17为中断方式键盘接口，该键盘直接由8031的P1口的高低字节构成4×4矩阵式键盘。键盘的列线与P1口的低4位P1.0~P1.3相接，行线与P1口的高4位P1.4~P1.7相接。

P1.0～P1.3 经与门同$\overline{\text{INT0}}$中断口相接，P1.4～P1.7 作为扫描输出线，平时置为全 0，当有键按下时，$\overline{\text{INT0}}$为低电平，向 CPU 发出中断申请，若 CPU 开放外部中断，则响应中断请求。中断服务程序中，首先应关闭中断，因为在扫描识别的过程中，还会引起$\overline{\text{INT0}}$信号的变化，因此不关闭中断的话将引起混乱。接着要进行消抖处理，按键的识别及键功能程序的执行等工作，具体编程可参照编程扫描工作方式进行。

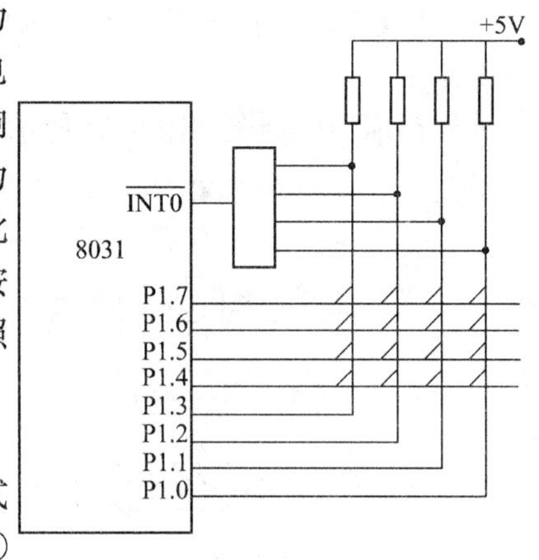

图 9.17　中断方式键盘接口

综上所述，我们把键盘所作的工作分为三个层次：

第 1 层：监视键盘的输入。体现在键盘的工作方式上就是：①编程扫描工作方式；②定时扫描工作方式；③中断扫描工作方式。

第 2 层：确定具体按键。体现在按键的识别方法上就是：①扫描法；②线反转法。

第 3 层：键处理程序执行。如图 9.18 所示。

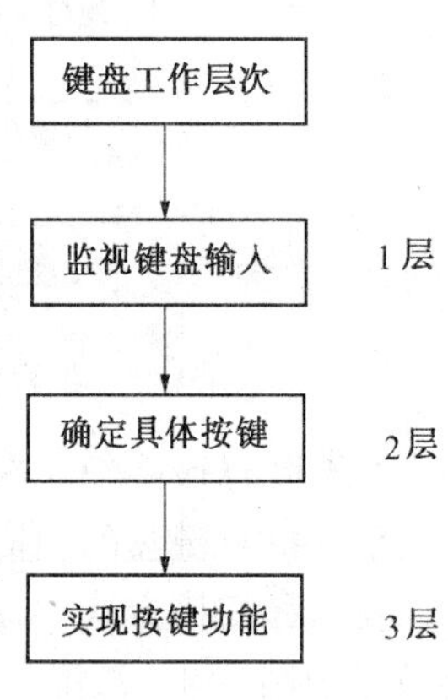

图 9.18　键盘工作层次

9.2.4　双功能键的设计

在单片机应用系统中，为了简化硬件线路，缩小整个系统的规模，总希望设置最少的按键，获得最多的控制功能。矩阵键盘与独立式按键键盘相比，硬件线路大大节省，如果更进一步，我们只须增加一个上、下档键，就可使同一键盘具有两个键盘的功能，这就是双功能键的设计。如图 9.19 所示，当上/下档键控制开关处于上档(开关打开)时，按键为上档功能，当此控制开关处于下档(开关闭合)时，按键为下档功能。

在编程时，键盘扫描子程序应不断测试 P1.0 口线的电平状态，根据此电平状态的高低，赋予同一个键两个不同的键码，从而由不同的键码转入不同的键处理子程序；或者同一个键只赋予一个键码，但根据上、下档标志，相应转入上、下档功能子程序。

上述双功能键的实现是由硬件完成的，即据上/下档开关的状态决定是执行上档功能还是下档功能。其中发光二极管作为指示之用，以区分当前键盘是处于上档状态还是下档状态。

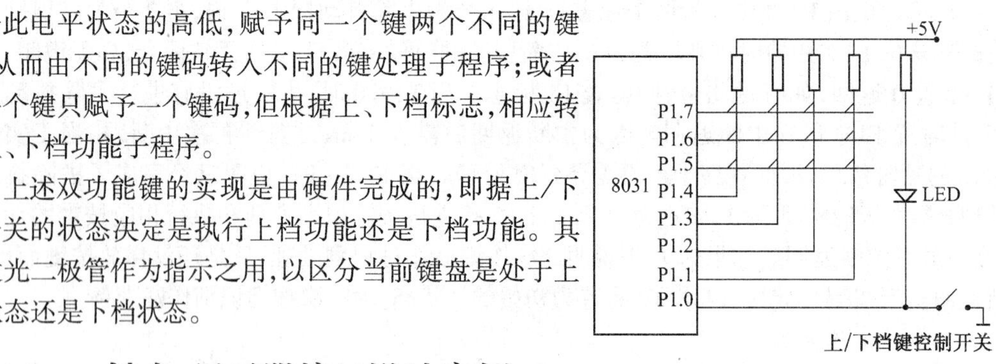

图 9.19　双功能键原理图

9.3　键盘/显示器接口设计实例

在单片机应用系统设计中，一般都是把键盘和显示器放在一起考虑。下面介绍几种实用的键盘/显示器接口的设计方案。

9.3.1　利用 8155H 芯片实现键盘/显示器接口

图 9.20 是 8031 单片机用扩展 I/O 接口芯片 8155H 实现的 6 位 LED 显示和 32 键的键盘/显示器接口电路。图中的 8155H 也可用 8255A 来替代。

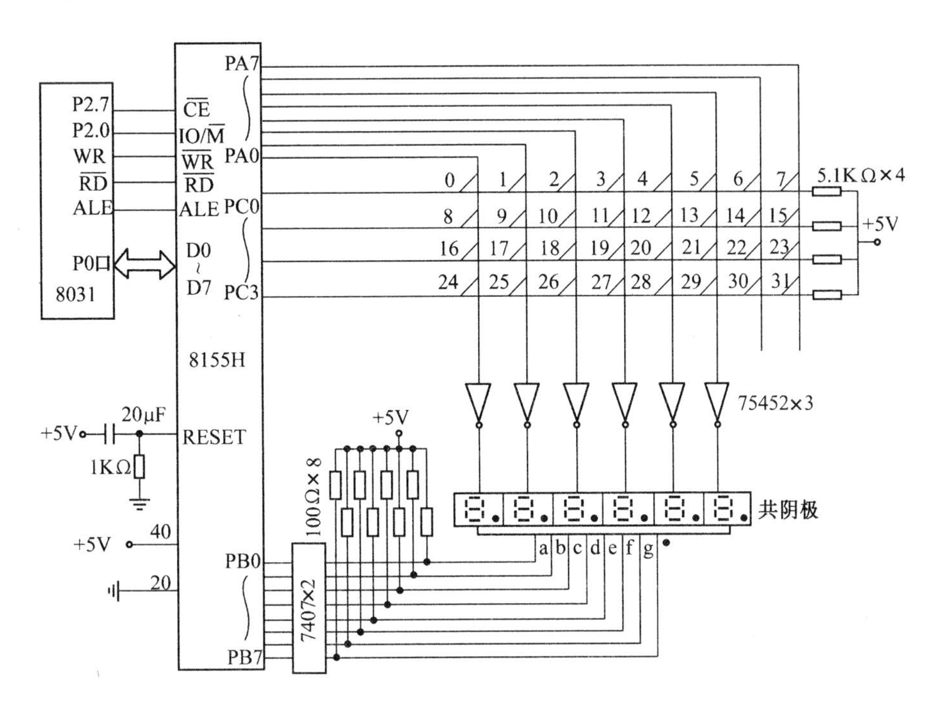

图9.20　键盘/显示器接口电路

8031外扩一片8155H,8155H的RAM地址为7E00H～7EFFH,I/O口地址为7F00H～7F05H,8155H的PA口为输出口,控制键盘的列线Y0～Y7的电位,PA口作为键扫描口,同时又是6位共阴极显示器的位扫描口。PB口作为显示器的段码输出口,8155H的PC口作为输入口,PC0～3接行线X0～X3,称为键输入口。图中75452为反相驱动器,7407为同相驱动器。

1. 动态显示程序设计

对于图9.20中的6位显示器,在8031内部RAM中设置6个显示缓冲单元79H～7EH,分别存放显示器的6位数据,8155H的PA口扫描输出总是只有一位高电平,即显示器的6位中仅有一位公共阴极为低电平,其它位为高电平,8155H的PB口输出相应位(阴极为低)的所显示的字型的段码,使某一位显示出一个字符,其它位为暗,依次的改变PA口输出为高的位,PB口输出对应的段码,显示器的6位就动态地显示出由缓冲区中显示数据所确定的字符。显示子程序的流程如图9.21所示。

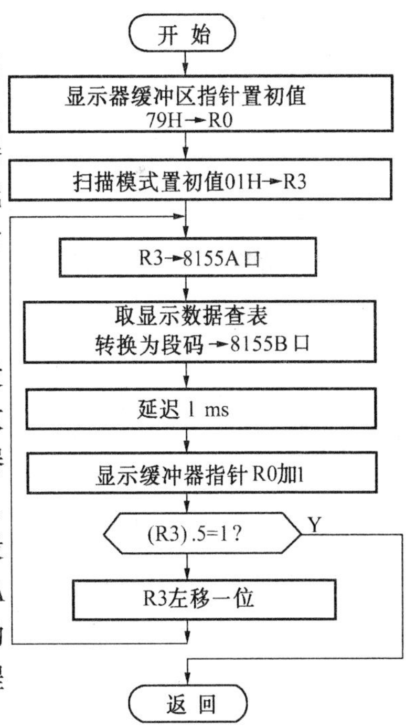

图9.21　显示子程序流程图

显示子程序清单如下:

```
DIR:    MOV     R0, #79H        ;置缓冲区指针初值
        MOV     R3, #01H
        MOV     A,R3
LD0:    MOV     DPTR, #7F01H    ;扫描模式→8155H PA口,最左边LED亮
```

```
        MOV     @DPTR,A         ;
        INC     DPTR            ;数据指针指向 PB 口
        MOV     A,@R0           ;显示数据→A
        ADD     A,#0DH          ;加偏移量,即根据显示数据查到对应的字型码
        MOVC    A,@A+PC         ;查表取字型码
DIR1:   MOVX    @DPTR,A         ;段码→8155H 的 PB 口
        ACALL   DL1 ms          ;延时 1 ms
        INC     R0              ;显示数据缓冲区指针指向下一个单元
        MOV     A,R3
        JB      ACC.5,LD1       ;判是否扫描到最右边的 LED,如到最右边,则返回
        RL      A               ;
        MOV     R3,A
        AJMP    LD0
LD1:    RET
DSEG:   DB 3FH,06H,5BH,4FH,66H,6DH      ;共阴极 LED 段码表
        DB 7DH,07H,7FH,6FH,77H,7CH
        DB 39H,5EH,79H,71H,73H,3EH
        DB 31H,6EH,76H,38H,00H
DL1ms:  MOV     R7,#02H         ;延时子程序
DL:     MOV     R6,#0FFH
DL6:    DJNZ    R6,DL6
        DJNZ    R7,DL
        RET
```

子程序中的 ADD　A,#0DH 指令中的“0DH”为偏移量。在显示数据的基础上加上偏移量,可查到该显示数据所对应的段码。偏移量“0DH”为查表指令下一条指令到表首地址(标号 DSEG)之间的所有指令所占单元之和。

2. 键输入程序设计(键盘采用编程扫描工作方式)

键输入程序的功能有以下 4 个方面:

①判别键盘上有无键闭合,其方法为扫描口 PA0～7 输出全“0”,读 PC 口的状态,若 PC0～3 为全“1”(键盘上行线全为高电平),则键盘上没有闭合键,若 PC0～3 不全为“1”,则有键处于闭合状态。

②去除键的机械抖动,其方法为判别出键盘上有键闭合后,延迟一段时间再判别键盘的状态,若仍有键闭合,则认为键盘上有一个键处于稳定的闭合期,否则认为是键的抖动。

③判别闭合键的键号,方法为对键盘的列线进行扫描,扫描口 PA0～7 依次输出:

PA7	PA6	PA5	PA4	PA3	PA2	PA1	PA0
1	1	1	1	1	1	1	0
1	1	1	1	1	1	0	1
1	1	1	1	1	0	1	1
			…				
			…				
1	0	1	1	1	1	1	1
0	1	1	1	1	1	1	1

相应地依次读PC口的状态，若PC0～3为全“1”，则列线为“0”的这一列上没有键闭合。闭合键的键号等于为低电平的列号加上为低电平的行的首键号。例如：PA口输出为11111101时，读出PC0～3为1101，则1行1列相交的键处于闭合状态，第一列的首键号为8，列号为1，闭合键的键号为

N＝行首键号＋列号＝8＋1＝9

④使CPU对键的一次闭合仅作一次处理，采用的方法为等待闭合键释放以后再作处理。

键输入程序的流程如图9.22所示。采用显示子程序作为去键盘抖动的延迟子程序，其优点是在进入键输入子程序后，显示器始终是亮的。

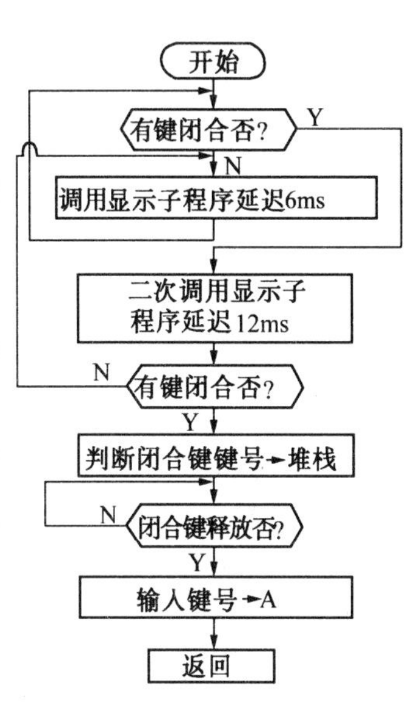

图9.22 键输入子程序流程图

键输入子程序清单：

```
KEYI:  ACALL  KS1          ;调用判有无键闭合子程序
       JNZ    LK1
NI:    ACALL  DIR          ;调用显示子程序，延迟6ms
       AJMP   KEYI
LK1:   ACALL  DIR          ;延迟12ms
       ACALL  DIR
       ACALL  KS1          ;调用判有无键闭合子程序
       JNZ    LK2
       ACALL  DIR          ;调用显示子程序延迟6ms
       AJMP   KEYI
LK2:   MOV    R2,#0FEH     ;扫描模式→R2
       MOV    R4,#00H      ;R4内容为列序号
LK4:   MOV    DPTR,#7F01H  ;扫描模式→8155H的PA口
       MOV    A,R2
       MOVX   @DPTR,A
       INC    DPTR         ;数据指针增2，指向PC口
       INC    DPTR
       MOVX   A,@DPTR      ;读8155H PC口的行线状态
       JB     ACC.0,LONE   ;转判1行
       MOV    A,#00H       ;0行有键闭合，首键号0→A
       AJMP   LKP          ;跳键号计算子程序
LONE:  JB     ACC.1,LTWO   ;转判2行
       MOV    A,#08H       ;1行有键闭合，首键号8→A
       AJMP   LKP          ;跳键号计算子程序
LTWO   JB     ACC.2,LTHR   ;转判3行
       MOV    A,#10H       ;2行有键闭合，首键号10H→A
       AJMP   LKP          ;跳键号计算子程序
LTHR:  JB     ACC.3,NEXT   ;转判下一列
       MOV    A,#18H       ;3行有键闭合，首键号18H→A
```

```
LKP:   ADD    A,R4          ;行首键号+列号=按下的键号
       PUSH   A             ;键号进栈保护
LK3:   ACALL  DIR           ;调用显示子程序,延时 6ms
       ACALL  KS1           ;
       JNZ    LK3           ;判键释放否
       POP    A             ;键号出栈→A
       RET
NEXT:  INC    R4            ;列序号增 1
       MOV    A,R2          ;判是否已扫到最右边一列
       JNB    ACC.7,KND     ;已扫到最右一列,跳向键盘扫描程序开始
       RL     A             ;扫描模式移向右一列
       MOV    R2,A
       AJMP   LK4
KND:   AJMP   KEYI
KS1:   MOV    DPTR,#7F01H   ;判有无键闭合子程序,全"0"→扫描口(PA 口),即列线全为低电平
       MOV    A,#00H
       MOVX   @DPTR,A
       INC    DPTR          ;DPTR 增 2,指向 PC 口
       INC    DPTR
       MOVX   A,@DPTR       ;读行线的状态
       CPL    A             ;按位取反,如有键按下,则 A 中内容非零,无键按下 A 为零
       ANL    A,#0FH        ;屏蔽无用的高 4 位,行线的状态在 A 中
       RET
```

9.3.2 利用 8031 的串行口实现键盘/显示器接口

当 8031 的串行口未作它用时,使用 8031 的串行口来外扩键盘/显示器,是一个很好的键盘/显示器接口设计方案。

应用 8031 的串行口方式 0 的输出方式,在串行口外接移位寄存器 74LS164,构成键盘/显示器接口,其硬件接口电路如图 9.23 所示。

图 9.23 中下边的 8 个 74LS164:74LS164(0)~74LS164(7)作为 8 位段码输出口,8031 的 P3.4、P3.5 作为键输入线,P3.3 作为同步脉冲输出控制线。这种静态显示方式亮度大,很容易做到显示不闪烁。静态显示的优点是 CPU 不必频繁的为显示服务,因而主程序可不必扫描显示器,软件设计比较简单,从而使单片机有更多的时间处理其他事务。下面分别列出显示子程序和键盘扫描子程序的清单。

显示子程序:

```
DIR:   SETB   P3.3          ;开放显示输出
       MOV    R7,#08H       ;送出的段码个数,R7 为段码个数计数器
       MOV    R0,#7FH       ;7FH~78H 为显示缓冲区
DL0:   MOV    A,@R0         ;取出要显示的数
       ADD    A,#0DH        ;加上偏移量
       MOVC   A,@A+PC       ;查段码表 SEGTAG,取出段码数据
       MOV    SBUF,A        ;将段码送出
```

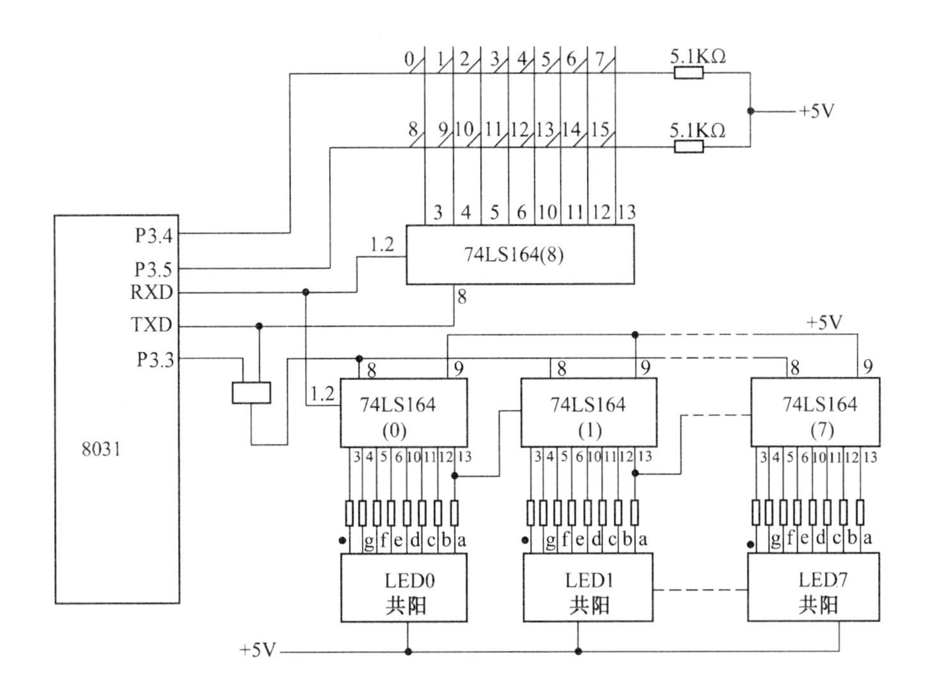

图9.23 用8031串行口控制键盘/显示器电路

```
DL1:    JNB     TI,DL1          ;1个字节的段码输出完否?
        CLR     TI              ;1个字节发送完,清中断标志
        DEC     R0              ;指向下一个数据单元
        DJNZ    R7,DL0          ;段码计数器R7是否为0,如不为0,则继续送段码
        CLR     P3.3            ;8个段码输出完毕,关闭显示器输出
        RET                     ;返回
SEGTAB:DB 0C0H,0F9H,0A4H,0B0H,99H ;共阳极段码表,0,1,2,3,4
        DB 92H,82H,0F8H,90H       ;5,6,7,8,9
        DB 88H,83H,0C6H,0A1H,86H  ;A,B,C,D,E
        DB 8FH,0BFH,8CH,0FFH,0FFH ;F,-,P,暗
```

键盘扫描子程序:

```
KEY1:   MOV     A,#00H
        MOV     SBUF,A          ;使扫描键盘的74LS164(8)输出为00H,使所有列线为0
KL0:    JNB     TI,KL0          ;串行输出完否?
        CLR     TI              ;清0中断标志
KL1:    JNB     P3.4,PK1        ;第一行键中有闭合键吗?如有,跳PK1进行处理
        JB      P3.5,KL1        ;在第二行键中有闭合键吗?
PK1:    ACALL   DL10            ;调用延时10 ms子程序DL10
        JNB     P3.4,PK2        ;是否抖动引起的?
        JB      P3.5,KL1
PK2:    MOV     R7,#08H         ;不是抖动引起的判别是那一个键按下
        MOV     R6,#0FEH        ;列扫描模式→R6→A
        MOV     R3,#00H         ;扫描的列序号初始值为0
        MOV     A,R6
```

```
KL5:    MOV   SBUF,A
KL2:    JNB   TI,KL2         ;等待串行口发送完
        CLR   TI
        JNB   P3.4,PKONE     ;是第一行某键否?
        JB    P3.5,NEXT      ;是第二行某键否?
        MOV   R4,#08H        ;第二行键中有键被按下,首键号 08H→R4
        AJMP  PK3
PKONE:MOV     R4,#00H        ;第一行键中有键按下,首键号 00H→R4
PK3:    MOV   SBUF,#00H      ;等待键释放
KL3:    JNB   TI,KL3
        CLR   TI
KL4:    JNB   P3.4,KL4
        JNB   P3.5,KL4
        MOV   A,R4           ;键释放,首键号→A
        ADD   A,R3           ;首键号+列序号=键号→A
        RET
NEXT:   MOV   A,R6           ;判下一列键是否按下
        RL    A              ;列扫描向右一列
        MOV   R6,A           ;
        INC   R3             ;列序号增 1
        DJNZ  R7,KL5         ;八列键都检查完否?
        AJMP  KEYI           ;扫描完毕,开始下一个扫描周期
DL10:   MOV   R7,#0AH        ;延时 10ms 子程序
DL:     MOV   R6,#0FFH
DL6:    DJNZ  R6,DL6
        DJNZ  R7,DL
        RET
```

9.3.3　利用专用键盘/显示器接口芯片 8279 实现键盘/显示器接口

Intel8279 是一种通用可编程键盘、显示器接口芯片,它能完成键盘输入和显示控制两种功能。

键盘部分提供一种扫描工作方式,能对 64 个按键键盘不断扫描,自动消抖,自动识别出按下的键并给出编码,能对双键或 N 键同时按下实行保护。

显示部分为发光二极管及其他显示器提供了按扫描方式工作的显示接口,可显示多达 16 位的字符或数字。

1. 8279 的引脚及内部结构

8279 的引脚如图 9.24 所示。图 9.25 为 8279 的引脚功能。图 9.26 为 8279 的内部结构图。

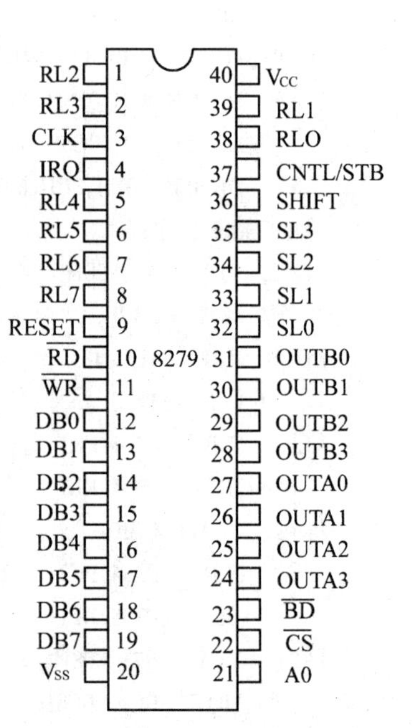

图 9.24　8279 的引脚

2.8279的组成和基本工作原理

由图9.26可知，8279主要由下列电路组成：

(1) I/O控制及数据缓冲器

数据缓冲器是双向缓冲器，它将内部总线和外部总线连通，用于传送CPU和8279之间的命令或数据。

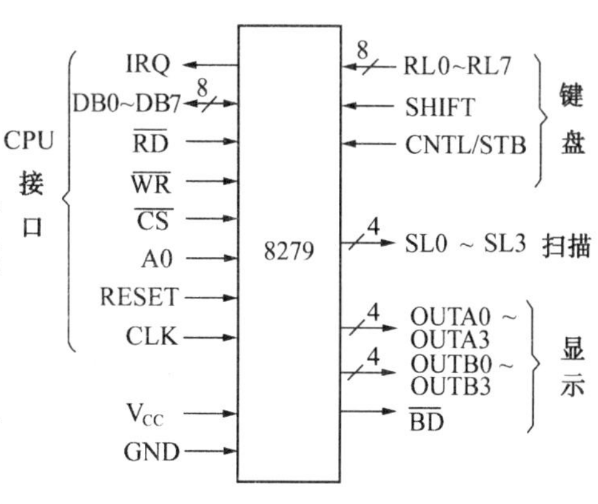

图9.25　8279的引脚功能

(2) 控制和时序寄存器及定时控制

控制和时序寄存器用来寄存键盘及显示的工作方式，以及由CPU编程的其他操作方式。

定时控制含有一些计数器，其中有一个可编程的5位计数器，对外部输入时钟信号进行分频，产生100 kHz的内部定时信号。外部时钟输入信号的周期不小于500 *n*s。

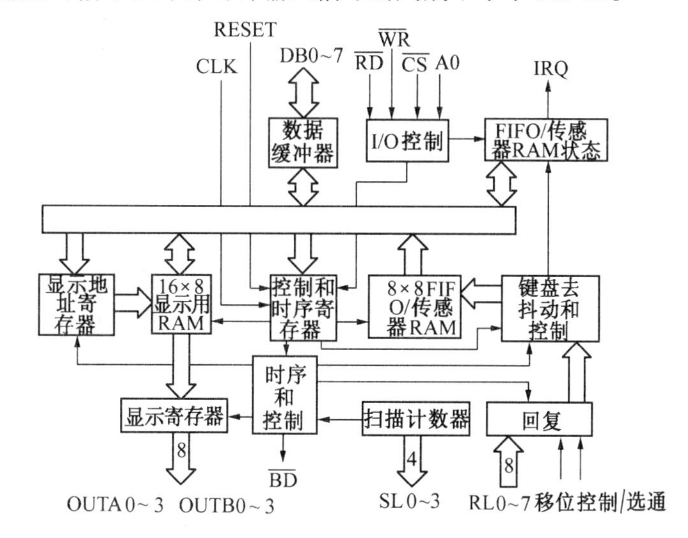

图9.26　8279的内部结构

(3) 扫描计数器

扫描计数器有两种工作方式。按编码方式工作时，计数器作二进制计数。四位计数状态从扫描线SL0～SL3输出，经外部译码器译码后，为键盘和显示器提供16中取1的扫描线。按译码方式工作时，扫描计数器的最低二位在内部被译码后，从SL0～SL3输出，因此SL0～SL3提供了4中取1的扫描线。

(4) 回复缓冲器、键盘去抖动及控制

来自RL0～RL7的8根回复线的回复信号，由回复缓冲器缓冲并锁存。

在键盘逐列扫描时，回复线用来搜寻一行中闭合的键。当某一键闭合时，消抖电路被置位，延时等待10 ms之后，再检验该键是否仍闭合。若闭合，则该键的行、列地址和附加的移位、控制状态一起形成键盘数据，送入8279内部的FIFO(先进先出)RAM存储器。

在传感器矩阵方式中，回复线的内容被直接送往相应的传感器RAM中，即FIFO存储器。

在选通输入方式中，回复线的内容在控制/锁存线的脉冲上升沿送入FIFO存储器。

(5) FIFO/传感器RAM及其状态寄存器

FIFO/传感器 RAM 是一个双重功能的 8×8 位 RAM。在键盘或选通工作方式时，它是 FIFO（即先进先出，FIRST IN FIRST OUT）存储器。每次新的输入都顺序写入到 RAM 单元中。而每次读出时，总是按输入的先后顺序，将最先输入的数据读出。FIFO 状态寄存器用来存放 FIFO 的工作状态，即 FIFO 是空还是满，其中存有多少字符，是否操作出错等等。当 FIFO 存储器不空时，状态逻辑将产生 IRQ＝1 信号，向 CPU 发出中断申请。

在传感器矩阵方式时，这个存储器又是传感器 RAM。它存放着传感器矩阵中的每一个开关传感器的状态。在此方式中，若检索出开关传感器的变化，IRQ 信号变为高电平，向 CPU 发出中断申请。

（6）显示 RAM 和显示地址寄存器

显示 RAM 用来存放显示数据。它有 16×8 位的容量位，最多可存放 16 位的显示信息。在显示过程中，这些信息被轮流从显示寄存器输出。而显示寄存器则分成 A、B 两组，即 OUTA0～OUTA3 和 OUTB0～OUTB3，它们可以单独送数，也可以组成一个 8 位的字节。显示寄存器的输出与显示扫描配合，不断从显示 RAM 中读出显示数据，同时轮流驱动被选中的显示位，以达到多路复用的目的，使显示器呈现出稳定的显示状态。

显示地址寄存器用来寄存由 CPU 进行读/写的显示 RAM 的地址，它可以由命令设定，也可以设置成每次读出或写入之后自动递增。

3.引脚功能介绍

8279 的引脚及接口逻辑，如图 9.24、图 9.25 所示。下面对各引脚功能进行说明：

（1）DB0～DB7

数据总线、双向、三态。用于和系统数据总线相连，在 CPU 和 8279 之间传递命令或数据。

（2）CLK

系统时钟：输入线。用于 8279 内部定时，以产生其工作所需时序。

（3）RESET

复位输入线：高电平有效。当复位信号 RESET＝1 时，8279 被复位，复位后的状态如下：

①16 个字符显示——左入口

②编码扫描键盘——双键锁定

③程序时钟编程为 31

（4）$\overline{\text{CS}}$

片选线：输入、低电平有效。

$\overline{\text{CS}}$＝0 时，8279 被选中，允许 CPU 对其进行读、写操作。

$\overline{\text{CS}}$＝1 时，禁止对 8279 读写。

（5）A0

输入线：A0＝1，若 CPU 进行写操作，则写入字节是命令字。若进行读操作，则从 8279 读出的字节是状态字。A0＝0 时，写入字节或读出字节均为数据。

（6）$\overline{\text{RD}}$、$\overline{\text{WR}}$

读、写信号输入线：低电平有效。这两个来自 CPU 的控制信号，控制 8279 的读写操作。

（7）IRQ

中断请求输出线：高电平有效。

在键盘工作方式中，当 FIFO/传感器 RAM 中存有数据时，IRQ 为高电平，向 CPU 提出中断申请。CPU 每次从 RAM 中读出一个字节数据时，IRQ 就变为低电平。如果 RAM 中还有未读完的数据，IRQ 将再次变为高电平，再次提出中断请求。

在传感器工作方式中，每当检测到开关传感器状态变化时，IRQ 就出现高电平。

(8) SL0 ~ SL3

扫描输出线：这四条输出线用来扫描键盘和显示器。它们可以编程设定为编码输出（16 中取 1）或译码输出（4 中取 1）。

(9) RL0 ~ RL7

输入线：它们是键盘矩阵或传感器矩阵的行信号输入线。

(10) SHIFT

输入线：高电平有效。该输入信号是 8279 键盘数据的次高位 D6，通常用作键盘上下档功能键。在传感器方式和选通方式中，SHIFT 无效。

(11) CNTL/STB

输入线：高电平有效。在键盘方式时，该输入信号是键盘数据的最高位 D7，通常用来扩充控制功能键。

在开关传感器方式下，CNTL 信号无效。

在键盘选通输入方式下，该信号的上升沿可将来自 RL0 ~ RL7 的数据存放入 FIFO RAM 中。

(12) OUTA0 ~ OUTA3（A 组显示信号）、OUTB0 ~ OUTB3（B 组显示信号）

这两组引脚均是显示信息输出线，它们与多路数字显示的扫描线 SL0 ~ SL3 同步。两组可以独立使用，也可以合并使用。

(13) $\overline{BD}$

消除显示：低电平有效。该输出信号在数字切换显示或使用显示消隐命令时，将显示消隐。

4. 8279 的命令字

8279 是可编程接口芯片。编程就是 CPU 向 8279 写入控制命令。8279 共有 8 条命令，命令字的高三位 D7、D6 和 D5 用于对其寻址。各条命令介绍如下：

(1)键盘/显示方式设置命令字

D7	D6	D5	D4	D3	D2	D1	D0
0	0	0	D	D	K	K	K

高三位 D7 D6 D5 位为特征位 000。

D4 D3 两位用来设定显示方式，其定义如下

D4	D3	显示方式
0	0	8 位字符显示—左边输入
0	1	16 位字符显示—左边输入
1	0	8 位字符显示—右边输入
1	1	16 位字符显示—右边输入

8279 最多可用来控制 16 位 LED 显示器，当显示位数超过 8 位时，均需设定为 16 位字符显示。显示器的每一位对应一个 8 位的显示缓冲 RAM 单元。CPU 将显示数据写入缓冲器时有左边输入和右边输入两种方式。左边输入是较简单的方式，地址为 0 ~ 15 的显示缓冲 RAM 单元分别对应于显示器的 0（左）位 ~ 15（右）位。CPU 依次从 0 地址或某一个地址开始将段数据写入显示缓冲 RAM。显示位置从最左一位开始，显示字符逐个向右顺序排列。

当 16 个显示缓冲 RAM 都已写满时（从 0 地址开始写，写了 16 次），第 17 次写，再从 0 地址开始写入。

右边输入就显示位置从最右一位开始，以后逐次输入显示字符时，已有的显示字符依次向左移动，就像计算器在输入字符时的显示方式一样。

D2、D1、D0 为键盘工作方式选择位，如下表：

D2	D1	D0	键盘工作方式
0	0	0	编码扫描键盘，双键锁定
0	0	1	译码扫描键盘，双键锁定
0	1	0	编码扫描键盘，N 键依次读出
0	1	1	译码扫描键盘，N 键依次读出
1	0	0	编码扫描传感器矩阵
1	0	1	译码扫描传感器矩阵
1	1	0	选通输入，编码扫描显示器方式
1	1	1	选通输入，译码扫描显示器方式

当设定为编码工作方式时，内部计数器作二进制计数，四位二进制计数器的状态从扫描线 SL0～SL3 输出，最多可为键盘/显示器提供 16 根扫描线（16 选 1）。

当设定为内部译码工作方式时，内部扫描计数器的低 2 位被译码后，再由 SL0～SL3 输出，即此时 SL0～SL3 已经是 4 选 1 的译码信号了。显然当设定译码方式时，扫描位数最多为 4 位。

双键锁定，就是当键盘中同时有两个或两个以上的键被按下时，任何一个键的编码信息均不能进入 FIFO RAM 中，直至仅剩下一键保持闭合时，该键的编码信息方能进入 FIFO，这种工作方式可以避免键的误操作信号进入计算机。

N 键依次读出的工作方式，各个键的处理都与其他键无关，按下一个键时，片内去抖动电路等待两个键盘扫描周期，然后检查该键是否仍按着。如果仍按着，则该键编码就送入 FIFO RAM 中。一次可以按下任意个键，其他的键也可被识别出来并送入 FIFO RAM 中。如果同时按下多个键，则根据键盘扫描过程发现它们的顺序识别，并送入 FIFO RAM 中。

选通输入的工作方式时，RL0～RL7 作为选通输入口，CNTL/STB 作为选通输入控制端，CNTL/STB 信号的上升沿将来自 RL0～RL7 的数据，存在 FIFO RAM 中。

扫描传感器矩阵的工作方式，是指片内的去抖动逻辑被禁止掉，传感器的开关状态直接输入 FIFO RAM 中，虽然这种方式不能提供去抖动的功能，但有下述优点：CPU 知道传感器闭合多久，何时释放。在传感器扫描的工作方式下，每当检测到传感器信号（开或闭）改变时，中断线上的 IRQ 就变为高电平。在编码扫描时，可对 8×8 矩阵开关状态进行扫描；在内部译码扫描时，可对 4×8 矩阵开关的状态进行扫描。

（2）程控时钟命令

D7	D6	D5	D4	D3	D2	D1	D0
0	0	1	P	P	P	P	P

D7、D6、D5＝001 为时钟命令特征位。

D4、D3、D2、D1、D0＝PPPPP：用对外部输入时钟 CLK 进行分频的分频数 N。N 取值为 2～31。通过对 N 的设定以获得 8279 内部 100 kHz 的频率。例如，外部时钟频率为 2 MHz，取 N 为 20 即可得 2MHz/20＝100 kHz 的内部工作频率。相应的二进制数 PPPPP＝10100，时钟命令字即为：34H。

内部时钟频率的高低控制着扫描时间和键盘去抖动时间的长短，在 8279 内部时钟为 100 kHz 时，则扫描时间为 5.1 ms，去抖动时间为 10.3 ms。

(3)读FIFO/传感器RAM命令

D7	D6	D5	D4	D3	D2	D1	D0
0	1	0	AI	X	A	A	A

D7、D6、D5=010为读FIFO/传感器RAM命令特征位。该命令字只在传感器方式时使用,在CPU读传感器RAM之前,必须用这条命令来设定将要读出的传感器RAM的地址。由于传感器RAM的容量是8×8位,即8个字节,因此须用命令字中低三位二进制代码即D2、D1、D0进行选址。

D2、D1、D0=AAA传感器RAM中的8个字节地址。

D4=AI自动增量特征位。当AI=1时,则每次读出传感器RAM之后,RAM地址将自动加1,使地址指针指向顺序的下一个存储单元。这样下一次读数便从下一个地址读出,而不必重新设置读FIFO/传感器RAM命令。

在键盘工作方式时,由于读出操作严格按照先入先出的顺序,因此,不必使用此条命令。

(4)读显示RAM命令

D7	D6	D5	D4	D3	D2	D1	D0
1	0	0	AI	A	A	A	A

D7、D6、D5=100为该命令特征字。该命令字用来设定将要读出的显示RAM地址。

D3、D2、D1、D0=AAAA用来寻址显示RAM的存储单元,4位能寻址所有16个显示存储单元。

D4=AI为自动增量特征位。当AI=1时,每次读出之后,地址自动加1,指向下一个地址,所以下一次顺序读出数据时,不必重新设置写显示RAM命令字。

(5)写显示RAM命令

D7	D6	D5	D4	D3	D2	D1	D0
0	1	1	AI	A	A	A	A

D7、D6、D5=100为该命令特征位。该命令字用来设定将要写入的显示RAM的地址。

D3、D2、D1、D0=AAAA用来寻址显示RAM的存储单元,由于显示RAM有16个字节,所以需用4位进行寻址。

D4=AI为自动增量特征位,当AI=1时,则每次写入之后,地址自动加1,指向下一个地址,所以下一次顺序写入数据时,不必重新设置读显示RAM命令字。

(6)显示禁止写入/消隐命令

D7	D6	D5	D4	D3	D2	D1	D0
1	0	1	X	IW A	IW B	BL A	BL B

D7、D6、D5=101为显示禁止写入/消隐命令特征位。

D3、D2=IWA,IWB,此两位分别用来屏蔽A、B两组显示。例如当A组的屏蔽位D3=1时,A组的显示RAM禁止写入。因此,从CPU写入显示器RAM的数据不会影响A的显示。这种情况通常在采用双4位显示器时使用。因为两个4位显示器是独立的,为了给其中一个4位显示器输入数据而又不影响另一个4位显示器,因此必须对另一组的输入实行屏蔽。

D1、D0=BLA,BLB是两个消隐特征位。分别对两组显示输出进行消隐,当BL=1时,对应显示组被消隐，而当 BL＝0 时，则恢复正常显示。

（7）清除命令

D7	D6	D5	D4	D3	D2	D1	D0
1	1	0	CD	CD	CD	CF	CA

该命令字用来清除 FIFO RAM 和显示缓冲 RAM。

D7、D6、D5＝110 为清除命令特征位。

D4、D3、D2＝CD CD CD 用来设定清除显示 RAM 的方式。共有四种清除方式，定义如下：

D4	D3	D2	清除显示 RAM 的方式
1	0	×	将显示 RAM 全部清 0
1	1	0	将显示 RAM 清成 20H
1	1	1	将显示 RAM 全部置 1
0	×	×	不清除（CA＝0 时）；若 CA＝1，则 D3、D2 仍有效

D1＝CF 用来置空 FIFO 存储器，当 CF＝1 时，执行清除命后，FIFO RAM 被置空，使中断输出线 IRQ 复位。同时，传感器 RAM 的读出地址也被置 0。

D0＝CA 为总清的特征位。它兼有 CD 和 CF 两者的功效。当 CA＝1 时，对显示的清除方式由 D3D2 两位编码决定。

清除显示 RAM 大约需要 160μs 的时间。在此期间，FIFO 状态字（状态字将在后面介绍）的最高位 DU＝1，表示显示无效，CPU 不能向显示 RAM 写入数据。

（8）结束中断/错误方式设置命令

D7	D6	D5	D4	D3	D2	D1	D0
1	1	1	E	X	X	X	X

D7、D6、D5＝111 为该命令的特征位。

这个命令有两种不同的应用。

① 作为结束中断命令。在传感器工作方式中，每当传感器状态出现变化时，扫描检测电路就将其状态写入传感器 RAM，并启动中断逻辑，使 IRQ 变高，向 CPU 请求中断。并且禁止写入传感器 RAM。此时若传感器 RAM 读出地址的自动递增特征没有置位（AI＝0），则中断请求 IRQ 在 CPU 第一次从传感器 RAM 读出数据时，就被清除。若自动递增特征位已置位（AI＝1），则 CPU 对传感器 RAM 的读出并不能清除 IRQ，而必须通过给 8279 写入结束中断/错误方式设置命令才能使 IRQ 变低。因此在传感器工作方式中，此命令用来结束传感器 RAM 的中断请求。

② 作为特定错误方式设置命令。在 8279 已被设定为键盘扫描 N 键轮回方式以后，如果 CPU 给 8279 又写入结束中断/错误方式设置命令（E＝1），则 8279 将以一种特定的错误方式工作。这种方式的特点是：8279 在消抖周期内，如果发现有多个键被同时按下，则 FIFO 状态字中的错误特征位 S/E 将置 1，并将产生中断请求信号和阻止写入 FIFO RAM。

错误特征位 S/E 在读出 FIFO 状态字时被读出，而在执行 CF＝1 的清除命令时被复位。

上述 8279 的 8 种命令字皆由 D7、D6、D5 特征位确定，当输入 8279 之后能自动寻址到相应的命令寄存器。只是在写入命令时，命令字一定要写到命令口中，即应让缓冲地址信号 A0＝1。

5. 8279的状态字

8279的FIFO状态字，主要用于键盘和选通工作方式，以指示FIFO RAM的字符数和有无错误发生。

状态字格式：

D7	D6	D5	D4	D3	D2	D1	D0
DU	S/E	O	U	F	N	N	N

D7＝DU为显示无效特征位。当DU＝1表示显示无效。当显示RAM由于清除显示或全清命令尚未完成时，DU＝1。

D6＝S/E为传感器信号结束/错误特征位。当8279工作在传感器工作方式时，若S/E＝1，表示最后一个传感器信号已进入传感器RAM中，而当8279工作在特殊错误方式时，若S/E＝1，则表示出现了多键同时按下错误。此特征位在读出FIFO状态字时被读出，而在执行CF＝1的清除命令时被复位。

D5、D4＝O、U为超出、不足错误特征位。对于FIFO RAM的操作可能出现两种错误：超出或不足。当FIFO已经充满时，若其它的键盘数据还企图写入FIFO RAM中，则出现超出错误，状态字的O置位1；当FIFO RAM已经置空时，若CPU还企图读出，则出现不足错误，状态字的U置位1。

D3＝F表示FIFO RAM是否已满。当F＝1时，表示FIFO RAM中已满。

D2、D1、D0＝NNN表未FIFO RAM中的字符数，最多8个。

6.键输入数据格式

在键扫描方式中，键输入数据格式如下：

D7	D6	D5	D4	D3	D2	D1	D0
CNHL	SHIFT	SCAN	SCAN	SCAN	RETURN	RETURN	RETURN
		SL0～2计数值			RL0～7计算值		

D2～D0指出输入键所在的列号(RL0～7状态确定)。

D5～D3指出输入键所在行号(扫描计数值)。

D6控制键SHIFT的状态。

D7控制键CNTL的状态。

控制键CNTL、SHIFT为单独的开关键。CNTL与其它键连用作特殊命令键，SHIFT可作为上下挡控制键。当SHIFT接按键(对地)，可与键盘(8×8)配合，使键盘各键具有上、下键功能，这样键盘可扩充到128个键。CNTL线可接一键用作控制键，这样，最多可扩充到256键。

在传感器扫描方式或选通输入方式中，输入数据即为RL0～RL7的输入状态。

D7	D6	D5	D4	D3	D2	D1	D0
RL7	RL6	RL5	RL4	RL3	RL2	RL1	RL0

7. 8279与键盘/显示器的接口

图9.27为8位显示器、4×8键盘和8279的接口电路。图中键盘的行线接8279的RL0～RL3，8279选用外部译码方式，SL0～SL2经74LS 138(1)译码输出，接键盘的列线。SL0～SL2又由74LS138(2)译码输出，经驱动后到显示器各位的公共阴极，输出线OUTB0～3、OUTA0～3作

为 8 位段数据输出口，控制 74LS138(2)的译码。当位切换时，输出低电平，使 74LS138(2)输出全为高电平。当键盘上出现有效时间闭合键时，键输入数据自动的进入 8279 的 FIFO RAM 存储器，并向 8031 请求中断，8031 响应中断读取 FIFO RAM 中的输入键值。若要更新显示器输出，仅需改变 8279 中显示缓冲 RAM 中的内容。

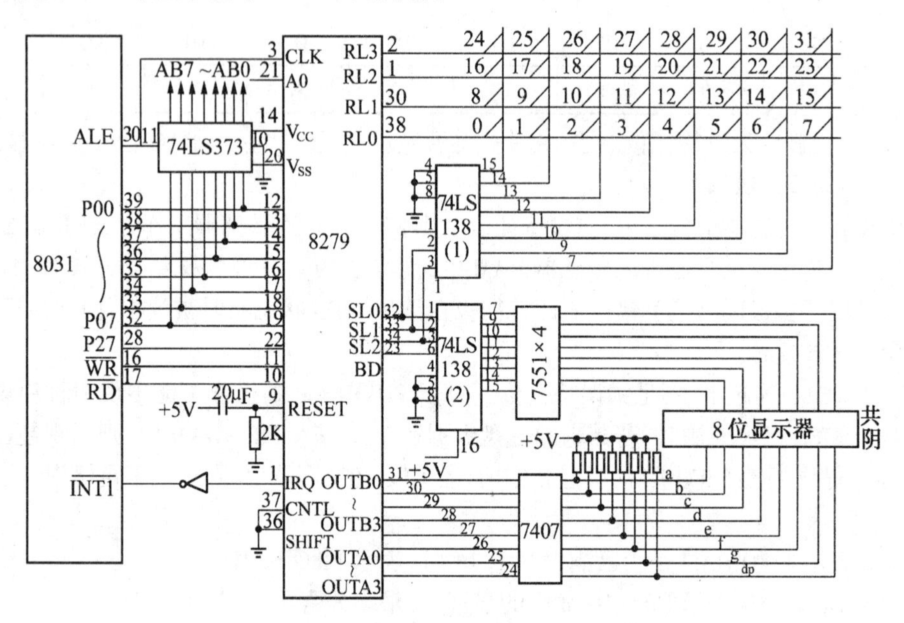

图 9.27　键盘/显示器和 8279 的接口

在图 9.27 中，8279 的命令/状态口地址为 7FFFH，数据口地址为 7FFEH，键输入中断服务程序和更新显示器的输出子程序流程图如图 9.28 所示。

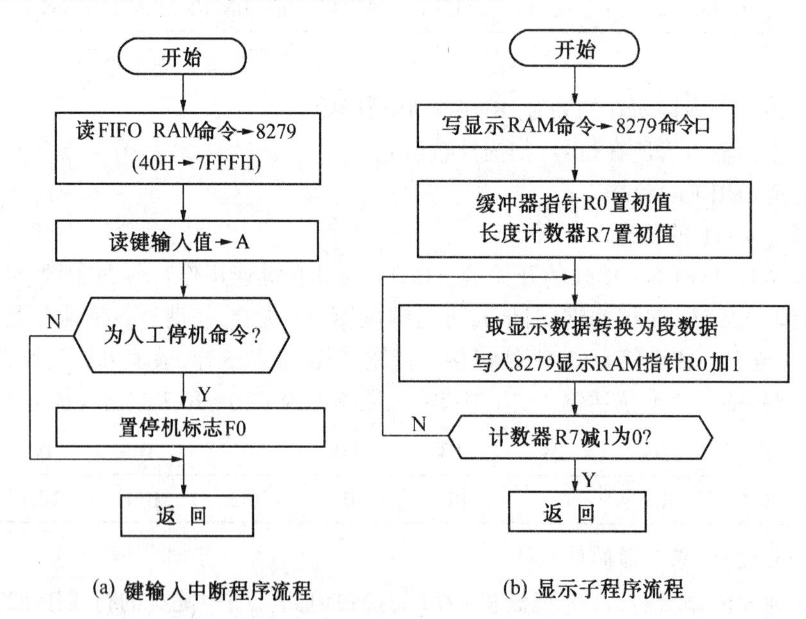

图 9.28　8031 和 8279 的传送程序流程

初始化程序清单(与 8279 有关的初始化程序)：

```
INITI:  SETB    EX1             ;允许外部中断 1 中断
        MOV     DPTR, # 7FFFH   ;向命令/状态口地址写入 DPTR
        MOV     A, # 0D1H       ;D1H 为控制字
        MOVX    @DPTR,A         ;控制字写入命令/状态口
LP:     MOVX    A,@DPTR         ;读 8279 的状态
        JB      ACC.7,LP
        MOV     A, # 00H        ;设置键盘/显示方式命令字
        MOVX    @DPTR,A         ;
        MOV     A, # 2AH        ;设置程控时钟命令字
        MOVX    @DPTR,A         ;
        SETB    EA              CPU 中断
        …
        …
```

键输入中断服务程序清单:

```
PINT1:  PUSH    PSW
        PUSH    DPH
        PUSH    DPL
        PUSH    A
        MOV     DPTR, # 7FFFH   ;向命令口写入读 FIFO 命令
        MOV     A, # 40H
        MOVX    @DPTR,A
        MOV     DPTR, # 7FFEH   ;读键输入值
        MOVX    A,@DPTR
        CJNE    A, # 37H,PRI1   ;判输入停机命令否
        SETB    20H
PRI1:   POP     A
        POP     DPL
        POP     DPH
        POP     PSW
        RET1
```

显示子程序清单:

```
DIR:    MOV     DPTR, # 7FFFH   ;输出写显示 RAM 命令
        MOV     A, # 90H
        MOVX    @DPTR,A
        MOV     R0, # 70H
        MOV     R7, # 08H
        MOV     DPTR, # 7FEEH
DL0:    MOV     A,@R0
        ADD     A, # 05H
        MOVC    A,@A+PC         ;显示数据转换为段码
        MOVX    @DPTR,A         ;写入显示 RAM
        INC     R0
        DJNZ    R7,DL0
        RET
```

```
ADSEG:  DB 3FH,06H,5BH,4FH,66H,6DH;段数据表(共阴极)
        DB 7DH,07H,7EH,6FH,77H,7CH
        DB 39H,5EH,79H,71H,73H,3EH
        DB 31H,6EH,1CH,23H,40H,03H
        DB 18H,38H,00H
```

9.4　MCS-51 与液晶显示器(LCD)的接口

LCD(Liiquid Crystal Display)是液晶显示器的缩写,液晶显示器是一种被动式的显示器,即液晶本身并不发光,而是利用液晶经过处理后能改变光线通过方向的特性,而达到白底黑字或黑底白字显示的目的。液晶显示器具有功耗低、抗干扰能力强等优点,因此被广泛地应用在仪器仪表和控制系统中。笔记本电脑、手机和计算器上所采用的都是液晶显示屏幕。

9.4.1　LCD 显示的分类

当前市场上液晶显示器种类繁多,按排列形式可分为笔段型、字符型和点阵图形型。

① **笔段型**　笔段型是以长条状显示像素组成一位显示。该类型主要用于数字显示,也可用于显示西文字母或某些字符。这种段型显示通常有六段、七段、八段、九段、十四段和十六段等,在形状上总是围绕数字“8”的结构变化,其中以七段显示最常用,广泛用于电子表、数字仪表、计算器中。

② **点阵字符型**　点阵字符型液晶显示模块是专门用来显示字母、数字、符号等的点阵型液晶显示模块。它是由若干个 5×7 或 5×10 点阵组成,每一个点阵显示一个字符。这类模块广泛应用在各类单片机应用系统中。

③ **点阵图形型**　点阵图形型是在一平板上排列多行或多列,形成矩阵形式的晶格点,点的大小可根据显示的清晰度来设计。这类液晶显示器可广泛用于图形显示如游戏机、笔记本电脑和彩色电视等设备中。

9.4.2　点阵式液晶显示模块介绍

要使用点阵型 LCD 显示器,必须有相应的 LCD 控制器、驱动器来对 LCD 显示器进行扫描、驱动,以及一定空间的 ROM 和 RAM 来存储写入的命令和显示字符的点阵。现在人们已将 LCD 控制器、驱动器、RAM、ROM 和 LCD 显示器用 PCB 连接到一起,称为液晶显示模块 LCM(LCD Module)。使用者只要向 LCM 送入相应的命令和数据就可实现所需要的显示,这种模块与单片机接口简单,使用灵活方便,产品分为字符型和图形型两种。下面仅就广泛地应用在单片机系统中的国内天马公司制作的字符显示模块的基本结构、指令功能和特点作以介绍。

1.基本结构

(1)液晶板

在液晶板上排列着若干 5×7 或 5×10 点阵的字符显示位,每个显示位可显示 1 个字符,从规格上分为每行 8、16、20、24、32、40 位,有一行、两行及四行三类,用户可根据需要,来选择购买。

(2)模块电路框图

图 9.29 是字符型模块的电路框图,它由控制器 HD44780、驱动器 HD44100 及几个电阻电容组成。HD44100 是扩展显示字符位用的(例如:16 字符 ×1 行模块就可不用 HD44100,16 字

符×2行模块就要用1片HD44100)。

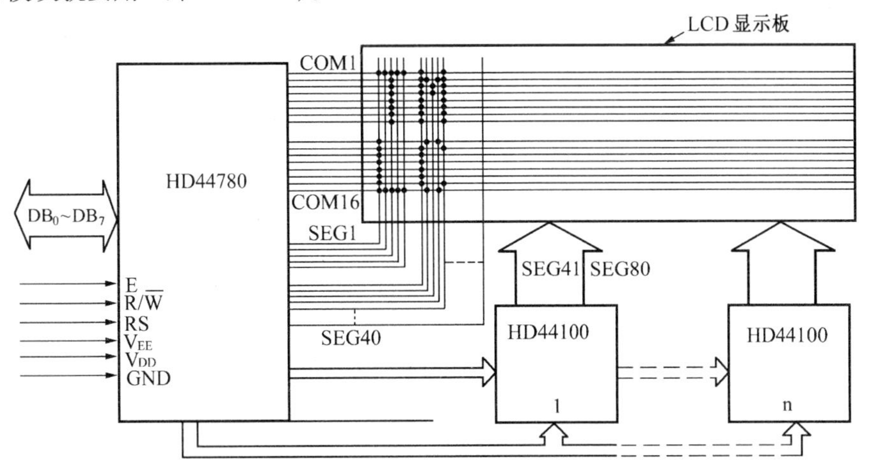

图9.29 字符型模块的电路框图

PCB上有14个引线端,其中有8条数据线,3条控制线,3条电源线,见表9.3。可与8031相接(见图9.30),通过送入数据和指令可对显示方式和显示内容作出选择。

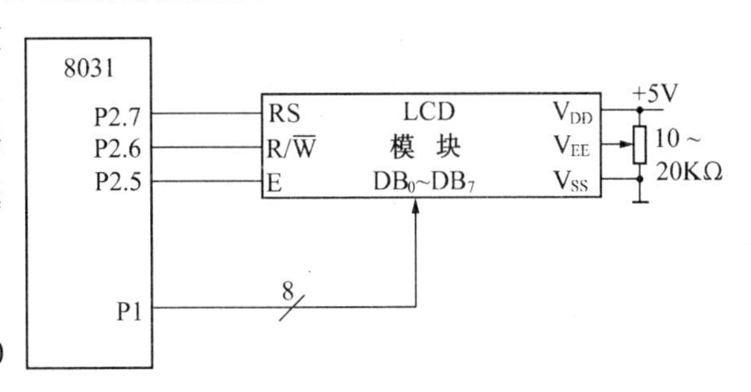

图9.30 8031与LCM的接口

(3)LCD驱动器和控制器

下面介绍图9.29中驱动器HD44100和驱动器HD44780。

① LCD驱动器HD44100

HD44100是用低功耗CMOS技术制造的大规模LCD驱动IC。它既可当行驱动用,也可当列驱动用,由20×2bit二进制移位寄存器、20×2bit数据锁存器和20×2bit驱动器组成(如图9.31)。

表9.3

引线号	符号	名 称	功 能
1	V_{SS}	地	0V
2	V_{DD}	电源	5V±5%
3	V_{EE}	液晶驱动电压	
4	RS	寄存器选择	H数据寄存器 L指令寄存器
5	$R/\overline{W}$	读/写	H读,L写
6	E	使能	下降沿触发
7 ⋮ 14	DB0 ⋮ DB7	8位数据线	数据传输

功能如下:

a.40通道点阵LCD驱动;

b.可选择当做行驱动或列驱动;

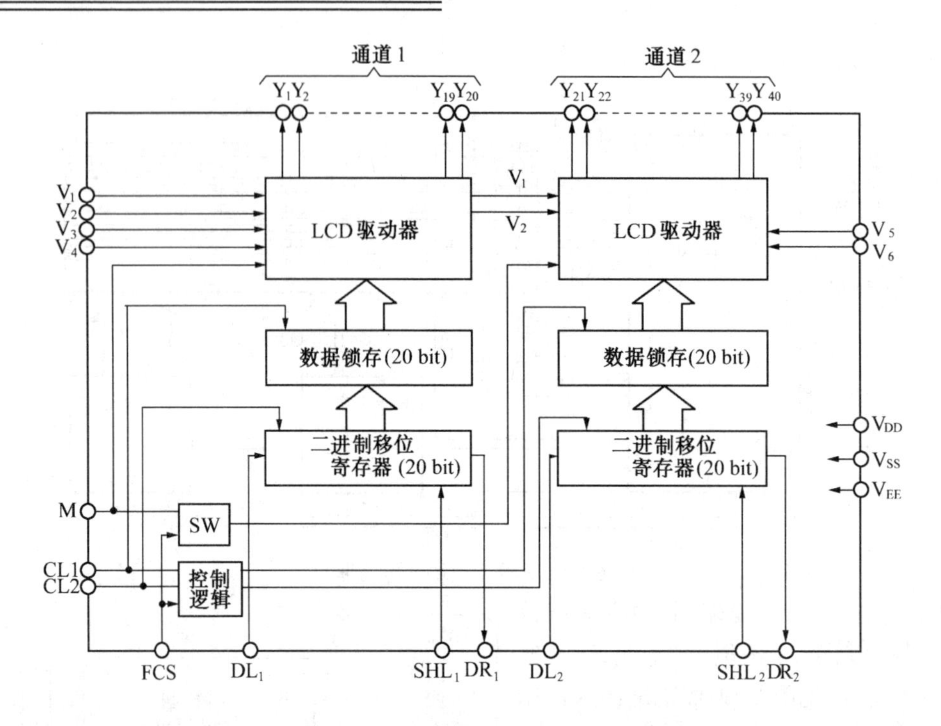

图 9.31　HD44100 内部结构

c.输入/输出信号:输出,能产生 20×2 个 LCD 驱动波形;输入,接受控制器送出的串行数据和控制信号,偏压($V_1 \sim V_6$)。

特性如下:

a.显示驱动偏压比:静态～1/5;

b.电源电压:+5V±10%;

c.显示驱动电源:-5V;

d.60 引脚、塑封。

(4)LCD 控制器 HD44780

HD44780(KS0062)是用低功耗 CMOS 技术制造的大规模模点阵 LCD 控制器(兼带驱动器)和 4 位/8 位微处理器相连,它能使点阵 LCD 显示大小写英文字母、数字和符号。应用 HD44780,用户能用少量元件就可组成一个完整点阵 LCD 系统。

功能和特性如下:

①容易和 4 位/8 位 CPU 相连;

②可选择 5×7 或 5×10 点字符;

③显示数据 RAM 容量:80×8 位(80 字符);

④字符发生器 ROM 能提供用户所需字符库或标准库,字库容量:192 个字符(5×7 点字形),32 个字符(5×10 点字形),可自编 8(5×7 点)或 4(5×10)种字符;

⑤DDRAM 和 CGRAM 都能从 CPU 读取数据;

⑥输出信号:16 个行扫信号,40 个列信号;

⑦电源复位电路;

⑧显示占空比:1/8 duty(1Line,5×7 点+Cursor),1/11 duty(1Line,5×10 点+Cursor),1/16 duty(2Line,5×7 点+Cursor);

⑨振荡电路；

⑩指令：11 种；

⑪80 引脚、塑封。

2.指令格式及指令功能说明

(1)指令格式

LCD 控制器 HD44780 内有多个寄存器，RS 和 R/$\overline{W}$ 引脚上的电平共同决定选择哪一个寄存器，如表 9.4 所示。

表 9.4

RS	R/$\overline{W}$	操　作
0	0	指令寄存器写入
0	1	忙标志和地址计数器读出
1	0	数据寄存器写入
1	1	数据寄存器读出

指令的格式如下所示：

RS　R/$\overline{W}$	DB_7　DB_6　DB_5　DB_4　DB_3　DB_2　DB_1　DB_0

指令格式中，RS 位和 R/$\overline{W}$ 来决定寄存器的选择，而 $DB_7 \sim DB_0$ 则决定指令功能。指令共 11 种，它们是：清除，返回，输入方式设置，显示开关控制，移位控制，功能设置，CGRAM 地址设置，DDRAM 地址设置，读忙标志和地址，写数据到 CG/DDRAM，读数据由 CG/DDRAM。这些指令功能强：可组合成各种输入、显示、移位方式以满足不同要求。

(2)指令功能说明

下面对 HD4780 所能执行的全部 11 条指令的功能作以说明。

① 清屏

RS	R/$\overline{W}$	DB7	DB6	DB5	DB4	DB3	DB2	DB1	DB0
0	0	0	0	0	0	0	0	0	1

清除屏幕显示，并置地址计数器 AC 为 0。

② 返回

RS	R/$\overline{W}$	DB7	DB6	DB5	DB4	DB3	DB2	DB1	DB0
0	0	0	0	0	0	0	0	1	X

置 DDRAM 即显示 RAM 的地址为 0，显示返回到原始位置。

③ 输入方式设置

RS	R/$\overline{W}$	DB7	DB6	DB5	DB4	DB3	DB2	DB1	DB0
0	0	0	0	0	0	0	1	I/D	S

设置光标的移动方向，并指定整体显示是否移动。其中 I/D 如为 1，则是增量方式，如为 0，则是减量方式；S 如为 1，则移位，如为 0，则不移位。

④ 显示开关控制

RS	R/$\overline{W}$	DB7	DB6	DB5	DB4	DB3	DB2	DB1	DB0

0	0	0	0	0	0	1	D	C	B

其中：

- D 控制整体显示的开与关，D＝1，则开显示，D＝0，则关显示。
- C 控制光标的开与关，C＝1，光标开，否则光标关。
- B 控制光标处字符的闪烁，B＝1，字符闪烁，B＝0，字符不闪烁。

⑤ 光标移位

RS	R/$\overline{W}$	DB7	DB6	DB5	DB4	DB3	DB2	DB1	DB0
0	0	0	0	0	1	S/C	R/L	×	×

移动光标或整体显示，DDRAM 中内容不变。

其中：

- S/C 为 1 时，显示移位，为 0 时光标移位。
- R/L 为 1 时，向右移位，为 0 时向左移位。

⑥ 功能设置

RS	R/$\overline{W}$	DB7	DB6	DB5	DB4	DB3	DB2	DB1	DB0
0	0	0	0	1	DL	N	F	×	×

其中：

- DL 设置接口数据位数，DL＝1 为 8 位数据接口，DL＝0 为 4 位数据接口。
- N 设置显示行数，N＝0，单行显示，N＝1 双行显示。
- F 设置字形大小，F＝1，为 5×10 点阵，F＝0 时为 5×7 点阵。

⑦ CGRAM（字符生成 RAM）地址设置

RS	R/$\overline{W}$	DB7	DB6	DB5	DB4	DB3	DB2	DB1	DB0
0	0	0	1	A	A	A	A	A	A

本命令设置 CGRAM 的地址，地址范围为 0～63。

⑧ DDRAM（显示数据 RAM）地址设置

RS	R/$\overline{W}$	DB7	DB6	DB5	DB4	DB3	DB2	DB1	DB0
0	0	1	A	A	A	A	A	A	A

本命令设置 DDRAM 的地址，地址范围为 0～127。

⑨ 读忙标志 BF 及地址计数器

RS	R/$\overline{W}$	DB7	DB6	DB5	DB4	DB3	DB2	DB1	DB0
0	1	BF	AC						

其中：

- BF 为忙标志位，如为 1，则表示忙，此时 LCM 不能接收命令和数据，如为 0，则表示不忙。
- AC 地址计数器的值，范围是 0～127。

⑩ 向 CG/DDRAM 写数据

RS	R/$\overline{W}$	DB7	DB6	DB5	DB4	DB3	DB2	DB1	DB0
1	0	DATA							

本命令将数据写入 CGRAM 或 DDRAM 中,应与 CGRAM 或 DDRAM 地址设置命令相接合。

⑪ 从 CG/DDRAM 中读数据

RS	R/$\overline{W}$	DB7	DB6	DB5	DB4	DB3	DB2	DB1	DB0
1	1	DATA							

本指令从 CGRAM 或 DDRAM 中读出数据,应与 CGRAM 或 DDRAM 地址设置命令相接合。

(3)有关说明

① 显示位与 DDRAM 地址的对应关系,见表9.5。

表9.5

显示位		1	2	3	4	5	6	7	8	9	…	39	40
DDRAM 地址(H)	第一行	00	01	02	03	04	05	06	07	08	…	26	27
	第二行	40	41	42	43	44	45	46	47	48	…	66	67

② 标准字符库

图9.32所示的是字符库的内容、字符码和字形的对应关系。例如"A"的字符码为41(HEX),"B"的字符码为42(HEX)。

③ 字符码(DDRAM DATA),CGRAM 地址与自编字形(CGRAM DATA)之间的关系,见表9.6所示。

表9.6

DDRAM 数据	CGRAM 地址		CGRAM 数据
7 6 5 4 3 2 1 0	5 4 3 2 1 0		7 6 5 4 3 2 1 0
0 0 0 0 × a a a	a a a	0 0 0	× × × 1 0 0 0 1
		0 0 1	× × × 0 1 0 1 0
		0 1 0	× × × 1 1 1 1 1
		0 1 1	× × × 0 0 1 0 0
		1 0 0	× × × 1 1 1 1 1
		1 0 1	× × × 0 0 1 0 0
		1 1 0	× × × 0 0 1 0 0
		1 1 1	× × × 0 0 0 0 0

字符码的高4位 DB4~DB7为0时,即为自编字型码,其低3位 DB0~DB2即 aaa 共寻址1~8个自编字符,并与 CGRAM 地址的 DB3~DB5三位相对应,而 CGRAM 地址的低3位 DB0~DB2则用来寻址自编字形点阵数据,即 CGRAM DATA。点阵数据每字符8个字节,每字节低5位有效。表中为字符"¥"的点阵数据。

9.4.3　8031与 LCD 模块(LCM)的接口及软件编程

Higher 4 bit / Lowor 4 bit	MSB 0000	0010	0011	0100	0101	0110	0111	1000	1001	1010	1011	1100	1101	1110	1111
LSB xxxx0000	CG RAM (1)		0	@	P	`	p				ー	タ	ミ	α	p
xxxx0001	(2)	!	1	A	Q	a	q			。	ア	チ	ム	ä	q
xxxx0010	(3)	"	2	B	R	b	r			「	イ	ツ	メ	β	θ
xxxx0011	(4)	#	3	C	S	c	s			」	ウ	テ	モ	ε	∞
xxxx0100	(5)	$	4	D	T	d	t			、	エ	ト	ヤ	μ	Ω
xxxx0101	(6)	%	5	E	U	e	u			・	オ	ナ	ユ	σ	ü
xxxx0110	(7)	&	6	F	V	f	v			ヲ	カ	ニ	ヨ	ρ	Σ
xxxx0111	(8)	'	7	G	W	g	w			ァ	キ	ヌ	ラ	g	π
xxxx1000	(1)	(	8	H	X	h	x			ィ	ク	ネ	リ	√	x̄
xxxx1001	(2)	)	9	I	Y	i	y			ゥ	ケ	ノ	ル	⁻¹	y
xxxx1010	(3)	*	:	J	Z	j	z			ェ	コ	ハ	レ	j	千
xxxx1011	(4)	+	;	K	[	k	{			ォ	サ	ヒ	ロ	×	万
xxxx1100	(5)	,	<	L	¥	l	|			ャ	シ	フ	ワ	¢	円
xxxx1101	(6)	-	=	M	]	m	}			ュ	ス	ヘ	ン	£	÷
xxxx1110	(7)	.	>	N	^	n	→			ョ	セ	ホ	゛	ñ	
xxxx1111	(8)	/	?	O	_	o	←			ッ	ソ	マ	゜	ö	█

图 9.32　字符库的内容

1．8031 与 LCD 模块的接口

8031 与 LCM 的接口电路见图 9.33所示。也可以将 LCM 挂接在 8031 的总线上，通过对数据总线的读写实现对 LCM 的控制，见图 9.33 所示。

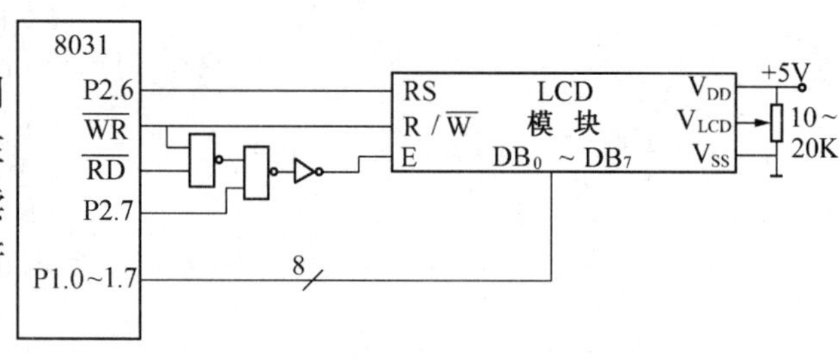

图 9.33　8031 与 LCD 模块的接口

2．软件编程

(1)初始化

用户所编的显示程序，开始必须进行初始化，否则模块无法正常显示。下面介绍两种初始化方法：

① 利用模块内部的复位电路进行初始化

LCM 有内部复位电路，能进行上电复位。复位期间 BF 为 1，在电源电压 VDD 达 4.5V 以后，此状态可维持 10 ms，复位时执行下列命令：

a．清除显示。

b.功能设置，DL = 1，为 8 位数据长度接口；N = 0，单行显示；F = 0，为 5 ×7 点阵字符。

c.开/关显示，D = 0，关显示；C = 0，关光标；B = 0，关闪烁功能。

d.进入方式设置，I/D = 1，地址采用递增方式；S = 0，关显示移位功能。

采用内部复位电路进行复位时，电源要满足一定的条件，即电压建立时间在 0.1 ~ 10 ms 之间和电源掉电时间最小为 1ms。若此条件不能满足，内部复位电路不能正确操作，LCD 就不能被复位，此时应采用软件的方法进行初始化。

② 软件复位

8 位接口的初始化流程如图 9.34 所示。

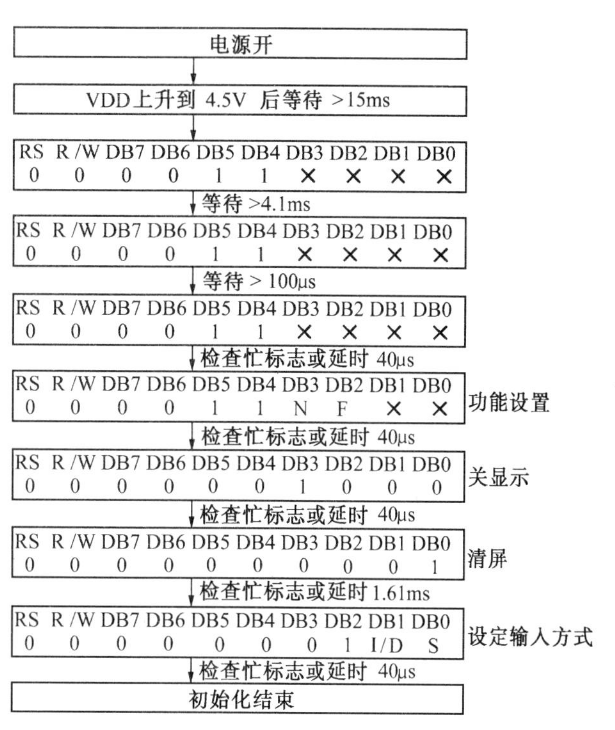

图 9.34　软件初始化流程

(2)编程实例

例　编写程序在 LCD 第 1 行上显示出“CS&S”，第 2 行显示“92”。

假定对 LCM 已完成初始化编程。程序如下：

```
START:  MOV     DPTR, # 8000H   ;指令口地址 8000H 送 DPTR
        MOV     A, # 01H        ;清屏并置 AC 为 0
        MOVX    @DPTR, A        ;输出命令
        ACALL   F_BUSY          ;等待直至 LCM 不忙
        MOV     A, # 30H        ;功能设置,8 位接口,2 行显示,5×7 点阵
        MOVX    @DPTR, A
        ACALL   F_BUSY
        MOV     A, # 0EH        ;开显示及光标,不闪烁
        MOV     @DPTR, A
        ACALL   F_BUSY
        MOV     A, # 06H        ;显示不移位,AC 为增量方式
        MOVX    @DPTR, A
        ACALL   F_BUSY
        MOV     DPTR, # C000H   ;数据口地址 C000H 送 DPTR
        MOV     A, # 43H        ;C 的 ASCII 码为 43H
        MOVX    @DPTR, A        ;第一行第一位显示 C
        ACALL   F_BUSY
        MOV     A, # 53H        ;S 的 ASCII 码为 53H
        MOVX    @DPTR, A        ;显示 CS
        ACALL   F_BUSY
        MOV     A, # 26H        ;& 的 ASCII 码 26H
        MOVX    @DPTR, A        ;显示 CS&
```

```
        ACALL   F_BUSY
        MOV     A, #53H
        MOVX    @DPTR,A         ;显示 CS&S
        ACALL   F_BUSY
        MOV     DPTR, #8000H    ;指向指令口
        MOV     A, #0C0H        ;置 DDRAM 地址为 40H
        MOVX    @DPTR,A         ;光标于第二行首显示
        ACALL   F_BUSY
        MOV     DPTR, #C000H    ;指向数据口
        MOV     A, #39H         ;9 的 ASCII 码为 39H
        MOVX    @DPTR,A         ;显示 9
        ACALL   F_BUSY
        MOV     A, #32H         ;2 的 ASCII 码为 32H
        MOVX    @DPTR,A         ;显示 92
        ⋮
```

由于 LCD 是一慢速显示器件，所以在执行每条指令之前一定要确认 LCM 的忙标志为 0，即非忙状态，否则此指令将失效。判定忙标志的子程序 F_BUSY 如下：

```
F_BUSY: PUSH    DPH             ;保护现场
        PUSH    DPL
        PUSH    PSW
        PUSH    A
LOOP:   MOV     DPTR, #8000H
        MOVX    A, @DPTR
        JB      ACC.7,LOOP      ;忙，继续等待
        POP     A               ;不忙，恢复现场返回
        POP     PSW
        POP     DPL
        POP     DPH
        RET
```

9.5 MCS－51 与微型打印机的接口

在单片机应用系统中多使用微型点阵式打印机，例如 TP 系列控制用打印机。是在微型打印机的内部有一个控制用单片机，固化有控打程序，智能化程度高。打印机启动后，由内部单片机执行固化程序，就可以接收和分析主机送来的数据和命令，然后通过控制电路，实现对打印头机械动作的控制，进行打印。此外，微型打印机还能接受人工干预，完成自检停机和走纸等操作。

9.5.1 MCS－51 与 TPμP－40A/16A 微型打印机的接口

TPμP－40A/16A 是一种单片机控制的微型智能打印机。TPμP－40A 与 TPμP－16A 的接口与时序要求完全相同，操作方式相近，硬件电路及插脚完全兼容，只是指令代码不完全相同。TPμP－40A 每行打印 40 个字符，TPμP－16A 则每行打印 16 个字符。

1. TPμP－40A 主要性能、接口要求及时序

(1) TPμP－40A 主要技术性能

① 采用单片机控制,具有2KB控打程序标准的Centronic并行接口。

② 具有较丰富的打印命令,命令代码均为单字节,格式简单。

③ 可产生全部标准的ASCII代码字符,以及128个非标准字符和图符。有16个代码字符(6×7点阵)可由用户通过程序自行定义。并可通过命令用此16个代码字符去更换任何驻留代码字型,以便用于多种文字的打印。

④ 可打印出8×240点阵的图样(汉字或图案点阵)。代码字符和点阵图样可在一行中混合打印。

⑤ 字符、图符和点阵图可以在宽和高的方向放大为×2、×3、×4倍。

⑥ 每行字符的点行数(包括字符的行间距)可用命令更换。即字符行间距空点行在0～256间任选。

⑦ 带有水平和垂直制表命令,便于打印表格。

⑧ 具有重复打印同一字符命令,以减少输送代码的数量。

⑨ 带有命令格式的检错功能。当输入错误命令时,打印机立即打出错误信息代码。

(2)接口信号

TPμP－40A微型打印机与单片机间是通过一条20芯扁平电缆及接插件相连。打印机有一个20线扁平插座,信号引脚排列如图9.35所示。

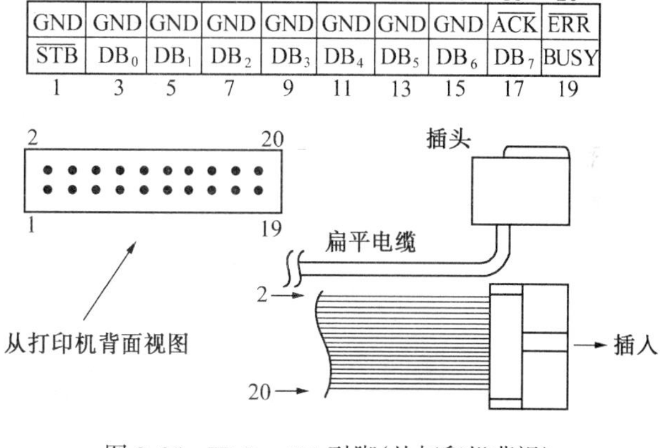

图9.35　TPμP－40A引脚(从打印机背视)

其中:

• DB0～DB7:数据线,单向传输,由单片机输入给打印机。

• $\overline{STB}$(STROBE):数据选通信号。在该信号的上升沿时,数据线上的8位并行数据被打印机读入机内锁存。

• BUSY:打印机"忙"状态信号。当该信号有效(高电平)时,表示打印机正忙于处理数据。此时,单片机不得使$\overline{STB}$信号有效,向打印机送入新的数据。

• $\overline{ACK}$:打印机的应答信号。低电平有效,表明打印机已取走数据线上的数据。

• $\overline{ERR}$:"出错"信号。当送入打印机的命令格式出错时,打印机立即打印一行出错信息,提示出错。在打印出错信息之前,该信号线出现一个负脉冲,脉冲宽度为30 μs。

(3)接口信号时序

接口信号时序如图9.36所示。

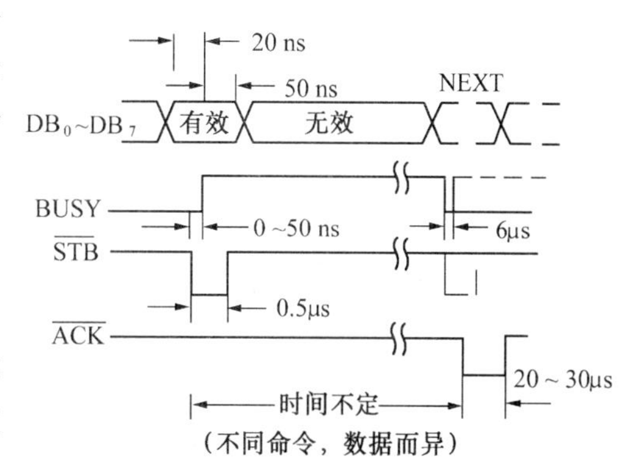

图9.36　TPμP－40A/16A接口信号时序

选通信号$\overline{STB}$宽度需大于0.5 μs。$\overline{ACK}$应答信号可与STB信号作为一对应答联络信号,也可使用$\overline{STB}$与BUSY作为一对应答联络信号。

2. 字符代码及打印命令

TPμP－40A 的非 ASCII 代码如图 9.37 所示。

TPμP－40A/16A 全部代码共 256 个，其中 00H 无效。代码 01H～0FH 为打印命令；代码 10H～1FH 为用户自定义代码；代码 20H～7FH 为标准 ASCII 代码，代码 80H～FFH 为非 ASCII 代码，其中包括少量汉字、希腊字母、块图图符和一些特殊字符。

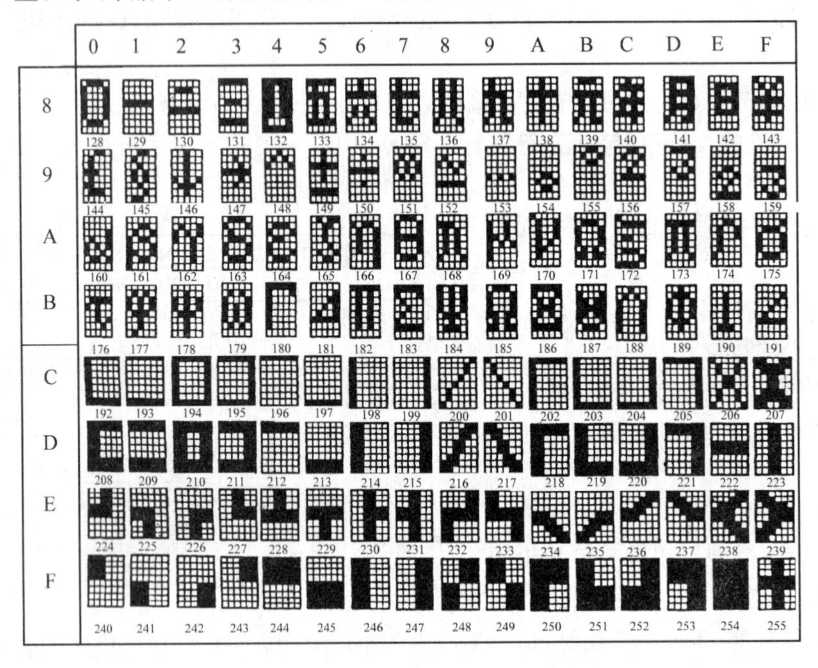

图 9.37 TPμP－40A 中的非 ASCII 代码

TPμP－16A 的有效代码表与 TPμP－40A 不同之处仅在于 01H～0FH 中的指令代码，前者为 16 个，后者为 12 个，功能也不同。

(1)字符代码

TPμP－40A/16A 中全部字符代码为 10H～FFH，回车换行代码 0DH 为字符串的结束符。但当输入代码满 40/16 个时，打印机自动回车。几个例子如下：

① 打印“$2356.73”

输送代码串为：24，32，33，35，36，2E，37，33，0D。

② 打印“23.7 cm^3”

输送代码为：32，33，2E，37，63，6D，9D，0D。

(2)打印命令

打印命令由一个命令字和若干个参数字节组成，命令结束符为 0DH，除下述表中代码为 06H 的命令必须用它外，均可省略。TPμP－40A 命令代码及功能见表 9.7 所示。更详细的说明请参见技术说明书。

表 9.7

命令代码	命令功能	命令代码	命令功能
01H	打印字符、图等,增宽(×1,×2,×3,×4)	08H	垂直(制表)跳行
02H	打印字符、图等,增宽(×1,×2,×3,×4)	09H	恢复 ASCII 代码和清输入缓冲区命令
03H	打印字符、图等,宽和高同时增加(×1,×2,×3,×4)	0AH	一个空位后回车换行
04H	字符行间距更换/定义	0BH ~ 0CH	无效
05H	用户自定义字符点阵	0DH	回车换行/命令结束
06H	驻留代码字符点阵式样更换	0EH	重复打印同一字符命令
07H	水平(制表)跳区	0FH	打印位点阵图命令

(3)命令非法时的出错显示

当向 TPμP - 40A 输入非法命令时,打印机即打印出错代码。其意义为:

ERROR 0:放大系数出界,即放大倍数是 1,2,3 和 4 以外的数字。此错误出现在 01H,02H,03H 命令时。

ERROR 1:定义代码非法。用户自定义代码不是 10H ~ 1FH。

ERROR 2:非法换码命令。换码命令只能用 10H ~ 1FH 去代换驻留字符代码,否则为非法。

ERROR 3:绘图命令错误。指定图形字节数为 0 或大于 240。

ERROR 4:垂直制表命令错误。指定空行数为零。

3. TPμP - 40A/16A 与 MCS - 51 单片机接口设计

TPμP - 40A/16A 是智能打印机,其控制电路由单片机构成,在输入电路中有锁存器,在输出电路中有三态门控制。因此可以直接与单片机相接。

TPμP - 40A/16A 没有读、写信号,只有握手线 $\overline{STB}$、BUSY,其接口电路如图 9.38 所示。

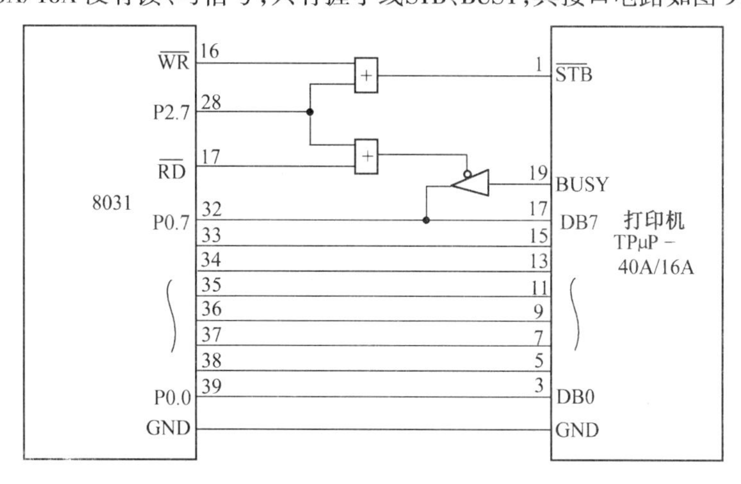

图 9.38　TPμP - 40A/16A 与 8031 数据总线接口

用一根地址线(图中使用 A15)来控制写选通信号 $\overline{STB}$ 和读取 BUSY 状态。

图 9.39 是通过扩展 I/O 连接的打印机接口电路。图中的扩展 I/O 口为 8255A 的 PA 口。BUSY 如果与 P3.3/$\overline{INT1}$ 相连时,即可用中断法也可用查询方法控制打印机。

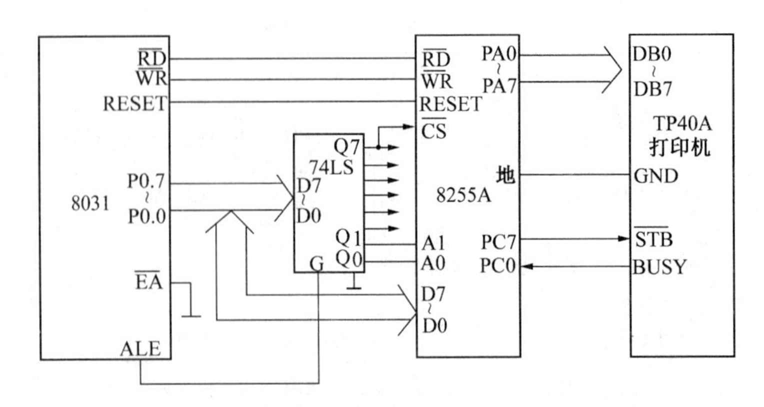

图 9.39　TPμP－40A/16A 与 8031 扩展的 I/O 连接的接口电路

下面结合图 9.39 的接口电路，说明如何编写打印程序。

例　把 MCS－51 单片机内部 RAM 3FH 到 4FH 单元中的 ASCII 码数据送到打印机。

8255A 设置为方式 1，即端口 A、端口 B 为选通输入/输出方式。端口 C 可作为控制或状态信息(并带输出锁存)。

打印程序 PRINT 如下：

```
PRINT:  MOV    R0,#7FH      ;控制口地址→R0
        MOV    A,#0A4H      ;8255A 控制字→A
        MOVX   @R0,A        ;控制字→控制口
        MOV    R1,#3FH      ;首地址→R1
        MOV    R2,#0FH      ;R2 作计数器用
LOOP:   MOV    A,@R1        ;RAM 单元中内容→A
        INC    R1           ;指向下一个 RAM 单元
        MOV    R0,#7CH      ;8255A 的端口 A 地址→R0
        MOVX   @R0,A        ;A 中内容→8255A 的端口 A 并锁存
        MOV    R0,#7FH      ;8255A 的控制口地址→R0
        MOV    A,#0EH       ;PC7 的复位控制字→A
        MOVX   @R0,A        ;PC7=0
        MOV    A,#0FH       ;PC7 置位控制字→A
        MOVX   @R0,A        ;PC7 由 0 变 1
LOOP1:  MOV    R0,#7EH      ;口 C 地址→R0
        MOVX   A,@R0        ;读入口 C 的值
        ANL    A,#01H       ;
        JNZ    LOOP1        ;判 BUSY=0,如为 1 跳 LOOP1
        DJNZ   R2,LOOP      ;未打完,循环
```

9.5.2　MCS－51 与 GP16 微型打印机的接口

1.GP16 微型打印机的接口信号

GP16 为智能微型打印机，机芯为 Model－150－Ⅱ 16 行针打，控制器由 8039 单片机(MCS－48 系列)系统构成。GP16－Ⅱ为 GP16 的改进型，控制器由 8031 单片机系统构成。

GP16 打印机的接口信号如表 9.8 所示。

表 9.8　GP16 微型打印机接口信号

1	2	3	4	5	6	7	8	9	10	11	12	13	14	15	16
+5V	+5V	IO.0	IO.1	IO.2	IO.3	IO.4	IO.5	IO.6	IO.7	$\overline{CS}$	$\overline{WR}$	$\overline{RD}$	BUSY	地	地

表中：

IO.0～IO.7：双向三态数据总线，是 CPU 与 GP16 打印机之间命令、状态和数据信息传输线。

$\overline{CS}$：设备选择线。

$\overline{RD}$、$\overline{WR}$：读、写信号线。

BUSY：打印机状态输出线，BUSY 输出高电平表示 GP16 处于忙状态，不能接收 CPU 发出的命令或数据。BUSY 状态输出线可供 CPU 查询或作中断请求线。

由于 GP16 控制器具有数据锁存器，所以与单片机接口十分方便。

2. GP16 的打印命令和工作方式

(1)打印命令及打印方式

GP16 的打印命令占两个字节，其格式如下：

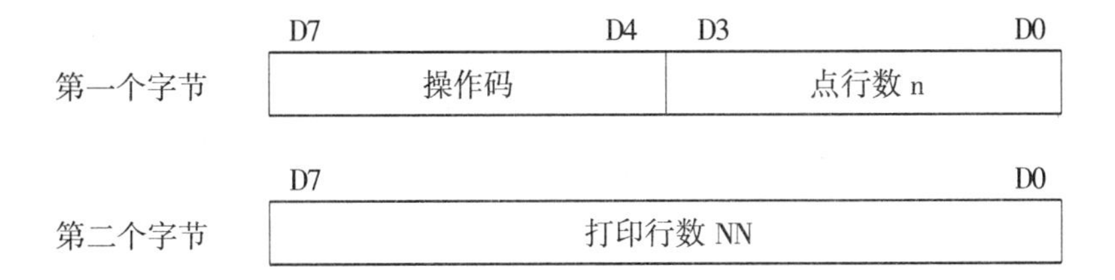

GP16 为微型针打，字符本身占据 7 个点行。命令字中的点行数 n 是选择字符行之间的行距的参数，若 n＝10，则行距为 3 个点行数；打印行数是执行本条命令时，打印（或空走纸）的字符行数。打印点行数应大于或等于 8。

表 9.9　GP16 的命令编码表

命令	D7	D6	D5	D4	命令功能
SP	1	0	0	0	空走纸
PA	1	0	0	1	字符串打印
AD	1	0	1	0	十六进制数据打印
	1	0	1	1	图形打印

表 9.9 是 GP16 的命令编码表。

① 空走纸命令(8nNNH)。执行空走纸命令时，打印机自动空走纸 N×n 点行，其间忙状态(BUSY)置位，执行完后清零。

② 打印字符串(9nNNH)。执行打印字符串命令后，打印机等待 CPU 写入字符数据，当接收完 16 个字符(一行)后，转入打印。打印一行须时约 1 秒。若收到非法字符作空格处理。若收到换行(0AH)，作停机处理，打完本行即停止打印。当打印完规定的 NNH 行数后，忙状态(BUSY)清零。

GP16 打印机可打印的字符如图 9.40 所示。

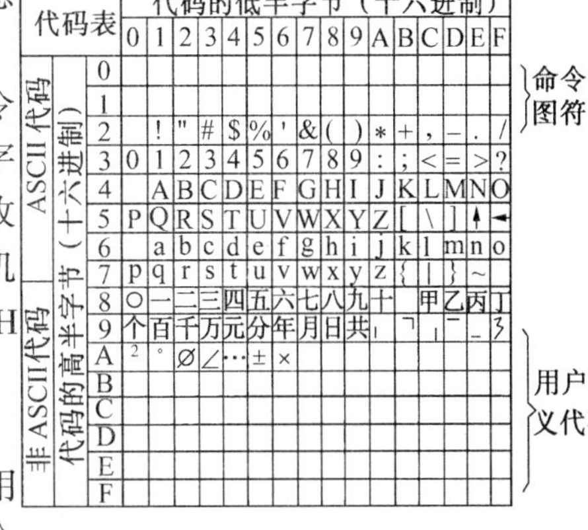

图 9.40　GP16 打印机的字符编码

③ 十六进制数据打印(AnNNH)。本指令通常用来直接打印内存数据。当 GP16 接收到数据打印命令

后,把 CPU 写入的数据字节分两次打印,先打印高 4 位,后打印低 4 位。一行打印 4 个字节数据。行首为相对地址,其格式如下:

00H: × ×　　× ×　　× ×　　× ×
04H: × ×　　× ×　　× ×　　× ×
08H: × ×　　× ×　　× ×　　× ×
0CH: × ×　　× ×　　× ×　　× ×
10H: × ×　　× ×　　× ×　　× ×
……

④ 图形打印(BnNNH):GP16 接收到 CPU 的图形打印命令和规定的行数以后,等待主机送来一个 96 个字节的数据进行打印,把这些数据所确定的图形打印出来,然后再接受 CPU 的图形数据,直到规定的行数打印完为止。

假设要打印的图形为一正弦波,图形数据编排规律如图 9.41 所示。打印点为 1,空白点为 0。设正弦波分两次打印,先打印正半周,后打印负半周。下面为二行正弦波图形数据:

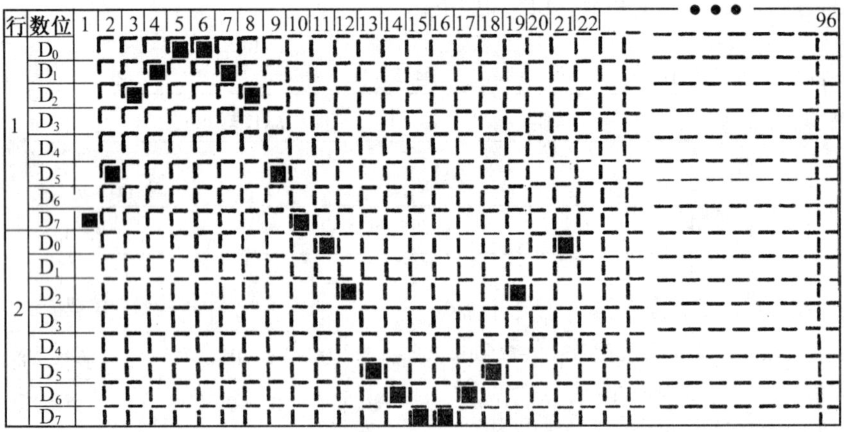

图 9.41　图形数据编排示例(正弦波)

第一行:80H,20H,04H,02H,01H,01H,02H,04H,20H,80H,00H,00H,00H,00H,00H,00H,00H,00H,00H,00H,…

第二行:00H,00H,00H,00H,00H,00H,00H,00H,00H,00H,01H,04H,20H,40H,30H,80H,40H,20H,04H,01H,……

(2)状态字与工作状态

GP16 有一个状态字可供 CPU 查询。状态字格式如下:

D7	D6	D5	D4	D3	D2	D1	D0
错							忙

D0 为忙(BUSY)位。当 CPU 输入的数据、命令没处理完时或处于自检状态时均置 1。空闲时置 0。

D7 为错误位。当接收到非法命令时置 1,接到正确命令后复位。

3. MCS－51 单片机和 GP16 的接口

由于 GP16 的控制电路有三态锁存器,在$\overline{CS}$和$\overline{WR}$控制下能锁存 CPU 送来的总线数据,三态门又能与 CPU 实现隔离。故 GP16 可以直接与 MCS－51 数据总线相连而不须外加锁存器。

图9.42为GP16与8031数据总线口相连的接口电路。

图中BUSY接$\overline{\text{INT1}}$(P3.3),因此,不改变连接方法即能用于中断方式($\overline{\text{INT1}}$)或查询方式(P3.3)。查询工作方式时,BUSY可以不外接,通过查询状态字来获取BUSY的状态。

如果使用其他I/O或扩展I/O口,只须将P0口线换成其他I/O或扩展I/O口即可。

按照图9.42的连接,GP16的打印机地址为7FFFH,读取GP16状态字时,8031执行下列程序段:

```
MOV     DOTR,#7FFFH
MOVX    A,@DTPR
```

将命令或数据写入GP16时,8031执行下列程序段:

```
MOV     DPTR,#7FFFH
MOV     A,#DATA/COMMAND
MOV     @DPTR,A
```

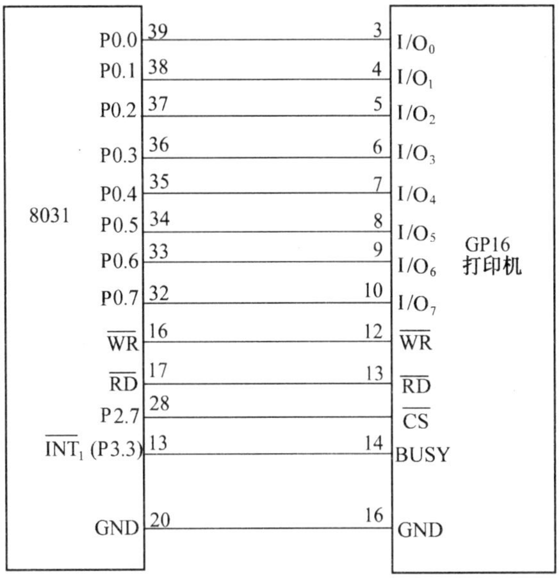

图9.42　GP16与8031数据总线的接口方法

9.5.3　MCS-51与XLF微型打印机的接口

1.XLF微打简介

XLF是嵌入仪器面板上的汉字微型打印机,分16行和24行两种型号,打印头采用EPSON公司的M-150Ⅱ和M-160。字形为5×7点阵字符和11×14点阵汉字,速度1行/秒,采用单一5V电源。具有串行/并行打印接口,接口信号均为TTL电平;可以打印汉字、ASCII码、曲线、图形、点阵等,汉字库可自行编制固化以适应具体应用需要。另外该微打还有打印时通电,不打印时断电的功能,因为通常打印时间为整机运行时间的几十~几千分之一,增加此控制可以降低功耗和延长打印机使用寿命。

(1)接口信号

① 1~13线为并行接口信号线。

② 12、13、15、16线为串行接口信号线。

③ 14线为控制线,控制打印机电源的开启与关闭,当14线置为1时,开启打印机电源,当14线为0时,关闭打印机电源。使用时可将14线接于应用系统的某一输出口线(如8031的P1.0),通过此口线的输出信号完成打印机电源的通断控制。控制14线时应注意,因为内部继电器动作较慢,当14线置为1之后,要延时10ms左右,以保护电源稳定地加到打印机上,从而确保打印工作正确。如果不用此控制功能,可将14线与+5V短接。

(2)开关

① K_1为自检键。将打印纸装好之后,可打印出所有的ASCII码,所有的汉字及其对应的代码。ASCII码20H~7FH如表9.10,汉字代码80H~FFH如表9.11。

表 9.10 ASCII 码表

低4低 高4位	0	1	2	3	4	5	6	7	8	9	A	B	C	D	E	F
2	SP	!	"	#	$	%	&	'	(	)	*	+	,	-	·	/
3	0	1	2	3	4	5	6	7	8	9	:	;	<	=	>	?
4	@	A	B	C	D	E	F	G	H	I	J	K	L	M	N	O
5	P	Q	R	S	T	U	V	W	X	Y	Z	[	\	]	↑	←
6	、	a	b	c	d	e	f	g	h	i	j	k	l	m	n	o
7	p	q	r	s	t	u	v	w	x	y	z	{	|	}	~	DEL

汉字(80H~FFH)可根据应用系统需要自行设计固化到字库中,汉字采用点阵 11×14 规格,1 个汉字需用 22 个字节存放点阵数据。打印汉字时,只需利用汉字代码,如同打印 ASCII 码字符一样。

表 9.11 汉字代码表

低4位 高4位	0	1	2	3	4	5	6	7	8	9	A	B	C	D	E	F
8		打	印	机	特	点			一	打	汉	字	代	码	曲	线
9	二	具	有	串	并	行	接	口	三	字	库	修	改	方	便	
A	四	具	有	打	印	时	通	电		不	打	印	断	电	功	能
B	五	功	耗	低	寿	命	长		六	适	用	于	各	类	高	可
C		靠	智	能	仪	器										
D	令	累	中	值	效	温	度	基	控	制	相	七	导	含	圆	设
E	计	九	前	件	次	畸	变	率	数	量	湿	年	转	速	月	总
F	日	压	力	差	分	秒	水	谐	波	当	流	越	限	计	量	大

②K_2 为走纸键。按下 K_2 键,打印纸上移可将打印纸装入打印机中。

③K_{3-1}为串、并转换开关。开关处于 OFF 状态时,打印机并行接口有效,处于 ON 状态时,串行接口有效。

④K_{3-2},K_{3-3},K_{3-4},为串行接口方式下波特率设置开关,对应关系如表 9.12 所示。

表 9.12 波特率设置(1=ON,0=OFF)

波特率	K_{3-2}	K_{3-3}	K_{3-4}
300	0	0	0
600	0	0	1
1200	0	1	0
2400	0	1	1
3600	1	0	0
4800	1	0	1
7200	1	1	0
9600	1	1	1

2. XLF 微打接口信号及与 8031 接口设计

XLF 微打具有串行、并行两种接口,且都是 TTL 电平。下面说明各接口信号及 XLF 与 8031 的接口设计。

(1)并行接口

将 K_{3-1}开关设置于 OFF 位置，则打印机的并行接口有效，接口引出线为 1～13 线。其中 1～8 线为 D0～D7 数据线，9 为 BUSY 线，10，11 为片选 $\overline{CE}$线和写$\overline{WR}$线。当来自 8031 单片机的打印数据出现在打印机的数据线 D0～D7 上时，如$\overline{CE}$和$\overline{WR}$均有效且持续时间大于 2 μs，则此打印数据便被送入打印机之中，然后听从处理。打印机接到数据之后，将 BUSY 线置为忙即高电平状态，禁止 8031 单片机向打印机送数据，当打印机处理完接收数据之后，将 BUSY 线置为闲即低电平状态，通知单片机，打印机已作好接收数据准备，可以发送新的数据了。并行接口工作时序如图 9.43 所示。

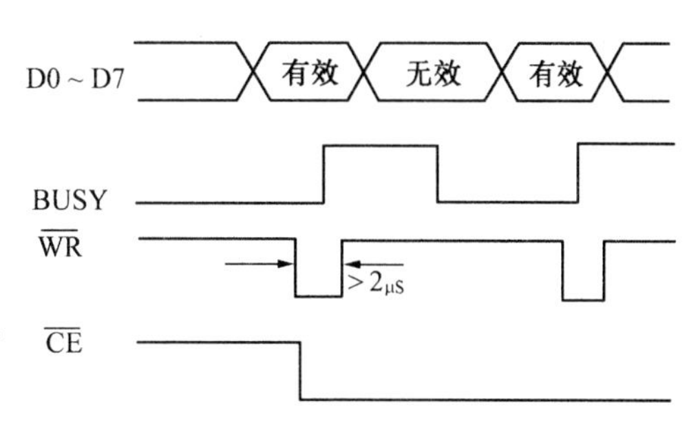

图 9.43　XLF 并行接口时序

根据时序图可采用两种与 8031 接口的方法：

①标准并行接口方法。D0～D7 接 8 位输出口，$\overline{WR}$接某输出口线，BUSY 接某输入口线或中断口线，$\overline{CE}$接地。图 9.44(a)为本接口方法的一具体实现。由于打印机内部没有数据锁存能力，所以 8031 的数据口 P0 经 74LS373 锁存后，与打印机的数据口线 D0～D7 相连，74LS373 经 P2.7 寻址选通，形成打印机数据口地址 8000H；P1.0 与$\overline{WR}$线相接，形成 Centronic 标准并行接口中的$\overline{STB}$信号；P1.1与 BUSY 线相接，读入打印机忙状态信号。

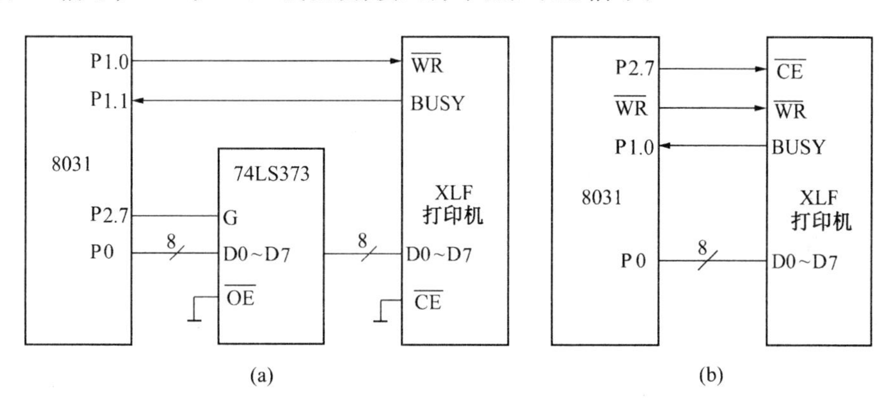

图 9.44　XLF 与 8031 并行接口原理图

② 将打印机作为外部 RAM 对待。打印机的 D0～D7 接数据总线即 8031 的 P0 口，$\overline{WR}$与 8031 的$\overline{WR}$相接，BUSY 接入 P1.0，$\overline{CE}$接入 P2.7。打印机口地址可取为 7FFFH。向打印机发送命令和数据时像对待外部 RAM 一样，只要向打印机口地址 7FFFH 单元中写入相应数据字节即可，见图 9.44(b)。

(2) 串行接口

开关 K_{3-1}置于 ON，则打印机串行口工作有效。接口引出线为 12、13、15、16 共 4 条。串行数据格式要求为：具有一位起始位，8 位数据位，一位停止位。停止位后打印机置 BUSY 线为忙即高电平状态，打印机取走数据并处理完之后，再将 BUSY 置为闲即低电平状态。这非常类似于并行口的工作时序，只不过并行口以并行方式传送 8 位

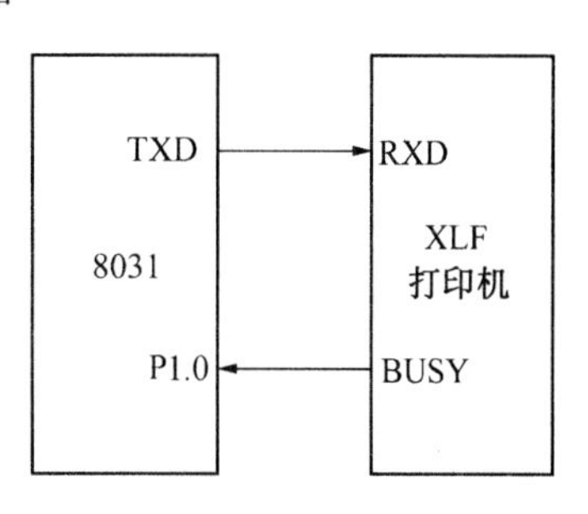

图 9.45　8031 与 XLF 微打的串行连接原理图

数据字节，而串行口则以串行方式传送 8 位数据字节。

3．XLF 微打控制命令

XLF 微打具有 EPSON－80 宽行打印机兼容的打印控制命令，下面仅介绍常用的几个，如表 9.13 所示，详细内容参见 XLF 微打技术手册。

表 9.13　XLF 微打命令简介

命令格式(H)	功 能 说 明
0A	换行命令。打印机收到 0A 码后，打印先前输入的内容并换到下一行准备下面的打印
0D	回车命令。打印机收到 0D 码后，打印先输入的内容并回到行首准备打印下一行
20	空格命令。打印机空一个字符的位置
1B 30	正常行距命令。使打印的每行间距为正常行距
1B 31	行距命令。使打印的每行间距为 0
1B 32	宽行距命令。使打印的每行间距为宽行距
1B 40	复位命令。使打印机复位
1B 4B n d1 d2 d3…dn	8 点宽图形打印命令。d1 d2 d3…dn 为图形字节数据，共 n 列
1B 5E nd1H d1L d2H d2L …dnH dnL	16 点宽图形打印命令。d1H d1L 为第 1 列 16 个点的字节数据，分高(H)低(L)两个字节，共 n 列
1B 00 n d1 d2 d3…dn	点行命令。每行 144 个点，宽度一个点，dn 是第 n 个点的位置数据，n 为所需打印点的个数，n＜144

9.6　MCS－51 单片机与 BCD 码拨盘的接口设计

9.6.1　BCD 码拨盘

在某些单片机系统中，有时需要输入一些控制参数，这些参数一经设定将维持不变，除非给系统断电后重新设定。这时使用数字拨盘既简单直观，又方便可靠。

拨盘种类很多，作为人机接口使用的最方便的拨盘是十进制输入，BCD 码输出的 BCD 码拨盘。这种拨盘如图 9.47 所示，图中为四片 BCD 码拨盘拼接的 4 位十进制输入拨盘组。每片拨盘具有 0～9 十个位置，每个位置都有相应的数字显示，代表拨盘输入的十进制数。因此，每片拨盘可代表一位十进制数。需要几位十进制数可选择几片 BCD 码拨盘拼接。

BCD 码拨盘后面有 5 个接点，其中 A 为输入控制线，另外 4 根是 BCD 码输出信号线。拨盘拨到不同位置时，输入控制线 A 分别与 4 根 BCD 码输出线中的某根或某几根接通。其接通的 BCD 码输出线状态正好与拨盘指示的十进制数相一致。

表 9.14 为 BCD 码拨盘的输入输出状态表。

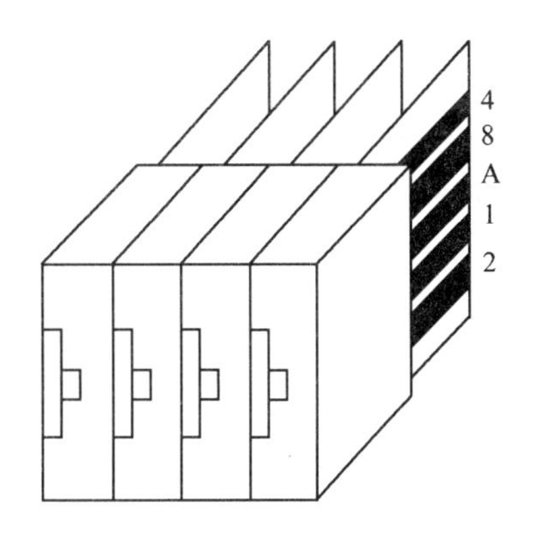

图9.47　4位BCD码拨盘组

表9.14　BCD码拨盘的输入输出状态

拨盘输入	控制端A	输出状态			
		8	4	2	1
0	1	0	0	0	0
1	1	0	0	0	1
2	1	0	0	1	0
3	1	0	0	1	1
4	1	0	1	0	0
5	1	0	1	0	1
6	1	0	1	1	0
7	1	0	1	1	1
8	1	1	0	0	0
9	1	1	0	0	1

*:输出状态为1时,表示该输出线与A相遇。

9.6.2　BCD码拨盘与单片机的接口

1. 单片BCD码拨盘与单片机的接口

单片BCD码拨盘可以与任何一个4位I/O口或扩展I/O口相连,以输入BCD码。A端接+5V,为了使输出端在不与控制端A相连时有确定的电平,常将8,4,2,1输出端通过电阻拉低。图9.48是8031通过P1.0~P1.3与单片BCD码拨盘的接口电路。

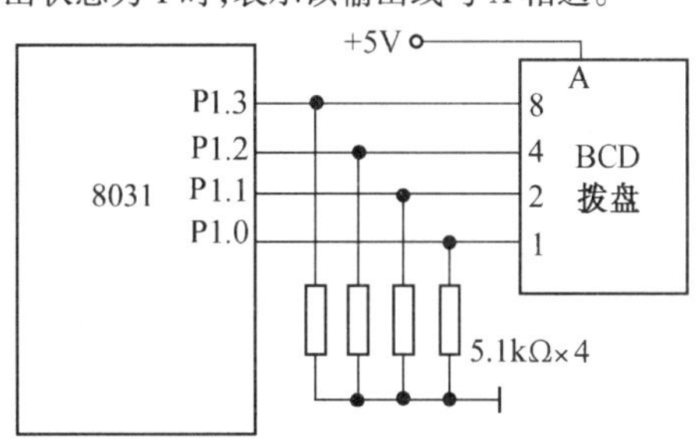

图9.48　单片BCD码拨盘与8031的接口

控制端A接+5V,当拨盘拨至某输入十进制数时,相应的8,4,2,1有效端输出高电平(如拨至"6"时,4,2,端为有效端)无效端为低电平。这时拨盘输出的BCD码为正逻辑(原码),如表9.14所示。如果控制端A接地,8,4,2,1输出端通过电阻上拉至高电平时,拨盘输出的BCD码为负逻辑(反码)。

2. 多片BCD码拨盘与单片机的接口

实际应用系统中,有时可能输入不止一位的十进制数,这时应将多片BCD码拨盘拼接在一起,形成BCD码拨盘组,以实现多位十进制数的输入。如果还是按图9.48所示的接法,则N位10进制拨盘需占用4×N根I/O线,为了减少I/O线占用数量,可将拨盘的输出线分别通过4个与非门与单片机的I/O口相连,而每片拨盘的控制端A不再接+5V或地,而是分别与I/O口线相连,用来控制选择多片拨盘中的任意一片。这时,N位十进制拨盘,用N片BCD码拨盘拼成时只需占用4+N根I/O口线。图9.49通过P1与4片BCD码拨盘相连的4位BCD码输入电路。

4片拨盘的BCD码输出相同端接入同一个四个与非门。四个与非门输出8,4,2,1端分别接入P1.3,P1.2,P1.1,P1.0。其余的P1.6,P1.5,P1.4分别与千、百、十、个位BCD码拨盘的控制端相连。当选中某位时,该位的控制端置0,其它三个控制端置1。

例如选中千位时,P1.7置0,P1.4~P1.6置1,此时四个与非门所有其他位连接的输入端均为1状态,因此四个与非门输出的状态完全取决于千位数BCD拨盘输出状态。由于该位的控制端置0,因此,拨盘所置之数输出为BCD反码,通过与非门输出为该千位数的BCD码。

下面以图9.49为例,介绍BCD码拨盘输入子程序。在执行拨盘输入程序之前,各位的BCD码拨盘已拨好数码,例如为9345,这时,每位BCD码输出端上有相应的数字与A接通。

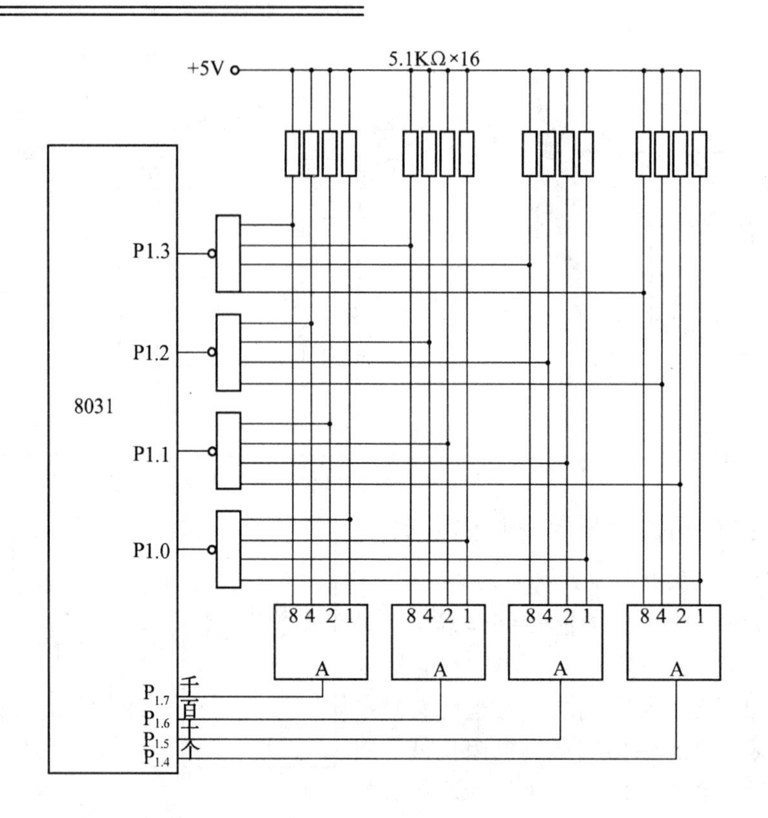

图 9.49　4 片 BCD 码拨盘与 8031 接口

本程序将读入的 4 位 BCD 码按千、百、十、个依次存放在 8031 片内 RAM 的 30H～33H 单元中,每个地址单元的高 4 位为 0,低 4 位为 BCD 码。

程序清单如下:

```
RDS:   MOV    R0, # 30H      ;初始化,存放单元首址
       MOV    R2, # 7FH      ;P1 口高 4 位置控制字及低 4 位置输入方式
       MOV    R3, # 04H      ;读入 4 个 BCD 码
LOOP:  MOV    A,R2
       MOV    P1,A           ;P1 口送控制字及低 4 位置输入方式
       MOV    A,P1           ;读入 BCD 码
       ANL    A, # 0FH       ;屏蔽高 4 位
       MOV    @R0,A          ;送入存储单元
       INC    R0             ;指向下个存储单元
       MOV    A,R2           ;准备下一片拨盘的控制端置 0
       RR     A              ;
       MOV    R2,A           ;
       DJNZ   R3,LOOP        ;未读完返回
       RET                   ;读完结束
```

9.7　MCS - 51 与功能开关的接口设计

单片机系统中,如果某些重要的功能或数据由键盘输入,可能因键盘误操作而产生一些不良后果。因此常用设定静态开关的方法来执行这些功能或输入这些数据。静态开关一经设

定，将不再改变，一直维持设定的开关状态。通常这些开关的状态是在单片机系统加电时，由CPU读入内存RAM中的，以后CPU将不再关注这些开关的状态，因此，即使在加电后，这些开关的状态发生变化，也不会影响单片机的正常操作，只有在下一次加电时，这些新的开关状态才能生效，这些开关我们称为功能开关。

功能开关主要是根据开关的状态执行一些重要的功能。比如，有些单片机系统中的RAM是掉电保护的，其中有很多重要的数据。对这些数据的清除复位操作一般很少在键盘上进行，通常通过拨断开关实现，以防键盘的误操作而引起重要数据的丢失。还有一些单片机系统，通过设定开关的状态执行相应的功能模块，以完成不同的功能，比如某些打印机，面板后面就有一个拨断开关，用于设置是在西文方式还是汉字方式下打印等等。

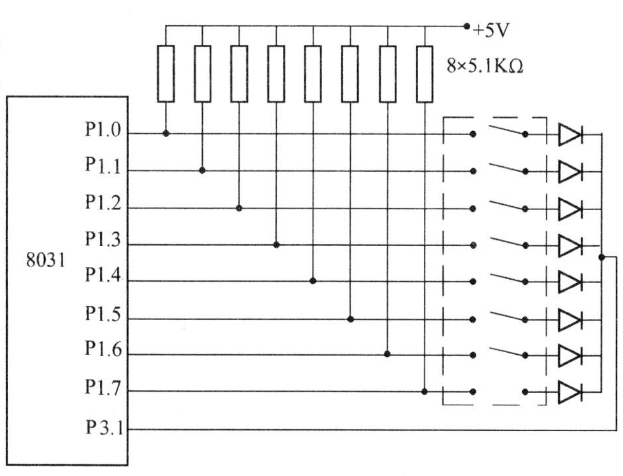

图9.50　功能开关与8031的接口

图9.50为一组8拨断开关与8031的接口原理图。加电时，8031将P3.1置为低电平，然后读入P1口各口线状态。如为低电平，则表明此位开关处于闭合状态，如为高电平，则表明此位开关处于断开状态。然后，将P3.1置成高电平，并维持不变，直到系统断电。以后，CPU将根据各开关状态执行相应功能，而P1口原有输入输出功能不变，可继续当输入输出口用(无冲突情况下)。其程序如下：

```
CLR     P3.1         ;置P3.1为低电平
MOV     A,P1         ;将P1口状态读入A
SETB    P3.1         ;置P3.1为高电平,并一直维持不变
MOV     R0,#50H      ;将A中结果保存于片;内RAM 50H单元中
MOV     @R0,A
        ⋮
        ⋮
```

思考题及习题

1. 为什么要消除按键的机械抖动？消除按键抖动的方法有哪几种？原理是什么？

2. 判断下列说法是否正确？

(1) 8279是一个用于键盘和LED(LCD)显示器的专用接口芯片。

(2) 在单片机与微型打印机的接口中，打印机的BUSY信号可作为查询信号或中断请求信号使用。

(3) 为给扫描法工作的8×8键盘提供接口电路，在接口电路中只需要提供两个输入口和一个输出口。

(4) LED的段码是固定不变的。

3. LED的静态显示方式与动态显示方式有何区别？各有什么优缺点？

4. 说明矩阵式键盘按键按下的识别原理。

5. 对于图 9.13 的键盘，采用线反转法原理来编写出识别某一按键被按下并得到其键号的程序。

6. 键盘有哪三种工作方式，它们各自的工作原理及特点是什么？

7. 根据图 9.20 的电路，编写出在 6 个 LED 显示器上轮流显示“1，2，3，4，5，6”的显示程序。

8. 根据图 9.23 的接口电路编写出在 8 个 LED 上轮流显示“1，2，3，4，5，6，7，8”的显示程序，比较一下与上一题的显示程序的区别。

9. 8279 中的扫描计数器有二种工作方式，这两种工作方式各应用在什么场合？

10. 简述 TPμP40A/16A 微型打印机的 Centronic 接口的主要信号线的功能，与 MCS－51 单片机相连接时，如何连接几条控制线？

11. 如果把图 9.38 中打印机的 BUSY 线断开，然后与 8031 的 $\overline{\text{INT0}}$ 线相接，请简述电路的工作原理并编写出把 20H 为起始地址的连续 20 个内存单元中的内容输出打印的程序。

12. 根据图 9.20，8155H 与 32 键的键盘相连接，编写程序实现如下功能：用 8155 定时器定时，每隔 1 秒读一次键盘，并将其读入的键值存入 8155H 片内 RAM 30H 开始的单元中。

13. 采用 8279 芯片的键盘/显示器接口方案，与本章介绍的其他的键盘/显示器接口方案相比，有什么特点？

第 10 章

MCS－51 与 D/A、A/D 的接口

在单片机的实时控制和智能仪表等应用系统中，控制或测量对象的有关变量，往往是一些连续变化的模拟量，如温度、压力、流量、速度等物理量。这些模拟量必须转换成数字量后才能输入到单片机中进行处理。单片机处理的结果，也常常需要转换为模拟信号。若输入的是非电信号，还需经过传感器转换成模拟电信号。实现模拟量转换成数字量的器件称为模数转换器(ADC)，数字量转换成模拟量的器件称为数模转换器(DAC)。

现在已经有很多介绍 A/D、D/A 转换技术与原理的专著，本章不再赘述。在大规模集成电路技术迅速发展的今天，对于单片机应用系统的设计人员来说，只需要合理地选用商品化的大规模 A/D、D/A 集成电路芯片，了解它们的引脚、功能以及与单片机的接口方法。本章将着重从应用的角度，介绍几种典型的 D/A、A/D 集成电路芯片同 MCS－51 的硬件接口设计及软件的设计。

10.1 MCS－51 与 DAC 的接口

10.1.1 D/A 转换器概述

1.概述

D/A(数/模)转换器输入的是数字量，经转换后输出的是模拟量。转换过程是先将各位数码按其权的大小转换为相应的模拟分量，然后再以叠加方法把各模拟分量相加，其和就是 D/A 转换的结果。

对于 D/A 转换器的使用要注意区分输出形式和转换器内部是否带有锁存器。

(1)电压与电流输出形式

D/A 转换器有两种输出形式，一种是电压输出形式，即输入的是数字量，而输出为电压。另一种是电流输出形式，即输出为电流。在实际应用中如需要电压模拟量的话，对于电流输出的 D/A 转换器，可在其输出端加运算放大器构成的电流－电压转换电路，将转换器的电流输出变为电压输出。

(2)D/A 转换器内部是否带有锁存器

由于实现模拟量转换是需要一定时间的，在这段时间内 D/A 转换器输入端的数字量应保持稳定，为此应当在数/模转换器数字量输入端的前面设置锁存器，以提供数据锁存功能。根据转换器芯片内是否带有锁存器，可以把 D/A 转换器分为内部无锁存器的和内部有锁存器的两类：

① 内部无锁存器的 D/A 转换器

这种 D/A 转换器由于不带锁存器而内部结构简单，它们可与 MCS－51 的 P1、P2 口直接相接，因为 P1 口和 P2 口的输出有锁存功能，但是当与 P0 口接口时，由于 P0 口的特殊性，需要在转换器芯片的前面增加锁存器。

② 内部带有锁存器的 D/A 转换器

这种 D/A 转换器的芯片内部不但有锁存器，而且还包括地址译码电路，有的还具有双重或多重的数据缓冲电路，可与 MCS－51 的 P0 口直接相接。

2.主要技术指标

D/A 转换器的指标很多，使用者最关心的几个指标如下。

(1)分辨率

D/A 转换器的分辨率指输入的单位数字量变化引起的模拟量输出的变化，是对输入量变化敏感程度的描述。通常定义为满刻度值与 2^n 之比(n 为 D/A 转换器的二进制位数)。显然，二进制位数越多，分辨率越高，即 D/A 转换器对输入量变化的敏感程度越高。例如，若满量程为 10V，根据分辨率定义则分辨率为 $10V/2^n$。设 8 位 D/A 转换，即 n = 8，分辨率为 $10V/2^8$ = 39.1 mV，即二进制数最低位的变化可引起输出的模拟电压变化 39.1 mV，该值占满量程的 0.391%，常用符号 1LSB 表示。

同理：10 位 D/A 转换　1LSB = 9.77mV = 0.1%满量程
　　　12 位 D/A 转换　1LSB = 2.44mV = 0.024%满量程
　　　14 位 D/A 转换　1LSB = 0.61mV = 0.006%满量程
　　　16 位 D/A 转换　1LSB = 0.076mV = 0.00076%满量程

使用时，应根据对 D/A 转换器分辨率的需要来选定 D/A 转换器的位数。

(2)建立时间

建立时间是描述 D/A 转换速度快慢的一个参数，用于表明转换速度。其值为从输入数字量到输出达到终值误差 ±(1/2)LSB(最低有效位)时所需的时间。输出形式为电流的转换器建立时间较短，而输出形式为电压的转换器，由于要加上运算放大器的延迟时间，因此建立时间要长一些。快速的 D/A 转换器的建立时间可达 1 μs 以下。

(3)转换精度

理想情况下，精度与分辨率基本一致，位数越多精度越高。但由于电源电压、参考电压、电阻等各种因素存在着误差。严格讲精度与分辨率并不完全一致。只要位数相同，分辨率则相同，但相同位数的不同转换器精度会有所不同。例如，某种型号的 8 位 DAC 精度为 ±0.19%，而另一种型号的 8 位 DAC 精度为 ±0.05%。

10.1.2　MCS－51 与 8 位 DAC0832 的接口

1.DAC0832 芯片介绍

(1)DAC0832 的特性

美国国家半导体公司的 DAC0832 芯片是具有两个输入数据寄存器的 8 位 DAC，它能直接与 MCS－51 单片机相连接，其主要特性如下：

① 分辨率 8 位；

② 电流输出，稳定时间为 1 μs；

③ 可双缓冲、单缓冲或直接数字输入；

④ 只需在满量程下调整其线性度；

⑤ 单一电源供电(＋5～＋15V)；

引脚	序号	序号	引脚
$\overline{CS}$	1	20	V_{CC}
$\overline{WR1}$	2	19	I_{LE}
AGND	3	18	$\overline{WR2}$
DI3	4	17	$\overline{XFER}$
DI2	5	16	DI4
DI1	6	15	DI5
(LSB)DI0	7	14	DI6
V_{REF}	8	13	DI7(MSB)
R_{fb}	9	12	I_{OUT2}
DGND	10	11	I_{OUT1}

DAC 0832

图 10.1　DAC0832 的引脚

⑥ 低功耗，20 mW。

(2)DAC0832 的引脚及逻辑结构

DAC0832 的引脚如图 10.1 所示。

DAC0832 的逻辑结构如图 10.2 所示。

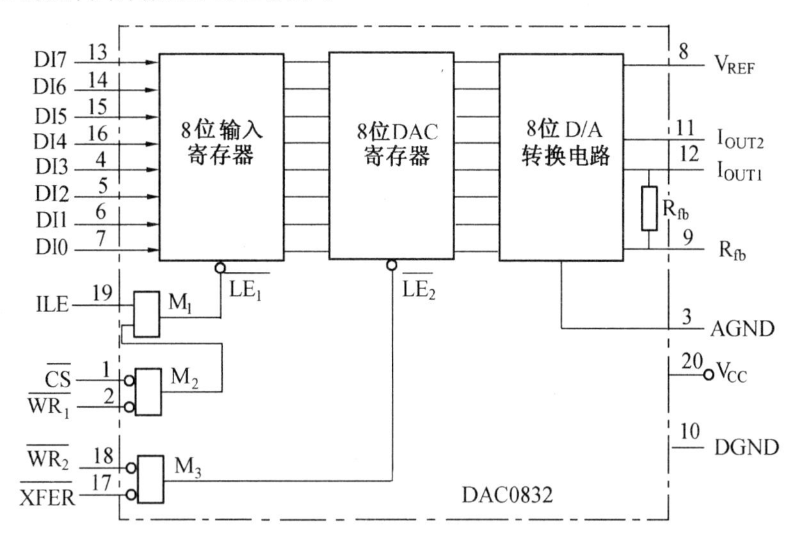

图 10.2　DAC0832 原理框图

各引脚功能如下：

DI0～DI7 为 8 位数字信号输入端，与 CPU 数据总线相连，用于输入 CPU 送来的待转换数字量，DI7 为最高位。

$\overline{CS}$：片选端，当$\overline{CS}$为低电平时，本芯片被选中工作。

ILE：数据锁存允许控制端，高电平有效。

$\overline{WR1}$：第一级输入寄存器写选通控制，低电平有效，当$\overline{CS}$＝0、ILE＝1、$\overline{WR1}$＝0 时，数据信号被锁存到第一级 8 位输入寄存器中。

$\overline{XFER}$：数据传送控制，低电平有效。

$\overline{WR2}$：DAC 寄存器写选通控制端，低电平有效，当$\overline{XFER}$＝0、$\overline{WR1}$＝0 时，输入寄存器状态传入 8 位 DAC 寄存器中。

I_{OUT1}：D/A 转换器电流输出 1 端，输入数字量全“1”时，I_{OUT1}最大，输入数字量全为“0”时，I_{OUT1}最小。

I_{OUT2}：电流输出 2 端，$I_{OUT2}+I_{OUT1}=$常数。

R_{fb}：外部反馈信号输入端，内部已有反馈电阻，根据需要也可外接反馈电阻。

V_{CC}：电源输入端，可在＋5～＋15V 范围内。

V_{REF}：参考电压(也称基准电压)输入端，电压范围(－10～＋10)V 之间。

DGND：数字信号接地端。

AGND：模拟信号接地端，最好与参考电压共地。

DAC0832 内部由三部分电路组成，如图 10.2 所示。“8 位输入寄存器”用于存放 CPU 送来的数字量，使输入数字量得到缓冲和锁存，由$\overline{LE1}$加以控制。“8 位 DAC 寄存器”用于存放待转换数字量，由$\overline{LE2}$控制。“8 位 D/A 转换电路”由 8 位 T 型电阻网络和电子开关组成，电子开关受“8 位 DAC 寄存器”输出控制，T 型电阻网络能输出和数字量成正比的模拟电流。因此，

DAC0832 通常需要外接运算放大器才能得到模拟输出电压。

2.DAC 的应用

按照输入数字量位数，DAC 常可分为 8 位、10 位和 12 位三种。MCS－51 与它的接口常和 DAC的应用有关，因此我们先讨论 DAC 的应用问题，然后介绍它与 MCS－51 的接口。

DAC 用途很广，现以 DAC0832 为例介绍它在如下三方面的应用。

(1)DAC 用作单极性电压输出

在需要单极性模拟电压环境下，我们可以采用图 10.5 或图 10.9 所示接线。由于 DAC0832 是 8 位的 D/A 转换器，故可得输出电压 V_{out}对输入数字量的关系为

$$V_{out} = -B\frac{V_{REF}}{256}$$

式中，$B = b7\cdot 2^7 + b6\cdot 2^6 + \cdots + b1\cdot 2^1 + b0\cdot 2^0$；$V_{REF}/256$ 为一常数。

显然，V_{out}和 B 成正比关系。输入数字量 B 为 0 时，V_{out}也为 0，输入数字量为 255 时，V_{out}为最大值，输出电压为单极性。

(2)DAC 用作双极性电压输出

在需要用到双极性电压的场合下，可以采用图 10.3 所示接线。图中，DAC0832 的数字量由 CPU 送来，OA_1 和 OA_2 均为运算放大器，V_{out}通过 2R 电阻反馈到运算放大器 OA_2 输入端，其他如图所示。G 点为虚拟地，故由基尔霍夫定律列出方程组，并解得：

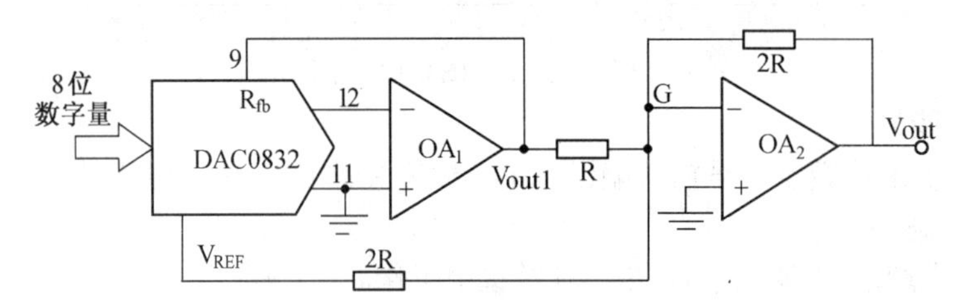

图 10.3　双极性 DAC 的接法

$$V_{out} = (B-128)\frac{V_{REF}}{128}$$

由上式可知，在选用 $+V_{REF}$时，若输入数字量最高位 b7 为“1”，则输出模拟电压 V_{out}为正；若输入数字量最高位为“0”，则输出模拟电压 V_{out}为负。选用 $-V_{REF}$时，V_{out}输出值正好和选用 $+V_{REF}$时极性相反。

(3)DAC 用作程控放大器

DAC 还可以用作程控放大器，其电压放大倍数可由 CPU 通过程序设定。图 10.4 为用作电压放大器的 DAC 接线。由图可见，需要放大的电压 V_{in}和反馈输入端 R_{fb}相接，运算放大器输出 V_{out}还作为 DAC 的基准电压 V_{REF}，数字量由 CPU 送来，其余如图所示。DAC0832 内部 I_{out}一边和 T 型电阻网络相连，另一边又通过反馈电阻 R_{fb}和 V_{in}相通，故可得到下列方程组：

$$\begin{cases} I_{out1} = B\cdot\dfrac{V_{REF}}{256\cdot R} = B\cdot\dfrac{V_{out}}{256\cdot R} \\ I_{R_{fb}} = \dfrac{V_{in}}{R_{fb}} \\ I_{R_{fb}} + I_{out1} = 0 \end{cases}$$

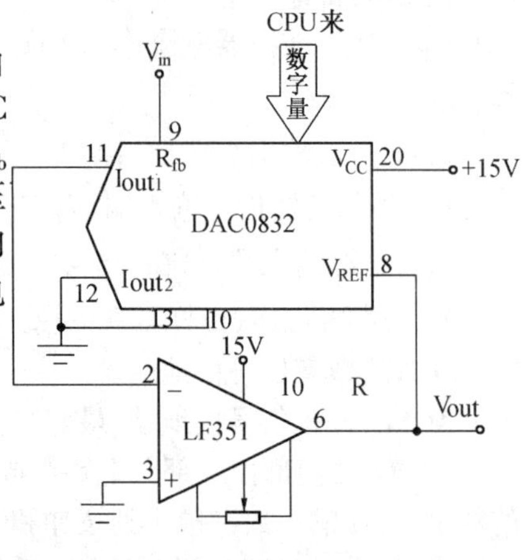

图 10.4　DAC0832 用作程控放大器

解上述方程组可得

$$V_{out} = -\frac{V_{in}}{B} \cdot \frac{R}{R_{fb}} \cdot 256$$

选 $R = R_{fb}$，则上式变为

$$V_{out} = -\frac{256}{B} \cdot V_{in}$$

式中，256/B 看作放大倍数。但数字量 B 不得为“0”，否则放大倍数为无限大，放大器因此而处于饱和状态。

3. MCS－51 与 DAC0832 的接口电路

MCS－51 与 DAC0832 接口时，可以有三种连接方式：直通方式、单缓冲方式和双缓冲方式。由于直通方式下工作的 DAC0832 常用于不带微机的控制系统中，下面仅对单缓冲方式和双缓冲方式作以介绍。

(1)单缓冲方式

单缓冲方式是指 DAC0832 内部的两个数据缓冲器有一个处于直通方式，另一个处于受 MCS－51 控制的锁存方式。在实际应用中，如果只有一路模拟量输出，或虽是多路模拟量输出但并不要求多路输出同步的情况下，就可采用单缓冲方式。

单缓冲方式的接口电路如图 10.5 所示。

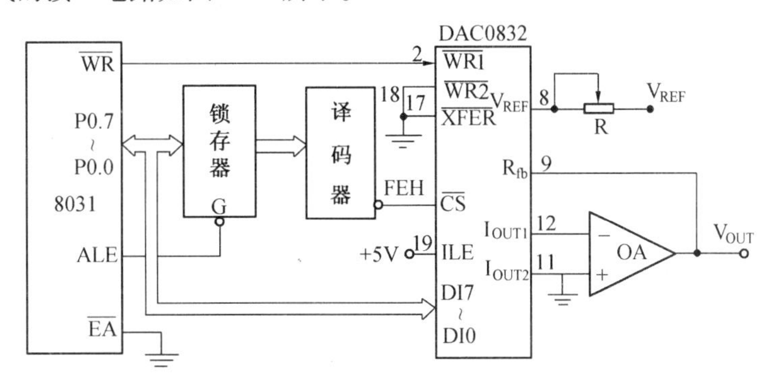

图 10.5 单缓冲方式下的 DAC0832

图中可见，$\overline{WR2}$和$\overline{XFER}$接地，故 DAC0832 的“8 位 DAC 寄存器”(见图 10.2)工作于直通方式。8 位输入寄存器受$\overline{CS}$和$\overline{WR1}$端信号控制，而且$\overline{CS}$由译码器输出端 FEH 送来(也可由 P2 口的某一根口线来控制)。因此，8031 执行如下两条指令就可在$\overline{WR1}$和$\overline{CS}$上产生低电平信号，使 DAC0832 接收 8031 送来的数字量。

```
        MOV      R0, #0FEH
        MOVX     @R0,A              ;8031 的WR和译码器 FEH 输出端有效
```

现举例说明单缓冲方式下 DAC0832 的应用。

例 10.1 DAC0832 用作波形发生器。试根据图 10.5，分别写出产生锯齿波、三角波和矩形波的程序。

解 在图 10.5 中，运算放大器 OA 输出端 V_{out}直接反馈到 R_{fb}，故这种接线产生的模拟输出电压是单极性的。现把产生上述三种波形的参考程序列出如下：

① 锯齿波程序

```
        ORG      2000H
START:  MOV      R0, #0FEH          ;D/A 地址→DPTR
```

```
        MOV     A, # 00H        ;数字量→A
LP:     MOVX    @R0,A           ;数字量送 D/A 转换器
        INC     A               ;数字量逐次加 1
        SJMP    LP
```

当数字量从 0 开始,逐次加 1 变换,模拟量与之成正比输出。当 A = FFH 时,再加 1 则溢出清 0,模拟输出又为 0,然后又重新重复上述过程,如此循环下去输出波形就是一个锯齿波,如图 10.6 所示。但实际上每一个上升斜边要分成 256 个小台阶,每个小台阶暂留时间为执行程序中后 3 条指令所需要的时间。因此在上述程序中插入 NOP 指令或延时程序,则可以改变锯齿波的频率。

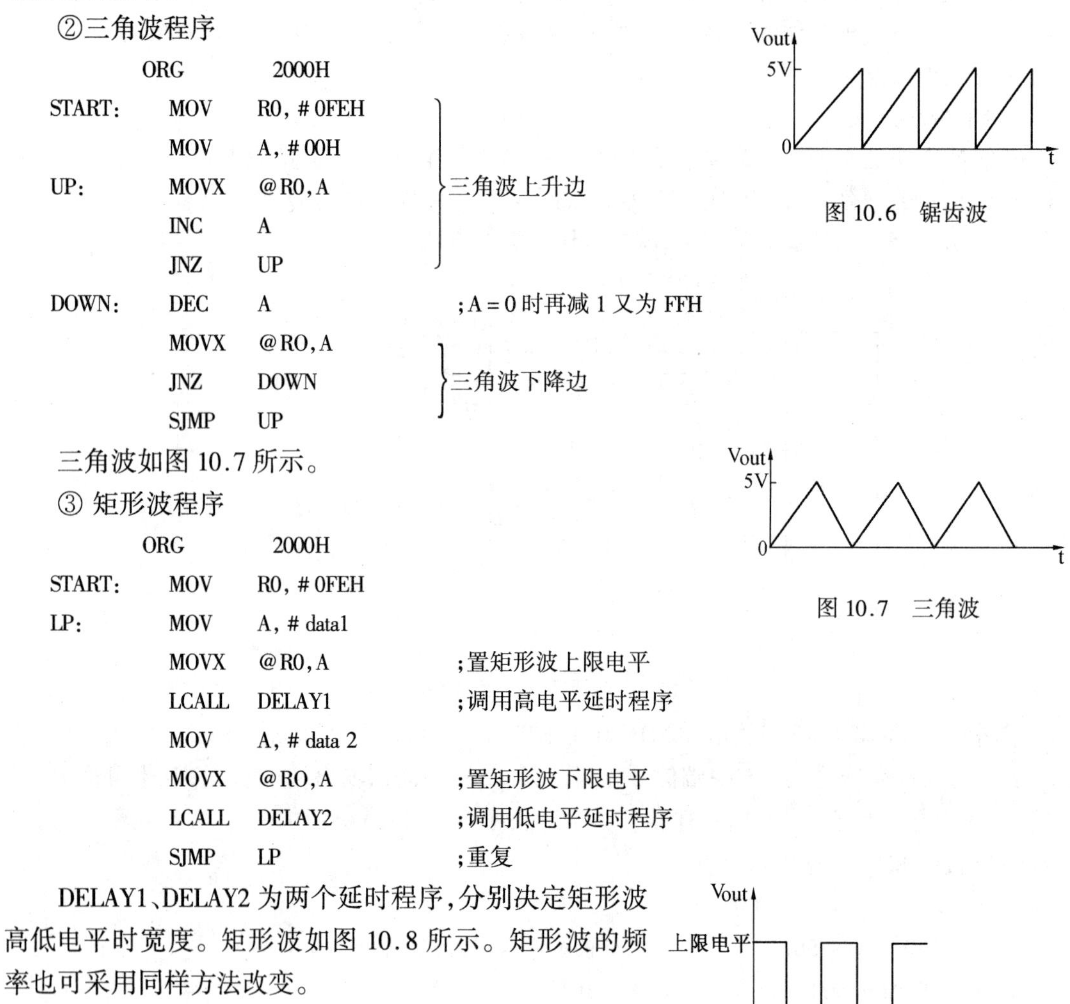

②三角波程序

```
        ORG     2000H
START:  MOV     R0, # 0FEH      ┐
        MOV     A, # 00H        │
UP:     MOVX    @R0,A           ├三角波上升边
        INC     A               │
        JNZ     UP              ┘
DOWN:   DEC     A               ;A = 0 时再减 1 又为 FFH
        MOVX    @R0,A           ┐
        JNZ     DOWN            ├三角波下降边
        SJMP    UP              ┘
```

图 10.6　锯齿波

三角波如图 10.7 所示。

图 10.7　三角波

③ 矩形波程序

```
        ORG     2000H
START:  MOV     R0, # 0FEH
LP:     MOV     A, # data1
        MOVX    @R0,A           ;置矩形波上限电平
        LCALL   DELAY1          ;调用高电平延时程序
        MOV     A, # data 2
        MOVX    @R0,A           ;置矩形波下限电平
        LCALL   DELAY2          ;调用低电平延时程序
        SJMP    LP              ;重复
```

DELAY1、DELAY2 为两个延时程序,分别决定矩形波高低电平时宽度。矩形波如图 10.8 所示。矩形波的频率也可采用同样方法改变。

图 10.8　矩形波

(2)双缓冲方式

对于多路 D/A 转换,要求同步进行 D/A 转换输出时,必须采用双缓冲同步方式。在此种方式工作时,数字量的输入锁存和 D/A 转换输出是分两步完成的。单片机必须通过$\overline{LE1}$来锁存待转换数字量,通过$\overline{LE2}$来启动 D/A 转换。因此,双缓冲方式下,DAC0832 应为单片机提供两个 I/O 端口。8031 和 DAC0832 在双缓冲方式下的连接关系如图 10.9 所示。由图可见,1# DAC0832 因$\overline{CS}$和译码器 FDH 相连而占有 FDH 和 FFH 两个 I/O 端口,而 2# DAC0832 的两个端口地址为 FEH 和

FFH。其中,FDH 和 FEH 分别为 1 # 和 2 # DAC0832 的数字量端口,而 FFH 为启动 D/A 转换的端口。其余连接如图 10.9 所示。

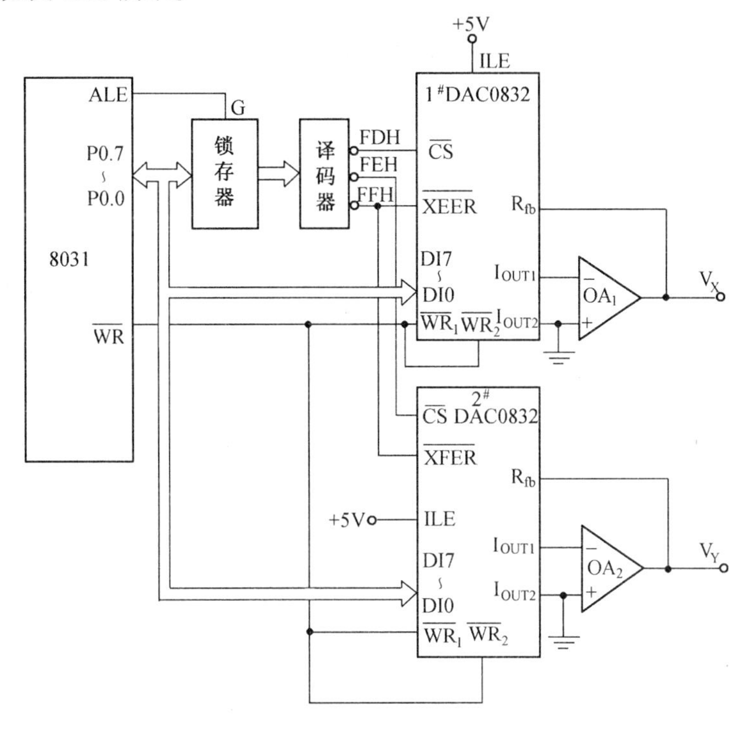

图 10.9　8031 和两片 DAC0832 的接口(双缓冲方式)

下面通过一个例子来介绍双缓冲方式下 8031 与 DAC0832 的接口工作原理。

例 10.2　设 8031 内部 RAM 中有两个长度为 20 的数据块,其起始地址分别为 Addr1 和 Addr2,请根据图 10.9,编出能把 Addr1 和 Addr2 中数据分别从 1 # 和 2 # DAC0832 输出的程序。

解　根据图 10.9,DAC0832 各端口地址为:

FDH　　1 # DAC0832 数字量输入控制口

FEH　　2 # DAC0832 数字量输入控制口

FFH　　1 # 和 2 # DAC0832 启动 D/A 转换口

我们使 0 # 工作寄存器区的 R1 指向 Addr1;1 # 区 R1 指向 Addr2;0 # 工作寄存器区的 R2 存放数据块长度;0 # 和 1 # 工作寄存器区的 R0 指向 DAC 端口地址。相应程序为:

```
        ORG     2000H
DA1     DATA    20H
DA2     DATA    40H
DTOUT:  MOV     R1, # Addr1         ;0# 区 R1 指向 Addr1
        MOV     R2, # 20            ;数据块长度送 0# 区 R2
        SETB    RS0                 ;转入 1# 工作寄存器区
        MOV     R1, # Addr2         ;1# 区 R1 指向 Addr2
        CLR     RS0                 ;返回 0# 工作寄存器区
NEXT:   MOV     R0, # 0FDH          ;0# R0 指向 1# DAC0832 数字量口
        MOV     A,@R1               ;Addr1 中数据送 A
        MOVX    @R0,A               ;Addr1 中数据送 1# DAC0832
        INC     R1                  ;修改 Addr1 指针 0# 区 R1
```

```
        SETB    RS0                 ;转入 1# 区
        MOV     R0, #0FEH           ;1# R0 指向 2# DAC0832 数字量口
        MOV     A,@R1               ;Addr2 中数据送 A
        MOVX    @R0,A               ;Addr2 中数据送 2# DAC0832
        INC     R1                  ;修改 Addr2 指针 1# 区 R1
        INC     R0                  ;1# 区 R0 指向 DAC 的启动 D/A 口
        MOVX    @R0,A               ;启动 DAC 工作
        CLR     RS0                 ;返回 0# 区
        DJNZ    R2,NEXT             ;若未完,则跳 NEXT
        SJMP    DTOUT               ;若送完,则循环
        END
```

若把图 10.9 中 V_X 和 V_Y 分别加到 X－Y 绘图仪的 X 通道和 Y 通道,而 X－Y 绘图仪由 X、Y 两个方向的步进电机驱动,其中一个电机控制绘笔沿 X 方向运动;另一个电机控制绘笔沿 Y 方向运动。因此对 X－Y 绘图仪的控制有两点基本要求,一是需要两种 D/A 转换器分别给 X 通道和 Y 通道提供模拟信号,使绘图笔能沿 X－Y 轴作平面运动;二是两路模拟信号要同步输出,使绘制的曲线光滑,否则绘制的曲线就是阶梯状的。通过执行上述程序就可达到控制绘图仪的目的。程序中的 Addr1 和 Addr2 中的数据,即为曲线的 X、Y 坐标点。

10.1.3　MCS－51 与 12 位 DAC1208 系列的接口

当 8 位的 DAC 分辨率不够时,可以采用 12 位的 DAC。目前较为常用的 12 位 DAC 有两个系列,一种是 DAC1208 系列;另一种是 DAC1230 系列。

DAC0832 系列 D/A 转换器有 DAC1208、DAC1209、DAC1210 三种芯片类型,是与微处理器完全兼容的 12 位 D/A 转换器,目前有较广泛的应用。与 DAC1208 系列结构相类似的产品是 DAC1230 系列,这个系列也有 DAC1230、DAC1231、DAC1232 三种芯片,这一系列将在下一小节专门介绍。

1.DAC1208 系列的结构引脚及特性

图 10.10 是 12 位 D/A 转换器 DAC1208 系列的内部结构及引脚分布。其结构和 DAC0832 很相似,也是双缓冲的结构,只是把 8 位部件换成了 12 位的部件。但对于输入锁存器来说,不是用一个 12 位锁存器,而是用一个 8 位锁存器和一个 4 位锁存器,以便和 8 位 CPU 相连接。

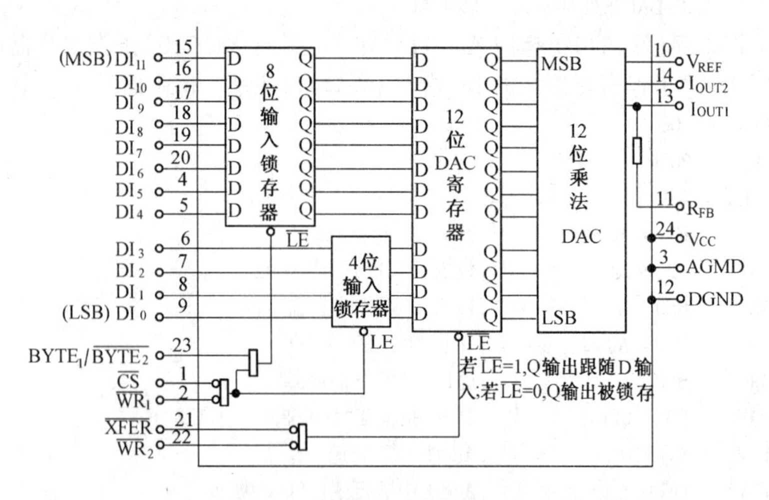

图 10.10　DAC1208 的内部结构与引脚分布

DAC1208 引脚功能如下：

• $\overline{CS}$：片选信号，低电平有效。

• $\overline{WR1}$：写信号，低电平有效。

• BYTE1/$\overline{BYTE2}$：字节顺序控制信号，该信号为高电平时，开启 8 位和 4 位两个锁存器，将 12 位全部打入锁存器。当该信号为低电平时，则开启 4 位输入锁存器。

• $\overline{WR2}$：辅助写，低电平有效。该信号与$\overline{XFER}$相结合，当$\overline{XFER}$与$\overline{WR2}$同时为低电平时，把锁存器中数据打入 DAC 寄存器。当$\overline{WR2}$为高电平时，DAC 寄存器中的数据被锁存起来。

• $\overline{XFER}$：传送控制信号，低电平有效。该信号与$\overline{WR2}$信号相结合，用于将输入锁存器中的 12 位数据送至 DAC 寄存器。

• DI0 ~ DI11：12 位数据输入。

• I_{OUT1}：D/A 转换电流输出 1。当 DAC 寄存器全 1 时，输出电流最大，全 0 时输出为 0。

• I_{OUT2}：D/A 转换电流输出 2。$I_{OUT1} + I_{OUT2}$ = 常数。

• R_{FB}：反馈电阻输入。

• V_{REF}：参考电压输入。

• V_{CC}：电源电压。

• DGND、AGND：数字地和模拟地。

DAC1208 的主要应用特性为：

• 输出电流稳定时间：1 μs；

• 参考电压：V_{REF} = －10 ~ ＋10V；

• 单工作电源：＋5 ~ ＋15V；

• 低功耗：20 mW。

2. 接口电路设计及软件编程

硬件接口设计最重要的就是 DAC1208 的输入控制线，DAC1208 的输入控制线基本上和 DAC0830 相同。$\overline{CS}$和$\overline{WR1}$用来控制输入寄存器，$\overline{XFER}$和$\overline{WR2}$用来控制 DAC 寄存器。但是为了区分 8 位输入寄存器和 4 位输入寄存器，增加了一条控制线 BYTE1/$\overline{BYTE2}$。当该线信号为 1 时，选中 8 位输入寄存器，为 0 时则选中 4 位输入寄存器。有了这条控制线，两个输入寄存器可以接同一条译码器输出(接至$\overline{CS}$端)。实际上，在 BYTE1/$\overline{BYTE2}$ = 1 时，两个输入寄存器都被选中，而在 BYTE1/$\overline{BYTE2}$ = 0 时，只选中 4 位输入寄存器。这样可以用一条地址线 A0 来控制 BYTE1/$\overline{BYTE2}$，用两条译码器输出线控制$\overline{CS}$和$\overline{XFER}$。一片 DAC1208 芯片只占用三个 I/O 端口地址。

8031 单片机和 DAC1208 转换器的硬件连接如图 10.11 所示。DAC1208 的高 8 位输入寄存器地址为 4001H，低 4 位寄存器地址为 4000H，而 DAC 寄存器的地址为 6000H。考虑到 8031 单片机 P0.0 地址/数据线分时复用，所以用 P0.0 与 DAC1208 的 BYTE1/$\overline{BYTE2}$相连时要由锁存器 74LS377。因 DAC1208 系列内部没有基准源，故外接 AD581 做 10V 电压基准源。模拟电压输出接为双极性。

DAC1208 系列 D/A 转换器的工作采用双缓冲方式。在送入数据时要先送入 12 位数据中的高 8 位数据 DI_{11} ~ DI_4 然后再送入低 4 位数据 DI_3 ~ DI_0，而不能按相反的顺序传送。这是因为在输入 8 位寄存器时，4 位输入寄存器也是打开的，如果先送低 4 位后送高 8 位，结果就会不正确。在 12 位数据分别正确地进入两个输入寄存器后，再打开 DAC 寄存器，就可以把 12 位数据送到 12 位 D/A 转换器去转换。单缓冲方式在这里是不合适的，在 12 位数据不是一次送入的情况下，边传送边转换会使输出产生错误的瞬间毛刺。

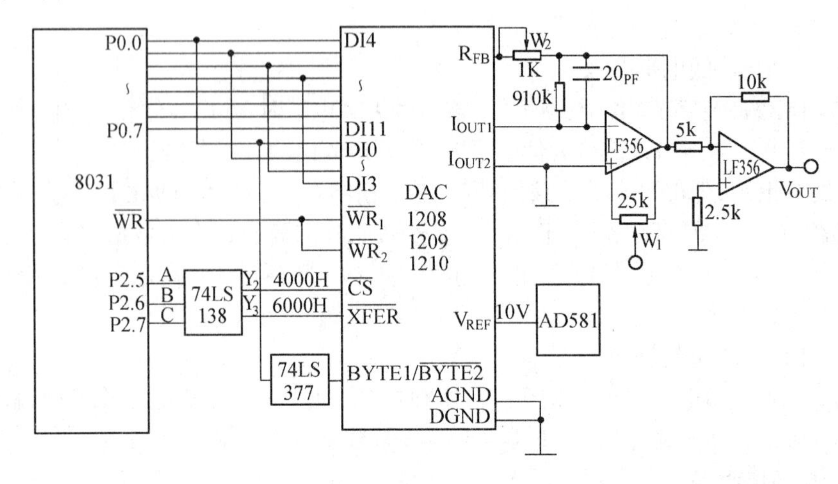

图 10.11 8031 单片机与 DAC1208 系列的接口

图中 DAC1208 的电流输出端外接两个运放 LF356，其中运放 1 用作电源/电压转换器，运放 2 实现双极性电压输出（－10～＋10V）。调电位器 W1 定零点，调电位器 W2 定满度。

下面介绍软件编程。

设 12 位数字量存放在内部 RAM 的两个单元，DIGIT 和 DIGIT＋1。12 位数的高 8 位在 DIGIT 单元，低 4 位在 DIGIT＋1 单元的低 4 位。现在按图 10.11 的硬件接口电路将 12 位数据送到 DAC1208 去转换，接口电路的 D/A 转换程序如下：

```
MOV     DPTR，#4001H     ;8 位输入寄存器地址
MOV     R1，#DIGIT       ;高 8 位数据地址
MOV     A，@R1           ;取出高 8 位数据
MOVX    @DPTR，A         ;高 8 位数据送 DAC1208
DEC     DPTR             ;4 位输入寄存器地址
INC     R1               ;低 4 位数据地址
MOV     A，@R1           ;取出低 4 位数据
MOVX    @DPTR，A         ;低 4 位数据送 DAC1208
MOV     DPTR，#6000H     ;DAC 寄存器地址
MOVX    @DPTR，A         ;完成 12 位 D/A 转换
```

10.1.4 MCS－51 与 DAC1230 系列的接口

DAC1230 系列芯片有 DAC1230、DAC1231、DAC1232 三种类型，是与微处理器完全兼容的 12 位 D/A 转换芯片。DAC1230 的内部结构和应用特性与 DAC1208 完全相似，只不过 DAC1230 系列的低 4 位数据线在片内与高 4 位数据线相连，在片外表现为 8 位数据线，故 DAC1230 比 DAC1208 少四个引脚，是 20 引脚的 DIP 封装。

DAC1230 的内部结构及引脚分布如图 10.12 所示。

DAC1230 芯片的引脚功能和与 8031 单片机的接口电路请参阅前面 DAC1208 的介绍，这里不再重复。显然 DAC1230 系列 D/A 转换器与 8 位单片机的接口比 DAC1208 还要简单；但 DAC1208 系列与 16 位单片机连接更方便。建议和 MCS－51 单片机进行接口时选用 DAC1230 系列。

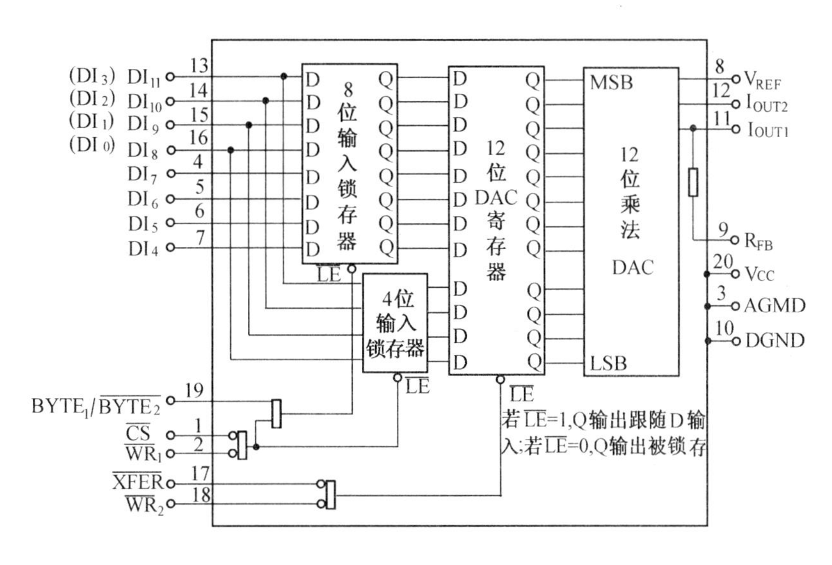

图10.12　DAC1230系列的内部结构与引脚分布

10.2　MCS-51与ADC的接口

10.2.1　A/D转换器概述

A/D转换器(ADC)的作用就是把模拟量转换成数字量,以便于计算机进行处理。

随着超大规模集成电路技术的飞速发展,A/D转换器的新设计思想和制造技术层出不穷。为满足各种不同的检测及控制任务的需要,大量结构不同、性能各异的A/D转换器芯片应运而生。

1.A/D转换器的分类

根据A/D转换器的原理可将A/D转换器分成两大类。一类是直接型A/D转换器,另一类是间接型A/D转换器。在直接型A/D转换器中,输入的模拟电压被直接转换成数字代码,不经任何中间变量;在间接型A/D转换器中,首先把输入的模拟电压转换成某种中间变量(时间、频率、脉冲宽度等等),然后再把这个中间变量转换为数字代码输出。

A/D转换器的分类如图10.13所示。

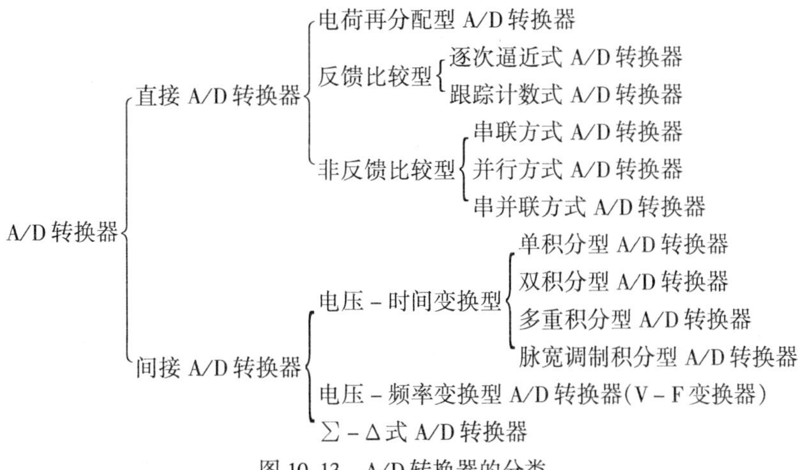

图10.13　A/D转换器的分类

尽管 A/D 转换器的种类很多,但目前应用较广泛的主要有以下几种类型:逐次逼近式转换器、双积分式转换器、$\Sigma-\Delta$ 式 A/D 转换器和 V/F 转换器。

逐次逼近型 A/D 转换器,在精度、速度和价格上都适中,是最常用的 A/D 转换器件。双积分 A/D 转换器,具有精度高、抗干扰性好、价格低廉等优点,但转换速度慢,近年来在单片机应用领域中也得到广泛应用。$\Sigma-\Delta$ 式 ADC 具有积分式与逐次逼近式 ADC 的双重优点。它对工业现场的串模干扰具有较强的抑制能力,不亚于双积分 ADC,它比双积分 ADC 有较高的转换速度。与逐次逼近式 ADC 相比,有较高的信噪比,分辨率高,线性度好,不需要采样保持电路。由于上述优点,$\Sigma-\Delta$ 式 ADC 得到了重视,目前已有多种 $\Sigma-\Delta$ 式 A/D 芯片投向市场。而 V/F 转换器适用于转换速度要求不高,需进行远距离信号传输的 A/D 转换过程。

2. A/D 转换器的主要技术指标

(1)转换时间和转换速率

转换时间 A/D 完成一次转换所需要的时间。转换时间的倒数为转换速率。

并行式 A/D 转换器,转换时间最短约为 20~50 ns,速率为(50~20)$\times 10^6$ 次;双极性逐次逼近式转换时间约为 0.4μs,速率为 2.5M。

(2)分辨率

A/D 转换器的分辨率习惯上用输出二进制位数或 BCD 码位数表示。例如 AD574 A/D 转换器,可输出二进制 12 位即用 2^{12} 个数进行量化,其分辨率为 1 LSB,用百分数表示为 $\frac{1}{2^{12}}\times 100\% = 0.0244\%$。又如双积分式输出 BCD 码的 A/D 转换器 MC14433,其分辨率为 $3\frac{1}{2}$ 位,三位半。若满字位为 1999,用百分数表示其分辨率为 $1/1999\times 100\% = 0.05\%$。

量化过程引起的误差为量化误差。量化误差是由于有限位数字量对模拟量进行量化而引起的误差。量化误差理论上规定为一个单位分辨率的 $\pm\frac{1}{2}$ LSB,提高分辨率可减少量化误差。

(3)转换精度

A/D 转换器的转换精度定义为一个实际 A/D 转换器与一个理想 A/D 转换器在量化值上的差值。可用绝对误差或相对误差表示。

3. A/D 转换器的选择

A/D 转换器按照输出代码的有效位数分为 4 位、8 位、10 位、12 位、14 位、16 位和 BCD 码输出的 $3\frac{1}{2}$ 位、$4\frac{1}{2}$ 位、$5\frac{1}{2}$ 位等多种;按照转换速度可分为超高速(转换时间 $\leqslant$ 1 ns)、高速(转换时间 $\leqslant$ 1μs)、中速(转换时间 $\leqslant$ 1ms)、低速(转换时间 $\leqslant$ 1s)等几种不同转换速度的芯片。为适应系统集成的需要,有些转换器还将多路转换开关、时钟电路、基准电压源、二/十进制译码器和转换电路集成在一个芯片内,为用户提供了很多方便。在设计数据采集系统、测控系统和智能仪器仪表时,首先碰到的就是如何选择合适的 A/D 转换器以满足应用系统设计要求的问题。下面从不同角度介绍选择 A/D 转换器的要点。

(1)A/D 转换器位数的确定

A/D 转换器位数的确定与整个测量控制系统所要测量控制的范围和精度有关,但又不能惟一确定系统的精度。因为系统精度涉及的环节较多,包括传感器变换精度、信号预处理电路精度和 A/D 转换器及输出电路、控制机构精度,甚至还包括软件控制算法。然而估算时,A/D 转换器的位数至少要比总精度要求的最低分辨率高一位(虽然分辨率与转换精度是不同的概念,但没有基本的分辨率就谈不上转换精度,精度是在分辨率的基础上反映的)。实际选取的A/D转换器的位数应与其他环节所能达到的精度相适应。只要不低于它们就行,选得太高既没有意义,而且价格还要高得多。

一般把8位以下的A/D转换器归为低分辨率A/D转换器,9～12位的称为中分辨率,13位以上的为高分辨率。

(2)A/D转换器转换速率的确定

A/D转换器从启动转换到转换结束,输出稳定的数字量,需要一定的时间,这就是A/D转换器的转换时间;其倒数就是每秒钟能完成的转换次数,称为转换速率。用不同原理实现的A/D转换器其转换时间是大不相同的。总的来说,积分型、电荷平衡型和跟踪比较型A/D转换器转换速度较慢,转换时间从几毫秒到几十毫秒不等,只能构成低速A/D转换器。一般适用于对温度、压力、流量等缓变参量的检测和控制。逐次比较型的A/D转换器的转换时间可从几μs～100μs左右,属于中速A/D转换器,常用于工业多通道单片机控制系统和声频数字转换系统等。转换时间最短的高速A/D转换器是那些用双极型或CMOS工艺制成的全并行型、串并行型和电压转移函数型的A/D转换器。转换时间仅20～100 ns。高速A/D转换器适用于雷达、数字通讯、实时光谱分析、实时瞬态记录、视频数字转换系统等。

如用转换时间为100 μs的集成A/D转换器,其转换速率为10千次/秒。根据采样定理和实际需要,一个周期的波形需采10个点,那么这样的A/D转换器最高也只能处理1 kHz的信号。把转换时间减小到10 μs,信号频率可提高到100 kHz。对一般微处理机而言,要在10 μs内完成A/D转换器转换以外的工作,如读数据、再启动、存数据、循环计数等已经比较困难。要继续提高采集数据的速度就不能用CPU来控制,必须采用直接存储器访问(DMA)技术来实现。

(3)是否要加采样保持器

原则上直流和变化非常缓慢的信号可不用采样保持器。其他情况都要加采样保持器。根据分辨率、转换时间、信号带宽关系式可得到如下数据作为是否要加采样保持器的参考:如果A/D转换器的转换时间是100 ms、ADC是8位时、没有采样保持器时,信号的允许频率是0.12Hz;如果ADC是12位,该频率为0.0077Hz。如转换时间是100 μs,ADC是8位时,该频率为12Hz,12位时是0.77Hz。

(4)工作电压和基准电压

有些A/D转换器需要±15V的工作电压,也有一些可在+12～+15V范围内工作,这就需多种电源。如果选择使用单一+5V工作电压的芯片,与单片机系统可共用一个电源就比较方便。

基准电压源是提供给A/D转换器在转换时所需要的参考电压,这是保证转换精度的基本条件。在要求较高精度时,基准电压要单独用高精度稳压电源供给。

10.2.2 MCS－51与ADC0809(逐次逼近型)的接口

1.ADC0809引脚及功能

ADC0809是一种逐次逼近式8路模拟输入、8位数字量输出的A/D转换器。其引脚如图10.14所示。

由引脚图可见,ADC0809共有28引脚,采用双列直插式封装。其主要引脚功能如下:

①IN0～IN7是8路模拟信号输入端。

②D0～D7 是 8 位数字量输出端。

③A、B、C 与 ALE 控制 8 路模拟通道的切换，A、B、C 分别与三根地址线或数据线相连，三者编码对应 8 个通道地址口。C、B、A＝000～111 分别对应 IN0～IN7 通道地址。

强调说明一点：ADC0809 虽然有 8 路模拟通道可以同时输入 8 路模拟信号，但每个瞬间只能转换一路，各路之间的切换由软件变换通道地址实现。

④OE、START、CLK 为控制信号端，OE 为输出允许端，START 为启动信号输入端，CLK 为时钟信号输入端。

⑤V_R(＋)和 V_R(－)为参考电压输入端。

引脚	序号	序号	引脚
IN3	1	28	IN2
IN4	2	27	IN1
IN5	3	26	IN0
IN6	4	25	A
IN7	5	24	B
SC	6	23	C
EOC	7	22	ALE
D3	8	21	D7
OE	9	20	D6
CLK	10	19	D5
V_{CC}	11	18	D4
V_R(+)	12	17	D0
GND	13	16	V_R(−)
D1	14	15	D2

ADC0809

图 10.14　ADC0809 的引脚图

2. ADC0809 结构及转换原理

ADC0809 的结构框图如图 10.15 所示。0809 是采用逐次逼近的方法完成 A/D 转换的。由单一的＋5V 电源供电；片内带有锁存功能的 8 路选 1 的模拟开关，由 C、B、A 的编码来决定所选的通道。0809 完成一次转换需 100μs 左右。输出具有 TTL 三态锁存缓冲器，可直接连到 MCS－51 的数据总线上。通过适当的外接电路，0809 可对 0～5V 的模拟信号进行转换。

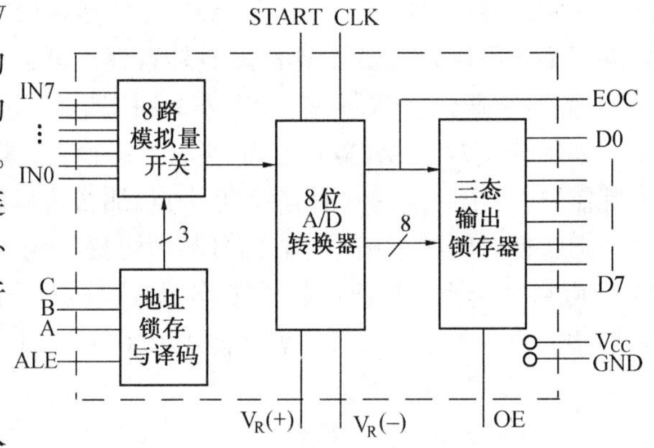

图 10.15　ADC0809 结构图

ADC0809 工作过程如下：

首先用指令选择 0809 的一个模拟输入通道，当执行 MOVX　@DPTR，A 时，产生一个启动信号给 START 引脚送入脉冲，开始对选中通道转换。当转换结束后发出结束信号，置 EOC 脚为高电平，该信号可作为中断申请信号；当读允许信号到，OE 端有高电平，则可以读出转换的数字量。利用 MOVX A，@DPTR 把该通道转换结果读到 A 累加器中。

3. MCS－51 与 ADC0809 的接口

在讨论 MCS－51 与 0809 的接口设计之前，先来讨论单片机如何来控制 ADC 的问题。

用单片机控制 ADC 时，多数采用查询和中断控制两种方法。查询法是在单片机把启动命令送到 ADC 之后，执行别的程序，同时对 ADC 的状态进行查询，以检查 ADC 变换是否已经结束，如查询到变换已结束，则读入转换完毕的数据。

中断控制法是在启动信号送到 ADC 之后，单片机执行别的程序。当 ADC 变换结束并向单片机发出中断请求信号时，单片机响应此中断请求，进入中断服务程序，读入转换数据，并进行必要的数据处理，然后返回到原程序。这种方法单片机无需进行转换时间的管理，CPU 效率高，所以特别适合于变换时间较长的 ADC。

如果对转换速度要求高，采用上述两种 ADC 控制方式往往不能满足要求，可采用 DMA（直接存储器存取）的方法，这时可在 ADC 与单片机之间插入一个 DMA 接口（例如 Intel 公司的 8237DMA 控制器）。传输一开始，AD 转换的数据就可以从输出寄存器经过 DMA 中的数据寄存器直接传输到主存储器，因而不必受程序的限制。

(1) 软件延时方式

ADC0809与8031单片机的接口如图10.16所示。

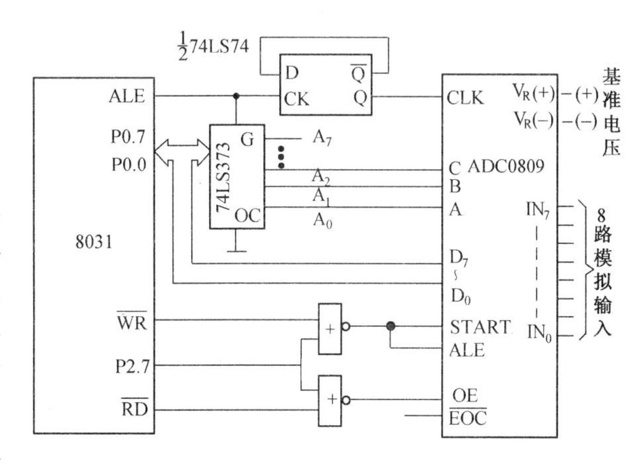

图10.16　ADC0809与8031的查询方式接口

由于ADC0809片内无时钟，可利用8031提供的地址锁存允许信号ALE经D触发器二分频后获得，ALE脚的频率是8031单片机时钟频率的1/6(但要注意的是，每当访问外部数据存储器时，将少一个ALE脉冲)。如果单片机时钟频率采用6MHz，则ALE脚的输出频率为1MHz，再二分频后为500kHz，恰好符合ADC0809对时钟频率的要求。由于ADC0809具有输出三态锁存器，其8位数据输出引脚可直接与数据总线相连。地址译码引脚A、B、C分别与地址总线的低三位A0、A1、A2相连，以选通IN0～IN7中的一个通路。将P2.7(地址总线A15)作为片选信号，在启动A/D转换时，由单片机的写信号和P2.7控制ADC的地址锁存和转换启动，由于ALE和START连在一起，因此ADC0809在锁存通道地址的同时，启动并进行转换。在读取转换结果时，用低电平的读信号和P2.7脚经一级或非门后，产生的正脉冲作为OE信号，用以打开三态输出锁存器。

由以上分析可知：在软件编写时，应令P2.7＝A15＝0；A0、A1、A2给出被选择的模拟通道的地址；执行一条输出指令，启动A/D转换；执行一条输入指令，读取转换结果。

下面的程序是采用软件延时的方法，分别对8路模拟信号轮流采样一次，并依次把结果转储到数据存储区的转换程序。

```
MAIN:   MOV     R1, # data      ;置数据区首地址
        MOV     DPTR, # 7FF8H   ;P2.7 = 0,且指向通道0
        MOV     R7, # 08H       ;置通道数
LOOP:   MOVX    @DPTR,A         ;启动A/D转换
        MOV     R6, # 0AH       ;软件延时,等待转换结束
DLAY:   NOP                     ;
        NOP
        NOP
        DJNZ    R6,DLAY
        MOVX    A,@DPTR         ;读取转换结果
        MOV     @R1,A           ;转存到内PRAM中
        INC     DPTR            ;指向下一个通道
        INC     R1              ;修改数据区指针
        DJNZ    R7,LOOP         ;8个通道全采样完了吗?
        ……
```

(2) 中断方式

ADC0809与8031的中断方式接口电路只需要将图10.16中0809的EOC脚经过一非门连接到8031的$\overline{\text{INT1}}$脚即可。采用中断方式可大大节省CPU的时间，当转换结束时，EOC发出一

个脉冲向单片机提出中断申请，单片机响应中断请求，由外部中断 1 的中断服务程序读 A/D 结果，并启动 0809 的下一个转换，外部中断 1 采用跳沿触发方式。

程序如下：

```
INIT1:  SETB  IT1           ;外部中断 1 初始化编程
        SETB  EA
        SETB  EX1
        MOV   DPTR, #7FF8H  ;启动 0809 对 IN0 通道转换
        MOV   A, #00H       ;
        MOVX  @DPTR,A
        …
```

中断服务程序：

```
PINT1:  MOV   DPTR, #7FF8H  ;读取 A/D 结果送缓冲单元 30H
        MOVX  A,@DPTR
        MOV   30H,A
        MOV   A, #00H       ;启动 0809 对 IN0 的转换
        MOVX  @DPTR,A       ;
        RETI
```

10.2.3 MCS－51 与 AD574(逐次逼近型)的接口

在应用系统中，8 位 A/D 转换常常不够，必须选择分辨率大于 8 位的芯片，如 10 位、12 位、16 位 A/D 转换器，由于 10 位、16 位接口与 12 位类似，因此仅以常用的 12 位 A/D 转换器 AD574 为例介绍。

1．AD574 简介

AD574 是 12 位逐次逼近型 A/D 转换器。转换时间为 25 μs，转换精度为 0.05%，由于芯片内有三态输出缓冲电路，因而可直接与各种典型的 8 位或 16 位的微处理器相连，而无须附加逻辑接口电路，且能与 CMOS 及 TTL 兼容。

AD574 为 28 脚双列直插式封装，其引脚如图 10.17 所示。

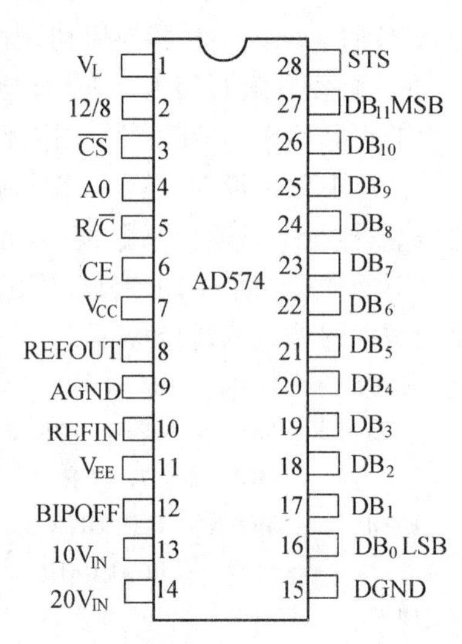

图 10.17　AD574 引脚

AD574 共有 6 个控制引脚，功能简述如下：

$\overline{CS}$：片选信号。

CE：片启动信号。

$R/\overline{C}$：读出/转换控制信号。

$12/\overline{8}$：数据输出格式选择信号引脚。当 $12/\overline{8}$ = 1(+ 5V)时，双字节输出，即 12 条数据线同时有效输出，当 $12/\overline{8}$ = 0(0V)时，为单字节输出，即只有高 8 位或低 4 位有效。

A0：字节选择控制线。在转换期间：A0 = 0，AD574 进行全 12 位转换，转换时间为 25μs；当 A0 = 1 时，进行 8 位转换，转换时间为 16μs。在读出期间：当 A0 = 0 时，高 8 位数据有效；A0 = 1 时，低 4 位数据有效，中间 4 位为“0”，高 4 位为三态，因此当采用两次读出 12 位数据时，应遵循左对齐原则，如下所示：

高 8 位	低 4 位 + 4 位尾 0

AD574 的控制信号的组合控制功能真值表如表 10.1 所示。

表 10.1　AD574 控制信号真值表

CE	$\overline{CS}$	$R/\overline{C}$	$12/\overline{8}$	A0	操　　作
0	×	×	×	×	无操作
×	1	×	×	×	无操作
1	0	0	×	0	初始化为 12 位转换器
1	0	0	×	1	初始化为 8 位转换器
1	0	1	5V	×	允许 12 位并行输出
1	0	1	接地	0	允许高 8 位输出
1	0	1	接地	1	允许低 4 位＋4 位尾 0 输出

STS：输出状态信号引脚。转换开始时，STS 达到高电平，转换过程中保持高电平。转换完成时返回到低电平 STS 可以作为状态信息被 CPU 查询，也可以用它的下降沿向 CPU 发出中断申请，通知 A/D 转换已完成，CPU 可以读取转换结果。

2.AD574 的工作特性

AD574 的工作状态由 CE、$\overline{CS}$、$R/\overline{C}$、$12/\overline{8}$、A0 五个控制信号决定，见表 10.1。

由表 10.1 可见，当 CE＝1，$\overline{CS}$＝0 同时满足时，AD574 才能处于工作状态。当 AD574 处于工作状态时，$R/\overline{C}$＝0 时启动 A/D 转换；$R/\overline{C}$＝1 时进行数据读出。$12/\overline{8}$ 和 A0 端用来控制转换字长和数据格式。A0＝0 时启动转换，则按完整的 12 位 A/D 转换方式工作，如果按 A0＝1 启动转换，则按 8 位 A/D 转换方式工作。当 AD574A 处于数据读出工作状态（$R/\overline{C}$＝1）时，A0 和 $12/\overline{8}$ 成为数据输出格式控制端。$12/\overline{8}$＝1，对应 12 位并行输出；$12/\overline{8}$＝0 则对应 8 位双字节输出。其中 A0＝0 时，由 DB11～DB4 输出高 8 位。A0＝1 时，由 DB3～DB0 输出低 4 位。必须指出 $12/\overline{8}$ 端与 TTL 电平不兼容，只能直接接至＋5V 或 0V 上。另外 A0 在数据输出期间不能变化。

如果要求 AD574 以独立方式工作，只要将 CE、$12/\overline{8}$ 端接入＋5V，$\overline{CS}$和 A0 接至 0V，将 $R/\overline{C}$ 作为数据读出和数据转换启动的控制。当 $R/\overline{C}$＝1 时，12 位数据输出端出现被转换后的数据，$R/\overline{C}$＝0时，即启动一次 A/D 转换。在延时 0.5μs 后 STS＝1 表示转换正在进行。经过一次转换周期 T_C（典型值为 25μs）后 STS 跳回低电平表示 A/D 转换完毕，可以从数据输出端读取新的数据。

注意，只有在 CE＝1 和$\overline{CS}$＝0 时才启动转换，在启动信号有效前，$R/\overline{C}$ 必须为低电平，否则将产生读取数据的操作。

3.AD574 的单极性和双极性输入特性

通过改变 AD574 引脚 8、10、12 的外接电路，可使 AD574 进行单极性和双极性模拟信号的转换，图 10.18(a)所示为单极性转换电路，可实现输入信号 0～10V 或 0～20V 的转换。其系统模拟信号的地线应与 9 脚相连，使其地线的接触电阻尽可能小。图 10.18(b)为双极性转换电路，可实现输入信号－5V～＋5V 或－10V～＋10V 的转换。

4.MCS－51 与 AD574 的接口

图 11.19 是 AD574 与 8031 单片机的接口电路。由于 AD574 片内含有高精度的基准电压源和时钟电路，从而使 AD574 在不需要任何外加电路和时钟信号的情况下完成 A/D 转换，使用非常方便。

该电路采用双极性输入接法，可对－5～＋5V 或－10～＋10V 模拟信号进行转换。也可采用单极性输入接法，具体电路见图 11.18(a)。转换结果的高 8 位从 DB11～DB4 输出，低 4 位从 DB3～DB0 输出，即 A0＝0 时，读取结果的高 8 位；当 A0＝1 时，读取结果的低 4 位。若遵循左对齐的原则，DB3～DB0 应接单片机的 P0.7～P0.4。STS 脚接单片机的 P1.0 脚，采用查询

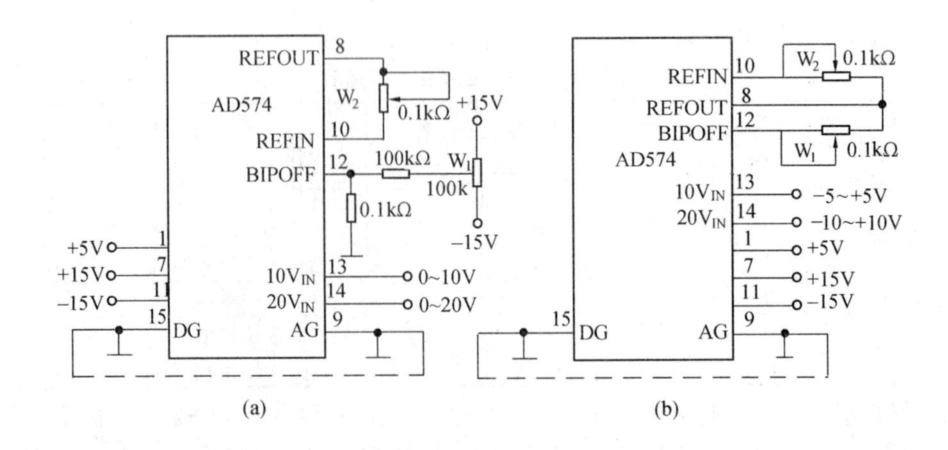

图 10.18　AD574 模拟输入电路的外部接法

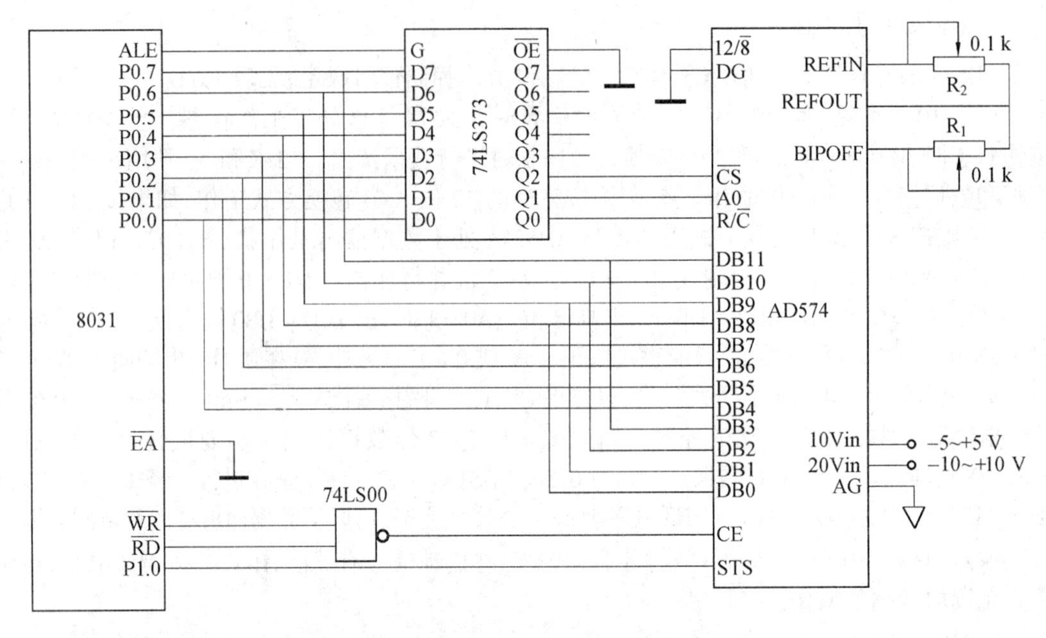

图 10.19　AD574 与 8031 的接口

方式读取转换结果。

当单片机执行对外部数据存储器写指令，使 CE = 1，$\overline{CS}$ = 0，$R/\overline{C}$ = 0，A0 = 0 时，启动 A/D 转换。当单片机查询到 P1.0 脚为低电平时，转换结束，单片机使 CE = 1，$\overline{CS}$ = 0，$R/\overline{C}$ = 1，A0 = 0，读取结果高 8 位；CE = 1，$\overline{CS}$ = 0，$R/\overline{C}$ = 1，A0 = 1，读取结果的低 4 位。

利用该接口电路完成一次 A/D 转换的查询方式的程序如下(高 8 位转换结果存入 R2 中，低 4 位存入 R3 中，遵循左对齐原则)：

```
AD574:  MOV     R0,0F8H         ;端口地址送 R0
        MOVX    @R0,A           ;启动 AD574 进行转换
        SETB    P1.0            ;置 P1.0 为输入
LOOP:   NOP
        JB      P1.0,LOOP       ;查询转换是否结束
        INC     R0              ;使 R/C̄ = 1,准备读取结果
        MOVX    A,@R0           ;读取高 8 位转换结果
```

```
MOV     R2,A          ;高8位转换结果存入R2中
INC     R0            ;使R/=1,A0=1
INC     R0
MOVX    A,@R0         ;读取低4位转换结果
MOV     R3,A          ;低4位转换结果存入R3中
……
```

上述程序是按查询方式设计的，图11.19中的STS脚也可以接单片机的外中断输入$\overline{INT0}$脚，即采用中断方式读取转换结果。读者可自行编制出采用中断方式读取转换结果的程序。AD574A是AD574的改进产品，AD674A是AD574A的改进产品，它们的引脚、内部结构和外部应用特性基本相同，但最大转换速度由25μS提高到15μS。目前带有采样/保持器的12位A/D转换器AD1674正以其优良的性能价格比逐渐取代AD574A和AD674A。

对于图11.19所示的接口电路，在设计印刷电路板时，要注意电源去耦、布线以及地线的布置。这些问题对于位数较多的ADC与单片机接口时，要给予重视。

AD574接口电路全部连接完毕后，在模拟输入端输入一稳定的标准电压，启动A/D转换，12位数据亦应稳定。如果变化较大，说明电路稳定性差，则要从电源及接地布线等方面查找原因。AD574的电源电压要有较好的稳定性和较小的噪声，噪声大的电源会产生不稳定的输出代码。在设计时，AD574电源要很好地进行滤波调整，还要避开高频噪声源，这对AD574来讲是非常重要的。为了取得12位精度，要进行很好的滤波，否则mV级的噪声能在12位ADC中引起好几位的误差。

所有的电源引脚都要用去耦电容。对＋5V电源，去耦电容直接接在引脚1和15之间；并且V_{CC}和V_{EE}要通过电容耦合到引脚9，合适的去耦电容是一个4.7μF的钽电容再并联一个0.1μF的陶瓷电容。

10.2.4　MCS－51与A/D转换器MC14433(双积分型)的接口

由于双积分方法二次积分时间比较长，所以A/D转换速度慢，但精度可以做得比较高；对周期变化的干扰信号积分为零，抗干扰性能也比较好。

目前，国内外双积分A/D转换器集成电路芯片很多，大部分是应用于数字测量仪器上。常用的有$3\frac{1}{2}$位双积分A/D转换器MC14433(精度相当于11位二进制数)和$4\frac{1}{2}$位双积分A/D转换器ICL7135(精度相当于14位二进制数)。

1.MC14433 A/D转换器简介

MC14433是3位半双积分型的A/D转换器，具有精度高(精度相当于11位二进制数)、抗干扰性能好等优点，其缺点为转换速度慢，约1～10次/秒。在不要求高速转换的场合，例如，在低速数据采集系统中，被广泛采用。MC14433A/D转换器与国内产品5G14433完全相同，可以互换。

表10.2　DS1选通时Q3～Q0表示的结果

Q3	Q2	Q1	Q0	表示结果
1	×	×	0	千位数为0
0	×	×	0	千位数为1
×	1	×	0	结果为正
×	0	×	0	结果为负
0	×	×	1	输入过量程
1	×	×	1	输入欠量程

MC14433A/D转换器的被转换电压量程为199.9 mV或1.999V。转换完的数据以BCD码的形式分四次送出(最高位输出内容特殊，详见表10.2)。

(1)MC14433的框图和引脚功能说明

MC14433A/D转换器的逻辑框图如图10.20所示。引脚如图10.21所示。

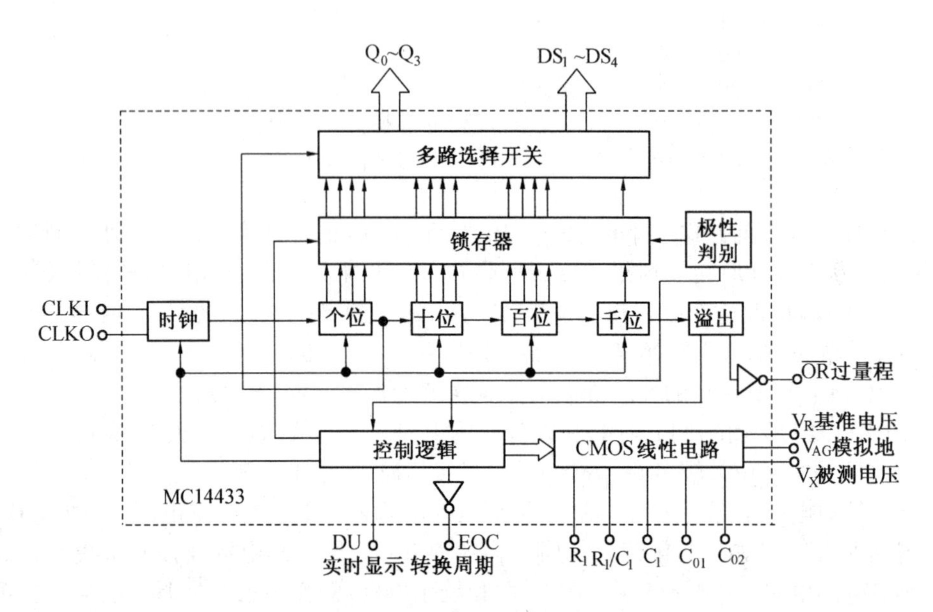

图 10.20　MC14433 内部结构框图

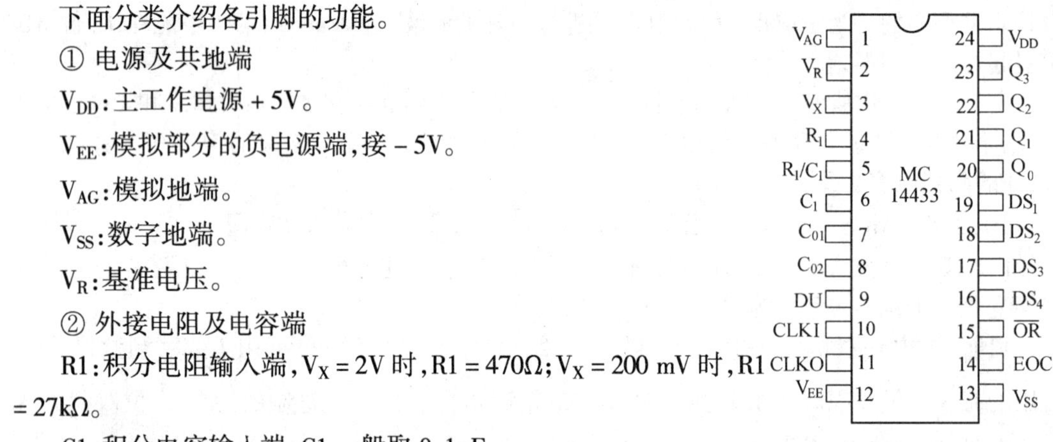

图 10.21　MC14433 引脚图

下面分类介绍各引脚的功能。

① 电源及共地端

V_{DD}:主工作电源 +5V。

V_{EE}:模拟部分的负电源端,接 －5V。

V_{AG}:模拟地端。

V_{SS}:数字地端。

V_R:基准电压。

② 外接电阻及电容端

R1:积分电阻输入端,$V_X = 2V$ 时,R1 = 470Ω;$V_X = 200$ mV 时,R1 = 27kΩ。

C1:积分电容输入端,C1 一般取 0.1μF。

C01、C02:外接补偿电容端,电容取值约 0.1μF。

R1/C1:R1 与 C1 的公共端。

CLKI、CLKO 外接振荡器时钟调节电阻 R_C,R_C 一般取 470 kΩ 左右。

③ 转换启动/结束信号端

EOC:转换结束信号输出端,正脉冲有效。

DU:启动新的转换,若 DU 与 EOC 相连,每当 A/D 转换结束后,自动启动新的转换。

④ 过量程信号输出端

$\overline{OR}$:当 $|V_X| > V_R$,过量程$\overline{OR}$输出低电平。

⑤ 位选通控制线

DS4 ~ DS1:选择个、十、百、千位,正脉冲有效。

DS1 对应千位,DS4 对应个位。每个选通脉冲宽度为 18 个时钟周期,两个相应脉冲之间间隔为 2 个时钟周期。如图 10.22 所示。

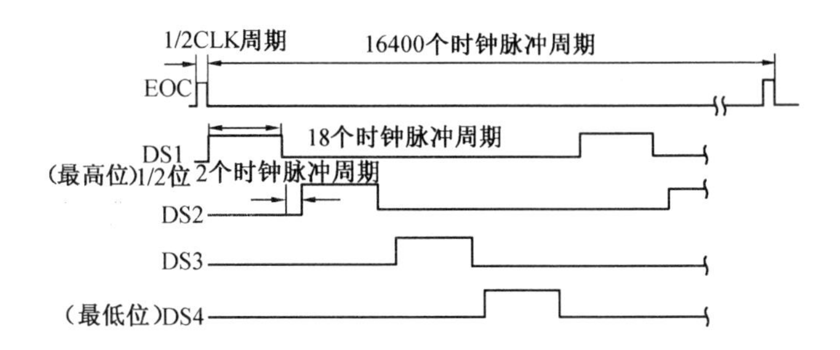

图10.22 MC14433选通脉冲时序图

⑥ BCD码输出线

Q0～Q3：BCD码数据输出线。其中Q0为最低位，Q3为最高位。当DS2、DS3和DS4选通期间，输出三位完整的BCD码数，但在DS1选通期间，输出端Q0～Q3除了表示个位的0或1外，还表示了转换值的正负极性(Q2＝1为正)和欠量程还是过量程，其含义见表10.2所示。

由表10.2可知：

a．Q3表示1/2位，Q3＝"0"对应1，反之对应0。

b．Q2表示极性，Q2＝"1"为正极性，反之为负极性。

c．Q0＝"1"表示超量程：当Q3＝"0"时，表示过量程；当Q3＝"1"时，表示欠量程。

2.MC14433与8031单片机的接口设计

由于MC14433的A/D转换结果是动态分时输出的BCD码，Q0～Q3和DS1～DS4都不是总线式的。因此，MCS－51单片机只能通过并行I/O接口或扩展I/O接口与其相连。对于8031单片机的应用系统来说，MC14433可以直接和其P1口或扩展I/O口8155/8255相连。下面介绍一种MC14433与8031单片机P1口直接连接的硬件接口，接口电路如图10.23所示。

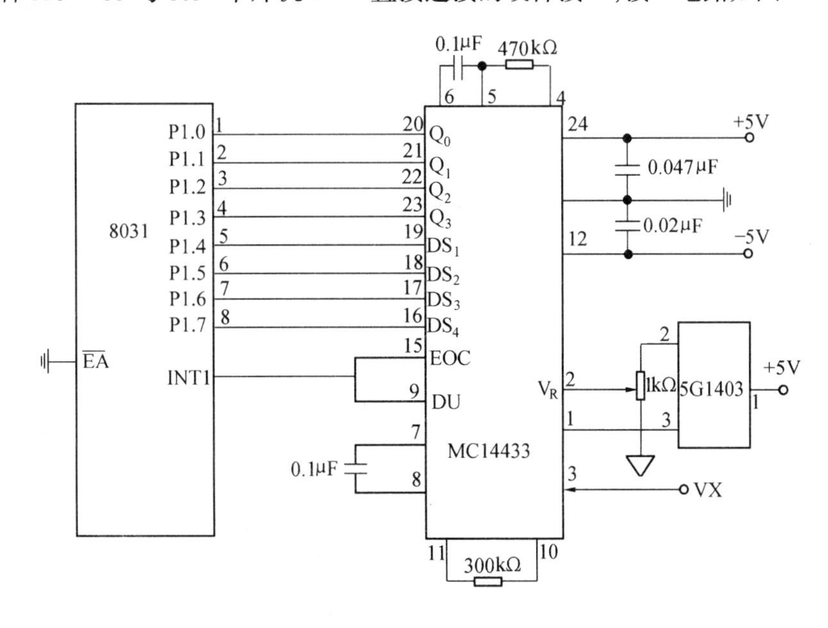

图10.23 MC14433与8031单片机直接连接的硬件接口

图中MC1403为＋2.5V精密集成电压基准源经电位器分压后作为A/D转换用基准电压。DU端与EOC端相连，以选择连续转换方式，每次转换结果都送至输出寄存器。EOC是A/D转换结束的输出标志信号。8031 读取 A/D 转换结果可以采用中断方式或查询方式。采用中断方式时，EOC 端与 8031 外部中断输入端$\overline{\text{INT0}}$或$\overline{\text{INT1}}$相连。采用查询方式时 EOC 端可接入 8031 的任一 I/O 口线。

8031 读取 A/D 结果可以采用中断方式也可以采用查询方式。

若选用中断方式读取 MC14433 的结果，应选用跳沿触发方式。将 A/D 结果存放到 8031 内部 RAM 的 20H、21H，存放的格式如图 10.24 所示。

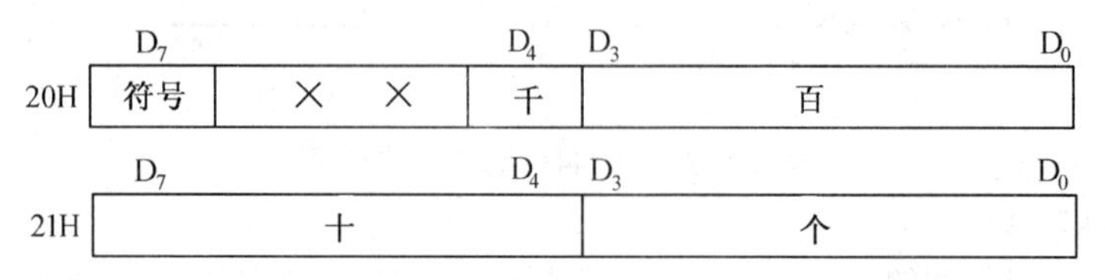

图 10.24　数据存放格式

下面介绍读取 A/D 转换结果的程序编写。

初始化程序开放 CPU 中断，允许外部中断 1 中断请求，置外部中断 1 为边沿触发方式。每次 A/D 转换结束，都向 CPU 请求中断，CPU 响应中断，执行中断服务程序，读取 A/D 的结果。

程序清单：

```
INITI:  SETB  IT1          ;与外中断有关的初始化程序,选择外中断 1 为跳沿触发方式
        MOV   IE, #84H     ;CPU 开中断,允许外部中断 1 中断
        ……
PINT1:  MOV   A,P1         ;外部中断 1 服务程序
        JNB   Acc.4,PINT1  ;等待 DS1 选通信号
        JB    Acc.0,PEr    ;是否过量程、欠量程,是则转 PEr
        JB    Acc.2,PL1    ;结果是正还是负,如为正,跳 PL1
        SETB  07H          ;结果为负,符号位置 1,07H 为符号位
        AJMP  PL2          ;
PL1:    CLR   07H          ;结果为正,符号位清 0
PL2:    JB    Acc.3,PL3    ;千位的结果,千位为 0,跳 PL3
        SETB  04H          ;千位为 1,把 04H 位置 1
        AJMP  PL4          ;
PL3:    CLR   04H          ;千位为 0,把 04H 位清 0
PL4:    MOV   A,P1         ;
        JNB   Acc.5,PL4    ;等待百位的选通信号 DS2
        MOV   R0, #20H     ;读入百位
        XCHD  A,@R0        ;读百位→(20H).0~3
PL5:    MOV   A,P1
        JNB   Acc.6.PL5    ;等待十位的选通信号 DS3
        SWAP  A            ;高低 4 位交换
        INC   R0           ;指向 21H 单元
        MOV   @R0,A        ;十位数送入 21H 高 4 位
PL6:    MOV   A,P1
        JNB   Acc.7,PL6    ;等待个位数选通信号 DS4
        XCHD  A,@R0        ;个位数送入 21H 低 4 位
```

```
            RETI
PEr:        SETB    10H             ;置过量程、欠量程标志
            RETI                    ;中断返回
```

MC14433 外接的积分元件(R1、C1)大小和时钟有关,在实际应用中加以调整,以得到正确的量程和线性度。积分电容也应选择聚丙烯电容器。

10.2.5　MCS－51 与 ICL7135(双积分型)的接口

1. ICL7135 简介

(1)ICL7135 的结构和引脚

ICL7135 为 4 位半双积分 A/D 转换器,具有精度高(相当于 14 位二进制数)、价格低的优点,而且和 MCS－51 连接方便。ICL7135 的引脚如图 10.25 所示。

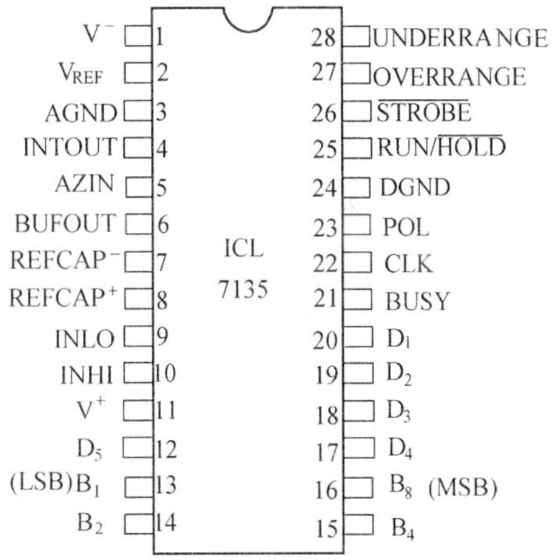

引脚	名称	引脚	名称
1	V^-	28	UNDERRANGE
2	V_{REF}	27	OVERRANGE
3	AGND	26	$\overline{STROBE}$
4	INTOUT	25	RUN/$\overline{HOLD}$
5	AZIN	24	DGND
6	BUFOUT	23	POL
7	$REFCAP^-$	22	CLK
8	$REFCAP^+$	21	BUSY
9	INLO	20	D_1
10	INHI	19	D_2
11	V^+	18	D_3
12	D_5	17	D_4
13	(LSB)B_1	16	B_8 (MSB)
14	B_2	15	B_4

图 10.25　ICL7135 的引脚分布

各引脚功能如下:

V^-:负电源输入端。电压为－3～－7V,通常取－5V。

V_{REF}:基准电压输入端,基准电压为 1V,它的精度和稳定性将直接影响转换精度。

AGND:模拟地。

DGND:数字地。

INTOUT:积分器输出端。

AZIN:调零输出端。

BUFOUT:缓冲放大器输出端。

REFCAP－及 REFCAP＋:外接基准电容 C_{REF}。

INLO:信号输入端(低端)。

INHI:信号输入端(高端)。

V^+:正电源输入端,通常为＋5V。

CLK:时钟输入端。工作于双极性情况下,时钟最高频率为 125 kHz,这时转换速度为 3 次/秒左右,如果输入信号为单极性的,则时钟频率可增加到 1 MHz,这时转换速率为 25 次/秒左右。

BUSY:积分器在积分过程中(对信号积分和反向积分)BUSY 输出高电平,积分器反向积分过零后输出低电平。

POL:极性输出端。当输入信号为正时,POL 极性输出高电平;输入信号为负时,POL 极性输出为低电平。

OVERRANGE:过量程标志输出端。当输入信号超过转换器计数范围(20000)时,OVERRANGE 输出高电平。

UNDERRANGE:欠量程标志输出端。当输入信号读数小于量程的 10%或更小时,该输出端输出高电平。

$\overline{STROBE}$:数据输出选通脉冲,宽度为时钟脉冲宽度的 1/2,一次 A/D 的转换结束后,该端输出 5 个负脉冲,分别选通高位到低位的 BCD 码数据输出,可由该信号把数据存入到并行接口中去,供 CPU 读取。

RUN/$\overline{HOLD}$:启动 A/D 转换控制端。该端接高电平时,7135 为自动连续转换,每隔 40002 个时钟完成一次 A/D 转换;该端为低电平时,转换结束后保持转换结果,输入一个正脉冲后

(大于 300ns)启动 7135 开始另一次转换。

B8、B4、B2、B1:BCD 码数据输出线。

D5、D4、D3、D2、D1:BCD 码数据的位驱动信号输出端,分别选通万、千、百、十、个位。

7135 的输出时序如图 10.26 所示。

(2)元件参数选择

为使 7135 工作于最佳状态,获得最好的性能,必须注意对外接元器件的选择。典型的 ICL7135 外部元件接线方法如图 10.27所示。

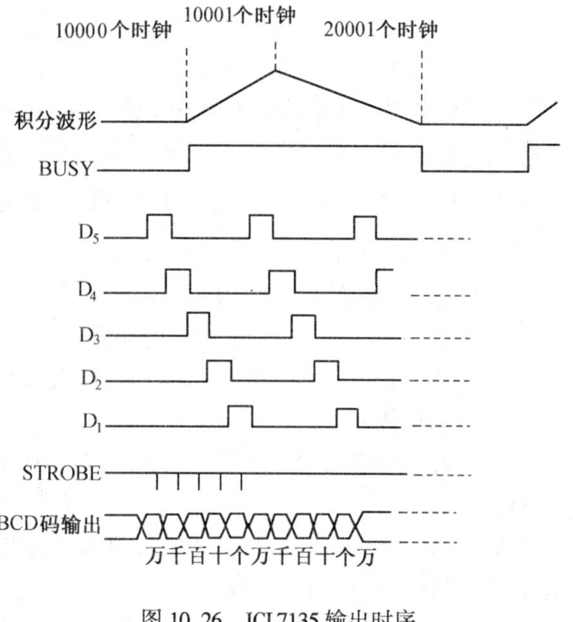

图 10.26 ICL7135 输出时序

R_{INT}为积分电阻,应选择精密电阻。积电阻是由满量程输入电压和用来对积分电容充电的内部缓冲放大器的输出电流来定义的,充电电流的常规值为 20 μA,积分电阻的精确值可由下式得到

$$R_{INT}=满量程/20\mu A$$

C_{INT}为积分电容。积分电容和电阻的乘积由给定的最大电压波动选择,最大电压波动不超过积分器允许的波动范围(接近正负电源的 0.3V)。满量程积分输出电压波动值扩展在 ±3.5～±4V 的电压范围较为理想。积分电容大小由下式计算:

$$C_{INT}=[10000\times 时钟周期]\times I_{INT}/积分输出电压波动值=[10000\times 时钟周期]\times 20\mu A/积分输出电压波动值$$

积分电容的一个很重要的特性是当它只有很小的介质吸收系数时,才可阻止过冲翻转,通常选聚丙烯电容器或聚碳酸酯电容器用作积分电容。

自动调零电容 CAZ 的大小对系统的噪声有某些影响,选用较大容量的电容可以减少噪声,典型值为 1 μF。

积分输出端串接一个二极管 D 和电阻 R 是为了消除 ROLLOVER 误差。

ICL7135 的基准电源的接法,根据不同的要求可以采用不同的接法。对于精度要求不高的场合,可以 +5V 电压直接分压得到,如图 10.27 所示。对于精度要求高的应用场合,可以采用电压基准源 MC1403(5G1403)分压得到。可参考图 10.23 的电路。

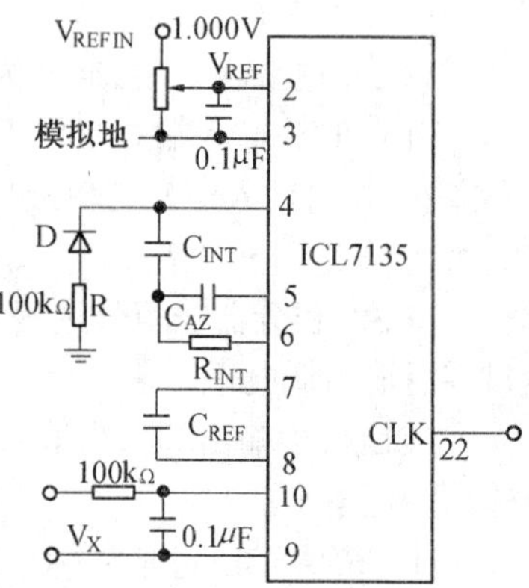

图 10.27 ICL7135 外接元件图

ICL7135 的时钟输入根据不同的应用场合有不同的连接。当和 MCS－51 单片机接口时,最常用的方式就是利用单片机的系统时钟分频或定时得到,具体实现方式在下面的与单片机的硬件接口电路中介绍。在实际应用系统中,经常采用外接 RC 振荡器的方式,这样可根据积分时间确定振荡频率。为了使电路具有抗 50 Hz 串模干扰能力,A/D 转换的积分时间应选择积分时间等于 50 Hz 工频周期的整数倍。如图 10.28 所示的 RC 振荡电路的振荡频率为 125

kHz。

当时钟频率 $f_{CLK}=125$ kHz 时，则每个时钟周期为 $1/f_{CLK}$，所以，A/D 转换的积分时间为

$$T_0=40002\times\frac{1}{f_{CLK}}=320\ \mathrm{ms}$$

即：当时钟频率为 125 kHz 时，每秒约转换 3 次。

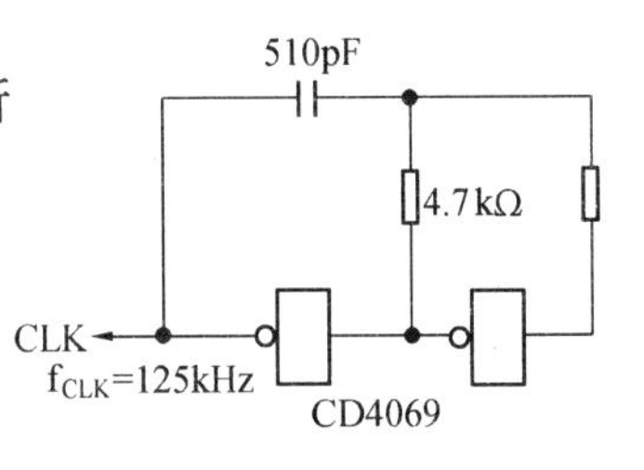

图 10.28 ICL7135 外接时钟电路

2. MCS－51 与 ICL7135 的接口

在单片机的实际应用系统中，I/O 口线比较紧张，ICL7135 如果直接与单片机接口占用口线太多。同时，由于一般的应用系统都要进行 I/O 口的扩展，所以，下面介绍 ICL7135 通过扩展 I/O 口 8155 与 MCS－51 单片机的硬件接口。

在较为复杂的应用系统中，采用扩展 8155 构成与 ICL7135 的接口电路，并且 8155 中的计数器还可以提供 ICL7135 所需要的时钟。

ICL7135 通过 8155 与 8031 单片机的硬件接口电路如图 10.29 所示。图中当 ICL7135 的高位选通信号 D5 输出为高时，万位数据 B1 和极性、过量程、欠量程标志输入到 8155 的 PA0～PA3 口线。当 D5 为低电平时，ICL7135 的 B1、B2、B4、B8 输出低位的 BCD 码，此时 BCD 码数据线 B1、B2、B4、B8 输入到 8155 的 PA0～PA3 口线。

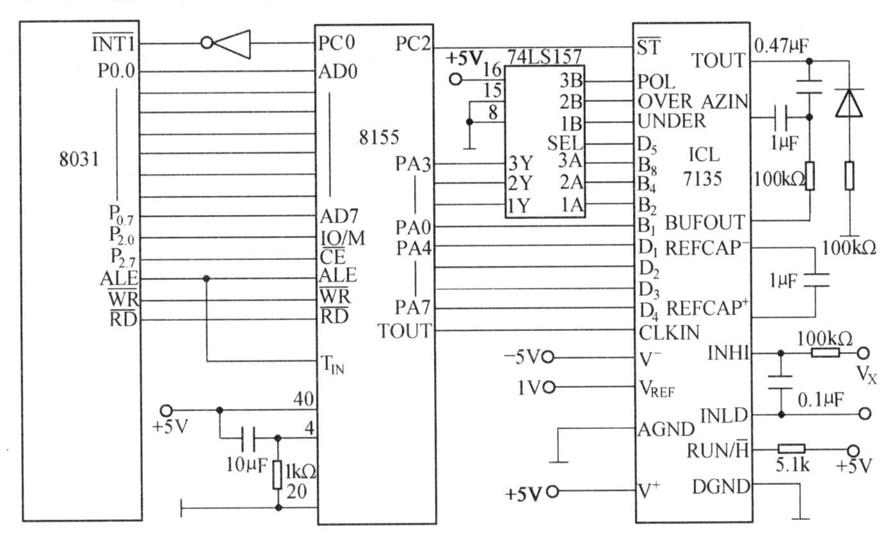

图 10.29 ICL7135 通过 8155 与 8031 单片机的硬件接口电路

8155 的定时器作为方波发生器，8031 的晶振频率取 12 MHz。8155 定时器输入时钟频率为 2 MHz，经 16 分频后，定时器输入为 125kHz 方波，作为 ICL7135 的时钟脉冲。

8155 的 PA 口工作于选通输入方式，ICL7135 的数据输出选通脉冲线 $\overline{\mathrm{STROBE}}$ 接到 8155 的 PA 口数据选通信号线 ASTB(PC2)，8155 的 PA 口中断请求线 AINTR(PC0)反相后接 8031 $\overline{\mathrm{INT1}}$。当 ICL7135 完成一次 A/D 转换以后，产生 5 个数据选通脉冲，分别将各位的 BCD 结果和标志 D1～D4 写入 8155 的 PA 口。PA 口接收到一个数据以后，中断标志线 AINTR(PC0)升高，8031 外部中断 $\overline{\mathrm{INT1}}$ 输入端变为低电平，向 CPU 请求中断。CPU 响应中断，读取 8155PA 口的数据。设 A/D 转换后数据暂存在 8031 单片机 RAM 中的 20H、21H、22H 单元中，其格式如下：

	D7	D6	D5	D4	D3	D2	D1	D0
20H	POL	OR	UR					万

	D7 ～ D4	D3 ～ D0
21H	千	百

	D7 ～ D4	D3 ～ D0
22H	十	个

主程序将 A/D 转换结果传送到 8155 的 RAM 存储单元中，其程序框图如图 10.30 所示。

由于 ICL7135 的 A/D 转换是自动进行的，完成一次 A/D 转换后，选通脉冲的产生和 8031 的中断开放是异步的。为了保证读出数据的完整性，只对最高位（万位）中断请求作出响应，而低位数据输入采取查询方式。

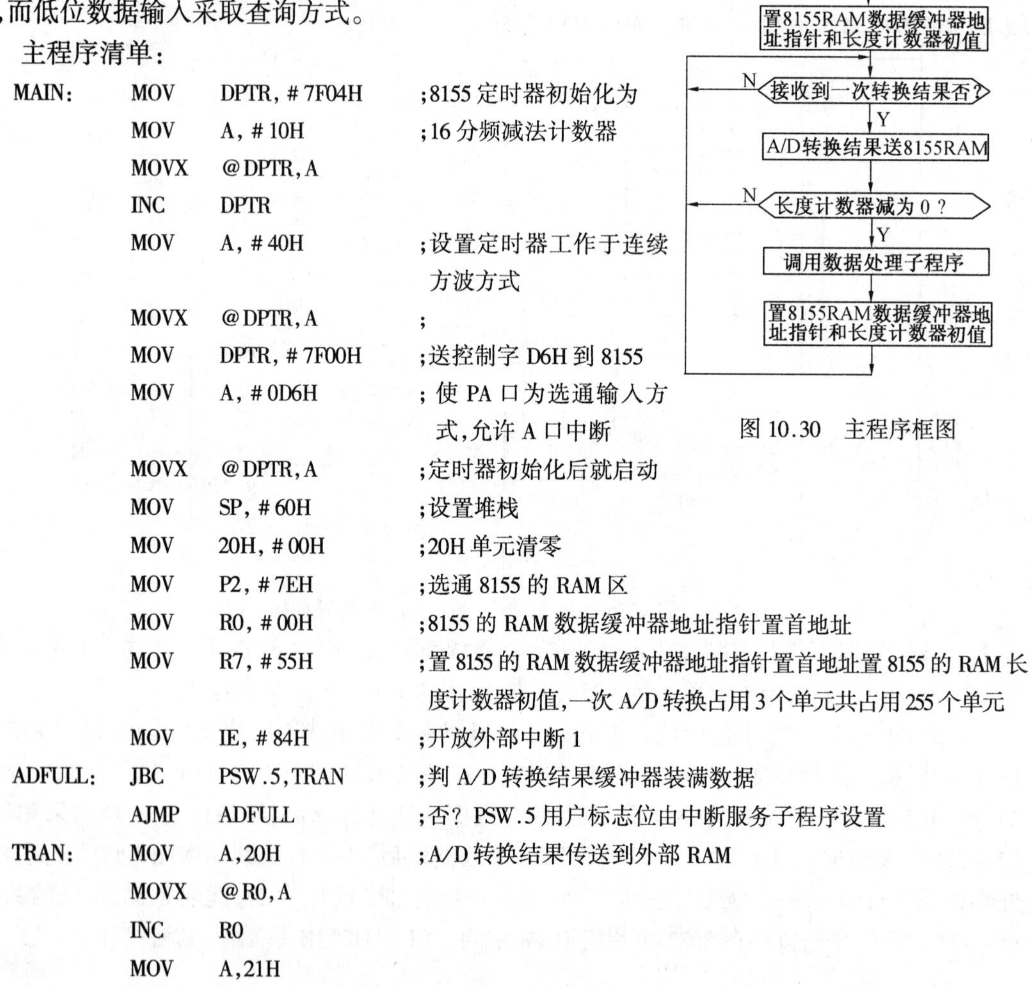

图 10.30　主程序框图

主程序清单：

```
MAIN:   MOV    DPTR, #7F04H    ;8155 定时器初始化为
        MOV    A, #10H         ;16 分频减法计数器
        MOVX   @DPTR,A
        INC    DPTR
        MOV    A, #40H         ;设置定时器工作于连续
                                方波方式
        MOVX   @DPTR,A         ;
        MOV    DPTR, #7F00H    ;送控制字 D6H 到 8155
        MOV    A, #0D6H        ; 使 PA 口为选通输入方
                                式,允许 A 口中断
        MOVX   @DPTR,A         ;定时器初始化后就启动
        MOV    SP, #60H        ;设置堆栈
        MOV    20H, #00H       ;20H 单元清零
        MOV    P2, #7EH        ;选通 8155 的 RAM 区
        MOV    R0, #00H        ;8155 的 RAM 数据缓冲器地址指针置首地址
        MOV    R7, #55H        ;置 8155 的 RAM 数据缓冲器地址指针置首地址置 8155 的 RAM 长
                                度计数器初值,一次 A/D 转换占用 3 个单元共占用 255 个单元
        MOV    IE, #84H        ;开放外部中断 1
ADFULL: JBC    PSW.5,TRAN      ;判 A/D 转换结果缓冲器装满数据
        AJMP   ADFULL          ;否? PSW.5 用户标志位由中断服务子程序设置
TRAN:   MOV    A,20H           ;A/D 转换结果传送到外部 RAM
        MOVX   @R0,A
        INC    R0
        MOV    A,21H
```

```
        MOVX    @R0,A
        INC     R0
        MOV     A,22H
        MOVX    @R0,A
        INC     R0
        DJNZ    R7,ADFULL
        ACALL   PDATA           ;调用数据处理子程序,处理方法根据用户的实际应用系统而定
        MOV     R0,#00H         ;重置 8155 的 RAM 首地址
        MOV     R7,#55H         ;重置 RAM 长度计数器初始值
        AJMP    ADFULL
```

A/D 中断($\overline{INT1}$)服务子程序框图如图 10.31 所示。它将 A/D 转换结果送入 8031 单片机片内 RAM 的 20H、21H、22H 三个单元中。

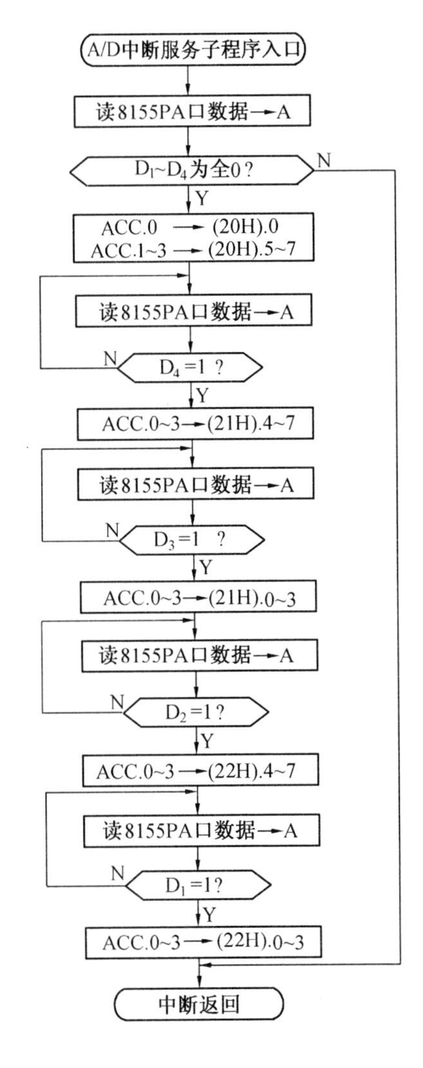

图 10.31　A/D 转换中断服务子程序流程图

A/D 转换中断服务子程序如下:

```
INT1:   MOV     DPTR,#7F01H     ;读入 8155PA 口的 A/D 转换结果
```

```
        MOVX    A,@DPTR
        MOV     R2,A            ;保存读入的数据
        ANL     A,#F0H
        JNZ     PRET            ;当 D5≠1 时返回
        MOV     R1,#20H
        MOV     A,R2
        ANL     A,#01H          ;得到万位数据
        XCHD    A,@R1           ;万位数据打入 20H 单元
        MOV     A,R2
        ANL     A,#0EH          ;得到 POL、OR、UR 三位数据
        SWAP    A
        XCHD    A,@R1           ;万位数打入 A 的低四位
        MOV     @R1,A           ;万位数和 POL、OR、UR 数据按格式打入 20H 单元
        INC     R1
RD4:    MOVX    A,@DPTR         ;读千位数据
        JNB     Acc.7,RD4       ;
        SWAP    A
        MOV     @R1,A           ;千位数据存入 21H 单元的高四位
RD3:    MOVX    A,@DPTR         ;读百位数据
        JNB     Acc.6,RD3
        XCHD    A,@R1           ;百位数据存入 21H 单元的低四位
        INC     R1
RD2:    MOVX    A,@DPTR         ;读入十位数据
        JNB     Acc.5,RD2
        SWAP    A
        MOV     @R1,A           ;十位数据存入 22H 单元的高四位
RD1:    MOVX    A,@DPTR         ;读入个位数据
        JNB     Acc.4,RD1       ;
        XCHD    A,@R1           ;个位数据存入 22H 单元的低四位
        SETB    PSW.5           ;设置用户标志位为 A/D 转换结果读出标志
PRET:   RETI
```

10.2.6 MCS－51 与 ICL7109(双积分型)的接口

1. ICL7109 介绍

(1)ICL7109 特性

ICL7109 是美国 Intersil 公司生产的一种高精度、低噪声、低漂移、价格低廉的双积分式 12 位 A/D 转换器。由于目前逐次比较式的高速 12 位 A/D 转换器一般价格都很高，在要求速度不太高的场合，如用于称重、测压力等各种传感器信号的高精度测量系统中时，可以采用廉价的双积分式高精度 12 位 A/D 转换器 ICL7109。ICL7109 的主要特性如下：

① 高精度(精确到 $1/2^{12}=1/4096$)；

② 低噪声(典型值为 $15\mu V_{P-P}$)；

③ 低漂移(小于 1μV/℃)；

④ 高输入阻抗(典型值 $10^{12}\Omega$)；

⑤ 低功耗(小于20 mW);

⑥ 转换速度最快为每秒30次,当采用3.58 MHz晶体振荡器作振荡源时,每秒可作7.5次转换;

⑦ 片内带有振荡器,外部可接以晶体或RC电路以组成不同频率的时钟电路;

⑧ 12位二进制输出,同时还有一位极性位和一位溢出位输出;

⑨ 输出与TTL兼容,以字节方式(分高、低字节)的三态输出,并具有UART挂钩方式,可以用简单的并行或串行接口接到微处理器系统;

⑩ 可用RUN/$\overline{\text{HOLD}}$(运行/保持)和STATUS(状态)信号监视和控制转换定时;

⑪ 所有输入端都有抗静电保护电路。

ICL7109内部有一个14位(12位数据和一位极性、一位溢出)的锁存器和一个14位的三态输出寄存器,同时可以很方便地与各种微处理器直接连接,而无须外部加额外的锁存器。ICL7109有两种接口方式,一种是直接接口方式,另一种是挂钩接口方式。在直接接口方式中,当ICL7109转换结束时,由STATUS发出转换结束信号到单片机,单片机对转换后数据分高字节和低字节进行读数。而挂钩接口方式,适用于远距离的数据采集系统。

(2)ICL7109的引脚

ICL7109为40线双列直插式封装,其引脚如图10.32所示。

引脚	号	ICL7109	号	引脚
GND	1		40	V^+
STATUS	2		39	VRI^-
PLO	3		38	CR^-
OR	4		37	CR^+
B12	5		36	VR^+
B11	6		35	INHI
B10	7		34	INLO
B9	8		33	COMMON
B8	9		32	INT
B7	10		31	AZ
B6	11		30	RBF
B5	12		29	VRO
B4	13		28	V^-
B3	14		27	SEND
B2	15		26	RUN/$\overline{\text{HOLD}}$
B1	16		25	BOO
TEST	17		24	OS
LBEN	18		23	OO
HBEN	19		22	OI
$\overline{\text{CE/LOAD}}$	20		21	MODE

图10.32　ICL7109引脚图

各引脚功能如下:

GND:数字地。

STATUS:状态输出,ICL7109转换结束时,该脚发出转换结束信号。

POL:极性输出,高电平表示ICL7109的输入信号为正。

OR:过量程状态输出,高电平表示过量程。

B1～B12:转换结果输出,三态,B12为最高位,B1为最低位。

TEST:此引脚仅用于测试芯片,接高电平时为正常操作,接低电平时则强迫所有位B1～B12输出为高电平。

$\overline{\text{LBEN}}$:低字节使能端,当MODE和$\overline{\text{CE/LOAD}}$均为低电平时,此信号将作为低位字节(B1～B8)输出的辅助选通信号;当MODE为高电平时,此信号将作为低位字节输出。

$\overline{\text{HBEN}}$:高字节使能端,当MODE和$\overline{\text{CE/LOAD}}$均为低电平时,此信号将作为高位字节(B9～B12)以及POL、OR输出的辅助选通信号;当MODE为高电平时,此信号将作为高位字节输出而用于信号交换方式。

$\overline{\text{CE/LOAD}}$:片选端,当MODE为低电平时,它用作输出的主选通信号;当本脚为低电平时,数据正常输出;当本脚为高电平时,则所有数据输出端(B1～B12,POL、OR)均处于高阻状态。

MODE:方式选择,当输入低电平信号时,转换器为直接输入工作方式。此时,可在片选和数据使能的控制下直接读取数据。当输入高电平脉冲时,转换器处于UART方式,并在输出两个字节的数据后,返回到直接输入方式。当输入高电平时,转换器将在信号变换方式的每一转换周期的结尾输出数据。

OI:振荡器输入。

OO:振荡器输出。

OS:振荡器选择。输入高电平时,采用 RC 振荡器,输入低电平时采用晶体振荡器。

BOO:缓冲振荡器输出。

RUN/$\overline{\mathrm{HOLD}}$:运行/保持输入。输入高电平时,每经 8192 个时钟脉冲均完成一次转换。当输入低电平时,转换器将立即结束消除积分阶段并跳至自动调零阶段,从而缩短了消除积分阶段的时间,提高了转换速度。

SEND:输入,用于信号变换方式以指示外部器件能够接受数据的能力。

V^-:负电源,-5V。

VRO:基准电压输出,一般为 2.8V。

BUF:缓冲器输出。

AZ:自动调零电容 CAZ 连接端。

INT:积分电容 CINT 连接端。

COMMON:公共模拟端。

INLO:差分输入低端。

INHI:差分输入高端。

VRI^+:正差分基准输入端。

CR^+:正差分电容连接端。

CR^-:负差分电容连接端。

VRI^-:负差分基准输入端。

V^+:正电源,+5V。

(3)ICL7109 与 8031 的接口

前面谈到,ICL7109 有两种接口方式,一种是直接接口方式,另一种是挂钩接口方式,这里只讨论直接接口方式。

ICL7109 以直接方式与 8031 单片机的接口电路如图 10.33 所示。

图中,ICL7109 的 MODE 端接地,使 ICL7109 工作在直接接口输出方式。

在电路中,振荡器选择端(即 OS 端,24 脚)接地,则 ICL7109 的时钟振荡器以晶体振荡器工作,内部时钟等于 58 分频后的振荡器频率,本电路中外接晶体为 6 MHz,则时钟频率 = 6MHz/58 = 103 kHz,积分时间 = 2048 × 时钟周期 = 20ms,与 50Hz 的电源周期相同。积分时间为电源周期的整数倍,可抑制 50 Hz 的串模干扰。

在模拟输入信号较小时,如 0 ~ 409.6 mV,自动调零电容 C_{AZ}可选为比积分电容 C_{INT}大一倍,以减少噪声。C_{AZ}的值越大,噪声越小,如果 C_{INT}选为 0.15 μF,则

$$C_{AZ} = 2C_{INT} = 0.33\ \mu F$$

通常由传感器来的微弱信号都要经过运算放大器放大成较小的信号,如 0 ~ 4.096V。这时噪声的影响不是主要的,可把积分电容 C_{INT}选大一些以减小复零误差,使 $C_{INT} = 2C_{AZ}$。图 10.33 即为这种情况,选 $C_{INT} = 0.33\ \mu F$,$C_{AZ} = 0.15\ \mu F$,通常 C_{INT}和 C_{AZ}可在 0.1 ~ 1 μF 间选择。

积分电阻 R_{INT} = 满度电压/20μA,当输入满度电压 = 4.096V 时,$R_{INT} = 200\ k\Omega$,此时基准电压 V_{RI}^+和 V_{RI}^-之间为 2V,由电阻 R1、R3 和电位器 R2 分压取得。如满度电压为 409.6 mV,则 $R_{INT} = 20\ k\Omega$,基准电压 = 0.2V。

在本电路中,$\overline{\mathrm{CE}}/\overline{\mathrm{LOAD}}$引脚接地,使芯片一直处于有效状态。RUN/$\overline{\mathrm{HOLD}}$(运行/保持)引脚接 + 5V,A/D 转换连续进行。

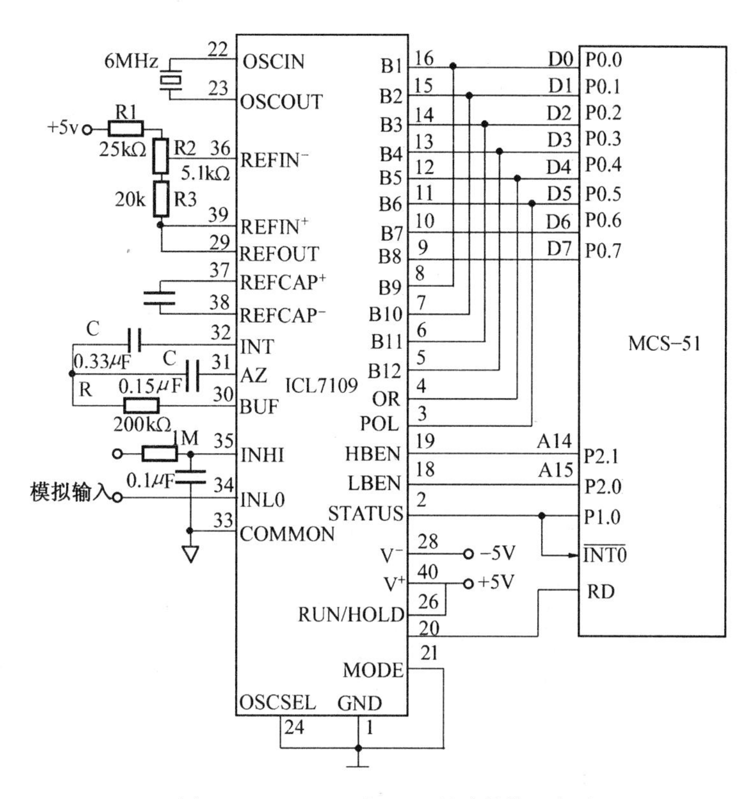

图 10.33　ICL7109 与 8031 的直接接口方式

A/D 转换正在进行时，STATUS(状态)引脚输出高电平，STATUS 引脚降为低电平时，由 P2.1(A14)输出低电平信号到 ICL7109 的$\overline{\text{HBEN}}$(高位字节允许)，读高 4 位数据、极性和溢出位，由 P2.0(A15)读出低电平信号到$\overline{\text{LBEN}}$(低位字节允许)，读低 8 位数据。

在本例中尽管$\overline{\text{CE}}/\overline{\text{LOAD}}$接地，RUN/$\overline{\text{HOLD}}$接＋5V，A/D 转换连续进行，但是，如果 8031 不查询 P1.0 引脚，就不会给出$\overline{\text{HBEN}}$、$\overline{\text{LBEN}}$信号，A/D 转换的结果不会出现在数据总线 D0～D7 上，在不需要采集数据时，不会影响 8031 的工作。因此，这种方法可以简化设计，节省硬件和软件。

读取 A/D 转换后数据的另一种方法是用中断法，如图 10.33 的虚线表示，STATUS 接到 8031 的一个中断输入引脚$\overline{\text{INT0}}$或($\overline{\text{INT1}}$)上面而与 P1.0 断开。当需要读 A/D 转换后的数据时，开放$\overline{\text{INT0}}$中断，则当 STETUS 降为低电平时，使 8031 产生$\overline{\text{INT0}}$外部中断。在中断服务程序中 12 位数据要分两次读出，分别用$\overline{\text{HBEN}}$、$\overline{\text{LBEN}}$控制，并能同时得到极性和是否溢出的标志。下面介绍 ICL7109 连接转换时的转换程序：

```
        ORG     0003H
        LJMP    INT0
        ORG     2000H           ;主程序
        …
        SETB    IE.0            ;置允许外部中断 0 中断
        SETB    IE.7            ;CPU 开中断
        …
INT0:   MOV     R0, #20H        ;数据缓冲区首址，中断服务子程序
        MOV     DPTR, #0200H    ;使 P2.0=0，P2.1=1
```

```
        MOVX    A,@DPTR             ;读低字节
        MOV     @R0,A               ;存低字节
        INC     R0                  ;指向 21H 单元
        MOV     DPTR,#0100H         ;使 P2.0=1,P2.1=0
        MOVX    A,@DPTR             ;读高字节
        MOV     @R0,A               ;存高字节
        RETI                        ;中断返回
```

10.3　MCS-51 与 V/F 转换器的接口

目前,A/D 转换技术得到了广泛应用,利用 A/D 转换技术制成的各种测试仪器因其测量结果准确而受到欢迎。但在某些要求数据长距离传输,精确度和精密度要求高,资金有限的场合,采用一般的 A/D 转换技术就有许多不便,这时可使用 V/F 转换器代替 A/D 器件。

V/F 转换器是把电压信号转变为频率信号的器件,有良好的精度、线性和积分输入特点。此外,它的应用电路简单,外围元件性能要求不高,适应环境能力强,转换速度不低于一般的双积分型 A/D 器件,且价格低,因此 V/F 转换技术广泛用于非快速 A/D 过程中。

V/F 转换器与单片机接口有以下特点:

(1) 接口简单、占用单片机硬件资源少。频率信号可输入单片机一根 I/O 口线或作为中断源及计数输入等。

(2) 抗干扰性能好。用 V/F 转换器实现 A/D 转换,就是频率计数过程,相当于在计数时间内对频率信号进行积分,因而有较强的抗干扰能力。另外可采用光电耦合器连接 V/F 转换器与单片机之间的通道,实现光电隔离。

(3) 便于远距离传输。可通过调制进行无线传输或光传输。

由于以上这些特点,V/F 转换器适用于一些非快速而需进行远距离信号传输的 A/D 转换过程。另外,还可以简化电路、降低成本、提高性价比。

10.3.1　用 V/F 转换器实现 A/D 转换的方法

用 V/F 实现 A/D 转换需要与频率计数器配合使用,电路框图如图 10.34 所示。

原理如下:同时启动频率计数器和定时器,频率计数器把 V/F 转换器输出的频率信号为计数脉冲,定时器采用基准频率作为定时脉冲,当定时结束时,定时器产生输出信号使频率计数器停止计数,这样计数器的计数值与频率之间的关系为

$$f=\frac{D}{T}$$

式中,D 是计数值,T 是计数时间,而

$$T=\frac{D_S}{f_S}$$

D_S 是定时计数器计数初值;f_S 是基准频率

因此

$$f=\frac{D}{D_S}f_S$$

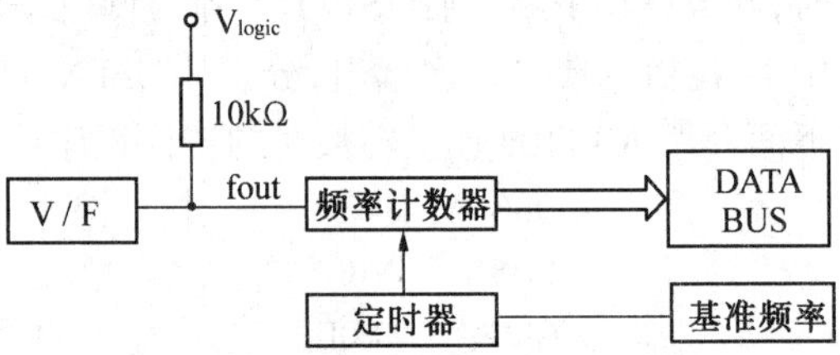

图 10.34　用 V/F 实现 A/D 结构框图

可见,只要知道了 D 值就可通过计算求出 V/F 转换器的输出频率,这样就实现了 A/D 转换。定时/计数器可用单片机内部的定时/计数器,也可使用外接计数器,用单片机把计数值取入内存即可进行数据处理。

10.3.2　常用V/F转换器LMX31简介

LMX31系列包括LM131/LM231/LM331,是通用型的V/F变换器。适用于A/D转换器、高精度F/V变换器、长时间积分器、线性频率调制或解调器等电路。

1.主要特性

①频率范围:1~100 kHz

②低的非线性:±0.01%

③单电源或双电源供电

④单电源供电电压为+5V时,可保证转换精度

⑤温度特性:最大±50ppm/℃

⑥低功耗:V_S=5V时为15mW

⑦廉价

有两种封装形式,见图10.35所示。

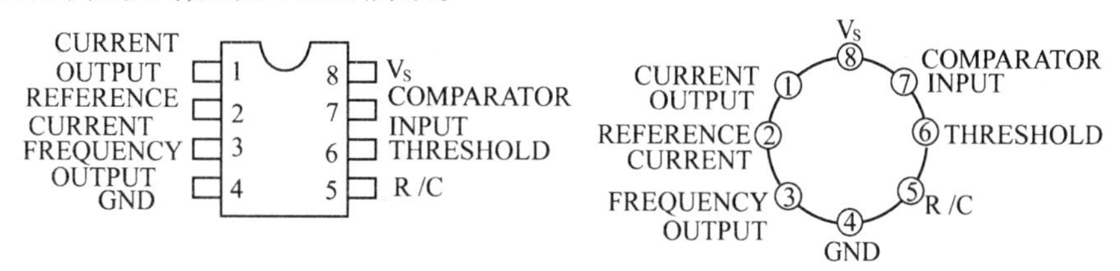

图10.35　LMX31封装图

2.电特性参数

电源范围:4~40V

输入电压范围:-2.0V~V_S

最大失调电压:±14mV

电源电压对增益的影响:

$$4.5V \leqslant V_S \leqslant 10\ V \quad 0.1\%/V$$

$$10V \leqslant V_S \leqslant 40\ V \quad 0.06\%/V$$

工作电流:8.0 mA

3.LMX31的V/F转换外部接线图

见图10.36所示。

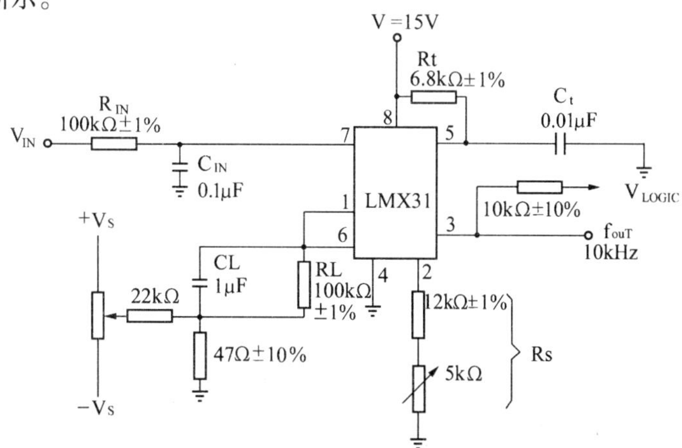

图10.36　LMX31外部接线图

电特性：

电源电压：＋15V

输入电压范围:0～10V

输出频率;10Hz～11kHz

非线性失真：±0.03%

最大输出频率：

$$f_{OUT}=\frac{V_{IN}}{2.09V}\times\frac{R_S}{R_L}\times\frac{1}{RtCt}$$

输入电阻 R_{IN}为 100 kΩ±10%,使 7 脚偏流抵消 6 脚偏流的影响,从而减小频率偏差。R_S应为 14 kΩ,这里用一只 12kΩ 的固定电阻和一只 5kΩ 的可调电阻串联组成,它的作用是调整 LMX31 的增益偏差和由 RL、Rt 和 Ct 引起的偏差。C_{IN}为滤波电容,一般 C_{IN}在 0.01～0.1μF 之间较为合适,在滤波效果较好的情况下,可使用 1μF 的电容。当 6 脚、7 脚的 RC 时间常数匹配时,输入电压的阶跃变化将引起输出频率的阶跃变化,如果 C_{IN}比 CL 小得多,那么输入电压的阶跃变化可能会使输出频率瞬间停止。6 脚的 47Ω 电阻和 1μF 电容器串联可产生滞后效应,以获得良好的线性度。

为了提高精度及稳定性,阻容元件要用低温度系数的器件,最好是金属膜电阻和聚苯乙烯或聚丙稀电容器。

4.LMX31 系列的高精度 V/F 电路

电路接线图如图 10.37 所示。

引起 V/F 转换产生非线性误差的原因是脚 1 的输出阻抗,它使输出电流输入电压的变化而变化,因而影响转换精度,为克服此缺点,高精度 V/F 转换器在 1 脚和 7 脚间加入了一个积分器。这个积分器是由运放和积分电容 CF 构成的反积分器。当运放输出电压超过 LMX31 的 6 脚的阈值时,启动定时器开始定时,注入运放求和结点(2 脚)的平均电流等于 V_{IN}/R_{IN}使两者平衡。此电路中 LM331 输入比较器的失调电压不影响 V/F 转换器的偏差和精度。V/F 转换器对小信号的反应能力取决于运放的失调电压和失调电流。低成本运放的失调电压一般低于 1 mV,失调电流一般低于 2 nA,因此本电路对小信号有很好的转换精度。此外本电路还具有快速响应的特点。由于电流源(1 脚)总是保持地电位,(虚地点)电压不随 V_{IN}或 f_{OUT}变化,因此有很高的线性度。

本电路必须使用低温度系数的元件,建议 CF 选用聚酯薄膜电容或金属膜电阻。当 V_S＝8～22V 时,R1 选 5kΩ 或 10kΩ 电阻,但当 V_S＝4.5～8V 时,R1 必须使用 10kΩ 电阻,运放要选用低失调电压和低失调电流的器件,推荐选用 LM108、LM308A、LF411A。

电路特性：

- 误差≤±0.02%
- 非线性≤0.003%
- 稳定度为±50 ppm/℃
- 输入电压范围 0～－10V
- 输出频率：$f_{OUT}=\frac{V_{IN}}{2.09V}\times\frac{R_S}{R_L}\times\frac{1}{RtCt}$

如需要高速 V/F 转换可按图 10.38 所示对电路加以变化。此电路输出最大频率为 100kHz,非线性度为±0.03%,运放建议使用 LF411A 或 LF356。

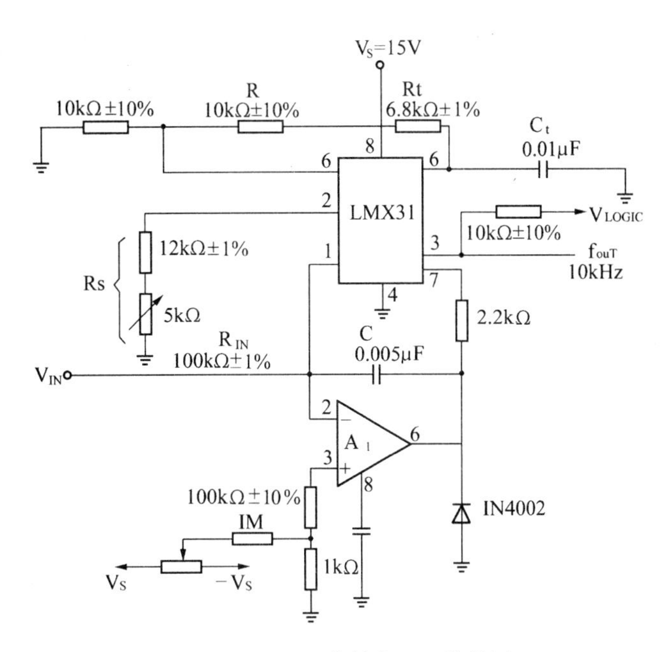

图 10.37　LMX31 高精度 V/F 接线图

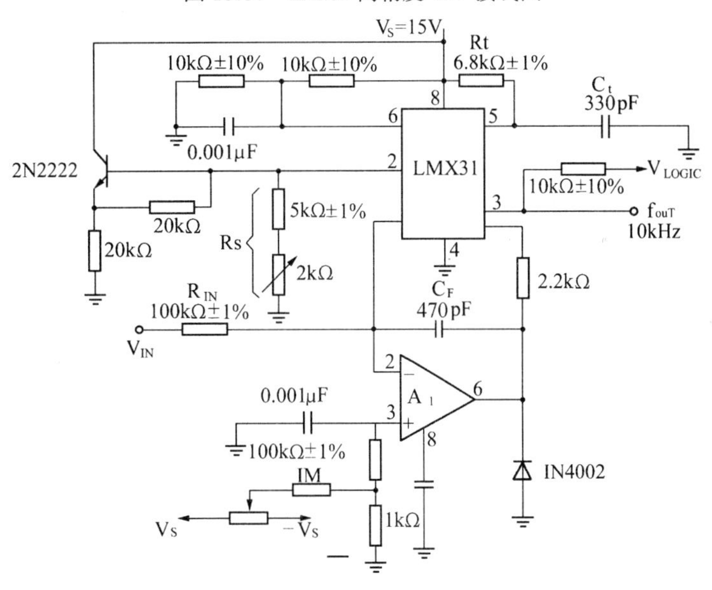

图 10.38　LMX31 高速 V/F 接线图

10.3.3　V/F 转换器与 MCS－51 单片机接口

被测电压量转换为与其成比例的频率信号后送入计算机进行处理。

(1) V/F 转换器可以直接与 MCS－51 单片机接口。这种接口方式比较简单，把频率信号接入单片机的定时/计数器输入端即可。如图 10.39 所示(以 LM331 为例)。

(2) 在一些电源干扰大、模拟电路部分容易对单片机产生电气干扰等恶劣环境中，可采用光电隔离的方法使 V/F 转换器与单片机无电信号联系，如图 10.40 所示。

(3) 当 V/F 转换器与单片机之间距离较远时需要采用线路驱动以提高传输能力。一般可采用串行通讯的驱动器和接收器来实现。例如使用 RS－422 的驱动器和接收器时，允许最大

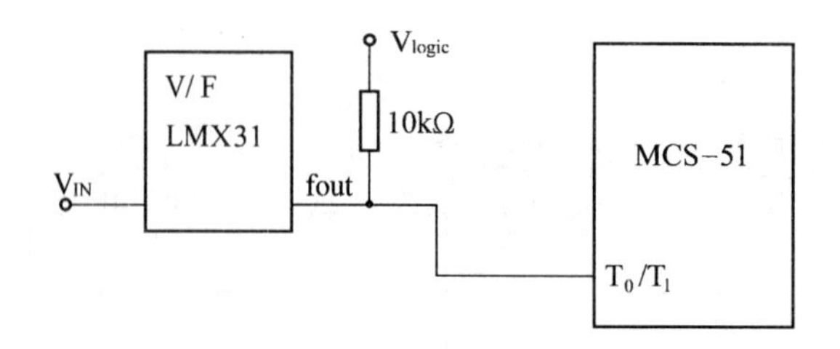

图 10.39 V/F 转换器与单片机接口

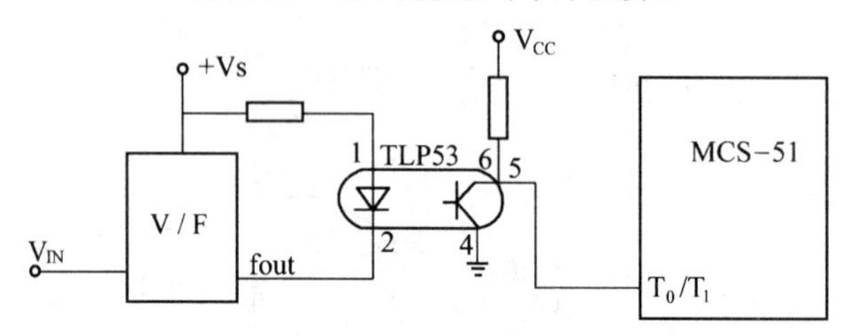

图 10.40 使用光电隔离器的接口

传输距离为 120 m,如图 10.41 所示。其中 SN75174/75175 是 RS－422 标准的四差分线路驱动/接收器。

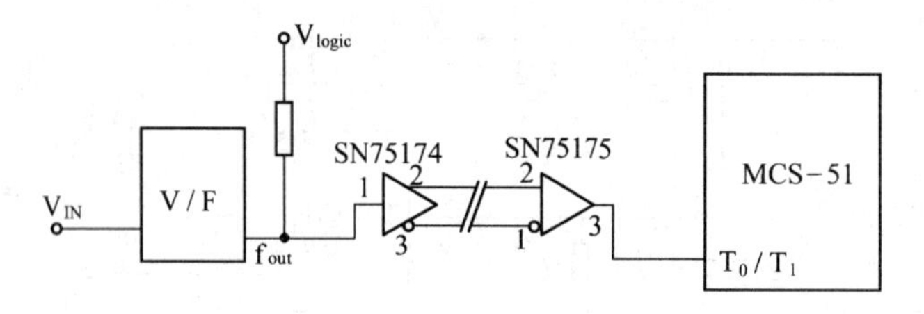

图 10.41 利用串行通讯器的接口

(4) 采用光纤或无线传输时,需配发送、接收装置。如图 10.42、图 10.43 所示。

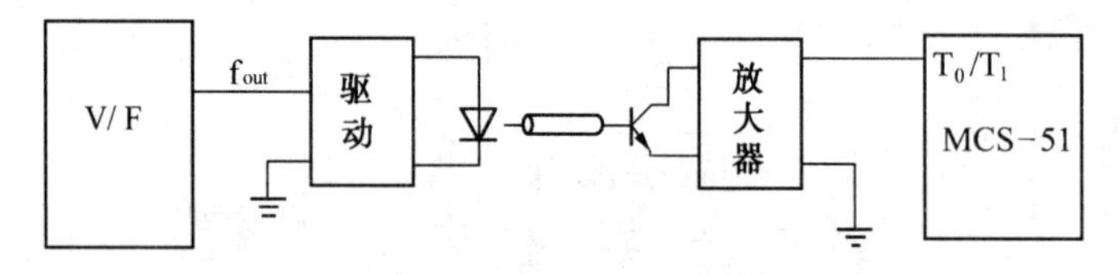

图 10.42 利用光纤进行传输的接口

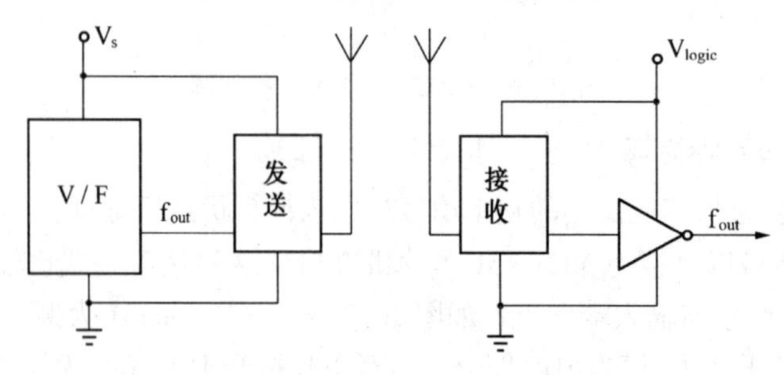

图 10.43 利用无线传输设备用作输入通道

10.3.4　LM331 应用举例

本例使用 LM331 和 8031 的内部定时器构成 A/D 转换电路，具有使用元件少、成本低、精度高的特点。

1. 接口电路

电路如图 10.44 所示，LM331 的外部接线采用图 10.37 所示的高精度 V/F 电路。

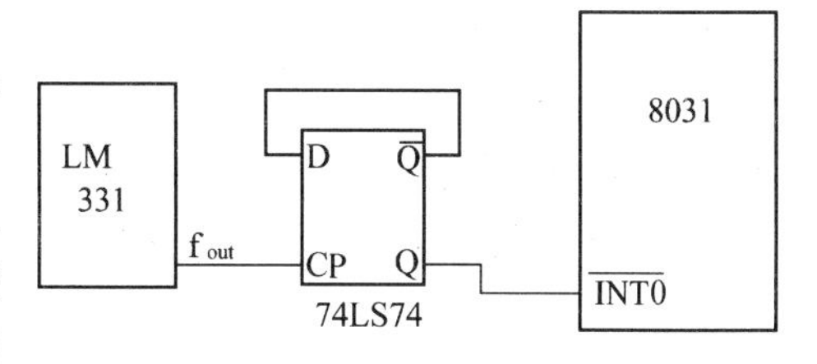

图 10.44　LM331 应用电路

V/F 转换器最大输出频率为 10 kHz，输入电压范围是 0～10 V。由于本电路 V/F 输出频率较低，如用其作为计数脉冲则会降低精度，因此采用测周期的方法。V/F 输出的频率经 D 触发器二分频后接至$\overline{INT0}$，作为 T0 计数器的控制信号。T0 计数器置定时器状态，取方式 1，将 TMOD.3(GATE)置 1，这样就由$\overline{INT0}$和 TR0 来决定计数器是否工作。这种接法只能测量小于 65535 个机器周期的信号周期。

2. 软件设计

程序包括初始化和计数两部分。初始化程序要对定时/计数器 0 进行状态设置，使其工作在定时状态，方式 1，并将 GATE0 置 1。计数程序首先需判断$\overline{INT0}$的电平，当其为低时，打开 TR0 位准备计数，当其变为高时启动计数再为低时停止计数并清 TR0，取出数据，将 T0 置 0 准备下一次计数。程序清单如下：

```
BEGIN:  NOP
        MOV     TMOD, #09H      ;初始化
        MOV     TL0, #00H
        MOV     TH0, #00H
LOOP1:  NOP
        JB      P3.2,LOOP1
        SETB    TR0
LOOP2:  NOP
        JNB     P3.2,LOOP2
LOOP3:  NOP
        JB      P3.2,LOOP3
        CLR     TR0
        MOV     B,TH0           ;高位进 B 寄存器
        MOV     A,TL0           ;低位进 A 寄存器
        MOV     TL0, #00H
        MOV     TH0, #00H
        AJMP    LOOP1
```

本程序将计数结果高位存入 B，低位存入 A，以便后期处理。

思考题及习题

1. D/A 转换器与 A/D 转换器的功能是什么？各在什么场合下使用？

2. D/A 转换器的主要性能指标都有哪些？设某 DAC 有二进制 12 位，满量程输出电压为

5V,试问它的分辨率为多少?

3. 试说明 DAC 用作程控放大器的工作原理。

4. A/D 转换器两个最重要的指标是什么?

5. 判断下列说法是否正确?

(1) “转换速度”这一指标仅适用于 A/D 转换器,D/A 转换器可以忽略不计转换时间。

(2) ADC0809 可以利用“转换结束”信号 EOC 向 8031 发出中断请求。

(3) 输出模拟量的最小变化量称为 A/D 转换器的分辨率。

(4) 输出的数字量变化一个相邻的值所对应的输入模拟量的变化称为 D/A 转换器的分辨率。

6. A/D 转换器的数据线能直接挂到 MCS－51 的数据总线上吗? 为什么?

7. 请分析 A/D 转换器产生量化误差的原因,具有 8 位分辨率的 A/D 转换器,当输入 0～5V 电压时,其最大量化误差是多少?

8. 在一个由 8031 单片机与一片 ADC0809 组成的数据采集系统中,ADC0809 的地址为 7FF8H～7FFFH,试画出其有关逻辑框图,并编写出每隔 1 分钟轮流采集一次 8 个通道数据的程序,共采样 50 次,其采样值存入片外 RAM 3000H 开始的存储单元中。

9. DAC 和 ADC 的主要技术指标中,“分辨率”、“量化误差”和“精度”等有何区别?

10. 根据图 10.19,8031 控制 12 位 AD574 采集 10 个数据,并将这 10 个数据送到内部 RAM 50H 开始的单元中。偶地址单元存高 4 位,奇地址单元存低 8 位,写出有关程序。

11. MCS－51 与 DAC0832 接口时,有哪三种工作方式? 各有什么特点? 适合在什么场合使用?

第 11 章

MCS－51 的功率接口

在 MCS－51 单片机应用系统中，有时需用单片机控制各种各样的高压、大电流负载，这些大功率负载如电动机、电磁铁、继电器、灯泡等，显然不能用单片机的 I/O 线来直接驱动，而必须通过各种驱动电路和开关电路来驱动。此外，为了隔离和抗干扰，有时需加接光电耦合器。本章将介绍这些外围驱动电路、光电耦合器与 MCS－51 单片机的接口电路。

11.1 MCS－51 输出驱动能力及其外围集成数字驱动电路

11.1.1 MCS－51 片内 I/O 口的驱动能力

在工业生产现场，有不少控制对象是电磁继电器、电磁开关或可控硅、固态继电器和功率电子开关，其控制信号都是开关电平量。能不能用 8031 片内的 I/O 口直接驱动它们呢？这首先就要了解 8031 片内的 I/O 口的驱动能力。

8031 有四个并行双向口，而 P0 口的驱动能力较大，每位可驱动 8 个 LSTTL 输入，即当其输出高电平时，可提供 400μA 的电流；当其输出低电平（0.45V）时，则可提供 3.2mA 的灌电流，如低电平允许提高，灌电流可相应加大。P1、P2、P3 口的每一位只能驱动 4 个 LSTTL，即可提供的电流只有 P0 口的一半。所以，任何一个口要想获得较大的驱动能力，只能用低电平输出。8031 通常要用 P0、P2 口作访问外部存储器用，所以只能用 P1、P3 口作输出口。可见其驱动能力是极其有限的，在低电平输出时，一般也只能提供不到 2mA 的灌电流，所以通常要加总线驱动器或其他驱动电路。

11.1.2 外围集成数字驱动电路

表 11.1 给出了常用的外围集成数字驱动电路的参数。

这些驱动电路只要加接合适的限流电阻和偏置电阻即可直接由 TTL、MOS 以及 CMOS 电路来驱动。当它们驱动感性负载时，必须加接限流电阻或箝位二极管。此外，有些驱动器内部还设有逻辑门电路，可以完成与、与非、或以及或非的逻辑功能。

下面举例说明外围驱动电路的应用。

例 11.1 慢开启的白炽灯驱动电路

图 11.1 为慢开启白炽灯驱动电路，白炽灯的延时开启时间长短取决于时间常数 RC。此电路能直接驱动工作电压小于 30V、额定电流小于 500mA 的任何灯泡。注意：在设计此电路的印刷电路板时，驱动器要加装散热板，以便散热。

例 11.2 大功率音频振荡器

图 11.2 给出的电路能直接驱动一个大功率的扬声器，可用于报警系统。改变电路中的电

阻或电容的值便能改变电路的振荡频率。电路中的两个齐纳二极管 IN751A 用于输入端的保护。

表 11.1　常用集成驱动器芯片性能参数表

	与	与非	或	或非	最大工作电压/V	电大输出电流/mA	驱动器数目	典型延迟时间/ns
具有逻辑门的驱动器	SN75431	SN75432	SN75433	SN75434	15	300	2	15
	SN75451B	SN75452B	SN75453B	SN75454B	20	300	2	21
	SN75461	SN75462	SN75463	SN75464	30	300	2	33
	SN75401	SN75402	SN75403	SN75404	30	500	2	33
		SN75437			35	700	4	300
	SN75446	SN75447	SN75448	SN75449	50	350	2	300
	SN75471	SN75472	SN75473	SN75474	55	300	2	30～100
	SN75476	SN75477	SN75478	SN75479	55	300	2	30～100
	SN75411	SN75412	SN75413	SN75414	55	500	2	30～100
	SN75416	SN75417	SN75418	SN75419	55	500	2	30～100
无逻辑门驱动器	SN75064	SN75066	SN75068		35	1500	4	500
	ULN2064	SN75074	ULN2068		35	1500	4	500
	ULN2074	ULN2066	ULN2841	ULN2845	35	1500	4	500
	ULN2001A	ULN2002A	ULN2003A	ULN2004A	40	350	7	1000
	MC1411	MC1412	MC1413	MC1416	50	500	7	1000
	SN75065	SN75067	SN75069		50	1500	4	500
	ULN2065	SN75075	ULN2069		50	1500	4	500
	ULN2075	ULN2067			50	1500	4	500
	SN75466	SN75467	SN75468	SN75469	60	500	7	130

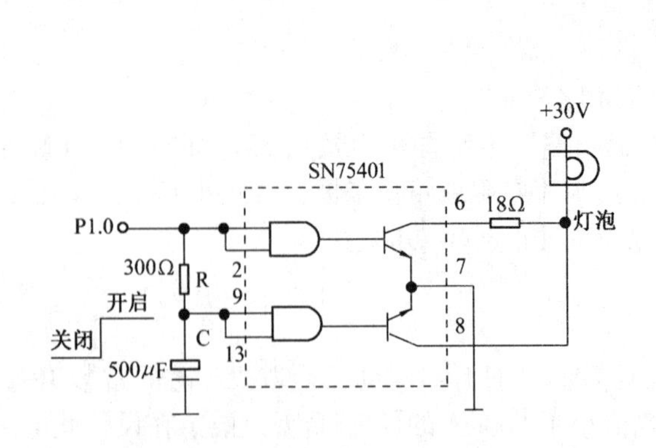

图 11.1　慢开启白炽灯驱动电路

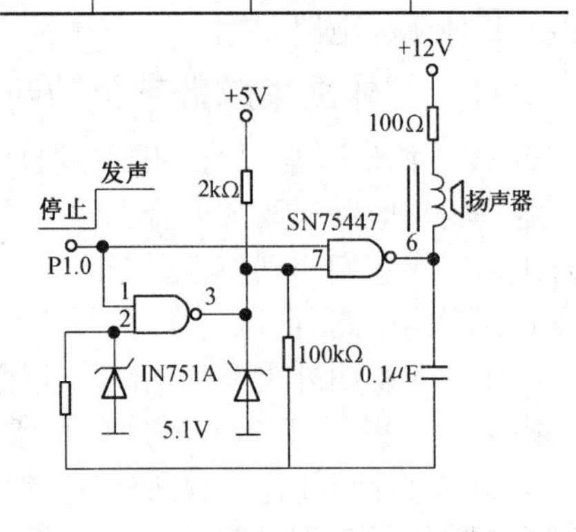

图 11.2　大功率音频振荡器

例 11.3　驱动大电流负载

其电路如图 11.3 所示。ULN2068 芯片具有 4 个大电流达林顿开关，能驱动电流高达 1.5A 的负载。由于 ULN2068 在 25℃时功耗达 2075mW，因而使用时一定要加散热板。

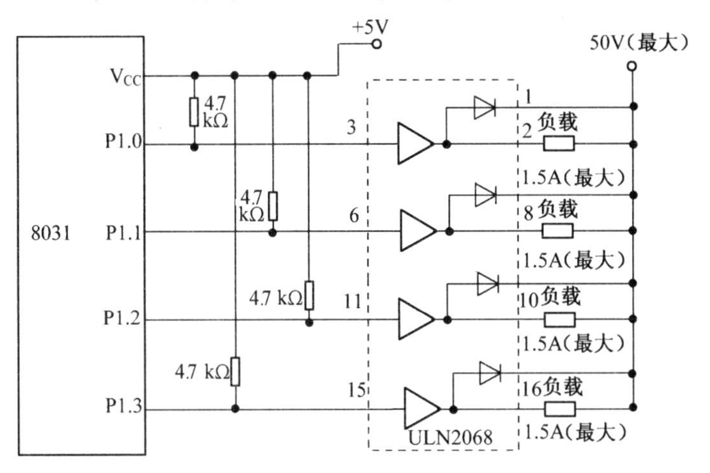

图 11.3　使用 ULN2068 的大电流驱动电路

11.2　MCS－51 的开关型功率接口

开关型驱动接口中单片机控制输出的信号是开关量，常用的开关型驱动器件有光电耦合器、继电器、晶闸管、功率 MOS 管、集成功率电子开关、固态继电器等。下面介绍这些器件与单片机的接口。

11.2.1　MCS－51 与光电耦合器的接口

光电耦合器以其输出电路的形式分为晶体管输出型和晶闸管输出型。

1.晶体管输出型光电耦合器驱动接口

晶体管输出型光电耦合器的受光器是光电晶体管。光电晶体管除了没有使用基极外，跟普通晶体管一样。取代基极电流的是以光作为晶体管的输入。当光电耦合器的发光二极管发光时，光电晶体管受光的影响在 cb 间和 ce 间有电流流过，这两个电流基本上受光的照度控制，常用 ce 极间的电流作为输出电流，输出电流受 Vce 的电压影响很小，在 Vce 增加时，稍有增加。光电晶体管的集电极电流 Ic 与发光二极管的电流 I_F 之比称为光电耦合器的电流传输比。不同结构的光电耦合器的电流传输比相差很大。如输出端是单个晶体管的光电耦合器 4N25 的电流传输比是 ≥20%，输出端使用达林顿管的光电耦合器 4N33 的电流传输比是 ≥500%。电流传输比受发光二极管的工作电流大小影响，电流为 10～20 mA 时，电流传输比最大，电流小于 10 mA 或大于 20 mA，传输比都下降。温度升高，传输比也会下降，因此在使用时要留一些余量。

光电耦合器在传输脉冲信号时，不同结构的光电耦合器的输入输出延迟时间相差很大，4N25 的导通延迟 t_{on} 是 2.8μs，关断延迟 t_{off} 是 4.5μs，4N33 的导通延迟 t_{on} 是 0.6μs，关断延迟 t_{off} 是 45μs。

晶体管输出型光电耦合器可作为开关运用，这时发光二极管和光电晶体管平常都处于关断状态。在发光二极管通过电流脉冲时，发光晶体管在电流脉冲持续的时间内导通。光电耦合器也可作线性耦合器运用,在发光二极管上提供一个偏置电流,再把信号电压通过电阻耦合到发光二极管上,引起其亮度的变化,这样,光电晶体管接收到的是在偏置电流上增、减变化的光信号。输出电流也就将随输入的信号电压线性变化。

图 11.4 是使用 4N25 的光电耦合器接口电路图。4N25 起到耦合脉冲信号和隔离单片机系统与输出部分的作用,使两部分的电流信号独立。输出部分的地线接机壳或接大地,而 8031 系统的电流地线浮空,不与交流电源的地线相接。这样可以避免输出部分电源变化对单片机电源的影响,减少系统所受的干扰,提高系统的可靠性。4N25 输入输出端的最大隔离电压 > 2500 V。

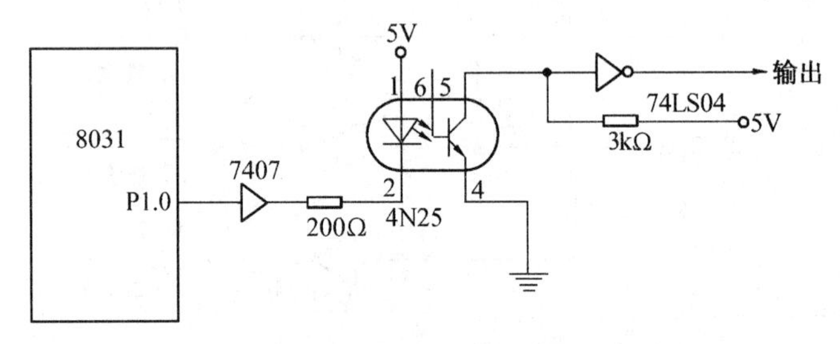

图 11.4　光电耦合器 4N25 的接口电路

图 11.4 电路中使用同相驱动器 7407 作为光电耦合器 4N25 输入端的驱动。光电耦合器输入端的电流一般为 10～15 mA,发光二极管的压降约为 1.2～1.5 V。限流电阻由下式计算:

$$R = \frac{V_{CC} - (V_F + V_{CS})}{I_F}$$

式中　V_{CC}为电源电压;

V_F 为输入端发光二极管的压降,取 1.5V;

V_{CS}为驱动器的压降;

I_F 为发光二极管的工作电流。

如图 11.4 电路要求 I_F 为 15mA,则限流电阻计算如下:

$$R = \frac{V_{CC} - V_F - V_{CS}}{I_F} = \frac{5 - 1.5 - 0.5}{0.015} = 200\ \Omega$$

当 8031 的 P1.0 端输出高电平时,4N25 输入端电流为 0,输出相当开路,740LS04 的输入端为高电平,输出为低电平。8031 的 P1.0 端输出低电平时,7407 输出端为低电压输出,4N25 的输入电流为 15mA,输出端可以流过≥3 mA 的电流。如果输出端负载电流小于 3 mA,则输出端相当于一个接通的开关。74LS04 输出高电平。4N25 的 6 脚是光电晶体管的基极,在一般的使用中可以不接,该脚悬空。

由于光电耦合器是电流型输出,不受输出端工作电压的影响。因此可以用于不同电平的转换。若图 11.4 的电路中,输出部分不是使用 74LS04,而是要求使用 CMOS 的反相器 MC14069,工作电压用 15V。这时只需把 3kΩ 的电阻改为 10kΩ,工作电压由 5V 改为 15V,74LS04改用 MC14069 即可。当 P1.0 端输出高电平时,光电耦合器的输出端相当开路,MC14069 的输入端电压为 15V。当 P1.0 端输出低电平时,光电耦合器的输出晶体管导通,MC14069 的输入端电压接近 0V。4N25 输出端晶体管的 ce 极间的耐压大于 30 V,所以 4N25 最大的电平转换可到 30 V。

光电耦合器也常用于较远距离的信号隔离传送。一方面光电耦合器可以起到隔离两个系统地线的作用，使两个系统的电源相互独立，消除地电位不同所产生的影响。另一方面，光电耦合器的发光二极管是电流驱动器件，可以形成电流环路的传送形式。由于电流环电路是低阻抗电路，对噪音的敏感度低，因此提高了通讯系统的抗干扰能力。常用于有噪音干扰的环境下传输信号。图 11.5 是用光电耦合器组成的电流环发送和接收电路。

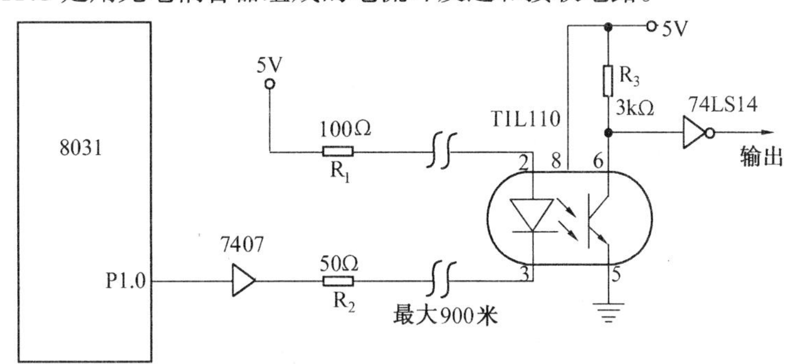

图 11.5　电流环电路

图 11.5 电路可以用来传输数据，最大速率为 50 kb/s，最大传输距离为 900 m。环路连线的电阻对传输距离影响很大，此电路中环路连线电阻不能大于 30 Ω，当连线电阻较大时，100 Ω 的限流电阻要相应减小。光电耦合管使用 TIL110，TIL110 的功能与 4N25 相同，但开关速度比 4N25 快，当传输速度要求不高时，也可以用 4N25 代替。电路中光电耦合器放在接收端，输入端由同相驱动器 7407 驱动，限流电阻分为两个，一个是 50 Ω，一个是 100 Ω，50 Ω 电阻的作用除了限流外，最主要的作用还是起阻尼的作用，防止传送的信号发生畸变和产生突发的尖峰。电流环的电流计算如下：

$$I_F=\frac{V_{CC}-V_F-V_{CS}}{R_1+R_2}=\frac{5-1.5-0.5}{50+100}=0.02\ \text{A}=20\ \text{mA}$$

TIL110 的输出端接一个带施密特整形电路的反相器 74LS14，作用是提高抗干扰能力。施密特触发电路的输入特性有一个回差。输入电压大于 2 V 才认为是高电平输入，小于 0.8 V 才认为是低电平输入。电平在 0.8～2 V 之间变化时，则不改变输出状态。因此信号经过 74LS14 之后便更接近理想波形。

表 11.2 为常用的晶体管输出型光电耦合器，供读者在选用光电耦合器时参考。

2．晶闸管输出型光电耦合器驱动接口

晶闸管输出型光电耦合器的输出端是光敏晶闸管或光敏双向晶闸管。当光电耦合器的输入端有一定的电流流入时，晶闸管即导通。有的光电耦合器的输出端还配有过零检测电路，用于控制晶闸管过零触发，以减少用电器在接通电源时对电网的影响。

4N40 是常用的单向晶闸管输出型光电耦合器。当输入端有 15～30 mA 电流时，输出端的晶闸管导通。输出端的额定电压为 400 V，额定电流有效值为 300 mA。输入输出端隔离电压为 1500～7500 V。4N40 的 6 脚是输出晶闸管的控制端，不使用此端时，此端可对阴极接一个电阻。

MOC3041 是常用的双向晶闸管输出的光电耦合器，带过零触发电路，输入输出端的控制电流为 15 mA，输出端额定电压为 400 V，最大重复浪涌电流为 1 A，输入输出端隔离电压为 7 500 V。MOC3041 的 5 脚是器件的衬底引出端，使用时不需要接线。图 11.6 是 4N40 和 MOC3041 的接口驱动电路。

表 11.2　晶体管输出型光电耦合器

类型	器件型号	输出结构	发射体正向电压(最大)	最小输出电压(V_{ceo})	典型 h_{FE}	最小 DC 冲击隔离电压	典型工作速度或带宽	应用
晶体管型	MCT2	晶体管	1.5V@20mA	30V	250	3550V	150kHz	AC 线/数字逻辑之间的隔离,用于线性接收、继电器监控、电源监控、开关网络、传感系统、开关电源,通信系统等领域
	MCT271 MCT274	晶体管	1.5V@20mA	30V	420 360	3550	7μs 25μs	
	4N25,A 4N27 4N35 4N38,A	晶体管	1.5V@10mA 1.5V@10mA	30V 80V	250 325 100 250	2500V 1500V 3500V 2500V	300kHz 300kHz 150kHz 0.8/7μs	
	TIL 111 TIL 112 TIL 116 TIL 117 TIL 124	晶体管	1.4V@16mA 1.5V@10mA 1.5V@60mA 1.4V@16mA 1.4V@10mA	30V 20V 30V 30V 30V	300 200 300 550 100	1500V 1500V 2500V 2500V 5000V	5μs 2μs 5μs 5μs 2μs	
高压晶体管型	MCT275 MOC8024 MOC8205 MOC8206	晶体管	 1.5V@20mA 1.5V@10mA	 80V 400V	170 — — —	3550V — — —	4.5/3.5V 5μs	
达林顿输出型	TIL113 TIL119 TIL156	达林顿晶体管	1.5 V@10 mA 1.5 V@10 mA 1.5 V@10 mA	30 V 30 V 30 V	15000 — 15000	1500 1500 3535	300 μs 300 μs	大电流、低容抗、快速关断等器件的控制。用于通信、遥控逻辑隔离、报警监控电路等
	4N29,A 4N32,A		1.5 V@10 mA 1.5 V@10 mA	30 V 30 V	15000	2500 2500	2/25 μs 2/60 μs	
	MOC8020 MOC8030		2 V@10 mA	50 V 80 V	— —	— —	13/60 μs	
AC 输入型	H11AA1	晶体管输出	1.5V@10mA	30V	400	2550	—	用于监控 AC“掉电”的情况
	MID400	集电极开路逻辑门	1.5V@30mA	—	—	3550	1ms	

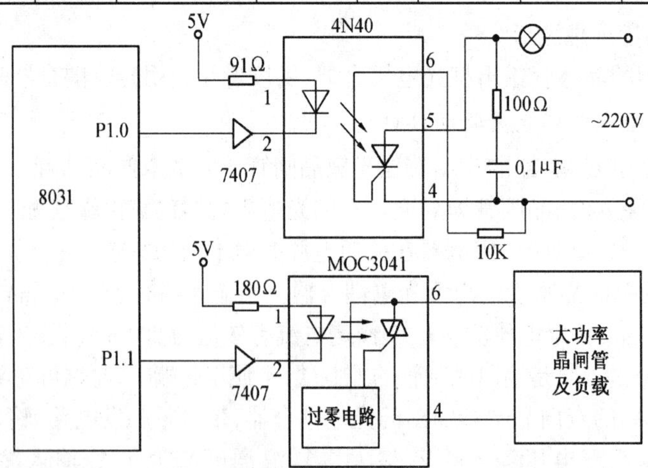

图 11.6　晶闸管输出型光电耦合器驱动接口

4N40 输入端限流电阻的计算：

$$R=\frac{V_{CC}-V_F-V_{CS}}{I_F}=\frac{5-1.5-0.5}{0.03}=100\ \Omega$$

实际应用中可以留一些余量，限流电阻取 91 Ω。

MOC3041 输入端限流电阻的计算：

$$R=\frac{V_{CC}-V_F-V_{CS}}{I_F}=\frac{5-1.5-0.5}{0.015}=200\ \Omega$$

为留一定的余量，限流电阻选 180 Ω。

4N40 常用于小电流用电器的控制，如指示灯等，也可以用于触发大功率的晶闸管。MOC3041 一般不直接用于控制负载，而用于中间控制电路或用于触发大功率的晶闸管。

11.2.2　MCS－51 与继电器的接口

1.直流电磁式继电器功率接口

直流电磁式继电器，一般用功率接口集成电路或晶体管驱动。在使用较多继电器的系统中，可用功率接口集成电路驱动，例如 SN75468 等。一片 SN75468 可以驱动 7 个继电器，驱动电流可达 500 mA，输出端最大工作电压为 100 V。

常用的继电器大部分属于直流电磁式继电器，也称为直流继电器。图 11.7 是直流继电器的接口电路图。

继电器的动作由单片机 8031 的 P1.0 端控制。P1.0 端输出低电平时，继电器 J 吸合；P1.0 端输出高电平时，继电器 J 释放。采用这种控制逻辑可以使继电器在上电复位或单片机受控复位时不吸合。

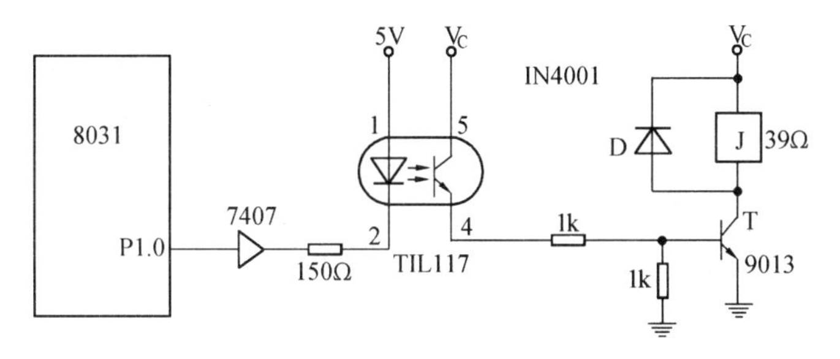

图 11.7　直流继电器接口

继电器 J 由晶体管 9013 驱动，9013 可以提供 300 mA 的驱动电流，适用于继电器线圈工作电流小于 300 mA 的场合。Vc 的电压范围是 6～30 V，光电耦合器使用 TIL117。TIL117 有较高的电流传输比，最小值为 50%。晶体管 9013 的电流放大倍数大于 50。当继电器线圈工作电流为 300 mA 时，光电耦合器需要输出大于 6.8 mA 的电流，其中 9013 基极对地的电阻分流约 0.8 mA。输入光电耦合器的电流必须大于 13.6 mA，才能保证向继电器提供 300 mA 的电流。光电耦合器的输入电流由 7407 提供，电流约为 20 mA。

二极管 D 的作用是保护晶体管 T。当继电器 J 吸合时，二极管 D 截止，不影响电路工作。继电器释放时，由于继电器线圈存在电感，这时晶体管 T 已经截止，所以会在线圈的两端产生较高的感应电压。这个感应电压的极性是上负下正，正端接在 T 的集电极上。当感应电压与 V_C 之和大于晶体管 T 的集电结反向耐压时，晶体管 T 就有可能损坏。加入二极管 D 后，继电器线圈产生的感应电流由二极管 D 流过，因此不会产生很高的感应电压，晶体管 T 得到了保护。

2.交流电磁式接触器的功率接口

继电器中切换电路能力较强的电磁式继电器称为接触器。接触器的触点数一般较多。交流电磁式接触器由于线圈的工作电压要求是交流电，所以通常使用双向晶闸管驱动或使用一个直流继电器作为中间继电器控制。图 11.8 是交流接触器的接口电路图。

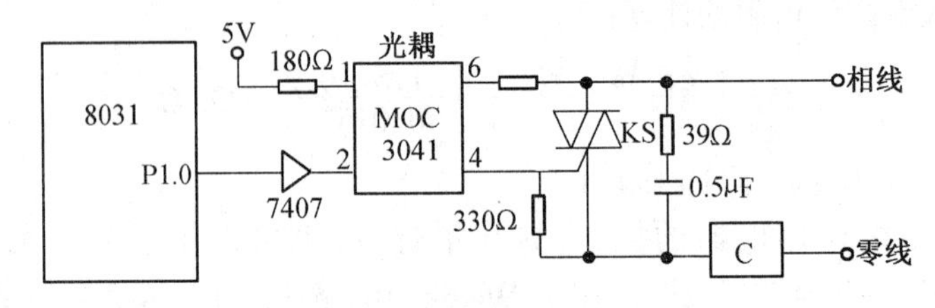

图 11.8　交流接触器接口

交流接触器 C 由双向晶闸管 KS 驱动。双向晶闸管的选择要满足：额定工作电流为接触器线圈工作电流的 2～3 倍；额定工作电压为交流接触器线圈工作电压的 2～3 倍。对于中、小型 220 V 工作电压的交流接触器，可以选择 3 A、600 V 的双向晶闸管。

光电耦合器 MOC3041 的作用是触发双向晶闸管 KS 以及隔离单片机系统和接触器系统。光电耦合器 MOC3041 的输入端接 7407，由单片机 8031 的 P1.0 端控制。P1.0 输出低电平时，双向晶闸管 KS 导通，接触器 C 吸合。P1.0 输出高电平时，双向晶闸管 KS 关断，接触器 C 释放。MOC3041 内部带有过零控制电路，因此双向晶闸管 KS 工作在过零触发方式。接触器动作时，电源电压较低，这时接通用电器，对电源的影响较小。

11.2.3　MCS－51 与晶闸管的接口

1.单向晶闸管

晶闸管习惯上称可控硅(整流元件)，英文名为 Silicon Controlled Rectifier，简写成 SCR，这是一种大功率半导体器件，它既有单向导电的整流作用，又有可以控制的开关作用。利用它可用较小的功率控制较大的功率。在交、直流电动机调速系统、调功系统、随动系统和无触点开关等方面均获得广泛的应用，如图 11.9 所示，它外部有三个电极：阳极 A、阴极 C、控制极(门极)G。

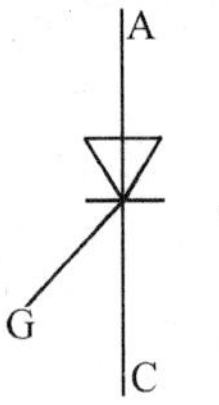

图 11.9　单向晶闸管结构符号

与二极管不同的是当其两端加上正向电压而控制极不加电压时，晶闸管并不导通，其正向电流很小，处于正向阻断状态；当加上正向电压、且控制极上(与阴极间)也加上一正向电压时，晶闸管便进入导通状态，这时管压降很小(1 V 左右)。这时即使控制电压消失，仍能保持导通状态，所以控制电压没有必要一直存在，通常采用脉冲形式，以降低触发功耗。它不具有自关断能力，要切断负载电流，只有使阳极电流减小到维持电流以下，或加上反向电压实现关断。若在交流回路中应用，当电流过零和进入负半周时，自动关断，为了使其再次导通，必须重加控制信号。

2.双向晶闸管

晶闸管应用于交流电路控制时，如图 11.10 所示，采用两个器件反并联，以保证电流能沿正反两个方向流通。

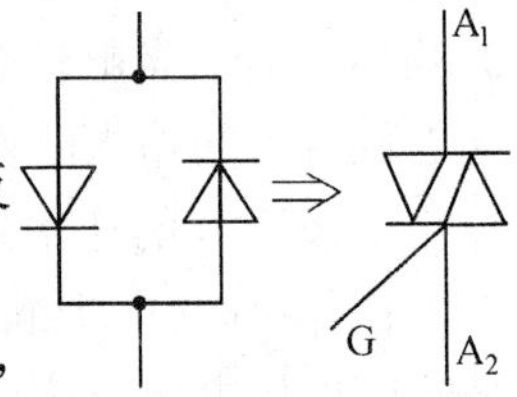

如把两只反并联的 SCR 制作在同一块硅片上，便构成双向可控硅，控制极共用一个，使电路大大简化，其特性如下：

图 11.10　双向晶闸管结构

① 控制极 G 上无信号时，A_1、A_2 之间呈高阻抗，管子截止。

② $V_{A1A2} > 1.5$ V 时,不论极性如何,便可利用 G 触发电流控制其导通。

③ 工作于交流时,当每一半周交替时,纯阻负载一般能恢复截止;但在感性负载情况下,电流相位滞后于电压,电流过零,可能反向电压超过转折电压,使管子反向导通。所以,要求管子能承受这种反向电压,而且一般要加 RC 吸收回路。

④ A_1、A_2 可调换使用,触发极性可正可负,但触发电流有差异。

双向可控硅经常用作交流调压、调功、调温和无触点开关,过去其触发脉冲一般都用硬件电路产生,故检测和控制都不够灵活,而在单片机系统中可利用软件产生触发脉冲。

3.光耦合双向可控硅驱动器

这种器件是一种单片机输出与双向可控硅之间较理想的接口器件,它由输入和输出两部分组成,输入部分是一砷化镓发光二极管,该二极管在 5 ~ 15 mA 正向电流作用下发出足够强度的红外光,触发输出部分。输出部分是一硅光敏双向可控硅,在红外线的作用下可双向导通。该器件为六引脚双列直插式封装,其引脚配置和内部结构见图 11.11。

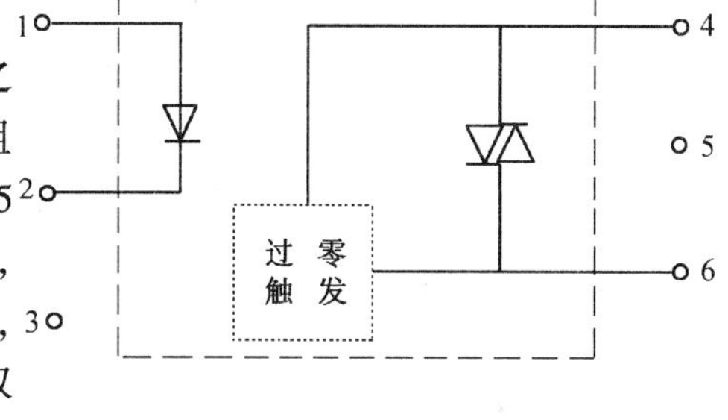

图 11.11　光耦合双向可控硅驱动器引脚与结构

有的型号的光耦合双向可控硅驱动器还带有过零检测器,以保证在电压为零(接近于零)时才触发可控硅导通,如 MOC3030/31/32(用于 115 V 交流)、MOC3040/41(用于 220 V 交流)。图 11.12 为这类光耦驱动器与双向可控硅的典型电路。

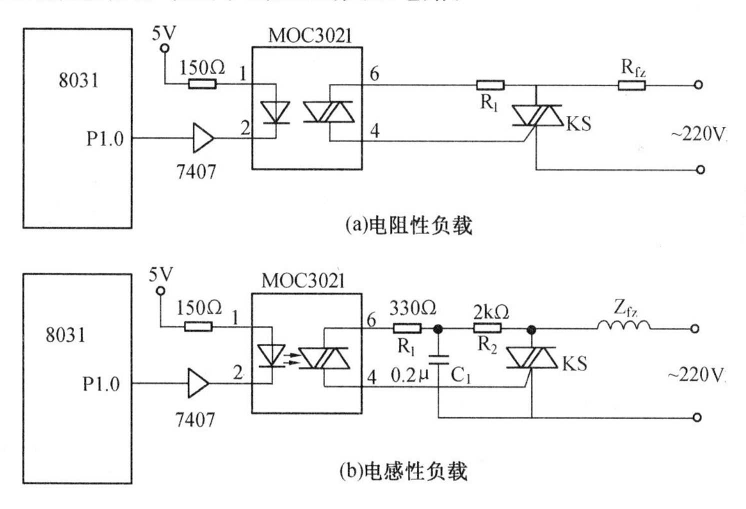

图 11.12　双向晶闸管型触发电路

输入、输出端的双向晶闸管导通,触发外部的双向晶闸管 KS 导通。当 P1.0 端输出高电平时,MOC3021 输出端的双向晶闸管关断,外部双向晶闸管 KS 也关断。电阻 R1 的作用是限制流过 MOC3021 输出端的电流不要超过 1A。R1 的大小由下式计算:

$$R_1 = \frac{V_P}{I_P} = \frac{220 \cdot \sqrt{2}}{1} = 311\ \Omega$$

R_1 取 300 Ω。由于串入电阻 R_1,使得触发电路由一个最小触发电压,低于这个电压时,KS 才导通。最小触发电压 V_T 由下式计算:

$$V_T = R_1 \cdot I_{CT} + V_{GT} + V_{TM} = 300 \times 0.05 + 2 + 3 = 20\ V$$

对应的最小控制角为：

$$\alpha = \sin^{-1}\frac{V_T}{V_P} = 3.96°$$

即控制角不能小于 3.96°，小于 3.96°，也必须等到 3.96°时，内部双向晶闸管才导通。当外接的双向晶闸管功率较大时，I_{GT}需要较大，这时最小控制角比较大，可能会超出使用的要求。解决的方法是在大功率晶闸管和 MOC3021 之间再加入一个触发用的晶闸管，这个触发用的晶闸管的限流电阻可以用得比较小，所以最小控制角也可以做得比较小。当负载为感性负载时，由于电压上升率 dV/dt 较大，有可能超过 MOC3021 允许的范围。在阻断状态下，晶闸管的 PN 结相当于一个电容，如果突然受到正向电压，充电电流流过门极 PN 结时，起了触发电流的作用。当电压上升率 dV/dt 较大时，就会造成 MOC3021 的输出晶闸管误导通。因此，在 MOC3021 的输出回路中加入 R2 和 C1 组成的 RC 回路，降低电压上升率 dV/dt，使 dV/dt 在允许的范围内。经计算，R2 取 2 kΩ。

$$C1 = \frac{389 \times ^{-6}}{2 \times 10^3} = 0.19 \times 10^{-6}F = 0.19\ \mu F$$

C1 取 0.2μF。

在使用晶闸管的控制电路中，常要求晶闸管在电源电压为零或刚过零时触发晶闸管，来减少晶闸管在导通时对电源的影响。这种触发方式称为过零触发。过零触发需要过零检测电路，有些光电耦合器内部含有过零检测电路，如 MOC3061 双向晶闸管触发电路。图 11.13 是使用 MOC3061 双向晶闸管的过零触发电路。

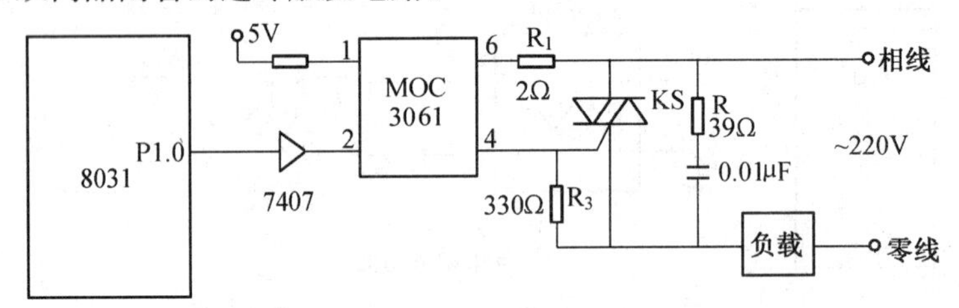

图 11.13　带过零触发的双向晶闸管触发电路

表 11.3 列出了 MOTOROLA 公司 MOC3000 系列光耦合双向可控硅驱动器的参数。

表 11.3　MOTOROLA MOC3000 系列光耦双向可控硅驱动电路性能表

型号	峰值夹断电压最小值/V	LED 触发电流（V_{T4} = 3V）		正向电压
		典型值	最大值/mA	典型值/V
MOC3009	250	15	30	1.2
MOC3010	250	8	15	1.2
MOC3011	250	5	10	1.2
MOC3012	250	—	5	1.2
MOC3020	400	15	30	1.2
MOC3021	400	8	15	1.2
MOC3022	400	—	10	1.2
MOC3023	400	—	5	1.2
MOC3030	250	—	30	1.3
MOC3031	250	—	15	1.3
MOC3032	250	—	10	1.3
MOC3040	400	—	30	1.3
MOC3041	400	—	15	1.3

11.2.4　MCS－51 与集成功率电子开关输出接口

集成功率电子开关是一种专为逻辑电路输出作接口而设计的直流功率电子开关器件。它可由 TTL、HTL、DTL、CMOS 等数字电路直接驱动，该器件开关速度快、工作频率高、无噪声、无触点，工作可靠、寿命长，目前在控制系统中常用来取代机械触点继电器，已越来越多地在单片机控制应用系统中作微电机控制、电磁阀驱动等。它特别适用于那些需要抗潮湿、抗腐蚀和防爆场合中作大电流开关。如在那些机械触点继电器无法胜任工作的高频和高速系统中工作，更能体现其优越性。TWH8751 和 TWH8778 是应用最广泛的两种集成功率电子开关。它们都为标准的 TO－220 塑料封装，自带散热片，具有五条外引脚。下面以 TWH8751 为例介绍其性能和基本应用电路。

1.TWH8751 的引脚及其功能

图 11.14 是其引脚图。

其中 2 脚 V_{IN}是输入脚，1 脚 S_T 为选通控制脚，3 脚为 V_-，通常接地，4 脚 V_{OUT}为输出脚，5 脚 V_+ 为正电源脚。

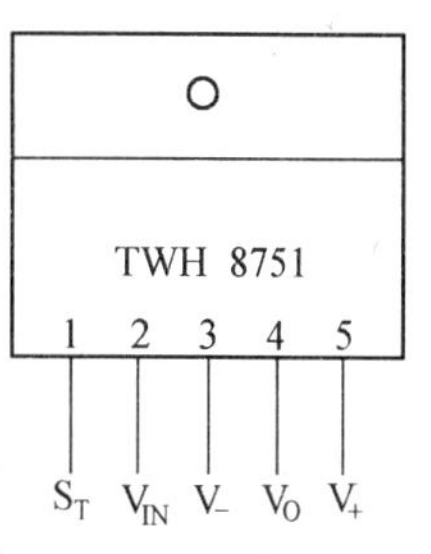

图 11.14　TWH8751 的引脚图

2.TWH8751 的性能特点

该器件设计有滞回特性，抗干扰性能好，而且其控制灵敏度高、工作频率高(可达 1.5 MHz)、开关特性好、边沿延迟仅毫微秒级，控制功率较大，内部开关功率管反向击穿电压为 100 V，加上散热器，可通过的灌电流可达 3 A。由于其输出管采用集电极开路方式，所以可根据负载的要求选择合适的电源电压，其推荐的工作电压范围是 12～24 V。由于片内设有自我热保护减流电路。当输出电流超过 2 A 时，可自动使电流减至 1 A 左右。当断电或在输入端施加控制信号使输出级截止后，开关电路可恢复 2 A 的输出负荷能力。

TWH8051 的开关动作时延为 1 μs 左右，图 11.15 和图 11.16 分别给出输入－输出(V_{IN}－V_{OUT})和选通－输出(ST－V_{OUT})的开关特性。该电路都可在 200 kHz 频率下可靠地工作。

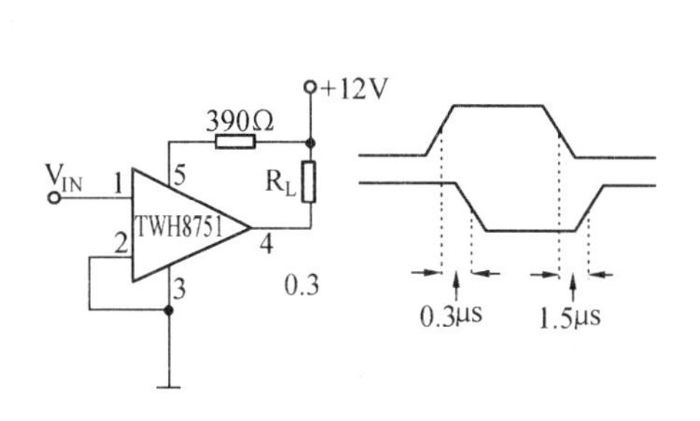

图 11.15　V_{IN}－V_{OUT}开关特性

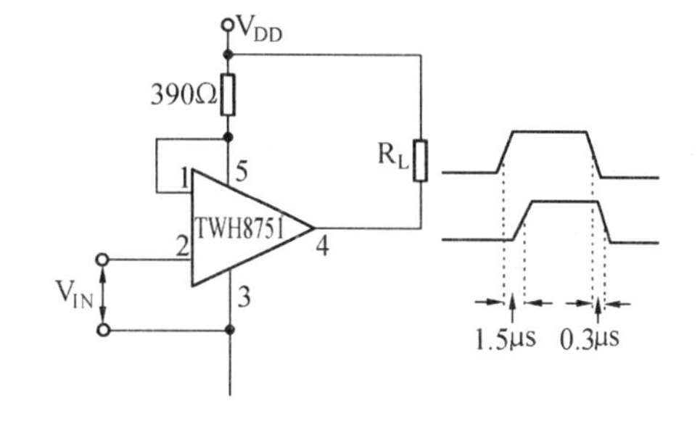

图 11.16　ST－V_{OUT}开关特性

3.TWH8751 的使用和注意点

该器件是逻辑开关，而不是模拟开关，输出不仅受输入的控制，还受选通端的控制。当 S_T 选通脚为高电平时，不论 V_{IN}脚的电平是什么，这时输出级的达林顿输出管截止。只有当 S_T 脚为低电平时(<1.2 V)，输出 V_{OUT}才受输入 V_{IN}电平的控制，当 $V_{IN}=0$ 时，输出极处于截止状态，输出脚与地(3 脚)断开；$V_{IN}=1$(>1.6 V)，输出极导通，输出脚与地相接。

由于在片内电源与地之间设有一 6.8V 的稳压管，当工作电源电压超过 6.8V，应加限流电阻 R_S，R_S 的值可按 $R_S=(V_{CC}-6.8)/10mA$ 来估算。由于输出开关功率管的反向击穿电压可达

100V,所以输出极可以不与 V_+ 共电源,而根据实际需要加 80～100V 的高压于负载上,但注意不能超过 100V,如满负荷运用一定要加散热器。

4.典型应用

(1) 直流开关

TWH8751 作直流开关用时,其接法见图 11.17。

(2) 交流开关

TWH8751 作交流开关用时,其接法见图 11.18。

(3) 高压开关

TWH8751 作高压开关用时,其接法见图 11.19。

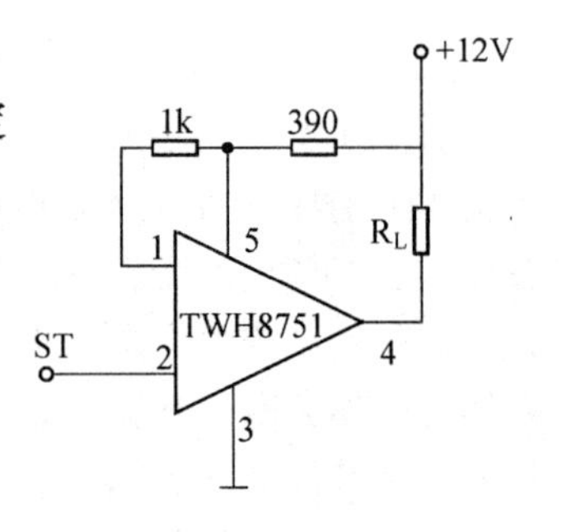

图 11.17 TWH8751 作直流开关接口

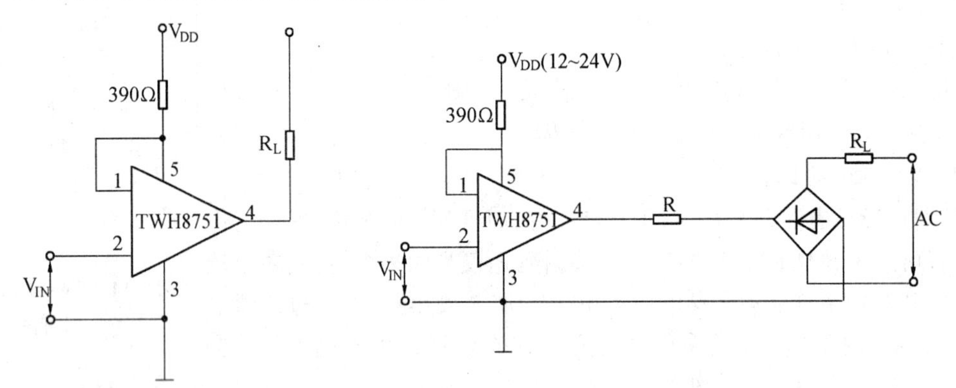

图 11.18 TWH8751 作交流开关

图 11.19 TWH8751 作高压开关

11.2.5 MCS－51 与固态继电器的接口

固态继电器(Solid State Relay－SSR)是近年发展起来的一种新型电子继电器,其输入控制电流小,用 TTL、HTL、CMOS 等集成电路或加简单的辅助电路就可直接驱动,因此适宜于在单片机测控系统中作为输出通道的控制元件;其输出利用晶体管或可控硅驱动,无触点。与普通的电磁式继电器和磁力开关相比,具有无机械噪声、无抖动和回跳、开关速度快、体积小、重量轻、寿命长、工作可靠等特点,并且耐冲击、抗潮湿、抗腐蚀,因此在单片机测控等领域中,已逐渐取代传统的电磁式继电器和磁力开关作为开关量输出控制元件。

1.固态继电器的主要特点

(1) 输入功率小:由于其输入端是采用的光电耦合器,其驱动电流仅需几毫安便能可靠地控制,所以可以直接用 TTL、HTL、CMOS 等集成驱动电路控制。

(2) 高可靠性:由于其结构上无可动接触部件,且采用全塑密闭式封装,所以 SSR 开关时无抖动和回跳现象,无机械噪声,同时能耐潮、耐振、耐腐蚀;由于无触点火花,可用在有易燃易爆介质的场合。

(3) 低电磁噪声:交流型 SSR 在采用了过零触发技术后,电路具有零电压开启、零电流关断的特性,可使对外界和本系统的射频干扰减低到最低程度。

(4) 能承受的浪涌电流大:其数值可为 SSR 额定值的 6～10 倍。

(5) 对电源电压适应能力强:交流型 SSR 的负载电源电压可以在 30～220V 范围内任选。

(6) 抗干扰能力强:由于输入与输出之间采用了光电隔离,割断了两者的电气联系,避免了输出功率负载电路对输入电路的影响。另外又在输出端附加了干扰抑制网络,有效地抑制了线路中 dV/di 和 di/dt 的影响。

2. 固态继电器的分类

固态继电器是一种四端器件，两端输入、两端输出。它们之间用光电耦合器隔离。

(1) 以负载电源类型分类：可分为直流型(DC－SSR)和交流型(AC－SSR)两种。直流型是用功率晶体管作开关器件；交流型则用双向晶闸管作开关器件，分别用来接通和断开直流或交流负载电源。

(2) 以开关触点形式分类：可分为常开式和常闭式。目前市场上以常开式为多。

(3) 以控制触发信号的形式分类：可分为过零型和非过零型。它们的区别在于负载交流电流导通的条件。非过零型在输入信号时，不管负载电源电压相位如何，负载端立即导通。而过零型必须在负载电源电压接近零且输入控制信号有效时，输出端负载电源才导通。其关断条件是在输入端的控制电压撤消后，流过双向晶闸管的负载电流为零时，SSR 关断。

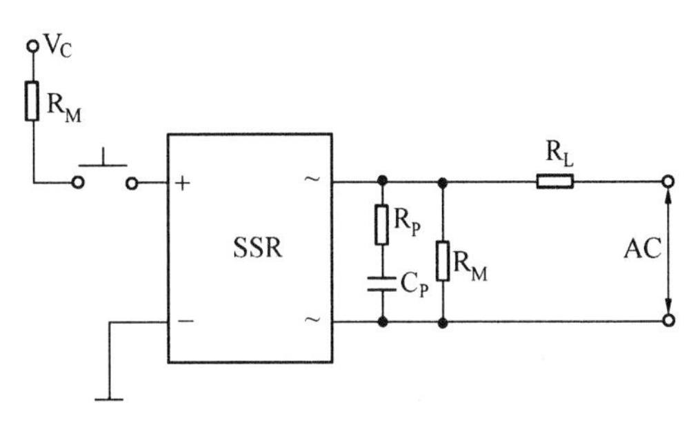

图 11.20 触点控制

3. 固态继电器的典型应用

(1)输入端的驱动

① 触点控制

最基本的驱动——触点控制，见图 11.20。

② TTL 驱动 SSR，见图 11.21。

③ CMOS 驱动 SSR，见图 11.22。

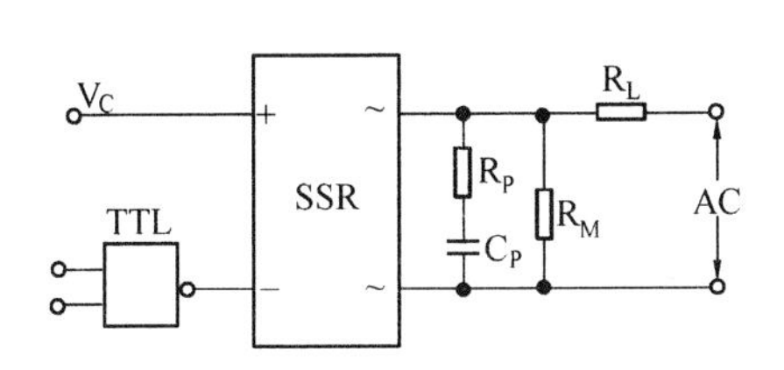

图 11.21 TTL 驱动 SSR

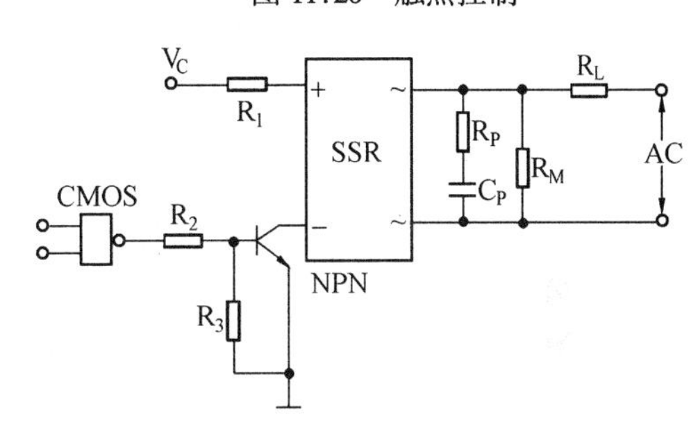

图 11.22 CMOS 驱动 SSR

(2)输出端驱动负载

① DC－SSR 驱动大功率负载，见图 11.23。

② DC－SSR 驱动大功率高压负载，见图 11.24。

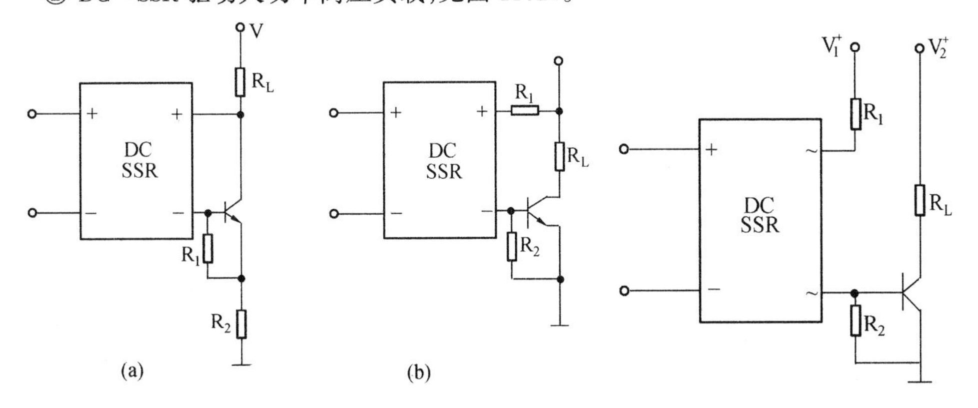

图 11.23 DC－SSR 驱动大功率负载

图 11.24 DC－SSR 驱动大功率高压负载

③ 用 SSR 控制单相交流电动机正反转电路，见图 11.25。

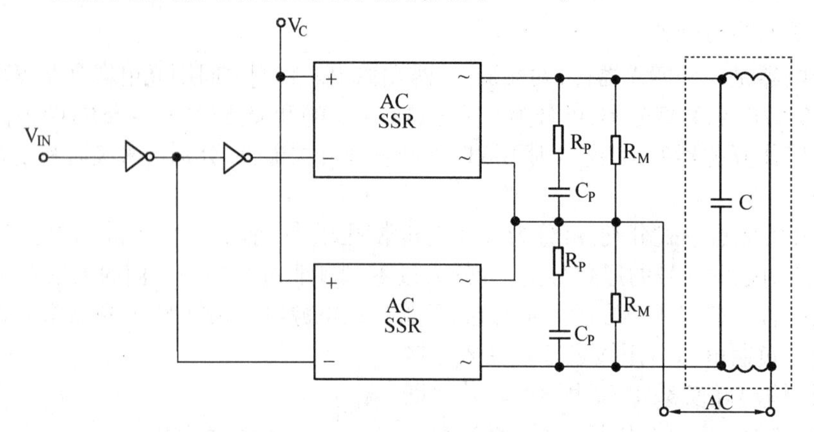

图 11.25　SSR 控制单向交流电机正反转电路

④ 用 SSR 控制三相系统负载，见图 11.26。

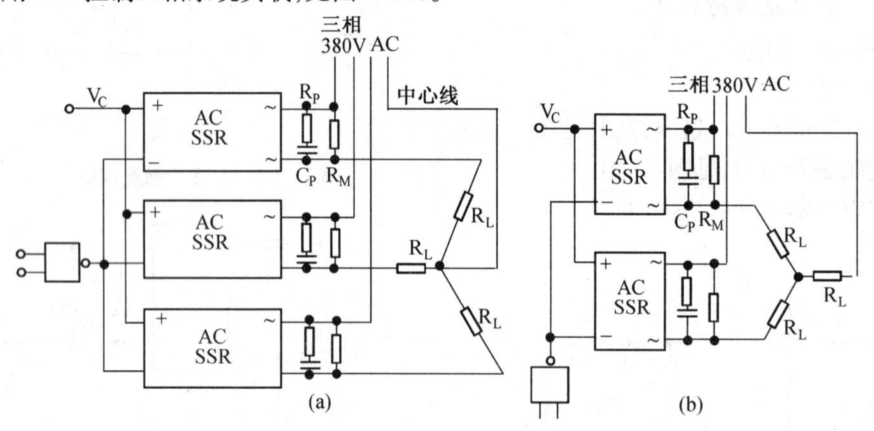

图 11.26　用 SSR 控制三相系统负载

⑤ 用 SSR 控制大功率交流电动机：见图 11.27。

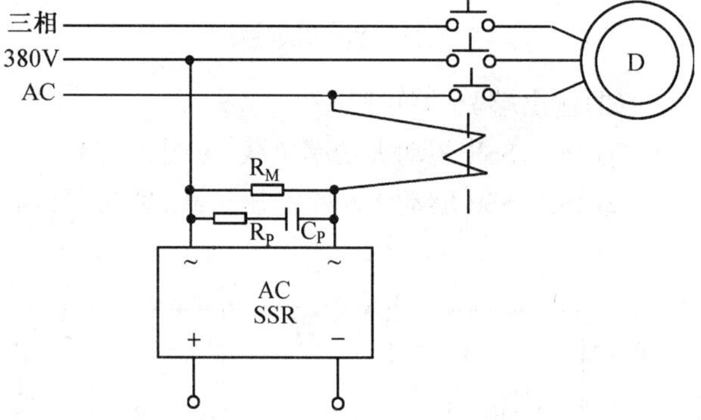

图 11.27　用 SSR 控制大功率交流电机

4. 固态继电器使用注意事项

① 电子开关器件的通病是存在通态压降和断态漏电流。SSR 的通态压降一般小于 2V，断态漏电流通常为 5～10mA。因此使用中要考虑这两项参数，否则在控制小功率执行器件时容易产生误动作。

② 固态继电器的电流容量负载能力随温度升高而下降，其使用的温度范围不太宽（－40～＋80℃），所以当使用温度较高时，选用的 SSR 必须留有一定的余量。

③ 固态继电器电压过载能力差，当负载为感性时，在 SSR 的输出端必须加接 RM 压敏电阻，其电压的选择可以取电源电压有效值的 1.6～1.9 倍。

④ 输出端负载短路会造成 SSR 损坏，应特别注意避免。对白炽灯、电炉等电阻类负载，要

考虑其“冷阻”特性会造成接通瞬间的浪涌电流，有可能超过额定工作值，所以要对电流容量的选择留有余地。为防止故障引起过流，最简单的方法是采用快速熔断器，要求熔断器的电压不低于线路工作电压，其标称电流值(有效值)与固态继电器的额定电流值一致。

5.常用的固态继电器

为便于读者选择固态继电器，表 11.4 和表 11.5 分别列出部分常见直流固态继电器和交流固态继电器的参数。

表 11.4　常见直流固态继电器参数表

型　号	输入电压/V	输入电流/mA	输出电压/V	输出电流/A	厂　家
GZ1	4～28	4	10～50	1	苏州集成科技实业有限公司
GZ3	4～28	4	10～50	3	
GZ5	4～28	4	10～50	5	
GZ10	4～28	4	10～50	10	
C603－01	3～14	3～15	30～180	1	北京半导体器件十一厂
C603－02	3～14	3～15	30～180	2	
C603－03	3～14	3～15	30～180	3	
C603－04	3～14	3～15	30～180	4	
C603－05	3～14	3～15	30～180	5	
C603－10	3～14	3～15	30～180	10	
J83－03－2	4～7	6～18	50	0.3×2	上海电器电子元件厂
GTJ－0.5DP	6～30	3～30	24	0.5	
GTJ－1DP	6～30	3～30	24	1	

表 11.5　常见交流固态继电器参数表

型　号	输入电压/V	输入电流/mA	输出电压/V	输出电流/A	厂　家
GJN－1	3～28	4	30～250	1	苏州集成科技实业有限公司
GJN－3	3～28	4	30～250	3	
GJN－5	3～28	4	30～250	5	
GJN－10	3～28	4	30～250	10	
GJ1	3～28	4	30～250	1	
GJ2	3～28	4	30～250	2	
GJ3　交流过零触发	3～28	4	30～250	3	
GJ5	3～28	4	30～250	5	
GJ10	3～28	4	30～250	10	
GJ20	3～28	4	30～250	20	
GJ40	3～28	4	30～250	40	
GJH－1	3～28	4	30～250	1	
GJH－3	3～28	4	30～250	3	
CG3C－01	3～14	3～50	140/250/400	1	北京半导体器件十一厂
CG3C－02				2	
CG3C－03				3	
CG3C－04				4	
CG3C－05				5	
CG3A－2				20	
GTJ－1AP	3～30	30	30～220	1	
GTJ－2.5AP	3～30	30	30～220	2.5	
SP110	2～6	3～10	350	1	

11.2.6 低压开关量信号输出技术

对于低压情况下开关量控制输出，可采用晶体管、OC门或运放等方式输出，如驱动低压电磁阀、指示灯、直流电机等，如图 11.28 所示。需注意的是，在使用 OC门时，由于其为集电极开路输出，在其输出为“高”电平状态时，实质只是一种高阻状态，必须外接上拉电阻，此时的输出驱动电流主要由 V_C 提供，只能直流驱动并且 OC门的驱动电流一般不大，在几十毫安量级，如果被驱动设备所需驱动电流较大，则可采用三极管输出方式，如图 11.29 所示。

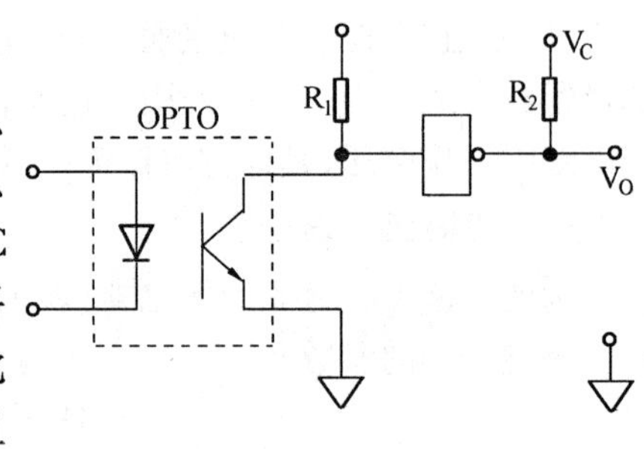

图 11.28 低压开关量输出

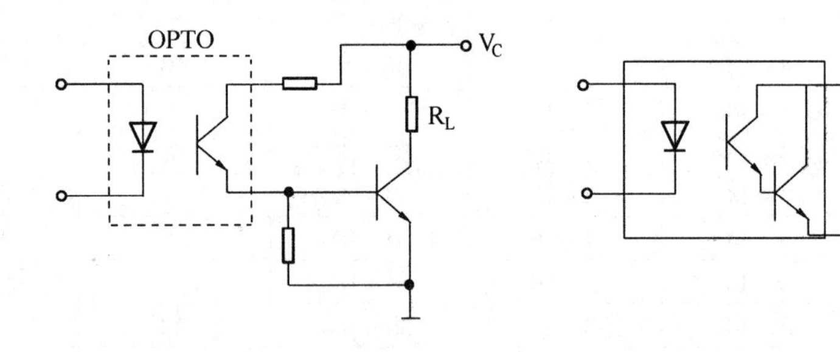

图 11.29 三极管输出驱动

第 12 章

MCS－51 的串行通讯接口技术

在工业自动化控制、智能仪器仪表中，单片机的应用越来越广泛。其应用已从单机逐渐转向多机或联网，而多机应用的关键又在于多机之间的相互通讯，互传数据信息。

MCS－51 单片机内部的串行口，大大拓宽了 MCS－51 的应用范围。MCS－51 的串行口，具有 4 种工作方式，并具有多机通讯的功能，该串行口可以作为 MCS－51 单片机之间的通讯接口。随着应用范围的扩大以及根据解决问题的需要，对某些数据要做较复杂的处理。由于单片机的运算功能较差，往往需要借助计算机系统。因此，单片机与 PC 机进行远程通讯更具有实际意义。利用 MCS－51 单片机的串行口与 PC 机的串行口 COM1 或 COM2 进行串行通讯，将单片机采集的数据传送到 PC 机中，由 PC 机的高级语言或数据库语言对数据进行整理及统计等复杂处理；或者实现 PC 机对远程前沿单片机的控制。

MCS－51 串行口的输入输出均为 TTL 电平。这种以 TTL 电平传输数据的方式，抗干扰性差，传输距离短。为了提高串行通讯的可靠性，增大通讯距离，工程设计人员一般采用标准串行接口，如 RS－232C、RS－422A、RS－485 等标准串行接口来进行串行通讯。

RS－232C 是由美国电子工业协会（EIA）正式公布的，在异步串行通讯中应用最广的标准总线（C 表示此标准修改了三次）。它包括了按位串行传输的电气和机械方面的规定，适用于短距离或带调制解调器的通讯场合。为了提高数据传输率和通讯距离，EIA 又公布了 RS－422，RS－423 和 RS－485 串行总线接口标准。

本章首先介绍几种常见的标准串行通讯接口，然后讨论单片机双机、多机、单片机与 PC 机之间的通讯技术。

12.1 各种标准串行通讯接口

12.1.1 RS－232C 接口

EIA RS－232C 是异步串行通讯中应用最广泛的标准总线，它包括了按位串行传输的电气和机械方面的规定。适用于数据终端设备（DTE）和数据通讯设备（DCE）之间的接口。其中 DTE 主要包括计算机和各种终端机，而 DCE 的典型代表是调制解调器（MODEM）。

RS－232C 的机械指标规定：RS－232C 接口通向外部的连接器（插针插座）是一种“D”型 25 针插头。在微机通讯中，通常使用的 RS－232C 接口信号只有 9 根引脚，见表 12.1。PC 机都带有 9 针“D”型的 RS－232C 连接器。

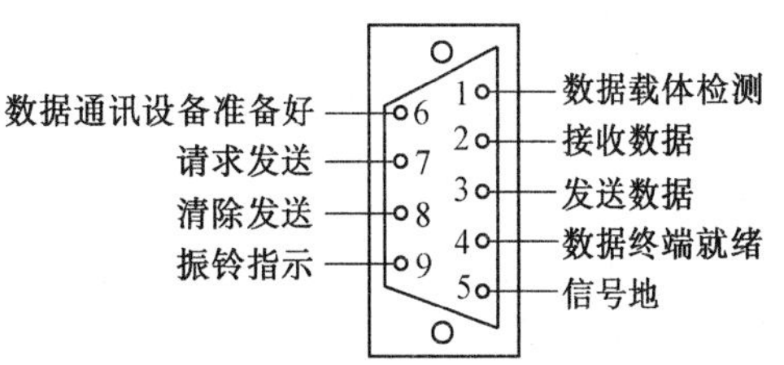

图 12.1 “D”型 9 针插头引脚定义

图 12.1 为 RS－232C 的“D”型 9 针插头的引

脚定义。

1.电气特性

RS－232C 采用负逻辑，即：

逻辑“1”：－3～－15V；

逻辑“0”：＋3～＋15V。

RS－232C 标准的信号传输的最大电缆长度为 30 米，最高数传速率为 20 kbit/s。

表 12.1　微型计算机通讯中常用的 RS－232C 接口信号

引脚号	符　号	方　向	功　能
2	TXD	输出	发送数据
3	RXD	输入	接收数据
7	RTS	输出	请求发送
8	CTS	输入	清除发送
6	DSR	输入	数据通讯设备准备好
5	GND		信号地
1	DCD	输入	数据载体检测
4	DTR	输出	数据终端准备好
9	RI	输入	振铃指示

2.电平转换

由于 TTL 电平和 RS－232C 电平互不兼容，所以两者接口时，必须进行电平转换。

RS－232C 与 TTL 的电平转换最常用的芯片是传输线驱动器 MC1488 和传输线接收器 MC1489，其内部结构与引脚配置如图 12.2 所示。其作用除了电平转换外，还实现正负逻辑电平的转换。

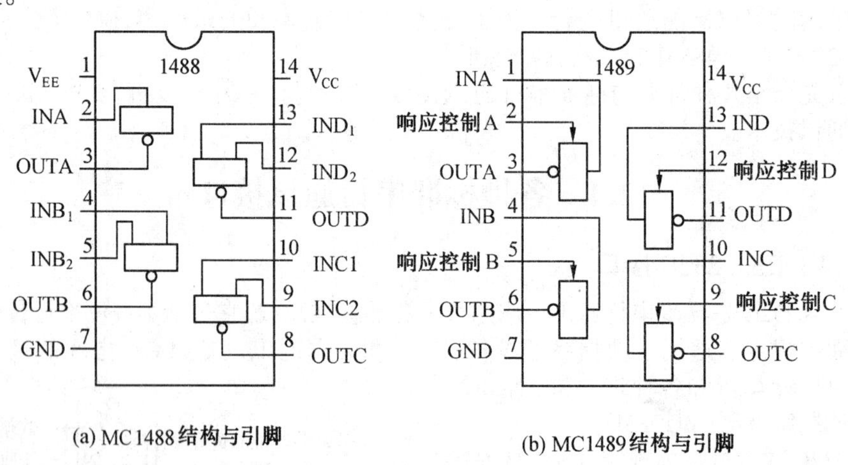

(a) MC1488结构与引脚　(b) MC1489结构与引脚

图 12.2　RS－232C 电平转换芯片

MC1488 内部有三个与非门和一个反相器，供电电压为 ±15V 或 ±12V，输入为 TTL 电平，输出为 RS－232C 电平。

MC1489 内部有四个反相器，输入为 RS－232C 电平，输出为 TTL 电平，供电电压为＋5V，MC1489 中每一个反相器都有一个控制端，高电平有效，可作为 RS－232C 操作的控制端，在控制端可接一滤波电容。TTL 与 RS－232C 的电平接口电路如图 12.3 所示。

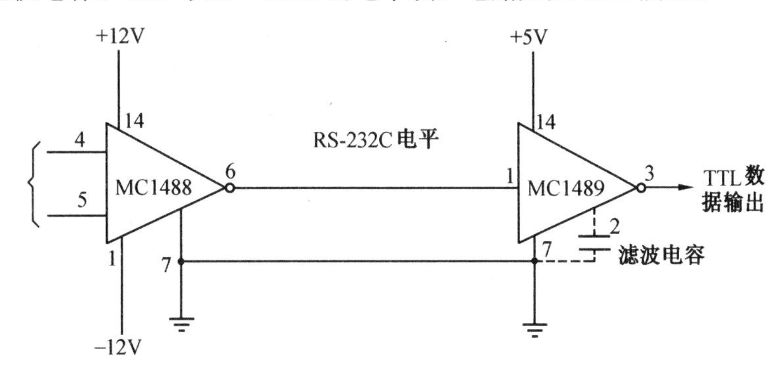

图 12.3　RS－232C 接口电平转换电路

12.1.2　RS－422A 接口

RS－232C 虽然应用很广，但因其推出较早，在现代网络通讯中已暴露出明显的缺点：数传速率低、通讯距离短、接口处信号容易产生串扰等。鉴于此，EIA 制定出了 RS－422A 标准。RS－232C 既是一种电气标准，又是一种物理接口功能标准，而 RS－422A 是一种电气标准，它可以通过 RS－232C 的物理接口标准实现。

1.电气特性

RS－422A 标准规定了差分平衡的电气接口，它采用平衡驱动和差分接收的方法。这相当于两个单端驱动器，输入同一个信号时，其中一个驱动器的输出永远是另一个驱动器的反相信号。于是两条线上传输的信号电平，当一个表示逻辑"1"时，另一条一定为逻辑"0"。当干扰信号作为共模信号出现时，接收器接收差分输入电压，只要接收器有足够的抗共模电压工作范围，就能识别两个信号并正确接收传输的信息。因此，RS－422A 能在长距离、高速率下传输数据。它的最大传输率为 10 Mbit/s，在此速率下，电缆允许长度为 12m，如果采用较低传输速率时，最大距离可达 1200 m。

RS－422A 电路由发送器、平衡连接电缆、电缆终端负载、接收器四部分组成。在电路中规定只许有一个发送器，可有多个接收器，因此，通常采用点对点通讯方式。该标准允许驱动器输出为 ± 2～ ± 6V，接收器可以检测的输入信号电平可低到 200 mV。

2.电平转换

TTL 电平转换成 RS－422A 电平的常用芯片有 SN75172、SN75174、MC3487、AM26LS30、AM26LS31、UA9638 等。器件特性为：最大电缆长度 1.2km，最大数传率为 10Mbit/s，无负载输出电压≤6V，加负载输出电压≥2V，断电下输出阻抗≥4kΩ，短路输出电流≤150mA。

RS－422A 电平转换成 TTL 电平的常用芯片有：SN75173、SN75175、MC3486、AM26LS32、AM26LS33、UA9637 等。器件特性为：输入阻抗≥4 kΩ，阈值为 －0.2V～ ＋0.2V，最大输入电压为 ± 12V。

图 12.4，图 12.5 分别给出了电平转换芯片 SN75174、SN75175 内部结构及引脚图。

表 12.2，表 12.3 为对应 SN75174、SN75175 芯片的功能表。

SN75174、SN75175 分别是具有三态输出的单片四差分驱动器和接收器，其设计符合 EIA 标准 RS－422A 规范，采用 ＋5V 电源供电，功能上可分别与 C3487、MC3486 互换。TTL 电平与 RS－422A 电平转换电路如图 12.6 所示。

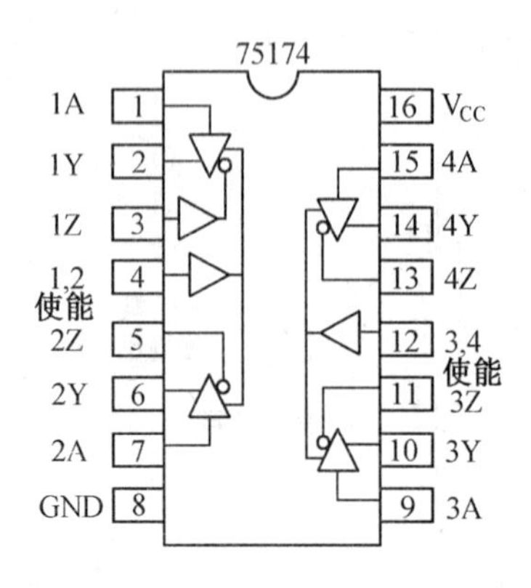

图 12.4 RS-422A 电平转换芯片 SN75174

图 12.5 RS-422A 电平转换芯片 SN75175

表 12.2 SN75174 功能表(每个驱动器)

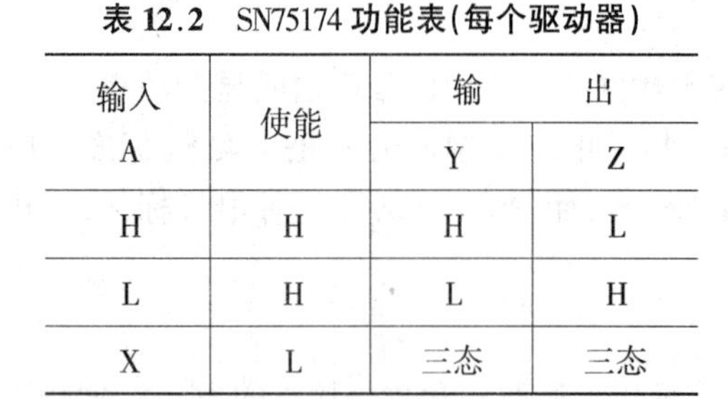

输入 A	使能	输出	
		Y	Z
H	H	H	L
L	H	L	H
X	L	三态	三态

表 12.3 SN75175 功能表(每个接收器)

差分输入 V_{ID} A-B	使 能	输出 Y
$V_{ID}>0.2$	H	H
$-0.2V<V_{ID}<0.2V$	H	X
$V_{ID}<-0.2V$	H	L
X	L	三态

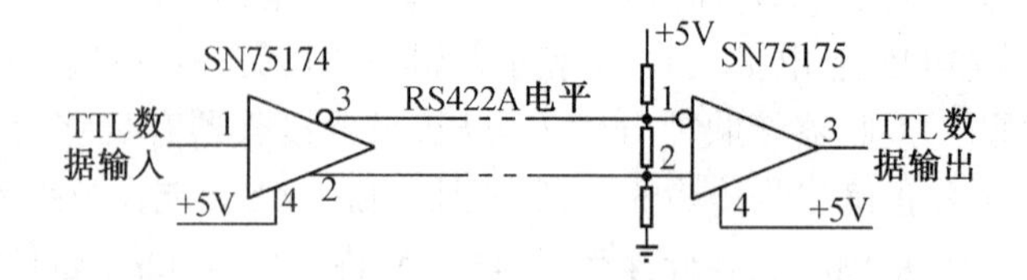

图 12.6 RS-422A 接口电平转换电路

12.1.3 RS-485 接口

1.电气特性

RS-485 是 RS-422A 的变型,它与 RS-422A 的区别在于:RS-422A 为全双工,采用两对平衡差分信号线;而 RS-485 为半双工,采用一对平衡差分信号线。RS-485 对于多站互连是十分方便的。RS-485 标准允许最多并联 32 台驱动器和 32 台接收器。总线两端接匹配电阻(100Ω 左右),驱动器负载为 54 Ω。驱动器输出电平在 -1.5V 以下时为逻辑"1",在 +1.5V 以上时为逻辑"0"。接收器输入电平在 -0.2V 以下时为逻辑"1",在 +0.2V 以上为逻辑"0"。RS-485 传输速率最高为 10Mbit/s,最大电缆长度为 1200m。

2.电平转换

在 RS-422A 标准中所用的驱动器和接收器芯片,在 RS-485 中均可使用。除了 RS-422A 电平转换中所列举的驱动器和接收器外,还有收发器 SN75176 芯片,该芯片集成了一差分驱动器和一差分接收器,如图 12.7 所示。SN75176 的功能见表 12.4。

表 12.4 SN75176 功能表

驱动器			
输入	使能	输出	
D	DE	A	B
H	H	H	L
L	H	L	H
X	L	三态	三态
接收器			
差分输入 V_{ID} A - B		使能 $\overline{RE}$	输出 R
$V_{ID} \geq 0.2V$		L	H
$-0.2V < V_{ID} < +0.2V$		L	X
$V_{ID} \leq -0.2V$		L	L
X		H	三态

RS - 485 点对点远程通讯电路图如图 12.8 所示。在图 12.8 中,某一时刻两个站中只有一个站可以发送数据,而另一个站只能接收,因此,其发送电路必须由使能端加以控制。

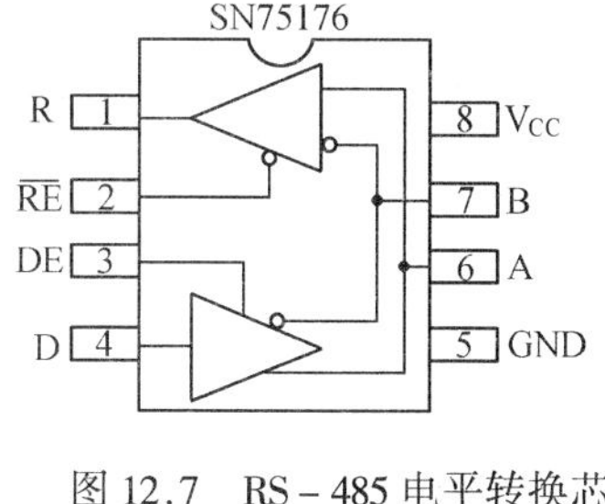

图 12.7 RS - 485 电平转换芯片 SN75176

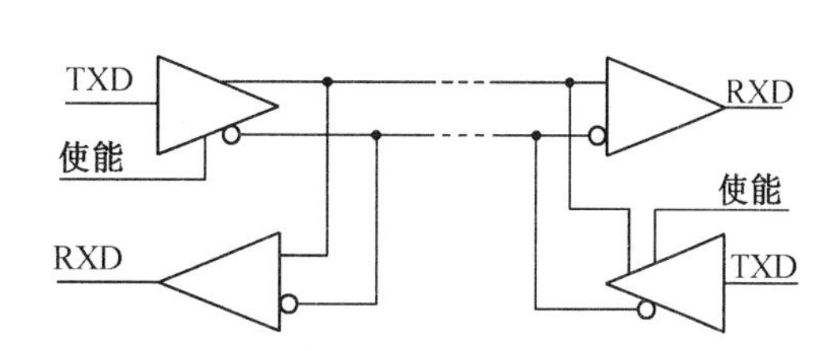

图 12.8 RS - 485 点对点远程通讯电路图

12.1.4 20 mA 电流环串行接口

20 mA 电流环串行接口也是目前串行通讯中广泛使用的一种接口电路,但未形成正式标准。这种接口要比 RS - 232C 接口简单的多,它只有 4 根线:发送正、发送负、接收正和接收负四根线组成一个输入电流回路、一个输出电流回路。当发送数据时,根据数据的逻辑 1、0,有规律的使回路形成通、断状态,即环路中无电流表示逻辑 0,有 20 mA 电流时表示逻辑 1。20mA 电流环工作原理如图 12.9 所示。

电流环路串行通讯接口的最大优点是低阻传输线对电气噪声不敏感,而且,易实现光电隔离。因此,在长距离传送时,要比 RS - 232C 优越得多。电流环在低速度传输时,传输距离可达 1000 米。

由于 20mA 电流环是一种异步串行接口标准,所以在每次发送数据时必须以无电流的起始作为每一个字符的起始位,接收端检测到起始位时便开始接收字符数据。

图 12.10 是一个由集成芯片构成的 20mA 电流环接口线路图。

12.1.5 各种串行接口性能比较

现将 RS - 232C、RS422A、RS - 485、20mA 电流环各串行接口性能列在表 12.5 中,以便比较。

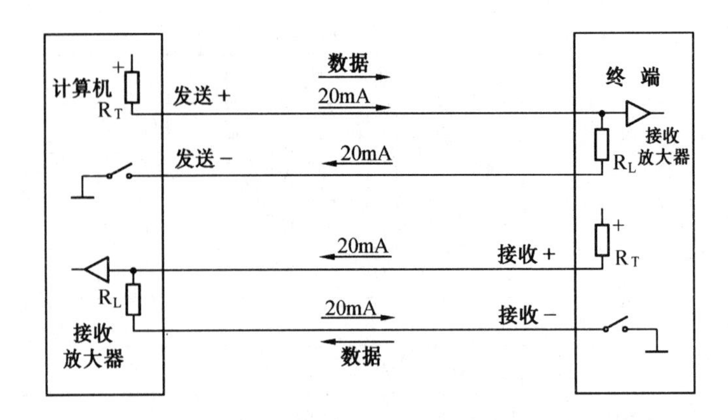

图 12.9　20mA 电流环原理图

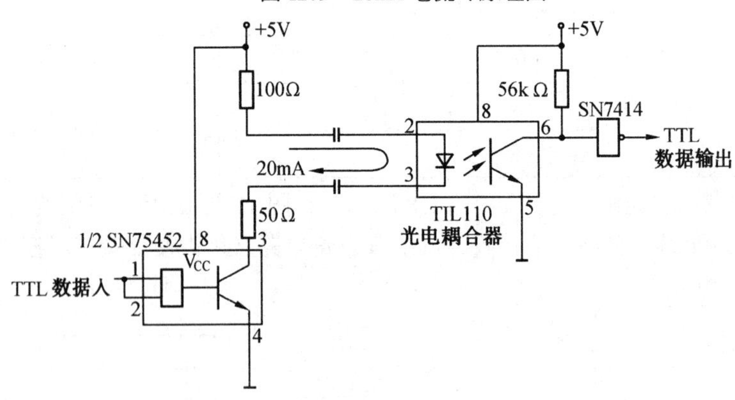

图 12.10　集成芯片构成的 20mA 电流环接口电路

表 12.5　各种串行接口性能比较表

接口 性能	RS－232C	RS－422A	RS－485	20mA 电流环
功　　能	双向，全双工	双向，全双工	双向，半双工	双向，全双工
传输方式	单端	差分	差分	20mA 电流通断
逻辑“0”电平	3～15V	2～6V	1.5～6V	0mA
逻辑“1”电平	－3～－15V	－2～－6V	－1.5～－6V	20mA
最大速率	20k bit/s	10M bit/s	10M bit/s	/
最大距离	30m	1200m	1200m	1000m
驱动器加载输出电压	±5～±15V	±2V	±1.5V	/
接收器输入敏感度	±3V	±0.2V	±0.2V	/
接收器输入阻抗	3～7kΩ	＞4kΩ	＞7kΩ	/
组态方式	点对点	1 台驱动器 10 台接收器	32 台驱动器 32 台接收器	点对点
抗干扰能力	弱	强	强	强
传输介质	扁平或多芯电缆	二对双绞线	一对双绞线	扁平或多芯 电缆
常用驱动器芯片	MC1488	SN75174 MC3487	SN75174，MC3487， SN75176	/
常用接收器芯片	MC1489	SN75175 MC3486	SN75175，MC3486， SN75176	/

12.2　MCS－51 单片机双机串行通讯技术

12.2.1　双机通讯接口设计

根据 8031 单片机双机通讯距离，抗干扰性等要求，可选择 TTL 电平传输，或选择 RS－232C、RS－422A、RS－485 串行接口进行串行数据传输。

1.TTL 电平通讯接口

如果两个 8031 应用系统相距在 1 米之内，它们的串行口可直接相连，从而实现了双机通讯。如图 12.11 所示。

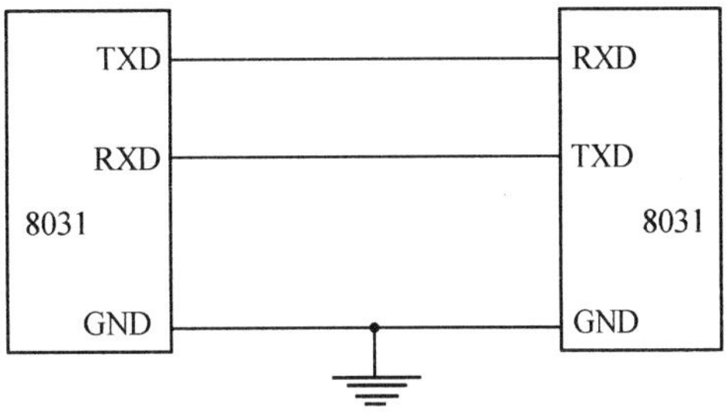

图 12.11　用 TTL 电平传输方法实现双机串行通讯的接口电路

2.RS－232C 双机通讯接口

如果双机通讯距离在 30 米之内，可利用 RS－232C 标准接口实现双机通讯，接口电路如图 12.12 所示。

3.RS－422A 双机通讯接口

为了增加通讯距离，减小通道及电源干扰，可以在通讯线路上采用光电隔离方法，利用 RS－422A 标准进行双机通讯，接口电路如图 12.13 所示。

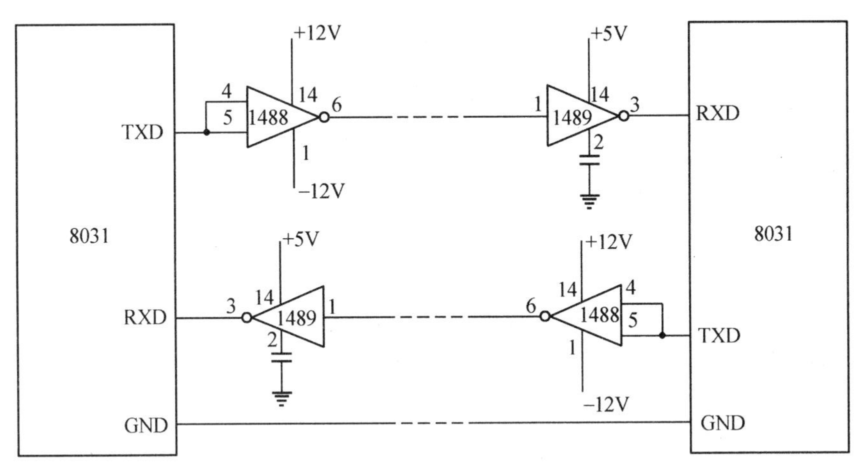

图 12.12　RS－232C 双机通讯接口电路

在图 12.13 中，每个通道的接收端都接有三个电阻 R1、R2、R3，其中 R1 为传输线的匹配电阻，取值范围在 50Ω～1kΩ 之间，其他两个电阻是为了解决第一个数据的误码而设置的匹配电阻。为了起到隔离、抗干扰的作用，图 12.13 中必须使用两组独立的电源。

4.RS－485 双机通讯接口

RS－422A 双机通讯需四芯传输线，这对工业现场的长距离通讯是很不经济的，故在工业现场，通常采用双绞线传输的 RS－485 串行通讯，这种接口很容易实现多机通讯。图 12.14 给出了其 RS－485 双机通讯接口电路。

由图 12.14 可知：RS－485 以双向、半双工的方式实现了双机通讯。在 8031 系统发送或接收数据前，应先将 75176 的发送门或接收门打开，当 P1.0＝1 时，发送门打开，接收门关闭；当 P1.0＝0 时，接收门打开，发送门关闭。

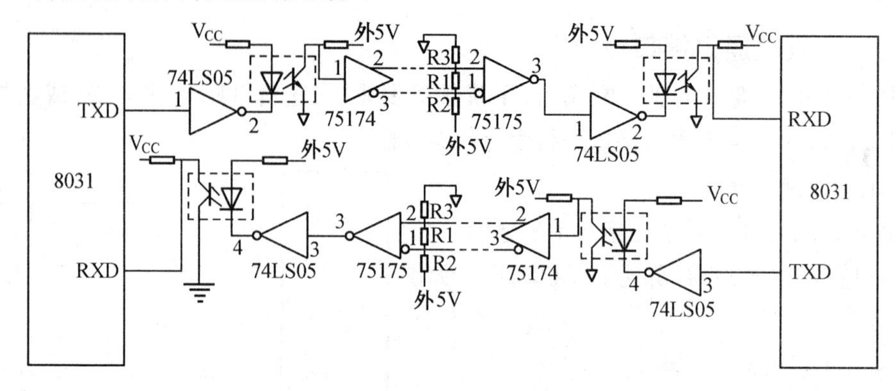

图 12.13　RS－422A 双机通讯接口电路

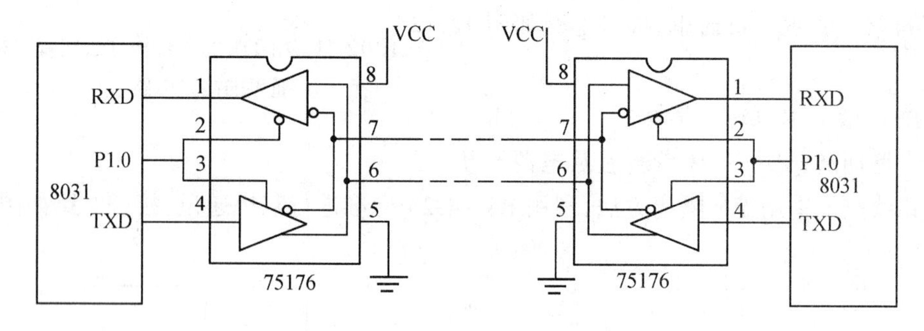

图 12.14　RS－485 双机通讯接口电路

12.2.2　双机通讯软件设计

除 RS－485 串行通讯外，TTL、RS－232C、RS－422A 双机通讯的软件设计方法是一样的，下面举一例加以说明，有关 RS－485 串行通讯软件的设计方法将在12.5一节中介绍。

1.通讯协议

为确保通讯成功，通讯双方必须在软件上有一系列的约定，通常称为通讯协议。本例规定双机异步通讯的协议如下：

(1) 通讯的甲、乙双方均可发送和接收。

(2) 通讯波特率为 2400 波特，定时器 T1 工作在方式 2，对于 6MHz 时钟频率，计数常数为 F3H，SMOD＝1。

(3) 双方均采用串行口方式 3。

(4) 欲发送或接收的数据块首地址存放在 64H、63H，其中 64H 为首地址高字节暂存单元，63H 为首地址字节暂存单元；数据块长度存放在 62H、61H 中，其中 62H 为数据长度高字节暂存单元，61H 为数据长度低字节暂存单元。

(5) 发送或接收的数据格式为：

双字节地址	双字节数据个数 n	数据 1	…	数据 n	累加校验和

双字节地址：低地址字节在前，高地址字节在后；

双字节数据个数：数据个数的低字节在前，高字节在后；

数据1～数据n:所通讯的n字节数据;

累加校验和:为双字节地址,双字节数据个数n,数据1,…,数据n这n+4个字节的算术累加和,用作校验。

(6) 接收方接收到校验和后,判断接收的数据是否正确。若接收正确,向发送方回发0FH信号,否则,回发F0H信号。

(7) 甲、乙双方均采用串行口中断方式接收和发送数据。

2.中断方式双机通讯软件设计

根据上述通讯协议,设计的数据发送、接收程序框图如图12.15、图12.16、图12.17所示。

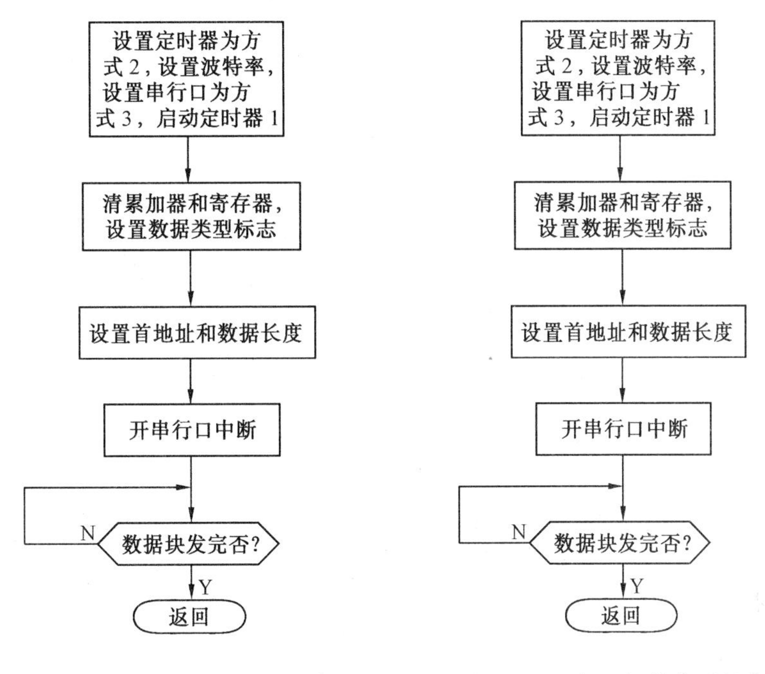

图12.15 甲、乙机发送子程序框图

图12.16 甲、乙机接收子程序框图

在主程序中,如某一方需要发送时,调用发送子程序,另一方则调用接收子程离,反之亦然。

主程序结构如下:

```
        ORG     0000H
        LJMP    START
        ORG     0023H
        LJMP    INT
        ORG     0030H
        START:  (略)
```

在接收子程序中,假设接收到的数据存放在以1000H为首地址的外部RAM区中;数据个数为100H;65H中存累加和;7FH为数据类型标志位;R2中的数用来确定接收到的数是地址还是数据个数。

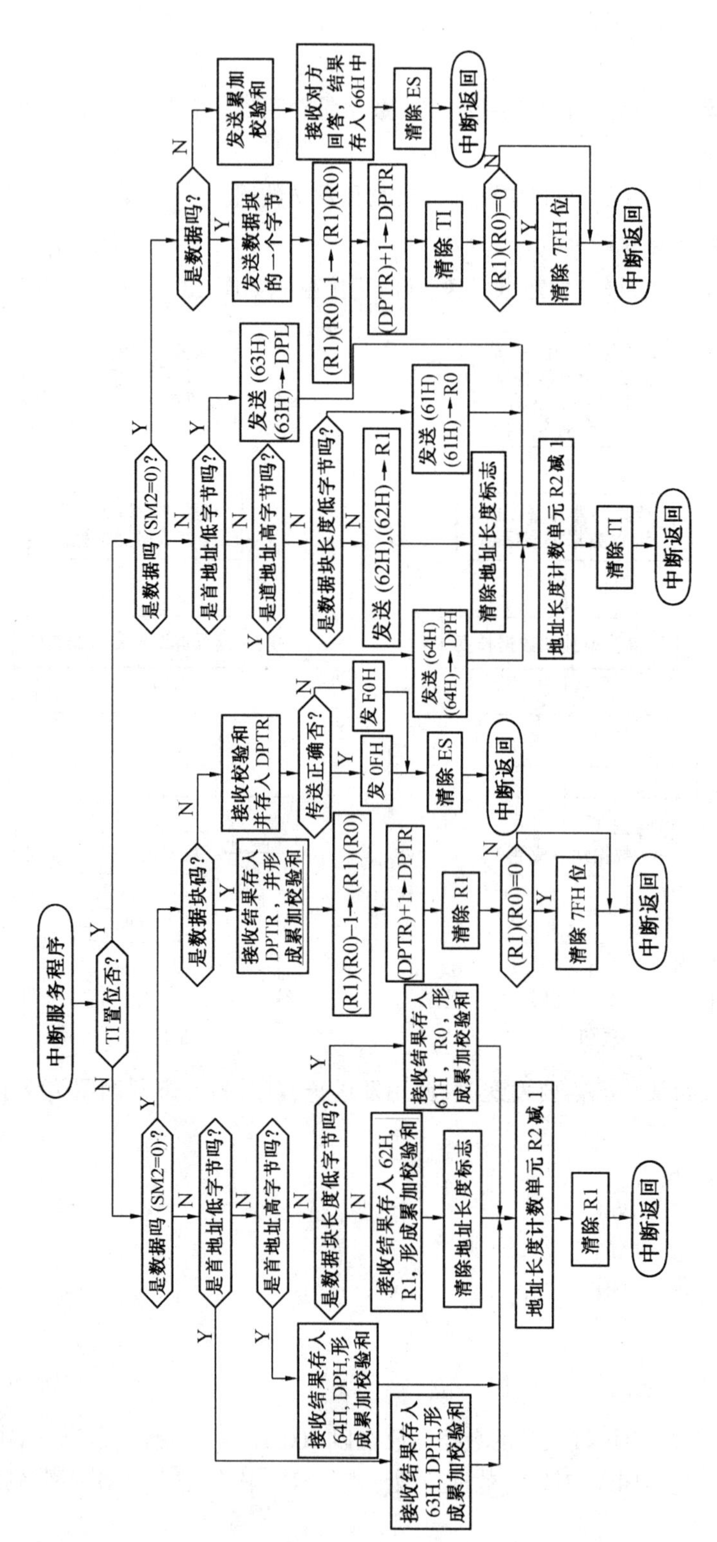

图 12.17　甲、乙机串行中断服务子程序框图

甲、乙机接收子程序 RX:

```
RX:     MOV     R2, # 03H
        MOV     TMOD, # 20H     ;定时器 T1 为方式 2,波特率 2400
        MOV     TH1, # F3H
        MOV     TL1, # 0F3H
        MOV     SCON, # 0F0H    ;串行口方式 3,允许接收
        MOV     PCON, # 80H
        SETB    TR1             ;启动定时器
        SETB    7FH             ;标志位初始化置 1
        MOV     65H, # 00H      ;清累加和寄存器
        MOV     64H, # 10H      ;规定接收数据存入首地址为 1000H 外存中
        MOV     63H, # 00H
        MOV     62H, # 01H      ;数据个数为 100H
        MOV     61H, # 00H
        SETB    EA              ;开中断
        SETB    ES              ;允许串行口中断
WAIT1:  JB      ES,WAIT1        ;没接收完,等待
        RET
```

在发送子程序中,假设发送的数据首地址为 2000H;发送的数据个数为 100H;累加和寄存器为 65H;7FH 为数据类型标志位;R2 中的数表示发送的是地址还是数据个数;66H 中为数传成功标志。

甲、乙机发送子程序 TX:

```
TX:     MOV     R2, # 03H
        MOV     TMOD, # 20H     ;定时器 T1 为方式 2,波特率 2400
        MOV     TH1,0F3H
        MOV     TL1,0F3H
        MOV     SCON,0E0H       ;串行口方式 3,不允许接收
        MOV     PCON, # 80H
        SETB    TR1             ;启动定时器
        SETB    7FH             ;标志位初始化置 1
        MOV     65H, # 00H      ;清累加和寄存器
        MOV     64H, # 20H      ;发送数据首地址为 2000H
        MOV     63H, # 00H
        MOV     62H, # 01H      ;数据个数 100H
        MOV     61H, # 00H
        SETB    EA              ;开中断
        SETB    ES              ;允许串行口中断
WAIT2:  JB      ES,WAIT2        ;没发送完,等待
        RET
```

甲乙机串行口中断发送或接收子程序 INT:

```
INT:    JB      TI,SND          ;TI = 1 转发送程序
        SJMP    RCV             ;转换收程序
SND:    MOV     C,SM2
```

```
         JNC     SBATCH          ;SM2=0 转发送数据程序,SM2=1 发送首地址和数据块长度
         CJNE    R2,#03H,TT1     ;R2≠#03H 转 TT1
         MOV     SBUF,63H        ;R2=#03H,发送首地址低字节
         MOV     DPL,63H
         SJMP    TT4
TT1:     CJNE    R2,#02H,TT2     ;R2≠#02H 转 TT2
         MOV     SBUF,64H        ;R2=#02H 发送首地址高字节
         MOV     DPH,64H
         SJMP    TT4
TT2:     CJNE    R2,#01H,TT3     ;R2≠#01H 转 TT3
         MOV     R0,61H          ;R2=#01H 发送数据块长度低字节
         MOV     SBUF,R0
         SJMP    TT4
TT3:     MOV     R1,62H          ;R2=#00H 发送数据块长度高字节
         MOV     SBUF,R1
         CLR     SM2             ;清除发送地址和数据块长度标志
TT4:     DEC     R2
         CLR     TI
         RETI
SBATCH:  JB      7FH,TXDATA      ;7FH=1 转发送数据块
         MOVX    A,@DPTR
         MOV     SBUF,A          ;发送累加校验和
WAIT3:   JNB     TI,WAIT3        ;等待发完
         CLR     TI
         SETB    REN             ;允许接收
WAIT4:   JNB     RI,WAIT4        ;等待接收对方回答
         MOV     A,SBUF
         MOV     66H,A           ;回答信息存入 66H 中,以备主程序判断是否重发
         CLR     RI
         CLR     REN             ;禁止接收
         CLR     ES              ;禁止串行中断
         RETI
TXDATA:  MOVX    A,@DPTR         ;发送数据块
         MOV     SBUF,A
         CJNE    R0,#00H,TT5     ;数据块长度低字节≠#00H,转 TT5
         DEC     R1              ;数据块长度低字节=#00H 时,高字节减 1
TT5:     DEC     R0              ;数据块长度低字节减 1
         INC     DPTR            ;地址增 1
         CLR     TI
         CJNE    R1,#00H,RPT1
         CJNE    R0,#00H,RPT1    ;数据块长度高低字节均为 0 时,中断返回
         CLR     7FH             ;清除发送数据块标志
RPT1:    RETI
RCV:     MOV     C,SM2
```

```
         JNC     RBATCH          ;SM2 = 0 转换接收数据程序,SM2 = 1 接收首地址和数据块长度
         CJNE    R2, #03H,RR1    ;R2≠ #03H 转 RR1
         MOV     DPL,SBUF        ;R2 = #03H 接收首地址低字节
         MOV     63H,DPL
         MOV     A,65H           ;形成校验和
         ADD     A,63H
         MOV     65H,A
         SJMP    RR4
RR1:     CJNE    R2, #02H,RR2    ;R2≠ #02H 转 RR2
         MOV     DPH,SBUF        ;R2 = 02H 接收首地址高字节
         MOV     64H,DPH
         MOV     A,65H           ;形成校验和
         ADD     A,64H
         MOV     65H,A
         SJMP    RR4
RR2:     CJNE    R2, #01H,RR3    ;R2 = #01H 转 RR3
         MOV     R0,SBUF         ;R2 = #02H 接收数据块长度低字节
         MOV     61H,R0
         MOV     A,65H           ;形成校验和
         ADD     A,61H
         MOV     65H,A
         SJMP    RR4
RR3:     MOV     R1,SBUF         ;接收数据块长度高字节
         MOV     62H,R1
         MOV     A,65H           ;形成校验和
         ADD     A,62H
         MOV     65H,A
         CLR     SM2             ;清除接收地址和数据块长度标志
RR4:     DEC     R2
         CLR     RI
         RETI
RBATCH:  JB      7FH,RXDATA      ;7FH = 1 转接收数据块
         MOV     A,SBUF          ;接收累加校验和
         MOVX    @DPTR,A
         CLR     RI
         CJNE    A,65H,ERR       ;判断传送是否正确,正确回发 0FH,不正确回发 F0H
         MOV     A, #0FH         ;发送成功信息 0FH
         MOV     SBUF,A
WAIT5:   JNB     TI,WAIT5
         CLR     TI
         SJMP    ENDD
ERR:     MOV     A, #0F0H        ;发送失败信息 F0H
         MOV     SBUF,A
WAIT6:   JNB     TI,WAIT6
```

```
        CLR     TI
ENDD:   CLR     ES              ;禁止串行口中断
        RETI
RXDATA: MOV     A,SBUF          ;接收数据块
        MOVX    @DPTR,A
        ADD     A,65H           ;形成校验和
        MOV     65H,A
        INC     DPTR            ;地址增 1
        CJNE    R0,#00H,RR5
        DEC     R1              ;数据块长度低字节 = #00H 时,高字节减 1
RR5:    DEC     R0              ;数据块长度低字节减 1
        CLR     RI
        CJNE    R1,#00H,RPT2
        CJNE    R0,#00H,RPT2    ;数据块长度高低字节均为 0 时,中断返回
        CLR     7FH             ;清除接收数据块标志
RPT2:   RETI
```

12.3　MCS－51 的多机通讯技术

12.3.1　多机通讯原理

在 MCS－51 单片机多机通讯中,要保证主机与从机间可靠的通讯,必须保证通讯接口具有识别功能,而串行口控制寄存器 SCON 中的控制位 SM2 就是为满足这一要求而设置的。当串行口以方式 2(或方式 3)工作时,发送和接收的每一帧信息都是 11 位,其中第 9 数据位是可编程位,通过对 SCON 的 TB8 赋予 1 或 0,以区别发送的是地址帧还是数据帧(规定地址帧的第 9 位为 1,数据帧的第 9 位为 0)。若从机的控制 SM2 = 1,则当接收的是地址帧时,数据装入 SBUF,并置 RI = 1 向 CPU 发出中断请求;若接收的是数据帧,则不产生中断标志,信息将抛弃。若 SM2 = 0,则无论是地址帧还是数据帧都产生 RI = 1 中断标志,数据装入 SBUF。因此,我们可规定具体的通讯过程如下:

(1) 使所有从机的 SM2 位置 1,处于只接收地址帧的状态。

(2) 主机发送一帧地址信息,其中包含 8 位地址,第 9 位为 1,以表示发送的是地址。

(3) 从机接收到地址帧后,各自将接收到的地址与其本身地址相比较。

(4) 被寻址的从机,清除其 SM2,未被寻址的其他从机仍维持 SM2 = 1 不变。

(5) 主机发送数据或控制信息(第 9 位为 0)。对于已被寻址的从机,因 SM2 = 0,故可以接收主机发送过来的信息。而对于其他从机,因 SM2 维持为 1,对主机发来的数据帧将不予理睬,直至发来新的地址帧。

(6) 当主机改为与另外从机联系时,可再发出地址帧寻址其从机。而先前被寻址过的从机在分析出主机是对其他从机寻址时,恢复其 SM2 = 1,对随后主机发来的数据帧不加理睬。

12.3.2　多机通讯接口设计

1.TTL 电平多机全双工通讯连接方式

当一台主机与多台从机之间距离较近时,可直接用 TTL 电平进行多机通讯,多机通讯连接方式如图 12.18 所示。

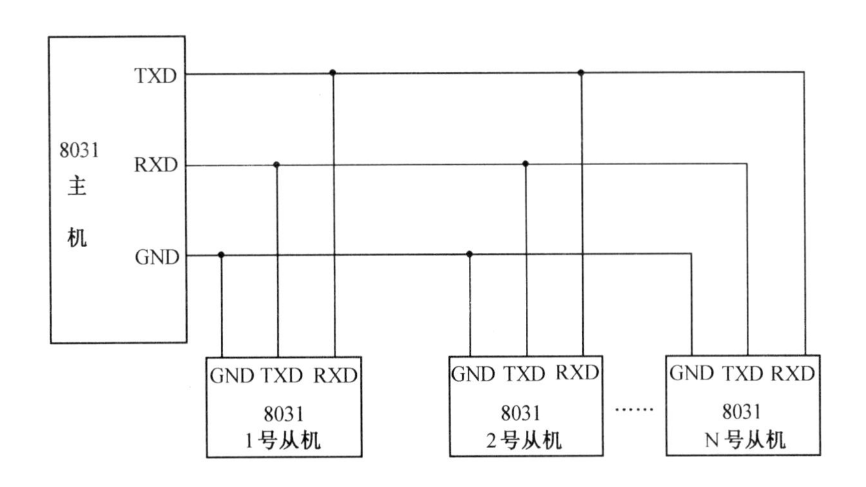

图12.18　多机全双工通讯连接方式

由于8031单片机P3口可带4个LSTTL,故在图12.18中,N的取值范围应为N≤4。

2. 20mA电流环多机通讯接口设计

用TTL电平进行多机通讯时,有效通讯距离约1米左右,这在实际中往往不能满足要求。20mA电流环多机通讯不仅提高了通讯的抗干扰能力,而且实现了远距离通讯。

20mA电流环串行多机通讯原理电路如图12.19所示。

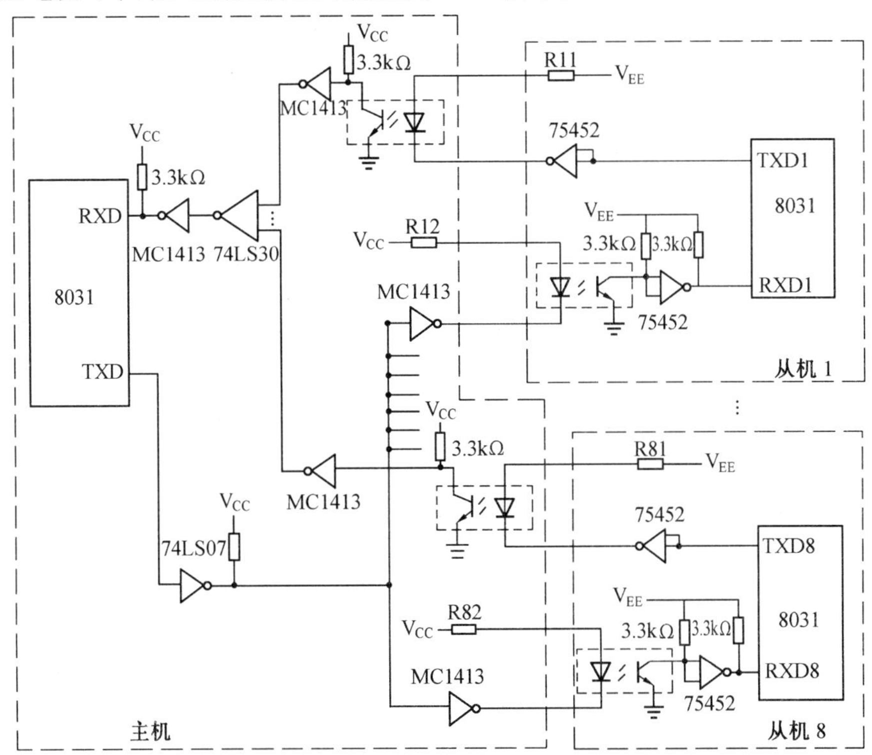

图12.19　20mA电流环多机串行通讯接口电路图

在图12.19中,光电耦合器采用TIL113。所有从机采用的与非门均为DS75452N,主机所用非门为MC1413,实现了一台主机与8台从机之间的通讯。如图12.19可见,主机发送信息时,

8 台从机均可接收，从机发送信息时，仅主机接收，从而实现了主从式多机通讯。

图 12.19 中，R11，R12，…，R81，R82 的选取原则是，保证环路中电流为 20mA。以从机 1 与主机之间的通讯为例，说明 R11，R12 的选取方法。设主机与从机之间的通讯距离为 600 米，每 200 米通讯线电阻为 1 Ω，则通讯线总电阻为 6 Ω，TIL113 中发光二极管两端电压约 2V，MC1413 输出低电平约 0.3V，则 R11，R12 为

$$R11 = R12 = \frac{5-2-0.3}{0.02} - 6 \approx 130\Omega$$

12.3.3　多机通讯软件设计

1.软件协议

通讯须符合一定的规范。一般通讯协议都有通用标准，协议较完善，但很复杂。为叙述方便起见，这里仅规定几条很不完善的协议：

(1) 系统中允许有 8 台从机(见图 12.19)，其地址分别为 01H～08H。

(2) 地址 FFH 是对所有从机都起作用的一条控制命令，命令各从机恢复 SM2＝1 状态。

(3) 主机和从机的联络过程为：主机首先发送地址帧，被寻址从机返回本机地址给主机，在判断地地址相符后主机给被寻址从机发送控制命令，被寻址从机根据其命令向主机回送自己的状态，若主机判断状态正常，主机开始发送或接收数据，发送或接收的第一个字节是数据块长度。

(4) 假定主机发送的控制命令代码为：

00：要求从机接收数据块；

01：要求从机发送数据块；

其他：非法命令。

(5) 从机状态字格式为：

D7	D6	D5	D4	D3	D2	D1	D0
ERR	0	0	0	0	0	TRDY	RRDY

其中：若 ERR＝1，从机接收到非法命令；

　　若 TRDY＝1，从机发送准备就绪；

　　若 RRDY＝1，从机接收准备就绪。

2.主机查询、从机中断方式的多机通讯软件设计

在实际应用中，经常采用主机查询、从机中断的通讯方式。主机程序部分以子程序方式给出，要进行串行通讯时，可直接调用；从机部分以串行口中断服务方式给出，其中断入口地址为 0023H。若从机未作好接收或发送准备，就从中断程序返回，在主程序中作好准备。主机应重新和从机联络，使从机再次执行串行口中断服务程序。

(1)主机串行通讯子程序

主机程序部分以子程序(名为 MCOM)的方法给出，要和从机通讯时，可以直接调用该子程序。主机在接收或发送完一个数据块后可返回主程序，以便完成其他任务。但在调用这个程序之前，必须在有关寄存器内预置入口参数，现规定：

入口参数：(R2)—被寻址从机地址；

　　　　(R3)—主机命令(00H 或 01H)；

　　　　(R4)—数据块长度；

(R0)—主机发送的数据块首址；

(R1)—主机接收的数据块首址。

例如，若主机向 5 号从机发送数据块，数据块放置在内部 RAM 区的 50H～5FH 单元中，则在主程序中调用该子程序 MCOM 的方法是：

```
MOV     R2, # 05H
MOV     R3, # 00H
MOV     R4, # 10H
MOV     R0, # 50H
LCALL   MCOM
```

若主机要求 5 号从机发送数据给主机，接收的数据放在 60H 开始的单元，则在主程序中调用该子程序 MCOM 的方法是：

```
MOV     R2, # 05H
MOV     R3, # 01H
MOV     R1, # 60H
LCALL   MCOM
```

在调用 MCOM 后，在 60H 单元存放有接收的数据块长度，60H 以后的单元存放有 5 号从机发过来的数据，供主机处理。

主机查询方式程序框图见图 12.20。

MCOM 子程序清单：

```
MCOM:      MOV    TMOD, # 20H     ;初始化 T1 为定时器方式，方式 2
           MOV    TL1, # 0F3H     ;置计数常数
           MOV    TH1, # 0F3H
           SETB   TR1             ;启动定时器 T1
           MOV    PCON, # 80H     ;SMOD = 1
           MOV    SCON, # 0D8H    ;串行口方式 3，允许接收，TB8 = 1
TX-ADDR:   MOV    A, P2           ;发送地址帧
           MOV    SBUF, A
LOOP1:     JNB    TI, LOOP1
           CLR    TI
RX-REPLY:  JBC    RI, IF-AGREE    ;等待从机应答
           SJMP   RX-REPLY
IF-AGREE:  MOV    A, SBUF         ;判断应答地址相符否？
           XRL    A, R2
           JZ     TX-COMD
COMEBAKE:  MOV    A, # 0FFH       ;重新联络
           SETB   TB8
           MOV    SBUF, A
LOOP2:     JNB    TI, LOOP2
           CLR    TI
           SJMP   TX-ADDR
TX-COMD:   CLR    TB8             ;地址符合，TB8 置 0，准备送命令
           MOV    A, R3           ;R3 中的内容为控制代码
           MOV    SBUF, A         ;送命令
```

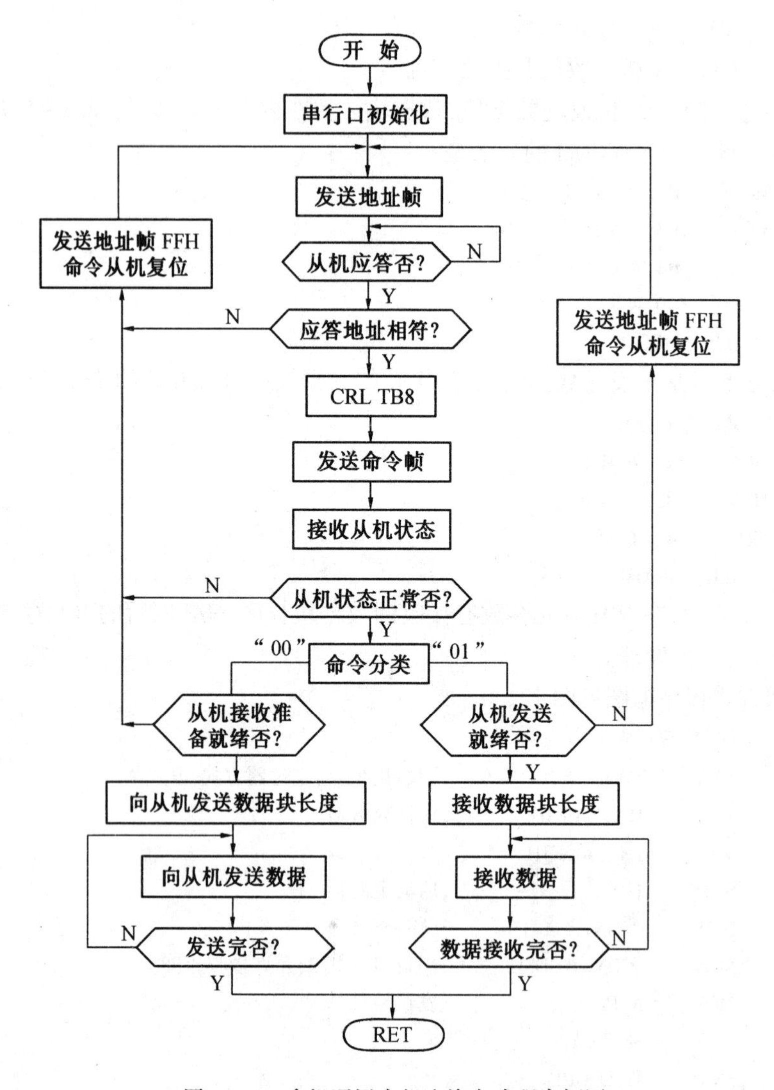

图 12.20　多机通讯主机查询方式程序框图

```
LOOP3:      JNB     TI,LOOP3
            CLR     TI
RX-STATE:   JBC     RI,IF-RIGHT         ;准备接收从机状态字节
            SJMP    RX-STATE
IF-RIGHT:   MOV     A,SBUF              ;判从机是否接到非法命令
            JNB     ACC.7,GO-ON         ;若从机正确接收到命令就继续,否则返回重新联络
            SJMP    COMEBAKE
GO-ON:      CJNE    R3,#00H,RECEIVE;要求从机发送就绪跳转
            JNB     ACC.0,COMEBAKE      ;从机接收未准备就绪,返回重新联络
TX-BYTES:   MOV     A,R4                ;发送数据块长度,R4 中内容为入口参数
            MOV     SBUF,A
WAIT1:      JBC     TI,TX-DATA
            SJMP    WAIT1
TX-DATA:    MOV     A,@R0               ;发送数据块
```

```
            MOV     SBUF,A
WAIT2:      JNB     TI,WAIT2
            CLR     TI
            INC     R0                ;指针指向下一个要发送的数据
            DJNZ    R4,TX-DATA        ;数据未发送完,继续发送
            RET                       ;发送数据完毕,返回主程序
RECEIVE:    JNB     ACC.1,COMEBAKE    ;从机发送未准备就绪,则跳转
RX-BYTES:   JNB     RI,RX-BYTES       ;接收数据块长度
            CLR     RI
            MOV     A,SBUF
            MOV     R4,A              ;数据块长度暂存R4,以作计数
            MOV     @R1,A             ;数据块长度保存
            INC     R1                ;指向存储数据地址
RX-DATA:    JNB     RI,RX-DATA        ;准备接收数据
            CLR     RI
            MOV     A,SBUF
            MOV     @R1,A             ;存放数据
            INC     R1                ;存放指针加1
            DJNZ    R4,RX-DATA        ;数据未接收完就继续
            RET                       ;反回主程序
```

上述主机串行通讯子程序在实际应用中可进一步完善,如增加校验处理、出错处理等。

(2)从机中断方式通讯程序

从机的串行通讯采用中断启动方式。在串行通讯启动后仍采用查询方式来接收或发送数据块。初始化程序安排在主程序中,中断服务程序选用工作寄存器1。本程序实例中用标志位PSW.1作发送准备就绪标志,PSW.5作接收准备就绪标志,由主程序置位。

程序中还规定发送数据放置在片内RAM区中,首址为50H单元,第一个数据为发送数据块的长度;接收数据存放在片内RAM区中,首址为60H单元,接收的第一个数据为数据块长度。从机中断方式程序框图如图12.21。

程序清单如下:

```
            ORG     0023H
            LJMP    SERVE             ;串行口中断服务程序入口
            ORG     0050H
START:      MOV     TMOD,#20H         ;定时器T1初始化,方式2
            MOV     TL1,#0F3H
            MOV     TH1,#0F3H
            SETB    TR1               ;启动定时器
            MOV     PCON,#80H         ;SMOD=1
            MOV     SCON,#0F0H        ;串行口工作方式3,允许接收,SM2=1
            MOV     08H,#50H          ;发送数据缓冲区首址→R0
            MOV     09H,#60H          ;接收数据缓冲区首址→R1
            SETB    EA                ;开中断
            SETB    ES                ;允许串行口中断
            LJMP    MAIN              ;转主程序(未给出),等待串行口中断
```

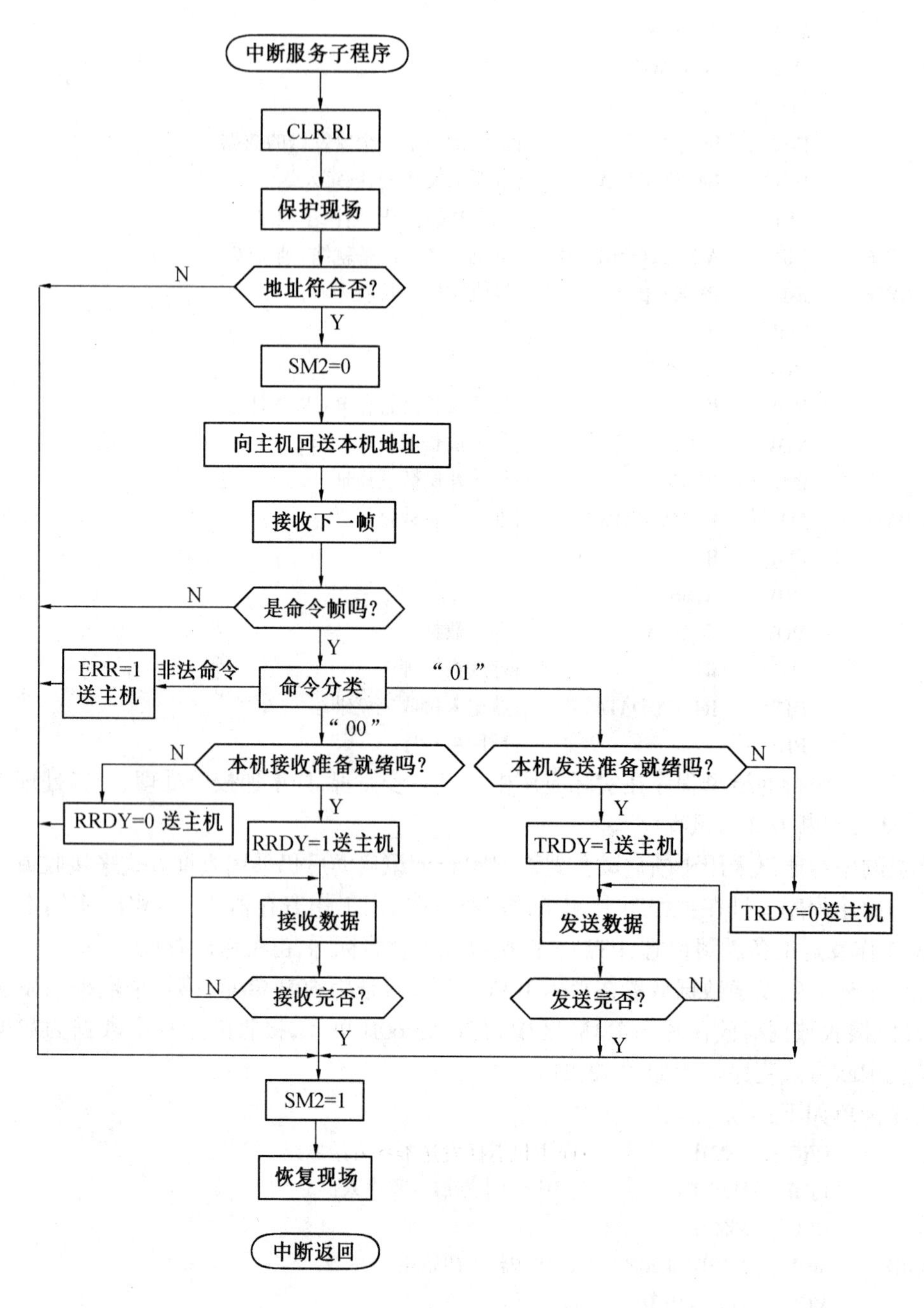

图 12.21　多机通讯从机中断方式程序框图

```
        …
SERVE:  CLR     RI
        PUSH    A               ;保护现场
        PUSH    PSW
        CLR     RS0             ;选工作寄存器 1 区
        SETB    RS1
        MOV     A,SBUF
        XRL     A,# MYADDR      ;MYADDR 为本从机地址
```

```
           JZ     IS-ME           ;地址符合,跳转
RETURN:    POP    PSW             ;恢复现场
           POP    A
           RETI                   ;中断返回
IS-ME:     CLR    SM2             ;地址符合,继续与主机通讯
           MOV    SBUF,#MYADDR    ;从机地址送回主机
LOOP1:     JNB    TI,LOOP1
           CLR    TI
RX-COMD:   JNB    RI,RX-COMD      ;接收主机命令
           CLR    RI
IF-RESET:  JNB    RB8,DO-WHAT     ;是命令帧跳转
           SETB   SM2             ;RB8=1 是复位信号,置 SM2=1 返回
           LJMP   RETURN
DO-WHAT:   MOV    A,SBUF          ;命令分析
           CJNE   A,#02H,NEXT1
NEXT1:     JC     NEXT            ;(A)<02H,是控制命令,跳转
           MOV    A,#80H          ;非法命令,置 ERR=1,向主机返回本机状态
           MOV    SBUF,A
LOOP2:     JNB    TI,LOOP2
           CLR    TI
           SETB   SM2
           LJMP   RETURN          ;返回
NEXT:      JZ     READY-RX        ;(A)=00H,是接收命令,跳转
READY-TX:  JB     PSW.1,TX-TRDY   ;PSW.1=1,发送准备就绪,跳转
           MOV    A,#00H          ;PSW.1=0,未准备好,置 TRDY=0,回送给主机
           MOV    SBUF,A
LOOP3:     JNB    TI,LOOP3
           CLR    TI
           SETB   SM2
           LJMP   RETURN
TX-TRDY:   MOV    A,#02H          ;向主机返回发送准备就绪标志
           MOV    SBUF,A
           CLR    PSW.1
WHAT1:     JNB    TI,WHAT1
           CLR    TI
           MOV    R4,@R0          ;数据块长度→R4
           INC    R4              ;数据块长度加 1
TX-DATA:   MOV    SBUF,@R0        ;发送数据块,发送的第一个字节是数据块长度
WHAT2:     JNB    TI,WHAT2
           CLR    TI
           INC    R0
           DJNZ   R4,TX-DATA
           SETB   SM2             ;发送完毕,置 SM2=1 返回
           LJMP   RETURN
```

```
READY-RX:JB      PSW.5,TX-RRDY  ;PSW.5=1,接收准备就绪,跳转
         MOV     A,#00H         ;PSW.5=0,未作好接收准备
         MOV     SBUF,A
LOOP4:   JNB     TI,LOOP4
         CLR     TI
         SETB    SM2
         LJMP    RETURN
TX-RRDY: MOV     SBUF,#01H      ;向主机报告接收准备就绪
         CLR     PSW.5
RX-BYTES:JNB     RI,RX-BYTES    ;接收数据块长度
         CLR     RI
         MOV     A,SBUF
         MOV     @R1,A          ;保存数据块长度
         INC     R1
         MOV     R4,A           ;数据块长度送 R4
RX-DATA: JNB     RI,RX-DATA     ;接收数据块
         CLR     RI
         MOV     @R1,SBUF
         INC     R1
         DJNZ    R4,RX-DATA     ;数据未接收完,继续
         SETB    SM2            ;数据接收完毕,恢复 SM2=1,使从机处于接收地址状态
         LJMP    RETURN
```

12.4　PC 机与 MCS－51 单片机的双机串行通讯

在实际应用系统中,经常需要由 PC 机和 MCS－51 单片机组成双机测控系统,因此,本节讨论 PC 机与单片机的通讯问题及接口设计。

12.4.1　PC 机异步通讯适配器

在 PC 机中,利用异步通讯适配器可实现异步串行通讯。该适配器的核心为可编程芯片 INS8250,目前的 PC 机中多为 16C550 或 16C554(内含 4 片 16C550),16C550 对 INS8250 是兼容的。下面仅以 8250 为例,来介绍对 8250 的编程,所介绍的编程软件对 16C550 也是适用的。

INS8250 的端口地址范围为 COM1:3F8H～3FFH,COM2:2F8H～2FFH,COM3:3E8H～3EFH,COM4:2E8H～2EFH。它可以与调制解调器配合实现远距离通讯,传输波特率为 50～9 600 波特。

串行通讯芯片 INS8250 可编程能力非常强,主要体现在:

(1) 传输速率可在 50～9 600 波特范围内编程选择。

(2) 传输的数据格式可选择 5、6、7 或 8 位字符,奇校验、偶校验或无校验位,1、1.5 或 2 位停止位。

(3) 具有控制 MODEM 功能和完整的状态报告功能。

(4) 具有线路隔离、故障模拟等内部诊断功能。

(5) 具有独立的中断优先控制能力。

INS8250 芯片(或 16C550、16C5540 芯片)的详细说明参阅有关资料。下面讨论该芯片的使

用方法。

1.8250的初始化

利用8250进行通讯时，首先要对其初始化，即设置波特率、通讯采用的数据格式、是否使用中断、是否自测试操作等。初始化后，则可采用程序查询方式或中断方式进行通讯。

(1) 设置波特率(假设为9600)

```
MOV    AL,10000000B    ;置 DLAB = 1
MOV    DX,3FBH         ;写入通讯线控制寄存器
OUT    DA,AL
MOV    AL,0CH          ;置产生 9600 波特率除数低位
MOV    DX,3F8H
OUT    DX,AL           ;写入除数锁存器低位
MOV    AL,00H          ;置产生 9600 波特率除数高位
MOV    DX,3F9H
OUT    DX,AL           ;写入除数锁存器高位
```

(2) 设置通讯数据格式

假设8位数据位，1位停止位，偶校验，编程如下：

```
MOV    AL,00011011B    ;设置数据格式
MOV    DX,3FBH         ;写入通讯线控制寄存器
OUT    DX,AL
```

(3) 设置操作方式

PC机异步通讯适配器中的8250中断输出(INTRPT)外接成受引脚$\overline{\text{OUT2}}$控制输出的三态门控制。只有当$\overline{\text{OUT2}}$信号为低时，并有INTRRT产生，中断信号才可通过此三态门。因此只要控制$\overline{\text{OUT2}}$输出，即可控制是否允许中断信号通过。对MODEM控制寄存器写入所要求的控制字，置位3为1，便可使$\overline{\text{OUT2}}$为低电平，三态门变成常通状态，可以在中断方式下工作(中断是否产生，还受中断允许寄存器的控制)。编程示例如下：

;不允许中断输出：

```
MOV    AL,03H          ;使OUT2为高，DTR、DTS有效
MOV    DX,3FCH
OUT    DX,AL
```

;允许中断输出：

```
MOV    DX,3FCH
MOV    AL,0BH          ;使OUT2为低，DTR、RTS有效
OUT    DX,AL
```

;自测工作方式：

```
MOV    AL,13H          ;自测试下若允许中断则应为 1BH
MOV    DX,3FCH
OUT    DX,AL
```

(4) 设置中断允许寄存器

假设禁止中断，编程如下：

```
MOV    AL,00H          ;禁所有中断的控制字
MOV    DX,3F9H
OUT    DX,AL           ;写入中断允许寄存器
```

若允许中断或允许 4 种类型的某几类中断，则可写入相应的控制字到中断允许寄存器中去。

2.发送字符的写入

CPU 在完成对 8250 的初始化后，就可以将需发送的字符，写入 8250 的发送保持器 THR。发送字符写入 THR，可以采用查询方式或中断方式。

(1)查询方式

若采用查询方式写入发送数据时，初始化编程要禁止发送保持器空中断，即使 IER 的 D1 位清 0。这种方式是用程序来测试 LSR 的 TBRE 位的状态，当检测到 TBRE = 0 时，说明 THR 已满，CPU 暂停写入；当检测到 TBRE = 1 时，说明 THR 已空，CPU 可以将下一次数据字符写入 THR。

(2)中断方式

若采用中断方式写入发送数据时，初始化编程要开放发送保持器空中断，即 IER 的 D1 位置 1。完成初始化编程后，CPU 就将要发送的第一个字符，写入发送缓冲器 THR，8250 自动将 THR 的内容送入发送移位寄存器。当数据由 THR 送入发送移位寄存器后，除了会使传输状态寄存器 LSR 的发送保持器空位 TBRE 置 1 外，还会使 INTRPT 输出引脚变为高电平，向 CPU 提出中断申请。当 CPU 响应中断，在中断服务程序中，CPU 将下一个字符写入到 THR。当字符写入 THR 后，自动使 LSR 的 TBRE 位清 0，并复位中断控制逻辑，在发送移位寄存器中的字符移位输出结束后，THR 的内容再次进入发送移位寄存器，又开始下一个字符的发送过程。

3.接收字符的读取

读取接收字符也可以采用查询方式或中断方式。

(1)查询方式

若采用查询方式读取接收的数据，初始化编程中要禁止接收数据出错中断和接收数据准备就绪中断。CPU 先读入 LSR 寄存器的内容，然后用程序去查询 LSR 的接收出错状态位，即 PE、FE、OE 和 IB 等位的状态。若有错误出现，就转出错处理；若接收过程无错误出现，就 LSR 查询的 D0 标志，当 DR = 1 时，就可以从接收数据缓冲器 RBR 中读取数据后，自动将 D0 清 0。D0 位为 0，表示数据尚未准备好，CPU 不去读取 RBR。

(2)中断方式

若采用中断方式读取接收的数据，在初始化编程中要开放接收数据出错中断和数据准备就绪中断。在接收过程中若出现任何一种接收出错状态，8250 就使 INTRPT 输出引脚变为高电平，向 CPU 申请中断处理。若接收过程中虽没有出错状态，但接收移位寄存器接收完一个字符后，将此字符送入接收缓冲寄存器 RBR，从而使 LSR 的 DR 位置 1，并通过中断控制电路请求 CPU 来读取数据。当 CPU 在中断服务程序中读取 RBR 后，自动使 D0 位变为 0，并复位中断控制逻辑。

12.4.2　RS-232C 至 RS-422/RS-485 的转换方法

通常 PC 机都配有 RS-232C 串行通讯接口，有效通讯距离较短，为了实现长距离通讯，应将 RS-232C 接口转化成 RS-422/RS-485 接口。图 12.22 给出了这种转换的电路原理图。

图 12.22 可完成 RS-232C 至 RS-422 的转换，也可完成 RS-232C 至 RS-485 的转换。当选择 RS-422A 输出方式时，3、4 短接；当选择 RS-485 输出方式时，1、2 短接，5、6 短接，7、8 短接。在图 12.22 中，R1，R2 是为排除第一个数据传输误码而设置的匹配电阻，使用者可根据使用情况

选择该电阻值的大小。电源 V_{CC}、V_{EE}均为 + 5V，但不是同一电源，V_{CC}和 V_{EE}应为隔离电源，只有这样，才能实现电隔离。

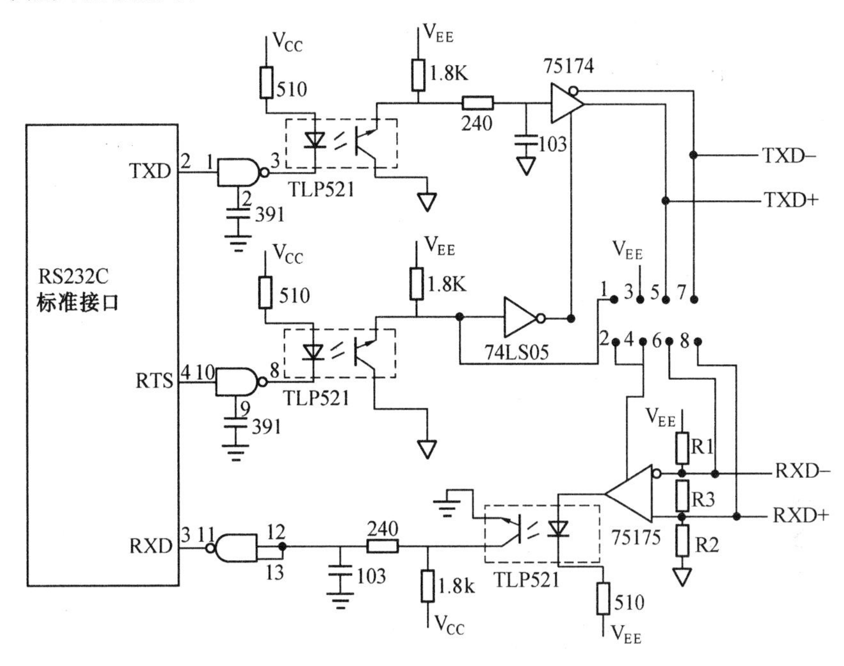

图 12.22　PC 机 RS-232C 至 RS-422/RS-485 转换电路

当转换电路工作在 RS-485 方式时：

PC 机发送数据，75174 的三态门打开，75175 处于高阻状态，这时 PC 机执行如下程序：

```
MOV    DX,3FCH
MOV    AL,02H
OUT    DX,AL
```

PC 机接收数据，75174 输出应为高阻状态，75175 的三态门打开，这时 PC 机应执行如下程序：

```
MOV    DX,3FCH
MOV    AL,00H
OUT    DX,AL
```

12.4.3　PC 机与 8031 单片机双机通讯的接口设计

PC 机配有的 RS-232C 标准接口，通过图 12.22 的转换电路可使 PC 机具有 RS-422/RS-485 串行接口。PC 机与 8031 单片机通讯时，由于 8031 输入、输出电平均为 TTL 电平，二者的电气规范不一致，因此要完成 PC 机与单片机的数据通讯，必须进行电平转换。只要 8031 单片机配置相应的接口电路，就可实现 RS-232C、RS-422A、RS-485 串行通讯，其接口电路已在 12.2 节中作过详细讨论，这里不再复述。

12.4.4　PC 机与 8031 双机通讯的软件设计

作为示例，列举一个实用的通讯测试软件。其功能是：PC 机键盘输入的字符发送给单片机，单片机接收到 PC 机发来的数据后，回送同一数据给 PC 机，并在其屏幕上显示出来。只要屏幕上所显示的字符与所键入的字符相同，即可表明 PC 机与单片机间通讯正常。双方约定：

• 波特率:2 400 波特
• 信息格式:8 个数据位,一个停止位。
• 传送方式:PC 机采用查询方式收发数据,单片机采用中断方式接收信息。

1.PC 机通讯软件

通讯软件采用 8086/8088 汇编语言编写,程序流程图见图 12.23。

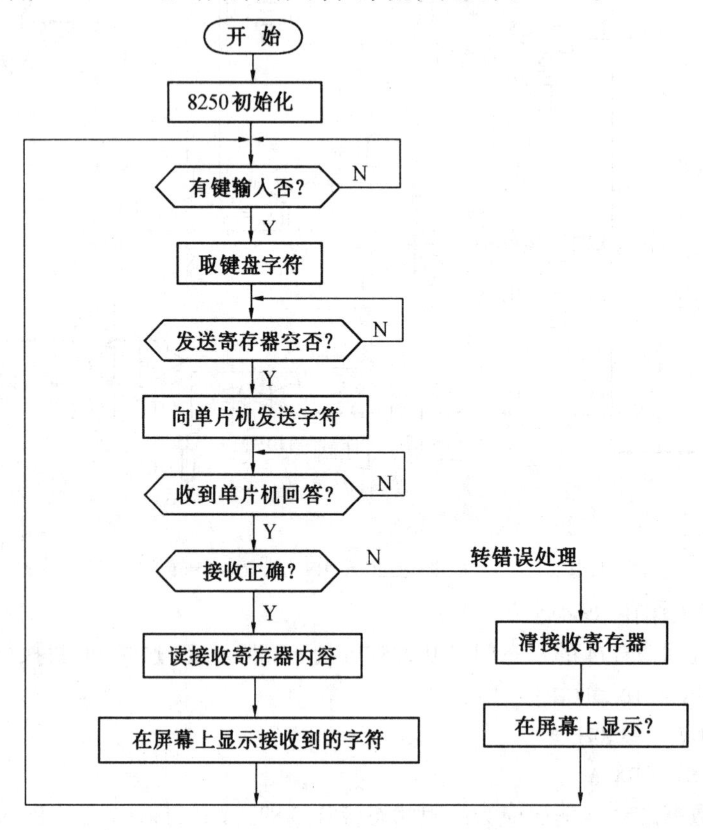

图 12.23 PC 机通讯程序框图

程序清单如下:

```
Ssack:      Segment  para stack'stack'
            db       256 dup(0)
Stack:      ends
Code:       Segment  para public'code'
Start:      proc     far
            assume   cs:code,ss:stack
            PUSH     DS
            MOV      AX,0
            PUSH     AX
            CLI
INITOUT:    MOV      DX,3FBH        ;通讯线控制寄存器第 7 位置 1(DLAB = 1)以便设置波特率
            MOV      AL,80H
            OUT      DX,AL
            MOV      DX,3F8H        ;设置除数锁存器低位
```

```
            MOV     AL,30H
            OUT     DX,AL
            MOV     DX,3F9H         ;设置除数锁存器高位
            MOV     AL,0
            OUT     DX,AL
            MOV     DX,3FBH         ;设定数据格式,8 个数据位,一个停止位,无校验
            MOV     AL,03H
            OUT     DX,AL
            MOV     DX,3FCH         ;设置 MODEM 控制信号
            MOV     AL,03H
            OUT     DX,AL
            MOV     DX,3F9H         ;禁止所有 8250 中断(四种类型)
            MOV     AL,0
            OUT     DX,AL
FOREVER:    MOV     DX,3FDH         ;发送保持寄存器不空则循环等待
            IN      AL,DX
            TEST    AL,20H
            JZ      FOREVER
WAIT:       MOV     AH,1            ;检查键盘缓冲区,无字符则循环等待
            INT     16H
            JZ      WAIT
            MOV     AH,0            ;若有,取键盘字符
            INT     16H
SENDCHAR:MOV        DX,3F8H         ;发送键入的字符
            OUT     DX,AL
RECEIVE:    MOV     DX,3FDH         ;检查接收数据是否准备好,未准备好继续查询
            IN      AL,DX
            TEST    AL,01H
            JZ      RECEIVE
            TEST    AL,1AH          ;判接收的数据是否出错,有错则转错误处理
            JNZ     ERROR
            MOV     DX,3F8H         ;从接收寄存器中读取数据
            IN      AL,DX
            AND     AL,7FH          ;去掉无效位,得到数据
            PUSH    AX
            MOV     BX,0            ;显示接收到的字符
            MOV     AH,14
            INT     10H
            POP     AX
            CMP     AL,0DH          ;得到的数据若不是回车符则返回
            JNZ     FOREVER
            MOV     AL,0AH          ;是回车符则回车换行
            MOV     BX,0
            MOV     AH,14
```

```
         INT    10H
         JMP    FOREVER
ERROR:   MOV    DX,3F8H        ;读接收寄存器,清除错误字符
         IN     AL,DX
         MOV    AL,'?'         ;功能调用,显示"?"号
         MOV    BX,0
         MOV    AH,14
         INT    10H
         JMP    FOREVER        ;继续循环
Start:   ends
Code:    ends
         end    Start
```

2. MCS－51 单片机通讯软件

MCS－51 单片机通过中断方式接收 PC 机发送过来的字符,并回送给主机。程序约定:

- 波特率设置:T1 方式 2 工作,计数常数 F3H,SMOD＝1,波特率为 2400 波特。
- 串行口初始化:方式 1,允许接收。
- 中断服务程序入口:0023H。

程序流程框图如图 12.24。

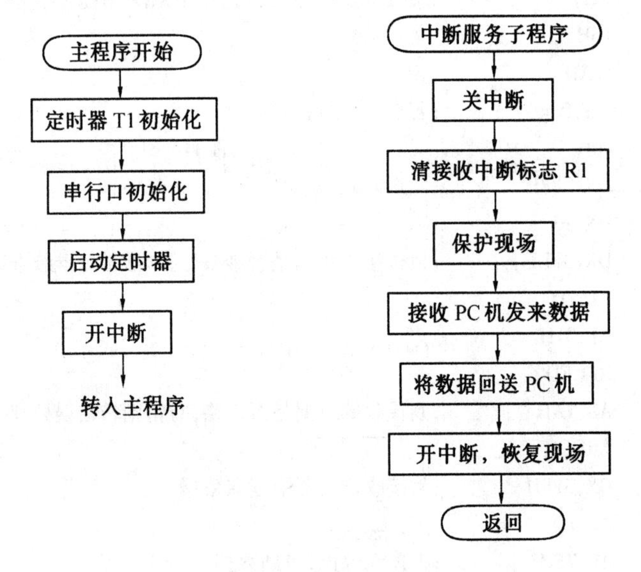

图 12.24　MCS－51 单片机通讯软件框图

程序清单:

```
         ORG    0000H
         LJMP   INITOUT        ;转到初始化程序
         ORG    0023H
         LJMP   SERVE          ;串行口中断服务程序入口
         ORG    0050H
INITOUT: MOV    TMOD,#20H      ;定时器 T1 初始化
         MOV    TH1,#0F3H
         MOV    TL1,#0F3H
```

```
            MOV     SCON,#50H       ;串行口初始化
            MOV     PCON,#80H       ;SMOD=1
            SETB    TR1             ;启动定时器 T1
            SETB    EA              ;开中断
            SETB    ES              ;允许串行口中断
            LJMP    MAIN            ;转主程序,本例略
            …
SERVE:      CLR     EA              ;关中断
            CLR     RI              ;清接收中断标志
            PUSH    DPH             ;保护现场
            PUSH    DPL
            PUSH    A
RECEIVE:    MOV     A,SBUF          ;接收 PC 机发过来的数据
SENDBACK:MOV        SBUF,A          ;将数据回送给 PC 机
WAIT:       JNB     TI,WAIT         ;发送器不空则循环等待
            CLR     TI
RETURN:     POP     A               ;恢复现场
            POP     DPL
            POP     DPH
            SETB    EA              ;开中断
            RETI                    ;返回
```

12.5　PC 机与多个 MCS-51 单片机间的串行通讯

应用 PC 机和多个 MCS-51 单片机构成小型分布测控系统(如图 12.25 所示)在一定范围内是最经济可行的方案,已被广泛采用。这种分布测控系统在许多实时工业控制和数据采集系统中,充分发挥了单片机功能强、抗干扰性能好、面向控制等优点,同时又可以利用 PC 机弥补单片机在数据处理及交互性等方面的不足。在应用系统中,一般是以 PC 机作为主机,定时扫描以单片机为核心的智能化控制器(即从机作为前沿机)以便采集数据或发送控制信息。在

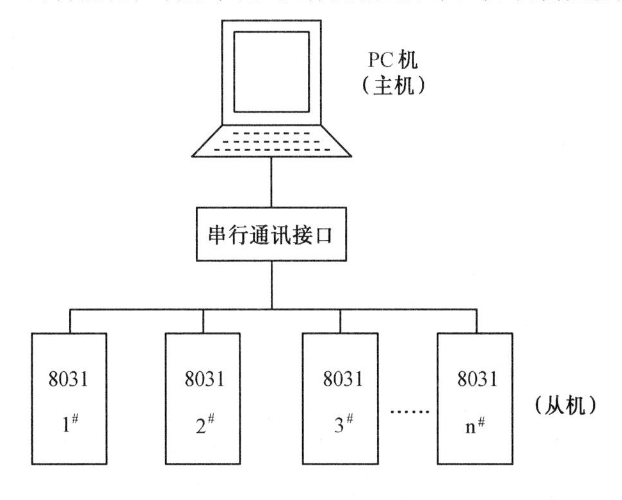

图 12.25　PC 机与多个单片机构成的分布系统

这样的系统中，智能化控制器既能独立完成数据处理和控制任务，又可以将数据传送给 PC 机。PC 机则将这些数据显示在 CRT 上或通过打印机打印成各种报表，并将控制命令传送给各个前沿单片机，以实现集中管理和最优控制。下面讨论 PC 机与多个单片机之间的通讯问题。

12.5.1 多机通讯原理

MCS－51 系列单片机的全双工串行 I/O 接口支持四种串行通讯工作方式，其中方式 2 和方式 3 是专为 MCS－51 单片机的多机通讯而设置的。在方式 2 和方式 3 中，用户通过使用多机通讯控制位 SM2，可以方便地实现主机—从机的一对一通讯。

PC 机的串行通讯接口是以 8250 为核心部件组成的。虽然 8250 本身并不具备 MCS－51 单片机的多机通讯功能，但通过软件的办法，可使得 8250 满足 MCS－51 单片机多机通讯的要求。方法是：

8250 可发送 11 位数据帧，这 11 位数据帧由 1 位起始位，8 位数据位，1 位奇偶校验位和 1 位停止位组成，其格式如下：

起始位	D0	D1	D2	D3	D4	D5	D6	D7	奇偶位	停止位

而 MCS－51 单片机多机通讯的典型数据帧格式为：

起始位	D0	D1	D2	D3	D4	D5	D6	D7	TB8	停止位

其中 TB8 是可编程位，通过使其为 0 或为 1 而将数据帧和地址帧区别开来。

比较上面二种数据格式可知，它们的数据位长度相同，不同的仅在于奇偶校验位和 TB8。如果我们通过软件的方法可以编程 8250 的奇偶校验位，使得在发送地址时为“1”，发送数据时为“0”，则 8250 的奇偶校验位完全模拟了单片机多机通讯的 TB8 位，对于这一点是不难办到的，只要给 8250 的线路控制寄存器写入特定的控制字即可。例如，若要求 8250 发送帧的奇偶校验位为“1”，只需执行

```
MOV  DX,3FBH
MOV  AL,2BH
OUT  DX,AL
```

这三条语句，此时的帧格式为：

起始位	D0	D1	D2	D3	D4	D5	D6	D7	1	停止位

若要求 8250 的奇偶校验位为“0”，只需执行

```
MOV  DX,3FBH
MOV  AL,3BH
OUT  DX,AL
```

这三条语句，此时的帧格式为：

起始位	D0	D1	D2	D3	D4	D5	D6	D7	0	停止位

显然，前者可作为多机通讯中的地址帧，后者可作为数据帧。

12.5.2 多机通讯接口设计

以 RS－485 串行多机通讯为例，说明 PC 机与数台 8031 单片机进行多机通讯的接口电路设计方法。PC 机内一般都配有 RS－232C 串行标准接口，通过如图 12.22 的电路可转换成 RS－485 串行接口，8031 单片机本身的串行口，加上驱动电路后就可实现 RS－485 串行通讯。RS

-485串行通讯接口电路如图12.26所示。

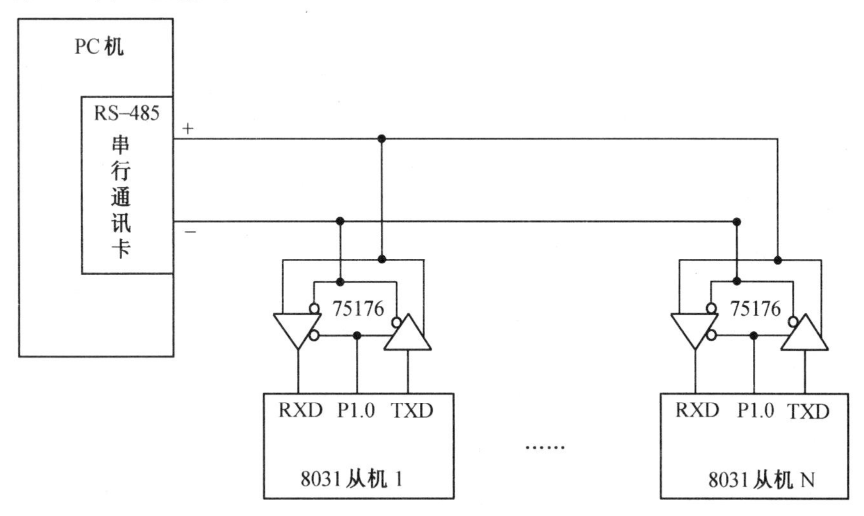

图12.26 PC机与8031单片机串行通讯接口电路

在图12.26中,8031单片机的串行口通过75176芯片驱动后就可转换成RS-485标准接口,根据RS-485标准接口的电气特性,从机数量不大于32个。有关75176芯片的说明在12.1节有详述。PC机与8031单片机之间的通讯采用主从方式,PC机为主机,8031单片机为从机,由PC机确定与哪个单片机进行通讯。

12.5.3 多机通讯软件设计

1.软件协议

(1) 系统中允许有32台从机,其他地址分别为01H~20H。

(2) 通讯波特率为4 800。

(3) 主机发送的控制命令编码及含义:

01H:要求从机接收数据块;

02H:要求从机发送数据块;

其他为非法命令。

(4) 主机和从机的联络过程:主机首先发送地址帧,被寻址从机返回本机地址给主机,在判断地址相符后主机给被寻址从机发送控制命令,之后主机和被寻址从机根据命令开始接收或发送数据。

(5) 数据格式

字节数N	数据1	…	数据N	累加校验和

字节数:主机或从机要发送的数据个数;

数据1~数据N:要传输的N个数据;

累加校验和:为字节数N,数据1,…,数据N这N+1个字节内容的算术累加和。

被寻址从机根据接收到的“校验和”判断已接到的数据是否正确。若接收正确,向主机回发0FH信号,否则回发F0H信号,主机根据回发信号决定是否重发数据。当主机接收从机数据时,主机根据收到的“校验和”判断已收到的数据是否正确,从而决定是否让被寻址从机重新发送数据。

(6) 采用累加和校验方式。

2.PC 机软件设计

为了充分发挥高级语言(如 C,BASIC)编程简单、调试容易、制图作表能力强的优点和汇编语言执行速度快,对硬件可以直接控制等优势,本例中 PC 机软件采用 C 程序调用汇编子程序的方法编制,即 PC 机的主程序由 C 语言编写,通讯子程序由 PC 机汇编语言编制。这就涉及到 C 语言与汇编语言混合编程技术。C 语言调用汇编子程序的关键是参数传递,参数传递是通过 C 语言的堆栈进行的,堆栈传递的可以是参数的地址,也可以是参数本身。汇编返回地址、参数地址在堆栈中是两个字节(仅偏移量),还是四个字节(段地址和偏移量)与 C 语言的存储模式有关。高低级语言混合编程技术的详细内容请参阅有关文献。

设 PC 机串行口为 COM1,对串行口初始化的 C 语言程序:

```
int com addr;
unsigned char comml, addrl,nl,al[256],errorl;
char * comm, * addr, * n, * a, * error;
com addr = 0x3f8;
comml = 0;addrl = 1;n1 = 0;errorl = 0;
comm = &comml;addr = &addrl;n = &nl;a = al;error = &errorl;
PC485(com addr,comm,addr,n,a,error);
```

主机向 1 号从机发送数据的 C 语言程序:

```
comm1 = 1;addrl = 1,n1 = 32;errorl = 0;
comm = &comml;addr = &addrl;n = &nl;error = &errorl;
PC485(com addr, comm,addr,n,a,error);
```

主机要求 1 号从机发送数据给主机的 C 语言程序:

```
comm1 = 2;addrl = 1,n1 = 32;errorl = 0;
comm = &comml;addr = &addrl;n = &nl;error = &errorl;
PC485(com addr, comm,addr,n,a,error);
```

对函数 PC485 的说明:

PC485(com addr, comm,addr,n,a,error)

com addr 为串行口基地址,COM1 为 3F8H,COM2 为 2F8H。

comm 为字符变量 comml 的指针变量。当 comml = 0 时,对串行口初始化;当 comml = 1 时,主机向从机发送数据;发 comm1 = 2 时,主机接收从机的数据。

addr 为字符变量 addrl 的指针变量。addrl 取值范围为 1 ~ 32,表示从机的地址。

n 为字符变量 n1 的指针变量。n1 的值是数据块的个数。

a 为字符数组 al[256]的指针变量。主机发送或接收的数据存在 al 数组中。

error 为字符变量 errorl 的指针变量。errorl 存入数传状态信息。errorl = 1 表示接收地址与发送地址不符;error1 = 2 为非法命令;error1 = 3 发送数据错误;error1 = 4 接收数据错误;errorl = 15 数传成功。

主机通讯采用查询方式的通讯子程序框图如图 12.27 所示。

子程序清单如下:

```
W3F8   EQU4        ;定义常数
W3F9   EQU6
```

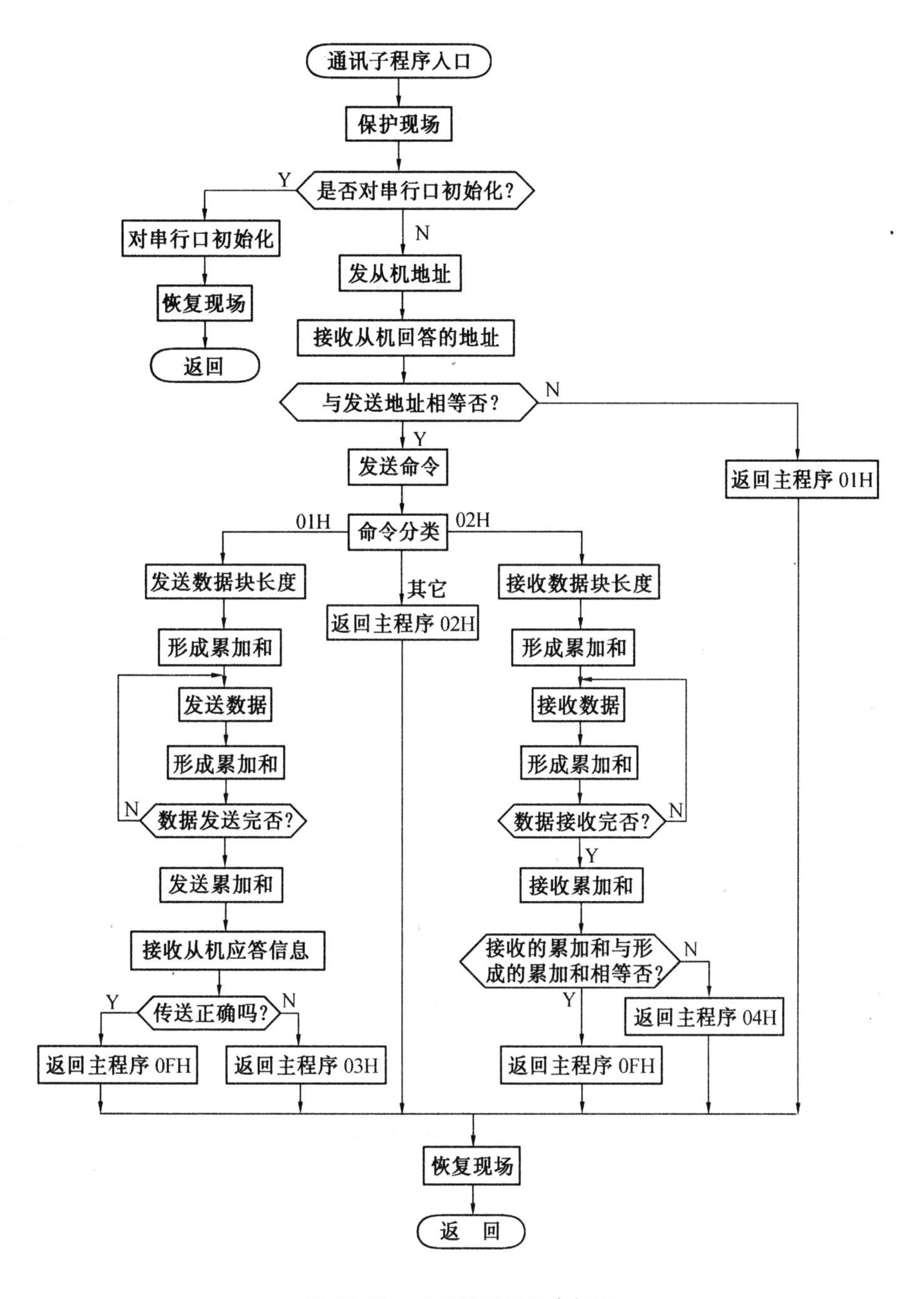

图 12.27　PC 机通讯子程序框图

```
W3FA    EQU8
W3FB    EQU10
W3FC    EQU12
W3FD    EQU14
W3FE    EQU16
W3FF    EQU18
ADDR    EQU20
IDEAL                       ;简化模式编程
```

```
        MODEL Large              ;大模式
        CODESEG
        PUBLIC PC485             ;子程序名为 PC485
        PROC   PC485             ;FAR
        PUSH   BP                ;保护现场
        MOV    BP,SP
        SUB    SP,32             ;在 C 语言堆栈中留有 32 字节的自动变量空间
        PUSH   DS
        PUSH   SI
        PUSH   DI
        MOV    AX,[BP+6]         ;得到串行口基地址
        MOV    [BP-W3F8],AX      ;形成串行口其他地址,并存入自动变量空间
        INC    AX
        MOV    [BP-W3F9],AX
        INC    AX
        MOV    [BP-W3FA],AX
        INC    AX
        MOV    [BP-W3FB],AX
        INC    AX
        MOV    [BP-W3FC],AX
        INC    AX
        MOV    [BP-W3FD],AX
        INC    AX
        MOV    [BP-W3FE],AX
        INC    AX
        MOV    [BP-W3FF],AX
        LDS    SI,[BP+8]         ;得到命令地址
        MOV    AL,[SI]           ;得到命令值
        CMP    AL,0              ;命令值与 0 相比较
        JE     INIT              ;相等转初始化程序
        JMP    ADDR1             ;其他命令转移
INIT:   MOV    [BP-W3FB]         ;寻址波特率除数寄存器
        MOV    AL,80H
        OUT    DX,AL
        MOV    AX,18H            ;设置波特率为 4800
        MOV    DX,[BP-W3F8]
        OUT    DX,AL
        MOV    DX,[BP-W3F9]
        MOV    AL,AH
        OUT    DX,AL
        MOV    [BP-W3FB]         ;设置数据格式:8 位数据位,1 位停止位,奇偶校验位为 1
        MOV    AL,2BH
        OUT    DX,AL
        MOV    DX,[BP-W3FC]      ;使 PC 机处于发送地址状态
```

```
        MOV   AL,03H
        OUT   DX,AL
        MOV   DX,[BP－W3F9] ;屏蔽所有中断
        MOV   AL,0
        OUT   DX,AL
        JMP   OKOK
ADDR1:  CALL  TIME1         ;延时
        MOV   DX,[BP－W3FC] ;置 PC 机串行口为发送状态
        MOV   AL,03H
        OUT   DX,AL
        MOV   DX,[BP－W3FB] ;置奇偶校验位为 1,处于发送地址状态
        MOV   AL,2BH
        OUT   DX,AL
        LDS   SI,[BP＋12]   ;得到存放从机地址的地址
        MOV   AL,[SI]       ;得到从机地址
        MOV   [BP－ADDR],AL
        MOV   DX,[BP－W3F8] ;发送从机地址
        OUT   DX,AL
LOOP1:  MOV   DX,[BP－W3FD] ;等待发完
        IN    AL,DX
        TEST  AL,40H
        JZ    LOOP1
        CALL  TIME1         ;延时
        MOV   DX,[BP－W3FC] ;置 PC 机串行口为接收状态
        MOV   AL,01H
        OUT   DX,AL
LOOP2:  MOV   DX,[BP－W3FD] ;等待接收地址的到来
        IN    AL,DX
        TEST  AL,01H
        JZ    LOOP2
        MOV   DX,[BP－W3F8] ;接收地址
        IN    AL,DX
        CMP   AL,[BP－ADDR] ;与发送地址相比
        JZ    COMM1         ;相等转移
        JMP   ERROR1        ;不等转到出错处理
COMM1:  MOV   DX,[BP－W3FC] ;置 PC 机为发送状态
        MOV   AL,03H
        OUT   DX,AL
        MOV   DX,[BP－W3FB] ;使 PC 机置于发送数据状态
        MOV   AL,3BH
        OUT   DX,AL
        CALL  TIME1         ;延时
        CALL  TIME1
        MOV   DX,[BP－W3F8] ;发送命令
```

```
        LDS     SI,[BP+8]
        MOV     AL,[SI]
        OUT     DX,AL
        MOV     AH,AL
LOOP3:  MOV     DX,[BP-W3FD] ;等待发送完
        IN      AL,DX
        TEST    AL,40H
        JZ      LOOP3
        CALL    TIME1        ;延时
        MOV     AL,AH
        CMP     AL,01H
        JE      TXDATA       ;命令等于1转移到发送数据程序
        CMP     AL,02H
        JE      EXDATA       ;命令等于2转移到接收数据程序
        JMP     ERROR2       ;其他为非法命令
TADATA: LDS     SI,[BP+16]   ;得到数据个数
        MOV     AL,[SI]
        MOV     CL,AL
        MOV     AH,AL        ;形成累加和
        MOV     DX,[BP-W3F8] ;发送数据个数
        OUT     DX,AL
LOOP4:  MOV     DX,[BP-W3FD] ;等待发完
        IN      AL,DX
        TEST    AL,40H
        JZ      LOOP4
        CALL    TIME1        ;延时
        MOV     CH,00H
        LDS     SI,[BP+20]   ;得到发送数据块首址
LOOP5:  MOV     DX,[BP-W3F8]
        MOV     AL,[SI]      ;得到数据
        OUT     DX,AL        ;发送数据
        ADD     AH,AL        ;形成累加和
LOOP6:  MOV     DX,[BP-W3FD] ;等待发完
        IN      AL,DX
        TEST    AL,40H
        JZ      LOOP6
        INC     SI           ;数据块地址增1
        CALL    TIME1        ;延时
        LOOP    LOOP5        ;数据没发完继续
        MOV     DX,[BP-W3F8] ;发送累加和
        MOV     AL,AH
        OUT     DX,AL
LOOP7:  MOV     DX,[BP-W3FD] ;等待发完
        IN      AL,DX
        TEST    AL,40H
        JZ      LOOP7
```

```
        CALL   TIME1            ;延时
        MOV    DX,[BP－W3FC]    ;使 PC 机处于接收状态
        MOV    AL,01H
        OUT    DX,AL
LOOP8:  MOV    DX,[BP－W3FD]    ;等待从机回答信息的到来
        IN     AL,DX
        TEST   AL,01H
        JZ     LOOP8
        MOV    DX,[BP－W3F8]    ;接收从机回答信息
        IN     AL,DX
        CMP    AL,0FH           ;回答信息为 0FH 时,数值正常
        JZ     OK1
        JMP    ERROR3           ;否则为异常
OK1:    JMP    OKOK
RXDATA: CALL   TIME1            ;延时
        MOV    DX,[BP－W3FC]    ;使 PC 机处于接收状态
        MOV    AL,01H
        OUT    DX,AL
        LDS    SI,[BP＋16]      ;得到数据个数存放的地址
LOOP9:  MOV    DX,[BP－W3FD]    ;等待数据到来
        IN     AL,DX
        TEST   AL,01H
        JZ     LOOP9
        MOV    DX,[BP－W3F8]    ;接收数据个数
        IN     AL,DX
        MOV    [SI],AL          ;将数据个数存入到数据个数变量中
        MOV    AH,00H
        MOV    CX,AX
        MOV    AH,AL            ;形成累加和
        LDS    SI,[BP＋20]      ;得到数据存放数组的首址
LOOP10: MOV    DX,[BP－W3FD]    ;等待数据到来
        IN     AL,DX
        TEST   AL,01H
        JZ     LOOP10
        MOV    DX,[BP－W3F8]    ;接收数据
        IN     AL,DX
        MOV    [SI],AL          ;存入到数组中
        ADD    AH,AL            ;形成累加和
        INC    SI               ;数组地址增 1
        LOOP   LOOP10           ;没接收完继续
LOOP11: MOV    DX,[BP－W3FD]    ;等待数据到来
        IN     AL,DX
        TEST   AL,01H
        JZ     LOOP11
        MOV    DX,[BP－W3F8]    ;接收累加和
        IN     AL,DX
```

```
            CMP   AL,AH           ;接收累加和与形成累加和相比较
            JE    OKOK            ;相等,数传正常
            JMP   ERROR4          ;否则,数传异常
;
ERROR1:     LDS   SI,[BP+24]      ;PC 机发送地址与接收地址不等时,1H 返回 C 程序
            MOV   AL,1H
            MOV   [SI],AL
            JMP   ENDD
;
ERROR2:     LDS   SI,[BP+24]      ;非法命令时,2H 返回 C 程序
            MOV   AL,2H
            MOV   [SI],AL
            JMP   ENDD
;
ERROR3:     LDS   SI,[BP+24]      ;发送错误时,3H 返回 C 程序
            MOV   AL,3H
            MOV   [SI],AL
            JMP   ENDD
;
ERROR4:     LDS   SI,[BP+24]      ;接收错误时,4H 返回 C 程序
            MOV   AL,4H
            MOV   [SI],AL
            JMP   ENDD
;
OKOK:       LDS   [BP+24]         ;数传正常时,FH 返回 C 程序
            MOV   AL,0FH
            MOV   [SI],AL
;
ENDD:       MOV   DX,[BP-W3FC]    ;使 PC 机处于发送状态
            MOV   AL,03H
            OUT   DX,AL
            MOV   DX,[BP-W3FB]    ;使 PC 机处于发送地址状态
            MOV   AL,2BH
            OUT   DX,AL
            POP   DI              ;恢复现场
            POP   SI
            POP   DS
            MOV   SP,BP
            POP   BP
            RET
            ENDP  PC485
            END
```

上述通讯主程序中,延时子程序 TIME1 没有给出,延时时间与 PC 机串行口波特率有关,其值等于发送或接收 1 比特信息的时间。

3.从机中断方式通讯软件设计

从机的串行通讯采用中断方式。在串行通讯启动后仍采用查询方式来接收或发送数据。

接收数据存入以2000H为首地址的外存中。发送的数据个数存放在R3中,数据存在以2100H为首地址的外存中。若系统时钟频率为11.059 MHz,则T1的重新装载值为FAH。中断方式通讯子程序框图如图12.28所示。

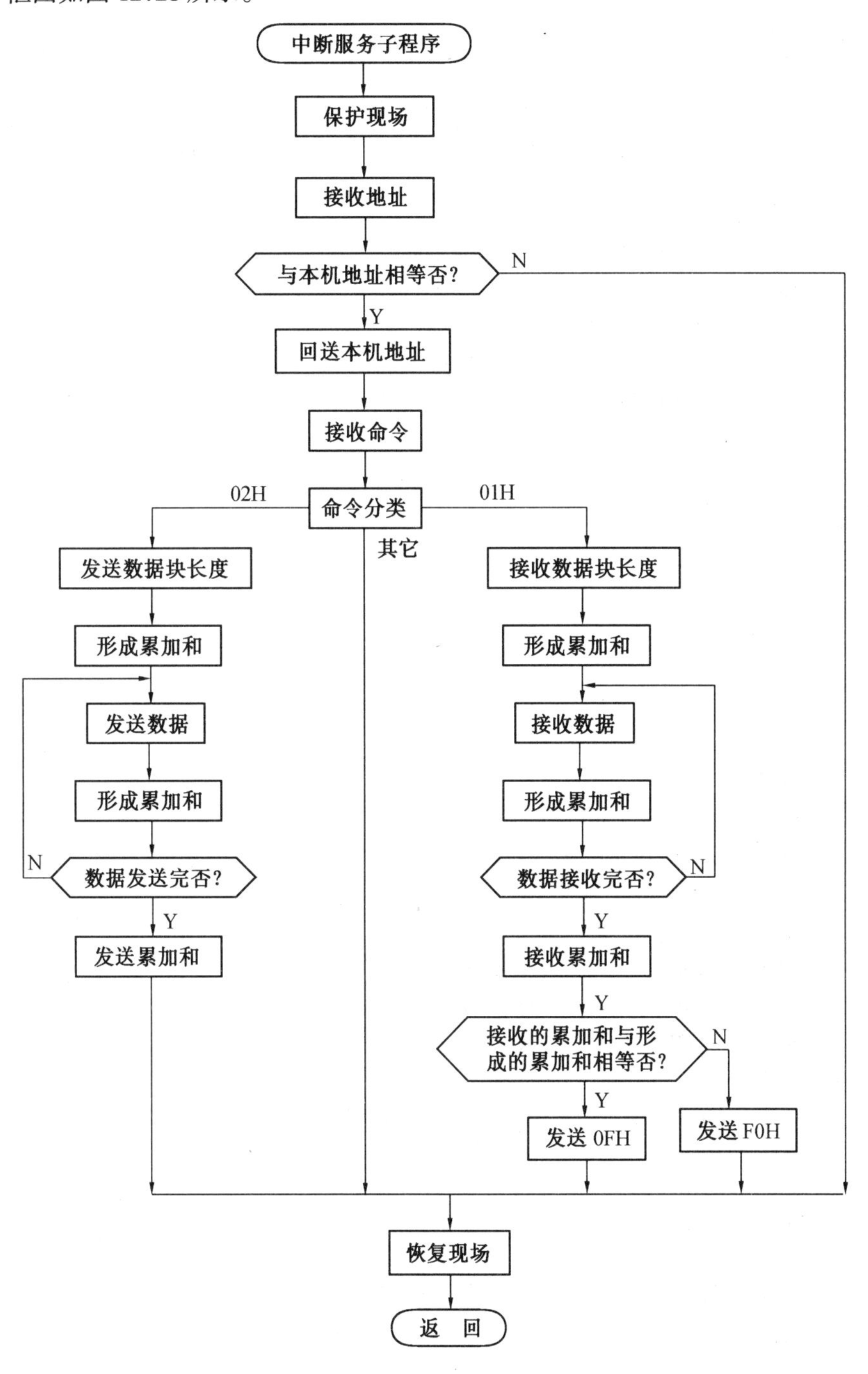

图12.28 从机中断子程序框图

1号从机主程序清单:

```
        ORG     0000H
        LJMP    STAR            ;转主程序
```

```
        ORG     0023H
        LJMP    SSIO            ;转串行中断服务子程序
        OGR     0030H
STAR:   CLR     P1.0
        MOV     SP,#30H         ;堆栈初始化为 30H
        MOV     SOCN,#0F0H      ;设置通讯数据格式
        MOV     TMOD,#20H       ;设置定时器 T1 为模式 2
        MOV     TCON,#00H
        MOV     PCON,#00H       ;SMOD=0
        MOV     A,#0FAH         ;设定重新装载值
        MOV     TL1,A
        MOV     TH1,A
        MOV     IE,#90H         ;EA=1,ES=1
        MOV     IP,#10H         ;串行中断优先级最高
        SETB    TR1             ;T1 开始工作
        …
```

1 号从机中断子程序清单：

```
SSIO:   CLR     EA              ;禁止中断
        CLR     RI
        PUSH    ACC             ;保护现场
        PUSH    DPL
        PUSH    DPH
        PUSH    PSW
        PUSH    00H
        PUSH    01H
        PUSH    02H
        CLR     RS0
        CLR     RS1
        MOV     A,SBUF          ;接收地址
        XRL     A,#01H          ;与本机地址异或
        JZ      SSIO1           ;与本机地址相等转
RETURN: SETB    SM2             ;置 SM2=1
        CLR     P1.0            ;本机置于接收地址状态
        POP     02H             ;恢复现场
        POP     01H
        POP     00H
        POP     PSW
        POP     DPH
        POP     DPL
        POP     ACC
        SETB    EA              ;开中断
        RETI
SSIO1:  CLR     SM2             ;本机置于接收命令或数据状态
        SETB    P1.0            ;置于发送状态
```

```
         CLR    RI
         LCALL  TIME1          ;延时
         LCALL  TIME1
         MOV    A, # 01H
         MOV    SBUF,A         ;发送本机地址
         JNB    T1, $          ;等待发完地址
         CLR    TI
         LCALL  TIME1          ;延时
         CLR    P1.0           ;置于接收状态
         JNB    RI, $          ;等待 RI = 1
         MOV    A,SBUF         ;接收命令
         CLR    RI
         XRL    A, # 01H
         JZ     RXDATA         ;命令 = 01H 转接收程序
         LJMP   TXDATA         ;转发送程序
RXDATA:  MOV    DPTR, # 2000H  ;接收数据存入的外存地址为 2000H
         JNB    RI, $          ;等待 RI = 1
         MOV    A,SBUF         ;接收数据个数
         CLR    RI
         MOV    R2,A
         MOV    R0,A
         MOV    R1,A           ;形成累加和
LOOP1:   JNB    RI, $          ;等待 RI = 1
         MOV    A,SBUF         ;接收数据
         CLR    RI
         MOVX   @DPTR,A        ;存入首址为 2000H 的外存中
         ADD    A,R1
         MOV    R1,A           ;形成累加和
         INC    DPTR           ;外存地址增 1
         DJNZ   R0,LOOP1       ;没接收完数据,继续接收
         JNB    RI, $          ;等待 RI = 1
         MOV    A,SBUF         ;接收累加和
         CLR    RI
         CJNZ   A,01H,ERROR    ;接收累加和与形成累加和不等转
         SETB   P1.0           ;置发送状态
         LCALL  TIME1          ;延时
         LCALL  TIME1
         MOV    A, # 0FH
         MOV    SBUF,A         ;发送 0FH
         JNB    TI, $          ;等待发完
         CLR    TI
         LCALL  TIME1          ;延时
         LJMP   RETURN
ERROR:   SETB   P1.0           ;置送发状态
```

```
        LCALL  TIME1          ;延时
        LCALL  TIME1
        MOV    A, # 0F0H
        MOV    SBUF,A         ;发 F0H
        JNB    TI, $          ;等待发完
        CLR    TI
        LCALL  TIME1          ;延时
        LJMP   RETURN
TXDATA: SETB   P1.0           ;置发送状态
        LCALL  TIME1          ;延时
        LCALL  TIME1
        MOV    A,R3
        MOV    R1,A           ;形成累加和
        MOV    SBUF,A         ;发送数据个数
        JNB    TI, $          ;等待发完
        CLR    TI
        LCALL  TIME1          ;延时
        MOV    A,R3
        MOV    R0,A
        MOV    DPTR, # 2100H  ;发送数据块首址
LOOP2:  MOVX   A, @ DPTR
        MOV    SBUF,A         ;发送数据
        ADD    A,R1
        MOV    R1,A           ;形成累加和
        JNB    TI, $          ;等待发完
        CLR    TI
        INC    DPTR           ;地址增 1
        LCALL  TIME1          ;延时
        DJNZ   R0,LOOP2       ;没发完,继续
        MOV    A,R1
        MOV    SBUF,A         ;发送累加和
        JNB    TI, $          ;等待发完
        CLR    TI
        LCALL  TIME1          ;延时
        LJMP   RETURN
```

上述中断服务子程序中,延时子程序 TIME1 没有给出,延时时间由波特率决定,其值等于发送或接收 1 比特的时间。

12.6　串行通讯中的波特率设置技术

在 MCS－51 单片机与 PC 机的串行通讯中,波特率的设置是很重要的问题,它直接关系着串行通讯的成功与失败。因此,在波特率设置时需要给予足够的认识,掌握其设置技术或方法。

MCS－51 单片机具有串行通讯能力。它的串行接口(UART)是一个全双工的通讯接口,能

方便地与其他单片机或PC机等进行双机或多机通讯，从而充分发挥各机的特点，既具有较强的实时控制功能，又具有很强的数据处理能力。

在不同机种的微机通讯中，一个重要的问题是通讯双方应该采用相同的传输速率或波特率，这是确保通讯成功的重要条件之一。下面对波特率的设置问题作一些论述。

12.6.1　PC机中波特率的产生

在PC机中配备有异步通讯适配器，该板上有INS8250异步通讯接口。PC机上波特率的设置是通过对8250初始化而实现的。在8250端口寄存器中，3F8H、3F9H(COM1)分别设置为波特率因子的低8位和高8位值。该因子取值范围在1～65535之间，对输入时钟(1.8432MHz)进行分频，产生16倍波特率的波特率发生器时钟(即BAUDOUT)，因而

$$波特率=1.8432\text{MHz}/(16\times 波特率因子)$$

当对8250初始化预置了波特率因子之后，波特率发生器方可产生规定的波特速率。

12.6.2　MCS－51单片机串行通讯波特率的确定

波特率随串行口工作方式选择不同而异。它除了与系统的振荡频率(fosc)，电源控制寄存器PCON的SMOD位(D7位)有关外，还与定时器T1的设置有关。当串行口工作在某种方式，且T1用作波特率发生器时，波特率可由以下公式确定。

方式0：波特率＝fosc/12

方式2：波特率＝fosc/64(当SMOD＝0时)

　　　波特率＝fosc/32(当SMOD＝1时)

方式1或3：波特率可变

$$波特率=\text{T1}溢出率/n \tag{12.1}$$

式中n＝32或16，对应于PCON中SMOD＝0或1。T1溢出率取决于计数速率和定时时间常数，即

$$\text{T1}溢出率=计数速率/(256-X) \tag{12.2}$$

此时，T1工作于方式2，即8位自动装载方式。这种方式可避免重新设定定时初值。X为在TH1和TH2中装入的初始计算值。当T1为定时工作方式时，计数速率为

$$计数速率=\text{fosc}/12 \tag{12.3}$$

由式(12.1)、式(12.2)、式(12.3)可得

$$波特率=2^{\text{SMOD}}\cdot \text{fosc}/32\times 12(256-X) \tag{12.4}$$

例如，PC机与单片机进行串行通讯，假定串行通讯双方波特率为9600波特，当单片机的fosc＝11.059MHz，SMOD＝1时，由公式(12.4)可计算得X＝250＝FAH。

将X写入TH1和TL1时，波特率发生器产生的实际传输率为

$$波特率=\frac{2\times 11.0520\times 10^{6}}{32\times 12\times(256-250)}=9599.84\,波特$$

$$波特率相对误差=\frac{9600-9599.84}{9600}=0.00177\%$$

在这种相对误差情况下，PC机与单片机可以进行正常的接收与发送。若单片机时钟采用12MHz，由式(12.4)可计算得X＝250或249(FAH或F9H)，此时将FAH或F9H写入TH1和TL1，经计算得实际的传输速率为10416.67或8928.57波特，其相对误差为－8.5%或＋7%。实践证明，PC机与单片机在这种情况下不能正常接收和发送。

12.6.3　波特率相对误差范围的确定方法

上一节的计算表明，在串行通讯中，当规定了传输速率以后，波特率的设置与系统使用的晶振频率有着很密切的关系，它可直接影响通讯的成败。上例中，当双机约定了传输速率 9600 波特时，若晶振频率为 12MHz，PC 机的波特率为 9600 波特，而单片机实际的波特率大于(或小于)9600 波特，波特率相对误差为 8.5%。也就是说，如果 PC 机以每位 104.17μs 的时间发送一位数据，单片机则以 96μs 的时间接收一位数据。在接收一帧数据的过程中，由于误差的积累，便产生了错码。

在单片机的串行接收方式(1、2、3)中，CPU 以 16 倍波特率的采样速率对接收数据(RXD)不断采样，一旦检测到由 1 到 0 的负跳变，16 分频计数器立刻复位，使之满足翻转的时刻恰好与输入位的边沿对准。16 分频计数器把每个接收位的时间分为 16 份，在中间三位即 7、8、9 状态时，位检测器对 RXD 端的值采样，并以 3 取 2 的表决方式，确定所接收的数据位。这三个状态，理论上对应于每一位的中间段，若发送端与接收端的传输速率不一致，就会发生采样偏移。这种传输速率的误差在允许范围内不致产生错位或漏码。但当误差超过允许范围时，便发生了错位，使接收的某数据位重复接收，因而产生接收数据错误。

下面仅对波特率误差引起的错码现象作一分析。例如 PC 机与单片机通讯速率约定为 9600 波特，系统时钟为 6 MHz 时，为了按约定的速率通讯，PC 机在 8250 异步通讯接口中的 3F8H、3F9H 寄存器中设定波特率因子分别为 0CH、00H；而单片机中定时器 1 初值 TH1 = TL1 = FDH。此时，PC 机发送数据与单片机接收数据情况如表 12.6 所示。

表 12.6　PC 机发送数据与单片机接收数据

PC 机发送数据	单片机接收数据
10H ~ 1FH	30H ~ 3FH
20H ~ 2FH	40H ~ 4FH
30H ~ 3FH	70H ~ 7FH
40H ~ 4FH	80H ~ 8FH
50H ~ 5FH	B0H ~ BFH
60H ~ 6FH	C0H ~ CFH
70H ~ 7FH	F0H ~ FFH

以上数据表明了接收数据中出现的错码情况。对上述错码进行剖析可以看到：由于波特率误差引起的接收端采样偏移时，如果这个偏移使得接收某数据位的采样在该位中点的半位间隔时，将会对该位采样两次，因而形成上面的错码情况。下面公式表明错码或漏码发生的位数 N：

$$\text{波特率相对误差} \times \text{第 N 位} > 0.5 \tag{12.5}$$

即 N > 0.5/波特率相对误差时，第 N 位及后面的各位数据将出错。

当串行异步通讯的帧格式为 11 位时：

N ≤ 11，表示一帧数据中有某位被错采样，且采样出错在第 N 位；

N > 11，表示一帧数据中没有数据位发生错采样。

本例中，波特率相对误差为 8.5%，由上面公式得出 8.5% × 11 = 0.935 > 0.5，说明在这个波特率相对误差下将出现错误采样，且出错位为

$$N = 0.5/8.5\% = 5.9 \approx 6 \quad (含起始位)$$

即在数据帧包括起始位的第 6 位发生错码，在第 6 位采样了两次，因而得到上面错码情况。

	0001	0000	0	起始位
错为	0011	0000		则 10H→30H
	0101	0000	0	
错为	1011	0000		则 50H→B0H

由此可以类推出错误的接收数据。

相反，当 PC 机的传送波特率大于单片机的传送波特率时，则会在第 N 位出现漏码错误。这里不再赘述。

由式(12.5)可知，当通讯的信息格式为 11 位时，数据正常传输的波特率相对误差小于 4.5%。为了确保可靠通讯，一般波特率相对误差不大于 2.5%，当不同机种相互之间进行通讯时，尤其要注意这点。

12.6.4　SMOD 位对波特率的影响

在波特率设置中，SMOD 位对波特率准确度的影响值得注意。现举例说明。

设波特率选为 2400，fosc = 6MHz 时，SMOD 可选 0 或 1，对 SMOD 值的不同选择产生不同的波特率相对误差：选择 SMOD = 0，此时，由式(12.4)可计算出 $X \approx 2149 = F9H$，将 F9H 写入 TH1 和 TL1，可得实际的波特率及相对误差为

$$波特率 = \frac{2^0}{32} \times \frac{6 \times 10^6}{12(256 - 249)} \approx 2238.8$$

$$波特率相对误差 = \frac{2400 - 2238.8}{2400} \approx 7\%$$

选择 SMOD = 1 此时，由式(12.4)可计算出 $X \approx 243 = F3H$，将 F3H 写入 TH1 和 TL1，可得实际的波特率及相对误差为

$$波特率 = \frac{2^1}{32} \times \frac{6 \times 10^6}{12(256 - 243)} \approx 2403.85$$

$$波特率相对误差 = \frac{2403.85 - 2400}{2400} \approx 0.16\%$$

上面的分析说明了 SMOD 值虽然是可以任意选择的值，但在某些情况下它直接影响着波特率误差范围，因而在波特率设置时，对 SMOD 的选择也需要适当考虑。

第13章

MCS－51 的其他扩展接口及实用电路

前面已分类介绍了各种接口设计，本章介绍在 MCS－51 单片机应用系统中，经常用到的其他一些扩展接口及实用电路。

13.1　MCS－51 单片机与日历时钟芯片的接口设计

在单片机用应系统中，常需要一个实时时钟供定时、测控之用。单片机中都集成有定时器，配合软件可以作为系统的时间基准，构成一个实时时钟。通常定时器工作在中断方式，因此它将频繁地中断 CPU 的工作。而且每次开机都要重新设定标准时间，使用上不方便，还占用了单片机定时器资源。实时日历时钟芯片的出现，不仅克服了上述缺点，而且使单片机系统中的时钟、日历功能更加完善。实时日历时钟芯片种类较多，本节介绍日历时钟芯片 DS12887 的功能及其与 MCS－51 单片机的接口方法和软件设计。

DS12887 是跨越 2000 年的时钟芯片，过去采用 2 位数表示年度的日历系统在该芯片中用 4 位数来表示。DS12887 采用 24 引脚双列直插式封装。DS127887 芯片的晶体振荡器、振荡电路、充电电路和可充电锂电池等一起封装在芯片的上方，组成一个加厚的集成电路模块。电路通电时其充电电路便自动对电池充电。充足一次电可供芯片时钟运行半年之久，正常工作时可保证时钟数据 10 年内不会丢失。

13.1.1　DS12887 日历时钟芯片的性能及引脚说明

1. 性能

DS12887 的主要性能如下：

(1) 具有完备的时钟、闹钟及到 2100 年的日历功能，可选择 12 小时制或 24 小时制计时，有 AM 和 PM、星期、夏令时间操作及闰年自动补偿等功能。

(2) 具有可编程选择的周期性中断方式和多频率输出的方波发生器功能。

(3) DS12887 内部有 14 个时钟控制寄存器，包括 10 个时标寄存器、4 个状态寄存器和 114 字节作掉电保护用的低功耗 RAM。

(4) 由于该芯片具有多种周期中断速率及时钟中断功能，因此可以满足各种不同的待机要求，最长可达 24 小时，使用非常方便。

(5) 时标可选择二进制或 BCD 码表示。

(6) 工作电压：＋4.5～＋5.5V。

(7) 工作电流：7～15 mA。

(8) 工作温度范围：0～＋70℃。

2.引脚说明

DS12887/12C887 的引脚如图 13.1 所示。

芯片各引脚功能如下：

(1) MOT：计算机总线选择端（接低电平为总线）；

(2) SQWF：方波输出，速率和是否输出由专用寄存器 A、B 的预置参数决定；

(3) AD0～AD7：地址/数据（双向）总线，由 ALE 的下降沿锁存 8 位地址；

(4) $\overline{WR}$：写数据，低电平有效；

(5) ALE：地址锁存信号端；

(6) $\overline{RD}$：数据读信号端，低电平有效；

(7) $\overline{CS}$：选通信号端，低电平有效；

(8) $\overline{IRQ}$：中断申请（低电平有效），由专用寄存器决定；

(9) $\overline{RESET}$：复位端，低电平复位；

(10) NC：空闲端。

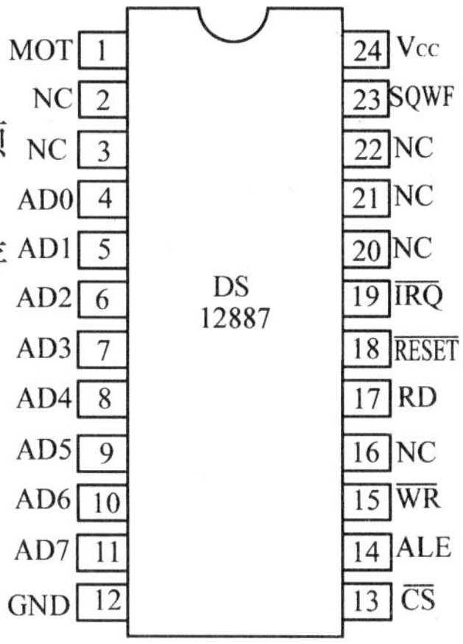

图 13.1　DS12887 的引脚

13.1.2　使用说明

CPU 通过读 DS12887 的内部时标寄存器得到当前的时间和日历，也可通过选择二进制码或 BCD 码初始化芯片的 10 个时标寄存器。其中 114 字节的非易失性静态 RAM 可供用户使用，对于没有 RAM 的单片机应用系统，可在主机掉电时来保存一些重要的数据。DS12887 的 4 个状态寄存器用来控制和指出 DS12887 模块当前的工作状态，除数据更新周期外，程序可随时读写这 4 个寄存器。下面介绍各寄存器的功能和作用。

1.DS12887 内部 RAM 各专用寄存器的功能

表 13.1 是 DS12887 内部 RAM 和各专用寄存器地址分配表。其中，地址 00H～03H 单元的取值范围是 00H～3BH（十进制 0～59）；04H～05H 单元按 12 小时制的取值范围是上午（AM）01H～0CH（1～12），下午（PM）81H～8CH（81～92），按 24 小时制的取值范围是 00H～17H（1～23）；06H 单元的取值范围是 00H～07H（0～7）；07H 单元的取值范围是 01H～1FH（1～31）；08H 单元的取值范围是 01H～0CH（1～12）；09H 单元的取值范围是 00H～63H（0～99）。对 DS12887 内部 RAM 和各专用寄存器的访问可如下实现：若片选地地址$\overline{CS}$＝＃0C000H，则芯片内部 RAM 和寄存器的地址为＃C000H～＃0C07FH。应指出，尽管 DS12887 的专用时标年寄存器只有一个，但通过软件编程可利用其内部的不掉电 RAM 区的一个字节实现年度的高两位显示。DS12887 可跨越 2000 年的计时。

表 13.1　DS12887 内部 RAM 和专用寄存器地址

地址单元	用　　途	地址单元	用　　途
00H	秒	01H	秒闹
02H	分	03H	分闹
04H	时	05H	时闹
06H	星期	07H	日（两位数）
08H	月（两位数）	09H	年（两位数）
0AH	寄存器 A	0BH	寄存器 B
0CH	寄存器 C	0DH	寄存器 D

注：0EH～7FH 是不掉电 RAM 区，共 114 个字节。

2.各寄存器的作用

(1)寄存器 A

寄存器 A 各位不受复位的影响，各位的格式见表 13.2。其中：

① UIP:更新周期标志位。该位为 1 时,表示芯片正处于或即将开始更新周期,此时不准读/写时标寄存器;该位为 0 时,表示至少在 44μs 后才开始更新周期,此时程序可以读芯片内时标寄存器,该位是只读位。

② DV0、DV1、DV2:芯片内部振荡器 RTC 控制位。当芯片解除复位状态,并将 010 写入 DV0、DV1、DV2 后,另一个更新周期将在 500 ms 后开始。因此,在程序初始化时可用这 3 位精确地使芯片在设定的时间开始工作。DS12887 固定使用 32768Hz 的内部晶体。所以,DV0＝0,DV1＝1,DV2＝0,即只有 010 的一种组合选择即可启动 RTC。

③ RS3、RS2、RS1、RS0:周期中断可编程方波输出速率选择位。对这些位进行不同的组合可以产生不同的输出。程序可以通过设置寄存器 B 的 SQWF 和 PIE 位控制是否允许周期中断和方波输出。寄存器 A 输出速率选择位见表 13.2 所列。

表 13.2　控制寄存器 A 各位的格式及输出速率选择

位 7	位 6	位 5	位 4	位 3	位 2	位 1	位 0	以 32 768 Hz 为时基速率输出	
UIP	DV2	DV1	DV0	RS3	RS2	RS1	RS0	中断周期	SQWF 输出
–	–	–	–	0	0	0	0	无	无
–	–	–	–	0	0	0	1	3.906 25 ms	256 Hz
–	–	–	–	0	0	1	0	7.812 5 ms	128 Hz
–	–	–	–	0	0	1	1	0.122 07 ms	8.192 kHz
–	–	–	–	0	1	0	0	0.244 141 ms	4.096 kHz
–	–	–	–	0	1	0	1	0.488 281 ms	7.048 kHz
–	–	–	–	0	1	1	0	0.976 563 ms	1.024 kHz
–	–	–	–	0	1	1	1	1.953 ms	512 Hz
–	–	–	–	1	0	0	0	3.906 25 ms	256 Hz
–	–	–	–	1	0	0	1	7.812 125 ms	128 Hz
–	–	–	–	1	0	1	0	15.625 ms	64 Hz
–	–	–	–	1	0	1	1	31.25 ms	32 Hz
–	–	–	–	1	1	0	0	62.5 ms	16 Hz
–	–	–	–	1	1	0	1	125 ms	8 Hz
–	–	–	–	1	1	1	0	250 ms	4 Hz
–	–	–	–	1	1	1	1	500 ms	2 Hz

(2)寄存器 B

寄存器 B 允许读/写,主要用于控制芯片的工作状态。

寄存器 B 的控制字的格式见表 13.3。其中:

表 13.3　寄存器 B/C/D 的控制字的格式

位 7	位 6	位 5	位 4	位 3	位 2	位 1	位 0	寄存器
SET	PIE	AIE	UIE	SQWF	DM	24/12	DSE	寄存器 B
IRQF	PF	AF	UF	0	0	0	0	寄存器 C
VRF	0	0	0	0	0	0	0	寄存器 D

① SET:当该位为 0 时,芯片处于正常工作状态,每秒产生一个更新周期来更新时标寄存器;该位为 1 时,芯片停止工作,程序在此期间可初始化芯片的各个时标寄存器。

② PIE、AIF、UIE：分别为周期中断、报警中断、更新周期结束中断允许位。各位为 1 时，允许芯片发相应的中断。

③ SQWF：方波输出允许位。SQWF = 1，按寄存器 A 输出速率选择位所确定的频率方波；SQWF = 0，脚 SQWF 保持低电平。

④ DM：时标寄存器用十进制 BCD 码表示或用二进制表示格式选择位。DM = 0 时，为十进制 BCD 码；DM = 1 时，为二进制码。

⑤ 24/12：24/12 小时模式设置位。24/12 = 1 时，为 24 小时工作模式；24/12 = 0 时，为 12 小时工作模式。

⑥ DSE：夏令时服务位。DSE = 1，夏时制设置有效，夏时制结束可自动刷新恢复时间；DES = 0，无效。

(3)寄存器 C

该寄存器的特点是，程序访问该寄存器后，该寄存器的内容将自动清 0，从而使 IRQF 标志位变为高电平，否则，芯片将无法向 CPU 申请下一次中断。寄存器 C 的控制字的格式见表 13.3。其中：

① IRQF：中断申请标志位。该位的逻辑表达式为：IRQF = PF·PIE + AF·AIE + UF·UIE。当 IRQF 位变为 1 时，引脚变为低电平引起中断申请。

② PF、AF、UF：这 3 位分别为周期中断、报警中断、更新周期结束中断标志位。只要满足各中断的条件，相应的中断标志位将置 1。

③ 位 3 ~ 位 0：未定义的保留位。读出值始终为 0。

(4)寄存器 D

寄存器 D 为只读寄存器。

寄存器 D 的控制字的格式见表 13.3。其中：

① VRT：芯片内部 RAM 与寄存器内容有效标志位。该位为 1 时，指芯片内部 RAM 和寄存器内容有效。读该寄存器后，该位将自动置 1。

② BIT6 ~ BIT0：保留位。读出的数值始终为 0。

3.DS12887 的中断和更新周期

DS12887 处于正常工作状态时，每秒钟将产生一个更新周期。芯片处于更新周期的标志是，寄存器 A 中的 UIP 位为 1。在更新周期内，芯片内部时标寄存器中的数据处于更新阶段。故在该周期内，微处理器不能读时标寄存器的内容，否则将得到不确定数据。更新周期的基本功能主要是刷新各个时标寄存器中的内容，同时秒时标寄存器内容加 1，并检查其他时标寄存器内容是否有溢出，如有溢出则相应进位日、月、年。更新周期的另外一个功能是，检查 3 个时、分、秒报警时标寄存器的内容是否与对应时标寄存器的内容相符。如果相符，则寄存器 C 中的 AF 位置 1；如果报警时标寄存器的内容为 C0H ~ FFH 之间的数据，则为不关心状态。

为了采样时标寄存器中的数据，器件提供了两种避开在更新周期内访问时标寄存器的方法。第一种方法是利用更新周期结束发出的中断。可以编程且允许在每次更新周期结束后发生中断申请，提醒 CPU 将有 998ms 左右的时间去获取有效的数据，在中断之后的 998ms 时间内，程序可先将时标数据读到芯片内部的不掉电静态 RAM 中。因为芯片内部的静态 RAM 和状态寄存器是可随时读写的，在离开中断服务子程序前应清除寄存器 C 中的 IRQF 位。另一种方法是，利用寄存器 A 中的 UIP 位来指示芯片是否处于更新周期。在 UIP 位由低变高 244μs 后，芯片将开始其更新周期。所以，若检测到 UIP 位为低电平时，则利用 244μs 的间隔时间去读取时标信息；如检测到 UIP 位为 1，则可暂缓读数据，等到 UIP 位变成低电平后再去读数据。

13.1.3 MCS - 51 与 DS12887 的接口设计

1.DS12887 的初始化

DS12887 采用连续工作制,一般无需每次都初始化,即使是系统复位时也如此。但初始化时,首先应禁止芯片内部的更新周期操作。所以,应先将 DS12887 状态寄存器 B 中的 SET 位置 1,然后初始化 00H ~ 09H 时标参数寄存器和状态寄存器 A。此后,再通过读状态寄存器 C,清除寄存器 C 中的周期中断标志位 PF、报警中断标志位 AF、更新周期结束中断标志位 UF。通过读寄存器 D 中的 VRT 位后将自动置 1。最后,将状态寄存器 B 中的 SET 位置 0,芯片开始计时工作。

2.闹钟单元的使用方法

DS12887 共有 3 个闹钟单元,分别为时、分、秒闹钟单元。在其中写入闹钟时间值并且在时钟中断允许的情况下,每天到该时刻就会产生中断申请信号。但这种方式每天只提供一次中断信号。另一种方式是在闹钟单元中写入“不关心码”:在时闹钟单元写入 C0H ~ FFH 之间的数据,可每小时产生一次中断;在时、分闹钟单元写入 C0H ~ FFH 之间的数据,可每分钟产生一次中断;而时、分、秒闹钟单元全部写入 FFH,则每秒钟产生一次中断。但这种方式也只能在整点、整分或每秒产生一次中断。若控制系统要求的定时间隔不是整数时,应该通过软件来调整实现。

3.接口电路及软件编程

图 13.2 是 AT89C51 单片机与 DS12887 的接口电路(其中片选地址 $\overline{CS}$ = # 0D00H)。DS12887 状态寄存器的参数设置如下:状态寄存器 A 置为 20H,它表示采用的时钟频率为 32 678Hz,禁止脚 SQWF 输出;状态寄存器 B 置为 22H,它表示允许报警中断,禁止其他中断,为 24 小时模式,时标寄存器内容用 BCD 码表示,禁止方波输出和夏令时服务。如果要求定时间隔为 1 秒至 59 分钟的中断申请,那么时报警寄存器置 FFH,这就表示该报警时标处于不关心状态。

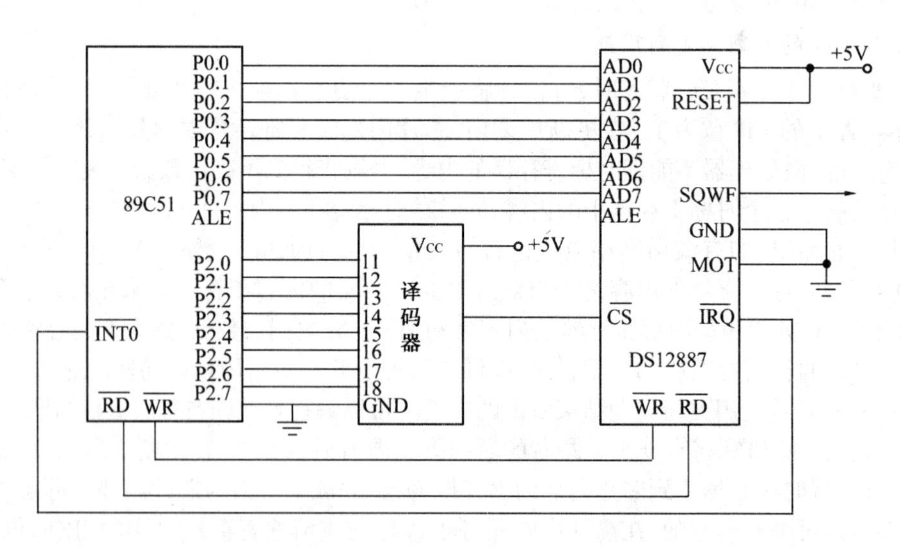

图 13.2 DS12887/12C887 与 MCS - 51 单片机的接口电路

下面给出了 DS12887 的有关程序。

(1) 初始化程序

```
TIME:  MOV    DPTR, # 0D00BH      ;寄存器 B 中的 SET 位置 1,禁止芯片内部的更新周期
       MOV    A, # 0A2H
       MOVX   @DPTR,A             ;初始化时标寄存器,输入当前时间:1999 年 2 月 6 日,星期 6,12:00:00
       MOV    DPTR, # 0D000H
       MOV    A, # 00H
       MOVX   @DPTR,A             ;秒时标单元
       INC    DPTR
       MOV    A, # 0FFH           ;秒时标报警单元送不关心码
       MOVX   @DPTR,A
       INC    DPTR
       MOV    A, # 00H
       MOVX   @DPTR,A
       INC    DPTR
       MOV    A, # 0FFH           ;分时标报警单元送不关心码
       MOVX   @DPTR,A
       INC    DPTR
       MOV    A, # 0CH            ;小时时标单元送 12
       MOVX   @DPTR,A
       INC    DPTR
       MOV    A, # 0FFH           ;小时时标单元报警单元送不关心码
       MOVX   @DPTR,A
       INC    DPTR
       INC    DPTR
       MOV    A, # 06H            ;星期时标单元送 6
       MOVX   @DPTR,A
       INC    DPTR
       MOV    A, # 06H            ;日期时标单元送 6
       MOVX   @DPTR,A
       INC    DPTR
       MOV    A, # 02H            ;月时标单元送 2
       MOVX   @DPTR,A
       INC    DPTR
       MOV    A, # 63H            ;年时标单元送 99
       MOVX   @DPTR,A
       MOV    DPTR, # 0D00EH
       MOV    A, # 13H            ;年度高两位送 19
       MOVX   @DPTR,A
       MOV    DPTR, # 0DD0AH
       MOV    A, # 20H            ;初始化状态寄存器 A
       MOV    @DPTR,A
       MOV    DPTR, # 0D00CH
       MOVX   A,@DPTR             ;清状态寄存器 C
       INC    DPTR
       MOVX   @DPTR               ;状态寄存器 D 的 URT 位置 1
       MOV    DPTR, # 0D00BH
```

```
        MOV    A, # 22H            ;初始化状态寄存器 B
        MOV    @DPTR,A
        MOV    IE, # 81H           ;89C51 开中断
        RET
```

(2) 判别芯片是否处于更新周期子程序(查询法)

```
XIN:    MOV    DPTR, # 0D00AH
        MOV    A,@DPTR
        JB     ACC.7,XIN           ;查询 UIP 位
        SETB   20H                 ;设可读时标寄存器标志位
        RET
```

(3) 中断服务子程序

```
INT1:   LCALL XIN
        JB 20H,INTG
        AJMP INT1
INTG:   ……                         ;读当前时标寄存器
        ……                         ;检出是否溢出
        ……                         ;溢出处理
        MOV    DPTR, # 0D00CH      ;清中断标志寄存器
        MOVX   A,@DPTR
        RETI
```

13.2　MCS－51 单片机报警接口

在单片机测控系统发生故障或处于某种紧急状态时,单片机系统应能发出报警信号,报警信号可分为闪光报警、鸣音报警和语言报警。闪光报警可用某一I/O 口线驱动 LED 闪烁,只要该 I/O 口线发出具有一定频率的高低电平信号,即可使 LED 闪烁。闪烁报警程序比较简单,本节不作介绍,仅介绍鸣音报警接口和语音报警接口。

13.2.1　鸣音报警接口

鸣音报警接口有二种:一种是蜂鸣音报警接口,另一种是音乐报警。

1.蜂鸣音报警接口

蜂鸣音报警的发音器件常采用压电式蜂鸣器。

压电式蜂鸣器约需 10mA 的驱动电流,因此,可以使用 TTL 系列集成电路 7406 或 7407 低电平驱动,如图 13.3 所示;也可以用一个晶体三极管驱动,如图 13.4 所示。

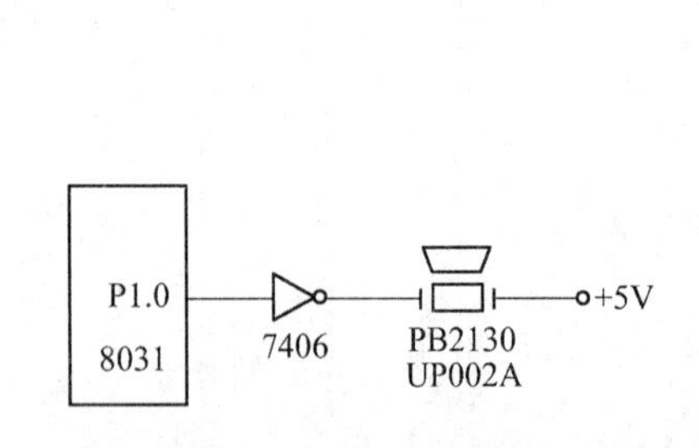

图 13.3　使用 7406 作驱动的蜂鸣音报警电路

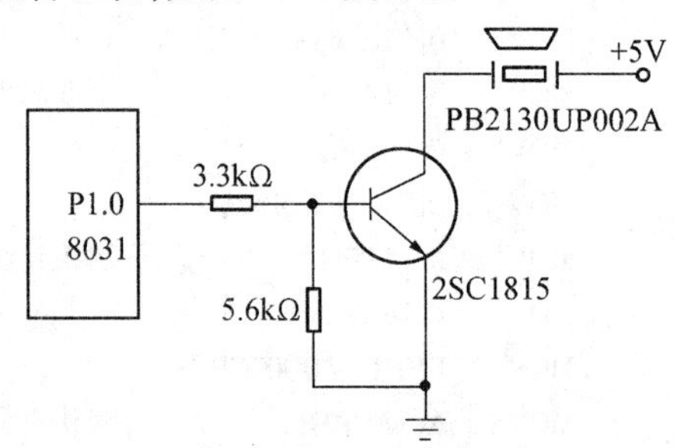

图 13.4　使用三极管作驱动的蜂鸣音报警电路

在图 13.3 中，驱动器的输入端接 8031 的 P1.0。当 P1.0 输出高电平“1”时，7406 的输出为低电平“0”，使压电蜂鸣器引线获得将近 5V 的直流电压，而产生蜂鸣音。当 P1.0 端输出低电平“0”时，7406 的输出端升高约＋5V，压电蜂鸣器的两引线间的直流电压降至接近于 0V，发音停止。在图 13.4 中，P1.0 接晶体管基极输入端。当 P1.0 输出高电平“1”时，晶体管导通，压电蜂鸣器两端获得约＋5V 电压而鸣叫；当 P1.0 输出低电平“0”时，三极管截止，蜂鸣器停止发声。因此，上述两个接口电路的程序可以通用。

下面是连续鸣音 30ms 的控制子程序清单：

```
SND:    SETB    P1.0            ;P1.0 输出高电平，启动蜂鸣器鸣叫
        MOV     R7, # 1EH       ;延时 30ms
DL:     MOV     R6, # 0F9H
DL1:    DJNZ    R6,DL1          ;小循环延时 1 ms
        DJNZ    R7,DL
        CLR     P1.0            ;P1.0 输出低电平，停止蜂鸣器鸣叫
        RET
```

2. 音乐报警接口

蜂鸣音报警接口虽然简单，但音调比较单调。若要使报警声优美悦耳，常可采用音乐报警电路。

音乐报警接口由两部分组成：

① 乐曲发生器，集成电子音乐芯片；

② 放大电路，也可采用集成放大器。

如图 13.5 所示，图中当 8031 从 P1.0 输出高电平时，乐曲发生器 7920A 的输入控制端 MT 变为 1.5V 高电平，输出端 V_{out} 便可输出华尔兹乐曲信号，经 M51182L 放大而驱动扬声器发出乐曲报警声，音量大小由 10kΩ 电位器调整。相反，若 P1.0 输出低电平，则 7920A 因 MT 输入电位变低而关闭，故扬声器停止奏曲。相应报警程序为：

```
START:  SETB    P1.0            ;P1.0 高电平，启动报警
        RET
STOP:   CLR     P1.0            ;P1.0 低电平，报警停止
        RET
```

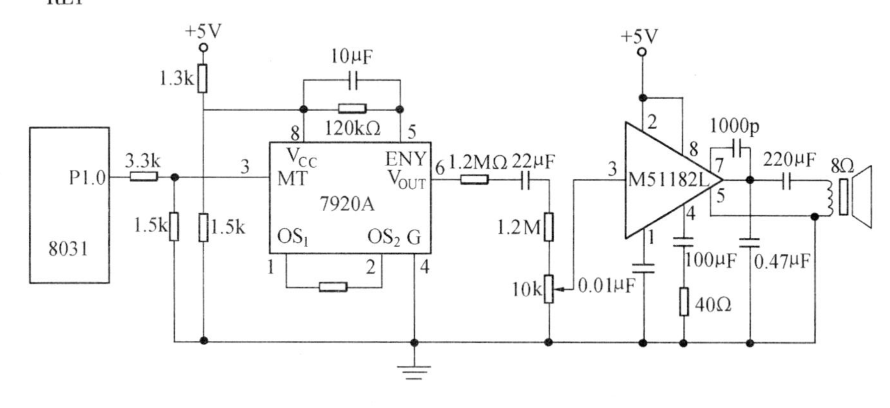

图 13.5　音乐报警接口电路

13.2.2　语音报警接口

随着电子技术的发展,特别是大规模集成技术的发展,人们能够把语音电路做成很小的集成芯片,这些芯片配以简单的外围电路就可以根据需要发出各种声音。

语音芯片的主要功能包括:语音分析、存储、再生合成及识别等等。近几年市场上美国、日本等生产的语音芯片很多,功能各异,可根据需要查阅有关手册。这里重点介绍日本东芝公司的 T6668 芯片的特点、工作方式及单片机接口电路。

1.T6668 语音芯片简介

T6668 语音芯片是日本东芝公司推出的,原设计用于录音电话系统,后来许多语音系统都采用它,并已作为单片机的一种接口芯片。T6668 共 60 个引脚,扁平封装。

(1)语音输入接口电路

T6668 芯片内有话筒放大器,直接外接话筒即可将声音输入(录音)。其话筒接口电路如图 13.6 所示。

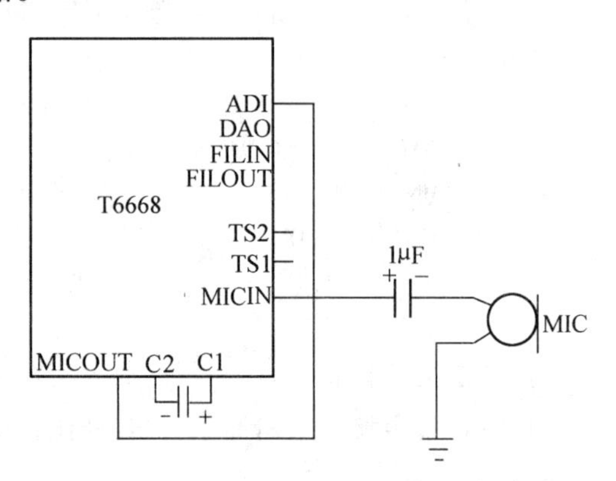

图 13.6　T6668 话筒接口电路

(2)语音输出接口电路

T6668 的语音输出端内部有两级滤波器,一级低通滤波器,一级高通滤波器,外部只需接一级功率放大,驱动扬声器(喇叭)即可。T6668 内部再生信号从 FILIN 端输入到第一级滤波电路的输入端,经两级滤波后再从 FILOUT 端输出到外接功率放大电路,如图 13.7 所示。

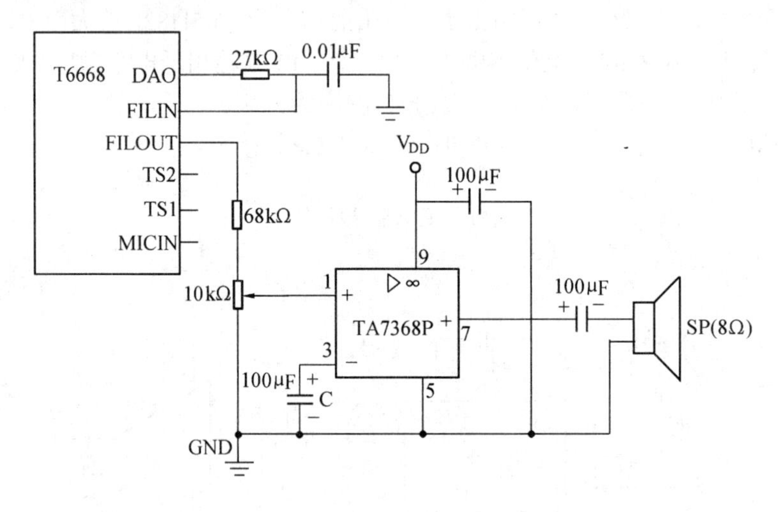

图 13.7　T6668 语音输出接口电路

(3)语音数据存储

T6668 内部无数据存储单元,需要外接动态 RAM(DRAM),以存储大量的语音数据。它自身接口能力达 256K 位 × 4 即可接 256K 位的 DRAM4 片共 1M 位。

2.T6668 的工作方式

T6668 的工作方式有两种:一种是手动方式;一种是 CPU 方式。

手动方式指 T6668 外接开关、按钮,以人工方式操作进行录音或放音工作。

CPU 方式即利用单片机 CPU，通过命令对 T6668 实现操作与控制，不仅完全达到手动控制功能，而且控制更加灵活方便。

T6668 的 CPU 方式共有 9 种命令：

空操作命令：NOP；

启动命令：START；

停止命令：STOP；

比特率设置命令：CNDT；

段号指定命令：LABEL；

读起始地址命令：ADRD；

录音命令：REC；

起始地址设置命令：ADLD1；

终止地址设置命令：ADLD2。

其中 ADLD1、ADLD2 是三字节，其他均为单字节命令，使用 T6668 时，单片机要先把所用命令字写入 T6668 中。

3. MCS－51 与 T6668 的接口电路

T6668 语音合成芯片在手动方式和 CPU 方式都可以和单片机构成系统，但各有其特点。在手动方式下，CPU 主要对 T6668 原手动操作口控制，实现对 T6668 的管理。如存储器容量的扩展、录音、放音、启、停等控制。而在 CPU 方式下，CPU 直接参与对 T6668 的全部控制，除了控制原手动操作口外，还能实现对已录制的语音进行编辑、加工或由 CPU 系统的 EPROM 提供语音参数。

图 13.8 所示是 T6668CPU 方式与 8031 的接口电路。

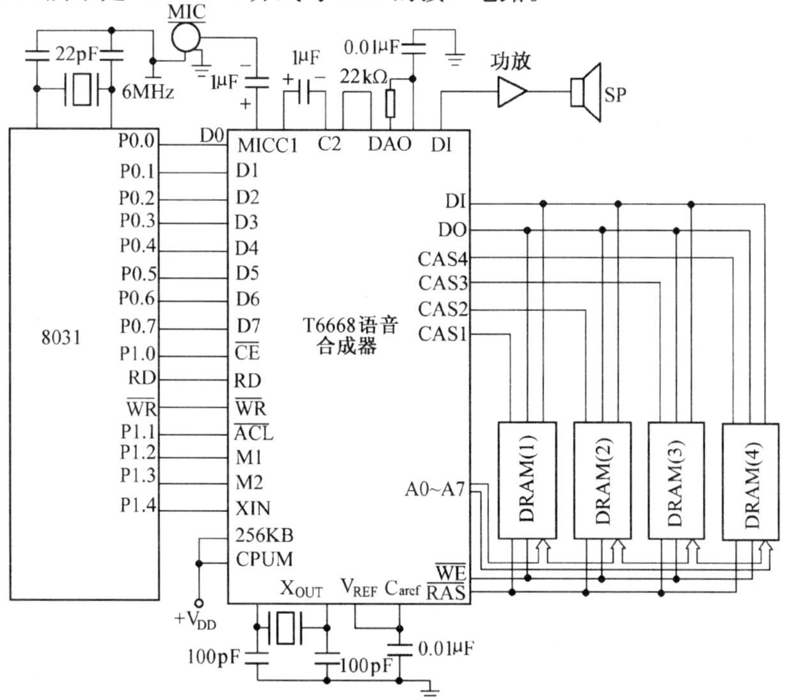

图 13.8　T6668CPU 方式与 8031 接口电路

T6668 语音芯片属于 DRAM 型，外接动态存储器，同类型还有 UM5101，UM93520 等芯片。另外还有 SRAM 型语音芯片，需外接静态存储器，该类型芯片有 UM5100、TC8830AF、TSP5220 等。这里不一一介绍，使用方法与 T6668 类似，可查阅有关资料。

13.3　MCS－51 与可编程定时器/计数器芯片 8253 的接口

MCS－51 内部只有二个 16 位定时器/计数器，在需要更多的计数器时，可扩展 8253 芯片。

8253 是具有三个功能相同的 16 位减计数器，每个计数器的工作方式及计数常数分别由软件编程选择，可进行二进制或二～十进制计数或定时操作，与 8031 连接简单，最高计数时钟频率为 2.6MHz。

13.3.1　8253 的内部结构、引脚及端口编址

8253 的内部结构及引脚如图 13.9、图 13.10 所示。8253 内部有三个独立的计数器，每个计数器有三根 I/O 线：CLK 为时钟输入线，为计数脉冲输入端；OUT 为计数器输出端，当计数器减为零时，OUT 输出相应信号；GATE 为门控信号，用于启动或禁止计数器操作。

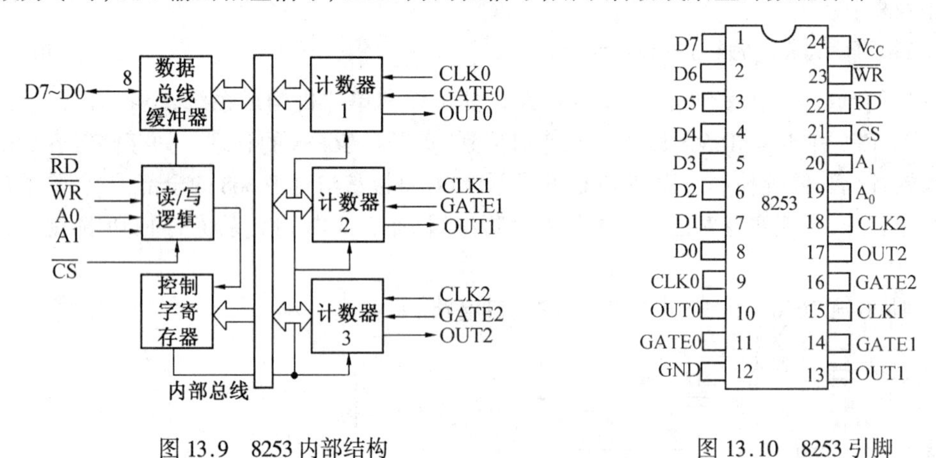

图 13.9　8253 内部结构　　　　图 13.10　8253 引脚

控制字寄存器用来寄存操作方式控制字，每个计数器都有一个单独的控制字寄存器，只能写入不能读出。

8253 与单片机的接口控制逻辑简单，D0～D7 为双向、三态数据总线，是单片机与 8253 之间的数据传输线，$\overline{RD}$、$\overline{WR}$为数据读、写控制线，A0、A1 是地址选择线，$\overline{CS}$是片选线。在单片机应用系统中，由$\overline{CS}$、A0、A1 给出 16 位地址的编码，即 8253 各计数器的端口地址。

表 13.4 为 8253 的计数通道及端口地址分配。

表 13.4　8253 通道及端口地址分配

$\overline{CS}$(P2.7)	$\overline{RD}$	$\overline{WR}$	A1	A0	操　作	系统中地址分配
0	0	1	0	0	读计数器 0	7FFCH
0	0	1	0	1	读计数器 1	7FFDH
0	0	1	1	0	读计数器 2	7FFEH
0	0	1	1	1	无操作(禁止读)	
0	1	0	0	0	计数常数写入计数器 0	7FFCH
0	1	0	0	1	计数常数写入计数器 1	7FFDH
0	1	0	1	0	计数常数写入计数器 2	7FFEH
0	1	0	1	1	写入方式控制字	7FFFH
1	×	×	×	×	禁止(三态)	
0	1	1	×	×	不操作	

8253 在应用系统中，若$\overline{CS}$与 P2.7（A15）相连，则在系统中的地址分配如表 13.4 所示，设地址任意位为 1。

13.3.2　8253 工作方式和控制字定义

8253 的工作方式由单片机编程设定，即把所设定工作方式的控制字写入控制寄存器即可。控制字的定义如图 13.11 所示。

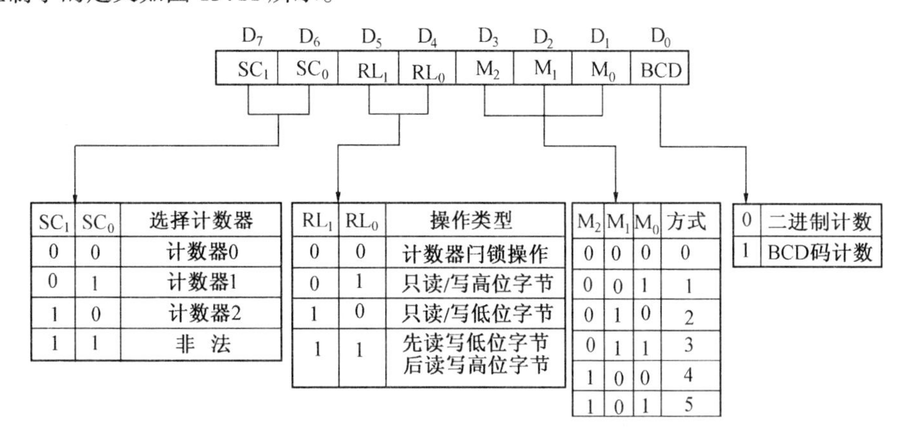

图 13.11　8253 工作方式控制字定义

工作方式控制字用来控制 8253 中计数器的工作方式、操作类型、计数类型及计数器选择。

计数器选择（SC1、SC0）：用于选择计数器，以确定所使用的计数器，同时，该控制字将写入所选择的计数器的扩展寄存器。

操作类型（RL1、RL0）：用来确定计数器的操作类型，如读/写次序、高低位读/写等。读计数器的闩锁操作用于在计数过程中读数（动态读）。

计数类型（ECD）：用以确定计数器采用 2 进制计数还是 2－10 进制计数。

工作方式（M2、M1、M0）：用来指定计数器的工作方式。8253 的计数器共有六种工作方式。

13.3.3　8253 的工作方式与操作时序

8253 有六种工作方式，其工作状态及操作时序分述如下：

1. 方式 0（计数结束中断方式）

采用这种工作方式，计数器在减为零时，使输出端 OUT 变为高电平，向 CPU 发出中断申请。

图 13.12 为方式 0 的操作时序。当方式控制字写入后，输出端 OUT 为低电平，计数器计数常数写入后，计数器开始计数，并且计数期间维持低电平，计数器减为零时，输出端 OUT 变为高电平，向 CPU 发出中断申请，直至 CPU 写入新的控制字或写入新的计数值为止。若在计数过程中，CPU 对计数器进行写操作，写入第一个字节时终止计数，写入第二个字节时，开始新的计数。当 GATE 出现低电平时，暂停计数。

2. 方式 1（可编程单稳态）

该方式输出单拍负脉冲信号，脉冲宽度可编程设定，其时序如图 13.13 所示。

在设定工作方式和写入计数值后，输出端 OUT 输出高电平。在触发信号（GATE）上升为高电平时，OUT 输出低电平，并开始计数。当计数器减为零时，OUT 输出高电平。如果在输出保持低电平期间，写入一个新计数值，不会影响低电平的持续时间，只有当下一个触发脉冲到来时，才使用新的计数值。如果计数尚未结束时，又出现新的触发脉冲，则从新的触发脉冲上升沿之后，开始重新计数，因此，使输出的负脉冲宽度加大。

CPU 在任何时候都可以读出计数器的内容，而对单拍脉冲的宽度没有影响。

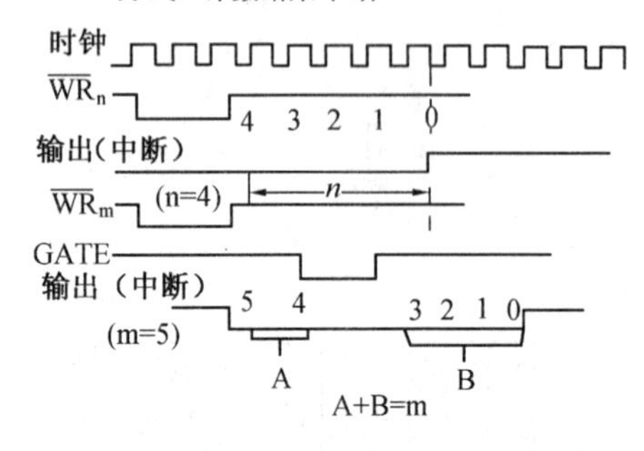

图 13.12　方式 0 的操作时序

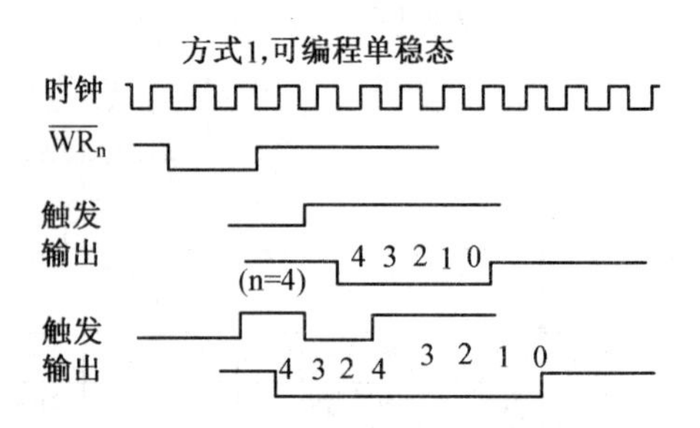

图 13.13　方式 1 的操作时序

3. 方式 2(频率发生器)

采用方式 2 工作时，能产生连续的负脉冲信号。负脉冲由 OUT 端输出，其宽度等于一个时钟周期，脉冲周期等于写入计数器的计数值和时钟周期的乘积。因此，脉冲周期可由软件编程给定。其时序如图 13.14 所示。

从时序图可以看出，在 CPU 写入新的计数值时，随后的脉冲周期会受影响。并且可用 GATE 来停止或启动计数器。当 GATE 输入低电平时，OUT 输出并维持高电平。当 GATE 变为高电平后，计数器便从原来计数常数值开始工作。因此，GATE 可作为计数器同步启动控制信号。另外，由于计数器在方式置位后输出一直保持高电平，只有在写入计数值后，才开始计数，并输出脉冲信号，因此，计数器也可以采用软件同步启动。

4. 方式 3(方波发生器)

采用方式 3 工作时，计数器输出为方波信号，其操作时序如图 13.15 所示。

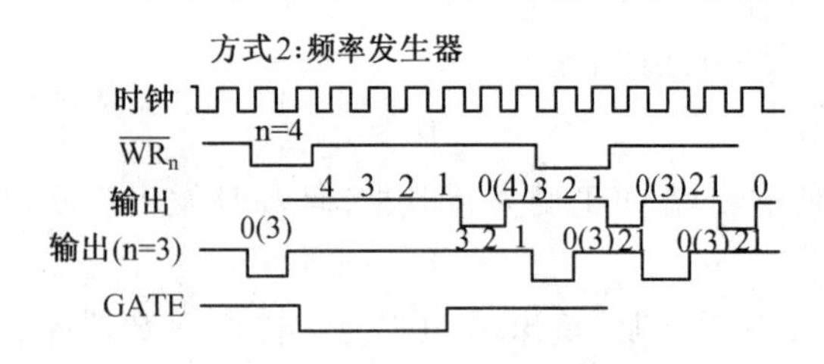

图 13.14　方式 2 的操作时序

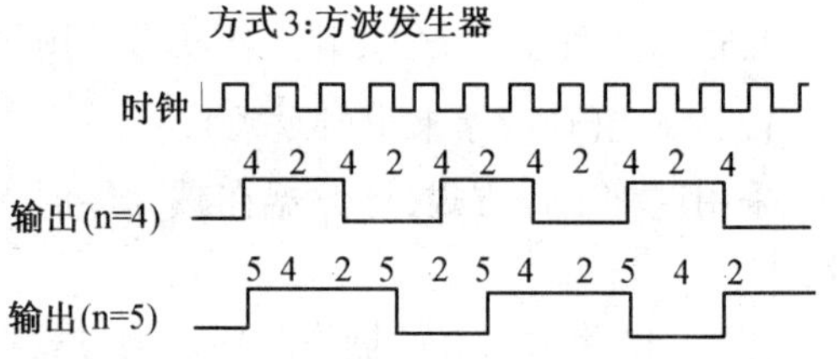

图 13.15　方式 3 的操作时序

当计数值 N 为偶数时，输出为对称方波，前 N/2 计数期间，OUT 输出高电平，后 N/2 计数期间，OUT 输出低电平。若计数值 N 为奇数时，将输出不对称方波，即在前(2n＋1)/2 计数期间，OUT 输出高电平，后(2n－1)/2 计数期间输出低电平。其余特性与方式 2 相同。

5. 方式 4(软件触发选通)

本方式为软件触发选通工作方式。其操作时序如图 13.16 所示。

当方式 4 控制字写入 8253 后，计数器输出高电平，再写入计数常数值后开始计数。当计数到零时输出一个时钟周期的负脉冲。在计数期间，如果写入新的计数常数值，将影响下一个计数周期。当门控 GATE 输入低电平时，计数停止，恢复为高电平时，继续计数。

6．方式 5(硬件触发选通)

本方式为硬件触发选通工作方式。其操作时序如图 13.17 所示。

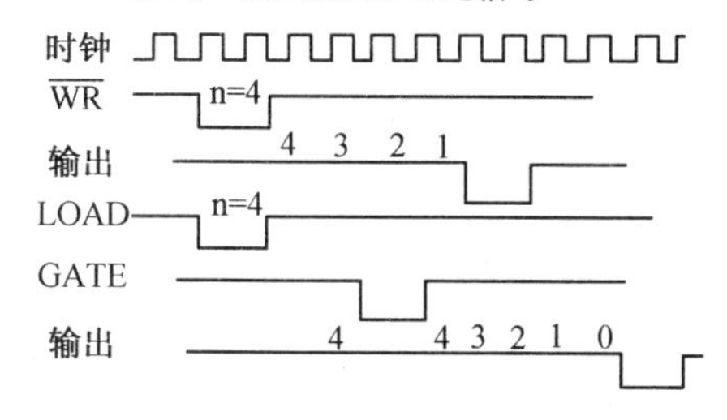

图 13.16　方式 4 的操作时序

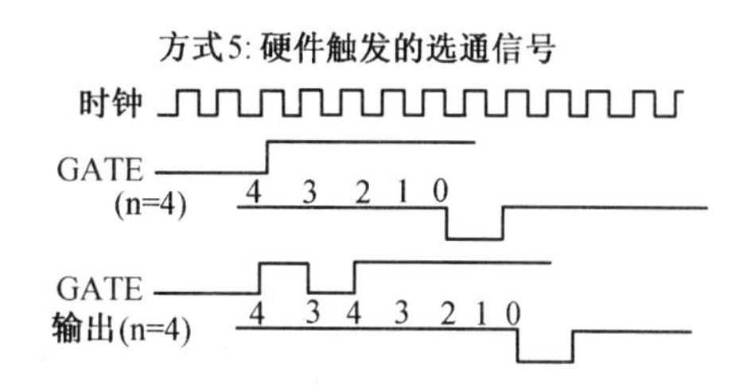

图 13.17　方式 5 的操作时序

写入方式控制字及计数常数值后，输出 OUT 保持高电平，只有在门控信号 GATE 出现上升沿后才开始计数，计完最后一个数，输出一个时钟周期的负脉冲。计数过程尚未结束之前重新触发时，将使计数器重新开始计数。

8253 在不同的计数方式中，门控信号 GATE 的功能不尽相同。可归纳为表13.5中的各种状态。

表 13.5　GATE 信号控制功能

方式 \ 状态信号	低电平或负跳变	正跳变	高电平
0	禁止计数	—	允许计数
1	—	1．启动计数；2．在下一个脉冲后使输出变低	—
2	1．禁止计数；2．立即将输出置高	启动计数	允许计数
3	1．禁止计数；2．立即将输出置高	启动计数	允许计数
4	禁止计数	—	允许计数
5	—	启动计数	—

7．8253 的读/写注意事项

(1) 写入操作：8253 的写入信息包括控制字和计数常数值。写入各个计数器的控制字时，在顺序上没有任何限制。但写入计数值时，16 位计数值须分两次写入，写入操作必须按照控制字中 RL1、RL0 所规定的顺序进行。另外，8253 的计数器为递减计数器，如果写入计数值 0000H 则为最大计数值。

(2) 读出操作：CPU 读取 8253 计数器当前计数值有两种方式，即简单读出与保持读出方式。在简单读出方式下只要选中某个计数器按控制字设定顺序读出。为了读出稳定值，必须由门控输入或禁止时钟输入的方法停止计数器计数。采用保持读出方式不会影响计数器计数状态，而能读出当前计数值。具体操作是将 RL1、RL0 置成计数器闩锁操作类型，通过 SC1、SC0 选择好计数器后 8253 将所选计数器当前值锁存到专用的寄存器，然后对计数器发出正常的读命令。

13.3.4 MCS - 51 与 8253 的接口和编程实例

8253 和 8031 的接口十分简单。数据线 D0 ~ D7 与 8031 的 P0 口相连，A1、A0 由 P0 口经 74LS373 锁存后提供，由 P2 口提供。读/写线可与 8031 读/写线相连。图 13.18 是 8031 与 8253 的一种连接方法，图中与 P2.7 相连。

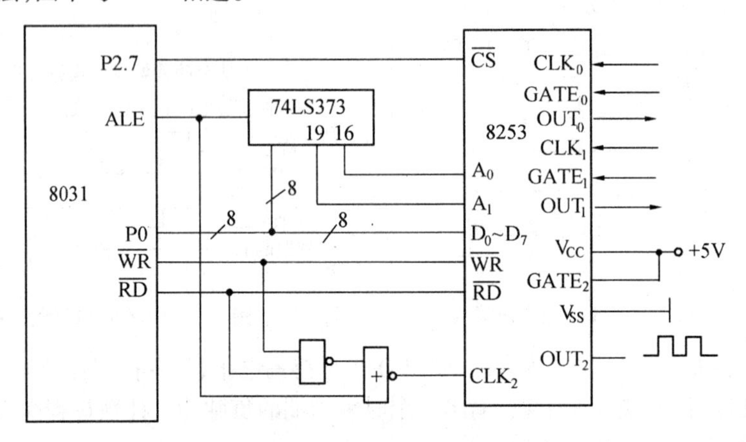

图 13.18 8031 与 8253 的接口

若要求计数器 2 输出频率为 40 kHz 的方波时，若 8031 选用 12 MHz 晶振，ALE、$\overline{WR}$、$\overline{RD}$通过图中的逻辑组合后输出频率为 2 MHz 的脉冲信号(其中$\overline{WR}$、$\overline{RD}$信号正好补偿了执行 MOVX 类指令时所丢掉的 ALE 信号)，作为 8253 计数器 2 时钟输入信号，把计数器 2 设置成方式 3 工作状态。要求其输出 40 kHz 方波时，其初始化程序如下：

```
MOV    DPTR, # 7FFFH    ;指向控制字寄存器
MOV    A, # 0B6H        ;计数器 2 输出方波控制字
MOVX   @DPTR, A         ;控制字送入控制字寄存器
MOV    DPTR, # 7FFEH    ;指向计数器 2
MOV    A, # 32H         ;50 分频计数值为 32H
MOVX   @DPTR, A         ;先写入低 8 位值
CLR    A                ;高 8 位值为 00H
MOVX   @DPTR, A         ;再写入高 8 位值
```

13.4 MCS - 51 与微处理器监控器 MAX690A/MAX692A 的接口

在微机测控系统中，为了保证微处理器稳定而可靠地运行，需要配置电压监控电路；为了实现掉电数据保护，需备用电池及切换电路；为了使微处理器尽快摆脱因干扰而陷入的死循环，需要配置 Watchdog 电路(俗称“看门狗”电路)。将完成这些功能的电路集成在一个芯片当中，称为微处理器监控器。

13.4.1 MAX690A/MAX692A 简介

MAX690A/MAX692A 是美国 MAXIM 公司的产品，具有以下功能：

(1) 在微处理器上电、掉电及低压供电时，产生一个复位输出信号。

(2) 具有备用电池切换电路，备用电池可供给 CMOS RAM 芯片、CMOS μP 或其他低功耗逻辑电路。

(3) 具有 Watchdog 电路，该电路的外触发脉冲时间间隔超过 1.6s 时，将产生一个复位输

出。

(4) 可用于低电压检测。

MAX690A 与 MAX692A 的不同点在于复位门限电平不同。当电源电压低于4.65V时，MAX690A 产生一个复位脉冲，而 MAX692A 是在电源电压低于 4.4V，才产生一个复位脉冲。

MAX690A/MAX692A 的主要电气参数为：

(1) 工作电压　V_{CC}　1.2～5.5V；

(2) 静态电流　200 μA；

(3) 备用电池方式静态电流　50 μA；

(4) 输出电压　$V_{OUT}(I_{OUT}=50\ mA)$　$V_{CC}-0.25V$；

(5) 复位脉冲宽度 T_{RS}　200 ms；

(6) Watchdog 定时时间　1.6 s；

(7) 复位门限电平　MAX690A　4.65V；

MAX692A　4.40V。

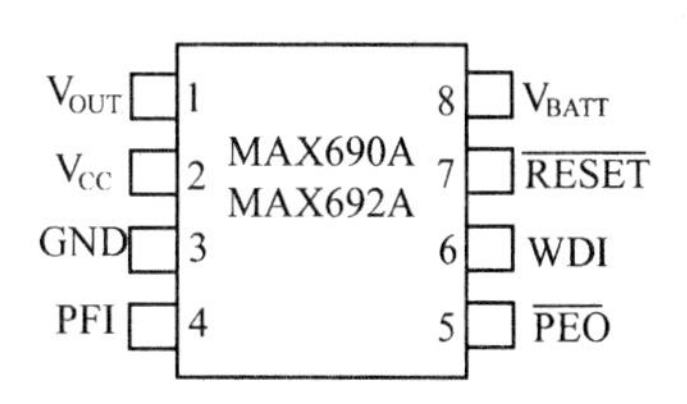

图 13.19　MAX690A/MAX692A 封装图

MAX690A/MAX692A 封装形式如图 13.19 所示。

13.4.2　工作原理

MAX690A/MAX692A 内部原理框图如图 13.20 所示，包括复位电路、Watchdog 电路、掉电比较和备用电池切换电路四部分。图 13.21 为各信号时序图。

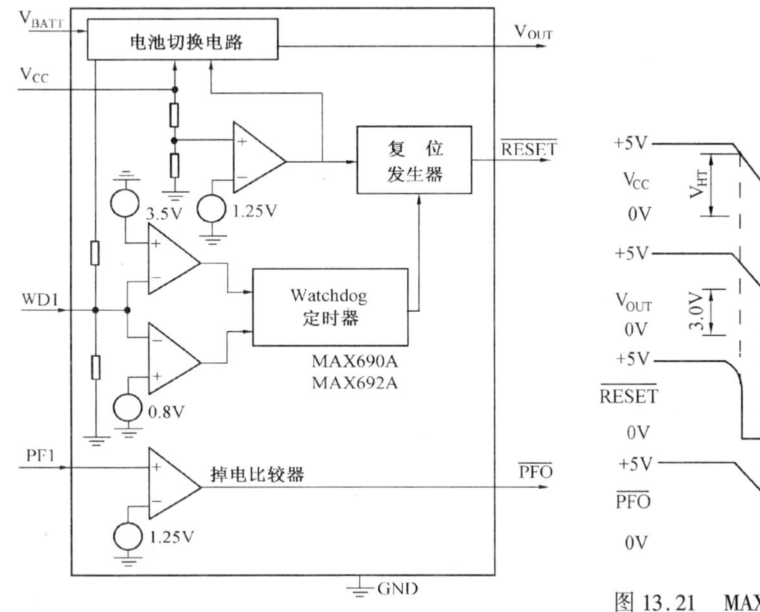

图 13.20　MAX690A/MAX692A 原理框图

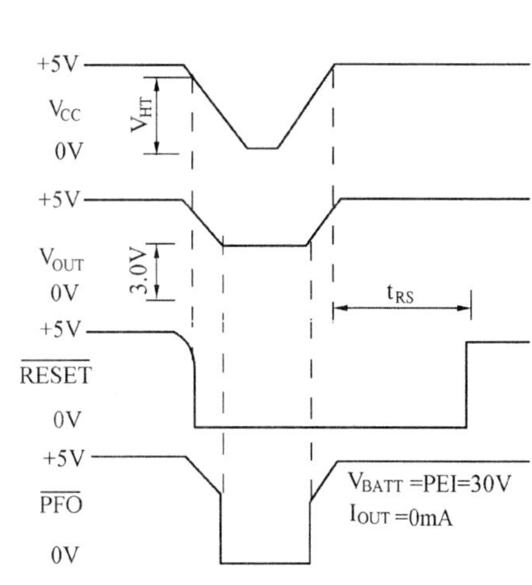

图 13.21　MAX690A/MAX692A 各信号时序图

1.复位电路

微处理器在上电、掉电及低压供电时，监控器发生复位脉冲信号，这可保证微处理器实现上电自动复位；当供电电压过低时，防止 CPU 失控。

电源电压 V_{CC}上电升到 1 V 时$\overline{RESET}$变为低电平。随着 V_{CC}的继续提高，$\overline{RESET}$一直保持低电平。当 V_{CC}高于复位门限电平时，$\overline{RESET}$并不马上变为高电平，而是要滞后一个复位脉冲宽度(约 200 ms)后，再变为高电平，如图 13.21 所示。图中 V_{HT}为复位门限电平，t_{RS}为复位脉冲宽度。

当 V_{CC}低于复位门限电平时，$\overline{RESET}$马上变为低电平；即使以后 V_{CC}恢复且高于复位门限电平，$\overline{RESET}$也不马上变为高电平，而是要延时一个复位脉冲宽度。

掉电时，V_{CC}只要低于复位门限电平，$\overline{RESET}$立即变为低电平。

2. Watchdog 电路

Watchdog 电路是计数器式定时电路。在 WDI 端输入一个脉冲(TTL 电平，宽度可小至 50ns)，定时器开始计数。若 WDI 脚悬空或接至高阻态输出的缓冲器上，定时器则停止计数，并且清零。当定时器启动后，若在 1.6s 内没有向 WDI 端输入脉冲，监控器将输出一个复位信号，信号$\overline{RESET}$变低，同时定时器被清零。只要$\overline{RESET}$为低电平，定时器将一直停止工作。

Watchdog 电路用于使 CPU 摆脱因干扰失控而陷入的死循环状态。

3. 掉电比较器

掉电比较器可用于低电压的检测，若电压过低，发出一个低电平信号($\overline{PFO}$端)。掉电比较器是一个完全独立的电路，也可以用来完成其他功能。PFI 输入端的电压与内部一个1.25V的基准电压相比较，当 PFI 端电压低于1.25V时，$\overline{PFO}$变为高电平。

4. 备用电池切换电路

当系统掉电或供电电压过低时，有时需要保存 RAM 中的内容。在 V_{BATT}端接上备用电池，MAX690A/MAX692A 就会在掉电时自动为 RAM 提供备用电源。切换电路原理如图 13.22 所示。图中开关 $SW_1 \sim SW_4$(为 5Ω 的 PMOS 功率开关)的状态受 V_{CC}和 V_{BATT}的控制，如表 13.6 所示。

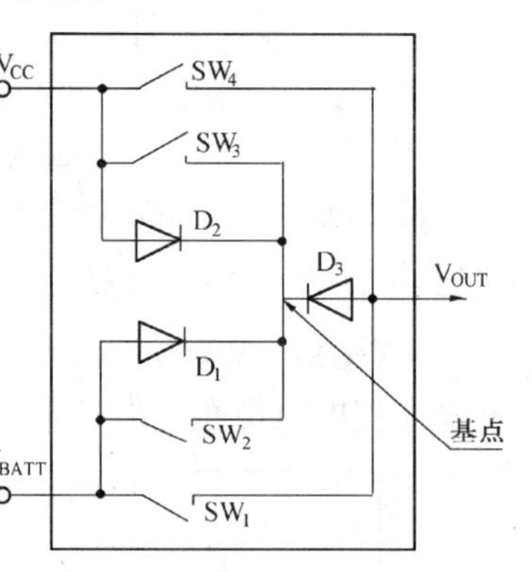

图 13.22　电池切换原理图

由表 13.6 和图 13.22 可知，当 V_{CC}高于复位门限电平，或低于复位门限电平但高于 V_{BATT}时，V_{OUT}由 V_{CC}供电；当 V_{CC}低于复位门限电平，且又低于 V_{BATT}时，V_{OUT}由 V_{BATT}供电。

表 13.6　开关状态表

条　　件	SW1/SW2	SW3/SW4
V_{CC} > 复位电平门限	断开	关闭
V_{CC} < 复位电平门限且 $V_{CC} > V_{BATT}$	断开	关闭
V_{CC} < 复位电平门限且 $V_{CC} < V_{BATT}$	关闭	断开

当 V_{OUT}由 V_{BATT}供电时，芯片进入备用电池工作方式。当 V_{CC}稍低于 V_{BATT}时，V_{BATT}处流出电流典型值为 30 μA；当 V_{CC}低于 V_{BATT}电压 1 V 时，内部电池转换比较器停止工作，电源电流降至 1 μA。在备用电池工作方式下，各输入、输出脚状态为：掉电比较器不工作，$\overline{PFO}$为低电平，$\overline{RESET}$为低电平，Watchdog 定时器不工作。

13.4.3　MCS-51 单片机与 MAX690A/MAX692A 的接口

MAX690A/MAX692A 自动监控典型电路如图 13.23 所示。合理设计 R1、R2 的值，使得 +5V 电压跌落到某电压值(如 4.5V)，PFI 的输入电压低于 1.25V 时，$\overline{PFO}$输出低电平，作为 CPU 的中断输入信号通知单片机，使之进行一些必要的处理(如保存某些重要数据，关掉 LED 显示器等)。R1、R2 选取说明如下：

$$\frac{R1}{R1+R2}=\frac{1.25V}{4.5V}=\frac{1}{3.6}$$

可取 R1 = 1 kΩ,R2 = 2.6 kΩ。当 + 5V 电压跌落到 4.5V 时,V_R = 1.25V,再继续跌落,$\overline{PFO}$ 便为低电平。

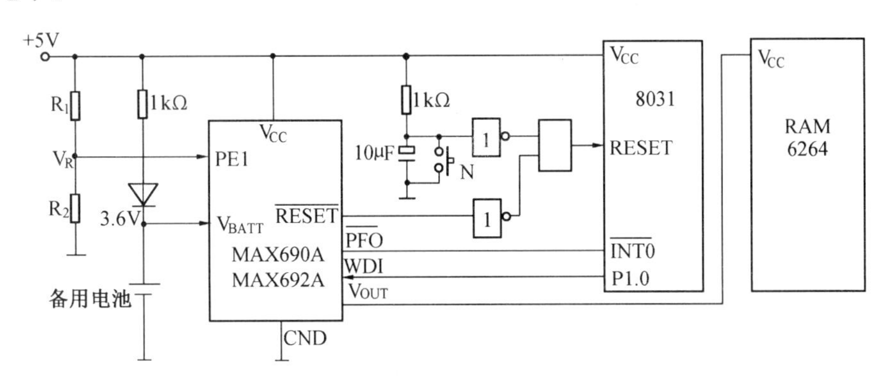

图 13.23　MCS－51 与 MAX690A/MAX692A 的接口

单片机正常工作时,P1.0 口定期(小于 1.6s)改变 WDI 输入端的电平,使 Watchdog 电路不发出复位信号。当由于某种严重干扰而出现"死机"时,单片机将不能定期改变 WDI 电平,Watchdog 电路便会在 1.6s 后产生一个复位信号,使单片机复位。待经过 200ms 复位脉宽后,单片机复位结束,程序从 0000H 开始重新执行,保证了系统的正常运转。

图中的 N 为手动复位按钮,由于 MAX690A/MAX692A 在系统上电时能自动发生复位信号,可使手动复位按钮的复位时间小于 200 ms。

13.5　高精度电压基准

在进行 A/D、D/A 转换时,为了保证输出精度常要用到高精度电压基准作为参考电压源。高精度电压基准集成电路具有输出精度高、温漂小、输出噪声小、动态内阻小等优点,但需注意的是,它的输出电流也很小,因此一般不能作为稳压器使用。除用作 A/D、D/A 转换外,也常用于温度补偿、精密稳压电流基准、传感器供电电源以及其他电子设备中。

13.5.1　精密电压基准 MC1403(5G1403)

这是一种输出电压为 2.5 ± 0.025(V)的高精度电压基准集成电路,图 13.24 为其外引脚图,图 13.25 则是其典型接法。

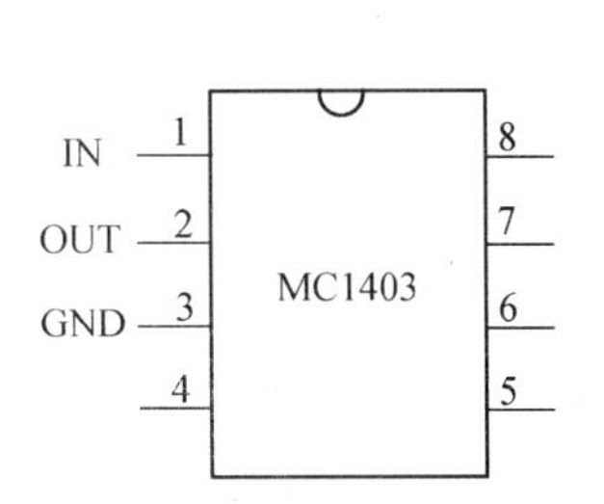

图 13.24　MC1403 外引线图

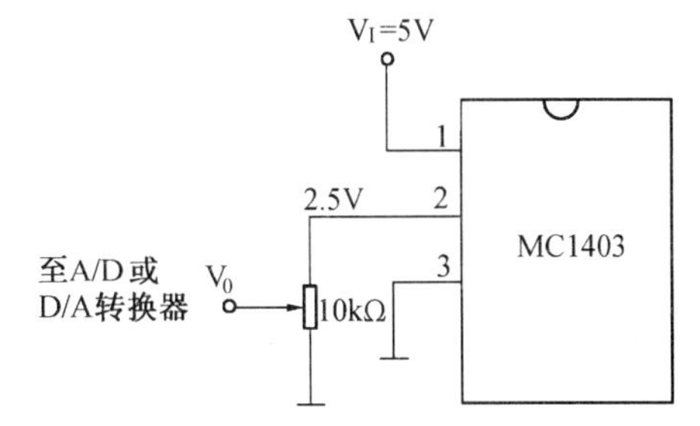

图 13.25　MC1403 典型接法

13.5.2　单片集成精密电压芯片 AD584

传感器供电电源也可以采用单片集成高精度稳态电源。图 13.26 为 AD584 精密电压基准芯片结构图，有四种可编程输出电压：10.000 V，7.500 V，5.000 V，2.500 V。电流输出能力为 10 mA。AD584LH 工作温度为 0～70℃，AD584TH 工作温度为 －55～＋125℃。

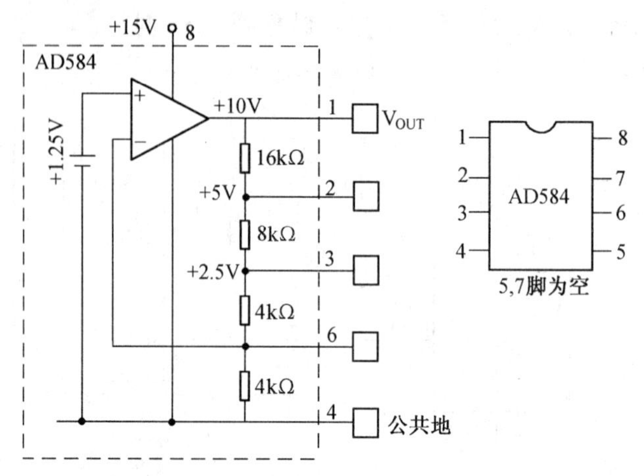

图 13.26　AD584 引脚可编程精密电压基准

图 13.27 为采用 AD　OP－07 跟随器的供电电路。由于 OP－07 输出电流不超过 25 mA，因此传感器的输入电阻应不小于 400 Ω。

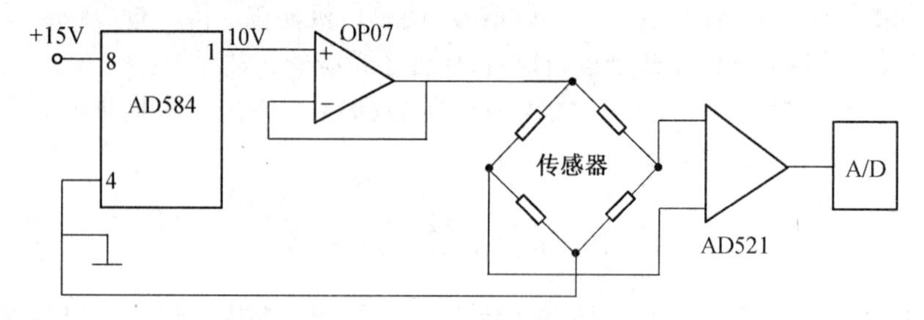

图 13.27　传感器供电电路之一

图 13.28 为采用负载电阻 R_{PU} 的供电电路。若 AD584 的最大输出电流为 10 mA，输出电压为 10 V，传感器的输入电阻为 R_{BR}，则负载电阻选择如下：

$$R_{PU}(\max) = \frac{15V - 10V}{\frac{10V}{R_{BR}} - 10\ mA}$$

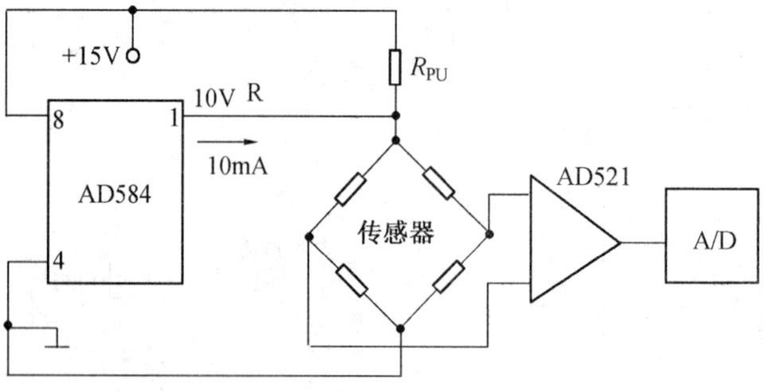

图 13.28　传感器供电电路之二

13.5.3　其他电压基准

目前,各种高精度电压基准集成电路品种繁多,用户可根据需要进行选择,在选用时,要注意其输出电压和能提供的电流,下面简单介绍一下AD公司的一些产品:

1.AD580

这是一种输出为2.5000V±0.4%的三端高精度电压基准,输入电压范围为4.5~30V,适用于8位、10位、12位D/A转换中作为参考电压。

2.AD581

(1) 输出电压:10.000V±5mV。

(2) 输出电流:可达10 mA。

(3) 输入电压:12~30V。

(4) 作二端器件使用时,类似于齐纳二极管,将输入输出端短接可提供-10V参考电压。

3.AD589

(1) 二端型器件,输出电压为1.23V,输入电流范围为50μA~50mA。

(2) 输出阻抗比一般的齐纳二极管小,只有0.6Ω,因此在较大范围内,负载的变化不影响精度。

(3) 功耗小,适用于电池供电的仪器中使用。

(4) 可作正、负参考基准,也可进行浮地使用。

(5) 能取供其他类型1.2V的参考基准,具有较好的温度特性,能降低容性负载的灵敏度。

其他的电压基准还有只有±1V电压输出,带输出短路保护的AD2700/2701/2702系列;10V超高精度的AD2710/2712系列等,在此不一一列举,有兴趣的读者可参考AD公司产品的有关资料。

第 14 章

MCS－51 程序设计及实用子程序

本章从应用的角度出发，介绍各种常用程序的设计方法，并介绍一些实用的子程序。读者通过对本章的学习，将能更好的掌握和运用 MCS－51 指令系统中的各种指令，掌握应用设计中的各种程序设计方法，并能充分利用本章提供的子程序来进行程序设计。

程序设计，就是按照实际问题的要求和单片机的特点，决定所采用的计算方法和计算公式，也就是一般所说的算法。然后根据单片机的指令系统，按照尽可能节省数据存放单元、缩短程序长度和加快运算时间三个原则来编制程序。

怎样才能较快完成单片机应用程序设计，并使其更加高效可靠？除了尽快提高自身的程序设计水平以外，一个非常好的方法就是借用经检验过的程序，根据所要完成的程序设计任务，尽可能寻找合适的、现成的程序模块（有的可能要作局部修改），实在找不到的才自己编写，然后将这些程序块有机的组合起来，得到所需要的程序，这就是所谓的模块化的设计方法。因此，设计者除了掌握一些基本程序的设计方法外，还要掌握大量的实用子程序，这样才能高效地完成程序设计的任务。

14.1　查表程序设计

在单片机应用系统中，查表程序是一种常用的程序，使用它可以完成数据补偿、修正、计算、转换等各种功能，具有程序简单、执行速度快等优点。

查表就是根据变量 x，在表格中寻找 y，使 $y=f(x)$。

对于 MCS－51 单片机，表格一般存放于程序存储器内，单片机用查表指令读出。在 MCS－51 的指令系统中，给用户提供了两条极有用的查表指令。

（1）MOVC，@A＋DPTR

这条指令完成把 A 中的内容作为一个无符号数与 DPTR 中的内容相加，所得结果为某一程序存储单元的地址，然后把该地址单元中的内容送到累加器 A 中。DPTR 作为一个基址寄存器，执行完这条指令后，DPTR 的内容不变，即仍为执行加法以前的内容。

（2）MOVC A，@A＋PC

这条指令以 PC 作为基址寄存器，PC 的内容和 A 的内容作为无符号数，相加后所得的数作为某一程序存储器单元的地址，根据地址取出程序存储器相应单元中的内容送到累加器 A，这条指令执行完成以后 PC 的内容不发生变化，仍指向查表指令的下一条指令。这条指令的优点在于预处理较少且不影响其它特殊功能寄存器的值，所以不必保护其它特殊功能寄存器的原先值。这条指令的缺点在于该表格只能存放在这条指令的地址 X3X2X1X0 以下 00～FFH 之中，即只能存放在地址范围X3X2X1X0+1~X3X2X1X0+100H中，这就使得表格所在的程序空间受到限制。

下面举例说明指令MOVC A,@A+PC的用法以及计算偏移量时应该注意的问题。

例14.1 子程序的功能为：根据累加器A中的数(0~9之间)查平方表，求出相应的结果。

```
地  址             子程序
Y3Y2Y1Y0           ADD  A,#01H         ;#01H为偏移量
Y3Y2Y1Y0+2         MOVC A,@A+PC
Y3Y2Y1Y0+3         RET
Y3Y2Y1Y0+4         DB 00H,01H,04H,09H,10H;平方表
                   DB 19H,24H,31H,40H,51H
```

一进入子程序CPU执行ADD A,#01H这条指令，它的作用是加上偏移量，累加器A中反映的仅是从表首开始向下查找多少个单元，基址寄存器PC的内容并非表首，PC中的内容为Y3Y2Y1Y0+3，即指向RET指令，所以必须使得A加上从基址寄存器PC到表首的距离，这就是偏移量，偏移量的计算公式为：

偏移量=表首地址-(查表指令所在的地址+1)

例14.1中的表首地址=Y3Y2Y1Y0+4

所以偏移量=(Y3Y2Y1Y0+4)-((Y3Y2Y1Y0+2)+1)=1

本例中查表的运算为从x求y，即$y=f(x)$，而x恰为自然数($0\leqslant x\leqslant 9$)。

上面的例子中，在进入程序前，A的内容在00~09H之间，例如A中的内容为02H，它的平方为04H，以此类推，可以根据A的内容查出x对应的平方。

MOVC A,@+DPTR这条指令的应用范围较为广泛，一般情况下，大多使用该指令，使用该指令时不必计算偏移量，使用该指令的优点是表格可以设在64K程序存储器空间内的任何地方，而不必像MOVC A,@A+PC那样只设在PC下面的256个单元中，所以使用较方便。该指令的缺点在于如果DPTR已被使用，则在进入查表以前必须保护DPTR，并且结果以后恢复DPTR，例14.1的程序可改成如下形式：

```
        PUSH    DPH             :保存DPH
        PUSH    DPL             :保存DPL
        MOV     DPTR,#TAB1
        MOVC    A,@A+DPTR
        POP     DPL             :恢复DPL
        POP     DPH             :恢复DPH
        RET
        TAB1:DB 00H,01H,04H,09H,10H,19H
             DB 24H,31H,40H,51H
```

例14.2 在一个温度控制器中，测出的电压与温度为非线性关系，需对它进行线性化补偿。测得的电压已由A/D转换为10位二进制数。可采用如下方法，即测出不同温度下的输入值，然后用测得的数据构成一个表，表中放温度值y，x为电压值(为了减少测量数据，也可用插值法求出其它数据)。设测量输入值x放R2R3中，可用如下程序把它转换成线性温度值，仍放入R2R3中：

```
LTB2:   MOV     DPTR,#TAB2
        MOV     A,R3
        CLR     C
```

```
        RLC     A
        MOV     R3,A
        XCH     A,R2
        RLC     A
        XCH     R2,A
        ADD     A,DPL            ;(R2R3)+(DPTR)→(DPTR)
        MOV     DPL,A
        MOV     A,DPH
        ADDC    A,R2
        MOV     DPH,A
        CLR     A
        MOVC    A,@A+DPTR        ;查第一字节
        MOV     R2,A
        CLR     A
        INC     DPTR
        MOVC    A,@A+DPTR        ;查第二字节
        MOV     R3,A
        RET
TAB2:   DW……                     ;温度值表
```

以上程序中，由于使用 MOVC A,@A+DPTR，表 TAB2 可放 64K 程序存储器空间的任何地方，此外表格的长度大于 256 个字节。

例 14.3　设有一个巡回检测报警装置，需对 16 路输入进行控制，每路有一个最大允许值，它为双字节数。控制时，需根据测量的路数，找出每路的最大允许值。看输入值是否大于最大允许值，如大于就报警。下面根据这个要求，编制一个查表程序。

取路数为 $x(0\leqslant x\leqslant 15)$，$y$ 为最大允许值，放在表格中，设进入查表程序前，路数放于 R2 中，查表后最大值放于 R3R4 中，则查表程序如下：

```
TB3:    MOV     A,R2
        ADD     A,R2             ;(R2)*2→(A)
        MOV     R3,A             ;保存指针
        ADD     A,#6             ;加偏移量
        MOVC    A,@A+PC          ;查第一字节
        XCH     A,R3
        ADD     A,#3
        MOVC    A,@A+PC          ;查第二字节
        MOV     R4,A
        RET
TAB3:   DW 1520,3721,42645,7580  ;最大值表
        DW 3483,32657,883,9943
        DW 10000,40511,6758,8931
        DW 4468,5871,13284,27808
```

上述查表程序是有限制的，表格长度不能超过 256 个字节，且表格只能存放于 MOVC A,@A+PC 指令以下的 256 个单元中，如果表格的长度超过 256 字节，且需要把表格放在 64K 程序存储器空间的任何地方，则应采用指令 MOVC A,@A+DPTR，且先对 DPH、DPL 装入表首地址 TAB2。

分析上面几个表的构成，X 可取的值为：0,1,2,……n；Y 的值为 Y0,Y1,Y2……Yn。Yi 为

定字长，即Yi要么均为一字节，要么均为二字节，要么均为三字节，给出X的值，要求得到相应的Y值。对于这种类型的表，可简化表格的结构，在表中只存放Yi的值。

表首地址→

Y0
Y1
…
Yn

现在再来看另一种类型的表格，这种查表要求按输入的Xi值，从表中进行查找，逐个看表中的数据元素是否等于输入值Xi，如相等，则该数据元素的序号i即为查到的值。这种查表的运算为 $i = f(Xi) \quad 1 \leqslant i \leqslant n$。

对于这种表格，可以只在表中存放X值，对X为任意字长时，每个X的最后应有特定的结束标志X0。其表格结构如下：

表首地址→

X1
X2
…
X0

X0为表格结束标志

例14.4　设有一个MCS-51应用系统，需按照从键盘输入的命令执行不同的操作。输入命令为ASCII字符串形式，放在由(R0)指示的内部RAM中。命令共有RESET、BEGIN、STOP、SEND、CHANNEL、CHANGE等六种，分别称为0、1、2、3、4、5号命令。现要求按(R0)指示的字串，找出对应的命令号，放到R2中。

```
LTB4:   MOV     R2, #0FFH
        MOV     DPTR, #TAB4
LT4A:   MOV     A,R0
        MOV     R1,A                ;恢复输入字符串指针
LT4B:   INC     R2                  ;命令号计数
        MOV     A,@R1
        MOV     B,A
        CLR     A
        MOVC    A,@A+DPTR
        CLR     F0
        JBC     A.7,LT4C            ;表中命令结尾字节的最高位=1
        SETB    F0                  ;没查完一个命令
LT4C:   JZ      LNED                ;0为表格结束标志
        CJNE    A,B,LT4D            ;不相等,转LT4D
        JNB     F0,LYES             ;F0=0,表示命令符合
        INC     R1                  ;查下一个字符
        INC     DPTR
        SJMP    LT4B                ;继续比较
LT4D:   INC     DPTR                ;不相等处理
LT4E:   JNB     F0,LT4A             ;F0=0,表示查完一个命令
        CLR     A
        MOVC    A,@A+DPTR
        INC     DPTR
        CLR     F0
        JBC     A.7,LT4A
```

```
        SETB    F0
        SJMP    LT4E                ;循环,找到下一个命令
LYES:   找到处理(R2)为命令号
LNED:   找不到处理
TAB4:   DB'RESE',0D4H
        DB'BEGI',0CEH
        DB'STO',0D0H
        DB'SEN',0C4H
        DB'CHANNE',0CCH
        DB'CHANG',0C5H
        DB 0
```

上述表格中,每个 X 均为字符串,字符串的最后一个字符的最高位等于 1,它为 X 的结束标志(因为 X 为不定长)。表格的结构标志为 0。查表时,遇到查出字符的最高位等于 1,表示一个命令字符串结束。只有一个输入命令的全部字符与表中某个命令字符串相同时,才算命令符合,这时的命令号计数寄存器 R2 中即为查到的命令号(Y),遇到查出的字符为 0 时,说明表格结束,查不到该命令。对于该查表程序,只需在 TAB4 中插入或删去命令字符串,就可达到增加或去掉某个命令的要求。

再来看第三种类型的表格,在以上介绍的两种类型表格中,每个数据元素只有一个数据项 ai。有时,一个数据的元素可由几个数据项组成,例如每个数据元素有两个数据项,可表示为 ai 和 bi。对于这种表格,一般的查表运算为求 bi = f(ai),即 x 为 ai,y 为 bi,查表时,按输入的 x 值从表中进行查找,看哪一个数据元素的 ai 数据项等于 x,如相等,则对应于 ai 的数据项 bi 即为查到的 y 值。如果没有一个数据元素的 ai 数据等于 x,则说明找不到,该表格与第二种类型的表格一样,也必须有表格结束标志或表中元素值 n。一般情况采用存放 n 值时,n 应放于表格的第一字节,以便于首先取出 n 值。而采用表格结束标志时,应放于表格的最后。所以第三种类型表格的结构有如下两种:

表首地址→

n	
x1	f(x1)
x2	f(x2)
…	…
xn	f(xn)

表首地址→

x1	f(x1)
x2	f(x2)
…	…
xn	f(xn)
X0	

第一种格式中,n 为表格项数;第二种格式中,X0 为表格结果标志。

例 14.5 输入给单片机一个 ASCII 字符,该字符代表一种命令。要按输入的命令字符,转去执行对应的处理程序。设命令字符为'A'、'D'、'E'、'L'、'M'、'X'、'Z'七种,对应的处理程序入口标号分别为 XA、XD、XE、XL、XM、XX、XZ。采用上述第二种结构的表格,以 0 作为结束标志。

设命令字符在 A 中,则该查表程序和表格如下:

```
LTB5:   MOV     DPTR,#TAB5
        MOV     B,A
LOP5:   CLR     A
```

```
        MOVC    A,@A+DPTR
        JZ      LEND            ;等于 0,则为查不到
        INC     DPTR
        CJNE    A,B,LNF5
        CLR     A
        MOVC    A,@A+DPTR
        MOV     B,A
        INC     DPTR
        CLR     A
        MOVC    A,@A+DPTR
        MOV     DPL,A           ;转移地址送 DPTR
        MOV     DPH,B
        CLR     A
        JMP     @A+DPTR
LNF5:   INC     DPTR            ;准备查下一项
        INC     DPTR
        SJMP    LOP5
LEND:   查不到的处理程序
TAB5:   DB'A'                   ;ASCII 码 A
        DW XA
        DB'D'                   ;ASCII 码 D
        DW XD
        DB'E'                   ;ASCII 码 E
        DW XE
        DB'L'                   ;ASCII 码 L
        DW XL
        DB'M'                   ;ASCII 码 M
        DW XM
        DB'X'                   ;ASCII 码 X
        DW XX
        DB'Z'                   ;ASCII 码 Z
        DW XZ
        DB 0                    ;表格结束标志
```

在上述结构的表格中,X 称为关键字(KEY),X 可为顺序存放,这时表为有序表。X 也可以任意存放,这时表为无序表。

对无序表,只能用顺序查找方法,也可以采用二分法查表。即先查中间,如 X > KEY,则查后半部;如 X < KEY,则查前半部表。然后重复上述步骤,直到查到或查得部分表的表长为 1 时停止。上述查表方法的平均查找次数为 $\log_2 n$。对于 n 较大时,应该采用二分法查表。例如 $n = 1024, n/2 = 512, \log_2 n = 10$,速度相差 50 倍。有关二分法查表,这里不作介绍,读者如感兴趣,可查阅有关参考书。

14.2　数据极值查找和数据排序

14.2.1　数据极值查找

数据极值查找就是在指定的数据区中找出最大值或最小值。

例 14.6　已知内部 RAM ADDR 为起始地址的数据块内数据是无符号数，块长在 LEN 单元内，找出数据块中最大值并存入 MAX 单元。

在数据中寻找最大值的方法较多，现以比较交换法为例加以介绍。比较交换法先使 MAX 单元清零，然后把它和数块中每个数逐一进行比较，只要 MAX 中数比数块中某数大就进行下一个数的比较，否则把数块中的大数传送到 MAX 单元后，再进行下个数的比较，直到和数块中每个数都比较完，此时在 MAX 单元中即为最大值。程序如下：

```
        ORG     2000H
LEN     DATA    20H
MAX     DATA    22H
        MOV     MAX, # 00H          ;MAX 单元清零
        MOV     R0, # ADDR          ;ADDR 送 R0
LOOP:   MOV     A,@R                ;数块中某数送 A
        CJNE    A,MAX,NEXT1         ;A 和(MAX)比较
NEXT1:  JC      NEXT                ;若 A<(MAX),则 NEXT
        MOV     MAX,A               ;若 A≥(MAX),则大数送 MAX
NEXT:   INC     R0                  ;修改数块指针 0
        DJNZ    LEN,LOOP            ;若未完,则转 LOOP
HERE:   SJMP    HERE
        END
```

14.2.2　数据排序

数据排序就是使数据区中的数据从小到大排列（升序），或数据从大到小排列（降序），有关数据排序的算法很多，最常用的是冒泡法。现以冒泡法为例，说明数据升序算法及编程实现。

冒泡法是一种相邻数互换的排序方法，又称两两比较法，因其过程类似水中气泡上浮，故称冒泡法。执行时从前向后进行相邻数比较，如数据的大小次序与要求顺序不符时（逆序），就将两个数互换，否则为正序不互换。为进行升序排序，应通过这种相邻数互换方法，使小的数向前移，大数向后移。如此从前向后进行一次冒泡（相邻数相换），就会把最大数换到最后；再进行一次冒泡，就会把次大数排在倒数第二的位置；……。

例如原始数据为顺序 49、40、8、16、61、44、81、19。第一次冒泡的过程是：

49、40、8、16、61、44、81、19　　（逆序，互换）
40、49、8、16、61、44、81、19　　（逆序，互换）
40、8、49、16、61、44、81、19　　（逆序，互换）
40、8、16、49、61、44、81、19　　（正序，不互换）
40、8、16、49、61、44、81、19　　（逆序，互换）
40、8、16、49、44、61、81、19　　（正序，不互换）
40、8、16、49、44、61、81、19　　（逆序，互换）
40、8、16、49、44、61、19、81　　（第一次冒泡结束）

如此进行，各次冒泡的结果是：

第一次冒泡 40、8、16、49、44、61、19、81

第二次冒泡 8、16、40、44、49、19、61、81

第三次冒泡 8、16、40、44、19、49、61、81

第四次冒泡 8、16、40、19、44、49、61、81

第五次冒泡 8、16、19、40、44、49、61、81

第六次冒泡 8、16、19、40、44、49、61、81

第七次冒泡 8、16、19、40、44、49、61、81

可以看出冒泡排序到第五次已实际完成。

对于 n 个数，理论上说应进行(n－1)次冒泡才能完成排序，但实际上有时不到(n－1)次就已排好序。如本例共 8 个数，应进行 7 次冒泡，但实际进行到第 5 次排序就完成了。判定排序是否完成的最简单方法是看各次冒泡中是否有互换发生，如果有数据互换，说明排序还没完成；否则就表示已排好序。为此，控制排序结束一般用设置互换标志的方法，以其状态表示在一次冒泡中有无数据互换进行。

例 14.7 假定 8 个数连续存放在 20H 为首地址的内部 RAM 单元中，使用冒泡法进行升序排序编程。设 R7 为比较次数计数器，初始值为 07H。TR0 为冒泡过程中是否有数据互换的状态标志，TR0＝0 表明无互换发生，TR＝1 表明有互换发生。按前述冒泡序算法，程序如下：

```
SORT:  MOV   R0, #20H     ;数据存储区首单元地址
       MOV   R7, #07H     ;各次冒泡比较次数
       CLR   TR0          ;互换标志清“0”
LOOP:  MOV   A, @R0       ;取前数
       MOV   2BH,A        ;存前数
       INC   R0
       MOV   2AH, @R0     ;取后数
       CLR   C
       SUBB  A, @R0       ;前数减后数
       JC    NEXT         ;前数小于后数，不互换
       MOV   @R0,2BH
       DEC   R0
       MOV   @R0,2AH      ;两个数交换位置
       INC   R0           ;准备下一次比较
       SETB  TR0          ;置互换标志
NEXT:  DJNZ  R7,LOOP      ;返回，进行下一次比较
       JB    TR0,SORT     ;返回，进行下一轮冒泡
HERE:  SJMP  HERE         ;排序结束
```

14.3 散转程序设计

散转程序有各种实现方法。一般常用逐次比较法，就是把所有不同的情况一个一个的进行比较，发现符合就转向对应的处理程序。这种方法的主要缺点是程序太长，有 n 种可能的情况，就需有 n 个判断和转换。对于 MCS－51 来说，由于它具有间接转移指令：

JMP @A＋DPTR

故可以很容易的实现散转功能。

指令 JMP @A＋DPTR 是按程序运行时决定的地址执行间接转移的指令。该指令把累加器的 8 位无符号数内容与 16 位数指针的内容相加(如同 MOVC A,@A＋DPTR),得到的和装入程序计数器,用作取后继指令的地址。它执行的是 16 位加法,从低 8 位产生的进位可能通过高位传播。在执行本指令时,既不必改变累加器也不改变数据指针的内容。

下面介绍几种常用的散转程序。

14.3.1 使用转移指令的散转程序

在不少应用场合中,需根据某一单元的内容是 0,1,……,n,分别转向处理程序 0,处理程序 1,……处理程序 n.对于这种情况,可用直接转移指令(AJMP 或 LJMP 指令)组成一个转移表,然后把标志单元的内容读入累加器 A,转移表首地址放入 DPTR 中,再利用指令:

JMP @A＋DPTR

实现散转。

例 14.8 根据寄存器 R2 的内容,转向各个处理程序。

(R2)＝0,转 PRG0;

(R2)＝1,转 PRG1;

……

(R2)＝n,转 PRGn

程序如下:

```
JMP1:  MOV    DPTR,#TBJ1
       MOV    A,R2
       ADD    A,R2          ;(R2)*2→(A)
       JNC    NADD
       INC    DPH           ;(R2)*2>256
NADD:  JMP    @A+DPTR
TBJ1:  AJMP   PRG0
       AJMP   PRG1
         ……
       AJMP   PRGn
```

这个散转程序有些局限,即它只能使用 AJMP 指令(除了最后一条指令),所以所有的处理程序入口 PRG0,PRG1,……,PRGn 和散转表 TBJ6 都必须与 AJMP 指令在同一个 2K 范围内,对于在一个 2K 内放不下所有的处理程序的情况,可以把一些比较长的处理程序放于其它地方,而在 2K 外用 LJMP 指令转向这些处理程序。

例如,例 14.8 中 PRG1 与 PRG5 放于其它区域内,它们的入口分别为 XPRG1 与 XPRG5,可用如下指令来转向入口。

```
PRG1:LJMP XPRG1
PRG5:LJMP XPRG5
```

另外,也可直接用 LJMP 指令级成转移表。

对散转点超过 256 个时,即 n＞255 时,寄存器 R2 一个单元放不下这个散转数,必须用两个字节来存放它,并利用对 DPTR 进行加法运算的方法,直接修改 DPTR,然后再用指令

JMP @A＋DPTR

来执行散转，请见例 14.9。

例 14.9 根据(R3 R2)转向不同处理程序。

```
JMP2:  MOV    DPTR, # TBJ2
       MOV    A,R3
       MOV    B, # 3
       MUL    AB
       XCH    A,B
       ADD    A,DPH          ;(R2) * 3 低位在 A 中
       XCH    A,B            ;(R2) * 3 高位加到 DPH 上
       JMP    @A + DPTR
TBJ2:  LJMP   PRG0
       LJMP   PRG1
       ……
       LJMP   PRGn
```

14.3.2 使用地址偏移量表的散转程序

上面介绍的转移表，每项至少为两个字节(AJMP 表)，有的为三个字节(LJMP 表)。如果转向的程序均在同一页(256 字节)时，可以使用地址偏移量来实现散转。

例 14.10 按 R2 的内容转向 6 个处理程序。

```
JMP8:  MOV    A,R2
       MOV    DPTR, # TBJ3
       MOVC   A,@A + DPTR
       JMP    @A + DPTR
TBJ3:  DB     PRG0 - TBJ3
       DB     PRG1 - TBJ3
       ……
       DB     PRG5 - TBJ3
PRG0:  [处理程序 0]
PRG1:  [处理程序 1]
PRG2:  [处理程序 2]
PRG3:  [处理程序 3]
PRG4:  [处理程序 4]
PRG5:  [处理程序 5]
```

该方法利用了 JMP@A＋DPTR 与伪指令 DB 汇编时的计算功能，实现散转。例如当(R2)＝0 时，执行

MOVC A,@A＋DPTR

后，A 中为 PRG0－TBJ3，而 DPTR 为 TBJ3，执行

JMP @A＋DPTR

时，(A＋DPTR)＝PRG0－TBJ3＋TBJ3＝PRG0，故转向 PRG0。

使用这种方法，转移表的大小加上各个程序长度必须小于 256 字节。转移表和各处理程序可以位于程序存储器空间的任何地方，并且不依赖于 256 字节程序存储器页。它的优点是程序简单，转移表短(每项只有一个字节)。

14.3.3　使用转向地址表的散转程序

由于前面介绍的地址偏移量表转向限制在一页范围内，故使用受到一定的限制。在转向范围较大时，可以直接使用转向地址表，它的各个项目表为各个转向程序的入口。散转时使用查表指令，按某个单元的内容查表找到对应的转向地址，把它装入 DPTR 中，然后对累加器 A 清零，再用 JMP @A＋DPTR 指令直接转向各个处理程序。

例 14.11　根据寄存器 R2 的内容，转向各个处理程序。设转向入口为 PRG0～PRGn，则散转程序和转移表如下：

```
JMP4:   MOV     DPTR,#TBL4
        MOV     A,R2
        ADD     A,R2            ;(R2)*2→(A)
        JNC     NADD
        INC     DPH             ;(R2)*2>256
NADD:   MOV     R3,A
        MOVC    A,@A+DPTR
        XCH     A,R3            ;转移地址高 8 位
        INC     A
        MOVC    A,@A+DPTR
        MOV     DPL,A           ;转移地址低 8 位
        MOV     DPH,R3
        CLR     A
        JMP     @A+DPTR
TBL4:   DW      PRG0
        DW      PRG1
        ……
        DW      PRGn
```

用这种方法可以实现 64K 范围的转移，但散转数 n 应小于 256。如 n 大于 255 时，则应采用双字节加法运算来修改 DPTR。

另外，在前面查表程序一节中例 14.5 的散转方法，也采用了同一技术。不同的是例 14.5 的表中，既有转向地址，又有查表值，它把查表与散转合二为一了。

14.3.4　利用 RET 指令实现的散转程序

前面介绍的几种方法，均是采用

JMP @A＋DPTR

指令来实现散转功能。实际上，在使用转向地址表时，还可用 RET 指令来实现散转。即在例 14.11 中，找到转向地址后，不是把它转入 DPH 和 DPL 中，而是把它压入堆栈中（先为低位字节，后为高位字节，即模仿调用指令）。然后通过执行 RET 指令来把该地址退栈到 PC 中，这样也把栈指针调整为以前的值。

下面以散转数大于 255 为例，说明这种方法的具体程序。

例 14.12　根据(R3R2)内容，转向不同的处理程序。

```
JMP5:   MOV     DPTR,#TBL5
        MOV     A,R2
        CLR     C
```

```
        RLC     A
        XCH     A,R3
        RLC     A
        ADD     A,DPH;
        MOV     DPH,A           ;(R2R3)*2 高位加到 DPTR 上
        MOV     A,R3            ;(R2R3)*2 低位在 A 中
        MOVC    A,@A+DPTR       ;从表中得到高位地址
        XCH     A,R3
        INC     DPTR
        MOVC    A,@A+DPTR       ;从表中得到低位地址
        PUSH    A               ;低位地址进栈
        MOV     A,R3
        PUSH    A               ;高位地址进栈
        RET                     ;把转向地址装入 PC 中
TBL5:   DW      PRG0
        DW      PRG1
        ……
        DW      PRGn
```

对于散转数小于 256 的场合,可很容易按例 14.11、例 14.12 的方法编出使用 RET 指令的散转程序。

14.4　循环程序设计

循环程序是一段可以反复执行的程序,这时可用循环程序结构,这有助于缩短程序,提高程序的质量。一个循环结构由以下三部分组成:

(1)循环体:就是要求某一段程序重复执行的程序段部分。

(2)循环结束条件:在循环程序中必须给出循环结束条件。常见的循环是计数循环,循环了一定次数后就结束循环。

(3)循环初值:用于循环过程的工作单元。在循环开始往往要置以初态。即分别赋其一个初始值。

下面以软件定时程序为例,说明如何编制循环程序。

14.4.1　单循环定时程序

例 14.13　下面是一个最简单的单循环定时程序:

```
        MOV     R5,#TIME
LOOP:   NOP
        NOP
        DJNZ    R5,LOOP
```

NOP 指令的机器周期为 1,DJNZ 指令的机器周期为 2,则一次循环共 4 个机器周期。如单片机的晶振频率为 6MHz,则一个机器周期是 2μs,因此一次循环的延迟时间为 8μs。定时程序的总延迟时间是循环程序段延时时间的整数倍,故该程序的延迟时间为 8×TIME(μs),TIME 是装入寄存器 R5 的时间常数,R5 是 8 位寄存器,因此这个程序的最长定时时间为:

$$256 \times 8 = 2048(\mu s)$$

读者从上述循环程序中，不难找到循环体、循环体结构条件和循环初值。

14.4.2　多重循环定时程序

单循环定时程序的时间延迟比较小。为了加长定时时间，通常采用多重循环的方法。最简单的多重循环为由 DJNZ 指令构成的软件延时程序，它是较为常用的程序之一。

例 14.14　50ms 定时程序

定时程序与 MCS－51 指令执行时间有很大的关系。在使用 12MHz 晶振时，一个机器周期为 1μs，执行一条 DJNZ 指令的时间为 2μs。这时，可用双重循环方法写出下面的定时 50ms 的程序：

```
DEL:  MOV   R7, #200
DEL1: MOV   R5, #125
DEL2: DJNZ  R6,DEL2      ;125 * 2 = 250μs
      DJNZ  R7,DEL1      ;0.25ms * 200 = 50ms
```

以上定时程序不太精确，它没有考虑到除 DJNZ R6，DEL2 指令外的其它指令的执行时间，如把其它指令的执行时间计算在内，它的定时时间为：

$$(250 + 1 + 2) * 200 + 1 = 50.301\text{ms}$$

如果要求比较精确的定时，可按如下修改：

```
DEL:  MOV   R7, #200
DEL1: MOV   R6, #123
      NOP
DEL2: DJNZ  R6,DEL2      ;2 * 123 + 2 = 280μs
      DJNZ  R7,DEL1      ;(248 + 2) * 200 + 1 = 50.001ms
```

它的实际定时时间为 50.001ms，但要注意，用软件实现定时程序，不允许有中断，否则将严重影响定时的准确性。

在定时程序中可通过在循环程序段中采用增减指令的方法对定时时间进行微调。例如有如下定时程序：

```
        MOV     R0, #TIME
LOOP:   ADD     A,R1
        INC     DPTR
        DJNZ    R0,LOOP
```

由于 ADD 指令机器周期数为 1，INC 指令的机器周期为 2，DJNZ 指令的机器周期是 2，因此在 6MHz 晶振频率下，该程序的定时时间为：

$$10 \times \text{TIME}(\mu s)$$

假定要求定时时间为 24μs，对于这个定时程序，无论 TIME 取任何值均得不到要求的定时时间。对此可通过增加一条 NOP 指令，把循环程序段的机器周期增加到 6，即：

```
        MOV     R0, #TIME
LOOP:   ADD     A,R1
        INC     DPTR
        NOP
        DJNZ    R0,LOOP
```

这时只要 TIME 值取为 2，就可以得到精确的 24μs 定时。

如果系统中有多个定时需要，我们可以先设计一个基本的延时程序，使其延时时间为各定时时间的最大公约数,然后就以此基本程序作为子程序,通过调用的方法实现所需要的不同定时。例如要求的定时时间分别为5s、10s和20s,并设计一个1秒延时子程序DELAY,则不同定时的调用情况表示如下:

```
        MOV     R0, # 05H      ;5s 延时
LOOP1:  LCALL   DELAY
        DJNZ    R0,LOOP1
        ⋮
        MOV     R0, # 0AH      ;10s 延时
LOOP2:  LCALL   DELAY
        DJNZ    R0,LOOP2
        ⋮
        MOV     R0, # 14H      ;20s 延时
LOOP3:  LCALL   DELAY
        DJNZ    R0,LOOP3
        ⋮
```

14.5　定点数运算程序设计

在大多数的单片机应用系统中都离不开数值计算,而最基本的数值运算为四则运算。单片机中的数都以二进制形式表示,二进制算法有很多,其中最基本的是定点制与浮点制,本节讨论定点数的各种表示方法,以及它们的运算规则和相应的程序设计方法。下一节将讨论浮点数的各种表示方法及运算规则和相应的程序设计方法。

14.5.1　定点数的表示方法

定点数就是小数点固定的数。它可分为整数、小数、混合小数等。另外按数的正负可分为无符号数和有符号数。

1.有符号数的表示

在普通算术中,一个负数是在一个负号后紧跟数的数值部分来表示。在计算机中,常在数的表示式中附加一位二进制数来指示这个数是正数还是负数。在微机中,常用的有符号数的表示法有原码和补码两种。

(1)原码表示法

如果在一个无符号数中增加一个符号位,符号位为0表示该数是正数;符号位为1表示该数是负数。

一般符号位均加在数的最前面。例如8位二进制数00110100,表示十进制数+52;而10110100表示52。这时,用两个字节(16位)能表示的最大数为+32767,最小数为－32767。原码表示法的优点是简单直观,执行乘除运算及输出、输入都比较方便,缺点是加减运算复杂。

例如把$(-52)_{10}$与$(+5)_{10}$相加时,实际上必须执行减法,而不是加法。一般来说,对原码表示的有符号数执行加减运算时,必须按符号位的不同执行不同的运算,运算中符号位一般不直接参加运算。

对于0的原码表示,它的数值等于0,它的符号位可为0,也可为1,故原码表示法有两个0:正0(例:00000000)和负0(例:10000000)。

(2)补码表示法

对于基数为 r 的数制,定义一个数 N 的补码($N_{补}$)为:

$$N_{补}=r^n-N$$

这里 n 是数 N 中整数的位数,对于二进制数,r = 2,不管是整数还是小数,可采用把数值位的每位取反后再加 1 来计算一个数的补码。例如 0110100 的补码为 1001100。

引入了补码后,可用补码在计算机中表示带符号的数。这时,一般在数的前面加一位符号位,该位为 0 表示正数,为 1 表示负数。对于正数,数值表示法不变;对于负数,采用该数的补码来表示。例如$(-52)_{10}$,它的八位二进制补码表示为 11001100。

在补码表示法中,只有一个零(正 0),而数值位等于零的负数为最小负数。例如 8 位二进制数中,10000000 表$(-128)_{10}$这样,用两个字节(16 位)可表示的最大数为 +32767,最小数为 -32767。

补码表示法的优点是加减运算方便,可直接带符号位进行运算,缺点是乘除运算复杂。例如对八位二进制数补码表示的数:

$(+83)_{10}=(01010011)_2$

$(-4)_{10}=(11111100)_2$

$(83)_{10}+(-4)_{10}==(01010011)_2+(11111100)_2=(01001111)_2=(79)_{10}$

执行补码加减运算时,有时会发生溢出,故需对运算结果进行判断。例如对$(+123)_{10}+(81)_{10}=(+204)_{10}$的运算,如采用八位二进制补码来进行计算,则运算结果$(+204)_{10}$无法用八位二进制补码来表示(最大值为 +128)。补码运算时,不能像原码运算那样用进位来表示溢出与否。下面用竖式来分析补码运算溢出的判断方法。

$$(+123)_{10}=(01111011)_2,(81)_{10}=(01010001)_2$$

```
   0111  1011
 + 0101  0001
 ------------
   1100  1100
```

这时,最高位(符号位)无进位,而第二位(数值最高位)有进位。在前面介绍的$(83)_{10}$加$(-4)_{10}$的运算中,二者都有进位。由此可见,在带符号位的补码加减运算中,如果符号位和数值最高位都有进位或都无进位,则运算结果没有溢出,反之有溢出。为了方便补码运算的溢出判断,MCS－51 单片机中有一个 OV 位,专门用来表示补码加减运算中的溢出情况,OV = 1 有溢出,OV = 0 无溢出。

对于补码表示的数,在执行乘除运算时,常采用首先把它们转换成原码,然后再执行原码的乘除运算,最后把积再转换成补码,这样需要进行补码与原码的转换。一个正数的补码与原码相同,不需转换。对于负数,求补码表示的负数的原码或求原码表示的负数的补码,都可采用求它的补码的方法,即对于二进制数,可采用先按位取反,然后把结果加 1。

例 14.15 双字节数取补子程序

功能:(R4R5)取补→(R4R5)

入口:R4R5 中存放被取补数

出口:取补后数仍存放在 R4R5 中

程序:

```
CMPT:  MOV   A,R5
       CPL   A
       ADD   A,#1
```

```
        MOV     R5,A
        MOV     A,R4
        CPL     A
        ADDC    A,#0
        MOV     R4,A
        RET
```

2.带符号数的移位

在一个采用位置表示法的数制中,数的左移和右移操作分别等价于乘以或除以基数的操作。即对于一个十进制数,左移一位相当于乘10,右移一位相当于除10。对于二进制数,左移一位相当于乘2,右称一位相当于除2。由于一般带符号的数的最高位为符号位,故在执行算术移位操作时,必须保持最高位不变,并且为了符合乘以基数或除以基数的要求,在向左移或向右移时,需选择适当的数字移入空位置。下面以带符号的二进制数为例,说明算术移位的规则。

(1)正数:由于正数的符号位为0,故左移或右移都移入0。

(2)原码表示的负数:由于负数的符号位为1,故移位时符号位不应参加移位,并保证左移和右移时都移入0。

例14.16 双字节原码左移一位子程序。

功能:(R2R3)左移一位→(R2R3),不改变符号位,不考虑溢出。

入口:原码双字节存放在R2R3中

出口:左移后仍存放在R2R3中

程序:

```
DRL1:   MOV     A,R3
        CLR     C
        RLC     A
        MOV     R3,A
        MOV     A,R2
        RLC     A
        MOV     A.7,C       ;恢复符号位
        MOV     R2,A
        RET
```

例14.17 双字节原码右移一位子程序。

功能:(R2R3)右移一位→(R2R3),不改变符号位。

入口:双字节原码存放在R2R3

出口:右移一位后原码存放在R2R3

程序:

```
DRR1:   MOV     A,R2
        MOV     C,A.7           ;保护符号位
        CLR     A.7             ;移入0
        RRC     A
        MOV     R2,A
        MOV     A,R3
        RRC     A
```

```
        MOV     R3,A
        RET
```

(3)补码表示的负数：补码表示的负数的左移操作与原码相同，移入 0。右移时，最高位应移入 1。由于负数的符号位为 1，正数的符号位为 0，故对补码表示的数执行右移时，最高位可移入符号位。

例 14.18　双字节补码右移一位子程序。

功能：(R2R3)右移一位→(R2R3)，不改变符号位。

入口：双字节补码存放在 R2R3

出口：右移后双字节补码仍存放在 R2R3

程序：

```
CRR1:   MOV     A,R2
        MOV     C,A.7          ;保护符号位
        RRC     A              ;移入符号位
        MOV     R2,A
        MOV     A,R3
        RRC     A
        MOV     R3,A
        RET
```

14.5.2　定点数加减运算

1.补码加减运算

前面已经介绍过，补码表示的数执行加减运算非常方便。编程序时，只需按所采用的指令直接编出相应的加法和减法程序即可。下面举例说明具体编程方法。

例 14.19　双字节补码加法子程序。

功能：(R2R3)＋(R6R7)→(R4R5)

入口：R2R3 存放被加数，R6R7 存放加数

出口：结果存放在 R4R5 中

　　出口时 OV＝1 表示溢出

程序：

```
NADD:   MOV     A,R3
        ADD     A,R7
        MOV     R5,A
        MOV     A,R2
        ADDC    A,R6
        MOV     R4,A
        RET
```

例 14.20　双字节补码减法子程序。

功能：(R2R3)－(R6R7)→(R4R5)

入口：R2R3 存放被减数，R6R7 存放减数

出口：结果存放在 R4R5 中

　　出口时 OV＝1 表示溢出。

程序：

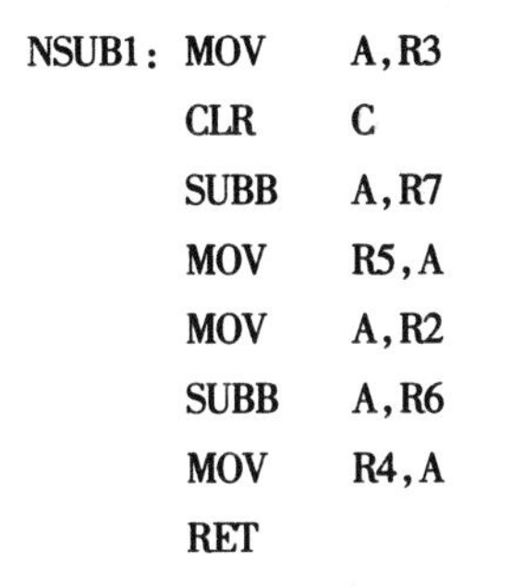

```
NSUB1: MOV   A,R3
       CLR   C
       SUBB  A,R7
       MOV   R5,A
       MOV   A,R2
       SUBB  A,R6
       MOV   R4,A
       RET
```

2. 原码加减运算

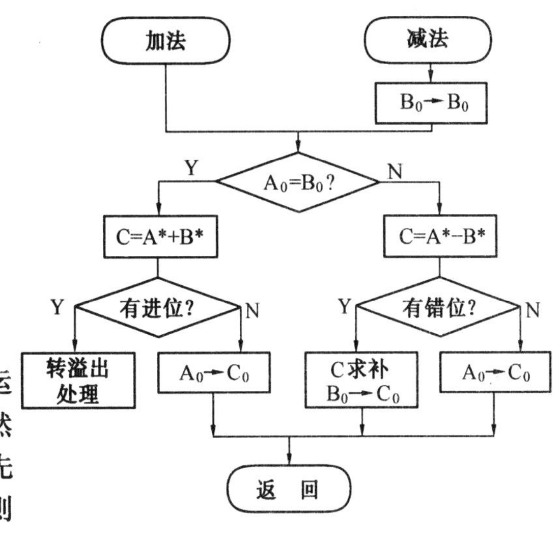

图 14.1　原码加减运算程序框图

对于原码表示的数，不能直接执行加减运算，必须先按操作数的符号决定运算类型，然后再对数值部分执行操作。对加法运算，首先应判断两个数的符号位是否相同，若相同，则执行加法（注意这时运算只对数值部分进行，不包括符号位），加法结果有溢出，则最终结果溢出，无溢出时，结果的符号位与被加数相同。如两个数的符号位不相同，则执行减法，够减时，则结果的符号位等于被加数的符号位；如果不够减，则应对差取补，而结果的符号位等于加数的符号位。对于减法运算，只需先把减数的符号位取反，然后执行加法运算，设被加数（或被减数）为 A，它的符号位为 A_0，数值为 A^*，加数（或减数）为 B，它的符号位为 B_0，数值位为 B^*。A、B 均为原码表示的数，则按上述的算法可得出图 14.1 的原码加减运算程序框图。

例 14.21　双字节原码加减法子程序。

功能：(R2R3) ± (R6R7)→(R4R5)

入口：R2R3 中存放被减数（或加数），R6R7 中存放减数（或加数）

出口：和（或差）存放在 R4R5 中

说明：数据均为原码表示的数，最高位为符号位。

DADD 为原码加法子程序入口，DSUB 为原码减法子程序入口。出口时，Cy = 1 发生溢出，Cy = 0 正常。

程序：

```
DSUB:  MOV   A,R6
       CPL   A.7          ;取反符号位
       MOV   R6,A
DADD:  MOV   A,R2
       MOV   C,A.7        ;保存被加数符号位
       MOV   F0,C
       XRL   A,R6
       MOV   C,A.7        ;C = 1,两数异号
       MOV   A,R2         ;C = 0,两数同号
       CLR   A.7          ;清 0 被加数符号
       MOV   R2,A
       MOV   A,R6
       CLR   A.7          ;清 0 加数符号
       MOV   R6,A
```

```
        JC      DAB2
        ACALL   NADD        ;同号,执行加法
        MOV     A,R4
        JB      A.7,DABE
DAB1:   MOV     C,F0        ;恢复结果的符号
        MOV     A.7,C
        MOV     R4,A
        RET
DABE:   SETB    C           ;溢出
        RET
DAB2:   ACALL   NSUB1       ;异号,执行减法
        MOV     A,R4
        JNB     A.7,DAB1
        ACALL   CMPT        ;不够减,取补
        CPL     F0          ;符号位取反
        SJMP    DAB1
        RET
```

14.5.3 定点数乘法运算

1.无符号数二进制数乘法

在介绍无符号数二进制乘法时,先回顾一下二进制的手算乘法方法。下式说明了两个二进制数 A＝1011 和 B＝1001 手算乘法步骤:

```
        1011        被乘数
        1001        乘数
    ------------
        1011        第一次部分积
       0000         第二次部分积
      0000          第三次部分积
     1011           第四次部分积
    ------------
     1100011        乘积 A*B
```

在手算中,先形成所有部分积,然后在适当位置上累加这些部分积。由于一次只能完成两个数相加,故必须用重复加法来实现乘法,把手算法改用重复加法来实现,如下式:

```
              1011      被乘数
×             1001      乘数
-------------------
      0000    0000      开始启动时清 0 结果
+             1011      第一次部分积
-------------------
      0000    1011      加第一次部分积后的结果
+        0    000       第二次部分积
-------------------
      0000    1011      加第二次部分积后的结果
+       00    00        第三次部分积
-------------------
      0000    1011      加第三次部分积后的结果
+      101    1         第四次部分积
-------------------
      0110    0011      加第四次部分积后的结果＝乘积 A*B
```

可见,当被乘数和乘数有相同的字长时,它们的积为双字长。重复加法的乘法算法可叙述如下:

(1)清 0 累计积

(2)从最低位开始检查各个乘数位。

(3)如乘数位为 1,加被乘数至累计积,否则不加。

(4)左移一位被乘数。

(5)重复步聚(1)~(4)n次。(n为字长)。

实际用程序实现这一算法时,把乘数与结果联合组成一个双倍位字,左移被乘数,改用右移结果与乘数,这样,一方面可简化加法(只需单字长运算),另一方面可用右移来完成乘数最低位的检查,得到的乘积为双倍位字。这样修改后的程序框图见图14.2。

例14.22 采用复杂加法的双字节无符号乘法。

功能:(R2R3)*(R6R7)→(R4R5R6R7)

入口:R2R3中存放被乘数,R6R7中存放乘数

出口:结果存放在R4R5R6R7中

程序框图如图14.3所示。

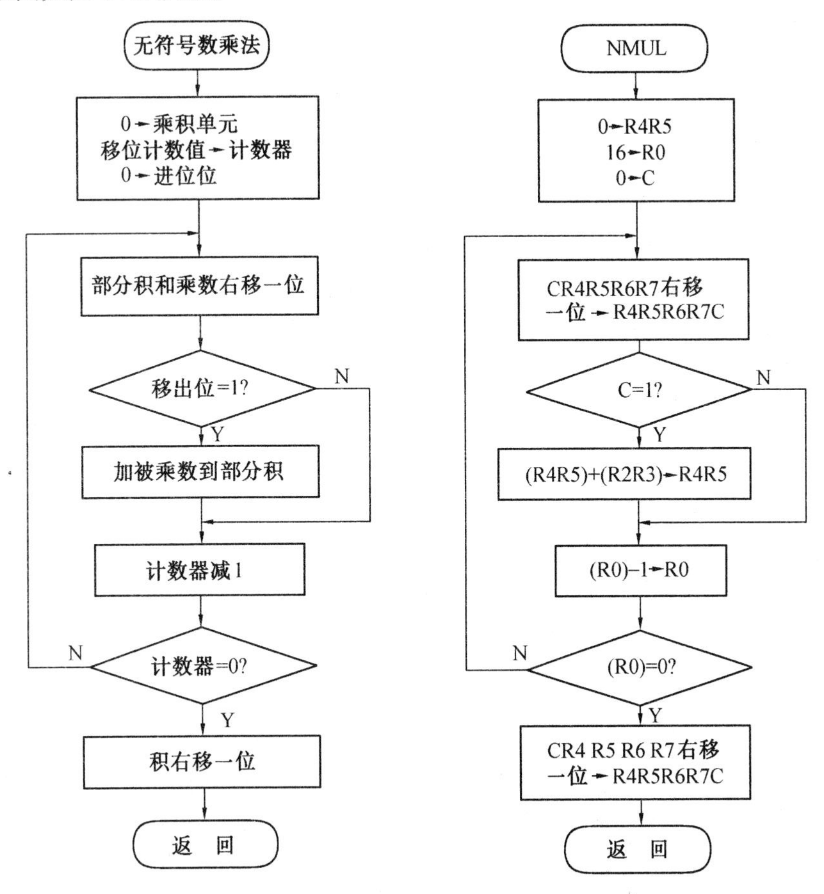

图14.2 无符号二进制数乘法程序框图　　图14.3 无符号双字节乘法程序框图

程序:

```
NMUL:   MOV   R4,#0
        MOV   R5,#0
        MOV   R0,#16         ;16位二进制数
        CLR   C
NMLP:   MOV   A,R4           ;右移一位
        RRC   A
```

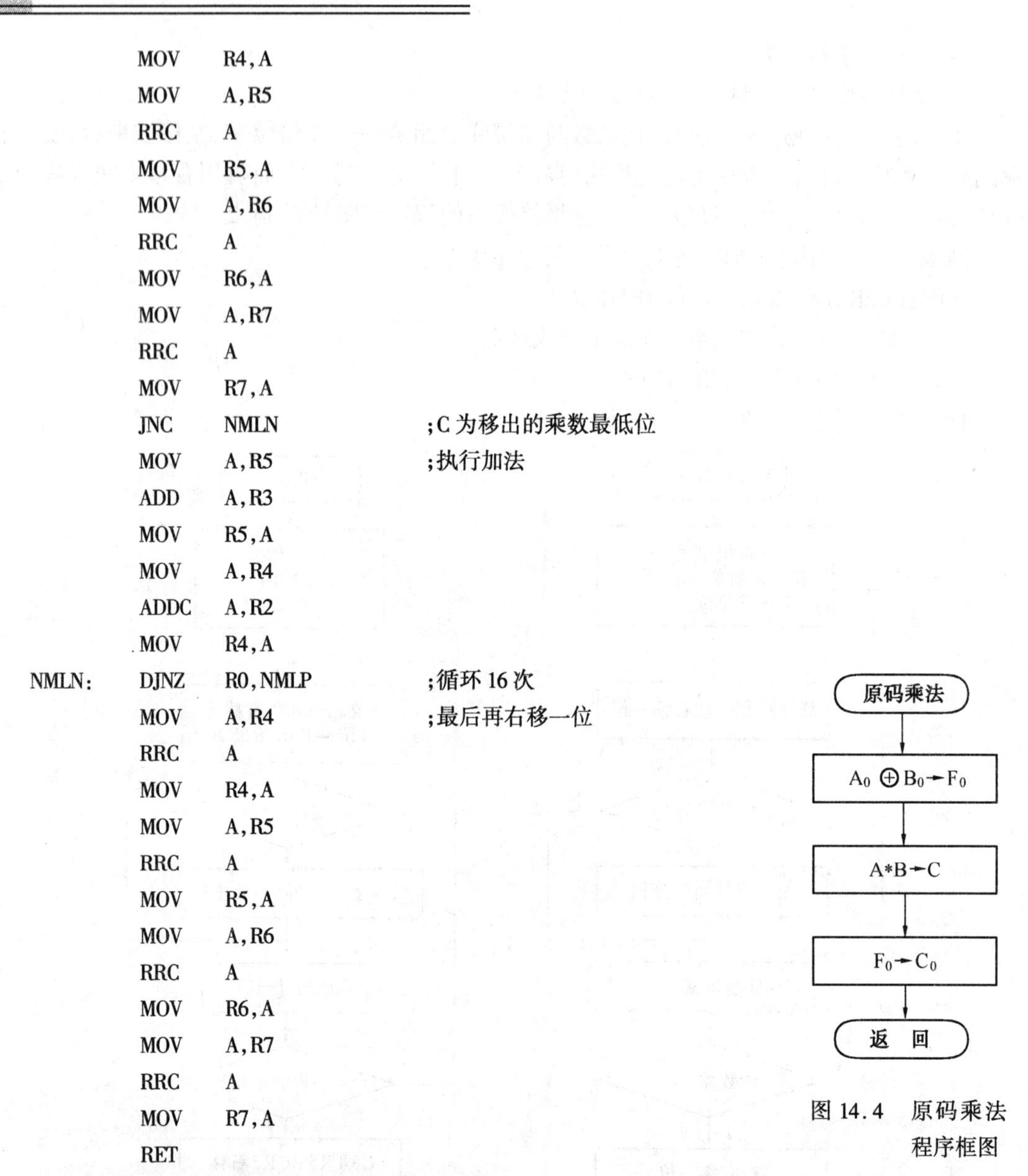

```
        MOV     R4,A
        MOV     A,R5
        RRC     A
        MOV     R5,A
        MOV     A,R6
        RRC     A
        MOV     R6,A
        MOV     A,R7
        RRC     A
        MOV     R7,A
        JNC     NMLN            ;C 为移出的乘数最低位
        MOV     A,R5            ;执行加法
        ADD     A,R3
        MOV     R5,A
        MOV     A,R4
        ADDC    A,R2
        MOV     R4,A
NMLN:   DJNZ    R0,NMLP         ;循环 16 次
        MOV     A,R4            ;最后再右移一位
        RRC     A
        MOV     R4,A
        MOV     A,R5
        RRC     A
        MOV     R5,A
        MOV     A,R6
        RRC     A
        MOV     R6,A
        MOV     A,R7
        RRC     A
        MOV     R7,A
        RET
```


图 14.4　原码乘法程序框图

在这个程序中，有两段程序都是执行(R4R5R6R7)右移一位的操作，采用增加一次循环次数，并交换 DJNZ R0,NMLP 指令与被乘数指令的位置，可简化该程序。

2. 带符号二进制乘法

(1)原码乘法

对原码表示的带符号二进制数，只需在乘法前，先按正数与正数相乘为正，正数与负数相乘为负，负数与负数相乘为正的原则，得出积的符号(计算机中可用异或操作得出积符)，然后清 0 符号位，执行不带符号位的乘法，最后送积的符号。设被乘数 A 的符号位为 A_0，数值为 A^*，乘数 B 的符号位为 B_0，数值为 B^*，积 C 的符号为 C_0，数值为 C^*，这个算法可用图 14.4 来表示(图中 F0 为符号暂存位)。

例 14.23　原码有符号数双字节乘法。

功能：(R2R3) * (R6R7)→(R4R5R6R7)

入口:R2R3中存放被乘数,R6R7中存放乘数

出口:积存放在R4R5R6R7中

说明:所有操作数均为原码,符号位在最高位。本程序调用例14.22的无符号双字节乘法子程序。

程序:

```
IMUL:   MOV     A,R2
        XRL     A,R6
        MOV     C,A.7
        MOV     F0,C
        MOV     A,R2
        CLR     A.7
        MOV     R2,A
        MOV     A,R6
        CLR     A.7
        MOV     R6,A
        ACALL   NMUL
        MOV     A,R4
        MOV     C,F0
        MOV     A.7,C
        MOV     R4,A
        RET
```

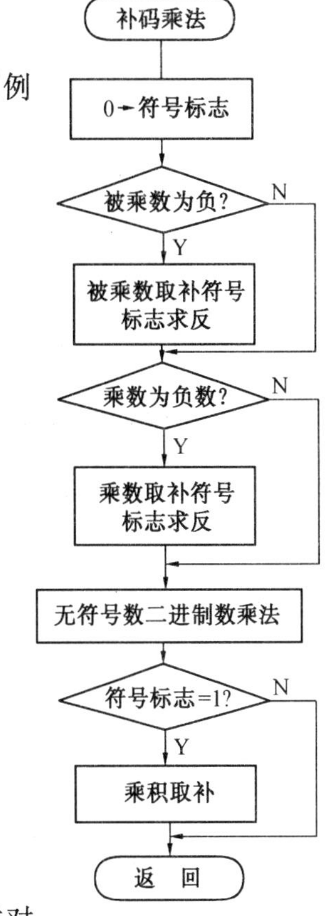

图14.5 补码乘法程序框图

(2)补码乘法

对补码表示的带符号二进制数乘法,除了需像原码乘法一样对符号进行处理外,在被乘数、乘数或积为负数时,还需对负数取补(变成原码)。

补码乘法的程序框图见图14.5。这里取补操作对符号位和数值一起进行,如果被乘数为负数,则取补后,最高位(符号位)必然为0,符合无符号二进制数运算的要求。调用无符号数乘法子程序后,乘积的最高位总是0,如乘积为负数(符号标志等于1),则取补后,最高位必然为1,即为积的符号位(负数)。

这种补码乘法,采取先变成原码,然后执行乘法。

3.MCS-51快速乘法

使用重复加法的乘法速度比较慢,例如前面介绍的无符号双字节乘法,对于使用晶振频率为12MHz的MCS-51来说,平均需320μs。在实时控制应用场合中,经常需要在100μs内完成一次双字节乘法。因此需设计一种快速乘法。

MCS-51有一条乘法指令:MUL AB。它执行(A)*(B)→BA。它执行的操作,即单字节乘以单字节,积为双字节的运算。由于单字节运算不能满足实际需要,故必需把它扩展为双字节的乘法。扩展时可按照以字节为单位的竖式乘法来编程序。下面以无符号双字节乘法为例,说明这条乘法指令的扩展使用方法。

例14.24 无符号双字节快速乘法。

功能:(R2R3)*(R6R7)→(R4R5R6R7)

入口:R2R3中存放被乘数,R6R7中存放乘数

出口:积存放在 R4R5R6R7 中

程序:

```
QMUL:   MOV     A,R3
        MOV     B,R7
        MUL     AB              ;(R3)*(R7)
        XCH     A,R7            ;(R7)=(R3*R7)L
        MOV     R5,B            ;(R7)=(R3*R7)H
        MOV     B,R2
        MUL     AB              ;(R2)*(R7)
        ADD     A,R5
        MOV     R4,A
        CLR     A
        ADDC    A,B
        MOV     R5,A            ;(R5)=(R2*R7)H
        MOV     A,R6
        MOV     B,R3
        MUL     AB              ;(R3)*(R6)
        ADD     A,R4
        XCH     A,R6
        XCH     A,B
        ADDC    A,R5
        MOV     R5,A
        MOV     F0,C            ;暂存 Cy
        MOV     A,R2
        MUL     AB              ;(R2)*(R6)
        ADD     A,R5
        MOV     R5,A
        CLR     A
        MOV     A.0,C
        MOV     C,F0            ;加以前加法的进位
        ADDC    A,B
        MOV     R4,A
        RET
```

计算原理如下式:

			【R2】	【R3】
		×	【R6】	【R7】
			$【R3R7】_H$	$【R3R7】_L$
		$【R2R7】_H$	$【R2R7】_L$	
		$【R3R6】_H$	$【R3R6】_L$	
+	$【R2R6】_H$	$【R2R6】_L$		
	【R4】	【R5】	【R6】	【R7】

该竖式中$【R3R7】_L$表示(R3)*(R7)的低位字节,$【R3R7】_H$表示(R3)*(R7)的高位字节,

只要按这个竖式，利用 MCS－51 的乘法和加法指令，就能完成双字节乘法。以上程序完成的是双字节乘以双字节，称为四字节的乘法。对于其它各种字节的乘法，也可用竖式来分析，例如双字节乘以三字节或单字节乘以四字节等，用此法可容易的编出相应的程序。

14.5.4　定点数除法

1. 无符号二进制数除法

正如乘法能由一系列加法和移位操作实现一样，除法也可由一系列减法和移位操作实现。为了设计出除法的算法，先分析二进制数的手算除法。下式说明两个二进制数 A＝100100 和 B＝101 的手算除法步骤：

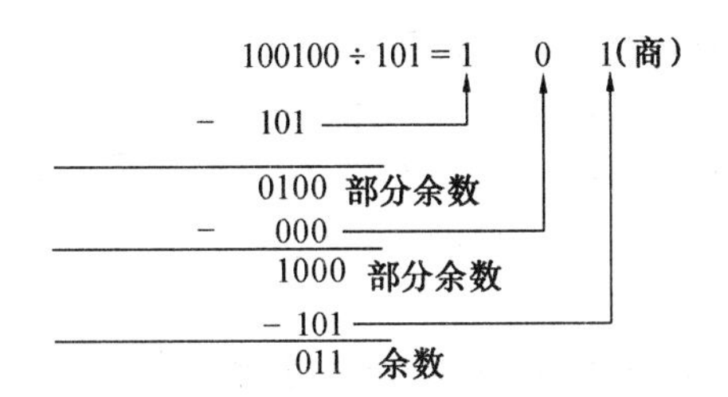

可以看出，商位是以串行方式获得的，一次得一位。首先把被除数的高位与除数相比较，如被除数高位大于除数，则商位为 1，并从被除数中减去除数，形成一个部分余数；否则商位为 0，不执行减法。然后把新的部分余数左移一位，并与除数再次进行比较。循环此步骤，直到被除数的所有位都处理完为止，一般商的字长为 n，则需循环 n 次。这种除法上商前，先比较被除数与除数，根据比较结果，决定上商 1 或 0，并且只有在商为 1 时，才执行减法，所以称之为比较法。根据这个算法，可画出编程的框图，如图 14.6 所示。

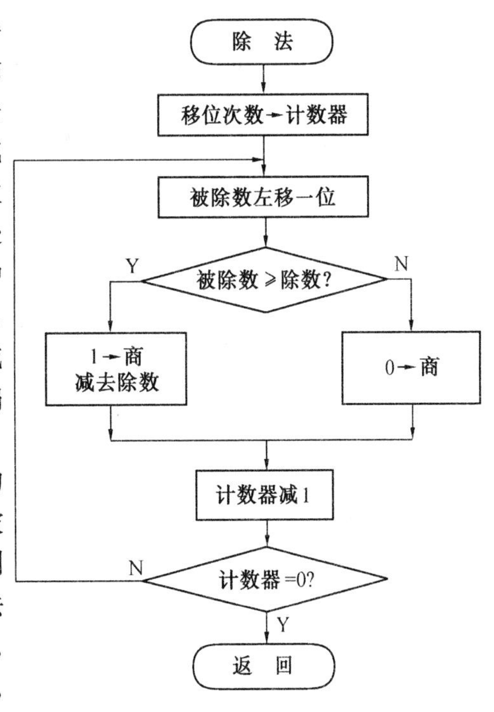

图 14.6　比较除法程序框图

从前面所示的手算除法中，可以看出被除数的字长比除数和商的字长还长，一般在计算机中，被除数均为双倍字长，即如果除数和商为双字节，则被除数为四字节。由于商为单字长，故如果在除法中发生商大于单字长，称为溢出。在进行除法前，应该检查是否会发生溢出。一般可在进行除法前，先比较被除数的高位与除数，如被除数高位大于等于除数，则溢出，应该置溢出标志，不执行除法。另外，从手算除法中还可看出，如果除数和商为 3 位，被除数为 6 位，则执行比较或减法操作时，部分余数必须取 4 位，除数为 3 位，否则有可能产生错误。例如第 3 步的比较和减法运算时，部分余数为 1000，如果只取 3 则为 000，所以在实际编程时，必须注意到这一点。

例 14.25　采用比较法的无符号双字节除法。

功能：(R2R3R4R5) ÷ (R6R7)→(R4R5)，余数为(R2R3)。

框图如图 14.7 所示。

说明：在这个框图中，(R2R3R4R5)为被除数，同时(R4R5)又是商。运算前，先比较(R2R3)和(R6R7)，如(R2R3)≥(R6R7)则为溢出，置位 F0，然后直接返回。否则执行除法，这时出口 F0＝0。上商时，上商 1 采用加 1 的方法，上商 0 不加 1(无操作)。比较操作采用减法来实现，只是先不回送减法结果，而是保存在累加器 A 和寄存器 R1 中，在需要执行减法时，才回送结果。B 为循环次数控制计数器，初值为 16(除数和商为 16 位)。运算结束后(R4R5)为商，(R2R3)为余数，(R6R7)不变。在左移时，把移出的最高位存放到 MCS－51 的用户标志 F0 中，如 F0＝1 则被除数(部分余数，有 17 位)总是大于除数，因为除数最多只有 16 位，这时必然执行减法并上商 1。

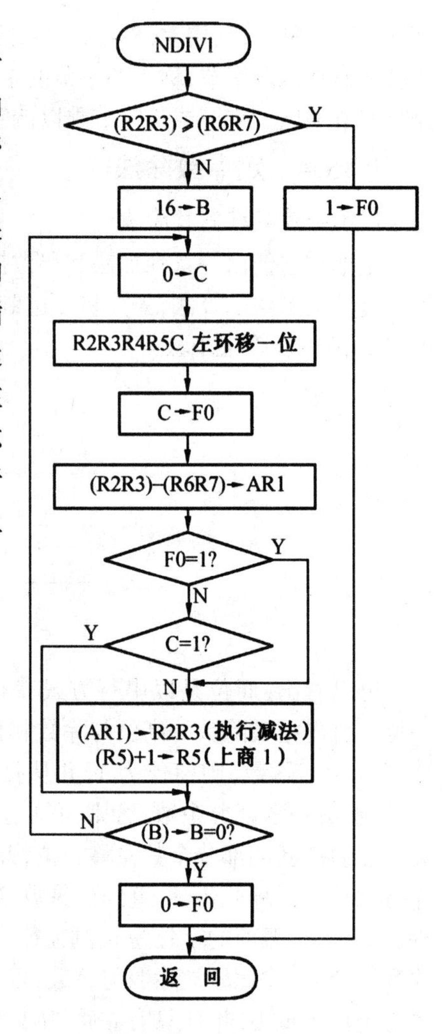

图 14.7 无符号双字节除法程序框图

入口：R2R3R4R5 中存放被除数，R6R7 中存放除数。

出口：商存放在 R4R5 中，余数存放在 R2R3 中。

程序：

```
NDIV1:  MOV     A,R3        ;先比较是否发生溢出
        CLR     C
        SUBB    A,R7
        MOV     A,R2
        SUBB    A,R6
        JNC     NDVE1
        MOV     B,#16       ;无溢出，进行除法
NDVL1:  CLR     C           ;执行左移一位，移入为 0
        MOV     A,R5
        RLC     A
        MOV     R5,A
        MOV     A,R4
        RLC     A
        MOV     R4,A
        MOV     A,R3
        RLC     A
        MOV     R3,A
        XCH     A,R2
        RLC     A
        XCH     A,R2
        MOV     F0,C        ;保存移出的最高位
        CLR     C
        SUBB    A,R7        ;比较部分余数与除数
        MOV     R1,A
        MOV     A,R2
```

```
        SUBB    A,R6
        JB      F0,NDVM1
        JC      NDVD1
NDVM1:  MOV     R2,A        ;执行减法(回送减法结果)
        MOV     A,R1
        MOV     R3,A
        INC     R5          上商 1
NDVD1:  DJNZ    B,NDVL1     ;循环 16 次
        CLR     F0          ;正常出口
        RET
NDVE1:  SETB    F0          ;溢出
        RET
```

2. 带符号二进制除法

(1)原码除法:原码除法和原码乘法一样,只要在除法前,先求出商的符号,然后清零符号位,执行不带符号的除法,最后送商的符号。

下面用一个例子说明原码除法的算法。

例 14.26 原码带符号双字节除法。

功能:(R2R3R4R5)÷(R6R7)→(R4R5)

入口:R2R3R4R5 中存放被除数,R6R7 中存放除数

出口:商存放在 R4R5 中,余数存放在 R2R3 中,若溢出则 F0＝1

说明:操作数均以原码表示,符号位在最高位。

程序:

```
IDIV:   MOV     A,R2
        XRL     A,R6
        MOV     C,A.7
        MOV     F0,C        保存符号位
        PUSH    PSW
        MOV     A,R2
        CLR     A.7         ;清 0 被除数符号位
        MOV     R2,A
        MOV     A,R6
        CLR     A.7         ;清 0 除数符号位
        MOV     R6,A
        ACALL   NDIV1       ;调用无符号双字节除法子程序(例 14.25)
        JB      F0,IDIVE
        MOV     A,R4
        JB      A.7,IDIVE
        POP     PSW
        MOV     C,F0        ;回送积的符号
        MOV     A.7,C
        MOV     R4,A
        RET
IDIVE:  SETB    F0          ;溢出
```

RET

(2)补码除法:对用补码表示的带符号二进制数的除法,可像补码乘法一样,采用先对负数取补,然后再执行除法。

14.6 浮点数运算程序设计

前面介绍了定点数的运算方法。定点数有一个致命的缺点:数的表示范围太小。例如双字节整数在无符号时,只能表示 0～65535 之间的整数,在有符号时,只能表示 －32768、＋32767 之间的整数,它们都不能表示小数。而小数则不能表示大于等于 1 的数。采用定点混合小数,虽然可表示小数和大于 1 的数,但它的表示范围仍太小。在实际使用时,数据的范围一般都比较大,例如测量电阻时,其阻值可能为 1mΩ～1000MΩ,即为 $10^{-3}\Omega \sim 10^{9}\Omega$,其最小值和最大值之比为 10^{12},所以需要有一种能表示较大范围数据的表示方法:浮点数,它的小数点位置可按数值的大小自动的变化。

14.6.1 浮点数的表示

一般浮点数均采用 $\pm M \times C^{E}$ 的形式来表示,其中 M 称为尾数,它一般取为小数,$0 \leqslant M < 1$,E 为阶码,它为指数部分,它为基为 C。C 可取各种数,对于十进制数,它一般取 10,而对二进制数,C 一般取 2,对于十进制数,可很方便地把它转换成十进制浮点数,例如十进制数 1260 可写成 0.1260×10^{4},0.00512 可写成 0.512×10^{-2},对于微机系统来说,常用的浮点数均为 $C = 2$。在浮点数中,有一位专门用来表示数的符号,阶码 E 的位数取决于数值的表示范围,一般取一个字节,而尾数则根据计算所需的精度,取 2～4 个字节。

浮点数如同定点数一样,也有各种各样表示有符号数的方法,其中数的符号常和尾数放在一起考虑,即把 ±M 作为一个有符号的小数,它可采用原码、补码等各种表示方法,而阶码可采用各种不同的长度,并且数的符号也可放于各种不同的地方。所以浮点数具有各种不同的表示方法。下面只介绍几种常用的表示方法。

1.四字节浮点数的表示法

微机中常用的一种浮点数采用如下格式:

7	6 5 4 3 2 1 0
阶符	阶　　码
数符	尾数高 7 位
尾数中 8 位	
尾数低 8 位	

浮点数总长为 32 位(4 字节),其中阶码 8 位,尾数 24 位。阶码和尾数均为 2 的补码形式。阶码的最大值为 ＋127,最小值为 －128,这样上述四字节浮点数能表示的最大值近似为:$1 \times 2^{127} = 1.70 \times 10^{38}$,能表示的最小值(绝对值)近似为 $0.5 \times 2^{-128} = 1.47 \times 10^{-39}$。即能表示的数的范围为 $\pm(1.47 \times 10^{-39} \sim 1.70 \times 10^{38})$,这时该范围内的数具有同样的精度。

浮点数的有效字位数取决于尾数的数值位长度,上述浮点数有 3 字节尾数,去掉符号位,共有 23 位二进制数字,接近于 7 位十进制数($2^{23} = 8388608$)。

2.三字节浮点数表示数

上述的浮点数的精度较高(接近 7 位十进制数),但是由于字节较多,运算速度比较慢,往往不能满足实时控制和测量的需要，并且实际使用时所需的精度一般并不这么高。例如，一般高精度仪表为 0.1%，最高级也仅为 0.01%，这只相当于 4 位十进制数，而工业控制中所需的精度要求更低，但它们对运算速度的要求往往比较高，常要求在几 ms 内完成全部运算，在许多工业控制用微机系统中，因为一般的浮点数的运算速度太慢，不能满足实时控制的要求，而不得不采用定点运算来代替浮点运算。这样，有必要寻找一种精度稍低，但运算速度较快的浮点数表示方法，满足此要求的一种浮点数格式如下：

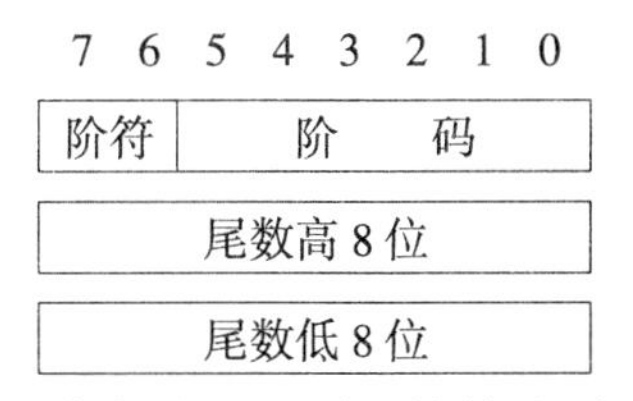

浮点数总长为 24 位(3 字节)，其中阶码 7 位，数符在阶码所在字节的最高位，尾数为 16 位。阶码采用二进制补码形式，尾数采用原码表示，以加快乘除法的速度。7 位阶码可表示的最大值为 +63，最小值为 －64。上述 3 字节浮点数能表示的最大值近似为：

$$1 \times 2^{63} = 9.2 \times 10^{18}$$

能表示的最小值(绝对值)近似为：

$$0.5 \times 2^{-64} = 2.7 \times 10^{-20}$$

即能表示的数的范围为 $\pm(2.7 \times 10^{-20} \sim 9.2 \times 10^{18})$。浮点数的有效数字位数取决于位数的字长(16 位)。约相当于 4 位半十进制数($2^{16} = 65536$)。

由于这种浮点数表示法的运算速度较快，需要的存储容量也较小，并且数的范围和精度能满足大多数应用场合的需要。在本书后面的程序中，均采用这种浮点数表示方法。

3.规格化浮点数和规格化子程序

为了保证运算精度，必须尽量增加尾数的有效值位数。一个数的有效值位数是指从第一个非零数字位开始的全部数值位数。例如二进制数 00010100 的有效数值位为 5 位，而 10100000 的有效数值位为 8 位。这样，应使浮点数中的尾数的第一位数字不等于零，满足这一条件的数称为规则化浮点数。这时 $0.5 \leqslant M < 1$。

对于用二进制原码表示的尾数，规格化数的尾数的第一位数字应为 1。对于补码表示的尾数，其情况比较复杂：对正数，尾数的第一位数字应为 1；对负数，尾数的第一位数字应为 0。

任何数(除零外)只要它的数值处于浮点数的表示范围之内，均可以化成规格化浮点数。在计算机中，常用尾数等于零而阶码为最小值的数字来表示零。如在上述 3 字节的浮点数表示格式中，零可表示为 40H，00H，00H 三字节 16 进制数。

在实际应用中，需要有一个程序来完成把一个非规格化数变规格化数的操作。在进行规格化操作时，对原码表示的数，一般是先判断尾数的最高位数值位是 0 还是 1。如果是 0，则把尾数左移一位，阶码减 1 再循环判断；如果是 1，则结束操作。由于零无法规格化，一旦尾数为 0，则应把阶码置为最小值。如果在规格化过程中，阶码减 1 变成最小值时，不能再继续进行规格化操作(否则发生阶码下溢出)。由于这种规格化操作采用左移操作，故一般常称为左规格化操作。图 14.8 是尾数为原码表示的浮点数规格化操作的框图。

例 14.27 左规格化子程序。

功能：对(R0)指向的三字节浮点数进行规格化，浮点数格式见三字节浮点数格式。

入口：未规格化的三字节浮点数存放在(R0)指向单元

出口:规格化的浮点数存放在(R0)指向单元

程序:

```
NORM:  MOV   A,@R0
       MOV   C,A.7
       MOV   F0,C            ;保存数的符号位
       INC   R0
       MOV   C,A.6           ;扩展阶码为双符号位
       MOV   A.7,C
       MOV   R2,A
NORM1: MOV   A,@R0
       INC   R0
       JNZ   NORM3
       MOV   A,@R0
       JNZ   NORM4
       DEC   R0              ;尾数为0
       DEC   R0
       MOV   A,#40H          ;置阶码为最小值40H
NORM2: MOV   C,F0
       MOV   A.7,C
       MOV   @R0,A
       RET
NORM3: JB    A.7,NORM5
NORM4: CLR   C               ;尾数左移一位
       MOV   A,@R0
       RLC   A
       MOV   @R0,A
       DEC   R0
       MOV   A,@R0
       RLC   A
       MOV   @R0,A
       INC   R0
       DEC   R2              ;阶码减1
       CJNE  R2,#0C0H,NORM3  ;判断阶码是否太小
NORM5: DEC   R0              ;是规格化数
       DEC   R0
       MOV   A,R2
       SJMP  NORM2
```

图 14.8　浮点数规格化操作程序框图

14.6.2　浮点数的加减法运算

浮点数的加减法比定点数要困难得多。执行加减法前,必须先对准小数点,然后才能按定点小数加减法运算那样进行尾数加减法操作,结果数的阶码等于对准小数点后的任一个操作数的阶码。由于结果数不一定为规格化数,因为必须对结果进行规格化操作。

1.对阶

当两个浮点数的阶码相等时,它们的尾数可直接进行加减运算。如阶码不相等,则首先要

对阶，使它们的阶码相等，从而使小数点对齐，才能进行尾数的加减运算。

对阶应该是小的加码向大的阶码对齐。如果采用大阶对小阶，那么减小大的阶码时，必须把它的尾数左移，这就会使尾数超过 1，无法表示为小数，左移时将丢失尾数的高位有效数字，引起错误。故只能采用小阶对齐大阶，即增大小的阶码，同时把它的尾数右移，保持数值大小不变，直到小阶等于大阶为止。

例如，把 4 位十进制浮点数 0.5715×10^{1}(5.715)与 0.7428×10^{1}(0.07428)相加，应先对准小数点，即让两个数的阶码相等，这里应把 0.7428×10^{-1}化为 0.0074×10^{1}(注意低位数字被丢失)然后执行 $(0.5715+0.0074)\times10^{1}=0.5789\times10^{1}$。

在执行加减运算时，如果有一个操作数为零，则不需要执行对阶操作，可直接使置零的阶码等于另一个操作数的阶码。

2. 结果数的规格化操作

在执行尾数的加减运算后，其结果可能产生溢出，这时应把尾数右移一位，并把阶码加 1(右规格化)。另外，也有可能是尾数太小，小于 0.5，使最高数值位不为 1，这时应执行左规格化。在规格化过程中，阶码可能产生上溢出或下溢出，这时应对它们加以处理。

规格化操作是一个比较常用的操作，下面给出一个通用的规格化子程序，使用它可执行左规格化，也可执行右规格化。

例 14.28 通用规格化子程序。

功能：入口 CY＝0 时，执行右规格化，右移输入位为 39H。

当 F0＝0 时，对 R6(阶)R2R3(尾数)进行右移一位。

当 F0＝1 时，对 R7(阶)R2R3(尾数)进行右移一位。

当 CY＝1 时，对 R6(阶)R2R3(尾数)进行左规格化，第一次左移输入位为 F0。框图见图 14.9。

说明：(1)本程序中使用的浮点数格式是三字节浮点数格式。

(2)在调用本子程序前，必须先保护好数的符号位，本子程序可能会改变 R6 或 R7 中的最高位(数符位)的值，需要时，应在返回主程序后恢复原来保护的数符位。

(3)由于实际使用时，数据一般不会超过浮点数表示范围，故本子程序没有考虑阶码的溢出，需要时，可加入溢出处理。

入口：R6(阶)R2R3 中存放浮点数 1，R7(阶)R4R5 中存放浮点数 2

出口：浮点数 1 规格化后存放在 R6(阶)R2R3(尾数)中，浮点数 2 规格化后存放在 R7(阶)R4R5(尾数)中。

程序：

```
FSDT:  JC      FS2
       MOV     C,39H        ;右规格化
       JB      F0,FS1
       MOV     A,R2
       RRC     A
       MOV     R2,A
       MOV     A,R3
       RRC     A
       MOV     R3,A
       INC     R6
```

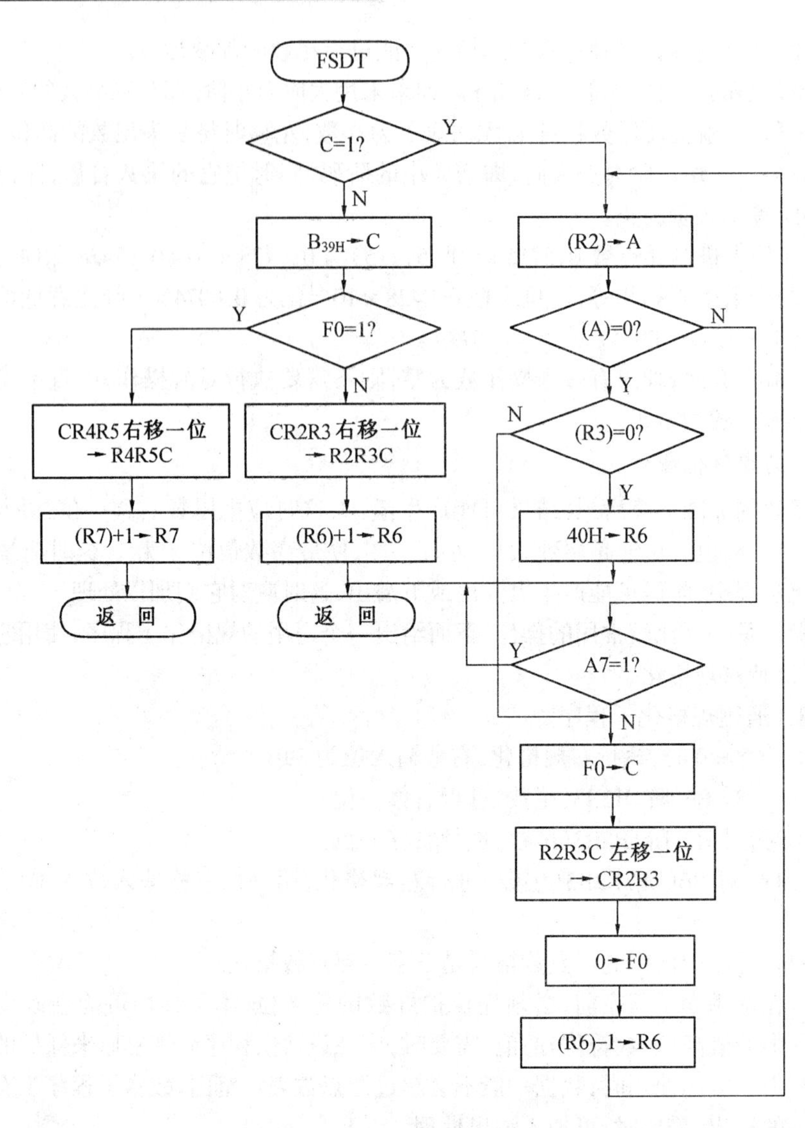

图 14.9　通用规格化子程序框图

```
        RET
FS1:    MOV     A,R4
        RRC     A
        MOV     R4,A
        MOV     A,R5
        RRC     A
        MOV     R5,A
        INC     R7
        RET
FS2:    MOV     A,R2            ;左规格化
        JNZ     FS4
        CJNE    R3,#0,FS5
        MOV     R6,#41H         ;尾数等于 0,41H 送阶码
FS3:    RET
```

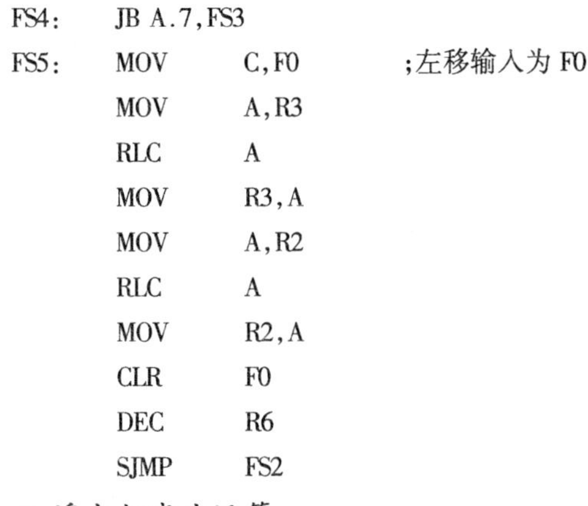

```
FS4:   JB A.7,FS3
FS5:   MOV    C,F0        ;左移输入为 F0
       MOV    A,R3
       RLC    A
       MOV    R3,A
       MOV    A,R2
       RLC    A
       MOV    R2,A
       CLR    F0
       DEC    R6
       SJMP   FS2
```

3.浮点加减法运算

对两个浮点数进行加减运算时，应先进行对阶，然后对尾数进行加减法运算，最后对结果进行规格化操作。浮点加减运算的框图如图 14.10 所示。

后面的例 14.29 到例 14.33 为一套三字节浮点数的加减法子程序。

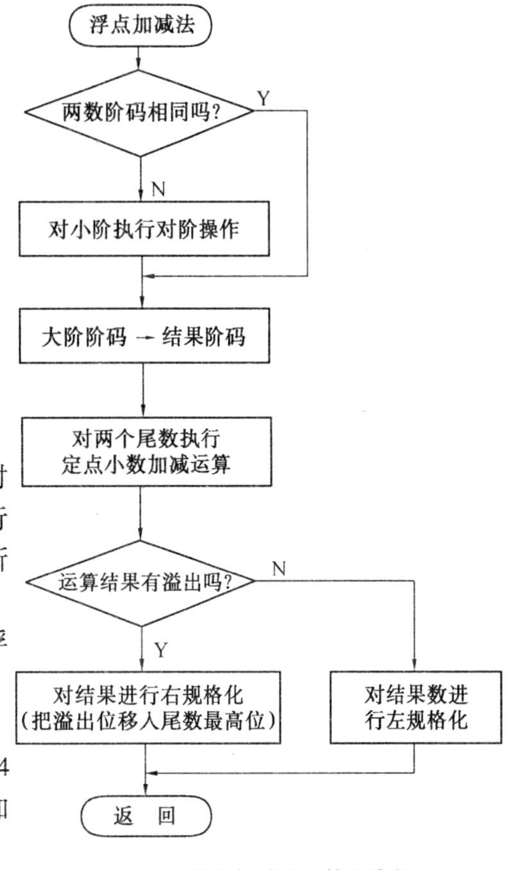

图 14.10　浮点加减法运算程序框图

例 14.29　浮点加减法处理子程序。

功能：执行 R6(阶)R2R3 ± R7(阶)R4R5→R4(阶)R2R3 的操作。入口时，Bit 3AH = 0 执行加法；Bit 3AH = 1 执行减法。采用小阶向大阶靠。

浮点数格式为三字节浮点数格式。

框图见图 14.11。

说明：本程序使用 FSDT 规格化子程序(例 14.28)。它可完成对 MCS－51 工作寄存器中的两个浮点数的加减操作。

程序：

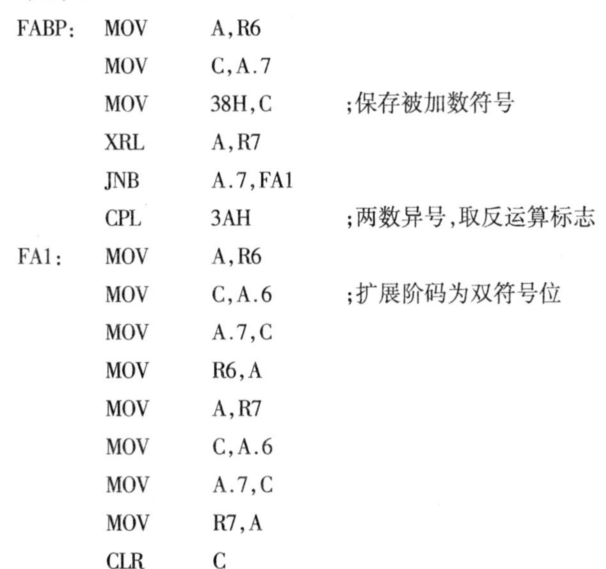

```
FABP:  MOV    A,R6
       MOV    C,A.7
       MOV    38H,C       ;保存被加数符号
       XRL    A,R7
       JNB    A.7,FA1
       CPL    3AH         ;两数异号,取反运算标志
FA1:   MOV    A,R6
       MOV    C,A.6       ;扩展阶码为双符号位
       MOV    A.7,C
       MOV    R6,A
       MOV    A,R7
       MOV    C,A.6
       MOV    A.7,C
       MOV    R7,A
       CLR    C
```

```
        MOV     A,R6
        SUBB    A,R7
        JZ      FA2
        CLR     F0
        CLR     39H
        JB      A.7,FA5
        CJNE    R4,#0,FA6
        CJNE    R5,#0,FA6
FA2:    JB      3AH,FA8         ;执行尾数加法
        MOV     A,R3
        ADD     A,R5
        MOV     R3,A
        MOV     A,R2
        ADDC    A,R4
        MOV     R2,A
        JNC     FA4
SETB    39H                     ;溢出,把尾数右
                                移一位
        CLR     C
FA3:    CLR     F0
        LCALL   FSDT
FA4:    CJNE    R2,#0,FAA
        CJNE    R3,#0,FAA
        MOV     R4,#41H         ;结果为 0
        RET
FAA:    MOV     A,R6            ;送结果的符号
        MOV     C,38H
        MOV     A.7,C
        XCH     A,R4
        MOV     R6,A
        RET
FA5:    CJNE    R2,#0,FA7
        CJNE    R3,#0,FA7
        MOV     A,R7
        MOV     R6,A
        SJMP    FA2
FA6:    CPL     F0
FA7:    CLR     C
        LCALL   FSDT
        SJMP    FA1
FA8:    MOV     A,R3            ;执行尾数减法
        CLR     C
        SUBB    A,R5
        MOV     R3,A
```

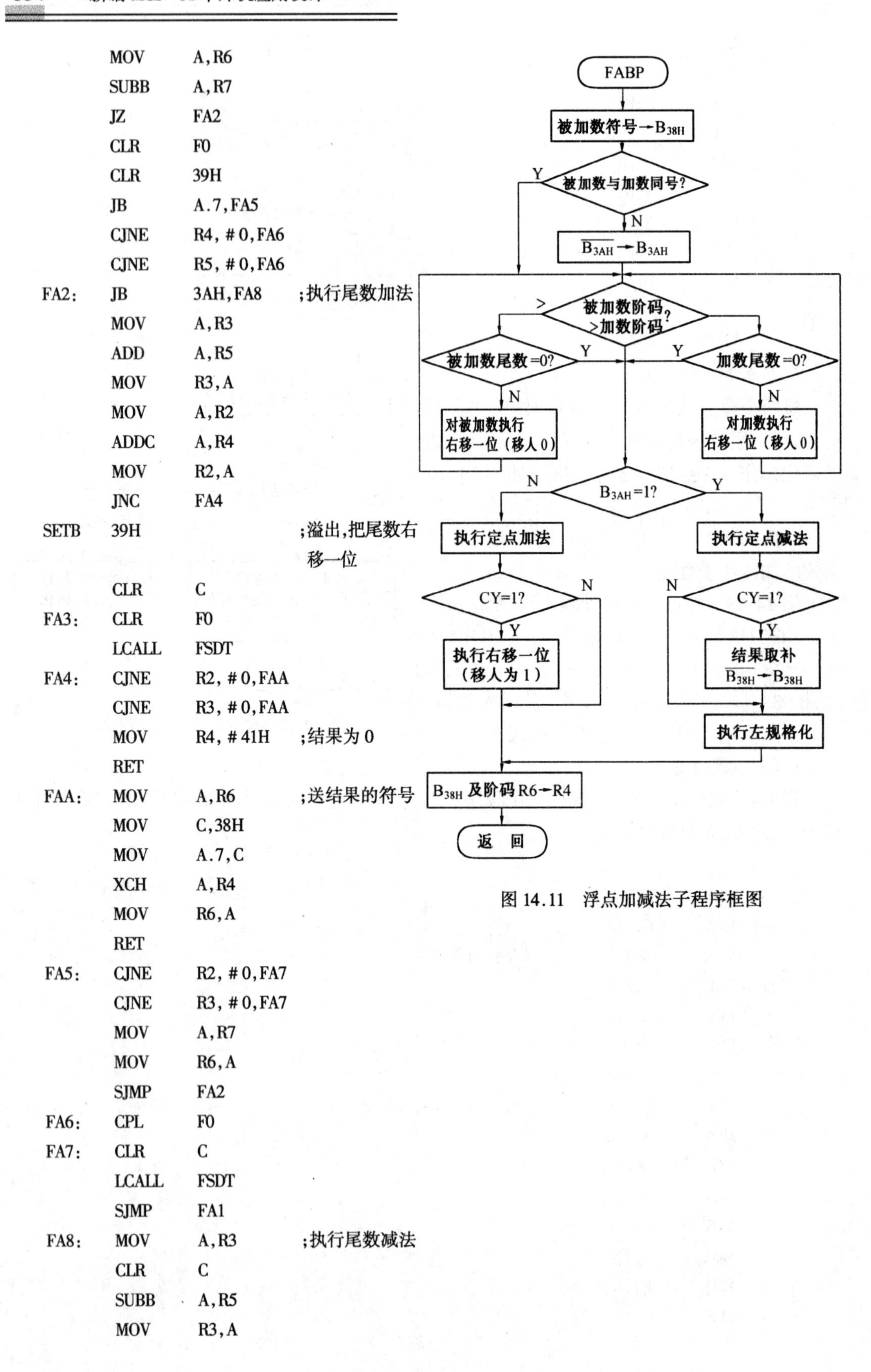

图 14.11　浮点加减法子程序框图

```
        MOV     A,R2
        SUBB    A,R4
        MOV     R2,A
        JNC     FA9
        CLR     A           ;把尾数取补
        CLR     C
        SUBB    A,R3
        MOV     R3,A
        CLR     A           ;结果符号取反
        SUBB    A,R2
        MOV     R2,A
        CPL     38H
FA9:    SETB    C
        SJMP    FA3
```

实际使用时,浮点数均放在存储器中,其中常用数据一般放在 MCS－51 的内部 RAM 中,所以需要有一个把内部 RAM 中的浮点数取到工作寄存器中进行运算的子程序——浮点数取数子程序。另外,由于 MCS－51 只有两个内部 RAM 数据指针,一般在运算前,它们分别指向两个操作数,为了不破坏这两个操作数,运算结果不能直接回送到内部 RAM 中,只能先放在工作寄存器中(如前面的 FABP 放在 R4R3R2 中)。运算后,需要时可使用另外一个子程序把结果加到内部 RAM 中——浮点存数子程序。下面分别介绍浮点取数、存数、加法和减法子程序。

例 14.30　浮点取数子程序。

功能:把(R0)指向的三字节浮点数送到 R6(阶)R2R3 中,把(R1)指向的三字节浮点数送到 R7(阶)R4R5 中,它不改变 R0,R1 的值。

入口时:R0、R1 中的内容分别为两个浮点数的阶码字节地址。

程序:

```
FMLD:   MOV     A,@R0
        MOV     R6,A
        INC     R0
        MOV     A,@R0
        MOV     R2,A
        INC     R0
        MOV     A,@R0
        MOV     R3,A
        DEC     R0          ;恢复 R0
        DEC     R0
        MOV     A,@R1
        MOV     R7,A
        INC     R1
        MOV     A,@R1
        MOV     R4,A
        INC     R1
        MOV     A,@R1
        MOV     R4,A
```

```
        INC     R1
        MOV     A,@R1
        MOV     R5,A
        DEC     R1          ;恢复 R1
        DEC     R1
        RET
```

例 14.31　浮点加法子程序。

功能:(R0)指向的三字节浮点数＋(R1)指向的三字节浮点数→R4(阶)R2R3 中。它不改变 R0、R1 中的值。

入口:加数和被加数分别放在 R0,R1 指向的内部 RAM。

出口:和存放在 R4(阶)R2R3 中。

程序:

```
FADD:   CLR     3AH         ;加法运算标志
        LCALL   FMLD
        LCALL   FABP
        RET
```

例 14.32　浮点减法子程序。

功能:(R0)指向的三字节浮点数－(R1)指向的三字节浮点数→R4(阶)R2R3 中。它不改变 R0,R1 中的值。

入口:被减数和减数分别存放在 R0,R1 指向的内部 RAM

出口:差存放在 R4(阶)R2R3 中。

程序:

```
FSUB:   SETB    3AH         ;减法运算标志
        LCALL   FMLD
        LCALL   FABP
        RET
```

例 14.33　浮点存数子程序。

功能:把 R4(阶)R2R3 送到(R1)指向的三个单元中。它不改变工作存储器的值。

入口:R4(阶)R2R3 中存放三字节浮点数。

出口:三字节浮点数存放在(R1)指向单元中。

程序:

```
FSTR:   MOV     A,R4
        MOV     @R1,A
        INC     R1
        MOV     A,R2
        MOV     @R1,A
        INC     R1
        MOV     A,R3
        MOV     @R1,A
        DEC     R1
        DEC     R1
        RET
```

14.6.3　浮点数乘除法运算

1.浮点乘法

执行浮点数乘法比加法方便，不需要对准小数点，只要将阶码相加，尾数相乘即可。设被乘数 $A = M_a \times C^{Ea}$，乘数 $B = M_b \times C^{Eb}$，则

$$A \times B = M_a \times C^{Ea} \times M_b \times C^{Eb} = (M_a \times M_b) \times C^{(Ea+Eb)}$$

对于规格化浮点数，有 $0.5 \leqslant |M| < 1$，所以 $0.25 \leqslant |M_a \times M_b| < 1$。不会产生溢出，但有可能需进行左规格化。

按照以上的分析，可很容易的得出浮点数乘法的框图，见图14.12。

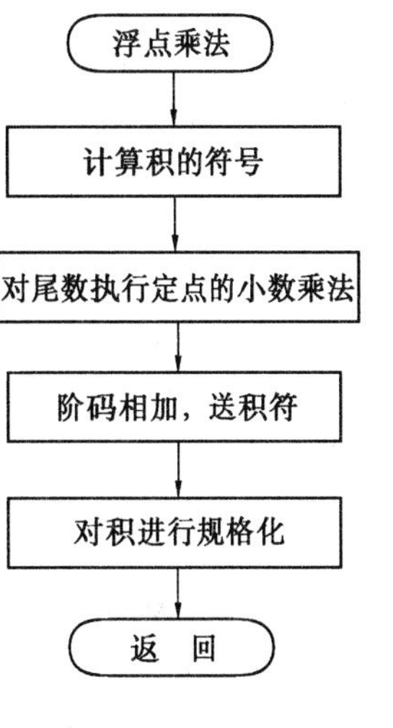

图 14.12　浮点数乘法程序框图

例 14.34　浮点乘法子程序。

功能：(R0)指向的三字节浮点数×(R1)指向的三字节浮点数→R4(阶)R2R3。它不改变 R0、R1 的值。

入口：(R0)为被乘数存放地址，(R1)为乘数存放地址。

出口：积存放在 R4(阶)R2R3 中。

程序：

```
FMUL:   LCALL   FMLD
        MOV     A,R6
        XRL     A,R7
        MOV     C,A.7
        MOV     38H,C       ;计算并暂存积的符号
        LCALL   DMUL        ;调用定点无符号双字节乘法子程序
        MOV     A,R7
        MOV     C,A.7
        MOV     F0,C        ;F0 为规格化时第一次左移输入值
        MOV     A,@A0       ;计算阶码
        ADD     A,@R1
        MOV     R6,A
        SETB    C
        LCALL   FSDT
        MOV     A,R6
        MOV     C,38H       ;回送积的符号
        MOV     A.7,C
        MOV     R4,A
        RET
DMUL:   MOV     A,R3        ;定点无符号双字节乘法子程序
        MOV     B,R5
        MUL     AB
        MOV     R7,B
        MOV     A,R3
        MOV     B,R4
        MUL     AB
        ADD     A,R7
        MOV     R7,A
```

```
        CLR     A
        ADDC    A,B
        MOV     R3,A
        MOV     A,R2
        MOV     B,R5
        MUL     AB
        ADD     A,R7
        MOV     R7,A
        MOV     A,R3
        ADDC    A,B
        MOV     R3,A
        MOV     F0,C
        MOV     A,R2
        MOV     B,R4
        MUL     AB
        ADD     A,R3
        MOV     R3,A
        CLR     A
        ADDC    A,B
        MOV     C,F0
        ADDC    A,#0
        RET
```

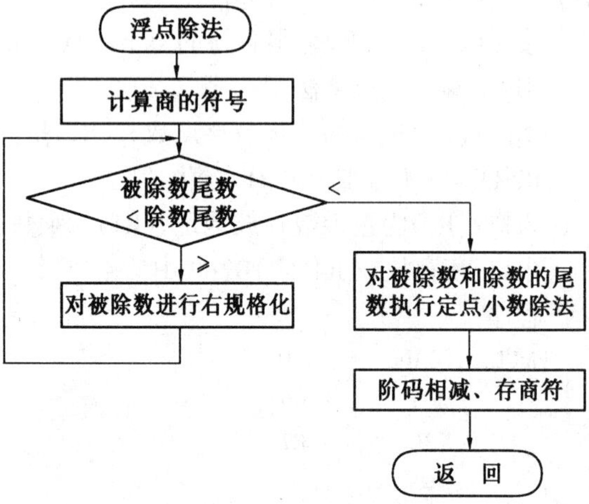

图 14.13　浮点除法的框图

以上浮点乘法子程序没有考虑阶码的溢出，也没有四舍五入的操作，需要时，读者可加入这一部分处理程序。

2.浮点除法

执行浮点除法与浮点乘法不一样，不能对尾数直接调用双字节定点小数除法子程序，因为定点小数除法在入口时，应先满足被除数小于除数的条件，否则商将大于1，无法用小数表示。所以执行浮点除法时，应先调整小数点的位置（即调整阶码），使被除数的尾数小于除数的尾数。

设被除数 $A = M_a \times C^{Ea}$，除数 $B = M_b \times C^{Eb}$，则

$$A \div B = (M_a \times C^{Ea}) \div (M_b \times C^{Eb}) = (M_a / M_b) C^{(Ea - Eb)}$$

由上式可见，执行浮点除法，应先调整被除数的阶码，使 $M_a < M_b$，然后将阶码相减，尾数相除。对于规格化数的除法，由于 $0.5 \leqslant |M_b| < 1$，$|M_a| < |M_b|$，$0.25 \leqslant |M_b| < 1$，所以其商的尾数满足 $0.5 \leqslant |M_b| \div |M_b| < 1$，不需要进行规格化。浮点除法的框图见图 14.13。

例 14.35　浮点除法子程序。

功能：（R0）指向的三字节浮点数除以（R1）指向的三字节浮点数→R4（阶）R2R3。它不改变R0、R1 的值。

入口：（R0）指向被除数存放地址，（R1）为除数存放地址

出口：商存放在 R4R2R3 中，C＝1，除数＝0

程序：

```
FDIV:   LCALL   FMLD        ;FMLD 见例 14.30
        MOV     A,R6
```

```
        XRL     A,R7
        MOV     C,A.7
        MOV     38H,C           ;保存商的符号
        CLR     A
        MOV     R6,A
        MOV     R7,A
        CJNE    R4,#0,FD1
        CJNE    R5,#0,FD1
        SETB    C
        RET
FD1:    MOV     A,R3            ;比较被除数与除数的尾数大小
        SUBB    A,R5
        MOV     A,R2
        SUBB    A,R4
        JC      FD2
        CLR     F0              ;被除数尾数太大,则右移一位
        CLR     39H
        LCALL   FSDT            ;FSDT 见例 14.28
        MOV     A,R7
        RRC     A
        MOV     R7,A
        CLR     C
        SJMP    FD1
FD2:    CLR     A
        XCH     A,R6
        PUSH    A               ;保存被除数移位次数
        LCALL   DDIV            ;调用定点双字小数除法
        POP     A               ;计算商的阶码
        ADD     A,@R0
        CLR     C
        SUBB    A,@R1
        MOV     C,38H           ;回送商的符号
        MOV     A.7,C
        MOV     R4,A
        CLR     C
        RET
DDIV:   MOV     A,R1            ;定点双字节小数除法子程序
        PUSH    A               ;保护 R1
        MOV     B,#10H
DV1:    CLR     C
        MOV     A,R6
        RLC     A
        MOV     R6,A
        MOV     A,R7
```

```
        RLC     A
        MOV     R7,A
        MOV     A,R3
        RLC     A
        MOV     R3,A
        XCH     A,R2
        RLC     A
        XCH     A,R2
        MOV     F0,C
        CLR     C
        SUBB    A,R5
        MOV     R1,A
        MOV     A,R2
        SUBB    A,R4
        JB      F0,DV2
        JC      DV3
DV2:    MOV     R2,A
        MOV     A,R1
        MOV     R3,A
        INC     R6
DV3:    DJNZ    B,DV1
        POP     A           ;恢复(R1)
        MOV     R1,A
        MOV     A,R7
        MOV     R2,A
        MOV     A,R6
        MOV     R3,A
        RET
```

前面介绍的 FADD、FSUB、FMUL、FDIV 是一套三字节浮点的四则运算子程序，只要在调用前各操作数均为规格化浮点数。则运算后的结果也为规格化浮点数。它们的调用方式和参数传递方式都相同，即操作数由 R0、R1 所间接寻址，结果在 R4(阶)R2R3 中，并且都不改变数据指针 R0、R1 的值。

14.6.4　定点数与浮点数的转换

1.定点数转换成浮点数

在实际应用中经常需要把一个定点数转换成浮点数。例如 A/D 测量的输入值或计数器的值都是定点数，为了进行浮点数的运算，必须把它们转换成浮点数。转换方法比较简单，只要把小数当作浮点数的尾数(如小数位数少于尾数，即后面应补 0)，并对齐二者的小数点，再把浮点数的阶码置 0，然后进行规格化即得浮点数。

将定点整数转换成浮点数，也可采用类似的方法，把整数当作浮点数的尾数，整数的最低位与尾数的最低位对齐，如整数的字节少于尾数的字节数，则应补足字节数，补入字节放于整数前，其值均为零，然后把浮点数的阶码置为浮点数的尾数位数值，即如尾数为 16 位。则阶码应置为 16；尾数为 23，则阶码应置为 23。最后进行规格化，即得到浮点数。

除了以上这些步骤外,如果定点数的符号处理方法与浮点数不同,则在转换过程中还必须进行符号处理和转换。例如定点整数用补码表示,而浮点数尾数用原码表示,则应先把补码表示的整数变为原码,然后再转换成浮点数。

例 14.36　双字节整数转换成三字节原码表示的浮点数。

功能:Bit 3CH(符号)R2R3 转换成浮点数→(R1)指向的三个单元中。

说明:入口时,R2R3 中为原码表示的 16 位整数,Bit 3CH 为它的符号位。转换后为规格化浮点数,其格式为三字节浮点数格式。

程序:

```
INTF:   MOV     R6, #16     ;阶码置为 16
        SETB    C
        CLR     F0
        LCALL   FSDT        ;规格化,FSDT 见例 14.28
        MOV     A,R6
        MOV     C,3CH       ;送符号
        MOV     A.7,C
        MOV     R4,A        ;回送到内部 RAM 中
        LCALL   FSTR        ;FSTR 见例 14.33
        RET
```

2.浮点数取整操作

实际应用中,有时需要把浮点数转换成整数,浮点数取整操作的方法与整数变成浮点数的方法相反,应先判断阶码是否大于 0,若不大于 0,则取整的结果为 0;否则再看阶码是否大于尾数的位数值,如大于则溢出;否则进行右规格化(右移尾数),直到使阶码等于尾数的位数值,这时的尾数即为定点整数。

例 14.37　三字节原码表示的浮点数转换成双字节整数。

功能:(R0)指向的三字节浮点数取数→(R2R3)→符号位 Bit 3CH。

说明:(1)本子程序执行的取整为绝对值取整操作,对浮点数为负数时,与一般的取整函数略有不同。如－1.5 的取整函数值为－2,而本子程序的结果为－1。(2)在转换值无法用 16 位二进制整数表示时,置 1 标志位 F0,否则清 0 标志位 F0。

程序:

```
FINT:   CLR     F0
        INC     R0
        MOV     A,@R0
        MOV     R2,A
        INC     R0
        MOV     A,@R0
        MOV     R3,A
        DEC     R0
        DEC     R0
        MOV     A,@R0
        MOV     C,A.7
        MOV     3CH,C       ;取出符号位
        CLR     A.7
```

```
        JNB     A.6,FIN1
        MOV     R2,#0       ;阶码小于 0
        MOV     R3,#0
        RET
FIN1:   CJNE A,#17,FIN2
FIN2:   JC      FIN3
        SETB    F0          ;溢出
        MOV     R2,#0FFH
        MOV     R3,#0FFH
        RET
FIN3:   CJNE    A,#16,FIN4
        RET
FIN4:   CLR     C           ;阶码大于 0,小于 16
        XCH     A,R2        ;尾数右移一位
        RRC     A
        XCH     A,R2
        XCH     A,R3
        RRC     A
        XCH     A,R3
        INC     A           ;阶码加 1
        SJMP    FIN3
```

14.7 码制转换

在单片机应用程序的设计中,经常涉及到各种码制的转换问题。例如打印机要打印某字符,则需要将二进制码转换为 ASCII 码。在输入/输出中,按照人的习惯均使用十进制数,而在计算机中十进制数常采用 BCD 码(二进制编码的十进制数)表示。在计算机内部进行数据计算和存储时,经常采用二进制码,二进制码具有运算方便、存储量小的特点。对于各种码制,经常需要进行各种转换。本节介绍在应用程序设计中经常用到的一些码制转换子程序,以便读者查用。

14.7.1 二进制码与 ASCII 码的转换

例 14.38 4 位二进制数转换为 ASCII 代码。

入口:4 位二进制数存放于 R2 中。

出口:ASCII 代码存放于 R2 中。

说明:分析二进制数和 ASCII 码之间的对应关系,得到:

对于小于等于 9 的 4 位二进制数加 30H 得到相应的 ASCII 代码,对于大于 9 的 4 位二进制数加 37H 得到相应的 ASCII 代码。

```
SUBA1:  PUSH    PSW
        PUSH    A
        MOV     A,R2
        ANL     A,#0FH
        ADD     A,#90H
        DA      A
```

```
        ADDC    A, #40H
        DA      A
        MOV     R2,A
        POP     A
        POP     PSW
        RET
```

例 14.39　十六进制数的 ASCII 代码转换成 4 位二进制数。

入口:ASCII 代码存放于 R2

出口:4 位二进制数结果存放于 R2 中

说明:对于小于等于 9 的数的 ASCII 码减去 30H 得 4 位二进制数,对于大于 9 的十六进制数的 ASCII 码减去 37H 得二进制数。

```
SUBB1:  PUSH    PSW
        PUSH    A
        MOV     A,R2
        CLR     C
        SUBB    A, #30H
        MOV     R2,A
        SUBB    A, #0AH
        JC      SB10
        XCH     A,R2
        SUBB    A, #07H
        MOV     R2,A
SB10:   POP     A
        POP     PSW
        RET
```

例 14.40　1 位十六进制数转换为 ASCII 码。

入口:(R0) = 十六进制数存放地址

出口:(R0) = 下一个十六进制数存放地址

　　　(R0 - 1) = ASCII 码存放地址

```
HEXASC:MOV      A,@R0
        ANL     A, #0FH
        ADD     A, #03H
        MOVC    A,@A+PC
        XCH     A,@R0
        INC     R0
        RET
ASCTAB:DB 30H,31H,32H,33H,34H,35H,36H,37H,38H,39H
        DB 41H,42H,43H,44H,45H,46H
```

例 14.41　多位十六进制数转换为 ASCII 码。

入口:(R0) = 十六进制数低位地址指针

　　　(R2) = 字节数

出口:(R1) = ASCII 码的地址指针(高位)

```
HEXASC2MOV      A,@R0
```

```
        ANL     A,#0FH
        ADD     A,#16
        MOVC    A,@A+PC
        XCH     A,@R1,A
        INC     R1
        MOV     A,@R0
        SWAP    A
        ANL     A,#0FH
        ADD     A,#7
        MOVC    A,@A+PC
        MOV     @R1,A
        INC     R0
        INC     R1
        DJNZ    R2,HEXASC2
        DEC     R1
        RET
ASCTAB: DB 30H,31H,32H,33H,34H,35H,36H,37H,38H,39H
        DB 41H,42H,43H,44H,45H,46H:0~F 的 ASCII 码表
```

说明:每一个单元存放两个十六进制数,转换为 ASCII 码后分别存放在两个单元,低位存放在低地址,高位存放地在高地址。

例 14.42 多位十六进制数转换为 ASCII 码。

入口:(R0)=十六进制数低位地址指针;(R2)=字节数

出口:(R1)=ASCII 码地址指针

```
HEXASC3:MOV     A,@R0
        ANL     A,#0FH
        ADD     A,#90H
        DA      A
        ADDC    A,#40H
        DA      A
        MOV     @R1,A
        INC     R1
        MOV     A,@R0
        SWAP    A
        ANL     A,#0FH
        ADD     A,#90H
        DA      A
        ADDC    A,#40H
        DA      A
        MOV     @R1,A
        INC     R1
        INC     R0
        DJNZ    R2,HEXASC3
        DEC     R1
```

```
        RET
```

说明:本程序采用计算法,按下式计算:

$$xH + 90H \rightarrow 进进制调整 \xrightarrow{xD'} (xD + 40H + 进位) \rightarrow 十进制调制 \rightarrow xD$$

其中 xH 十六进制数,xD′、xD 为十进制数。当 xH≤9 时,第 1 次十进制调整的结果 xD′≤99,无进位;当 xH>9 时,有进位,在第 2 次调整前把它加进去。这样,累加器中的内容(xD 的十位数和个位数)就是数 0～F 的 ASCII 码。

例 14.43　一个字节的 **2** 位十六进制数转换为 ASCII 码。

入口:(R0)十六进制数地址指针

出口:(R0)指向的地址

```
HTA1:   MOV     R0,SP
        DEC     R0
        DEC     R0
        PUSH    A           ;保护累加器内容
        MOV     A,@R0       ;取出参数
        ANL     A,#0FH
        ADD     A,#14       ;PC 表偏移值
        MOVC    A,@A+PC
        XCH     A,@R0       ;低位 HEX 的 ASCII 码放入堆栈中
        SWAP    A
        ANL     A,#0FH
        ADD     A,#7        ;PC 表偏移值
        MOVC    A,@A+PC
        INC     R0
        XCH     A,@R0       ;高位 HEX 的 ASCII 码放入堆栈中
        INC     R0
        XCH     A,@R0       ;低位返回地址放入堆栈,并恢复累加器内容
        INC     R0
        XCH     A,@R0
        RET
ASCTAB: DB 30H,31H,32H,33H,34H,35H,36H,37H,38H,39H
        DB 41H,42H,43H,44H,45H,46H
```

说明:该子程序采用堆栈来传递参数,但这里传到子程序的参数为一个字节,传回到主程序的参数为两个字节,这样堆栈的大小在调用前后是不一样的。在子程序中,必须对堆栈内的返回地址和栈指针进行修改。

14.7.2　二进制码到 BCD 码的转换

在微机中,十进制数常采用 BCD 码表示;而 BCD 码在微计算机中又有两种形式:一种是一个字节放一位 BCD 码,它适用于显示或输出;一种是运算及存储器中常用的压缩的 BCD 码,一个字节放两位 BCD 码。

例 14.44　8 位二进制数转换成 BCD 数。

功能:0～FFH 范围内的二进制数转换为 BCD 数(0～255)。

入口:(A)为二进制数。

出口:(R0)为十位数和个位数地址指针(压缩的 BCD 码)。

```
BINBCD1:MOV     B, # 100
        DIV     AB          ;(A) = 百位数
        MOV     @R0,A       ;存入 RAM
        INC     R0
        MOV A, # 10
        XCH     A,B
        DIV     AB          ;(A) = 十位数,(B) = 个位数
        SWAP    A
        ADD     A,B         ;合成到(A)
        MOV     @R0,A       ;存入 RAM
        RET
```

说明:二进制数转换为 BCD 数的一般方法是把二进制除以1000、100、10 等 10 个各次幂,所得的商即为千、百、十位数,余数为个位数。这种方法在被转换数较大时,需进行多字节除法运算,运算速度较慢,程序的通用性欠佳。本程序的算法如图 14.14 所示。

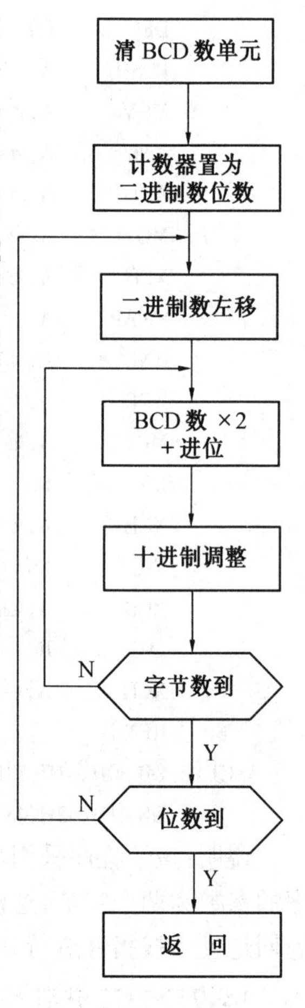

图 14.14 BINBCD1 算法框图

现说明几点:(1)当采用一个单元存放两个 BCD 数时,转换后的 BCD 数可能比二进制数单元多一个单元;(2)BCD 数乘 2 没有用 RLC 指令,而是用 ADDC 指令对 BCD 数自身相加一次。因为 RLC 指令将破坏进位标记,而且不能产生 DA A 指令所需的辅助进位和进位标记。本程序具有较大的通用性。

通过两次 DIV 指令分离出百位数和十位数,这样的转换方法避免了使用循环程序,十分简单。

例 14.45 双字节二进制数转换为 BCD 数。

入口:(R2R3)为双字节 16 位二进制数。

出口:(R4R5R6)为转换完的压缩 BCD 码。

```
IBTD2:  CLR     A
        MOV     R4,A
        MOV     R5,A
        MOV     R6,A
        MOV     R7, # 16
LOOP:   CLR     C
        MOV     A,R3
        RLC     A
        MOV     R3,A
        MOV     A,R2
        RLC     A           ;(C)为 bi
        MOV     R2,A
        MOV     A,R6
        ADDC    A,R6
        DA      A
        MOV     R6,A
```

```
        MOV     A,R5
        ADDC    A,R5
        DA      A
        MOV     R5,A
        MOV     A,R4
        ADDC    A,R4
        DA      A
        MOV     R4,A
        DJNZ    R7,LOOP
        RET
```

例14.46　多字节二进制数转换为BCD数。

功能:将(R0)指向的内部RAM中多字节二进制整数转换为压缩的BCD数。

入口:addr1 ~ addr1 + n - 1存放二进制数,低位在前,高位在后。

(R0) = addr1 ~ addr1 + n - 1,(R7) = n,

(R1) = addr2

出口:addr2 ~ addr2 + n - 1存放BCD数,低位在前,高位在后。

使用寄存器A,B,R0 ~ R7等。

例如:(R0) = 20H;(20) = 04H;(21) = 00H;(22) = 01H;(R1) = 40H;(R7) = 03H;

执行后得:(40H) = 40H;(41H) = 55H;(42H) = 06H;(43H) = 00H

程序清单:

```
NIBTD:  MOV     A,R0
        MOV     R5,A
        MOV     A,R1
        MOV     R6,A
        MOV     A,R7
        INC     A
        MOV     R3,A
        CLR     A
NBD0:   MOV     @R1,A
        INC     R1
        DJNZ    R3,NBD0
        MOV     A,R7
        MOV     B,#08H
        MUL     AB
        MOV     R3,A
NBD4:   MOV     A,R5
        MOV     R0,A
        MOV     A,R7
        MOV     R2,A
        CLR     C
NBD1:   MOV     A,@R0
        RLC     A
        MOV     @R0,A
```

```
        INC     R0
        DJNZ    R2,NBD1
        MOV     A,R6
        MOV     R1,A
        MOV     A,R7
        MOV     R2,A
        INC     R2
NBD3:   MOV     A,@R1
        ADDC    A,@R1
        DA      A
        MOV     @R1,A
        INC     R1
        DJNZ    R2,NBD3
        DNJZ    R3,NBD4
        RET
```

例 14.47　双字节二进制小数转换为 BCD 数。

入口:(R2R3)为 16 位二进制小数。

出口:50H～54H 为 5 位 BCD 码。

说明:一个小数的十进制表示式为:

$$A = a_{-1} * 10^{-1} + \cdots + a_{-n} * 10^{-n}$$

若把二进制小数 A 乘以 10(按二进制运算法则),则得到的数的整数部分即为十进制小数的最高位,并且由于 BCD 码为二进制编码表示的十进制数,故该整数表示部分必然就为所要求的 a_i。程序框图如图 14.15 所示。

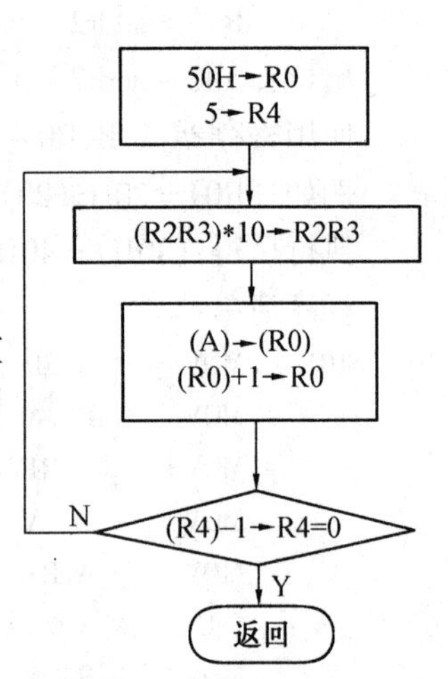

图 14.15　双字节二进制小数转换为 BCD 数

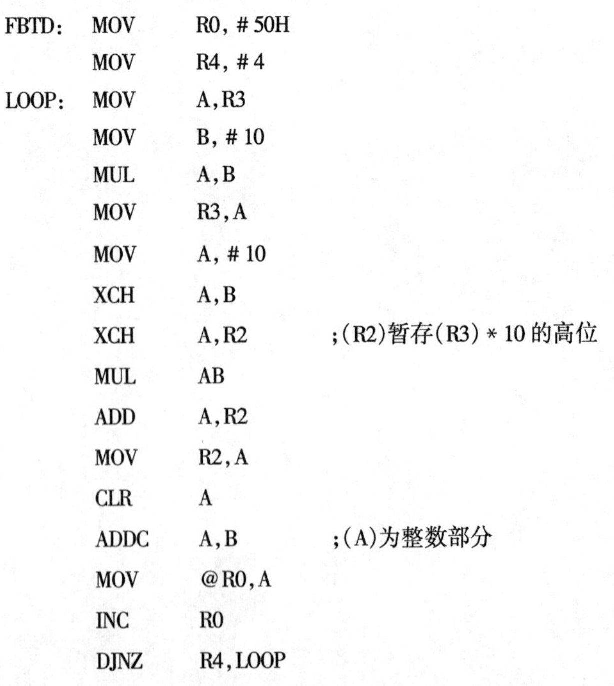

```
FBTD:   MOV     R0,#50H
        MOV     R4,#4
LOOP:   MOV     A,R3
        MOV     B,#10
        MUL     A,B
        MOV     R3,A
        MOV     A,#10
        XCH     A,B
        XCH     A,R2        ;(R2)暂存(R3)*10的高位
        MUL     AB
        ADD     A,R2
        MOV     R2,A
        CLR     A
        ADDC    A,B         ;(A)为整数部分
        MOV     @R0,A
        INC     R0
        DJNZ    R4,LOOP
        RET
```

14.7.3　BCD 码到二进制码的转换

例 14.48　四位十进制数转换成二进制数。

入口:设 BCD 码 a_3、a_2、a_1、a_0 分别放在 50H～53H。

出口:二进制结果放在 R3R4 中。

```
IDTB:  MOV     R0, # 50H
       MOV     R2, # 3
       MOV     R3, # 0
       MOV     A, @R0
       MOV     R4,A
LOOP:  MOV     A,R4
       MOV     B, # 10
       MUL     AB
       MOV     R4,A
       MOV     A, # 10
       XCH     A,B
       XCH     A,R3
       MUL     AB
       ADD     A,R3
       XCH     A,R4
       INC     R0
       ADD     A,@R0
       XCH     A,R4
       ADDC    A, # 0
       MOV     R3,A
       DJNZ    R2,LOOP
       RET
```

例 14.49　多位压缩 BCD 码转换成二进制数。

入口:BCD 码高位字节地址指针存放于 R0 中(每个单元二个 BCD 数),BCD 码字节数存放于 $R_7(n)$中。

出口:二进制数的低位字节地址指针存放于 R1 中。

说明:设 BCD 码相应的二进制数为 $a_na_{n-1}a_{n-2}\cdots a_0$,则相应的二进制数为:

$$(((a_n\times10+a_{n-1})\times10+a_{n-2})\times10\cdots)\times10+a_0$$

程序框图如图 14.16 所示。

```
SUBC1: PUSH    PSW
       PUSH    A
       PUSH    B
       NOP
       NOP
       MOV     A,R1
       MOV     R6,A
       MOV     A,R7
       MOV     R3,A
```

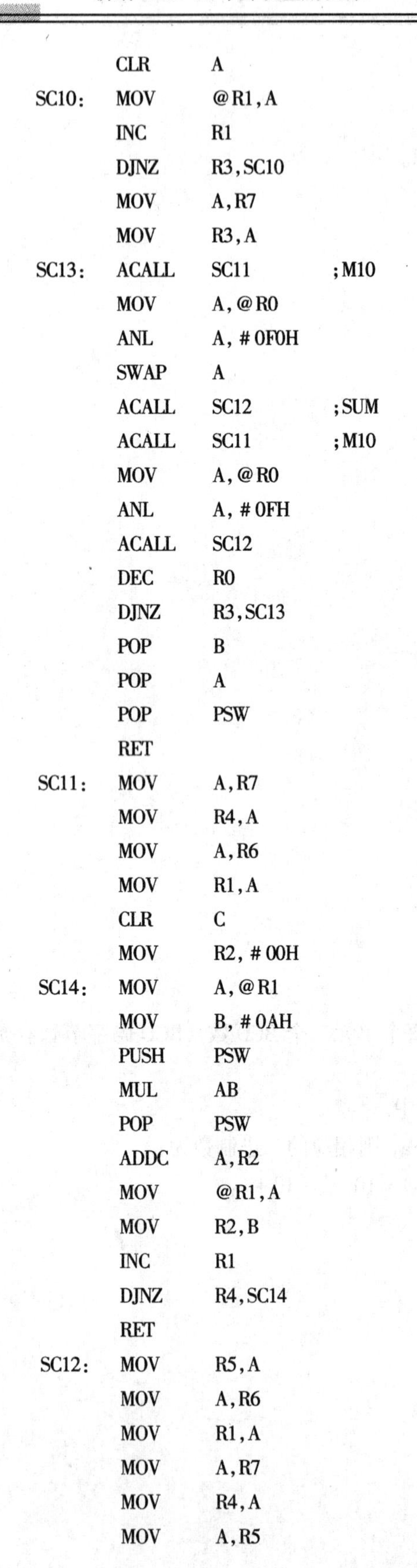

```
        CLR     A
SC10:   MOV     @R1,A
        INC     R1
        DJNZ    R3,SC10
        MOV     A,R7
        MOV     R3,A
SC13:   ACALL   SC11        ;M10
        MOV     A,@R0
        ANL     A,#0F0H
        SWAP    A
        ACALL   SC12        ;SUM
        ACALL   SC11        ;M10
        MOV     A,@R0
        ANL     A,#0FH
        ACALL   SC12
        DEC     R0
        DJNZ    R3,SC13
        POP     B
        POP     A
        POP     PSW
        RET
SC11:   MOV     A,R7
        MOV     R4,A
        MOV     A,R6
        MOV     R1,A
        CLR     C
        MOV     R2,#00H
SC14:   MOV     A,@R1
        MOV     B,#0AH
        PUSH    PSW
        MUL     AB
        POP     PSW
        ADDC    A,R2
        MOV     @R1,A
        MOV     R2,B
        INC     R1
        DJNZ    R4,SC14
        RET
SC12:   MOV     R5,A
        MOV     A,R6
        MOV     R1,A
        MOV     A,R7
        MOV     R4,A
        MOV     A,R5
```

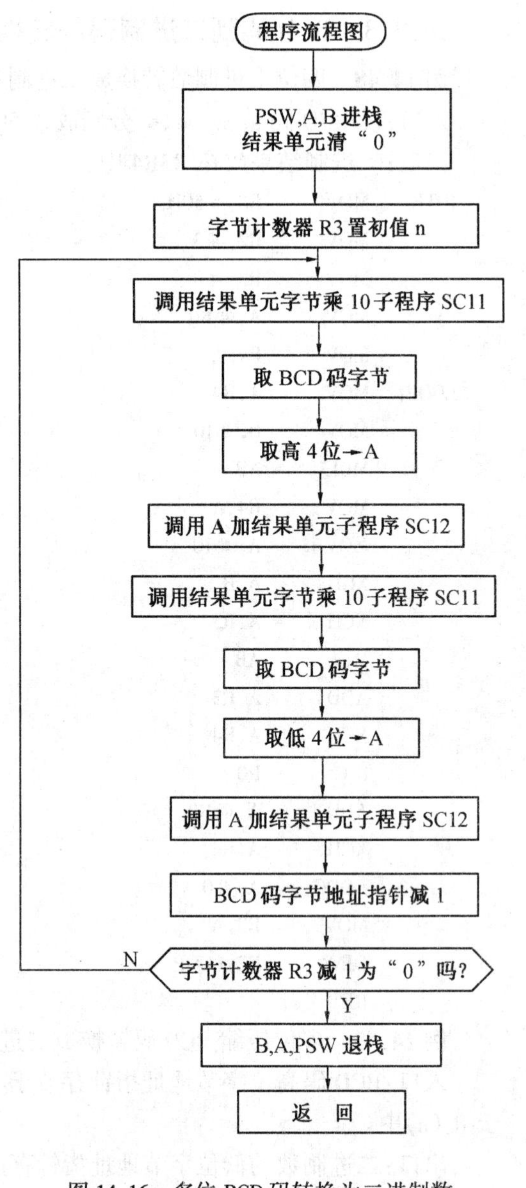

图 14.16　多位 BCD 码转换为二进制数

```
        ADD     A,@R1
        MOV     @R1,A
        INC     R1
        DEC     R4
        MOV     A,R4
        JNZ     SC15
        AJMP    SC16
SC15:   MOV     A,@R1
        ADDC    A,#00H
        MOV     @R1,A
        INC     R1
        DJNZ    R4,SC15
SC16:   RET
```

例 14.50 多位 BCD 码小数转换为二进制小数。

入口:BCD 低位字节地址指针存放于 R0 中;二进制数低位字节地址指针存放于 R1 中;BCD 码字节数存放于 R6 中;二进制小数字节存放于 R7 中 。

说明:将 BCD 码小数进行 n 次十进制数乘法,溢出部分即为相应小数位,次数由精度确定。框图见图 14.17。

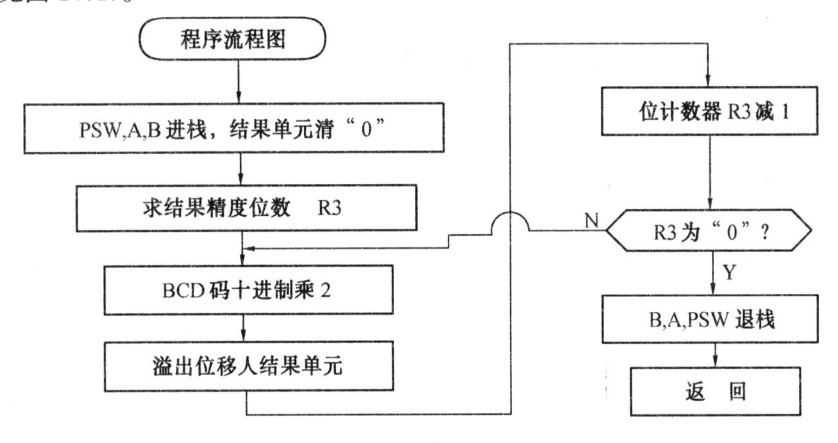

图 14.17 多位 BCD 码小数转换为二进制小数

```
SUBE1:  PUSH    PSW
        PUSH    A
        PUSH    B
        MOV     A,R0
        MOV     R4,A
        MOV     A,R1
        MOV     R5,A
        MOV     A,R7
        MOV     R3,A
        CLR     A
SE10:   MOV     @R1,A       ;结果单元清 0
        INC     R1
        DJNZ    R3,SE10
```

```
        MOV     A,R7        ;精度位数送(R3)
        MOV     B,#08H
        MUL     AB
        MOV     R3,A
SE13:   MOV     A R6
        MOV     R2,A
        MOV     A,R4
        MOV     R0,A
        CLR     C
SE11:   MOV     A,@R0
        ADDC    A,@R0       ;BCD码十进制乘2(自身十进制加)
        DA      A
        MOV     @R0,A
        INC     R0
        DJNZ    R2,SELL
        MOV     A,R5
        MOV     R1,A
        MOV     A,R7
        MOV     R2,A
SE12:   MOV     A,@R1       ;如果单元左移一位
        RLC     A
        MOV     @R1,A
        INC     R1
        DJNZ    R2,SE12
        DJNZ    R3,SE13
        POP     B
        POP     A
        POP     PSW
        RET
```

14.8 数字滤波

一般在单片机应用系统的输入信号中,均含有种种噪声和干扰,它们来自被测信号源本身、传感器、外界干扰等。为了进行准确测量和控制,必须消除被测信号中的噪声和干扰。噪声有两大类:一类为周期性的;另一类为不规则的。前者的典型代表为 50Hz 的工频干扰。对于这类信号,采用积分时间等于 20ms 的整数倍的双积分 A/D 转换器,可有效的清除其影响。后者为随机信号,它不是周期信号。对于随机干扰,可以用数字滤波方法予以削弱或滤除。所谓数字滤波,就是通过一定的计算或判断程序减少干扰信号在有用信号中的比重,实际上它是一个程序滤波。数字滤波克服了模拟滤波器的不足,它与模拟滤波器相比有以下几个优点:

• 数字滤波是用程序实现的,不需要增加设备,所以可靠性高、稳定性好。

• 数字滤波可以对频率很低(如 0.01Hz)的信号实行滤波,具有灵活、方便、功能强的特点。

由于数字滤波具有以上优点,所以数字滤波在单片机应用系统中得到了广泛的应用。

14.8.1　算术平均值法

算术平均值法适用于对一般的具有随机干扰的信号滤波。它特别适于信号本身在一数值范围附近上下波动的情况，如流量、液平面等信号的测量。

算术平均值法是按输入的 N 个采样数据 $x_i(i = 1 \sim N)$ 寻找这样一个 y，使 y 与各采样值间的偏差的平方和为最小，使

$$E = \min[\sum_{i=1}^{N}(y - x_i)^2] \tag{14.1}$$

由一元函数求极值原理可得：

$$y = \frac{1}{N}\sum_{i=1}^{N}x_i \tag{14.2}$$

这时，可满足式(14.1)。式(14.2) 即是算术平均法的算式。设第二次测量的测量值包含信号成分 S_i 和噪声成分 C_i，则进行 N 次测量的噪声强度之和为：

$$\sum_{i=1}^{N}S_i = N * S \tag{14.3}$$

噪声的强度是用均方根来衡量的，当噪音为随机信号时，进行 N 次测量的噪声强度之和为：

$$\sqrt{\sum_{i=1}^{N}C_i^2} = \sqrt{N} * C \tag{14.4}$$

在式(14.3)、(14.4) 中，S、C 分别表示进行 N 次测量后信号和噪音的平均幅度。

这样对 N 次测量进行算术平均后的信噪比为：

$$\frac{N * S}{\sqrt{N} * C} = \sqrt{N} * \frac{S}{C} \tag{14.5}$$

式中 S/C 是求算术平均值前的信噪比。因此采用算术平均值后，使信噪比提高了 $\sqrt{N}$ 倍。由式(14.5) 可知，算术平均值法对信号的平滑滤波程度完全取决于 N。当 N 较大时，平滑度高，但灵敏度低，即外界信号的变化对测量计算结果 y 的影响小，当 N 较小时，平滑度度较低，但灵敏度高，应按具体情况选取 N，如对一般流量测量，可取 $N = 8 \sim 16$，对压力等测量，可取 $N = 4$

算术平均值法程序可直接按式(14.2) 编出，只是需注意两点：一是 xi 的输入方法，对于定时测量，为了减小数据存储容量，可对测得的 x 值直接按式(14.2) 进行计算，但对于某些应用场合，为了加快数据测量的速度，可采用先测量数据，并把它先存放在存储器中，测量完 N 点，再对测得的 N 个数据进行平均值计算。算术平均值法编程的第二个注意点是选取适当的 x，y 的数据格式，即 x，y 是定点数还是浮点数。采用浮点数计算比较方便，但计算时间较长；采用定点数可加快计算速度，但是必须考虑累加时是否会产生溢出，例如数据为 14 位二进制定点数时，采用双字节运算，则当 $N > 4$ 时，就可能产生溢出。

例 14.51　算术平均值法滤波子程序

功能：计算 N 个点数据的算术平均值。入口时，N 放于 $R0$ 中，x_i 为三字节浮点数，它由于程序 RDXI 读入到 MCS－51 的现行工作寄存器区的 R7(阶)R4R5 中。计算后，算术平均值 y 放于由(R1) 指向的三个单元中。

说明：本程序需调用数据读入子程序 RDXI 它可按 x_i 实际输入方法来编制，例如 x_i 已知为浮点数，并放于内部 RAM 中，则可按 i 值(由(R0) 决定) 取出对应的 x_i 到 R7(阶)R4R5 中，又如

x_i 直接从输入设备(如 A/D 转换电路)读入,则可先从输入设备上读入定点的 x_i 值,再把整数 x_i 转换成浮点 x_i,并放于 R7(阶)R4R5 中。

本程序执行加法时调用浮点数加减法处理子程序 FABP(例 14.29),它可完成对 MCS-51 工作寄存器中两个浮点数的加法运算。

程序:

```
FAVG:  MOV    R6,#40H     ;置初值 0
       MOV    R2,#0
       MOV    R3,#0
       MOV    A,R0
       PUSH   A           ;保存 N
FLOP:  LCALL  RDXI        ;读入 xi
       CLR    3AH         ;执行加法
       LCALL  FABP        R6(阶)R2R3 + R7(阶),FABP 见例 14.29
       MOV    A,R4        ;R4R5 送 R4(阶)R2R3
       MOV    R6,A
       DJNZ   R0,FLOP
       LCALL  FSTR        ;存放累加,FSTR 见例 14.33
       POP    A           ;恢复 N
       MOV    R2,#0
       MOV    R3,A
       INC    SP          ;调整栈指针
       MOV    A,SP
       XCH    A,R1
       MOV    R0,A
       INC    SP
       INC    SP
       CLR    3CH
       LCALL  INTF        ;N 转换成浮点数,
       LCALL  FDIV        ;计算 y,FDIV 见例 14.35
       MOV    A,R0        ;恢复栈指针
       MOV    R1,A
       LCALL  FSTR        ;FSTR 见例 14.33
       DEC    SP
       DEC    SP
       DEC    SP
       RET
```

14.8.2 滑动平均值法

上面介绍的算术平均值法,每计算一次数据,需测量 N 次。对于测量速度较慢或要求数据计算速率较高的实时系统,该方法是无法使用的。例如 A/D 数据,数据采样速率为每秒 10 次,而要求每秒输入 4 次数据时,则 N 不能大于 2。下面介绍一种只需进行一次测量,就能得到一个新的算术平均值的方法——滑动平均值法。

滑动平均值法采用队列作作为测量数据存储器,队列的队长固定为 N,每进行一次新的测

量，把测量结果放入队尾，而扔掉原来队首的一个数据，这样在队列中终有 N 个“最新”的数据。计算平均值时，只要把队列中的 N 个数据进行算术平均，就可得到新的算术平均值。这样每进行一次测量，就可计算得到一个新的算术平均值。

滑动平均值法中的队列一般均采用循环队列来实现的。下面用一个例子来说明滑动平均值法的实现方法。

例 14.52 滑动平均值法滤波子程序。

功能：调用子程序 REXP（根据实际情况自己编制），输入一个 x 值（三字节浮点数），放入 MCS－51 的现行工作寄存器区的 R6（阶）R2R3 中，然后把它放入外部 RAM 2000H～202FH 的队列中（队长为 16，队尾指针为 R_{7FH}），最后计算队列中 16 个数据的算术平均值，结果存放到（R1）指向的三字节内部 RAM 中。

说明：本程序使用了从外部 RAM 2000H～202FH 的循环队列，它的队尾指针为 R_{7FH}，值为 015，初始时，循环队列中各元素均为 0，指针也为 0。插入一个数据 x 后，指针加 1，当指针等于 16 时，重新调整为 0。累加时，最新一个数据已在工作寄存器中，故只需累加 15 次。在把累加和除以 16 时，采用把阶码减 4 的方法，以加快程序运行速度。

程序：

```
FSAV:   LCALL   RDXP            ;读入输入值 x
        MOV     A,7FH           ;队尾指针
        MOV     B,#3
        MUL     AB
        MOV     DPTR,#2000H     ;队首地址
        ADD     A,DDL           ;计算队尾地址
        MOV     DPL,A
        MOV     A,R6            ;存放 x 值
        MOVX    @DPTR,A
        INC     DPTR
        MOV     A,R2
        MOVX    @DPTR,A
        INC     DPTR
        MOV     A,R3
        MOVX    @DPTR,A
        MOV     A,7FH           ;调整队尾指针
        INC     A
        CJNE    A,#16,FSA1
        CLR     A               ;循环队列
FSA1:   MOV     7FH,A
        MOV     R0,#15
        INC     DPTR
FSA2:   MOV     A,DPL
        CJNE    A,#30H,FSA3
        MOV     DPL,#0          ;循环
FSA3:   MOVX    A,@DPTR
        MOV     R7,A
```

```
        INC     DPTR
        MOVX    A,@DPTR
        MOV     R4,A
        INC     DPTR
        MOVX    A,@DPTR
        MOV     R5,A
        INC     DPTR
        CLR     3AH             ;执行加法
        LCALL   FABP            ;R6(阶)R2R3 + R7(阶),FABP 见例 14.29
        MOV     A,R4            ;R4R5 送 R4(阶)R2R3
        MOV     R6,A
        DJNZ    R0,FSA2
        MOV     C,A.7           ;暂存累加和的符号位
        DEC     A               ;阶码减 4,相当于除以 16
        DEC     A
        DEC     A
        DEC     A
        MOV     A.7,C           ;恢复 y 的符号位
        MOV     R4,A
        LCALL   FSTR            ;存放 y,FSTR 见例 14.33
        RET
```

上面介绍的这两种求平均值的方法,都是采用算术平均的方法,在某些应用场合,也可采用加权平均的方法,以加大某些数据的权重。

14.8.3 防脉冲干扰平均值法

在工业控制等应用场合中,经常会遇到尖脉冲干扰的现象。干扰通常只影响个别采样点的数据,此数据与其他采样点的数据相差比较大。如果采用一般的平均值法,则干扰将"平均"到计算结果上去,故平均值法不易消除由于脉冲干扰而引起的采样值的偏差。为此,可采取先对 N 个数据进行比较,去掉其中最大值和最小值,然后计算余下的 N-2 个数据的算术平均值。这个方法类似于一般体操比赛等采用的评分方法。它即可以滤去脉冲干扰又可滤去小的随机干扰。

在实际应用中,N 可取任何值,但为了加快测量计算速度,一般 N 不能太大,常取为 4,即为四取二再取平均值法。它具有计算方便速度快,存储量小等特点,故得到了广泛的应用。

例 14.53 防脉冲干扰平均值子程序。

功能:连续进行 4 次数据采样,去掉最大值和最小值,计算中间两个数据的平均值送到 R6R7 中。

说明:本程序调用 A/D 测量输入子程序 RDAD,它测量输入一个数据,送到寄存器 B 和累加器 A 中,输入数据的字长小于等于 14 位二进制数。计算时,使用 R0 作为计数器,R2R3 中存放最大值,R2R4 中存放最小值,R6R7 中存放累加值和最后结果。

程序:

```
DAVG:   CLR     A
        MOV     R2,A            ;最大值初态
        MOV     R3,A
```

```
        MOV     R6,A        ;累加和初态
        MOV     R7,A
        MOV     R4,#3FH     ;最小值初态
        MOV     R5,#0FFH
        MOV     R0,#4       ;N=4
DAV1:   LCALL   RDAD        ;A/D 输入值送寄存器 B,A 中
        MOV     R1,A        ;保存输入值低位
        ADD     A,R7        ;累加输入值
        MOV     R7,A
        MOV     A,B
        ADDC    A,R6
        MOV     R6,A
        CLR     C           ;输入值与最大值作比较
        MOV     A,R3
        SUBB    A,R1
        MOV     A,R2
        SUBB    A,B
        JNC     DAV2
        MOV     A,R1        ;输入值大于最大值
        MOV     R3,A
        MOV     R2,B
DAV2:   CLR     C           ;输入值与最小值作比较
        MOV     A,R1
        SUBB    A,R5
        MOV     A,B
        SUBB    A,R4
        JNC     DAV3
        MOV     A,R1        ;输入值小于最小值
        MOV     R5,A
        MOV     R4,B
DAV3:   DJNZ    R0,DAV1
        CLR     C
        MOV     A,R7        ;累加和中减去最大值
        SUBB    A,R3
        XCH     A,R6
        SUBB    A,R2
        XCH     A,R6        ;累加和中减去最小值
        SUBB    A,R5
        XCH     A,R6
        SUBB    A,R4
        CLR     C           ;除以 2
        RRC     A
        XCH     A,R6
        RRC     A
        MOV     R7,A        ;R6R7 中为平均值
        RET
```

第15章

MCS－51应用系统设计、开发与调试

本章我们将对单片机应用系统的软、硬件设计、开发和调试等各个方面作以介绍，以便读者通过对本章的学习能较快地完成单片机应用系统的研制工作。

15.1 MCS－51应用系统设计步骤

单片机应用系统是指以单片机为核心，配以一定的外围电路和软件，能实现某种或几种功能的应用系统。它由硬件部分和软件部分组成。一般来说，应用系统所要完成的任务不同，相应的硬件配置和软件配置也就不同。因此，单片机应用系统的设计应包括硬件设计和软件设计两大部分。为保证系统能可靠工作，在软、硬件的设计中，还要考虑其抗干扰能力，有关系统的抗干扰设计，我们将放在第16章单独讨论。

应该指出：在应用系统的设计中，软件、硬件和抗干扰设计是紧密相关、不可分离的。在有些情况下硬件的任务可由软件来完成（如某些滤波、校准功能等）；而在另一些要求系统实时性强、响应速度快的场合，则往往用硬件代替软件来完成某些功能。设计者应根据实际情况，合理地安排软、硬件的比例，选取最佳的设计方案，使系统具有最佳的性能价格比。

设计一个单片机测控系统，一般可分为四个步骤：

(1)需求分析，方案论证和总体设计阶段。

需求分析，方案论证是单片机测控系统设计工作的开始，也是工作的基础。只有经过深入细致地需求分析，周密而科学地方案论证才能使系统设计工作顺利完成。

需求分析的内容主要包括：被测控参数的形式（电量、非电量、模拟量、数字量等）、被测控参数的范围、性能指标、系统功能、工作环境、显示、报警、打印要求等。

方案论证是根据用户要求，设计出符合现场条件的软硬件方案，在选择测量结果输出方式上，既要满足用户要求，又要使系统简单、经济、可靠，这是进行方案论证与总体设计一贯坚持的原则。

(2)器件选择，电路设计制作，数据处理，软件的编制阶段。

(3)整个系统的设计与性能测定。

编制好的程序或焊接好的线路，不能按预计的那样正确工作是常有的事，这就需要查错和调试。查错和调试有时是很费时间的。

调试时，应将硬件和软件分成几部分，逐个部分调试，各部分都调试通过后再进行联调。调试完成后，应在实验室模拟现场条件，对所设计的硬件、软件进行性能测定。

(4)文件编制阶段。

文件不仅是设计工作的结果，而且是以后使用、维修以及进一步再设计的依据。因此，一

定要精心编写，描述清楚，使数据及资料齐全。

文件应包括：任务描述；设计的指导思想及设计方案论证；性能测定及现场试用报告与说明；使用指南；软件资料(流程图，子程序使用说明，地址分配，程序清单)；硬件资料(电原理图，元件布置图及接线图，接插件引脚图，线路板图，注意事项)。

一个项目定下来后，经过详细调研，方案论证后，就进入正式研制阶段。从总体上来看，设计任务可以分为硬件设计和软件设计，这两者互相结合，不可分离。从时间上来看，硬件设计的绝大部分工作量是在最初阶段，到后期往往还要作一些修改。软件设计任务贯彻始终，到中后期基本上都是软件设计任务。

15.2 应用系统的硬件设计

一个单片机应用系统的硬件设计包括两大部分内容：

1.单片机系统的扩展部分设计

它包括存储器扩展和接口扩展。存储器的扩展指 EPROM、EEPROM 和 RAM 的扩展，接口扩展是指 8255、8155、8279 以及其它功能器件的扩展。它们都属于单片机系统扩展的内容。在本书的前面(第 8、9 章)已作了介绍。

2.各功能模块的设计

如信号测量功能模块、信号控制功能模块、人机对话功能模块、通讯功能模块等，根据系统功能要求配置相应的 A/D、D/A、键盘、显示器、打印机等外围设备。

为使硬件设计尽可能合理，应重点考虑以下几点：

(1)尽可能采用功能强的芯片，以简化电路。

(2)留有余地。在设计硬件电路时，要考虑到将来修改、扩展的方便。

①ROM 空间。目前 EPROM 容量越来越大，一般选用 2764 以上的 EPROM，它们都是 28 脚，要升级很方便。

②RAM 空间。8031 内部 RAM 不多，当要增强软件数据处理功能时，往往觉得不足。这就要求系统配置外部 RAM，如 6264，62256 等。

③I/O 端口。在样机研制出来后进行现场试用时，往往会发现一些被忽视的问题，而这些问题是不能单靠软件措施来解决的。如有些新的信号需要采集，就必须增加输入检测端，有些物理量需要控制，就必须增加输出端。如果硬件设计之初就多设计出一些 I/O 端口，这问题就会迎刃而解。

④A/D 和 D/A 通道。和 I/O 端口同样的原因，留出一些 A/D 和 D/A 通道将来可能会解决大问题。

3.工艺设计

包括机箱、面板、配线、接插件等。必须考虑到安装、调试、维修的方便。另外，硬件抗干扰措施也必须在硬件设计时一并考虑进去。

15.3 MCS－51 单片机系统举例

上节介绍了硬件设计时的要考虑的一些问题，下面我们介绍一些基本的单片机应用系统，供读者在设计时参考。

15.3.1 89C51 最小应用系统

89C51 内部有 4K 闪存,芯片本身就是一个最小系统。在能满足系统的性能要求的情况下,可优先考虑采用此种方案。用这种芯片构成的最小系统简单、可靠用 89C51 单片机构成最小应用系统时,只要将单片机接上时钟电路和复位电路即可,如图 15.1 所示。由于集成度的限制,最小应用系统只能用作一些小型的测控单元。

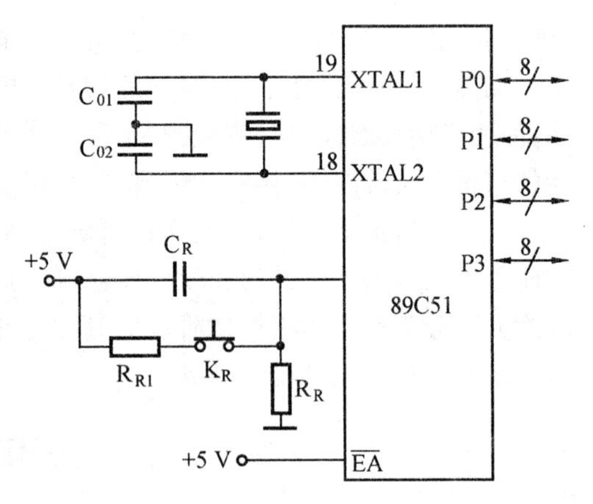

图 15.1 89C51 最小应用系统

15.3.2 8031 最小应用系统

8031 无片内程序存储器,因此,其最小应用系统必须在片外扩展 EPROM。图 15.2 为外接程序存储器的最小应用系统。

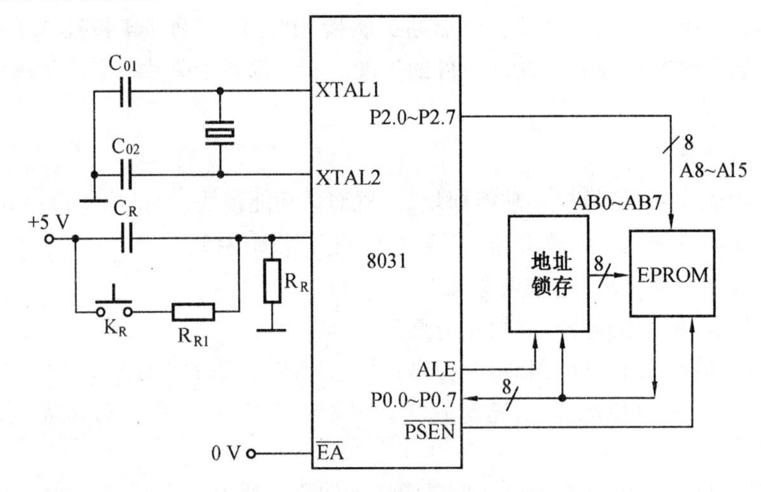

图 15.2 8031 最小应用系统

片外 EPROM 或 RAM 的地址线由 P0 口(低 8 位地址线)和 P2 口(高 8 位地址线)组成。地址锁存器的锁存信号为 ALE。

程序存储器的取指控制信号为$\overline{PSEN}$。当程序存储器只有一片时,可将其片选端直接接地。

数据存储器的读/写控制信号为$\overline{RD}$、$\overline{WR}$,其片选线与译码器输出端相连。

8031 芯片必须$\overline{EA}$直接接地,其他与 89C51 最小应用系统一样,也必须有复位及时钟电路。

15.3.3 典型应用系统

1.地址空间分配

对于 RAM 和 I/O 容量较大的应用系统,主要考虑如何把 64K 程序存储器和 64K 数据存储器的空间分配给各个芯片(我们已在第 7 章中介绍了如何进行地址空间分配),主要有两种方法:线选法和译码器法。

线选法的优点是硬件电路结构简单,但由于所用片选线都是高位地址线,它们的权值较大,地址空间没有充分利用,芯片之间的地址不连续。当芯片所需的片选信号多于可利用的地址线时,常采取全地址译码法。它将低位地址线作为芯片的片内地址(取外部电路中最大的地址线位数)，用译码器对高位地址线进行译码，译出的信号作为片选线。一般采用 74LS138 作地址译码器。图 15.3 是一个全地址译码的系统实例。图中各器件芯片所对应的地址如表 15.1所示。

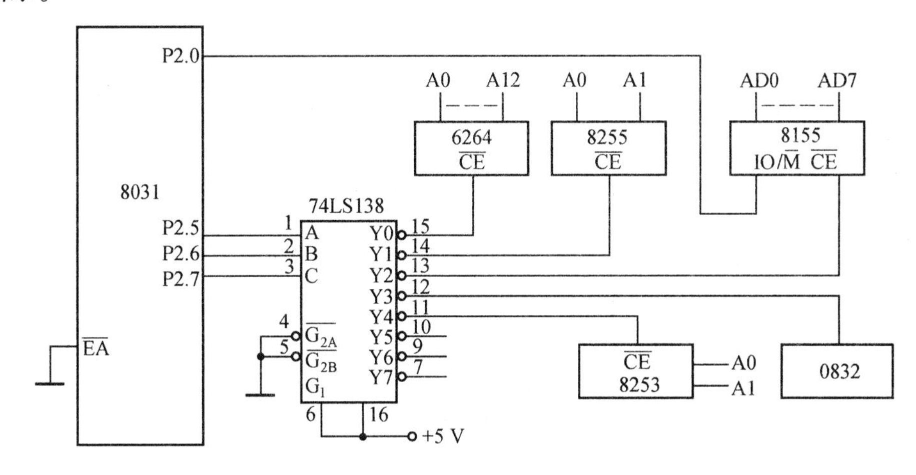

图 15.3 全地址译码实例

表 15.1 各扩展芯片的地址

器 件		地址选择线($A_{15} \sim A_0$)	片内地址单元数	地址编码
6264		0 0 0 × × × × × × × × × × × × ×	8K	0000H ~ 1FFFH
8255		0 0 1 1 1 1 1 1 1 1 1 1 1 1 × ×	4	3FFCH ~ 3FFFH
8155	RAM	0 1 0 1 1 1 1 0 × × × × × × × ×	256	5E00H ~ 5EFFH
	I/O	0 1 0 1 1 1 1 1 1 1 1 1 1 × × ×	6	5FF8H ~ 5FFDH
0832		0 1 1 1 1 1 1 1 1 1 1 1 1 1 1 1	1	7FFFH
8253		1 0 0 1 1 1 1 1 1 1 1 1 1 1 × ×	4	9FFCH ~ 9FFFH

因 6264 是 8K 字节 RAM，故需要 13 根低位地址线($A_{12} \sim A_0$)进行片内寻址，其它三根高位地址线 $A_{15} \sim A_{13}$经 3－8 译码后作为外围芯片的片选线。图中尚剩余三根地址选择线 $\overline{Y}7 \sim \overline{Y}5$，可供扩展三片 8K 字节 RAM 芯片或三个外围接口电路芯片。

2.总线的驱动

在应用系统中，所有系统扩展的外围芯片都通过总线驱动，外围芯片工作时有一个输入电流，不工作时也有漏电流存在，因此总线只能带动一定数量的电路。MCS－51 系列单片机作为数据总线和低 8 位地址总线的 P0 口可驱动 8 个 LSTTL 电路，而其它口只能驱动 4 个 LSTTL 电路。当应用系统规模过大，可能造成负载过重，致使驱动能力不够，系统不能可靠地工作。

(1)总线的驱动扩展

多芯片应用系统，首先要估计总线的负载情况，以确定是否需要对总线的驱动能力进行扩展。图 15.4 为 MCS－51 单片机总线驱动扩展原理图。

地址总线和控制总线的驱动器为单向驱动器，并具有三态输出功能。驱动器有一个控制端 $\overline{G}$，以控制驱动器开通或处于高阻状态。通常，在单片应用系统中没有 DMA 功能时，地址总线及控制总线可一直处于开通状态，这时控制端 $\overline{G}$ 接地即可。

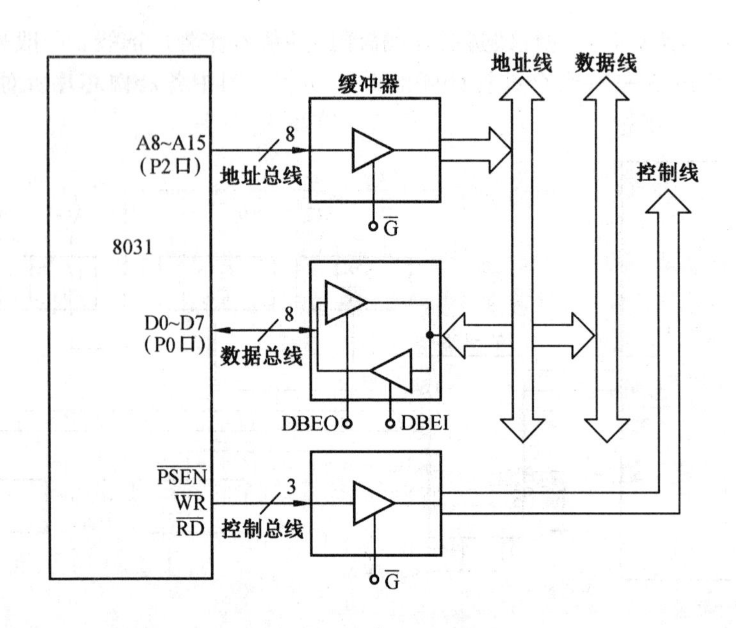

图 15.4　MCS－51 单片机总线驱动原理图

常用的单向总线驱动器为 74LS244。图 15.5 为 74LS244 引脚和逻辑图。8 个三态线驱动器分成两组，分别由 $1\overline{G}$ 和 $2\overline{G}$ 控制。

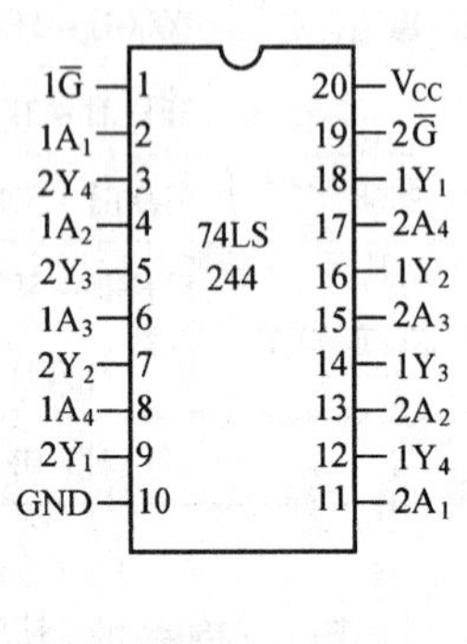

(a) 74LS244 引脚

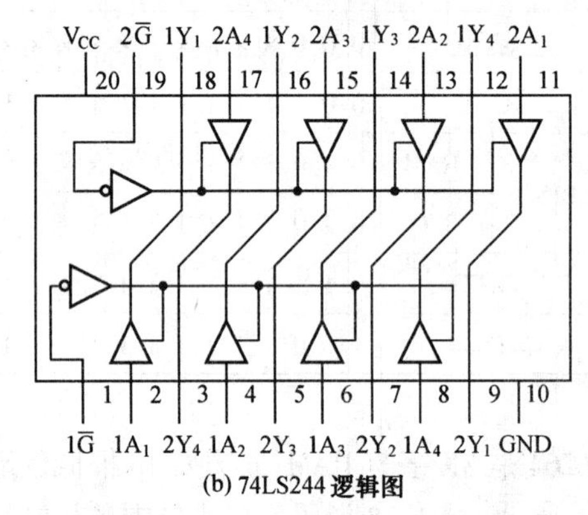

(b) 74LS244 逻辑图

图 15.5　74LS244 的引脚和逻辑图

数据总线的驱动器应为双向驱动、三态输出。并有两个控制端来控制数据传送方向。如图 15.4 所示，数据输出允许控制端 DBEO 有效时，数据总线输入高阻状态，输出为开通状态；数据输入允许控制端 DBEI 有效时则状态与上相反。

常用的双向驱动器为 74LS245，图 15.6 为其引脚和逻辑图，16 个三态门每两个三态门组成一路双向驱动。驱动方向由 $\overline{G}$、DIR 两个控制端控制，$\overline{G}$ 控制端控制驱动器有效或高阻态，在 $\overline{G}$ 控制端有效（$\overline{G}=0$）时，DIR 控制端控制驱动器的驱动方向，DIR＝0 时驱动方向为从 B 至 A，DIR＝1 则相反。

图 15.7 是 MCS－51 单片机应用系统总线驱动扩展电路。P0 口的双向驱动采用双向驱动器 74LS245，如图中(b)所示；P2 口的单向驱动器采用 74LS244，如图中(a)所示。

对于 P0 口的双线驱动器 74LS245，使 $\overline{G}$ 接地保证芯片一直处于工作状态，而输入/输出的方向控制由单片机的数据存储器的“读”控制引脚（$\overline{RD}$）和程序存储器的取指控制引脚（$\overline{PSEN}$）

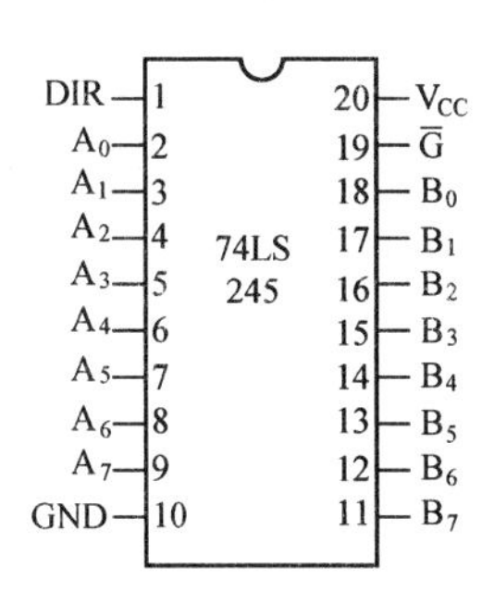

(a) 74LS245引脚

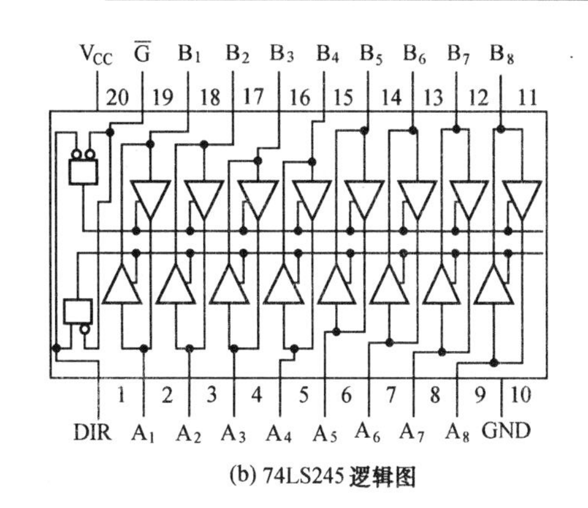

(b) 74LS245 逻辑图

图 15.6 74LS245 的引脚和逻辑图

通过与门控制 DIR 引脚实现。这种连接方法保证无论是“读”数据存储器中数据($\overline{RD}$有效)还是从程序存储器中取指令($\overline{PSEN}$有效)时,都能保证对 P0 口的输入驱动;除此以外的时间里($\overline{RD}$及$\overline{PSEN}$均无效)保证 P0 口的输出驱动。

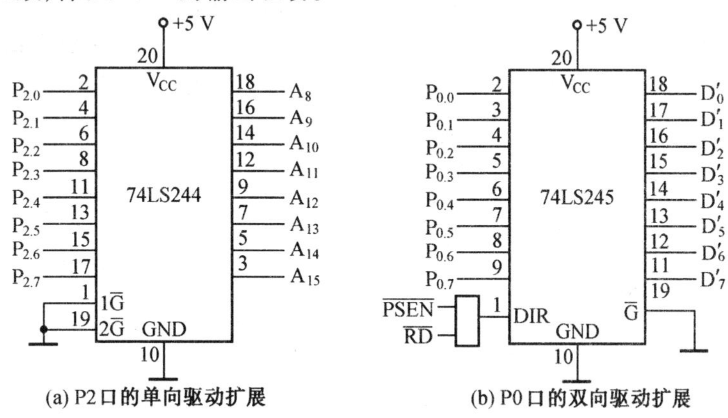

(a) P2 口的单向驱动扩展　　(b) P0 口的双向驱动扩展

图 15.7 MCS－51 单片机应用系统中的总线驱动扩展

对于 P2 口,因为只作地址输出口,故 74LS244 的驱动门控制端 $1\overline{G}$、$2\overline{G}$ 接地。

上面介绍了如何在总线上扩展驱动器,下面简单介绍一下如何来估算驱动器的驱动能力。

总线驱动器驱动能力是以驱动同类门个数度量的。驱动器驱动能力和驱动器负载性质有关。由于驱动器负载有交流和直流之分,故总线驱动器驱动能力估算时应同时考虑交流和直流负载两方面的影响。

(1)直流负载下驱动能力的估算

在直流负载下,驱动器驱动能力主要取决于高电平输出时驱动器能提供的最大电流和低电平输出时驱动器所能吸收的最大电流,如图 15.8 所示。图中,I_{OH}为驱动器在高电平输出时的最大输出电流,I_{IH}为每个同类门负载所吸收的电流。I_{OL}为驱动器在低电平输出时的最大吸入电流,I_{IL}为驱动器需要为每个同类门提供的吸入电流。显然,如下关系满足时才能使驱动器可靠工作。

$$I_{OH} \geqslant \sum_{i=1}^{N_1} I_{IH}$$

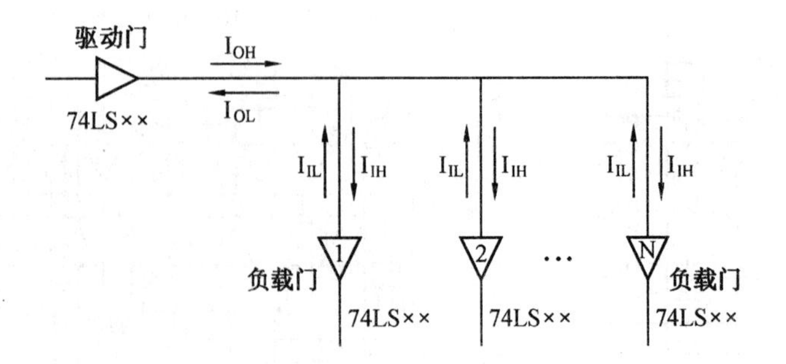

图 15.8　驱动器驱动直流负载同类门示意图

$$I_{OL} \geqslant \sum_{i=1}^{N_2} I_{IL}$$

若设：$I_{OH}=15\text{mA}$，$I_{OL}=24\text{mA}$，$I_{IH}=0.1\text{mA}$ 和 $I_{IL}=0.2\text{mA}$，则根据上述二式求得 $N_1=150$ 和 $N_2=120$。因此，驱动器的实际驱动能力应为 120 个同类门。

(2)交流负载下驱动能力的估算

总线上传送的数据是脉冲型信号，在同类门负载为容性(分布电容造成)时就必须考虑电容的影响。驱动器驱动容性负载时的关系如图 15.9 所示。若设：C_p 为驱动器的最大驱动电容，$C_i(i=1,2,\cdots,N)$为每个同类门的分布电容。为了满足同类门电容的交流效应，驱动器负载电路应满足如下关系：

$$C_P \geqslant \sum_{i=1}^{N_3} C_i$$

若取：$C_P=15\mu F$，C_i 不大于 $0.3\mu F$，则根据上式可求得 $N_3=50$。

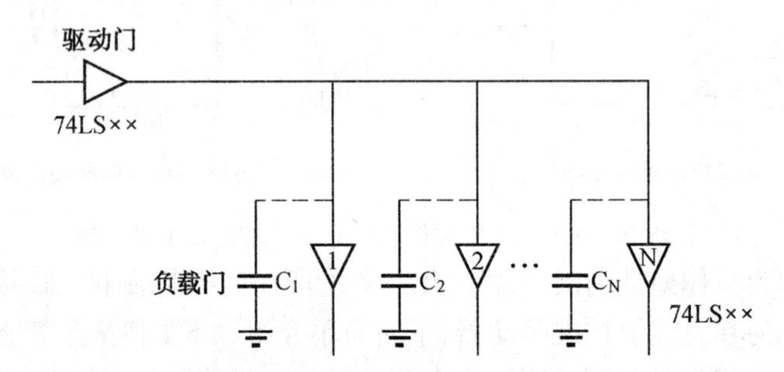

图 15.9　负载门的交流效应

综上所述，驱动器驱动负载门的能力应从交流和直流负载两方面加以考虑。通常，对于 TTL 负载，主要应考虑直流负载特性，因为 TTL 电流大，分布电容小；对于 MOS 型负载，主要考虑交流特性，因为 MOS 型负载的输入电流很小，分布电容是不容忽视的。

例如：74LS245 驱动器常可驱动 100 多个 74LS××系列门电路，若把驱动负载的种种因素也考虑在内，起码也能可靠驱动 50 个同类门。但为了保险起见，74LS245 输出线上一般也能挂接 30 个左右同类门。因此，驱动器不仅可以减轻主机负担，增强单片机驱动负载的能力，为负载电阻和分布电容提供较大的驱动电流，而且也能够消除驱动器后面负载电路对主机芯片的干扰和影响，较好地保证总线上信号波形的完整性。

(3)总线的负载平衡和上拉电阻的配置

在进行单片机应用系统设计时，都是将 I/O 芯片挂在相关总线上。我们设计时往往注意负载的数目，不使总线过载，但往往忽视总线负载的平衡问题。

所谓总线负载的平衡，主要发生在数据总线 DB 上。一般来说，I/O 部件的数据都以 D0 为起点往 DB 上挂，但由于各种接口部件的数据宽度不一致，就极易造成 DB 的负载失衡。图 15.10 表示有 2 个 8 位数据的部件，2 个 4 位数据的部件及 1 个 1 位数据的接口。按照图 15.10 的接线，DB 各位的负载显然是不平衡的，D4 ~ D7 只挂了 2 个负载，而 D0 连接的负载数达 5 个之多。

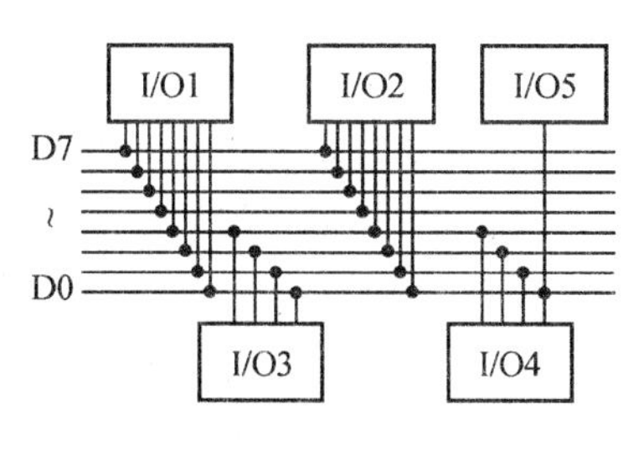

图 15.10 DB 总线失衡

当总的负载较轻时，这种失衡不会引起太大的问题。但若负载接近总线的驱动能力，就有可能影响总线信号的逻辑电平。以图 15.10 为例，负载不同的各位数据线上，高低电平的数值有明显差异。如高电平有的达 4.3V，而有的只有 3.7V。图中 I/O5 的信号位传送很不可靠，常常发生错误，与负载失衡有密切关系。若将 I/O4 的数据接 D7 ~ D4，若将 I/O5 的一位数据接 D7，这样就能改善总线的不平衡程度，提高系统的可靠性。

除了配置总线驱动器、注意总线负载平衡配置之外，在总线上适当安装上拉电阻也可以提高总线信号传输的可靠性。加上拉电阻给总线带来的好处是：

①提高信号电平

提高集成电路输入信号的噪声容限，是提高抗干扰能力的一个重要措施。提高信号的高电平可以提高噪声容限，其方法之一是提高芯片的电源电压，方法之二是在总线输出口配置上拉电阻。以 8031 单片机 P0 口数据为例，如图 15.11 所示，当不加上拉电阻时，P0.0 口输出电流为 I，端口的高电平为 $\mu = V_{CC} - IR$。当加入上拉电阻后，P0.0 口输出电流变为 I_1，由于负载恒定，则 $I_1 < 1$，因此端口电平 $\mu = V_{CC} - I_1R$，μ 将要有所提高。

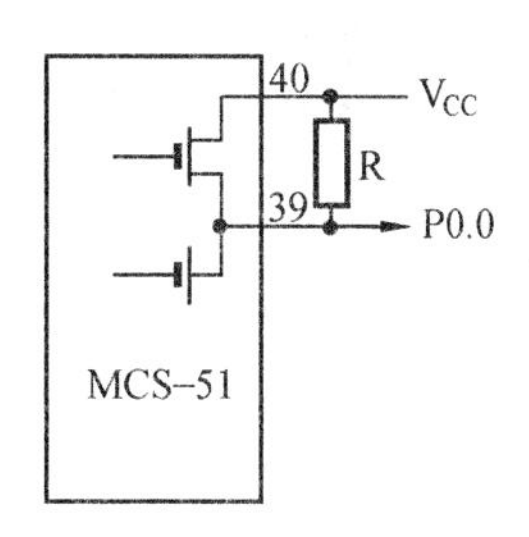

图 15.11 P0.0 口的上拉电阻

②提高总线的抗电磁干扰能力

当总线处于高阻状态时是处于悬高状态，比较容易接受外界的电磁干扰。

例如，当程序存储器的地址空间小于 64K 字节时，由于受到外界干扰而引起程序乱飞，当乱飞空间超出系统程序存储器的地址空间时，程序存储器全部关断，致使数据总线处于高阻状态。外界的电磁干扰信号就很容易通过数据总线进入 CPU，引入虚假的程序指令，对程序运行造成更加严重的破坏。若数据总线上配有上拉电阻，总线具有稳定的高电平，这时的指令仅是“FFH”，相当于“MOV R7，A”指令，这比总线上出现的随机指令所造成的后果要好得多。

③抑制静电干扰

当总线的负载是 CMOS 芯片时，由于 CMOS 芯片的输入阻抗很高，容易积累静电电荷而形成静电放电干扰，严重时会损坏芯片。若在总线上配置上拉电阻，则降低了芯片的输入阻抗，为静电感应电荷提供泄荷通路，提高了芯片使用的可靠性。

④有助于削弱反射波干扰

由于总线负载的输入阻抗往往很高，对于变化速度很快的传输信息，当传输线较长时容易引起反射波干扰。若在总线的终端配置上拉电阻，降低了负载的输入阻抗，可有效抑制反射波干扰。

数据总线配置上拉电阻如图 15.12 所示。上拉电阻一般取 2 ~ 10kΩ，典型值为 10kΩ。实际应用中负载电阻可选用电阻排，其引脚间距与集成芯片标准间距一致，应用起来十分方便。

15.3.4 数据采集系统

在任何单片机测控制系统中,都是从尽量快速,尽量准确,尽量完整地获得数字形式的数据开始的,因此,数据采集系统作为沟通模拟域与数字域的必不可少的桥梁起着非常重要的作用。

数据采集系统一般由信号调理电路、多路切换电路、采样保持电路、A/D、CPU、RAM、EPROM组成。其原理框图如图 15.13 所示。

1.信号调理电路

信号调理电路是传感器与 A/D 之间的桥梁,也是测控系统中重要组成部分。信号调理的主要功能是:

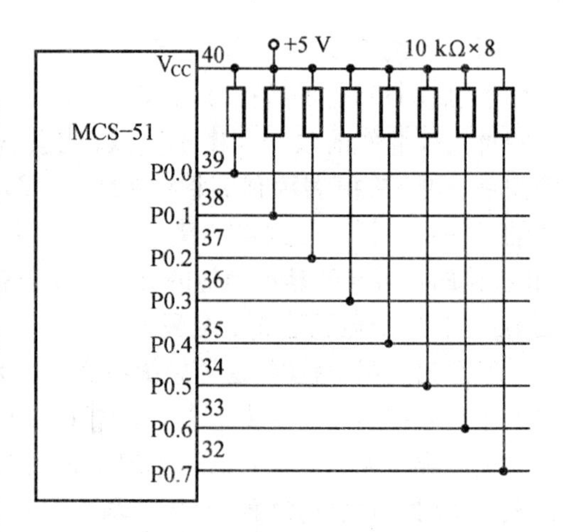

图 15.12 数据总线配置上拉电阻

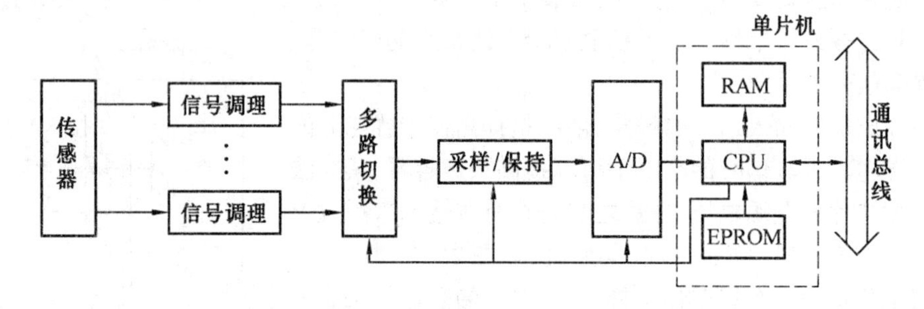

图 15.13 数据采集系统原理框图

(1)目前标准化工业仪表通常采用 0~10mA,4~20mA 信号,为了和 A/D 的输入形式相适应,经 I/V 变换成电压信号。

(2)某些测量信号可能是非电压量,如热电阻等,这些非电压量信号必须变为电压信号,还有些信号是弱电压信号,如热电偶信号,必须放大、滤波,这些处理包括信号形式的变换、量程调整、环境补偿、线性化等。

(3)某些恶劣条件下,共模电压干扰很强,如共模电平高达 220V,不采用隔离的办法无法完成数据采集任务,因此,必须根据现场环境,考虑共模干扰的抑制,甚至采用隔离措施,包括地线隔离、路间隔离等等。

综上所述,非电量的转换、信号形式的变换、放大、滤波、共模抑制及隔离等等,都是信号调理的主要功能。

信号调理电路包括电桥、放大、滤波、隔离等电路。根据不同的调理对象,采用不同的电路。电桥电路的典型应用之一就是热阻测温。用热电阻测温时,工业设备距离计算机较远,引线将很长,这就容易引进干扰,并在热电阻的电桥中产生长引线误差。解决办法有:采用热电阻温度变换器;智能传感器加通讯方式连接;采用三线制连接方法。

信号放大电路通常由运放承担,运放的选择主要考虑精度要求(失调及失调温漂),速度要求(带宽、上升率),幅度要求(工作电压范围及增益)及共模抑制要求。常用于前置放大器的有 μA741,LF347(低精度);OP-07,OP-27(中等精度);ICL7650(高精度)等。

滤波和限幅电路通常采用二极管、稳压管、电容等器件。用二极管和稳压管的限幅方法会产生一定的非线性且灵敏度下降,这可以通过后级增益调整和非线性校正补偿。此外,由于限幅值比最大输入值高，当使用多路开关时，某一路超限可能影响其它路，需选用优质的多路模拟开关，如 AD7501。

共模电压的存在对模拟信号的处理有影响，高的共模电压会击穿器件，即使没有损坏器件，也会影响测量精度。隔离是克服共模干扰影响的有效措施。常用的隔离方法有光电隔离、采用隔离放大器等。

2．多路切换电路

通常被检测的物理量有多个，如果每一通道都设有放大、采样保持（S/H）和 ADC 几个环节就很不经济，而且电路也复杂。采用模拟多路开关就可以使多个通道共用一个放大器、S/H 和 ADC，采用时间分割法使几个模拟通道轮流接通，这样既经济，又使电路简单。模拟多路开关的选择主要考虑导通电阻的要求，截止电阻的要求和速度要求，常用的模拟多路开关有 CD4501、CD4066、AD7501、AD7507 等。为了降低截止通道的负载影响，提高开关速度，降低通道串扰，采用多级模拟多路开关来完成通道切换。

3．采样保持电路（S/H）

采样保持电路是为了保证模拟信号高精度转换为数字信号的电路。在模拟数字变换电路中，如果变换期间输入电压是变化的，那么就可能产生错误的数字信号输出。采样保持电路就是将快速变化的模拟信号进行“采样”与“保持”，以保证在 ADC 转换过程中模拟信号保持不变。采样保持器的选择要综合考虑捕获时间，孔隙时间、保持时间、下降率等参数。常用的采样保持器有：AD582、AD583、LF398 等。

4．模－数转换（ADC）

ADC 是计算机同外界交换信息所必须的接口器件，因为它能将描述自然现象和生产过程的模拟量转换成便于计算机存储和处理的数字量。因此，从某种意义上说，没有 ADC 的广泛应用，就没有计算机应用技术的发展。选择 ADC 需主要考虑的指标有：分辨率、转换时间、精度、电源、输入电压范围、工作环境、数字输出特性、价格等。

5．基本的单片机系统

基本的单片机系统除了采用前面介绍的外，也可采用片内带有多路转换开关、采样保持电路、ADC 的高集成度的单片机。例如可采用菲利蒲公司的 8XC552 型，也可采用 Intel 公司的 MCS－96 16 位单片机。由于数据采集系统许多单元电路都集成在单片机内，这给硬件设计工作带来了极大的方便。

15.4　应用系统的软件设计

在进行应用系统的总体设计时，软件设计和硬件设计应统一考虑，相结合进行。当系统的电路设计定型后，软件的任务也就明确了。

系统中的应用软件是根据系统功能要求设计的。一般地讲，软件的功能可分为两大类。一类是执行软件，它能完成各种实质性的功能，如测量、计算、显示、打印、输出控制等；另一类是监控软件，它是专门用来协调各执行模块和操作者的关系，在系统软件中充当组织调度角色。设计人员在进行程序设计时应从以下几个方面加以考虑：

(1)根据软件功能要求，将系统软件分成若干个相对独立的部分。设计出合理的软件总体结构，使其清晰、简捷、流程合理。

(2)各功能程序实行模块化、子程序化。既便于调试、链接，又便于移植、修改。

(3)在编写应用软件之前,应绘制出程序流程图。这不仅是程序设计的一个重要组成部分,而且是决定成败的关键部分。从某种意义上讲,多花一份时间来设计程序流程图,就可以节约几倍源程序编辑调试时间。

(4)要合理分配系统资源,包括 ROM、RAM、定时器/计数器、中断源等。其中最关键的是片内 RAM 分配。对 8031 来讲,片内 RAM 指 00H～7FH 单元,这 128 个字节的功能不完全相同,分配时应充分发挥其特长,做到物尽其用。例如在工作寄存器的 8 个单元中,R0 和 R1 具有指针功能,是编程的重要角色,避免作为它用;20H～2FH 这 16 个字节具有位寻址功能,用来存放各种标志位、逻辑变量、状态变量等;设置堆栈区时应事先估算出子程序和中断嵌套的级数及程序中栈操作指令使用情况,其大小应留有余量。若系统中扩展了 RAM 存储器,应把使用频率最高的数据缓冲器安排在片内 RAM 中,以提高处理速度。当 RAM 资源规划好后,应列出一张 RAM 资源详细分配表,以备编程查用方便。

(5)注意在程序的有关位置处写上功能注释,提高程序的可读性。

15.5　单片机应用系统的开发和调试

一个单片机系统经过总体设计,完成了硬件设计和软件设计开发。元器件安装后,在系统的程序存储器中放入编制好的应用程序,系统即可运行。但一次性成功几乎是不可能的,多少会出现一些硬件、软件上的错误,这就需要通过调试来发现错误并加以改正。MCS－51 单片机虽然功能很强,但只是一个芯片,既没有键盘,又没有 CRT,LED 显示器,也没有任何系统开发软件(如编辑、汇编、调试程序等等)。由于 MCS－51 单片机本身无自开发能力,编制、开发应用软件,对硬件电路进行诊断、调试,必须借助仿真开发工具模拟用户实际的单片机,并且能随时观察运行的中间过程而不改变运行中原有的数据性能和结果,从而进行模仿现场的真实调试。完成这一在线仿真工作的开发工具就是单片机在线仿真器。一般也把仿真、开发工具称为仿真开发系统。

15.5.1　仿真开发系统简介

1.仿真开发系统的功能

一般来说,开发系统应具有如下最基本的功能:

(1)用户样机硬件电路的诊断与检查;

(2)用户样机程序的输入与修改;

(3)程序的运行、调试(单步运行、设置断点运行)、排错、状态查询等功能;

(4)将程序固化到 EPROM 芯片中。

不同的开发系统都必须具备上述基本功能,但对于一个较完善的开发系统还应具备:

(1)有较全的开发软件。配有高级语言(PL/M、C 等),用户可用高级语言编制应用软件;由开发系统编译连接生成目标文件、可执行文件。同时要求用户可用汇编语言编制应用软件;开发系统自动生成目标文件;并配有反汇编软件,能将目标程序转换成汇编语言程序;有丰富的子程序库可供用户选择调用。

(2)有跟踪调试、运行的能力。开发系统占用单片机的硬件资源尽量最少。

(3)为了方便模块化软件调试,还应配置软件转储、程序文本打印功能及设备。

2.仿真开发系统的种类

目前国内使用较多的开发系统大致分为四类。

(1)通用型单片机开发系统

这是目前国内使用最多的一类开发装置。如上海复旦大学的 SICE－Ⅱ、SICE－Ⅳ,南京伟福(WAVE)公司的在线仿真器。它采用国际上流行的独立型仿真结构,与任何具有 RS－232C 串行接口(或并行口)计算机相连,即可构成单片机仿真开发系统。系统中配备有 EPROM 读出/写入器、仿真插头和其它外设,其基本配置和连接如图 15.14 所示。

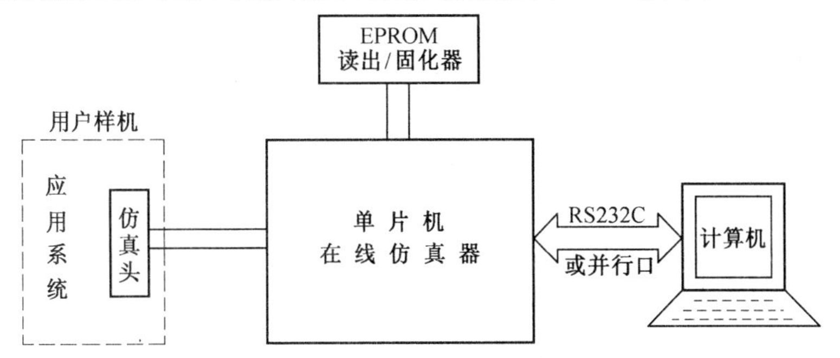

图 15.14　通用型单片机仿真开发系统

在调试用户样机时,仿真插头必须插入用户样机空出的单片机插座中。当仿真器通过串行口(或并行口)与计算机联机后,用户可利用组合软件,先在计算机上编辑、修改源程序,然后通过 MCS－51 交叉汇编软件将其汇编成目标码,传送到仿真器的仿真 RAM 中。这时用户可用单拍、断点、跟踪、全速等方式运行用户程序,系统状态实时地显示在屏幕上。该类仿真器采用模块化结构,配备有不同外设,如外存板、打印机、键盘/显示板等,用户可根据需要加以选用。在没有计算机支持的场合,利用键盘/显示板也可在现场完成仿真调试工作。

在图 15.14 中,EPROM 读出/写入器用来将用户的应用程序固化到 EPROM 中,或将 EPROM 中的程序读到仿真 RAM 中。

这类开发系统的最大优点是可以充分利用通用计算机系统的软、硬件资源,开发效率高。

(2)软件模拟开发系统

这是一种完全依靠软件手段进行开发的系统。开发系统与用户系统在硬件上无任何联系。通常这种系统是由通用 PC 机加模拟开发软件构成。用户如果有通用计算机时,只需配以相应的模拟开发软件即可。

模拟开发系统的工作原理是利用模拟开发软件在通用计算机上实现对单片机的硬件模拟、指令模拟、运行状态模拟,从而完成应用软件开发的全过程。单片机相应输入端由通用键盘相应的按键设定。输出端的状态则出现在 CRT 指定的窗口区域。在开发软件的支持下,通过指令模拟,可方便的进行编程、单步运行、设断点运行、修改等软件调试工作。调试过程中,运行状态、各寄存器状态、端口状态等都可以在 CRT 指定的窗口区域显示出来,以确定程序运行有无错误。常见的用于 MCS－51 单片机的模拟开发调试软件为 SIM51(南京伟福公司的软件模型器)。

模拟调试软件不需任何在线仿真器,也不需要用户样机就可以在 PC 机上直接开发和模拟调试 MCS－51 单片机软件。调试完毕的软件可以将机器码固化,完成一次初步的软件设计工作。对于实时性要求不高的应用系统,一般能直接投入运行;即使对于实时性要求较高的应用系统,通过多次反复模拟调试也可正常投入运行。

模拟调试软件功能很强,基本上包括了在线仿真器的单步、断点、跟踪、检查和修改等功能,并且还能模拟产生各种中断(事件)和 I/O 应答过程。因此,模拟调试软件是比较有实用价值的模拟开发工具。

模拟开发系统的最大缺点是不能进行硬件部分的诊断与实时在线仿真。

(3)普及型开发系统

这种开发装置通常是采用相同类型的单片机做成单板机形式。所配置的监控程序可满足应用系统仿真调试的要求。即能输入程序、设断点运行、单步运行、修改程序,并能很方便的查询各寄存器、I/O 口、存储器的状态和内容。这是一种廉价的,能独立完成应用系统开发任务的普及型单板系统。系统中还必须配备有 EPROM 写入器、仿真头等。

通常,这类开发装置只能在机器语言水平上进行开发,配备有反汇编及打印机时,能实现反汇编及文本打印。为了提高开发效率,这类开发装置大多配置有与通用计算机联机的通信接口(通常为 RS-232C 接口),并提供了相应的组合软件。与通常计算机联机后,利用组合软件,在通用机上进行汇编语言编程、纠错,然后经通信接口送入开发装置中进行运行、调试。也可以通过通用计算机系统的外设资源进行程序文本打印、存盘等。

(4)通用机开发系统

这是一种在通用计算机中加开发模板的开发系统。在这种系统中,开发模板不能独立完成开发任务,只是起着开发系统接口的作用。开发模板插在通用计算机系统的扩展槽中或以总线连接方式安放在外部。开发模板的硬件结构应包含有通用计算机不可规替代的部分,如 EPROM 写入、仿真头及 CPU 仿真所必需的单片机系统等。

15.5.2　用户样机开发调试过程

完成一个用户样机,首先要完成硬件组装工作,然后进入软件设计、调试和硬件调试阶段。硬件组装就是在设计、制作完毕的印刷板上焊好元件与插座,然后就可用仿真开发工具进行软件设计、调试和硬件调试工作。

1.用户样机软件的设计、调试

用户样机软件设计、调试的过程如图 15.15 所示,可为以下几个步骤。

第一步,建立用户源程序。用户通过开发系统的键盘、CRT 显示器及开发系统的编辑软件,按照所要求的格式、语法规定,把源程序输入到开发系统中,并存在磁盘上。

第二步,在开发系统机上,利用汇编软件对第一步输入的用户源程序进和汇编,变为可执行的目标代码。在汇编过程中,如果用户源程序有语法错误,则在 CRT 上显示出来,然后返回到第一步进行修改,再进行汇编,直至语法错误全部纠正为止。如无法法错误,则进入下一个步骤。

第三步,动态在线调试。这一步对用户源程序进行调试。上述的第一步、第二步是一个纯粹的软件运行过程,而在这一

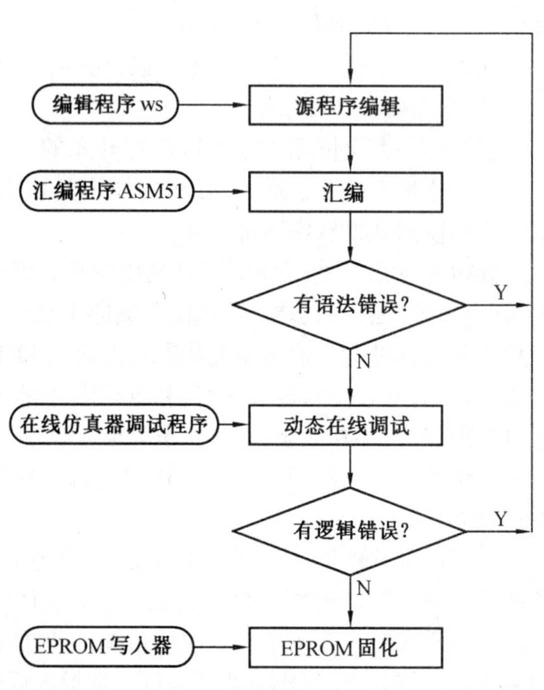

图 15.15　用户样机软件设计、调试

步，必须要有在线仿真器配合，才能对用户源程序进行调试。用户程序中分为与用户样机硬件无联系的程序以及与及样机硬件紧密关联的程序。

对于与用户样机硬件无联系的用户程序，例如计算机程序，虽然已经没有语法错误，但可能有逻辑错误，使计算结果不对，这样必须借助于动态在线调试手段，如单步运行、设置断点等，发现逻辑错误，然后返回到第一步修改，直至逻辑错误纠正为止。

对于与用户样机硬件紧密相关的用户程序，如接口驱动程序，一定要先把硬件故障排除以后，再与硬件配合，对用户程序进行动态在线调试，如果有逻辑错误，则返回到第一步进行修改，直至逻辑错误消除为止。在调试这一类程序时，硬件调试与软件调试是不能完全分开的。许多硬件错误是通过对软件的调试而发现和纠正的。

第四步，将调试完毕的用户程序通过EPROM编程器（也称EPROM写入器），固化在E-PROM中。

2.用户样机硬件调试

对用户样机进行调试，首先要进行静态调试，静态调试的目的是排除明显的硬件故障。

(1)静态调试

静态调试工作分为两步：

第一步是在样机加电之前，先用万用表等工具，根据硬件逻辑设计图，仔细检查样机线路是否连接正确，并核对元器件的型号、规格和安装是否符合要求，应特别注意电源系统的检查，以防止电源的短路和极性错误，并重点检查系统总线（地址总线、数据总线和控制总线）是否存在相互之间短路或与其它信号线的短路。

第二步是加电后检查各插件上引脚的电位，仔细测量各点电平是否正常，尤其应注意8031插座的各点电位，若有高压，与仿真器联机调试时，将会损坏仿真器的器件。

具体步骤如下：

①电源检查

当用户样机板连接或焊接完成之后，先不插主要元器件，通上电源。通常用+5V直流电源（这是TTL电源），用万用表电压挡测试各元器件插座上相应电源引脚电压数值是否正确，极性是否符合。如有错误，要及时检查、排除，使每个电源引脚的数值都符合要求。

②各元器件电源检查

断开电源，按正确的元器件方向插上元器件。最好是分别插入，分别通电，并逐一检查每个元器件上的电源是否正确，以至最后全部插上元器件，通上电源后，每个元器件上电源正确无误。

③检查相应芯片的逻辑关系

检查相应芯片逻辑关系通常采用静态电平检查法。即在一个芯片信号输入端加入一个相应电平，检查输出电平是否正确。单片机系统大都是数字逻辑电路，使用电平检查法可首先检查出逻辑设计是否正确。选用的元器件是否符合要求，逻辑关系是否匹配，元器件连接关系是否符合要求等。

(2)联机仿真、在线动态调试

在静态调试中，对目标样机硬件进行初步调试，只是排除了一些明显的静态故障。

用户样机中的硬件故障（如各个部件内部存在的故障和部件之间连接的逻辑错误）主要是靠联机仿真来排除的。

在断电情况下，除8031外，插上所有的元器件，并把仿真器的仿真插头插入样机上8031的插座，然后与开发系统的仿真器相连，分别打开样机和仿真器电源后，便可开始联机仿真调试。

前面已经谈到，硬件调试和软件调试是不能完全分开的，许多硬件错误是在软件调试中发现和被纠正的。所以说，在上面介绍的软件设计过程中的第三步：动态在线调试中，也包括联机仿真、硬件在线动态调试以及硬件故障的排除。

开发系统的仿真器是一个与被开发的用户样机具有相同单片机芯片的系统，它是借助开发系统的资源来模拟用户样机中的单片机，对用户样机系统的资源如存储器、I/O 接口进行管理。同时仿真开发机还具有跟踪功能，它可将程序执行过程中的有关数据和状态在屏幕上显示出来，这给查找错误和调试程序带来了方便。同时，其程序运行的断点功能、单步功能可直接发现硬件和软件的问题。仿真开发系统和用户样机的连接如图 15.14 所示。

下面介绍在仿真开发机上如何利用简单调试程序检查用户样机电路。

利用仿真开发机对用户样机的硬件检查，常常按其功能及 I/O 通道分别编写相应简短的实验程序，来检查各部分功能及逻辑是否正确，下面作以简单介绍。

①检查各地址译码输出

通常，地址译码输出是一个低电平有效信号。因此在选到某一个芯片时（无论是内存还是外设）其片选信号用示波器检查应该是一个负脉冲信号。由于使用的时钟频率不同，其负脉冲的宽度和频率也有所不同。注意在使用示波器测量用户板的某些信号时，要将示波器电源插头上的地线断开，这是由于示波器测量探头一端连到外壳，在有些电源系统中，保护地和电源地连在一起，有时会将电源插座插反，将交流 220V 直接引到测量端而将用户样机板全部烧毁，并且会殃及开发机。

下面来讨论如何检查地址译码器的输出，例如，一片 6116 存储芯片地址为 2000～27FFH，则可在开发机上执行如下程序：

```
LP:     MOV     DPTR, # 2000H
        MOVX    A, @ DPTR
        SJMP    LP
```

程序执行后，就应该从 6116 存储器芯片的片选端看到等间隔的一串负脉冲，就说明该芯片片选信号连接是正确的，即使不插入该存储器芯片，只测量插座相应片选引脚也会有上述结果。

用同样的方法，可将各内存及外设接口芯片的片选信号都逐一进行检查。如出现不正确现象，就要检查片选线连线是否正确，有无接触不好或错线、断线现象。

②检查 RAM 存储器

检查 RAM 存储器可编一程序，将 RAM 存储器进行写入，再读出，将写入和读出的数据进行比较，发现错误，立即停止。将存储器芯片插上，执行如下程序：

```
        MOV     A, # 00H
        MOV     DPTR, # RAM 首地址
LP:     MOVX    @ DPTR, A
        MOV     R0, A
        MOVX    A, @ DPTR
        CLR     C
        SUBB    A, R0
        JNZ     LP1
        INC     DPTR
        MOV     A, R0
        INC     A
```

```
        SJMP    LP
LP1:    出错停止
```

如一片 RAM 芯片的每个单元都出现问题,则有可能某些控制信号连接不正确,如一片 RAM 芯片中一个或几个单元出现问题,则有可能这一芯片本身是不好的,可换一片再测试一下。

③检查 I/O 扩展接口

对可编程接口芯片如 8155、8255,要首先对该接口芯片进行初始化,再对其 I/O 端口进行 I/O 操作。初始化要按系统设计要求进行,这个初始化程序调试好后就可作为正式编程的相应内容。程序初始化后,就可对其端口进行读写。对开关量 I/O 来讲,在用户样机板可利用钮子开关和发光二极管进行模拟,也可直接接上驱动板进行检查。一般情况下,用户样机板先调试,驱动板单独进行调试,这样故障排除更方便些。

如用自动程序检查端口状态不易观察时,就可用开发系统的单步功能单步执行程序,检查内部寄存器的有关内容或外部相应信号的状态,以确定开关量输入输出通道连接是否正确。

若外设端口联接一片 8255,端口地址为 B000—B003H,A 口为方式 0 输入,B 口、C 口都为方式 0 输出,则可用下述程序进行检查:

```
        MOV     DPTR, # 0B003H
        MOV     A, # 90             ;90H 为方式控制字
        MOVX    @DPTR, A
        NOP
        MOV     DPTR, # 0B000H
        MOVX    A, @DPTR            ;将 A 口输入状态读入 A,单步执行完此步后,可暂停,检查 PA
                                    ;口外部开关状态同 A 中相应位状态是否一致
        CLR     C
        MOV     A, # 01H
        INC     DPTR
LP:     MOVX    @DPTR, A            ;将 01H 送 B 口,此指令执行完后,暂停。看 B 口连接的发光
                                    ;二极管状态,第 0 位是否是高电平
        RLC     A                   ;将 1 从 0 位移到第 1 位
        JNZ     LP
        INC     DPTR
        RLC     A
LP1:    MOVX    @DPTR, A            ;将 01H 送 C 口,此指令执行完后,看 C 口第 0 位输出状态
        RLC     A
        JNZ     LP1
```

如使用同步 I/O 口,例如常用的锁存器和缓冲器,可直接对端口进行读写,不存在初始化过程。

通过上面介绍的开发系统调试用户样机的过程,可以体会到离开了开发系统就根本不可能进行用户样机的调试,而调试的关键步骤:动态在线仿真调试,又完全依赖于开发系统中的在线仿真器。所以说开发系统的性能优劣,主要取决于在线仿真器的性能优劣,在线仿真器所能提供仿真开发的手段,直接影响设计者的设计、调试工作的效率。所以,它对于一个设计者来说,在了解了目前的开发系统的种类和性能之后,选择一个性能/价格比高的开发系统,并能够熟练的使用它调试用户样机是十分重要的。

第16章 MCS-51应用系统的可靠性及抗干扰设计

单片机测控系统体积小、价格低、功能灵活、使用方便,已在工业测控领域中得到广泛应用,单片机系统的可靠性越来越受到人们的关注。单片机系统的可靠性是由多种因素决定的,其中系统的抗干扰性能的好坏是影响系统可靠性的重要因素。因此,研究抗干扰技术,对保证单片机测控系统稳定、可靠的工作是非常必要的。

16.1 干扰的来源

一般把影响单片机测控系统正常工作的信号称为噪声,又称干扰。在单片机系统中,出现了干扰,就会影响指令的正常执行,造成控制事故或控制失灵,在测量通道中产生了干扰,就会使测量产生误差,计数器收到干扰有可能乱记数,造成记数不准,电压的冲击有可能使系统遭到致命的破坏。

环境对单片机控制系统的干扰一般都是以脉冲的形式进入系统的,干扰窜入单片机系统的渠道主要有三条,如图16.1所示。

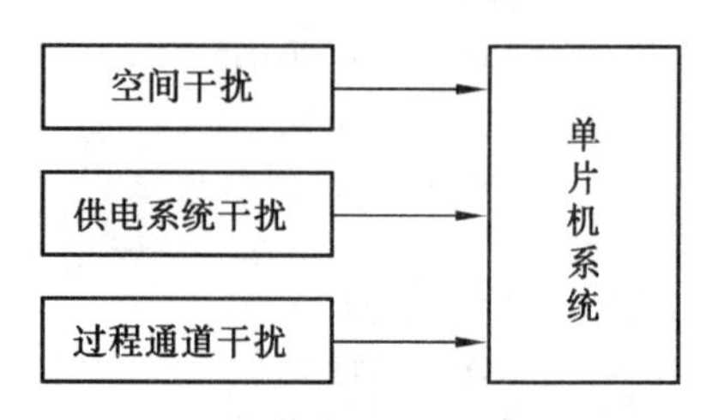

图16.1 单片机测控系统主要干扰渠道

(1)空间干扰

空间干扰来源于太阳及其它天体辐射的电磁波;广播电台或通讯发射台发出的电磁波;周围的电气设备如发射机、中频炉、可控硅逆变电源等发出的电干扰和磁干扰;空中雷电,甚至地磁场的变化也会引起干扰。这些空间辐射干扰可能会使单片机系统不能正常工作。

(2)供电系统干扰

由于工业现场运行的大功率设备众多,特别是大感性负载设备的启停会造成电网的严重污染,使得电网电压大幅度涨落(浪涌),工业电网电压的欠压或过压常常达到额定电压的±15%以上。这种状况有时长达几分钟、几小时,甚至几天。由于大功率开关的通断,电机的启停,电焊等原因,电网上常常出现几百伏,甚至几千伏的尖峰脉冲干扰。

实际上,几乎所有的单片机系统都是由交流电源供电,因此,必须采用措施克服来自供电电源的干扰。

(3)过程通道干扰

为了达到数据采集或实时控制的目的,开关量输入输出,模拟量输入、输出是必不可少的。在工业现场,这些输入输出的信号线和控制线多至几百条甚至几千条,其长度往往达几百米或几千米,因此不可避免地将干扰引入单片机系统。当有大的电气设备漏电,接地系统不完善,或者测量部件绝缘不好，都会使通道中直接串入干扰信号；各通道的线路如果同处一根电缆中或绑扎在一起，各路间会通过电磁感应而产生瞬间的干扰，尤其是若将0～15V的信号与交流220V的电源线同套在一根长达几百米的管中其干扰更为严重。这种彼此感应产生的干扰其表现形式仍然是通道中形成干扰电压。这样，轻者会使测量的信号发生误差，重者会使有用信号完全淹没。有时这种通过感应产生的干扰电压会达到几十伏以上，使单片机系统无法工作。

以上三种干扰以来自供电系统的交流电源干扰最甚，其次为来自过程通道的干扰。对于来自空间的辐射干扰，一般只须加以适当的屏蔽及接地即可解决。

16.2　供电系统干扰及抗干扰措施

任何电源及输电线路都存在内阻，正是这些内阻才引起了电源的噪声干扰。如果没有内阻存在，无论何种噪声都会被电源短路吸收，在线路中不会建立起任何干扰电压。

单片机系统中最重要、并且危害最严重的干扰来源于电源。在某些大功率耗电设备的电网中，经对电源检测发现，在50周正弦波上叠加有很多1000多伏的尖峰电压。

16.2.1　电源噪声来源、种类及危害

如果把电源电压变化持续时间定为Δt，那么，根据Δt的大小可以把电源干扰分为：

(1)过压、欠压、停电：Δt > 1s；

(2)浪涌、下陷、半周降出：1s > Δt > 10ms；

(3)尖峰电压：Δt为μs量级；

(4)射频干扰：Δt为ns量级；

(5)其它：半周内的停电或过欠压。

过压、欠压、停电的危害是显而易见的，解决的办法是使用各种稳压器、电源调节器，对付暂短时间的停电则配置不间断电源(UPS)。

浪涌与下陷是电压的快变化，如果幅度过大也会毁坏系统。即使变化不大(±10%～±15%)，直接使用不一定会毁坏系统，但由于电源系统中接有反应迟缓的磁饱和或电子交流稳压器，往往会在这些变化点附近产生振荡，使得电压忽高忽低。如果有连续几个±10%～±15%的浪涌或下陷，由此造成的振荡能产生±30%～±40%的电源变化，而使系统无法工作。解决的办法是使用快速响应的交流电源调压器。

半周降出通过磁饱和或电子交流稳压器后输出端也会产生振荡，解决办法与上相同。

尖峰电压持续时间很短，一般不会毁坏系统，但对单片机系统正常运行危害很大，会造成逻辑功能紊乱，甚至冲坏原程序。解决办法是使用具有噪声抑制能力的交流电源调节器、参数稳压器或超隔离变压器。

射频干扰对单片机系统影响不大，一般加接2～3节低通滤波器即可解决。

16.2.2　供电系统的抗干扰设计

单片机测控系统的供电，常常是一个棘手问题，一方面现场电网的电压和频率的波动范围大，波形不好以至频繁的停电；另一方面系统要求供电电源纹波小，稳压性能好。这些属于对电源本身性能的要求。除此之外，尚有数字电路工作在极高频率下，即信号极快地接通和截止，故对电源有高频电流要求。这样，单单一台高质量的电源是不足以解决干扰和电压波动问题的，必须完整地设计整个电源供电系统。

逻辑电路是在低电压、大电流下工作，电源的分配就必须引起注意，譬如一条0.1Ω的电源线回路，对于5A的供电系统，就会把电源电压从5V降到4.5V，以至不能正常工作。另一方

面工作在极高频率下的数字电路，对电源线有高频电流的要求，所以一般电源线上的干扰是数字系统最常出现的问题之一。

电源分配系统首要的就是良好的接地，系统的地线必须能够吸收来自所有电源系统的全部电流。应该采用粗导线作为电源连接线；地线应尽量短而直接走线；对于插件式线路板，应多给电源线、地线分配几个沿插头方向均匀分布的插针。

在单片机系统中，为了提高供电系统的质量，防止窜入干扰，建议采用如图 16.2 所示的供电配置和如下措施：

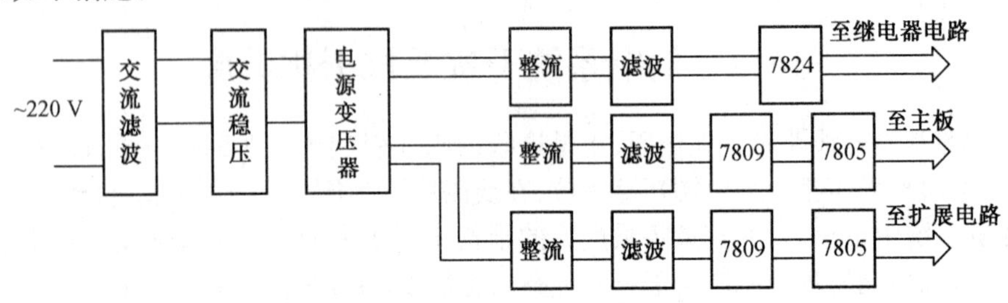

图 16.2　供电配置原理框图

(1)交流进线端加交流滤波器，可滤掉高频干扰，如电网上大功率设备启停造成的瞬间干扰。滤波器市场上的成品有一级、二级滤波之分，安装时外壳要加屏蔽并使其良好接地，进出线要分开，防止感应和辐射耦合。低通滤波器仅允许 50Hz 交流通过，对高频和中频干扰有很好的衰减作用。

(2)要求高的系统加交流稳压器。

(3)采用具有静电屏蔽和抗电磁干扰的隔离电源变压器。

(4)采用集成稳压块两级稳压。目前市场上集成稳压块有许多种，如提供正电源的 7805、7812、7820、7824 以及提供负电压的 79 系列稳压块，它们内部是多级稳压电路，比分离元件稳压效果好，且体积小，可靠性高，安装使用方便。采用两级稳压，效果更好。例如主机电源先用 7809 稳到 9V，再用 7805 稳到 5V。

(5)直流输出部分采用大容量电解电容进行平滑滤波。

(6)交流电源线与其他线尽量分开，减少再度耦合干扰。如滤波器的输出线上干扰已减少，应使其与电源进线及滤波器外壳保持一定距离，交流电源线与直流电源线及信号线分开走线。

(7)电源线与信号线一般都通过地板下面走线，而且不可把两线靠得太近或互相平行，以减少电源信号线的影响。

(8)在每块印刷板的电源与地之间并接退耦电容。即 5～10μF 的电解电容和一个 0.01～1.0μF 的电容，以消除直流电源和地线中的脉冲电流所造成的干扰。

(9)尽量提高接口器件的电源电压，提高接口的抗干扰能力。例如用光耦合器输出端驱动直流继电器，可选用直流 24V 继电器比 6V 继电器效果好。

16.3　过程通道干扰的抑制措施

过程通道是系统输入、输出以及单片机之间进行信息传输的路径。过程通道的干扰主要是利用隔离技术、双绞线传输、阻抗匹配等措施抑制。

16.3.1　隔离措施

1.A/D,D/A 与单片机之间的隔离

通常可采用下列方法将 A/D、D/A 与单片机之间的电气联系切断：

(1)对 A/D、D/A 进行模拟隔离

对 A/D、D/A 变换前后的模拟信号进行隔离，是常用的一种方法。通常采用隔离型放大器对模拟量进行隔离。但所用的隔离型放大器必须满足 A/D、D/A 变换的精度和线性要求。例如，如果对 12 位 A/D、D/A 变换器进行隔离，其隔离放大器要达到 13 位，甚至 14 位精度，如此高精度的隔离放大器，价格十分昂贵。

(2)在 I/O 与 A/D、D/A 之间进行数字隔离

这种方案最经济。具体做法是增设若干个锁存器对高速的地址信号、控制信号及数据进行锁存，然后用该信号对 A/D、D/A 芯片进行操作，完成多路开关的选通，进行 A/D、D/A 变换。换言之，A/D 变换时，先将模拟量变为数字量进行隔离，然后再送入单片机。D/A 变换时，先将数字量进行隔离，然后进行 D/A 变换。这种方法优点是方便、可靠、价廉，不影响 A/D、D/A 的精度和线性度。缺点是速度低。如果用廉价的光电隔离器件，最大转换速度约为每秒 3000～5000 点，这对于一般工业测控对象(如温度、湿度、压力等)已能满足要求。

图 16.3 所示是实现数字隔离的一个例子。该例将输出的数字量经锁存器锁存后，驱动光电隔离器，经光电隔离之后的数字量被送到 D/A 变换器。但要注意的是，现场电源 F＋5V，现场地 FGND 和系统电源 S＋5V 及系统地 SGND，必须分别由两个隔离电源供电。还应指出的是，光电隔离器件的数量不能太多，由于光电器件的发光二级管与受光三极管之间存在分布电容。当数量较多时，必须考虑将并联输出改为串行输出的方式，这样可使光电器件大大减少，且保持很高的抗干扰能力，但传送速度下降了。

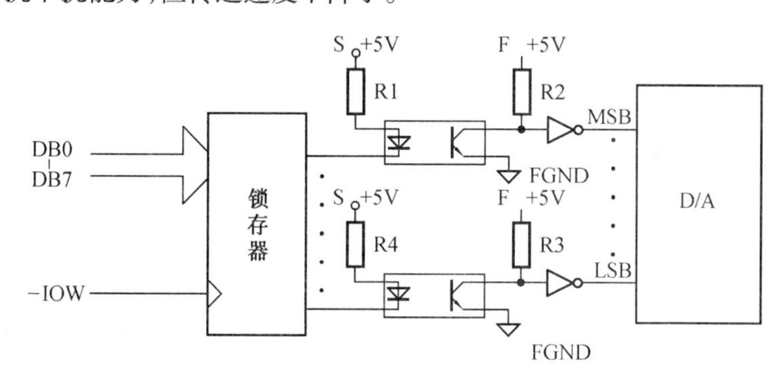

图 16.3　数字隔离原理图

2. 开关量隔离

常用的开关量隔离器有继电器、光电隔离器、光电隔离固态继电器(SSR)。

用继电器对开关量进行隔离时，要考虑到继电器线包的反电动势的影响，驱动电路的器件必须能耐高压。为了吸收继电器线包的反电动势，通常在线包两端并联一个二极管。其触点并联一个消火花电容器，容量可在 0.1～0.047μF 之间选择，耐压视负荷电压而定。

对于开关量的输入，一般用电流传输的方法。该法抗干扰能力强，如图 16.4 所示。R_1 为限流电阻，D_1、R_2 为保护二极管和保护电阻。当外部开关闭合时，由电源 E 产生电流，使光电隔离管导通，以不同的 R_1，R_2 值来保证良好的抗干扰能力。

固态继电器代替机械触点的继电器是十分优越的。固态继电器是将发光二极管与可控硅封装在一起的一种新型器件。当发光二极管导通时，可控硅被触发而接通电路。固态继电器视触发方式不同，可分为过零触发与非过零触发两大类。过零触发的固态继电器，本身几乎不产生干扰，这对单片机控制是十分有利的，但造价是一般继电器的 5～10 倍。

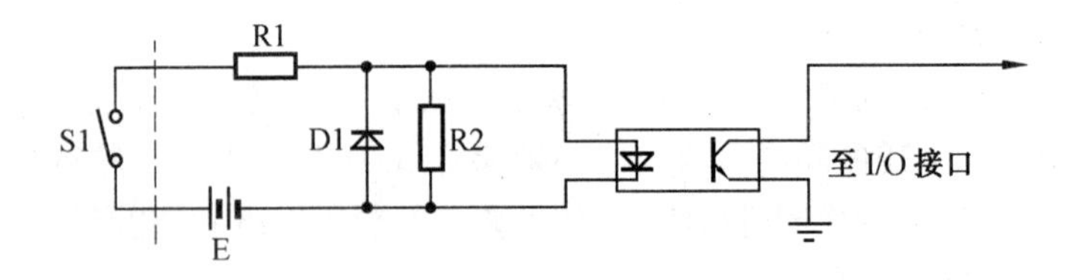

图 16.4　开关量的电流传输原理图

16.3.2　长线传输干扰的抑制

在单片机测控系统中，当各子系统相距较远时，信号在传输线上的反射、串扰、其他噪声等随之而来。这在短线传输中问题还不是太大，但在长线传输中就不容忽视了。长线和短线的概念是相对于传输信号而言的，当信号沿线传播的延时能和信号变化时间比拟时，线路不均匀性和负载不匹配性引起的信号反射就很容易地在传输线上引起"振铃"，这样的传输线就称为长线。

1. 双绞线传输

在单片机实时系统的长线传输中，双绞线是较常用的一种传输线。与同轴电缆相比，虽然频带较差，但波阻抗高、抗共模噪声能力强。双绞线能使各个小环路的电磁感应干扰相互抵消，对电磁场具有一定抑制效果。

在数字信号传递的长线传输中，根据传送距离不同，双绞线使用方法不同，如图 16.5 所示，当传送距离在 5 米以下时，发送、接收端都接有负载电阻，如图 16.5(a)所示，若发射侧为集电极开路驱动，则接收侧的集成电路用施密特型电路，抗干扰能力更强。

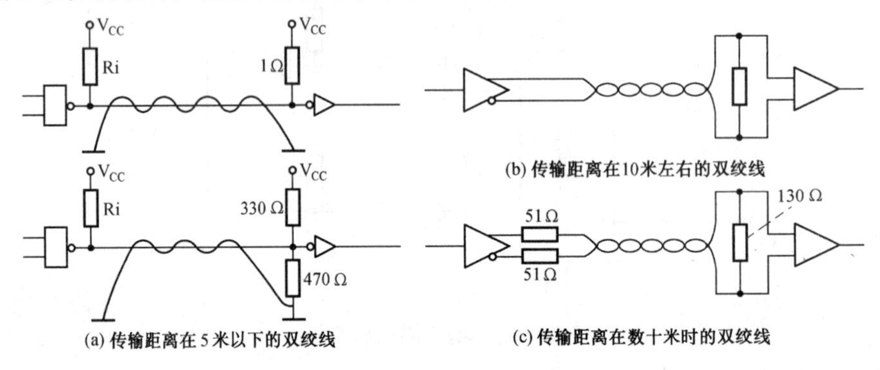

图 16.5　双绞线数字信号传送距离不同时的连接方法

当用双绞线作远距离传送数据时，或有较大噪声干扰时，可使用平衡输出的驱动器和平衡输入的接收器。发送和接收信号端都要接匹配电阻，如图 16.5(b)、(c)所示。

当用双绞线传输与光电耦合器联合使用时，可按图 16.6 所示的方式连接。图中(a)是集电极开路驱动器与光电耦合器的一般情况。(b)是开关接点通过双绞线与光电耦合器连接的情况。如光电耦合器的光敏晶体管的基极上接有电容(12pF～0.01μF)及电阻(10～320MΩ)，且后面连接施密特集成电路驱动器，则会大大加强抗噪声能力，如图(c)所示。

2. 长线传输的阻抗匹配

长线传输时如阻抗不匹配，会使信号产生反射，从而形成严重的失真。为了对传输线进行阻抗匹配，必须估算出其特性阻抗 R_Z。利用示波器观察的方法可以大致测定传输线特性阻抗的大小，测试方法如图 16.7 所示。调节可变电阻 R，当 R 与特性阻抗 R_Z 相匹配时，用示波器

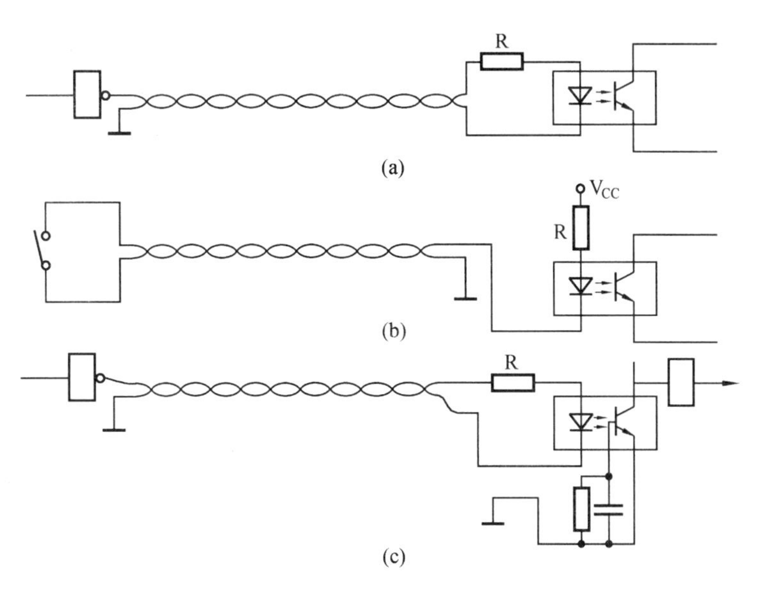

图16.6　双绞线与光电耦合器联合使用

测量A门输出波形畸变最小，反射波几乎消失，这时R值可认为是该传输线的特性阻抗R_Z。

传输线的阻抗匹配有下列四种形式：

(1)终端并联阻抗匹配。如图16.8所示，终端匹配电阻R_1、R_2的值按$R_Z = R_1/R_2$的要求选取。一般R_1为220～330Ω，而R_2可在270～390Ω范围内选取。这种匹配方法由于终端阻值低，相当于加重负载，使高电平有所下降，故高电平的抗干扰能力有所下降。

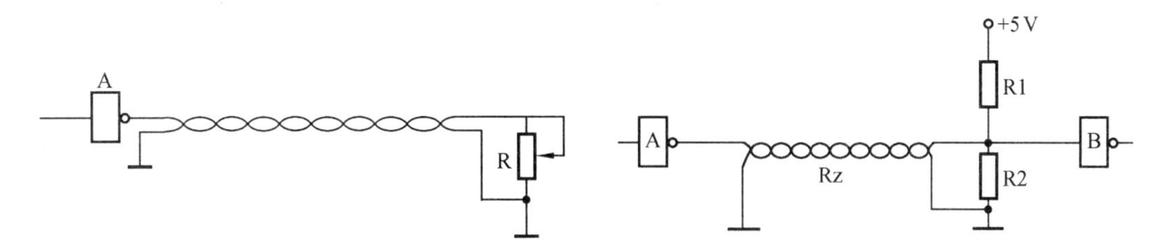

图16.7　传输线阻抗的测量示意图　　图16.8　终端并联匹配

(2)始端串联匹配。如图16.9所示，在长线的始端串入电阻，增大长线的特性阻抗以达到和终端输入阻抗匹配的目的。在始端串入的电阻$R = R_Z R_{SCL}$，R为始端匹配电阻；R_Z为传输线特性阻抗；R_{SCL}为门A输出低电平时的输出阻抗，约20Ω。这种匹配方式的主要缺点是终端的低电位抬高，从而降低了低电平的抗干扰能力。

(3)终端并联隔直流匹配。如图16.10所示，因电容C在较大时只起隔直流作用，并不影响阻抗匹配，所以只要求匹配电阻R与R_Z相等即可。它不会引起输出高电平的降低，故增加了对高电平的抗干扰能力。

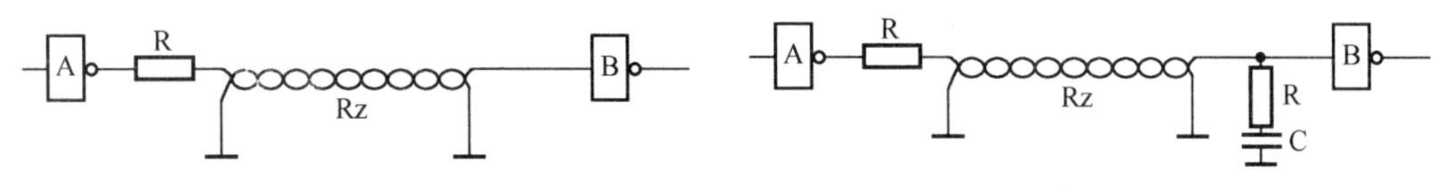

图16.9　始端串联匹配　　图16.10　终端并联隔直阻抗匹配

(4)终端接箝位二极管。如图 16.11 所示。这种匹配方法的作用是:①把门 B 输入端低电平箝位在 0.3V 以内,可以减少反射和振荡。②吸收反射波,减少波的反射。因为当终端阻抗不匹配时,相当于运行开路状态。始端波到达时将引起反射,电压波以正向波反射,电流波以负向波反射。接二极管后,电流反射波被吸收,从而减少了波反射。③可以大大减少线间串扰,以提高动态抗干扰能力。④输出端带长线后,近处不能再接其它负载,如图 16.12 所示。⑤触发器输出需隔离后方可传输(图 16.13)。

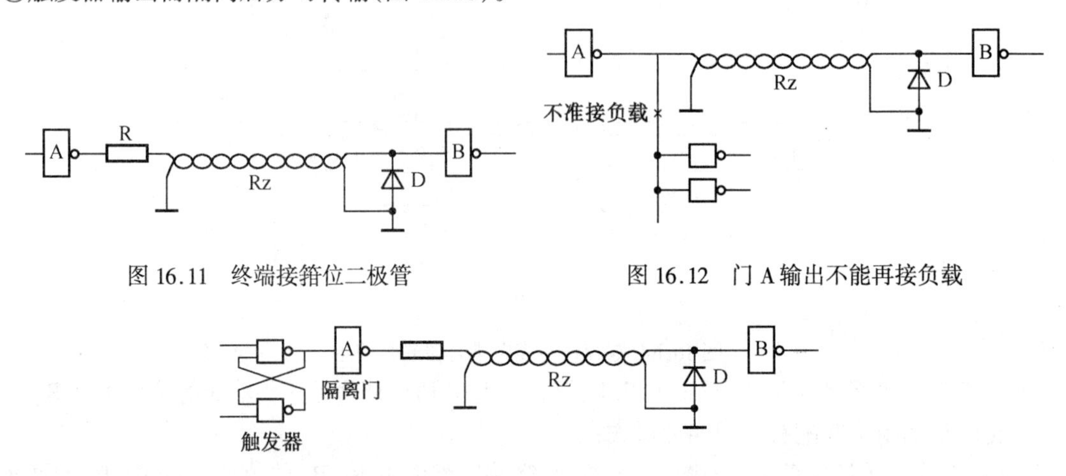

图 16.11　终端接箝位二极管

图 16.12　门 A 输出不能再接负载

图 16.13　触发器输出隔离后传输

3. 长线的电流传输

长线传输时,用电流传输代替电压传输,可获得较好的抗干扰能力。如图 16.14 所示,从电流转换器输出 0～10mA(或 4～20mA)电流,在接收端并上 500Ω(或 1kΩ)的精密电阻,将此电流转换为 0～5V(或 1～5V)的电压,然后送入 A/D 转换器。在有的实用电路里输出端采用光电耦合器输出驱动,也会获得同样的效果。此种方法可减少在传输过程中的干扰,提高传输的可靠性。

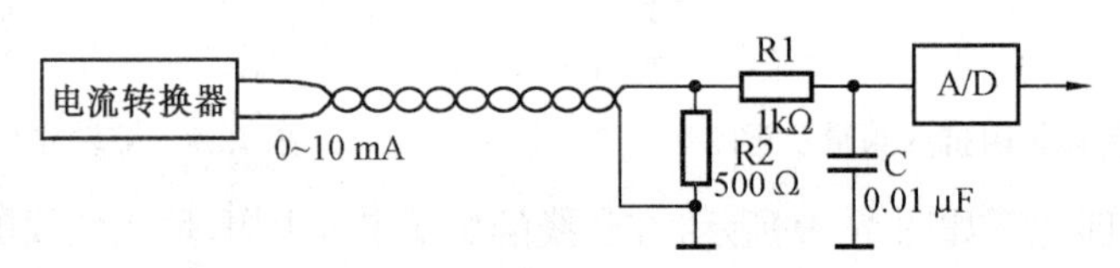

图 16.14　长线电流传输示意图

16.4　空间干扰及抗干扰措施

空间干扰主要指电磁场在线路、导线、壳体上的辐射、吸收与调制。干扰来自应用系统的内部和外部,市电电源线是无线电波的媒介,而在电网中有脉冲源工作时,它又是辐射天线,因而任一线路、导线、壳体等在空间均同时存在辐射、接收、调制。

在现场解决空间干扰时,首先要正确判断是否是空间干扰,可在系统供电电源入口处接入 WRY 型微机干扰抑制器或大型磁饱和稳压器,观察干扰现象是否继续存在,如干扰现象继续存在则可认为是空间干扰。空间干扰不一定来自系统外部,空间干扰的抗干扰设计主要是地线系统设计,系统的屏蔽与布局设计。

16.4.1 接地技术

1.接地种类

有两种接地。一种是为人身或设备安全目的,而把设备的外壳接地,这称之为外壳接地或安全接地;另外一种接地是为电路工作提供一个公共的电位参考点,这种接地称为工作接地。

(1)外壳接地

外壳接地是真正的与大地连接,以使漏到机壳上的电荷能及时泄放到地壳上去,这样才能确保人身和设备的安全。外壳接地的接地电阻应当尽可能低,因此在材料及施工方面均有一定的要求。外壳接地是十分重要的,但实际上往往又为人们所忽视。

(2)工作接地

工作接地是电路工作的需要。在许多情况下,工作地不与设备外壳相连,因此工作地的零电位参考点(即工作地)相对大地是浮空的。所以也把工作地称为“浮地”。

2.接地系统

正确、合理地接地,是单片机应用系统抑制干扰的主要方法。

单片机应用系统中,大致以下几种地线:

①数字地(又称逻辑地),这种地作为逻辑开关的零电位。

②模拟地,这种地作为 A/D 转换、前置放大器或比较器的零电位。

③功率地,这种地为大电流部件的零电位。

④信号地,这种地通常为传感器的地。

⑤小信号前置放大器的地。

⑥交流地,交流 50Hz 地线,这种地线是噪声地。

⑦屏蔽地,为防止静电感应和磁场感应而设置的地。

以上这些地线如何处理,是浮地还是接地?是一点接地还是多点接地?这些是单片机测控系统设计、安装、调试中的一个大问题。下面就来讨论它们。

(1)机壳接地与浮地的比较

全机浮空,即机器各个部分全部与大地浮置起来。这种方法有一定的抗干扰能力,但要求机器与大地的绝缘电阻不能小于 50MΩ,且一旦绝缘下降便会带来干扰;另外,浮空容易产生静电,导致干扰。

另一种,就是测控系统的机壳接地,其余部分浮空,如图 16.15 所示。而浮空部分应设置必要的屏蔽,例如双层屏蔽浮地或多层屏蔽。这种方法抗干扰能力强,而且安全可靠,但工艺较复杂。

两种方法相比较,后者较好,并被越来越多的采用。

(2)一点接地与多点接地的应用原则

一般,低频(1MHz 以下)电路应一点接地,如图 16.16 所示。高频(10MHz 以上)电路应多点就近接地。因为,在低频电路中,布线和元件间的电感较小,而接地电路形成的环路,对干扰的影响却很大,因此应一点接地;对于高频电路,地线上具有电感,因而增加了地线阻抗,同时各地线之间又产生了电感耦合。当频率甚高时,特别是当地线长度等于 1/4 波长的奇数倍时,地线阻抗就会变得很高,这时地线变成了天线,可以向外辐射噪声信号。

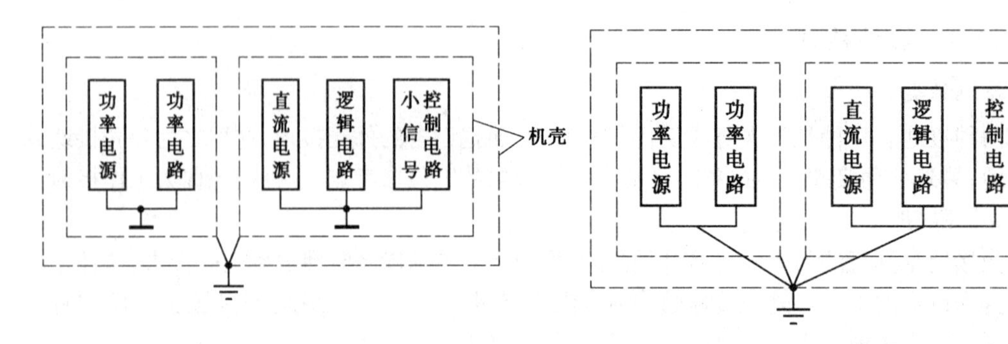

图 16.15　机壳接地

图 16.16　一点接地

单片机测控系统的工作频率大多较低，对它起作用的干扰频率也大都在 1MHz 以下，故宜采用一点拉地。在 1～100MHz 之间，如用一点接地，其地线长度不得超过波长的 1/20。否则应采用多点接地。

(3)交流地与信号地不能共用

因为在一段电源地线的两点间会有数毫伏，甚至几伏电压，对低电平信号电路来说，这是一个非常严重的干扰。因此，交流地和信号地不能共用，图 16.17 为一种不正确的接法。

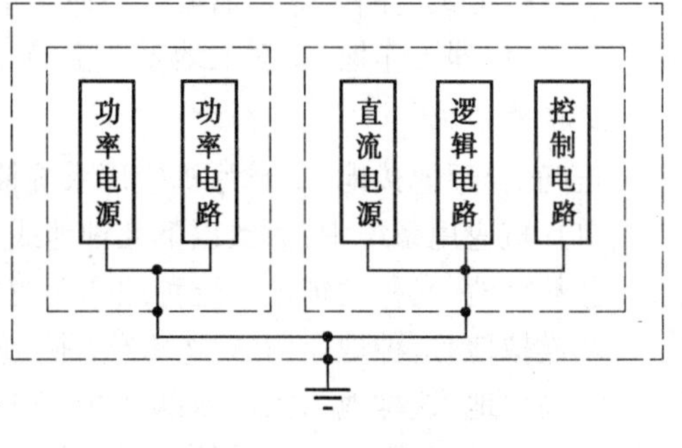

图 16.17　不正确的接地

(4)数字地和模拟地

数字地通常有很大的噪声而且电平的跳跃会造成很大的电流尖峰。所有的模拟公共导线(地)应该与数字公共导线(地)分开走线，然后只是一点汇在一起。特别是在 ADC 和 DAC 电路中，尤其要注意地线的正确连接，否则转换将不准确，且干扰严重。因此 ADC、DAC 和采样保持芯片都提供了独立的模拟地和数字地，它们分别有相应的引脚，必须将所有的模拟地和数字地分别相连，然后模似(公共)地与数字(公共)地仅在一点上相连接，在此连接点外，在芯片和其他电路中切不可再有公共点，如图 16.18 所示。

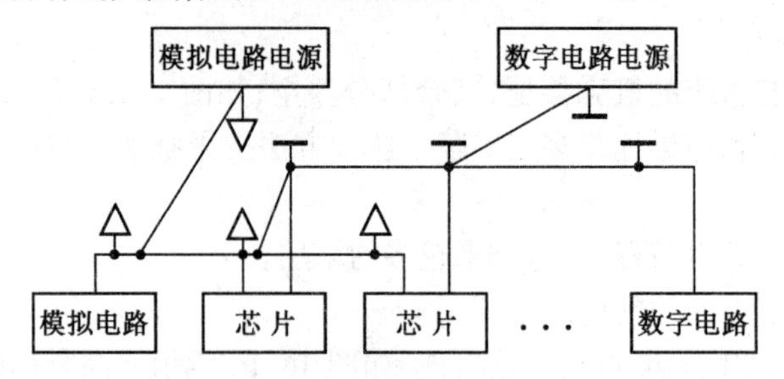

图 16.18　数字地和模拟地正确的地线连接

(5)微弱信号模拟地的接法

A/D 转换器在采集 0～50mV 微小信号时，模拟地的接法极为重要。为提高抗共模干扰的能力，可用三线采样双层屏蔽浮地技术。所谓三线采样，就是将地线和信号线一起采样。这种双层屏蔽技术是抗共模干扰最有效的方法。

(6)功率地

这种地线电流大,地线应粗些,且应与小信号分开走线。

(7)其它接地问题

①双绞线或同轴电缆的接地

为了减少信号回路的电磁干扰,送入单片机的信号有时需采用双绞线或同轴电缆。双绞线或同轴电缆与地的连接如图16.19所示。

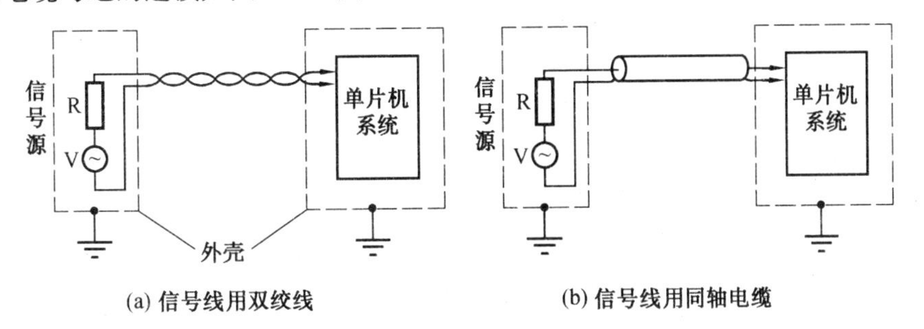

图16.19　采用双绞线或同轴电缆的信号线

当采用带屏蔽的双绞线时,还应注意屏蔽体和工作地的良好连接,而且这种连接只能在一个点接地,否则屏蔽体两端就会形成环路,在屏蔽体上产生较大的噪声电流,从而在双绞线上感应出噪声电压。屏蔽体的正确接地如图16.20所示。

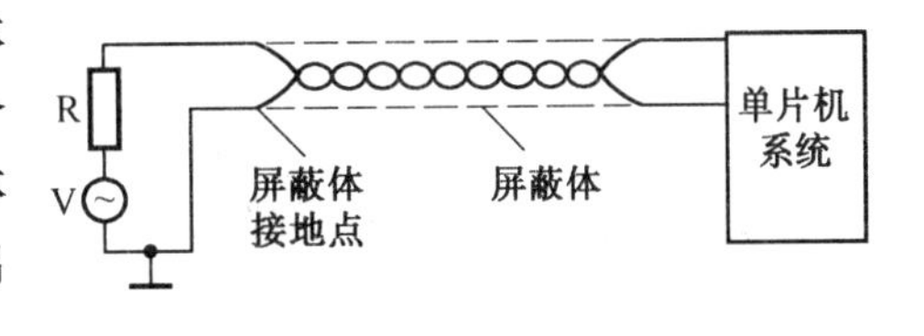

图16.20　屏蔽体接地

②工作地与安全地的连接

当需要把工作地与安全地连在一起时,对于两个以上设备应注意工作地与安全地只能在一点相连。要么在发送一侧接地,要么在接收一侧接地。如图16.21所示。

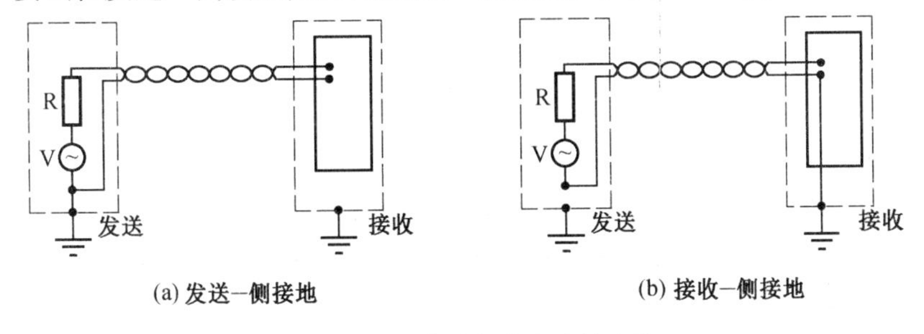

图16.21　工作地与安全地的连接

16.4.2　屏蔽技术

高频电源、交流电源、强电设备产生的电火花甚至雷电,都能产生电磁波,从而成为电磁干扰的噪声源。当距离较近时,电磁波会通过分布电容和电感耦合到信号回路而形成电磁干扰;当距离较远时,电磁波则以辐射形式构成干扰。

单片机使用的振荡器,本身就是一个电磁干扰源,同时也由于它又极易受其它电磁干扰的影响,破坏单片机的正常工作。

屏蔽可分为以下三类:

(1)电磁屏蔽,防止电磁场的干扰;

(2)磁屏蔽,防止磁场的干扰;

(3)电场屏蔽,防止电场的耦合干扰。

电磁屏蔽主要是防止高频电磁波辐射的干扰,以金属板、金属网或金属盒构成的屏蔽体能有效地对付电磁波的干扰。屏蔽体以反射方式和吸收方式来削弱电磁波,从而形成对电磁波的屏蔽作用。

磁场屏蔽是防止电机、变压器、磁铁、线圈等的磁感应和磁耦合,是用高导磁材料做成屏蔽层,使磁路闭合,一般接大地。当屏蔽低频磁场时,选择磁钢、坡莫合金、铁等导磁率高的材料;而屏蔽高频磁场则应选择铜、铝等导电率高的材料。

电场屏蔽是为了解决分布电容问题,一般是接大地的,这主要是指单层屏蔽。对于双层屏蔽,例如双变压器,原边屏蔽接机壳(即大地),副边屏蔽接到浮地的屏蔽盒。

当一个接地的放大器与一个不接地的信号源相连时,连接电缆的屏蔽层应接到放大器公共端。反之,应接信号源的公共端。高增益放大器的屏蔽层应接到放大器的公共端。

为了有效发挥屏蔽体的屏蔽作用,还应注意屏蔽体的接地问题。为了消除屏蔽体与内部电路的寄生电容,屏蔽体应按“一点接地”的原则接地。

在电缆和接插件的屏蔽中,应注意处理好以下几个实践中经常遇到的问题:

(1)高、低电平的导线不要走同一电缆,不得已时,高电平应单独组合和屏蔽。同时应仔细选择低电平线的位置。

(2)高、低电平线应尽量不要走同一接插件。不得已时,要将高、低电平端子分立两端,中间留出接高低电平地线的备用端子。

(3)设备中,入出电缆的屏蔽应保持完整,即电缆和屏蔽体都要经插件连接,而不允许只连接电缆芯线,而不连接其屏蔽层。两条以上屏蔽电缆共用一个接插件时,每条电缆的屏蔽层都要用一个单独的端子,以免电流在各屏蔽层中流动。

(4)低频信号电缆的屏蔽层要一端接地,屏蔽层外面要有绝缘层,以防与其它导线接触或形成多点接地。

16.5　反电势干扰的抑制

在单片机的应用系统中,常使用具有较大电感量的元件或设备,诸如继电器、电动机、电磁阀等。当电感回路的电流被切断时,会产生很大的反电势。这种反电势甚至可能击穿电路中晶体管之类的器件,反电势形成的噪声干扰能产生电磁场,对单片机应用系统中的其它电路产生干扰。对于反电势干扰,可采用如下措施加以抑制:

(1)如果通过电感线圈的是直流电流,可在线圈两端并联二极管和稳压管,如图 16.22(a)所示。

(a)由二极管和稳压管构成的反电势抑制电路　(b)由电阻和二极管组成的反电势抑制电路

图 16.22　反电势的抑制电路

在稳定工作时，并联支路被二极管 D 阻断而不起作用；当三极管 T 由导通变为截止时，在电感线圈两端产生反电势 e。此电势可在并联支路中流通，因此 e 的幅值被限制在稳压管 DW 的工作电压范围之内，并被很快消耗掉，从而抑制了反电势的干扰。使用时 DW 的工作电压应选择得比外加电源高些。

如果把稳压管换为电阻，同样可以达到抑制反电势的目的，如图 16.22(b)所示，因此也适用于直流驱动线圈的电路。在这个电路中，电阻的阻值范围可以从几欧姆到几十欧姆。阻值太小，反电势衰减慢；而阻值太大又会增大反电势的幅值。

(2)反电势抑制电路也可由电阻和电容构成，如图 16.23 所示。适当选择 R、C 参数，也能获得较好的耗能效果。这种电路不仅适用于交流驱动的线圈，也适用于直流驱动的线圈。

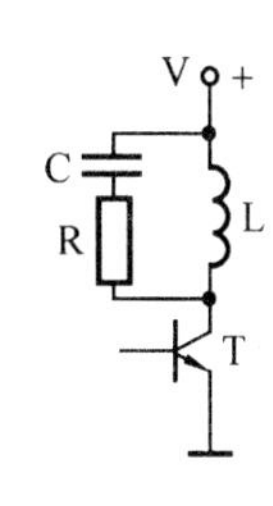

图 16.23　由电阻和电容构成的抑制电路

(3)反电势抑制电路不但可以接在线圈的两端，也可以接在开关的两端，例如继电器，接触器等部件在操作时，开关会产生较大的火花，必须利用 RC 电路加以吸收，如图 16.24 所示。对于图 16.24(b)，一般 R 取 1～2kΩ，C 取 2.2～4.7μF。

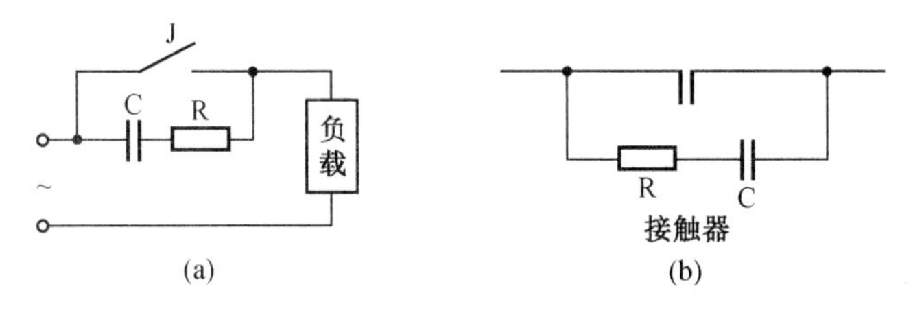

图 16.24　开关两端的反电势抑制电路

16.6　印刷电路板的抗干扰设计

印刷电路板(也称印制板)是单片机系统中器件、信号线、电源线的高密度集合体，印刷电路板设计得好坏对抗干扰能力影响很大，故印刷电路板设计决不单是器件、线路的简单布局安排，还必须符合抗干扰的设计原则。

16.6.1　地线及电源线设计

1.地线宽度

加粗地线能降低导线电阻，使它能通过三倍于印制板上的允许电流。如有可能，地线宽度应在 2～3 mm 以上。

2.接地线构成闭环路

接地线构成闭环路(图 16.25(a))要比梳子状(图 16.25(b))能明显地提高抗噪声能力。闭环形状能显著地缩短线路的环路，降低线路阻抗，从而减少干扰。但要注意环路所包围面积越小越好。

3.印刷电路板分区集中并联一点接地

当同一印制板上有多个不同功能的电路时，可将同一功能单元的元器件集中于一点接地，自成独立回路。这就可使地线电流不会流到其他功能单元的回路中去，避免了对其他单元的干扰。与此同时，还应将各功能单元的接地块与主机的电源地相连接，如图 16.26 所示。这种接法称为“分区集中并联一点接地”。为了减小线路阻抗，地线和电源线要采用大面积汇流排。

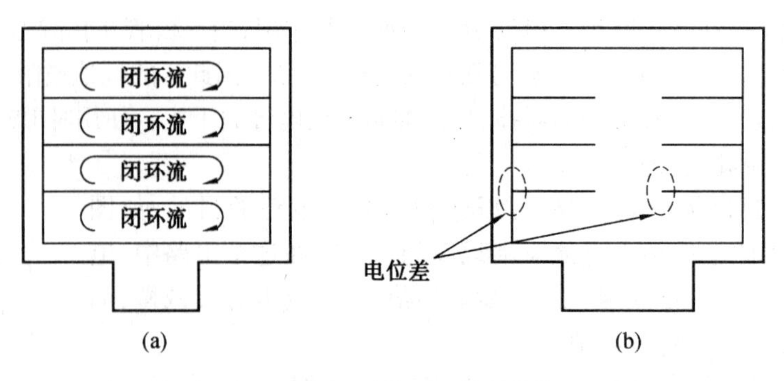

图 16.25　闭环路接地和梳子状接地

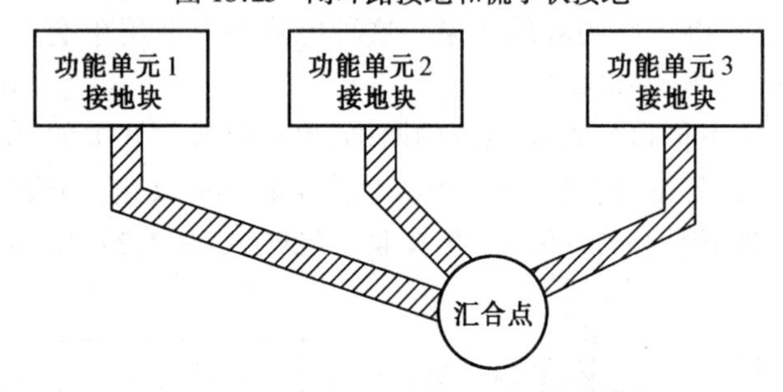

图 16.26　分区集中并联一点接地

数字地和模拟地分开设计,在电源端两种地线相连,且地线应尽量加粗。

4.印制板工作在高频时的接地考虑

当印制板上的元件和导线工作在高频时,便会向空间发出辐射干扰。辐射干扰源来自那些高频数字信号,如高频振荡器等。

为了抑制高频辐射噪声,在高频电路中应采取以下措施:

(1)尽量加粗接地导线,以降低噪声对地阻抗。

(2)满接地。在印制板上除供传输信号用的印制导线外,把电路板上没有被器件占用的面积全作为接地线。称为"满接地"。

(3)安装接地板。可以把一块铝板或铁铁附加在印刷电路板背面做接地板,或者将印刷电路板放置在两块铝板或两块铁板之间,成为双面接地板。安装时应使单块或双块接地板尽量靠近印制板,以取得良好的抑制辐射噪声效果。另外,安装的接地板必须与系统的信号地端连接,并寻找最佳接地点,否则将降低抑制辐射噪声的效果。

5.电源线的布置

电源线除了要根据电流的大小,尽量加粗导体宽度外,采取使电源线、地线的走向与数据传递的方向一致,将有助于增强抗噪声能力。

16.6.2　去耦电容的配置

印制板上装有多个集成电路,而当其中有些元件耗电很多时,地线上会出现很大的电位差。抑制电位差的方法是在各集成器件的电源线和地线间分别接入去耦电容,以缩短开关电流的流通途径,降低电阻压降。这是印制板设计的一项常规做法。

1.电源去耦

电源去耦就是在每个印制板入口处的电源线与地线之间并接退耦电容。并接的电容应为一个大容量的电解电容(10~100μF)和一个 0.01~0.1μF 的非电解电容。我们可以把干扰分解成高频干扰和低频干扰两部分，并接大电容为了去掉低频干扰成分，并接小电容为了去掉高频干扰部分。低频去耦电容用铝或钽电解电容，高频去耦电容采用自身电感小的云母或陶瓷电容。

图16.27画出了电源去耦电容(V_{CC}和GND之间)在印制板上的安装位置。

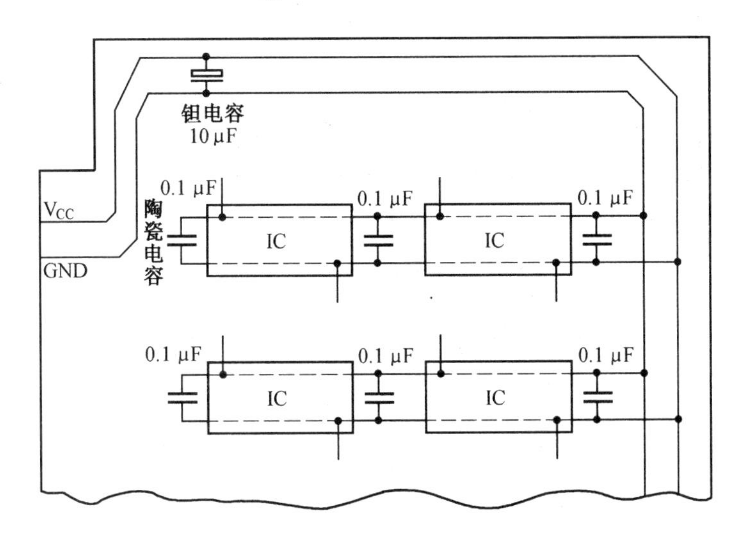

图16.27 去耦电容的配置

2.集成芯片去耦

原则上每个集成芯片都应安置一个0.1μF的陶瓷电容器，如遇到印刷电路板空隙小装不下时，可每4～10个芯片安置一个1～10μF的限噪声用的钽电容器。这种电容器的高频阻抗特别小，在500kHz～200MHz范围内阻抗小于1Ω，而且漏电流很小(0.5μA以下)。

对于抗噪声能力弱，关断电流大的器件和ROM、RAM存储器，应在芯片的电源线(V_{CC})和地线(GND)间直接接入去耦电容。图16.27中给出了芯片去耦电容的位置。

安装电容器时，务必尽量缩短电容器的引线，特别是高频旁路电容。应使印制板的孔距恰与电容器的引线间距吻合，这时电容器的引线为最短。

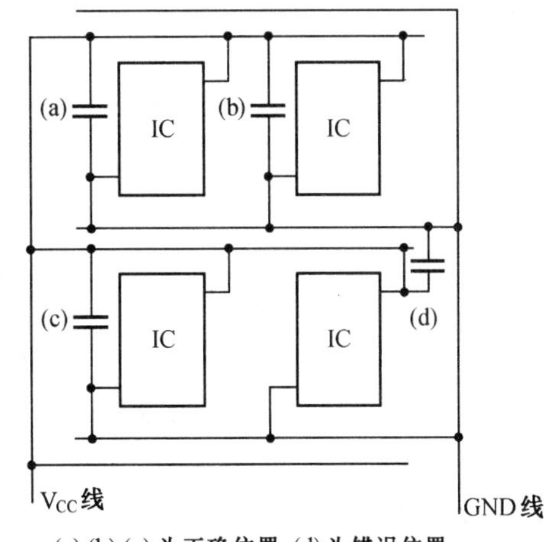

(a),(b),(c)为正确位置，(d)为错误位置

图16.28 安装去耦电容的正误位置

安装每个芯片的去耦电容时，必须将去耦电容器安装在本集成芯片的V_{CC}和GND线，若错误地安装到别的GND位置，便失去了抗干扰作用，如图16.28所示。

16.6.3 存储器的布线

主机板上配置的EPROM型芯片程序存储器和RAM型芯片数据存储器，其抗噪声能力弱，关断时电流变化大，频率高，要注意防止外界电磁干扰。因此，在配置存储器时一般采取的抗干扰措施有：

(1)数据线、地址线、控制线要尽量缩短，以减少对地电容。尤其是地址线，各条线的长短、布线方式应尽量一致，以免造成各线的阻抗差异过大，形成控制信息的非同步干扰。

(2)由于开关噪声严重，要在电源入口处，以及每片存储器芯片的 V_{CC} 与 GND 之间接入去耦电容。

(3)由于负载电流大，电源线和地线要加粗，走线尽量短。印制板两面的三总线互相垂直，以防止总线之间的电磁干扰。

(4)总线的始端和终端要配置合适的上拉电阻，以提高高电平噪声容限，增加存储器端口在高阻状态下抗干扰能力和削弱反射波干扰。因此，可将配置上拉电阻视为一种常规做法。

(5)若主机板的三总线需要引出而与其他扩展板相连接，应通过三态缓冲门(74LS244、74LS245)后再与其他扩展板相连接。这样，可以有效防止外界电磁干扰，改善波形和削弱反射干扰。

一个 MCS－51 单片机应用系统的存储器配置布线如图 16.29 所示。

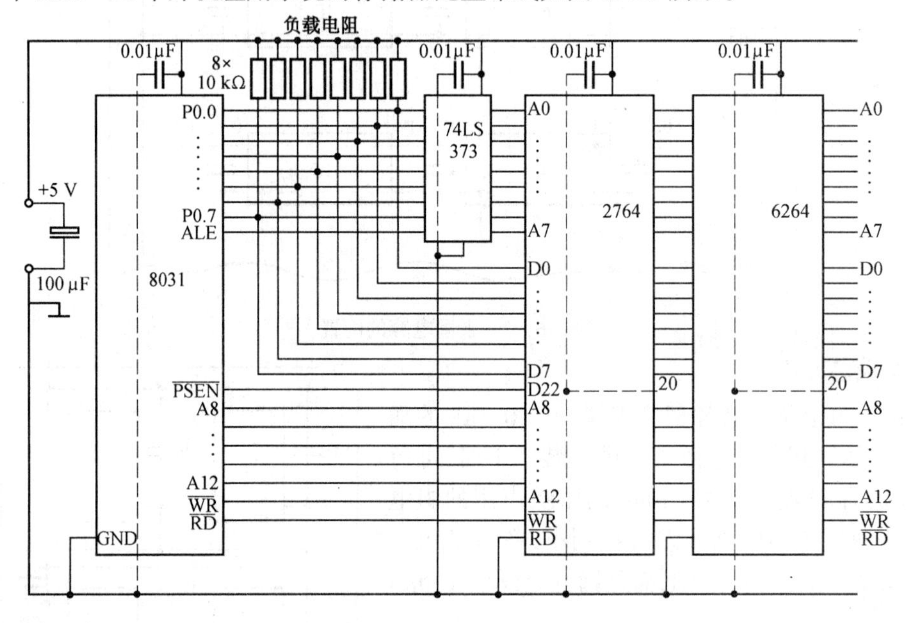

图 16.29 存储器布线

16.6.4 印制板的布线原则

印制板的布线方法对抗干扰性能有直接影响。前面已经间接介绍了一些布线原则，对于没有介绍到的一些布线原则，下面予以补充说明。

(1)如果印制板上逻辑电路的工作速度低于 TTL 的速度，导线条的形状无什么特别要求；若工作速度较高，使用高速逻辑器件，用作导线的铜箔在 90°转弯处会使导线的阻抗不连续，可能导致反射干扰，所以宜采用图 16.30 中右方的形状，把弯成 90°的导线改成 45°，这将有助于减少反射干扰的发生。

(2)不要在印制板上留下空白铜箔层，如图 16.31(a)所示。因为它们可以充当发射天线或接收天线，因此可把它们接地，如图 16.31(b)所示。

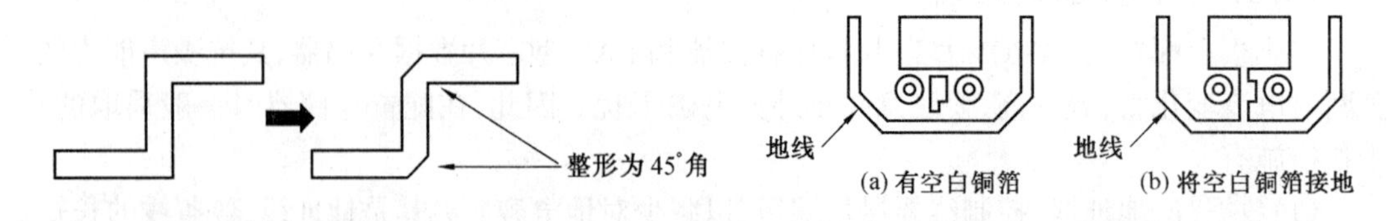

图 16.30 90°转弯处整形为 45°角

图 16.31 空白铜箔层接地

(3)双面布线的印制板,应使两面线条垂直交叉,以减少磁场耦合,有利于抑制干扰。

(4)导线间距离要尽量加大。对于信号回路,印刷铜箔条的相互距离要有足够的尺寸,而且这个距离要随信号频率的升高而加大,尤其是频率极高或脉冲前沿十分陡峭的情况更要注意。因为只有这样才能降低导线间分布电容的影响。

(5)高电压或大电流线路对其他线路容易形成干扰,而低电平或小电流信号线路容易受到感应干扰。因此,布线时使两者尽量相互远离,避免平行铺设,采用屏蔽等措施。

(6)采用隔离走线。在许多不得不平行走线的电路布置时可先考虑图16.32所示方法,即两条信号线中加一条接地的隔离走线。

(7)对于印制板上容易接收干扰的信号线,不能与能够产生干扰或传递干扰的线路长距离范围内平行铺设。必要时可在它们之间设置一根地线,以实现屏蔽。

(8)所有线路尽量沿直流地铺设,尽量避免沿交流地铺设。

(9)短接线。在线路无法排列或只有绕大圈才能走通的情况下,干脆用绝缘"飞线"接连,而不用印刷线,或采用双面印刷"飞线"或阻容元件引线直接跨接,如图16.33所示。

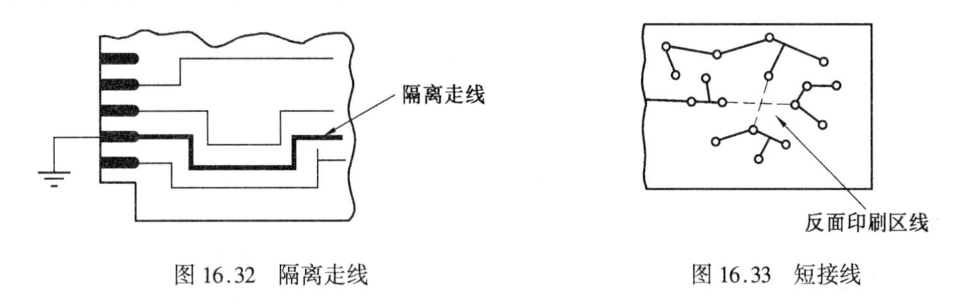

图16.32 隔离走线　　图16.33 短接线

(10)为了防止"窜扰",交流与直流电路分开;输入阻抗高的输入端引线与邻近线分开;输入线、输出线分开。

(11)在敏感元件接线端头采用抗干扰保护环。保护环不能当做信号回路,只能单点接地。被保护环包围的部分,有效抑制了漏电对其造成的干扰,同时也使包围部分的辐射减小,如图16.34所示。

(12)电源线的布线除了要尽量加粗导体宽度外,采取使电源线、地线的走向与数据传递的方向一致,将有助于增强抗噪声能力。

(13)走线不要有分支,这可避免在传输高频信号导致反射干扰或发生谐波干扰,如图16.35所示。

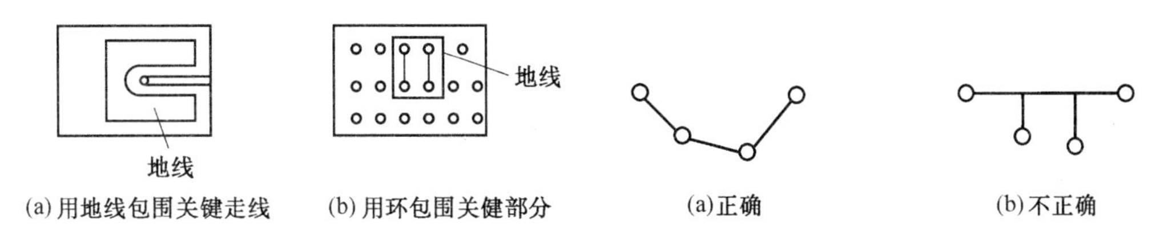

图16.34 抗干扰保护环　　图16.35 走线不要有分支

(14)合理妥善地布置印制板内及板外信号传输线也能起到抑制高频辐射噪声的效果。例如,高速信号线要用短线;信号线间所形成的环路面积要最小;主要信号线最好汇集在中央;时钟发生电路力求布置在靠近中央的部位;为避免信号线间窜扰,两条信号线切忌平行,而且应采取垂直交叉方式,或者拉开两线的距离,也可以在两条平行的信号线之间增设一条地线。尤其注意与外界相连、向外发送信号的信号线,有时能把外界的干扰信号接收进来,起到类似天线的作用。

16.6.5 印制板上的器件布置

对于在印制板上器件布置方面,应把相互有关的逻辑电路器件尽量放得靠近些,能获得较好的抗噪声效果。

在印制板上布置逻辑电路时,原则上应在出线端子附近放置高速器件,稍远处放置低速电路和存储器等,这可降低公共阻抗耦合、辐射和窜扰等噪声。印制板中最快的逻辑元件若比TTL的速度慢时,器件的布置对干扰影响不大。

易发生噪声的器件、大电流电路等尽量远离逻辑电路,条件许可的话,也可以另做印制板。

器件的布置应考虑到散热,最好把ROM、RAM、时钟发生器等发热较多的器件布置在印制板的偏上方部位(当印制竖直安装时)或易通风散热的地方。

为了降低外部线路引进的干扰,光电隔离器、隔离用的变压器以及滤波器等,通常应放在更靠近出线端子的地方。

16.6.6 印制板的板间配线、连接和安装

多块印制板的板间配线和安装应遵循的原则是:抑制连线上引进的干扰和降低温升。

对于多块印制板之间的配线,应注意以下几点:

(1)逻辑电路为TTL集成电路时,如果工作频率低于1MHz,其配线长度不超过40cm,则可使用单股导线;配线长度超过40～90cm时,则应该使用特性阻抗为100～200Ω的双绞线,其中一根线与板内的信号线相连,另一线的两端与地线相连,形成干扰信号的回路;配线长度超过90～150cm,不仅应该使用双绞线,而且应该接入于终端匹配负载电阻;配线长度超过150cm时,应该使用集成化的专用线路驱动器－接收器和波阻抗为50～60Ω的同轴电缆。

(2)所用导线的绝缘应良好。

(3)板和板之间的信号线越短越好。

从散热和降低温升的角度来看,安装和使用多块印制板时,垂直安装方式比水平安装方式的散热性能好。另外,一块电路板要考虑在机箱中放置的方向,将发热量大的器件放置在上方。

由几块印制电路板组成单片机应用系统,各板之间以及各板与基准电源之间经常选用接插件相联系。在接插件的插针之间也易造成干扰,这些干扰与接插件插针之间的距离以及插针与地线之间的距离都有关系。在设计选用时要注意以下几点:

(1)合理地设置插接件

如电源插接件与信号插接件要尽量远离,主要信号的接插件外面最好带有屏蔽。

(2)插头座上要增加接地针数

在安排插针信号时,用一部分插针为接地针,均匀分布于各信号针之间,起到隔离作用,以减小针间信号互相干扰。最好每一信号针两侧都是接地针,使信号与接地针理想的比例为1:1。

(3)信号针尽量分散配置,增大彼此之间的距离。

(4)设计时考虑信号的翻转时差,把不同时刻翻转的插针放在一起。同时翻转的针尽量离开,因信号同时翻转会使干扰叠加。

16.7 软件抗干扰措施

单片机系统在噪声环境下运行，除了前面介绍的各种抗干扰的措施外，还可采用软件来增强系统的抗干扰能力。软件抗干扰的方法很多，下面介绍几种常用的方法。

16.7.1 软件抗干扰的前提条件

软件抗干扰是属于单片机系统的自身防御行为。采用软件抗干扰的前提条件是：系统中抗干扰软件不会因干扰而损坏。在单片机应用系统中，由于程序及一些重要常数都放置在ROM中，这就为软件抗干扰创造了良好的前提条件，因此可把软件抗干扰的设置前提条件概括为：

(1)在干扰作用下，单片机系统硬件部分不会受到任何损坏，或易损坏部分设置有监测状态可供查询。

(2)RAM区中的重要数据不被破坏，或虽被破坏可以重新恢复建立。通过重新恢复建立的数据系统的重新运行不会出现不可允许的状态。

16.7.2 软件抗干扰的一般方法

窜入单片机测控系统的干扰，其频谱往往很宽，且具有随机性，采用硬件抗干扰措施，只能抑制某个频率段的干扰，仍有一些干扰会侵入系统。因此，除了采取硬件抗干扰方法外，还要采取软件抗干扰措施。

软件抗干扰技术是当系统受干扰后使系统恢复正常运行或输入信号受干扰后去伪求真的一种辅助方法。因此软件抗干扰是被动措施，而硬件抗干扰是主动措施。但由于软件设计灵活，节省硬件资源，所以软件抗干扰技术已得到较为广泛的应用。

软件抗干扰技术所研究的主要内容如下：

(1)软件滤波。采用软件的方法抑制叠加在输入信号上噪声的影响，可以通过软件滤波剔除虚假信号，求取真值。

(2)开关量的输入/输出抗干扰设计。可采用对开关量输入信号重复检测，对开关量输出口数据刷新的方法。

(3)由于CPU受到干扰而使运行程序发生混乱，最典型的故障是程序计数器PC的状态被破坏，导致程序从一个区域跳转到另一个区域，或者程序在地址空间内“乱飞”，或者进入“死循环”。因此必须尽可能早地发现并采取措施，使程序纳入正轨。为使“乱飞”的程序被拦截，或程序摆脱“死循环”可采用指令冗余、软件陷阱和“看门狗”等技术。

(4)为了确保程序被干扰后能恢复到所要求的控制状态，就要对干扰后程序自动恢复入口实施正确设定。因此，程序自动恢复入口方法也是软件抗干扰设计的一项重要内容。

下面介绍上述的各种软件抗干扰技术。

16.7.3 软件滤波

对于实时数据采集系统，为了消除传感器通道中的干扰信号，在硬件措施上常采取有源或无源RLC网络，构成模拟滤波器对信号实现频率滤波。同样，运用单片机的运算、控制功能用软件也可以实现滤波，完成模拟滤波器类似的功能，这就是数字滤波。在许多数字信号处理专著中都有专门论述，可以参考。

在一般数据采集系统中，人们常采用一些简单的数值、逻辑运算处理来达到滤波的效果。下面介绍几种常用的简便有效的方法。

1.算术平均滤波法

算术平均滤波法就是对一点数据连续取N个值进行采样,然后算术平均。这种方法适用于对一般具有随机干扰的信号进行滤波。这种滤波法当N值较大时,信号的平滑度高,但是灵敏度低;当N值较小时,平滑度低,但灵敏度高。应视具体情况选取N,以使既节约时间,又滤波效果好。对于一般流量测量,通常取N＝12;若为压力,则取N＝4。一般情况下N取3～5次平均即可。

有关算术平均滤波的程序,读查可查阅第14章。

2.滑动平均滤波法

上面介绍的算术平均滤波法,每计算一次数据需测量N次。对于测量速度较慢或要求数据计算速度较快的实时控制系统,上述方法是无法使用的。下面介绍一种只需测量一次,就能得到当前算术平均值的方法——滑动平均滤波法。

滑动平均滤波法是把N个测量数据看成一个队列,队列的长度为N,每进行一次新的测量,就把测量结果放入队尾,而扔掉原来队首的一次数据,这样在队列中始终有N个"最新"数据。计算滤波值时,只要把队列中的N个数据进行平均,就可以得到新的滤波值。这种滤波算法称为滑动平均滤波法。

滑动平均滤波法对周期性干扰有良好的抑制作用,平滑度高,灵敏度低;但对偶然出现的脉冲性干扰的抑制作用差,不易消除由于脉冲干扰引起的采样值的偏差。因此它不适用于脉冲干扰比较严重的场合,而适用于高频振荡系统。通常观察不同N值下滑动平均的输出响应来选取N值,以便既少占有时间,又能达到最好滤波效果。其工程经验值为:

参数	流量	压力	液面	温度
N值	12	4	4～12	1～4

有关滑动平均滤波法的程序,请查阅第14章。

3.中位值滤波法

中位值滤波法就是对某一被测参数连接采样N次(一般N取奇数),然后把N次采样值按大小排列,取中间值为本次采样值。中位值滤波能有效地克服因偶然因素引起的波动干扰。对温度、液位等变化缓慢的被测参数采用此法能收到良好的滤波效果。但对于流量、速度等快速变化的参数一般不宜采用中位值滤波法。

4.防脉冲干扰平均值滤波法

在脉冲干扰比较严重的场合,如果采用一般的平均值法,则干扰将会"平均"到结果中去,故平均值法不易消除由于脉冲干扰而引起的误差。为此,可先去掉N个数据中的最大值和最小值,然后计算N－2个数据的算术平均值。为了加快测量速度,一般N取4。

防脉冲干扰平均值滤波法的程序,请见第14章。

16.7.4　开关量输入/输出软件抗干扰设计

如果干扰只作用在系统的I/O通道上,且CPU工作正常,则可用如下方法减小或消除其干扰。

1.开关量输入软件抗干扰措施

干扰信号多呈毛刺状,作用时间短。利用这一特点,我们在采集某一状态信号时,可多次重复采集,直到连续两次或多次采集结果完全一致时才可视为有效。若相邻的检测内容不一致,或多次检测结果不一致,则是伪输入信号。可停止采集,给出报警信号。由于状态信号主要是来自各类开关型状态传感器,对这些信号采集不能用多次平均方法,必须绝对一致才行。典型的程序流程图如图16.36所示。

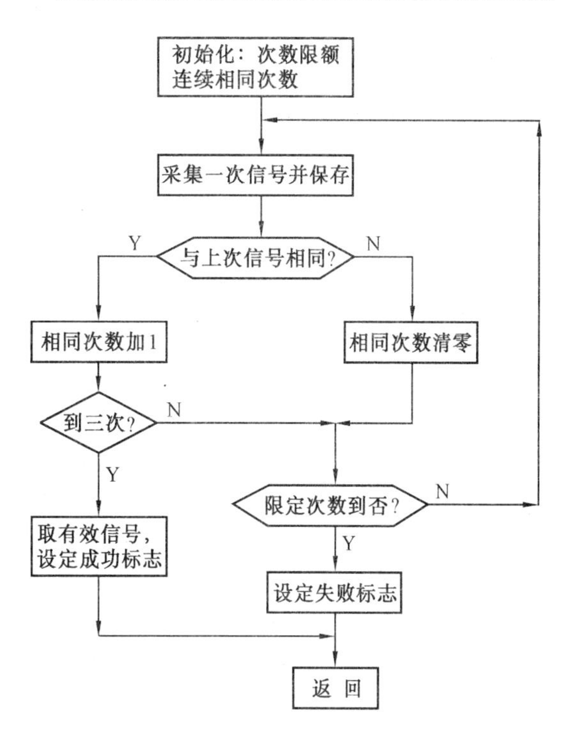

图16.36 状态信号采集流程图

在满足实时性要求的前提下,如果在各次采集状态信号之间增加一段延时,效果就会更好,就能对抗较宽的干扰。延时时间在10～100μs左右。对于每次采集的最高次数限制和连续相同次数均可按实际情况适当调整。

2.开关量输出软件抗干扰措施

在单片机系统的输出信号中,有很多是驱动各种报警装置,各种电磁装置等的开关状态驱动信号。对这类信号的抗干扰有效输出方法是重复输出同一个数据,只要有可能,其重复周期尽可能短些。外部设备接受到一个被干扰的错误信息后,还来不及作出有效的反映,一个正确的输出信息又到来,就可以及时地防止错误动作的产生。

在执行输出功能时,应该将有关输出芯片的状态也一并重复设置。例如8155芯片和8255芯片常用来扩展输入输出功能,很多外设通过它们来获得单片机的控制信息。这类芯片均应进行初始化编程,以明确各端口的功能。由于干扰的作用,有可能在无意中将芯片的编程方式改变。为了确保输出功能正确实现,输出功能模块在执行具体的数据输出之前,应该先执行对芯片的初始化编程指令,再输出有关数据。

16.7.5 指令冗余及软件陷阱

单片机系统由于干扰而使运行程序发生混乱,导致程序乱飞或陷入死循环时,采取使程序纳入正规的措施,如指令冗余、软件陷阱、"看门狗"技术等。

1.指令冗余

当CPU受到干扰后,往往将一些操作数当作指令码来执行,引起程序运行混乱。这时我们首先要尽快将程序纳入正轨(执行真正的指令系列)。

MCS－51指令系统中所有的指令都不超过3个字节,而且有很多单字节指令。单字节指令仅有操作码,隐含操作数;双字节指令第一个字节是操作码,第二个字节是操作数;3字节指令第一个字节为操作码,后两个字节为操作数。CPU取指令过程是先取操作码,后取操作数。如何区别某个数据是操作码还是操作数呢？这完全由取指令顺序决定。CPU复位后,首先取指令的操作码,尔后顺序取出操作数。当一条完整指令执行完后,紧接着取下条指令的操作码、操作数。这些操作时序完全由程序计数器PC控制。因此,一旦PC因干扰而出现错误,程序便脱离正常运行轨道,出现"乱飞"。当程序"乱飞"到某个单字节指令上时,便自己自动纳入正轨；当“乱飞”到某双字节指令上时，若恰恰在取指令时刻落到其操作数上，从而将操作数当作操作码，程序仍将出错；当程序“乱飞”到某个 3 字节指令上时，因为它们有两个操作数，误将其操作数当作操作码的出错机率更大。因此，我们应多采用单字节指令，并在关键的地方人为地插入一些单字节指令（NOP），或将有效单字节指令重复书写，这便是指令冗余。指令冗余无疑会降低系统的效率，但在绝大多数情况下，CPU 还不致于忙到不能多执行几条指令的程度，故这种方法还是被广泛采用。

在双字节指令和三字节指令之后插入两条 NOP 指令，可保护其后的指令不被拆散。因为“乱飞”的程序即使落到操作数上，由于两条空操作指令 NOP 的存在，不会将其后的指令当作操作数执行，从而使程序纳入正轨。但我们不能在程序中加入太多的冗余指令，以免明显降低程序正常运行的效率。因此，常在一些对程序流向起决定作用的指令之前插入两条 NOP 指令，以保证乱飞的程序迅速纳入正轨。此类指令有：RET、RETI、ACALL、LCALL、SJMP、AJMP、LJMP、JZ、JNZ、JC、JNC、JB、JNB、JBC、CJNE、DJNZ 等。在某些对系统工作状态至关重要的指令（如 SETB EA 之类）前也可插入两条 NOP 指令，以保证被正确执行。上述关键指令中，RET 和 RETI 本身即为单字节指令，可以直接用其本身来代替 NOP 指令，但有可能增加潜在危险，不如 NOP 指令安全。

指令冗余措施可以减少程序乱飞的次数，使其很快纳入程序轨道，但这并不能保证在失控期间不干坏事，更不能保证程序纳入正常轨道后就太平无事了。当程序从一个模块弹飞到另一模块后，即使很快安定下来，但程序的运行事实上已经偏离了正常顺序，做着它现在不该做的事情。解决这个问题还必须采用软件容错技术（限于篇幅，本书不作介绍），使系统的误动作减少，并消灭重大误动作。

由以上可看出，采用冗余技术使 PC 纳入正确轨道的条件是：乱飞的 PC 必须指向程序运行区，并且必须执行到冗余指令。

2.软件陷阱

指令冗余乱飞的程序安定下来是有条件的，首先乱飞的程序必须落到程序区，其次必须执行到冗余指令。当乱飞的程序落到非程序区（如 EPROM 中未使用的空间、程序中的数据表格区）时，前一个条件即不满足。当乱飞的程序在没有碰到冗余指令之前，已经自动形成一个死循环，这时第二个条件也不满足。对付前一种情况采取的措施就是设立软件陷阱，对于后一种情况可采取“看门狗”技术来解决。

所谓软件陷阱，就是一条引导指令，强行将捕获的程序引向一个指定的地址，在那里有一段专门对程序出错进行处理的程序。如果我们把这段程序的入口标号称为 ERR 的话，软件陷阱即为一条 LJMP ERR 指令。为加强其捕捉效果，一般还在它前面加两条 NOP 指令。因此，真正的软件陷阱由三条指令构成：

```
NOP
NOP
LJMP ERR
```

软件陷阱安排在下列四种地方：

（1）未使用的中断向量区

有的编程人员将未使用的中断向量区（0003H～002FH）用于编程，以节约 ROM 空间，这是不可取的。现在 EPROM 的容量越来越大，价格也不贵，节约几十个字节的 ROM 空间已毫无意义。

当干扰使未使用的中断开放，并激活这些中断时，就会进一步引起混乱。如果我们在这些地方布上陷阱，就能及时捕捉到错误中断。例如：系统共使用三个中断：$\overline{INT0}$、T0、T1，它们的中断子程序分别为 PGINT0、PGT0、PGT1，建议按如下方式来设置中断向量区：

```
              ORG     0000H
0000  START:  LJMP    MAIN             ;引向主程序入口
0003          LJMP    PGINT0           ;INT0中断正常入口
0006          NOP                      ;冗余指令
0007          NOP
0008          LJMP    ERR              ;陷阱
000B          LJMP    PGT0             ;T0 中断正常入口
000E          NOP                      ;冗余指令
000F          NOP
0010          LJMP    ERR              ;陷阱
0013          LJMP    ERR              ;未使用INT1,设陷讲
0016          NOP                      ;冗余指令
0017          NOP
0018          LJMP    ERR              ;陷阱
001B          LJMP    PGT1             ;T1 中断正常入口
001E          NOP                      ;冗余指令
001F          NOP
0020          LJMP    ERR              ;陷阱
0023          LJMP    ERR              ;未使用串行口中断,设陷阱
0026          NOP                      ;冗余指令
0027          NOP
0028          LJMP    ERR              ;陷阱
002B          LJMP    ERR              ;未使用 T2 中断(8052)
002E          NOP                      ;冗余指令
002F          NOP
0030  MAIN:   主程序
```

从 0030H 开始再编写正式程序。

(2)未使用的大片 EPROM 空间

现在使用 EPROM 一般都是 2764 或 27128，很少有将其全部用完的情况。对于剩余的大片未编程的 ROM 空间，一般均维持原状态(0FFH)，0FFH 对于 MCS－51 指令系统来讲，是一条单字指令(MOV R7，A)程序弹飞到这一区域后将顺流而下，不再跳跃(除非受到新的干扰)。这时只要每隔一段设置一个陷阱，就一定能捕捉到乱飞的程序。有的编程者使用的 02 00 00(即 LJMP START)来填充 ROM 未使用空间，此时认为两个 00H 既是可设置陷阱的地址，又是 NOP 指令，起到双重作用，实际上是不妥的。程序出错后直接从头开始执行将有可能发生一系列的麻烦事情。软件陷阱一定要指向出错处理过程 ERR。我们可以将 ERR 安排在 0030H 开始的地方，程序不管怎样修改，编译后 ERR 的地址总是固定的(因为它前面的中断向量区是固定的)。这样我们就可以用 00 00 02 00 30 五个字节作为陷阱来填充 ROM 中的未使用空间，或者每隔一段设置一个陷阱(02 00 30)，其它单元保持 0FFH 不变。

(3)表格

有两类表格，一类是数据表格，供 MOVC A，@A＋PC 指令或 MOVC A，@A＋DPTR 指令使用，其内容完全不是指令。另一类是跳转表格，供 JMP @A＋DPTR 指令使用，其内容为一系列的三字节指令 LJMP 或两字节指令 AJMP。由于表格内容和检索值有一一对应关系，在表格中间安排陷阱将会破坏其连续性和对应关系，我们只能在表格的最后安排五字节陷阱（NOP NOP LJMP ERR）。由于表格区一般较长，安排在最后的陷阱不能保证一定捕捉住乱飞的程序，有可能在中途再次飞走。这时只好指望别处的陷阱或冗余指令来制服它了。

（4）程序区

程序区是由一串串执行指令构成的，我们不能在这些指令串中间任意安排陷阱，否则影响正常执行程序。但是，在这些指令串之间常有一些断裂点，正常执行的程序到此便不会继续往下执行了，这类指令有 LJMP、SJMP、AJMP、RET、RETI。这时 PC 的值应发生正常跳变。如果还要顺次往下执行，必然就出错了。当然，弹飞的程序刚好落到断裂点的操作数上或落到前面指令的操作数上（又没有在这条指令之前使用冗余指令），则程序就会越过断裂点，继续往前执行。我们在这种地方安排陷阱之后，就能有效地捕捉住它，而又不影响正常执行的程序流程。例如：在一个根据累加器 A 中内容的正、负、零情况进行三分支的程序中，软件陷阱的安置方式如下：

```
        JNZ     XYZ
        ……                      ;零处理
        ……
        AJMP    ABC             ;断裂点
        NOP                     ;陷阱
        NOP
        LJMP    ERR
XYZ:    JB      ACC.7,UVW
        ……                      ;正处理
        ……
        LJMP    ABC             ;断裂点
        NOP                     ;陷阱
        NOP
        LJMP    ERR
UVW:    ……                      ;负处理
        ……
ABC:    MOV     A,R2            ;取结果
        RET                     ;断裂点
        NOP     ;               陷阱
        NOP
        LJMP    ERR
```

由于软件陷阱都安排在正常程序执行不到的地方，故不影响程序执行效率。在当前 EPROM 容量不成问题的条件下，还是多多设置陷阱有益。在打印程序清单时不加（或删去）所有的软件陷阱和冗余指令，在编译前再加上冗余指令和尽可能多的软件陷阱，生成目标代码后再写入 EPROM 中。

（5）RAM 数据保护的条件陷阱

单片机片外 RAM 保存大量数据，这些数据的写入是使用“MOVX @DPTR，A”指令来完成。

当MCS－51受到干扰而非法执行该指令时，就会改写RAM中的数据，导致RAM中数据出现错误。为了减小RAM中数据出现错误的可能性，可在对RAM写操作之前加入条件陷阱，不满足条件时不允许写入，并进入陷阱，形成死循环。程序如下：

```
            MOV     A, # NNH
            MOV     DPTR, # ××××H
            MOV     6EH, # 55H
            MOV     6FH, # 0AAH
            LCALL   PRTEC
            RET
PRTEC:      NOP
            NOP
            NOP
            CJNE    6EH, # 55H, LOOP   ;6EH中不为55H落入死循环
            CJNE    6FH, # 0AAH, LOOP  ;6FH中不为AAH落入死循环
            MOVX    @DPTR, A           ;A中数据写入RAM单元××××H中
            NOP
            NOP
            NOP
            MOV     6EH, # 00H
            MOV     6FH, # 00H
            RET
LOOP:       NOP     ;进入死循环
            NOP
            SJMP    LOOP
```

落入死循环之后，可以通过下面介绍的“看门狗”技术使其摆脱死循环。

16.8　“看门狗”技术和故障自动恢复处理

PC受到干扰而失控，引起程序乱飞，也可能使程序陷入“死循环”。指令冗余技术、软件陷阱技术不能使失控的程序摆脱“死循环”的困境，这时系统将完全瘫痪。如果操作者在场，就可以按下人工复位按钮，强制系统复位。但操作者不能一直监视着系统，即使监视着系统，也往往是在引起不良后果之后才进行人工复位。能不能不要人来监视，使系统摆“死循环”，重新执行正常的程序呢？这可采用“看门狗”(Watchdog)技术来解决这一问题。

16.8.1　“看门狗”技术

为使程序脱离“死循环”，通常采用“看门狗技术”，也就是程序监视技术。“看门狗”技术就是不断监视程序循环运行时间，若发现时间超过已知的循环设定时间，则认为系统陷入了“死循环”，然后强迫程序返回到0000H入口，在0000H处安排一段出错处理程序，使系统运行纳入正规。

“看门狗”技术可由硬件实现，可由软件实现，也可由两者结合来实现。本节仅介绍硬件“看门狗”电路。

1.硬件“看门狗”电路

实现硬件“看门狗”电路方案较多，目前采用较多方案有以下几种：

①采用微处理器监控器，该监控器内带"看门狗"电路，本书的第 13 章已对微处理器监控器 MAX690A/MAX692A 作了较详细的介绍，感兴趣的读者可去查阅第 13 章。与 MAX690A 功能相类似的芯片，还有 MAX703～709、MAX813L、MAX791 等。这类芯片除了有"看门狗"电路外，还有电子监控电路、备用电池切换电路，以实现掉电数据保护。这类芯片集成化程序高，功能强，具有广泛的应用前景。感兴趣的读者可查阅 MAX 公司的芯片说明资料。

②采用单稳态电路来实现"看门狗"，单稳定电路可采用 74LS123。

③采用内带振荡器的计数器芯片。

下面对第③种实现方案作以介绍。

2.基本原理

CD4060 是带振荡器的 14 位计数器，由该芯片构成的看门狗电路如图 16.37 所示。

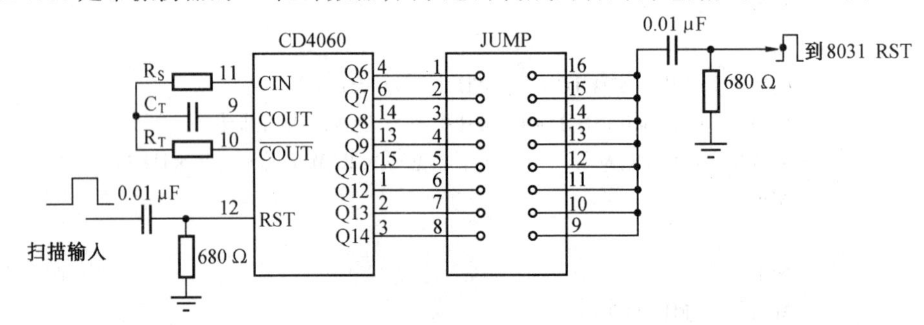

图 16.37　看门狗电路原理图

4060 计数频率由 R_T 和 C_T 决定。设实际运行的用户程序所需工作周期为 T，分频器计满时间为 T′，当 T′ > T 且系统正常工作时，程序每隔 T 对 4060 扫描一次，分频且永无计满输出信号。如系统工作不正常（程序乱飞、死循环等），程序对 4060 发不出扫描信号，分频器计满输出一脉冲号使 CPU 复位。

3.参数选择

4060 的振荡频率 f 由 R_T、C_T 决定。R_S 用于改善振荡器的稳定性，R_s 要大于 R_T。一般取 $R_s = 10R_T$，且 $R_T > 1k\Omega$，$C_T \geqslant 100pF$。如果 $R_s = 450\Omega$，$R_T = 45\Omega$，$C_T = 1\mu F$，则 f = 10Hz。4060 的振荡频率和 Qi(i = 6,7,8,9,10,12,13,14)的选择要根据情况确定。

4.几个原则

①看门狗电路必须由硬件逻辑组成，不宜由可编程计数器充当，因为 CPU 失控后，可能会修改可编程器件参数，使看门狗失效。

②4060 的 RST 线上阻容组成的微分电路很重要，因为扫描输入信号是 CPU 产生的正脉冲，若此信号变"1"后，由于干扰，程序正好乱飞，微分电路只能让上跳沿通过，不会封死 4060，看门狗仍能计数起作用。若没有微分电路，扫描输入信号上的"1"状态封死 4060，使之不能计数，看门狗不起作用。

③CPU 必须在正确完成所有工作后才能发扫描输入信号，且程序中发扫描输入信号的地方不能太多。否则，正好在哪里有死循环，看门狗就不产生计满输出信号，不能重新启动 CPU。

④4060 的计满输出信号不但要接到 MCS－51 的 RST 脚，而且还应接到其它芯片的 RST 脚，因为程序乱飞后，其它具有 RST 脚的芯片状态也混乱了，必须全部复位。

16.8.2　故障自动恢复处理

单片机测控系统因干扰而失控，导致程序乱飞、死循环，甚至使某些中断关闭。我们采用指令冗余、软件陷阱和“看门狗”技术，使系统尽快摆脱失控状态而转到初始入口 0000H。一般说来，因干扰故障转入 0000H 后，控制过程并不要求从头开始，而要求转入相应的控制模块。程序乱飞期间，有可能破坏片内 RAM 和外部 RAM 中一些重要信息，因此必须经检查之后方可使用。程序转入 0000H 有两种方式，一种是上电复位，一种是故障复位（如“看门狗”电路复位），这两种入口方式要加以区分。此外，复位可由单片机 RESET 端为高电平方式，称为硬件复位；若在 RESET 为低电平情况下，由软件控制转到 0000H，称为软件复位。所有这些，都是故障自动恢复处理程序所研究的内容。

（1）上电标志设定

MCS－51 的程序的执行总是从 0000H 单元开始。进入 0000H 单元的方式有两种，其一是上电复位，即首次启动，又称冷启动；其二是故障复位，即再次启动，又称热启动。

“冷启动”时，系统的状态全部无效，进行彻底的初始化操作，程序从头执行。而“热启动”时，对系统的当前状态进行修复和有选择的初始化。系统初次上电投入运行时，必然是“冷启动”，以后由抗干扰措施引起的复位操作一般均为“热启动”。为了使系统能正确决定采用何种启动方式，常用上电标志来区分，如图 16.38 所示。上电标志可以由硬件电路提供，也可由软件来设定。

复 位
关中断、设定堆栈
存在上电标志？
N
Y
冷启动
自检
全面初始化
热启动
部分初始化
建立上电标志
开始运转

图 16.38　系统启动流程图

①软件设定上电标志

MCS－51 单片机硬件复位对寄存器、程序计数器 PC 有影响，如 PC 为 0000H，程序状态字 PSW 为 00H，堆栈指针 SP 为 07H 等，我们可使用这些寄存器的某些位作为上电标志。

• PSW.5 上电标志设定

PSW 中的第 5 位 PSW.5（F0 标志位）是可供用户使用的标志，它可以置 1 和清 0，也可供测试。用 PSW.5 可作为上电标志。注意，PSW.5 标志判定仅适合于软件复位方式。程序如下：

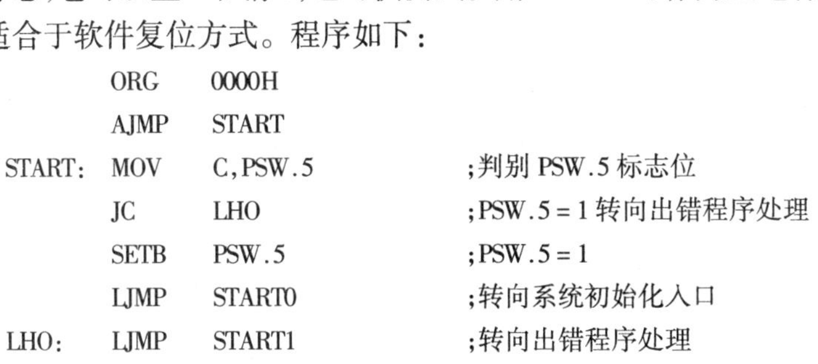

```
        ORG     0000H
        AJMP    START
START:  MOV     C,PSW.5         ;判别 PSW.5 标志位
        JC      LHO             ;PSW.5 = 1 转向出错程序处理
        SETB    PSW.5           ;PSW.5 = 1
        LJMP    START0          ;转向系统初始化入口
LHO:    LJMP    START1          ;转向出错程序处理
```

• SP 建立上电标志

MCS－51 单片机硬件复位后堆栈指针 SP 为 07H，但在应用程序设计中，一般不会把堆栈指针 SP 设置在 07H 这么低的内部 RAM 地址，都要将堆栈指针设置大于 07H。根据 SP 这个特点，可用 SP 作为上电标志。程序如下：

```
        ORG     0000H
        AJMP    START
START:  MOV     A,SP
        CJNE    A,#07H,LOOP1    ;SP 不为 07H 则转移
```

```
        LJMP    START0          ;转向系统初始化
LOOP1:  LJMP    START1          ;转向出错程序处理
```

注意，SP 标志仅适用于软件复位方式。在 START0 程序中设置 SP 内容大于 07H。

• 片内 RAM 中上电标志设定

上面的两种上电标志设定，仅适用于软件复位方式。而对 MCS－51 片内 RAM 的某单元进行上电标志设定，即可适用于软件复位方式，也可适用硬件复位方式。

片内 RAM 中单元上电复位时其状态是随机的，可以选取内 RAM 中某单元的位为上电标志。如选用 66H、67H 单元为上电标志单元，上电标志字为 AAH 和 55H。程序如下：

```
MAIN:   CLR     EA              ;关中断
        MOV     SP,#68H         ;设定堆栈
        MOV     PSW,#0          ;设定 0 区工作寄存器
        MOV     A,66H           ;判断上电标志
        CJNE    A,#0AAH,MAIN0
        MOV     A,67H
        CJNE    A,#55H,MAIN0
        AJMP    MAINH           ;有上电标志，进行热启动
MAIN0:  ……                      ;无上电标志，进行冷启动
        ……                      ;自检、全面初始化
        AJMP    SETUP
MAINH:  ……                      ;热启动过程
        ……                      ;部分初始化
SETUP:  MOV     66H,#0AAH       ;建立上电标志
        MOV     67H,#55H
LOOP:   ……                      ;用户程序循环
        AJMP    LOOP
```

②硬件上电标志

上电标志也可由硬件电路提供，如系统投入正常的运行后，由硬件上电标志电路产生一个信号，CPU 以此为准来决定是“冷启动”还是“热启动”。硬件上电标志电路可靠性高，但需硬件开销。硬件上电标志电路如图 16.39 所示。硬件上电标志适用于硬件复位和软件复位方式。

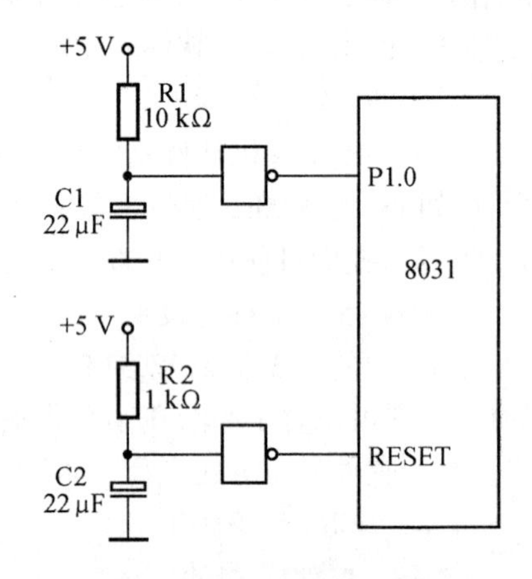

图 16.39 硬件上电标志电路

对于图 16.39 的电路，单片机每次上电时，由于电容 C1 有一个充电过程，使单片机的 P1.0 引脚上电后出现短暂的高电平。在启动程序中查询 P1.0 脚上的电平，如果是高，则为冷启动；若为低，则为热启动。程序如下：

```
        ORG     0000H
        AJMP    START
START:  JB      P1.0,LOOP1      ;P1.0=1 则转系统初始化
        LJMP    START1          ;P1.0=0 转热启动程序处理
LOOP1:  LJMP    START0          ;转到系统初始化(冷启动)
```

应注意，充电时间常数 R1C1 要大于 R2C2，以保证有充裕时间在入口程序中判断 P1.0 的状态。

(2)RAM 数据的重新恢复

当单片机系统受到干扰而造成程序乱飞时,也有可能破坏 RAM 中数据。因此,系统复位后首先要检测 RAM 中的内容是否出错,并将被破坏的内容重新恢复。下面介绍如何采用数据冗余技术来实现 RAM 自救。

RAM 中的数据因干扰而丢失、破坏,对系统所造成的危害性不亚于 PC 值的变化。因为 RAM 中保存的是系统的原始参数、状态标志、工作变量、计算结果等,一旦破坏会使系统不能运行,或虽能运行但却给出错误的结果,这种错误的结果还可能进一步酿成系统的重大事故。如何实现 RAM 内容的自救呢?通常可用数据冗余技术,即同样的数据在几个地方同时存放。当原数据被破坏时,用备份数据块去修复。备份数据的存在放地址一般应考虑备份数据和原始数据之间保持相当的距离,使得不至于被同时破坏。还要注意使数据区不要靠近堆栈,以免万一堆栈溢出造成数据丢失,或读数据操作破坏堆栈。

怎样知道原数据已被破坏,而要起用备份数据呢?现介绍以下几种方法供读者参考。

①求和法

对所要保护的数据块进行求和运算,根据数据项数,数值范围可取完全的和数或和数的低 8 位、低 16 位。把它存在指定的单元,每次读该数据块的数据时,先作求和操作,与保存的和数核对,如符合,才使用,不符合时起用备份数据。每次写数据后,求出新的和数并保存。这种方法适合于开机后一次设定、在程序运行过程中不再改变的数据。这种数据的和是不变的,也没有写操作。求和法只能判定数据块中有错误数据,并不能找出究竟是哪一个数据错了,因此是对整个数据块进行修复。为了保证系统运行的速度,数据块的大小可适当划小,即可以把数据分类、分片求和、分片修复。事实上数据也是逐项逐片使用的。

②比较法

每次使用数据时把原数据与备份数据进行比较。比较符合的才认为是正确数据。对于个数不多的重要数据,不妨多设几个备份,逐个相互比较,找出符合的一对数据。一般地讲,多个远离的数据同时受到干扰而都遭破坏的概率是很小的,因此比较法可以有效的保护数据。

③奇偶校验法

这是串行数据中常采用的一种核对数据的方法。也可将它稍加改变后用在 RAM 数据自救。对一些重要的数据,规定数据中的一位,通常是最高位,为奇偶校验位,并假设数据中 1 的个数是偶数时,奇偶校验位为 0,1 的个数是奇数时,奇偶校验位为 1。在读数据时,先作校验;在写数据时,则要计算 1 的个数,并填写最高位。这种方法是针对逐个数据的,所以能找出哪个数据出错。但它有局限性,当奇偶位受到干扰而由 0 变 1,或反之,则会把原是正确的数据误认为错了,不过这时可起用备份数据,倒不会导致错误,因为备份数据还是正确的。若数据中发生偶次位 1 变 0 或 0 变 1,或一位由 0 变 1,另一位由 1 变 0,奇偶校验的结果认为数据是正确的,这将产生不良的后果。

参考文献

[1] Intel, Microcontroller Handbook,1988.
[2] Intel, Software Handbook,1984.
[3] Analog Device Corp, Data-Acquisition Databook,1991.
[4] 张毅刚.MCS－51 单片机应用设计.哈尔滨:哈尔滨工业大学出版社,1990.
[5] 张毅刚.MCS－51 单片机应用设计.哈尔滨:哈尔滨工业大学出版社,1997.
[6] 张毅刚.单片微机原理及应用.西安:西安电子科技大学出版社,1994.
[7] 张毅刚.8098 单片机应用设计.北京:电子工业出版社,1993.
[8] 张毅刚.自动测试系统.哈尔滨:哈尔滨工业大学出版社,2001.
[9] 徐君毅等.单片微型计算机原理及应用.上海:上海科学技术出版社,1988.
[10] 涂时亮.单片机软件设计技术.重庆:科学文献出版社重庆分社,1987.
[11] 马共立等.MCS－51 单片机实用子程序库.哈尔滨:哈尔滨工业大学出版社,1989.
[12] 陈粤初等.单片机应用系统设计与实践.北京:北京航空航天大学出版社,1991.
[13] 何立民.MCS－51 单片机应用系统设计.北京:北京航空航天大学出版社,1990.
[14] 张幽彤,陈宝江编著.MCS－8098 系统实用大全.北京:清华大学出版社,1994.
[15] 李华主编.MCS－51 系列单片机实用接口技术.北京:北京航空航天大学出版社,1993.
[16] 何立民主编.余永权,李小青,陈林康编著.单片机应用系统的功率接口技术.北京:北京航空航天大学出版社,1993.
[17] 徐爱卿等.单片微型计算机应用和开发系统.北京:北京航空航天大学出版社,1993.
[18] 周航兹.单片机应用程序设计技术.北京:北京航空航天大学出版社,1992.
[19] 何为民.低功耗单片微机系统设计.北京:北京航空航天大学出版社,1994.
[20] 陈汝全等.单片机实用技术.北京:电子工业出版社,1992.
[21] 魏庆福等.STD 总线工业控制机的设计与应用.北京:科学出版社,1991.
[22] 李振格等.微机高级语言与汇编语言接口技术和实例.北京:北京航空航天大学出版社,1994.
[23] 何立民.单片机应用技术选编.北京:北京航空航天大学出版社,1993.
[24] 王毅.单片机器件应用手册.北京:人民邮电出版社,1995.
[25] 何立民.单片机应用技术选编.北京:北京航空航天大学出版社,1996.
[26] 房小翠.单片机使用系统设计技术.北京:国防工业出版社,1999.
[27] 胡汉才.单片机原理及其接口技术.北京:清华大学出版社,1996.
[28] 王幸之.单片机应用系统抗干扰技术.北京:北京航空航天大学出版社,2000.
[29] 李广弟.单片机基础.北京:北京航空航天大学出版社,2001.
[30] 杨振江.智能仪器与数据采集系统中的新器件及应用.西安:西安电子科技大学出版社,2001.